CBAC TGAU
DAEARYDDIAETH

- Andy Owen (GOLYGYDD Y GYFRES) - Gregg Coleman
- Val Davis - Bob Digby - Andy Leeder - Glyn Owen

AIL ARGRAFFIAD

CBAC TGAU Daearyddiaeth (Ail Argraffiad)

Addasiad Cymraeg o *WJEC GCSE Geography (Second Edition)* a gyhoeddwyd yn 2020 gan Hodder Education

Ariennir yn Rhannol gan **Lywodraeth Cymru**
Part Funded by **Welsh Government**

Cyhoeddwyd dan nawdd Cynllun Adnoddau Addysgu a Dysgu CBAC

Gwnaed pob ymdrech i gysylltu â'r holl ddeiliaid hawlfraint, ond os oes unrhyw rai wedi'u hesgeuluso'n anfwriadol, bydd y cyhoeddwyr yn falch o wneud y trefniadau angenrheidiol ar y cyfle cyntaf.

Er y gwnaed pob ymdrech i sicrhau bod cyfeiriadau gwefannau yn gywir adeg mynd i'r wasg, nid yw Hodder Education yn gyfrifol am gynnwys unrhyw wefan y cyfeirir ati yn y llyfr hwn. Weithiau mae'n bosibl dod o hyd i dudalen we a adleolwyd trwy deipio cyfeiriad tudalen gartref gwefan yn ffenestr LIAU (*URL*) eich porwr.

Polisi Hachette UK yw defnyddio papurau sy'n gynhyrchion naturiol, adnewyddadwy ac ailgylchadwy o goed a dyfwyd mewn coedwigoedd cynaliadwy. Disgwylir i'r prosesau torri coed a gweithgynhyrchu gydymffurfio â rheoliadau amgylcheddol y wlad y mae'r cynnyrch yn tarddu ohoni.

Archebion: cysylltwch â Hachette UK Distribution, Hely Hutchinson Centre, Milton Road, Didcot, Oxfordshire, OX11 7HH. Ffôn: +44 (0)1235 827827. E-bost: education@hachette.co.uk. Mae'r llinellau ar agor rhwng 9.00 a 17.00 o ddydd Llun i ddydd Gwener. Gallwch hefyd archebu trwy wefan Hodder Education: www.hoddereducation.co.uk.

ISBN: 978 1 3983 8710 2

© Gregg Coleman, Val Davis, Bob Digby, Andy Leeder, Andy Owen, Glyn Owen, 2020
(Yr argraffiad Saesneg)

Cyhoeddwyd gyntaf yn 2020 gan Hodder Education, an Hachette UK Company, Carmelite House, 50 Victoria Embankment, London EC4Y 0DZ

© CBAC 2024 (Yr argraffiad Cymraeg hwn ar gyfer CBAC)

Rhif argraff   10 9 8 7 6 5 4 3 2 1

Blwyddyn   2028 2027 2026 2025 2024

Llun y clawr © Aurora Photos/Alamy

Darluniau gan Aptara Inc. a Barking Dog Art

Teiposodwyd gan Aptara Inc.

Cynhyrchwyd gan DZS Grafik, Argraffwyd yn Slovenija

Mae cofnod catalog y teitl hwn ar gael gan y Llyfrgell Brydeinig.

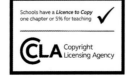

CYNNWYS

CYFLWYNIAD

Sut i ddefnyddio'r llyfr hwn

THEMA 2
Cysylltiadau gwledig–trefol
Pennod 3
Dinasoedd global

Beth yw'r patrymau trefoli byd-eang?

Mae dros hanner poblogaeth y byd (54 y cant) yn byw mewn dinasoedd. Ond nid felly y bu hi erioed. Ar ddechrau'r ugeinfed ganrif, roedd y rhan fwyaf o boblogaeth y byd yn byw yng nghefn gwlad neu mewn trefi bach. Yn ystod ail hanner yr ugeinfed ganrif, tyfodd poblogaeth dinasoedd y byd a maint ffisegol eu hardaloedd adeiledig – proses o'r enw trefoli. Digwyddodd y broses hon yn arbennig o gyflym yn ninasoedd gwledydd newydd eu diwydianeiddio (NICs: *newly industrialised countries*) yn Asia ac America Ladin.

Mae trefoli wedi digwydd yn sgil cyfuniad o'r ffactorau canlynol:

- mudo o ardaloedd gwledig i ardaloedd trefol
- y cynnydd naturiol yn y boblogaeth pan fydd mwy o enedigaethau na marwolaethau bob blwyddyn.

Yn ôl y Cenhedloedd Unedig, mae 548 o ddinasoedd yn y byd sydd â phoblogaeth o 1 miliwn o bobl o leiaf. **Mega-ddinasoedd** yw 33 ohonyn nhw. Mae gan Asia 20 mega-ddinas. Mae chwech o'r rhain yn China, a phump yn India. Mae gan America Ladin chwe mega-ddinas, a dim ond dwy sydd yn Ewrop.

> **Gwledydd newydd eu diwydianeiddio (NICs)**
> Nodweddion y gwledydd hyn yw: twf trefol cyflym; twf sector gweithgynhyrchu'r economi; cysylltiadau masnachu da â gwledydd eraill; a phresenoldeb cwmnïau amlwladol (MNCs: *multinational companies*) tramor.
>
> **Mega-ddinas**
> Dinas sydd â phoblogaeth dros 10 miliwn o bobl.

◀ **Ffigur 1** Canol Mumbai, India. Mae cymdogaeth Bhendi Bazaar i'w gweld yn rhan flaen y llun. Cartrefi traddodiadol o'r enw *chawls* yw'r adeiladau isel yn yr ardal hon.

Mae lliw gwahanol gan bob thema er mwyn i chi allu dod o hyd i bethau yn y llyfr yn hawdd.

Mae termau daearyddol pwysig yn cael eu nodi mewn **teip coch trwm**. Gallwch chi wirio ystyr y geiriau hyn yn yr eirfa yng nghefn y llyfr ac ehangu eich geirfa ddaearyddol.

Mae'r termau daearyddol pwysicaf wedi'u hesbonio mewn blychau wedi'u lliwio.

Mae ffotograffau yn dangos sut mae lleoedd go iawn yn edrych. Mae'r ffotograff hwn yn dangos Mumbai – lle unigryw. Ond mae'r ffotograff yn dangos rhai nodweddion sy'n gyffredin yn nhirweddau trefol llawer o ddinasoedd mewn NICs. Dylech chi astudio'r ffotograffau yn fanwl. Beth gallwch chi ei ddysgu am ddinasoedd mewn NICs o'r ffotograff hwn?

Pennod 2 Morlinau sy'n agored i niwed

Dinas	Poblogaeth (%) mewn perygl mewn LECZ	Tir (%) mewn perygl mewn LECZ	Poblogaeth 2015	Poblogaeth 2030
Cotonou, Benin	94.7	85.4	682,000	979,000
Warri, Nigeria	90.8	92.0	663,000	1,298,000
Alexandria, Yr Aifft	85.1	68.8	4,778,000	6,313,000
Port Harcourt, Nigeria	64.4	61.9	2,344,000	4,562,000
Dakar, Senegal	61.6	47.6	3,520,000	6,046,000

▲ **Ffigur 15** Detholiad o ddinasoedd yn Affrica sydd â pharth arfordirol uchder isel (LECZ).

▲ **Ffigur 16** Mae rhai cymdogaethau yn Cotonou, Benin wedi'u hadeiladu ar stiltiau ar lan y dŵr.

> **Gweithgareddau**
> 2 Astudiwch Ffigur 16.
>   a) Disgrifiwch y tai yn ofalus.
>   b) Awgrymwch pam mae aelodau mwyaf tlawd y gymdeithas yn byw mewn cymdogaethau fel hyn.
>   c) Awgrymwch sut bydd newid hinsawdd yn effeithio ar y gymuned hon.
> 3 Edrychwch ar Ffigur 15. Cyfrifwch y nifer gwirioneddol o bobl y mae disgwyl eu bod nhw'n byw yn y LECZ ym mhob un o'r dinasoedd hyn.

> **Gwaith ymholi**
> Dadansoddwch pam mae'n bosibl bod llywodraethau'r SIDS yn cael mwy o anhawster yn ymdopi â newid hinsawdd na llywodraeth gwlad yn fwy fel India.

Mae mapiau, graffiau a thablau data fel hwn yn darparu tystiolaeth o gyflwr y byd. Mae meddwl fel daearyddwr yn golygu bod angen i chi chwilio am batrymau a thueddiadau yn y dystiolaeth hon.

Bydd y gweithgareddau yn eich gorfodi i feddwl yn ofalus am y wybodaeth ddaearyddol sydd wedi'i chyflwyno yn y ffotograffau, y mapiau, y graffiau a'r tablau ar y dudalen. Bydd cwblhau'r gweithgareddau yn helpu i fagu eich hyder daearyddol a'ch gallu i ddisgrifio nodweddion, sylwi ar batrymau a thueddiadau ac esbonio pam mae pethau'n digwydd.

Gweithgareddau a fydd yn cymryd mwy o amser yw'r tasgau gwaith ymholi. Mae rhai ohonyn nhw'n gofyn am ragor o waith ymchwil neu drafod. Bydd llawer ohonyn nhw'n gofyn am eich barn ac yn meithrin eich sgiliau dadansoddi, gwerthuso a phenderfynu. Bydd y tasgau hyn yn eich annog i ymholi wrth ddysgu ac yn eich helpu i feddwl fel daearyddwr.

Mae ymholiadau gwaith maes yn cael eu disgrifio ar dudalennau sydd â chefndir lliw ac olion traed ar dop a gwaelod y dudalen. Mae rhai tudalennau yn canolbwyntio ar sut i ddefnyddio dulliau gwaith maes penodol er mwyn casglu neu gyflwyno data – fel y dudalen hon sy'n disgrifio'r defnydd o drawslun i gasglu data mewn ecosystem twyni tywod. Mae tudalennau gwaith maes eraill yn darparu cyngor ar strategaethau samplu, mesur llifoedd ac ymchwilio i gysyniadau fel lle.

Ymholiadau Gwaith Maes	Rhifau tudalennau
Ymchwilio i ddefnydd ymwelwyr o safle pot mêl	8–9
Datblygu cwestiwn ymholi	10–11
Ymchwilio i newidiadau i lawr yr afon	16–17
Ymchwilio i newid yn y dirwedd	34
Ymchwilio i'r cysyniad o le	35
Oes angen hunaniaeth unigryw ar ganol pob tref?	84–85
Arolygon deubegwn	104–105
Ymchwilio i dwyni tywod	188–189
Casglu data ansoddol	303

Mae paneli Sgiliau Daearyddol yn disgrifio sut i ddefnyddio rhai o'r sgiliau pwysig mae eu hangen ar ddaearyddwyr. Mae'r paneli hyn yn trafod pynciau fel disgrifio lleoliadau, lluniadu graffiau gwasgariad a darllen hydrograffau.

Sgiliau Daearyddol	Rhifau tudalennau
Cyfrifo a chyflwyno amlder	23
Sut mae dadansoddi hydrograff?	38
Cyfrifo canran o'r cyfartaledd	44
Graddio diemwnt	83
Cyfrifo canrannau gan ddefnyddio data crai	93
Disgrifio lleoliadau	98
Disgrifio dosbarthiad	100
Dehongli pyramidiau poblogaeth	146
Dod o hyd i leoedd ar fap Arolwg Ordnans	259
Defnyddio mapiau coropleth	263
Rhoi prawf ar y berthynas rhwng setiau data	267

Bydd cysylltau at y we yn eich galluogi i gynnal gwaith ymchwil pellach neu archwilio mapiau rhyngweithiol ar safleoedd sy'n defnyddio Systemau Gwybodaeth Ddaearyddol (*GIS: Geographical Information Systems*).

CYDNABYDDIAETH

Cydnabyddiaethau testun: t.4 Data o www.nationalparks.gov.uk/learningabout/whatisnationalpark/factsandfigures; **t.7** *b* a *g* Dyfyniadau o AHNE Bryniau Clwyd: Strategaeth Twristiaeth Gynaliadwy a Chynllun Gweithredu, y Cwmni Twristiaeth 2009–2014; *c* Data o www.clwydianrangeaonb.org.uk/files/1906706421-Tourism%20Strategy%20Final%20Document.pdf; *g* Shropshire Hills Area of Outstanding Natural Beauty Management Plan 2014–2019; **t.15** Rhanfap Arolwg Ordnans © Hawlfraint y Goron a hawliau cronfa ddata 2020. Hodder Education o dan drwydded i Arolwg Ordnans; **t.23** Data o Arolwg Daearegol Prydain; **t.30** *c* Rhanfap Arolwg Ordnans © Hawlfraint y Goron a hawliau cronfa ddata 2020. Hodder Education o dan drwydded i Arolwg Ordnans; **t.32** Rhanfap Arolwg Ordnans © Hawlfraint y Goron a hawliau cronfa ddata 2020. Hodder Education o dan drwydded i Arolwg Ordnans; **t.34** *gd* Data oddi wrth Gerd Masselink, Prifysgol Plymouth; **t.41** Sgrinlun o'r Swyddfa Dywydd, © Hawlfraint y Goron 2016 Y Swyddfa Dywydd; **t.42** *c* Data graff © Hawlfraint y Goron 2016 Asiantaeth yr Amgylchedd; **t.46** *g* Yn seiliedig ar ddata a ddarparwyd gan Archif Genedlaethol Llif Afonydd y DU, a gynhaliwyd gan The Centre for Ecology and Hydrology, Natural Environment Research Council. http://nrfa.ceh.ac.uk; **t.55** Data o www.ukcensusdata.com; **t.57** *b* Data gan Y Swyddfa Ystadegau Gwladol; *c* Data gan Y Swyddfa Ystadegau Gwladol; **t.59** Data gan Lywodraeth Cymru; **t.61** Map gan Y Swyddfa Ystadegau Gwladol, © Hawlfraint y Goron 2016 Y Swyddfa Ystadegau Gwladol; **t.62** *d* Map gan Lywodraeth Cymru, © Hawlfraint y Goron 2015 Llywodraeth Cymru; **t.63** *b* Sgrinlun o www.neighbourhood.statistics.gov.uk, © Hawlfraint y Goron 2015 Y Swyddfa Ystadegau Gwladol; **t.65** *Daily Mail,* 15 Hydref 2019; **t.66** *d* Graff © Hawlfraint y Goron 2014 Y Swyddfa Ystadegau Gwladol; **t.74** *bd* Data gan Y Swyddfa Ystadegau Gwladol; **t.75** Sgrinlun gan Asiantaeth yr Amgylchedd, © Hawlfraint y Goron 2016 Asiantaeth yr Amgylchedd; **t.78** Data gan Y Swyddfa Ystadegau Gwladol; **t.80** Data o Google *c* Data gan Ymddiriedolaeth Trussell; **t.87** *popeth* Data gan Adran Economeg a Materion Cymdeithasol y Cenhedloedd Unedig, Cyfadran y Boblogaeth, World Urbanizations Prospects: The 2014 Revision; **t.89** *popeth* Data gan Adran Economeg a Materion Cymdeithasol y Cenhedloedd Unedig, Cyfadran y Boblogaeth, World Urbanizations Prospects: The 2014 Revision; **t.92** *bd* Data o Gyfrifiad India; **t.93** *b* Data wedi'u haddasu o'r Sefydliad Arolygon Sampl Cenedlaethol (*NSSO*), http://timesofindia.indiatimes.com/; *c* Data o Gyfrifiad India a www.devinfolive.info/censusinfodashboard; **t.94** *c* Data o http://blogs-images.forbes.com/niallmccarthy/files/2014/09/Bollywood_2.jpg; **t.99** *bch* Data o'r Cyfrifiad Cenedlaethol; **t.101** *d* Data o'r Cyfrifiad Cenedlaethol; **t.103** Defnyddiwyd drwy ganiatâd *The Guardian*; **t.111** *bd* Diagram gyda diolch i USGS; **t.115** *b* Data gan The World Bank; **t.119** *b* Data gan UNSD Demographic Statistics; **t.123** Data gan Adran Economeg a Materion Cymdeithasol y Cenhedloedd Unedig, Cyfadran y Boblogaeth (2014), World Urbanization Prospects: The 2014 Revision, rhifyn CD-ROM; **t.124** *bd* Diagram yn seiliedig ar Seismic Waves Radiate from the Focus of an Earthquake, Prifysgol Waikato; *c* Data gan US Geological Survey a The World Bank; **t.129** *g* Data gan The World Bank; **t.131** *g* Graff © Hawlfraint y Goron 2014 Y Swyddfa Dywydd; **t.137** *ch* Rhanfap Arolwg Ordnans © Hawlfraint y Goron a hawliau cronfa ddata 2020. Hodder Education o dan drwydded i Arolwg Ordnans; **t.139** Dyfyniad o 'A Simple Life of Luxury' © 2016. Cedwir pob hawl; **t.140** *c* Sgrinlun o Gyfoeth Naturiol Cymru, © Hawlfraint y Goron 2016 Cyfoeth Naturiol Cymru; *g* Sgrinlun o Data Shine © Hawlfraint y Goron 2015; **t.141** Data gan Neighbourhood Statistics, 2011; **t.144** *d* Data gan Asiantaeth yr Amgylchedd; **t.145** Map o 'Safecoast – trends in flood risk', www.safecoast.org (Gorffennaf 2008), atgynhyrchwyd gyda chaniatâd Rijkswaterstaat-Centre for Water Management; **t.146** Graff o LRO 2011 Census Population Estimates: East Lindsey; **t.147** *ch* Data gan Y Swyddfa Ystadegau Gwladol; *d* Dyfyniad o Joseph Rowntree Foundation Report, Crynodeb o 'Impacts of climate change on disadvantaged UK coastal communities' (6 Mawrth 2011); **t.148** Hawlfraint map: James Morgan / Panos cyhoeddwyd gan SciDev.Net; **t.149** Data o UN Habitat, State of the World's Cities 2008/2009; **t.150** *gch* Hawlfraint map © 2008, United Nations Environment Programme; **t.151** *d* Mapiau o 'Impact of sea level rise on the Nile delta' © GRID-Arenday. Defnyddiwyd gyda chaniatâd; **t.163** *b* Data gan Pakistan Meteorological Department; **t.164** Data o www.seatemperature.org; **t.165** Delweddau lloeren © NASA; **t.166** Hawlfraint map 2015 National Drought Mitigation Center; **t.167** Hawlfraint graff 2015 National Drought Mitigation Center; **t.169** Data graff o https://www.ncdc.noaa.gov/cag/; **t.171** *c* Delwedd lloeren © NASA; **t.174** Map tywydd © Hawlfraint y Goron 2014 Y Swyddfa Dywydd; **t.187** Dyfyniad o http://www.ceh.ac.uk/news-and-media/blogs/farmland-ditch-management-hydrologist- perspective © NERC Centre for Ecology and Hydrology 2016; **t.196** Data o www.obt.inpe.br/degrad; **t.197** *popeth* Data gan American Soybean Association; **t.200** Data gan The World Bank; **t.207** Mapiau © NASA; **t.217** *ch* Data o Nike.com; *d* Amcangyfrifon wedi'u seilio ar *Washington Post*, 1995; **t.221** *ch* Dyfyniad o destun o http://qz.com/389741/the-thing-that-makes-bangladeshs-garment-industry-such-a-huge-success-also-makes-it-deadly/; *d* Dyfyniad o destun © Institute for Global Labour and Human Rights; **t.224** Data gan The World Bank; **t.226** *c* Data gan The World Bank; **t.227** *bd* OECD wedi'i ddefnyddio o dan drwydded CC-BY-SA 3.0; **t.228** Data o UNWTO Tourism Highlights Argraffiad 2015; **t.230** Data gan The World Bank; **t.236** Hawlfraint ffeithlun © 2018 y Cenhedloedd Unedig. **t.237** *bch* Hawlfraint ffeithlun © 2016 y Cenhedloedd Unedig. Ailargraffwyd gyda chaniatâd y Cenhedloedd Unedig; **t.242** Data gan Aquastat; **t.243** Dyfyniad testun o *Rural Women in the Sahel and Their Access to Agricultural Extension: Overview of Five Country Studies*. 1994. Adroddiad Rhif 13532 AFR.AF5AE. Washington, D.C.: The World Bank; **t.245** *b* Map gan The Food and Agriculture Organization of the United Nations, 2016, Proportion of total water withdrawal withdrawn for agriculture, http://www.fao.org/nr/water/aquastat/maps/WithA.WithT_eng.pdf. Atgynhyrchwyd gyda chaniatâd; *gch* Graff © UNESCO 2015; *gd* Data gan Aquastat; **t.252** *c* Sgrinlun o World Resources Institute © World Resources Institute (http://creativecommons.org/licenses/ by/4.0/); **t.256** *gch* Sgrinlun o'r Arolwg Blynyddol o Oriau ac Enillion © Hawlfraint y Goron 2015 Y Swyddfa Ystadegau Gwladol; **t.259** Rhanfap Arolwg Ordnans © Hawlfraint y Goron a hawliau cronfa ddata 2020. Hodder Education o dan drwydded i Arolwg Ordnans; **t.263** Sgrinluniau o Statistics South-Africa; **t.264** *ch* a *d* Data gan The World Bank; **t.265** Map © www.worldmapper.org; **t.269** Yr holl ddata graff o https://www.populationpyramid.net/; **t.270** *g* Dyfyniad o Breaking Free from Child Labour © UNICEF India; **t.271** Graff o Making Progress Against Child Labour: Global Estimates and Trends 2000–2012, © 1996–2013 The International Labour Organization; **t.272** *g* © UNICEF India; **t.273** Data gan The International Labour Organization; **t.274** Data © Amnesty International; Ailargraffwyd gyda chaniatâd y Cenhedloedd Unedig; **t.278** *b* Data gan UNICEF, *g* map © Worldmapper; **t.279** *g* Data gan y Swyddfa Ystadegau Gwladol, Malawi; Prevalence Rate, 2014 The Global HIV/AIDS Epidemic, Kaiser Family Foundation; **t.282** © Avert, 2019; **t.286** Data gan UN Water; **t.288** *c* Data o astudiaeth IMO GHG, 2009; *g* Data gan Eurostat; **t.289** *c* Dyfyniad gyda diolch i Guardian News & Media; **t.291** Data map o www.oafrica.com; **t.291** Data map o: http://standardgraphs.ices.dk/ViewCharts.aspx?key=4121_as © ICES – Cedwir pob hawl; **t.295** Data o FAO Yearbook 2014, Fishery and Aquaculture Statistics; **t.295** Data o www.worldpalmoilproduction.com/; **t.296** *g* Data o www.palmoilextractionmachine.com/FAQ/what-is-palm-oil-used-for.html; **t.298** Sgrinlun o Future Flooding Report, © Hawlfraint y Goron 2012 Yr Adran Busnes, Gwybodaeth a Sgiliau; **t.306** Data o www.thetravelfoundation.org.uk; **t.308** *g* Delwedd © 1996–2016 Australian Institute of Marine Science; **t.311** Cyhoeddwyd yr erthygl hon gyntaf gan The Asian Development Bank (www.adb.org). **t.312** Rhanfap Arolwg Ordnans © Hawlfraint y Goron a hawliau cronfa ddata 2020. Hodder Education o dan drwydded i Arolwg Ordnans; **t.314** Data gan y Cenhedloedd Unedig; **t.315** Ffeithlun © UN Women; **t.316** Data o http://www.wetterzentrale.de/; **t.320** Data o https://www.parallel.co.uk/; **t.322** Data gan The World Bank; **t.323** Data o National Institute for Space Research; **t.324** Data gan The World Bank; **t.326** Data ar gyfer pyramidiau o https://www.populationpyramid.net/; **t.327** Data gan The World Bank; **t.328** Y Swyddfa Dywydd © Hawlfraint y Goron 2020; **t.329** Data gan Fforwm Economaidd y Byd.

Mae cydnabyddiaeth ffotograffau ar dudalen 346.

Tirweddau'r uwchdir yn y DU

Mae tirweddau'r **uwchdir** yn y DU yn ardaloedd o fynyddoedd neu weundir. Yn y rhanbarthau uwchdir uchaf mae'r dirwedd yn agored ac, os oes ffiniau caeau yno, prin iawn ydyn nhw. Yn is i lawr, mae tirweddau'r uwchdir yn y DU yn cynnwys dyffrynnoedd afonydd. Mae'r ardaloedd is hyn yn cael eu heffeithio fwy gan bobl, gyda ffermydd, ffiniau caeau ac anheddiadau. Mae tirweddau'r uwchdir yn amrywio o ardal i ardal, yn sgil ffactorau fel y rhai canlynol:

- daeareg
- sut mae'r anheddiadau a'r ffermio wedi effeithio ar y ffordd mae'r tir wedi cael ei ddefnyddio
- prosesau naturiol yn y gorffennol (fel erydu gan iâ yn ystod yr oes iâ ddiwethaf) a phrosesau naturiol presennol (fel erydu gan afonydd)
- y math o lystyfiant.

▲ **Ffigur 1** Y mathau o dirweddau'r uwchdir yn y DU a lledaeniad yr iâ pan oedd iâ ar gynnydd y tro diwethaf 22,000 o flynyddoedd yn ôl.

Allwedd

Tirweddau mynyddoedd a dyffrynnoedd gyda llethrau serth a llynnoedd

Tirweddau llwyfandiroedd a dyffrynnoedd sydd wedi ffurfio yn sgil erydiad cerrig llaid gwan, gyda'r tywodfeini a'r calchfeini cryf yn ffurfio sgarpiau a llwyfandiroedd

Lledaeniad yr iâ 22,000 o flynyddoedd yn ôl

Uwchdir

Tirwedd sy'n uchel uwchben lefel y môr. Mae ardaloedd uwchdir yn fryniog ac weithiau'n fynyddig.

▲ **Ffigur 2** Tirwedd mynyddoedd a dyffrynnoedd yn Ardal y Llynnoedd.

Gweithgareddau

1 a) Defnyddiwch Ffigur 1 i ddisgrifio dosbarthiad:
   i)   tirweddau mynyddoedd a dyffrynnoedd
   ii) tirweddau llwyfandiroedd a dyffrynnoedd.
  b) Beth rydych chi'n ei sylwi am y berthynas rhwng y mathau hyn o dirweddau a lledaeniad yr iâ?
2 a) Disgrifiwch y dirwedd yn Ffigur 2.
  b) Pa arweddion sy'n gwneud y dirwedd hon yn arbennig?

Gwaith ymholi

Beth am gymharu tirweddau'r uwchdir yn y DU?
- Edrychwch ar rai ffotograffau o Barc Cenedlaethol Eryri.
- Beth yw'r pethau sy'n debyg a'r pethau sy'n wahanol rhwng Ffigur 2 a'r ffotograffau rydych chi wedi dod o hyd iddyn nhw?

Deall tirweddau cymhleth

Mae llawer o arweddion a thirffurfiau gwahanol ym mhob tirwedd. Yn debyg i jigso, mae'r cyfuniad o'r arweddion gwahanol hyn yn creu hunaniaeth **lle** a welwn (ac a brofwn) pan fyddwn yn gweld neu'n ymweld â thirwedd yn y DU.

Astudiwch Ffigur 3. Mae'n dangos twyni tywod Ynyslas ar arfordir gorllewinol Cymru. Nid yw'r twyni tywod eu hunain yn anghyffredin. Mae Ffigur 4 yn dangos bod arweddion tebyg yn perthyn i dirweddau nifer mawr o leoliadau arfordirol.

▲ **Ffigur 3** Twyni tywod Ynyslas wrth aber Afon Dyfi.

Astudiwch Ffigur 5. Gallwch chi weld y twyni tywod ar bwynt 6. Dim ond un nodwedd fach ydy'r rhain mewn tirwedd gymhleth. Mae arwynebedd y twyni tywod yn llai nag un cilometr sgwâr, ond mae'r foryd y tu cefn ar **raddfa** fwy o lawer. Mae nifer o dirffurfiau afonydd a rhai arfordirol yn yr ardal hon, yn ogystal ag amrywiaeth o ecosystemau. Mae'r dirwedd hon yn ymddangos yn naturiol, ond mae llawer o ddylanwadau dynol arni. Mae ffosydd yn draenio llawer o'r tir corsiog yn y foryd ac mae anifeiliaid yn pori ar y tir. Mae twristiaid yn hoffi'r dirwedd ac mae nifer o drefi bach a safleoedd carafannau yno. Y cyfuniad o'r gwahanol arweddion ffisegol a dynol hyn sy'n rhoi'r rhinweddau tirwedd unigryw i foryd Afon Dyfi.

Graddfa

Cysyniad daearyddol sy'n cael ei ddefnyddio i ddisgrifio maint cymharol rhywbeth. Mae tirwedd yn cynnwys arweddion, fel y twyni tywod, sydd ar raddfa gymharol fach. Maen nhw'n cael eu disgrifio fel arweddion graddfa leol. Mae arweddion eraill, fel y bryniau, yn llawer mwy. Maen nhw'n gorchuddio rhannau mawr o Gymru, ac felly'n cael eu disgrifio fel arweddion graddfa ranbarthol.

Lle

Dyma gysyniad daearyddol sy'n cael ei ddefnyddio i ddisgrifio'r pethau sy'n gwneud rhywle yn arbennig, yn unigryw neu'n nodedig. Mae llawer o arweddion gwahanol o'r amgylchedd dynol a ffisegol ym mhob lle. Ymhlith y rhain mae arweddion tirwedd a thirnodau, mathau gwahanol o adeiladau lleol, ecosystemau a chynefinoedd, ac arweddion hanesyddol a diwylliannol lleol. Gall pob un o'r arweddion hyn fod yn ddigon cyffredin yn y DU. Fodd bynnag, y cyfuniad unigryw o'r arweddion daearyddol hyn sy'n creu hunaniaeth ar gyfer unrhyw le penodol.

▲ **Ffigur 4** Dosbarthiad twyni tywod yn y DU.

Gweithgareddau

1 Astudiwch Ffigur 3. Disgrifiwch arweddion y dirwedd hon a welwch yn A a B.
2 Disgrifiwch ddosbarthiad y twyni tywod yn Ffigur 4.
3 Cysylltwch bob label â'r arwedd sydd â'r rhif cywir yn Ffigur 5.
4 Defnyddiwch dystiolaeth yn Ffigurau 3 a 5 i esbonio'r cysyniadau o raddfa a hunaniaeth lle.

1 Ecosystemau coetiroedd collddail	**2** Ystumiau ar Afon Dyfi	**3** Twyni tywod yn Ynyslas	**4** Tir pori'r uwchdir a chynefin gweundir	**5** Arweddion y foryd gan gynnwys morfa heli a thir pori defaid	**6** Trefi bach fel Aberdyfi	**7** Tirffurfiau arfordirol – traethau a barrau tywod

▲ **Ffigur 5** Golwg oddi uchod o foryd Afon Dyfi, y Canolbarth.

▲ **Ffigur 6** Tref farchnad fach Machynlleth, tua 9 km o aber Afon Dyfi.

▲ **Ffigur 7** Pyllau yn nyffryn Afon Dyfi yn Ynyshir, tua 3 km o aber yr afon.

Gweithgareddau

5 a) Gwnewch gopi o Ffigur 8 a'i ddefnyddio i gyfrifo sgôr ddeubegwn ar gyfer pob ffotograff.
   b) Rhannwch eich sgorau ag o leiaf pedwar person arall yn eich dosbarth. Cyfrifwch sgôr gymedrig ar gyfer pob ffotograff.

	+5	+4	+3	+2	+1	−1	−2	−3	−4	−5	
Deniadol											**Anneniadol**
Amrywiol											**Undonog**
Prin											**Cyffredin**
Naturiol											**Dynol**

▲ **Ffigur 8** Gosodiadau deubegwn i asesu tirwedd.

Safleoedd pot mêl

Mae miliynau o bobl yn mwynhau gweithgareddau hamdden yng nghefn gwlad. Mae cerdded, rhedeg a beicio yn weithgareddau poblogaidd sy'n dda i'r iechyd. Mae gweithgareddau hamdden hefyd yn dda i'r economi gwledig. Mae pobl sy'n ymweld am y dydd yn gwario arian ar atyniadau lleol, mewn siopau ac ar fwyd a diod; mae ymwelwyr eraill yn aros dros nos mewn gwestai. Mae hyn yn galluogi **amrywiaethu gwledig** – lle mae'r economi gwledig yn mentro o fyd ffermio ac yn buddsoddi mewn diwydiannau gwasanaethau sy'n ymwneud â thwristiaid.

Fodd bynnag, gall gormod o ymwelwyr achosi problemau. Mae sbwriel, parcio ac erydiad ar lwybrau troed yn faterion mae angen eu rheoli'n ofalus. Mae'r problemau hyn yn gwaethygu wrth i nifer yr ymwelwyr fynd yn uwch na'r **gallu i ymdopi** sydd gan y lleoliad ac i weithgaredd ddechrau gwneud difrod i'r dirwedd neu i'r ecosystem. Yn fwy na thebyg ni fydd y gallu i ymdopi yn ddigonol yn **safleoedd pot mêl** y DU. Fel gwenyn o gwmpas pot mêl, mae'r lleoliadau hyn yn denu nifer mawr o ymwelwyr oherwydd eu bod:

- yn eithriadol o hardd neu ddiddorol
- yn hawdd eu cyrraedd ar y ffordd fawr ac yn ddigon agos at bobl sy'n byw mewn trefi neu ddinasoedd mwy.

Mae mwyafrif safleoedd pot mêl naturiol y DU mewn naill ai Ardaloedd o Harddwch Naturiol Eithriadol (AHNE) neu Barciau Cenedlaethol y DU.

▲ **Ffigur 9** Lleoliad a dosbarthiad Ardaloedd o Harddwch Naturiol Eithriadol (AHNE) a Pharciau Cenedlaethol yng Nghymru a Lloegr. Mae AHNE yn cael eu dewis oherwydd rhinweddau eu golygfeydd ysblennydd.

Amrywiaethu gwledig

Pan fydd busnesau newydd yn cael eu datblygu yng nghefn gwlad. Yn aml, mae'r busnesau newydd hyn mewn hamdden neu dwristiaeth yn hytrach na ffermio.

Y gallu i ymdopi

Faint o bobl mae tirwedd yn gallu eu cynnal cyn achosi unrhyw ddifrod parhaol.

Arhosodd **590,000** o ymwelwyr dros nos mewn gwestai, gwestai gwely a brecwast a meysydd gwersylla.

Treuliodd ymwelwyr dros **2.1 miliwn** o ddiwrnodau yn y Parc.

Mae twristiaeth yn creu **4,325** o swyddi sy'n cyfateb i rai llawn amser mewn cyflogaeth uniongyrchol, a **5,188** o swyddi sy'n cyfateb i rai llawn amser mewn cyflogaeth anuniongyrchol.

Gwariodd ymwelwyr â'r Parc gyfanswm o **£239 miliwn**.

▲ **Ffigur 10** Pwysigrwydd twristiaeth i Barc Cenedlaethol Dales Efrog (2017) mewn niferoedd.

Gweithgareddau

1. Astudiwch Ffigur 9.
   a) Disgrifiwch leoliad AHNE Bryniau Sir Amwythig.
   b) Rhestrwch 5 ardal drefol sydd o fewn 100 km i Barc Cenedlaethol Ardal y Peak.
   c) Pa Barc Cenedlaethol sydd bellaf i ffwrdd o unrhyw ddinas fawr?
2. Defnyddiwch dystiolaeth yn Ffigur 10 i awgrymu sut mae twristiaeth yn helpu'r economi gwledig i amrywiaethu.

Atgyweirio erydiad ar lwybrau troed Bannau Brycheiniog

Ardal fynyddig yn ne Cymru yw Bannau Brycheiniog. Mae'n ardal hynod boblogaidd ymhlith cerddwyr a beicwyr mynydd. Mae rhai o'r llwybrau sy'n cael eu defnyddio amlaf ar dir sy'n eiddo i gyrff cyhoeddus fel Awdurdod y Parc Cenedlaethol a'r Ymddiriedolaeth Genedlaethol. O 2005 i 2015, bu'r Ymddiriedolaeth Genedlaethol wrthi'n atgyweirio 15 km o'r llwybrau hyn. Roedd y gwaith yn cynnwys aildyfu llystyfiant ar bridd noeth ac adfer llystyfiant oedd wedi dirywio. Cafodd dros 75,000 m² o lystyfiant ei adfer i gyd. Mae'r Ymddiriedolaeth Genedlaethol yn gobeithio atgyweirio 10 km arall o lwybrau troed lle mae lled yr erydiad yn fwy na 4 m.

Mae'r atgyweirio yn dibynnu'n fawr iawn ar roddion ac ymdrech gwirfoddolwyr. Yn ystod haf 2015, cafodd darn o lwybr yng Nghefn Cwm Llwch, ger Pen y Fan, ei adfer. Mae'r ardal hon yn anghysbell iawn a rhaid oedd defnyddio hofrennydd i gario'r bagiau 1 dunnell fetrig o gerrig i'r safle. Cafodd cyfanswm o 70 o fagiau eu cludo o'r chwarel gerllaw. Mae'r cerrig yn cael eu gosod yn unionsyth yn y ddaear a'u pacio'n dynn i greu llwybr sy'n edrych yn naturiol ac sy'n para'n dda. Ar ôl creu'r llwybr, mae'n bosibl aildyfu llystyfiant ar hyd yr ochrau. Mae'r gwaith o reoli'r llwybrau troed ym Mannau Brycheiniog yn costio tua £100,000 bob blwyddyn i'r Ymddiriedolaeth Genedlaethol yn unig.

▲ **Ffigur 11** Gwirfoddolwyr yn atgyweirio llwybr troed ger Pen y Fan ym Mannau Brycheiniog.

Gweithgareddau

3 Esboniwch pam mae'n anodd atgyweirio amgylchedd sy'n debyg i'r un yn Ffigur 11.
4 a) Gwnewch gopi o Ffigur 12.
   b) Rhowch label addas ar gyfer pob cam o'r diagram.
   c) Copïwch y gosodiadau sydd o dan y diagram a'u rhoi mewn trefn i ddangos pam mae'r llwybr yn lledu dros amser.
5 Awgrymwch pam mae'n bwysig rheoli effeithiau erydiad ar lwybrau troed. Ystyriwch yr effaith ar yr amgylchedd ffisegol, a hefyd ar yr economi gwledig, os nad yw erydiad y llwybrau troed yn cael ei reoli.

Allwedd
- Planhigion tal
- Planhigion byr
- Pridd
- Craig
- Carreg

Mwy a mwy o sathru dros amser

1 2 3 4 5 6 7 8 9 10 11 12 13 14 15 16 17
Metrau ar draws y llwybr

| Planhigion yn marw | Pridd yn agored i ddŵr glaw | Pridd yn cael ei erydu gan ddŵr glaw yn tasgu ac erydiad gylïau |

| Y llwybr yn mynd yn fwyfwy llydan | Mae'r planhigion yn fyr ac yn dirywio am fod pobl yn sathru arnyn nhw |

| Mae cerddwyr yn osgoi'r llaid ar ganol y llwybr ac yn cerdded ar yr ochrau | Cerrig yn dod i'r wyneb wrth i'r pridd erydu |

▲ **Ffigur 12** Pethau sy'n achosi erydiad ar lwybrau troed.

Rheoli tirweddau nodedig

Mae cefn gwlad y DU yn cael ei reoli gan dirfeddianwyr. Mae ffermwyr yn rheoli eu tir i gynhyrchu bwyd a diogelu cynefinoedd a bywyd gwyllt. Mae Parciau Cenedlaethol ac AHNE y DU yn cael eu rheoli'n ofalus. Mae hyn er mwyn sicrhau bod rhinweddau arbennig ac unigryw y tirweddau, y bywyd gwyllt a'r dreftadaeth ddiwylliannol yn cael eu cydnabod a'u diogelu. Tîm bach o staff llawn amser a grŵp mawr o wirfoddolwyr sy'n gwneud y gwaith. Mae gan bob un o AHNE y DU gynllun rheoli 5 mlynedd sy'n nodi'r camau gweithredu mae angen eu cyflawni.

Rheoli AHNE Bryniau Clwyd a Dyffryn Dyfrdwy

Uwchdir calchfaen yng ngogledd-ddwyrain Cymru yw Bryniau Clwyd. Mae'n ardal boblogaidd i ymwelwyr, gyda thua 4.5 miliwn o bobl yn byw o fewn taith car 90 munud i'r ardal. Mae'r dirwedd nodedig, sydd i'w gweld yn Ffigur 14, yn dangos pwysigrwydd ei daeareg. Mae'r galchfaen yn gwrthsefyll erydiad ac yn ffurfio sgarpiau serth â llethrau sgri hir oddi tanynt. Uwchben y sgarp, mae'r priddoedd calchfaen ar y llwyfandir yn denau ac mae'r planhigion yn arbenigol. Mae tirweddau calchfaen yn eithaf anghyffredin yn y DU. Mae eu dosbarthiad i'w weld yn Ffigur 15.

▲ **Ffigur 13** Lleoliad AHNE a gwarchodfeydd biosffer yng Nghymru a'r cyffiniau.

▲ **Ffigur 14** Tirwedd galchfaen Eglwyseg yn AHNE Bryniau Clwyd, Cymru.

Allwedd
■ Calchfaen, clogwyni mewndirol a sgri

▲ **Ffigur 15** Dosbarthiad calchbalmentydd yn y DU.

Gweithgareddau

1 Ysgrifennwch label priodol ar gyfer pob un o'r arweddion, o 1 i 6, yn Ffigur 14.

2 a) Disgrifiwch ddosbarthiad calchbalmentydd yn y DU.

   b) Er bod y calchbalmant yn Ffigur 14 i'w weld mewn lleoedd eraill, esboniwch pam mae'r arwedd hon yn helpu i roi ymdeimlad o le i Eglwyseg.

Arweddion unigryw sy'n denu ymwelwyr i AHNE Bryniau Clwyd

Mae cyfoeth tirwedd Bryniau Clwyd yn dod o gyfuniad o uwchdir bryniog, gweundiroedd agored wedi'u gorchuddio â grug a brigiadau creigiog, yn ogystal â bryniau a dolydd o dir ffermio a dyffrynnoedd coediog. Mae'r ardal yn wledd o olygfeydd eang i bob cyfeiriad. Mae perthi hyfryd, waliau cerrig a nifer o bentrefi bach tlws hefyd yn ddeniadol i'r llygad.

Mae tirwedd gyfoethog Bryniau Clwyd yn ganlyniad i brosesau daearegol sydd wedi digwydd dros gyfnod o 500 miliwn o flynyddoedd. Mae'r dirwedd – gyda'i huwchdir wedi'i orchuddio â grug, dyffrynnoedd wedi'u cerfio gan iâ, calchfaen creigiog, bryniau a dolydd o dir ffermio a dyffrynnoedd coediog – yn adnodd unigryw ac ysblennydd.

Mae cryn dipyn o batrwm y dirwedd sydd i'w weld heddiw – y pentrefi a'r ffermydd anghysbell – yn dyddio'n ôl i'r Oesoedd Canol. Mae Clawdd Offa yn arwedd dreftadaeth bwysig o ardal gororau Cymru a Lloegr, ac mae Llwybr Clawdd Offa (sy'n Llwybr Cenedlaethol dynodedig) yn adnodd hamdden pwysig.

▲ **Ffigur 16** Dyfyniad o Gynllun Gweithredu AHNE Bryniau Clwyd.

Gweithgaredd	Sgôr gymedrig
Gyrru drwy harddwch cefn gwlad	2.41
Mynd ar deithiau cerdded hir (dros 2 awr)	2.57
Mynd ar deithiau cerdded byr (hyd at 2 awr)	2.61
Crwydro o gwmpas trefi a phentrefi bach	2.64
Ymweld ag atyniadau	2.83
Beicio (gan gynnwys beicio mynydd)	3.07
Marchogaeth	3.53
Pysgota	3.61

▲ **Ffigur 17** Gofynnwyd i fusnesau twristiaid roi sgôr i bob gweithgaredd ar raddfa o un i bump. Mae sgôr o un yn dynodi rhywbeth sy'n 'bwysig i'r rhan fwyaf o fy ymwelwyr' a sgôr o bump yn dynodi rhywbeth sydd 'ddim yn bwysig i unrhyw un o fy ymwelwyr'.

Ansawdd a chymeriad arbennig y dirwedd	Dechrau monitro drwy dynnu ffotograffau o olygfeydd pwysig o fannau sefydlog	Cydweithio â chwmnïau pŵer i dynnu'r llinellau trydan uwchben a'u rhoi o dan y ddaear yn y lleoliadau mwyaf sensitif	Trefnu un diwrnod y flwyddyn pan fydd gofyn i gymunedau lleol rannu eu cyfoeth o wybodaeth am yr ardal
Mynediad a hamdden	Gwella arwyddion drwy adnewyddu mynegbyst a gosod rhai newydd	Gwella mynediad drwy leihau nifer y camfeydd neu osod gatiau mochyn yn eu lle	Monitro erydiad ar lwybrau troed mewn ardaloedd allweddol (e.e. o gwmpas bryngaerau) a gwneud un project erydu bob blwyddyn
Diwylliant a phobl	Gwrthwynebu cynigion datblygu sy'n arwain at golli cyfleusterau cymunedol, fel siopau a thai tafarnau lleol	Archwilio opsiynau er mwyn sicrhau gwasanaeth ffôn symudol cyson ym mhob rhan o'r AHNE, a datrys problem 'mannau gwael' heb achosi niwed i gymeriad a golwg yr ardal	Cydweithio ag awdurdodau cynllunio a thai lleol i hyrwyddo cynlluniau tai fforddiadwy ar gyfer pobl leol

▲ **Ffigur 18** Rhai pwyntiau gweithredu o gynllun rheoli AHNE Bryniau Sir Amwythig ar gyfer 2014–19.

Gweithgareddau

3 Defnyddiwch Ffigur 16 i ddisgrifio sut mae arweddion daearegol, daearyddol a diwylliannol y dirwedd yn denu ymwelwyr i'r AHNE hon.

4 Dewiswch dechneg briodol i gyflwyno'r data yn Ffigur 17.

5 a) Trafodwch y naw pwynt gweithredu yn Ffigur 18.

   b) Gwnewch ddiagram diemwnt naw (fel yr un ar dudalen 83) a rhowch y pwyntiau gweithredu yn y diagram. Rhowch y pwyntiau sydd bwysicaf yn eich barn chi ar frig y diagram.

   c) Esboniwch pam rydych chi wedi dewis y tri phwynt gweithredu uchaf. Dylech chi esbonio sut bydd y pwyntiau rydych chi wedi'u dewis yn helpu i warchod neu i gydnabod tirweddau, bywyd gwyllt neu gymunedau/ treftadaeth leol.

Ymchwilio i ddefnydd ymwelwyr o safle pot mêl

Cefnen greigiog yw'r Stiperstones yn AHNE Bryniau Sir Amwythig. Mae'r AHNE hon o fewn pellter gyrru hawdd i drefi a dinasoedd Gorllewin Canolbarth Lloegr. Nid yw'r bryniau'n fawr: mae copaon y rhan fwyaf ohonyn nhw tua 400 m uwchben lefel y môr. Nid yw'r llethrau'n rhy serth ac felly mae cerddwyr a beicwyr o bob gallu ac oed yn gallu eu dringo.

Mae priddoedd y Stiperstones yn arbennig o denau. Yn wir, mae brigiadau creigiog sy'n cael eu galw'n 'tyrrau', yn ymwthio allan ar hyd copa'r gefnen. Mae pobl yn cerdded i fyny i'r copa er mwyn dringo dros y tyrrau ac edmygu'r olygfa. Fodd bynnag, mae sathru ar hyd yr un llwybrau wedi difrodi'r llystyfiant ac wedi erydu'r pridd. Gallwch chi weld olion erydiad ar y llwybrau troed yn Ffigur 20.

Strategaethau samplu

Set o ddata yw sampl sy'n dangos i ni beth sy'n digwydd heb i ni orfod cofnodi pob peth. Mae'n rhaid i'r sampl fod yn gynrychiadol – hynny yw, adlewyrchu'r sefyllfa gyfan yn deg. Mae'n hanfodol bod y sampl yn ddiduedd. Mae tair prif strategaeth samplu i'w gweld yn Ffigur 19. Yn ogystal, mae samplu weithiau yn gallu bod yn 'oportiwnistaidd'. Yn achos samplu oportiwnistaidd, mae'r sampl wedi'i ddewis gan ei fod yn gyfleus ac ar gael yn hawdd neu'n ddiogel. Er enghraifft, mae pwyntiau samplu ar hyd afon yn cael eu dewis fel arfer gan fod caniatâd wedi'i roi i fynd i'r afon (mae'r perchennog wedi cytuno) ac mae'n ddiogel gwneud hynny. Y broblem gyda'r math hwn o samplu yw y gall fod yn annheg neu ddangos tuedd, ac felly efallai nad yw eich sampl yn gynrychiadol.

Beth yw'r gwahaniaeth rhwng data meintiol a data ansoddol?

Mae daearyddwyr yn gallu casglu pob math o ddata gwahanol wrth wneud ymholiad gwaith maes, ond bydd y data bob amser yn perthyn i un o ddau gategori:

Data meintiol yw gwybodaeth y mae'n bosibl ei mesur a'i chofnodi fel rhifau. Mae cyfrif traffig, mesur lled a chyflymder afon neu fesur maint cerrig mân ar draeth i gyd yn enghreifftiau o ddata meintiol.

Data ansoddol yw gwybodaeth sydd ddim yn rhifiadol. Gallwch chi gasglu data ansoddol mewn llawer o ffyrdd – er enghraifft, tynnu ffotograffau, gwneud brasluniau maes neu gymryd recordiadau fideo neu sain. Mae cyfweld pobl i ofyn am eu barn a'u safbwyntiau ar fater hefyd yn enghraifft o gasglu data ansoddol. Mae'r dechneg ddeubegwn (tudalen 104) yn ffordd o geisio casglu barn pobl gan ddefnyddio dull mwy meintiol.

	Hapsamplu	Samplu systematig	Samplu haenedig
Beth ydyw?	Mae gan bob pwynt samplu debygolrwydd cyfartal o gael ei samplu.	Mae data yn cael eu casglu ar gyfyngau rheolaidd. Gall y cyfyngau hyn fod mewn amser neu ofod (pellter).	Mae samplau cyfrannol yn cael eu cymryd o wahanol grwpiau neu strata.
Sut gallech chi ei ddefnyddio?	Er mwyn ymchwilio i ba mor brysur yw parc gwledig, gallech chi ddewis amrywiaeth o leoliadau ar draws y parc a chyfrif nifer y cerddwyr ym mhob un o'r safleoedd. Rhowch enwau'r holl leoliadau mewn bag a thynnu pump enw allan.	Er mwyn ymchwilio i sut mae effaith twristiaid yn newid wrth i chi symud ymhellach i ffwrdd o ganolfan ymwelwyr, gallech chi gynnal cyfrifiad sbwriel ac arolwg effaith amgylcheddol bob 100 m i ffwrdd o'r ganolfan.	Wrth gynnal holiadur, gwnewch yn siŵr eich bod yn samplu niferoedd priodol o grwpiau oedran gwahanol ar sail data o'r cyfrifiad, h.y. 20% 0–18 oed, 25% 19–45 oed, 35% 45–65 oed a 20% 66+ oed.
Manteision	Dim tuedd o gwbl yn y dewis o safleoedd.	Yn cynnwys amrywiaeth o leoliadau ac yn darparu lleoliadau wedi'u gwasgaru'n gyson ar draws holl ardal yr arolwg.	Yn darparu sampl sydd yn wirioneddol gynrychiadol.
Anfanteision	Gall safleoedd yr arolwg fod yn agos at ei gilydd, ac felly nid yw'r lleoliadau wedi'u gwasgaru'n gyson.	Os yw'r samplau'n rhy bell oddi wrth ei gilydd, gallech chi golli rhai amrywiadau pwysig.	Rhaid casglu gwybodaeth am faint pob grŵp cyn dechrau.

▲ **Ffigur 19** Strategaethau samplu.

Defnyddio rheolydd i ymchwilio i effaith sathru

Mae Ffigur 20 yn dangos yn glir y gwahaniaeth mewn llystyfiant rhwng ardaloedd lle mae ymwelwyr wedi bod yn eu sathru'n drwm ac ardaloedd lle nad oes pobl wedi bod yn cerdded. Fodd bynnag, fel mae Ffigur 12 (tudalen 5) yn ei awgrymu, mae pobl yn cerdded drwy lystyfiant bob ochr i'r llwybr i osgoi cerdded ar gerrig anwastad. Mae hyn yn arwain at gwestiwn ymholi: oes mwy o berygl i rai rhywogaethau o blanhigion nag eraill?

Oes mwy o berygl i rai rhywogaethau o blanhigion nag eraill?

Os oes, efallai y gwelwch fod canran is o rai planhigion yn tyfu'n union wrth ochr y llwybr oherwydd bod y sathru wedi'u difrodi. I ganfod yr ateb byddai'n rhaid i chi drefnu rheolydd – arbrawf i ddarganfod y swm cyfartalog o bob rhywogaeth o blanhigyn. Dyma beth y byddech chi'n ei wneud:

Cam 1: Defnyddiwch gwadrad i fesur canran gwahanol blanhigion mewn ardal sydd i ffwrdd o'r llwybr ac nid yw sathru'n effeithio arni. Grid metel neu blastig yw cwadrad, sydd fel arfer tua hanner metr o un ochr i'r llall. Gallwch chi amcangyfrif canran pob planhigyn ym mhob cwadrad. Cymerwch o leiaf 5 mesur rheoli mewn lleoedd gwahanol ac yna cyfrifwch y canran cymedrig ar gyfer pob planhigyn yn yr ardaloedd hyn.

Cam 2: Gosodwch drawslun (gweler tudalen 188) ar draws y llwybr. Bydd angen i chi ddechrau a gorffen y trawslun sawl metr i ffwrdd o'r darn o lwybr sydd wedi erydu. Mae hyn er mwyn sicrhau eich bod yn samplu'r planhigion wrth ochr yr ardal sydd wedi cael ei sathru. Bydd angen i bob cwadrad fod 2 m oddi wrth ei gilydd ar hyd y trawslun.

	Cwadrad				
	1	2	3	4	5
Llus	30	10	40	25	55
Grug	60	80	60	60	40
Planhigion eraill	10	10	0	15	5
Craig/pridd noeth	0	0	0	0	0

▲ **Ffigur 21** Canran o bob math o lystyfiant yn y cwadradau rheoli.

	Cwadrad									
	1	2	3	4	5	6	7	8	9	10
Llus	30	10	0	0	0	0	0	10	20	35
Grug	60	70	70	0	20	0	70	80	80	65
Planhigion eraill	10	20	10	0	0	0	30	10	0	0
Craig/pridd noeth	0	0	20	100	80	100	0	0	0	0

▲ **Ffigur 22** Canran o bob math o lystyfiant ym mhob cwadrad; roedd pob cwadrad 2 m oddi wrth ei gilydd.

Gweithgareddau

1 Sut mae sathru yn effeithio ar rywogaethau gwahanol o blanhigion?
   a) Defnyddiwch y data yn Ffigur 21 i gyfrifo canran cymedrig pob planhigyn yn y rheolydd.
   b) Dewiswch dechneg addas i gyflwyno'r data yn Ffigur 22. Gweler tudalen 189 i weld sut mae lluniadu diagram barcut.
   c) Pa gasgliadau gallwch chi ddod iddyn nhw am effaith sathru ar blanhigion llus a grug wrth ochr y llwybr?

Gwaith ymholi

Sut byddech chi'n mynd ati i lunio ymholiad i'r hyn sy'n rhoi ymdeimlad o hunaniaeth i'ch ardal leol? Pa ddata meintiol ac ansoddol gallech chi eu casglu?

◄ **Ffigur 20** Nid yw erydiad ar lwybrau troed yn broblem gyffredin yn AHNE Bryniau Sir Amwythig, ond mae'n broblem leol ar gefnen y Stiperstones.

Datblygu cwestiwn ymholi

Dychmygwch eich bod ar fin mynd ar daith maes i'r Stiperstones. Mae angen cwestiwn ymholi ar gyfer eich ymholiad. Yn gyntaf, mae angen i chi ddod i ddeall naws y lle a'r problemau sydd yno. Mae'n syniad da defnyddio'r rhyngrwyd i ddarllen am AHNE Bryniau Sir Amwythig, neu ddefnyddio *Google Maps* neu *Google Street View* i ymchwilio i leoliad eich gwaith maes cyn eich ymweliad. Wedyn gallwch chi ddatblygu cwestiynau ymholi posibl. Er enghraifft:

> *Pa effaith mae ymwelwyr yn ei chael ar yr amgylchedd yn y Stiperstones?*
>
> Mae'n bosibl rhannu'r cwestiwn hwn yn is-gwestiynau llai i helpu i roi strwythur iddo:
>
> **1** *Beth rydyn ni'n ei wybod am yr ymwelwyr sy'n mynd i'r Stiperstones?*
>
> **2** *Sut amgylchedd sydd yn y Stiperstones?*
>
> **3** *Sut mae'r ymwelwyr wedi effeithio ar yr amgylchedd yn y Stiperstones?*

Defnyddio holiaduron

Mae gan holiaduron gryfderau a chyfyngiadau. Maen nhw'n casglu gwybodaeth oddrychol, sy'n ddefnyddiol iawn os oes gennych ddiddordeb mewn darganfod barn pobl. Ond, un cyfyngiad yw na allwch chi fod yn siŵr bod pobl wedi ateb eich cwestiynau'n onest. Gallwch chi ofyn cwestiynau caeedig neu gwestiynau agored. Wrth ofyn cwestiynau caeedig, bydd angen i chi greu rhai atebion posibl, a bydd pobl wedyn yn dewis un o'r atebion hyn. Mae cwestiynau caeedig yn gyflym ac yn hawdd i bobl eu hateb, ac mae'n hawdd cyflwyno'r canlyniadau wedyn. Fodd bynnag, mae'r ymatebwyr yn cael eu cyfyngu i'r opsiynau rydych chi wedi'u dewis ar eu cyfer yn barod. Mae cwestiynau agored yn gadael i bobl ateb yn rhydd ym mha ffordd bynnag yr hoffen nhw neud hynny. Maen nhw'n gallu bod yn ddefnyddiol iawn gan eu bod yn gadael i bobl siarad yn rhydd am y pwnc, ond mae dadansoddi'r atebion yn gallu bod yn fwy anodd.

Safle	Pellter o'r maes parcio (m)	Sgôr effaith ar raddfa 0–5 (lle mae 0 yn isel a 5 yn uchel)				
		Erydiad ar lwybrau troed	Sŵn	Sbwriel	Gofod (prysurdeb)	Cyfanswm sgôr
1	0	5	4	3	4	16
2	100	5	2	4	3	14
3	200	4	1	2	2	9
4	300	3	1	2	2	8
5	400	2	1	1	1	5
6	500	1	0	1	1	3
7	600	1	2	2	3	8
8	700	0	1	0	1	2
9	800	0	0	1	0	1

▲ **Ffigur 23** Sgorau asesu effaith amgylcheddol; pwyntiau samplu bob 100 m o'r maes parcio o dan gefnen y Stiperstones.

Gweithgareddau

1 Defnyddiwch Ffigur 9 (tudalen 4) i ddisgrifio lleoliad AHNE Bryniau Sir Amwythig.

2 Awgrymwch ddau reswm gwahanol pam mae'r lle mor boblogaidd gydag ymwelwyr o Birmingham sy'n dod am y dydd.

3 Astudiwch y cwestiwn ymholi canlynol am y Stiperstones:
Pa effaith mae ymwelwyr yn ei chael ar yr amgylchedd yn y Stiperstones?

   a) Awgrymwch un ffordd o newid y cwestiwn ymholi er mwyn i chi allu ymchwilio i'r effaith bosibl y mae ymwelwyr yn ei chael ar fusnesau yn AHNE Bryniau Sir Amwythig.

   b) Sut byddech chi'n newid yr is-gwestiynau?

Prosesu a chyflwyno tystiolaeth

Gallwch chi brosesu data mewn sawl ffordd. Er enghraifft drwy gyfrifo:

- cyfansymiau a chanrannau
- cyfartaleddau (cymedr, modd neu ganolrif)
- uchafswm, isafswm ac amrediadau rhyngchwartel (gweler tudalen 17).

Mae angen i chi gyflwyno eich data gan ddefnyddio technegau priodol i'ch helpu chi i nodi unrhyw batrymau neu dueddiadau. Dyma rai cwestiynau i'w hystyried wrth ddewis techneg.

- Ydy'r data wedi'u mynegi fel gwerthoedd gwirioneddol neu fel canrannau? Gallech chi ddefnyddio siartiau bloc ar gyfer gwerthoedd gwirioneddol a siartiau cylch i ddangos canrannau.
- Ydy'r data yn arwahanol neu'n ddi-dor? Dylech chi ddefnyddio graff bloc i ddangos data arwahanol a graff llinell i ddangos data di-dor.
- Ydy'r data yn dweud rhywbeth wrthych chi am y lleoedd gwahanol? Os ydyn nhw, ydych chi'n gallu gosod eich siartiau bloc neu siartiau cylch ar fap sylfaen?
- Oes gennych chi ddwy set o ddata sy'n perthyn i'w gilydd? Os oes, a fyddai graff gwasgariad (tudalen 267) yn dangos perthynas?

Dadansoddi'r dystiolaeth

Ystyr dadansoddi yw astudio'r data a dod o hyd i unrhyw batrymau neu dueddiadau. Er enghraifft:

- Ydy'r data yn cynyddu, yn lleihau neu'n gyson yn ystod eich arolygon?
- Oes unrhyw ddata sydd ddim yn dilyn y patrwm? **Anomaleddau** yw'r rhain. Allwch chi esbonio'r rheswm drostyn nhw?
- Sut mae'r data yn cysylltu â'r safleoedd yn y lleoliad? Ydy'r data yn dangos patrwm **gofodol**? Mewn geiriau eraill, ydy'r patrymau a welwch chi yn amrywio yng nghyd-destun gofod?

Anomaleddau

Data sy'n wahanol i, neu sydd ddim yn dilyn, y patrymau neu'r tueddiadau sydd i'w gweld mewn data eraill.

Gofodol

Ansoddair sy'n disgrifio lleoliad neu ddosbarthiad data. Mae patrwm gofodol yn rhywbeth y gallwch chi ei fapio.

Gwerthuso eich ymholiad

Ystyr gwerthuso yw asesu cryfderau a gwendidau pob cam o'ch ymholiad. Gallai eich gwerthusiad ddilyn y camau canlynol:

- **Cam 1**: A wnaethoch chi ofyn y cwestiwn cywir i ddechrau? Oeddech chi'n gallu casglu'r math cywir o ddata er mwyn gallu dod i gasgliadau?
- **Cam 2**: Oedd eich data chi'n gynrychiadol ac yn ddibynadwy? Os gwnaethoch chi ddefnyddio holiaduron, a gawsoch chi ddigon o atebion er mwyn gallu cyflwyno barn y cyhoedd yn gywir? Os gwnaethoch chi ddefnyddio data o'r rhyngrwyd neu o ffynhonnell arall, ydych chi'n hyderus bod y ffynhonnell yn ddilys, neu oes posibilrwydd bod y wybodaeth yn dangos tuedd?
- **Cam 3**: Oedd yr ymholiad wedi'i gynllunio'n dda? Cofiwch mai mater o gynllunio gwael, ac nid camgymeriad dynol, yw peidio â chasglu digon o ddata, peidio â chael digon o amser i orffen neu beidio â rhoi digon o ymdrech i'r gwaith. Sut gallech chi wella eich ymholiad pe byddech chi'n ei wneud unwaith eto?
- **Cam 4**: Oes unrhyw gwestiynau pellach sydd angen eu hateb? Sut gallech chi estyn yr ymholiad ymhellach?

Gweithgareddau

4 Astudiwch Ffigur 23.
   a) Pa fath o samplu a ddefnyddiwyd i gasglu'r data hyn?
   b) Awgrymwch ragdybiaeth sy'n cysylltu'r pellter o'r maes parcio â'r effeithiau amgylcheddol.
   c) Cyflwynwch y data gan ddefnyddio dwy dechneg wahanol.
   ch) Beth yw cryfderau a chyfyngiadau'r ddwy dechneg hon?

Gwaith ymholi

Ar gyfer safle pot mêl rydych chi'n gyfarwydd ag ef:

- Datblygwch gwestiwn y gallech chi ei astudio.
- Pa ddata gallech chi eu casglu?
- Pa strategaethau samplu byddech chi'n eu defnyddio? Pam?
- Pa dechnegau dadansoddi a chyflwyno gallech chi eu defnyddio?

THEMA 1

Tirweddau a phrosesau ffisegol
Pennod 2
Prosesau a newidiadau tirffurf

Prosesau afon

▶ **Ffigur 1** Mae nifer o brosesau afon gwahanol yn amlwg yn yr afon hon.

O'r eiliad y mae dŵr yn dechrau llifo dros arwyneb y tir, mae disgyrchiant yn rhoi pŵer i'r dŵr erydu'r dirwedd. Mae **prosesau erydiad** yn digwydd yn y mannau lle mae digon o egni yn yr afon – er enghraifft, lle mae'r afon yn llifo'n gyflym neu os yw'r afon yn llawn dŵr ar ôl glaw trwm. Mae afonydd sy'n llifo ar draws llethrau graddol (fel yr afon yn Ffigur 1) yn tueddu i lifo gyda'r grym mwyaf ar ochr allanol pob tro (neu **ystum afon**). Mae dŵr yn cael ei daflu i'r ochr i mewn i lan yr afon, sy'n cael ei herydu gan **weithred hydrolig** a **sgrafelliad**. Mae'r lan yn cael ei thandorri'n raddol. Mae'r pridd

sy'n bargodi yn disgyn i mewn i sianel yr afon lle mae'r llwyth newydd hwn o ddeunydd yn gallu cael ei godi a'i gludo i lawr yr afon gan y dŵr sy'n llifo. Mae Ffigur 2 yn disgrifio'r prif brosesau cludo.

Prosesau erydiad

Mae'r prosesau hyn yn digwydd pan fydd grym afon sy'n llifo yn treulio gwely a glannau sianel yr afon. Mae'r rhain yn cynnwys y canlynol: gweithred hydrolig, sgrafelliad, athreuliad a hydoddiant. Gweler Ffigur 3.

Proses gludo	Maint neu fath y gwaddod	Amodau llif nodweddiadol	Disgrifiad o'r broses
Hydoddiant	Mwynau hydawdd fel calsiwm carbonad	Pob math	Mwynau'n hydoddi o'r pridd neu'r graig ac yn cael eu cludo ymlaen yn y llif
Daliant	Gronynnau bach, e.e. clai a silt	Mae daliant yn digwydd ym mhob afon heblaw am yr afonydd sy'n llifo arafaf	Mae gronynnau mân iawn yn cael eu cludo am bellter hir yn y dŵr sy'n llifo
Neidiant	Tywod a graean bach	Afonydd mwy egnïol sy'n llifo'n gyflymach	Mae'r gwaddod yn sboncio a sgipio yn ei flaen
Rholiant	Graean mwy o faint, coblau a chlogfeini	Yn gyffredin dim ond mewn sianeli afon egni uchel neu pan fydd llifogydd yn digwydd	Mae'r llwyth gwely yn rholio ymlaen ar hyd gwely'r afon

▲ **Ffigur 2** Cludo gwaddod (*sediment*).

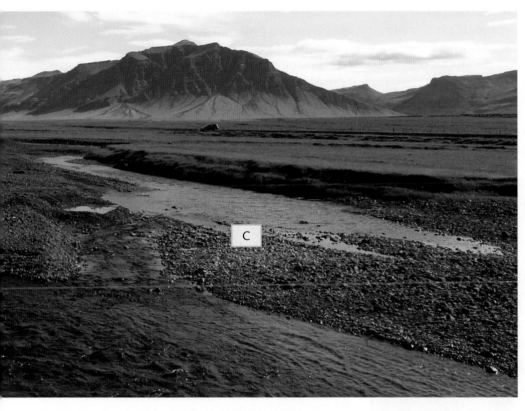

Prosesau erydiad

Gweithred hydrolig – mae dŵr yn taro i mewn i fylchau yn y pridd a'r graig, gan gywasgu'r aer a gwahanu'r gronynnau oddi wrth ei gilydd.

Sgrafelliad – mae'r dŵr sy'n llifo yn codi'r creigiau o'r gwely ac yn eu taro yn erbyn glannau'r afon.

Athreuliad – mae'r creigiau sy'n cael eu cario gan yr afon yn taro yn erbyn ei gilydd, gan gael eu treulio yn ronynnau llai a mwy crwn.

Hydoddiant – mae mwynau fel calsiwm carbonad (prif gynhwysyn creigiau calchfaen a sialc) yn hydoddi yn nŵr yr afon. Enw arall ar y broses hon yw cyrydiad.

▲ **Ffigur 3** Pedair proses erydiad mewn sianel afon.

Mae proses dyddodiad yn digwydd yn y mannau lle mae'r afon yn colli ei hegni. Er enghraifft, lle mae afon yn mynd i mewn i lyn ac mae llif yr afon yn cael ei arafu gan y corff o ddŵr llonydd. Mae dyddodiad hefyd yn digwydd mewn rhannau bas iawn o sianel afon, lle mae'r ffrithiant rhwng gwely'r afon a'r dŵr yn achosi i'r afon golli ei hegni a gollwng ei **llwyth**. Mae proses dyddodiad yn creu haenau o dywod a graean sy'n aml yn cael eu gwahanu yn ôl maint y gwaddod. Y gwaddod mwyaf bras sy'n cael ei ddyddodi gyntaf.

Llwyth

Y defnydd/gwaddod sy'n cael ei gludo i lawr yr afon. Gall y llwyth fod yn silt, tywod, cerigos neu glogfeini.

Gweithgareddau

1 Astudiwch Ffigur 1. Defnyddiwch dystiolaeth o'r ffotograff i awgrymu pa brosesau afon sy'n digwydd yn A, B ac C.
2 Esboniwch pam mae dyddodiad yn digwydd mewn dŵr bas iawn.
3 Lluniadwch bedwar diagram neu gartŵn i ddangos y ffyrdd y mae'r afon yn cludo deunydd.
4 Astudiwch Ffigur 4. Awgrymwch sut mae erydiad, cludiant a dyddodiad wedi chwarae rhan yn y broses o greu'r tirffurf hwn.

▲ **Ffigur 4** Mae sianel yr afon, sy'n llifo o'r chwith, wedi'i rhannu yn nifer o allafonydd llai wrth iddi lifo i mewn i lyn. Derwent Water, Ardal y Llynnoedd.

Tirffurfiau afonydd

Mae prosesau erydiad, cludiant a dyddodiad yn achosi i **dirffurfiau afon** nodedig ddatblygu. Yn Ffigur 5, mae'r afon yn llifo i lawr graddiant serth ac mae wedi creu dyffryn ffurf V. Mae llawer o rym y dŵr yn cael ei gyfeirio tuag i lawr. Mae **erydiad fertigol** yn torri i mewn i wely'r afon. Mae'r afon yn ffurfio dyffryn cul gydag ochrau serth ffurf V. Mae llif y dŵr yn sianel yr afon hefyd yn siglo o un ochr i'r llall ac yn creu rhywfaint o erydiad ochrol. Dros amser, mae'r broses hon yn golygu bod dyffryn ffurf

V yn cael ei dorri i mewn (neu ei endorri) i ochr y bryn i greu **sbardunau pleth** sy'n debyg i ddannedd sip.

Gall y cerrig sy'n gorwedd yn sianel yr afon fod yn fawr ac yn onglog am nad oes digon o amser wedi pasio er mwyn i'r broses athreuliad eu gwneud nhw'n llyfn. Wrth i afon lifo i lawr, mae proses athreuliad yn raddol yn lleihau maint cyffredinol y llwyth.

▲ **Ffigur 5** Ashes Hollow, Sir Amwythig – dyffryn ffurf V nodweddiadol.

Sut mae ystumiau afon yn cael eu ffurfio?

Mae afonydd sy'n llifo dros raddiannau graddol yn tueddu i siglo o un ochr i'r llall. Mae'r dŵr yn llifo'n gyflymaf ar ochr allanol tro pob ystum afon. Mae hyn yn achosi erydiad i'r glannau yn hytrach na'r gwely, proses o'r enw **erydiad ochrol**. Mae'r dŵr sy'n llifo'n arafach ar ochr fewnol yr ystum yn colli egni ac yn gollwng ei lwyth. Mae'r deunydd yn cael ei wahanu, gyda'r graean mwyaf yn cael ei ddyddodi'n gyntaf, wedyn y tywod, a'r silt yn olaf. Mae'r broses hon yn creu **llethr slip (bar pwynt)**, sef traeth cerigos sy'n goleddu i lawr i mewn i'r afon. Mae afonydd troellog fel Afon Elan, sydd i'w gweld yn Ffigur 8, yn llifo dros **orlifdir** eang. Mae'r tirffurf gwastad hwn wedi cael ei greu dros gyfnod o filoedd o flynyddoedd gan brosesau erydiad ochrol a dyddodiad.

Tirffurfiau afon

Arweddion naturiol arwyneb y Ddaear sy'n gysylltiedig ag afonydd. Prosesau erydiad sy'n creu dyffrynnoedd ffurf V a rhaeadrau. Mae gorlifdiroedd yn cael eu creu gan ddyddodiad. Mae tirffurfiau afonydd yn amrywio o ran maint. Er enghraifft, mae ystumiau yn dirffurfiau mawr yn aml iawn. Maen nhw'n cynnwys arweddion llai, fel llethrau slip.

Gweithgareddau

1 Astudiwch Ffigur 5. Disgrifiwch sut cafodd pob un o'r arweddion canlynol eu creu:
   a) ochrau dyffryn ffurf V
   b) clogfeini onglog mawr yng ngwely'r ffrwd
   c) sbardunau pleth.

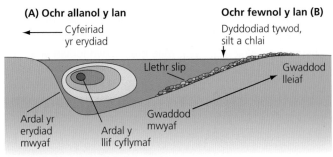

(A) Ochr allanol y lan
← Cyfeiriad yr erydiad
Ardal yr erydiad mwyaf
Ardal y llif cyflymaf
Gwaddod mwyaf
Llethr slip

Ochr fewnol y lan (B)
Dyddodiad tywod, silt a chlai
Gwaddod lleiaf

▲ **Ffigur 6** Prosesau ar waith mewn ystum afon.

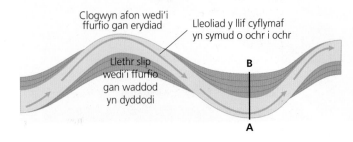

Clogwyn afon wedi'i ffurfio gan erydiad
Lleoliad y llif cyflymaf yn symud o ochr i ochr
Llethr slip wedi'i ffurfio gan waddod yn dyddodi
B
A

▲ **Ffigur 7** Uwcholwg o ystum afon.

▲ **Ffigur 8** Ystumiau afon ar Afon Elan; mae'r saethau glas yn dangos cyfeiriad llif yr afon.

▲ **Ffigur 9** Manylion y llethr slip ar Afon Elan sydd i'w weld ym mhwynt 3 yn Ffigur 8.

Gweithgareddau

2 Edrychwch ar Ffigur 8.
   a) Disgrifiwch y llethrau ym mhwyntiau 1 a 2.
   b) Disgrifiwch y prosesau ym mhwyntiau 3 a 4.

3 Lluniadwch fraslun o Ffigur 9. Defnyddiwch Ffigurau 6 a 7 i ychwanegu anodiadau addas at eich diagram sy'n dangos sut mae'r arwedd hon wedi ffurfio.

4 Mae Ffigur 10 yn dangos lleoliad yr ystumiau afon ar Afon Elan.
   a) Defnyddiwch Ffigurau 8 a 10 i amcangyfrif i ba gyfeiriad roedd y camera yn wynebu.
   b) I ba gyfeiriad mae'r afon yn llifo ym Mhont ar Elan?

5 a) Lluniadwch drawstoriad ar hyd y llinell X–Y ar Ffigur 10.
   b) Disgrifiwch y pethau sy'n wahanol a'r pethau sy'n debyg rhwng yr afonydd sydd i'w gweld yn Ffigurau 5 ac 8.

▲ **Ffigur 10** Map Arolwg Ordnans ar raddfa 1 : 25,000 yn dangos yr ystumiau afon ar Afon Elan.

© *Hawlfraint y goron a hawliau cronfa ddata 2020. Hodder Education dan drwydded i Arolwg Ordnans.*

15

Ymchwilio i newidiadau i lawr yr afon

Gall afonydd newid eu siâp a'u cymeriad wrth lifo i lawr yr afon. Gallwn ni ofyn cwestiynau daearyddol am y newidiadau hyn. Er enghraifft, wrth ymchwilio i newid ar raddfa fach:

Sut mae cyflymder afon yn newid ar draws bar pwynt a sut mae hyn yn effeithio ar faint y gwaddod?

Neu, wrth ymchwilio i newid ar raddfa fawr:

Sut mae arwynebedd trawstoriadol a chyflymder afon yn newid wrth i chi fynd i lawr yr afon?

Dewis safleoedd samplu

Mae afonydd y DU yn amrywio o rai sydd ychydig gannoedd o fetrau o hyd yn unig i'r afon hiraf yn y DU, sef Afon Hafren sy'n 369 km o hyd. Mewn ymchwiliad i sut mae afon yn newid wrth lifo i lawr yr afon, mae'n bwysig gwneud yn siŵr bod eich pwyntiau samplu yn ddigon pell oddi wrth ei gilydd i ddangos newid. Ar afon sy'n 10 km o hyd gallech chi gasglu data ar bwyntiau 1 km, 5 km a 10 km, neu ar bwyntiau 3 km, 4 km a 5 km. Byddai'r strategaeth samplu gyntaf yn rhoi sampl cynrychiadol o'r afon gyfan i chi, ond dim ond tystiolaeth o newidiadau graddfa fach mewn un rhan fer o'r afon a gewch chi gyda'r ail strategaeth.

Gweithgaredd

1 Esboniwch pam na fyddai samplu ar bwyntiau 3 km, 4 km a 5 km yn gynrychiadol o newid ar hyd afon gyfan sy'n 10 km o hyd.

Cyfrifo arwynebedd trawstoriadol

Er mwyn mesur trawstoriad sianel afon, bydd angen i chi osod llinell lorweddol ar draws yr afon a mesur i lawr yn ofalus o'r llinell hon i'r ddaear. Mae hyn i'w weld yn Ffigur 11. Mae'r llinell felen lorweddol yn cynrychioli llinell yr arolwg o X i Y, ac mae'r pedair llinell fertigol yn cynrychioli'r pedwar mesuriad cyntaf. Dylech chi gasglu data pan fydd yr afon yn isel, ond dylech chi gymryd mesuriadau ar gyfer y tir sych ar ddwy ochr yr afon. Wedyn, pan fydd eich canlyniadau wedi cael eu plotio ar graff, gallwch chi amcangyfrif faint o ddŵr fydd yn yr afon pan fydd sianel yr afon yn llawn ac ar fin gorlifo.

Cam 1 Estynnwch y tâp mesur ar ongl sgwâr ar draws yr afon o'r naill lan i'r llall, gan gadw'r tâp yn baralel ag arwyneb y dŵr.

Cam 2 Rhannwch led yr afon â 10. Bydd hyn yn creu 11 o bwyntiau arolygu â bwlch cyfartal rhyngddyn nhw. Er enghraifft, yn achos afon 4 metr o led, byddwch chi'n cofnodi ei dyfnder bob 40 cm (1/10fed) o'r ffordd ar ei thraws. Dyma enghraifft o samplu systematig (gweler tudalen 8).

Cam 3 Ym mhob pwynt arolygu, mesurwch ddyfnder yr afon. Gwnewch yn siŵr eich bod yn defnyddio'r un unedau wrth gofnodi'r dyfnder a'r lled (er enghraifft, metrau ar gyfer y ddau).

Arwynebedd trawstoriadol mewn metrau sgwâr = lled (m) wedi'i luosi â dyfnder cymedrig (m).

▼ **Ffigur 11** Safleoedd samplu ar afon droellog.

Safle'r arolwg	1	2	3	4	5	6	7	8	9	10	11
Pellter o'r lan (m)	0	0.4	0.8	1.2	1.6	2.0	2.4	2.8	3.2	3.6	4.0
Pellter o linell yr arolwg i'r ddaear (m)	0.25	0.68	0.71	0.65	0.67	0.64	0.58	0.52	0.48	0.33	0.22
Dyfnder y dŵr (m)	0	0.28	0.31	0.25	0.27	0.24	0.18	0.12	0.08	0	0

▲ **Ffigur 12** Mesuriadau dyfnder wedi'u cymryd yn yr afon yn Ffigur 11 bob 0.4 m.

Gweithgareddau

2 Edrychwch ar Ffigur 12.
   a) Plotiwch broffil yr afon hon ar bapur graff. Cofiwch weithio tuag i lawr o'ch echelin lorweddol.
   b) Beth yw dyfnder cymedrig y dŵr?
   c) Cyfrifwch yr arwynebedd trawstoriadol.
   ch) Pe bai lefelau'r dŵr yn codi 20 cm, beth fyddai'r arwynebedd trawstoriadol newydd?

Sut rydw i'n cyfrifo amrediad, canolrif ac amrediad rhyngchwartel?

Mae gan lif y dŵr yn sianel yr afon ddigon o egni i gludo gwaddod. Wrth i gyflymder y dŵr arafu – er enghraifft, mewn dŵr bas yn y bar pwynt – mae egni'n cael ei golli ac mae'r gwaddod yn cael ei ddyddodi.

Er mwyn profi a yw'r broses hon yn digwydd yn eich afon chi, bydd angen i chi samplu rhai cerigos a chofnodi eu maint. Casglodd myfyrwyr sampl o 11 o gerigos o safleoedd A, B ac C yn Ffigur 11. Eu nod oedd darganfod sut roedd maint ac amrediad y cerigos yn amrywio ar draws y bar pwynt.

Er mwyn cyfrifo'r amrediad, y canolrif a'r amrediad rhyngchwartel, mae angen i chi roi eich data mewn trefn restol. Mae'r data ar gyfer safle A i'w weld yn Ffigur 14 mewn trefn restol.

Safle	Maint y cerigos (mm)										
A	45	52	12	67	34	75	42	81	65	40	24
B	44	37	28	56	61	43	38	28	35	42	36
C	37	34	26	40	24	35	29	42	38	18	20

▲ **Ffigur 13** Maint y cerigos (mm) wedi'u casglu ar hap yn safleoedd A, B ac C yn Ffigur 11.

Gweithgareddau

3 Edrychwch ar Ffigur 13.
   a) Ar gyfer pob safle samplu, cyfrifwch:
      i) yr amrediad
      ii) y canolrif
      iii) yr amrediad rhyngchwartel.
   b) Pa gasgliadau gallwch chi eu tynnu o'r canlyniadau hyn?

▲ **Ffigur 14** Maint y cerigos ar gyfer safle A wedi'u rhoi mewn trefn restol.

Sut mae rhaeadrau yn cael eu ffurfio?

Mae **rhaeadrau** yn ffurfio ar hyd cwrs afon pan fydd newid serth yng ngraddiant sianel yr afon. Mae llawer o'r rhaeadrau yn ardaloedd uwchdir y DU yn ganlyniad i brosesau tirffurf a ddigwyddodd ar ddiwedd yr oes iâ tua 10,000 o flynyddoedd yn ôl. Yn ystod yr oes iâ, lledaenodd llenni iâ dros rannau helaeth o ardaloedd yng ngogledd a gorllewin y DU. Gallwn weld lledaeniad yr iâ yn Ffigur 1, tudalen 1. Roedd rhewlifoedd yn llifo o'r llenni iâ hyn tuag at y môr – mae rhewlifoedd tebyg i'w gweld heddiw yn ne Gwlad yr Iâ. Cafodd **dyffrynnoedd ffurf U** (hynny yw, dyffrynnoedd dwfn ag ochrau serth) eu cerfio i mewn i'r dirwedd gan y rhewlifoedd. Mae Ffigur 16 yn dangos sut mae'r dirwedd rewlifol hon wedi creu rhaeadrau sy'n plymio o uchder. Mae rhaeadrau o'r fath i'w gweld mewn rhai ardaloedd yng ngogledd a chanolbarth Cymru heddiw.

▲ **Ffigur 15** Rhiwargor, yng nghanolbarth Cymru, sy'n enghraifft o raeadr sy'n plymio i mewn i ddyffryn ffurf U.

▲ **Ffigur 16** Tirwedd rewlifol a'r dirwedd heddiw.

Rhaeadr

Tirffurf afon sy'n cael ei greu pan fydd sianel yr afon yn gostwng yn sydyn yn ei lefel. Ar waelod rhaeadr mae arwedd graddfa fach o'r enw plymbwll. Pan fydd rhaeadr yn encilio mae'n creu ceunant.

Rhaeadrau sy'n cael eu ffurfio gan erydiad gwahaniaethol

Gall rhaeadrau ddigwydd pan fydd sianel afon yn croesi o un math o graig i fath arall. Os yw cyfradd erydu y ddau fath o graig yn wahanol, yna bydd rhaeadr yn ffurfio. Mae rhaeadrau wedi ffurfio fel hyn ar Afon Nedd a'i llednentydd mewn ardal o dde Cymru o'r enw Bro'r Sgydau.

Daeareg Bro'r Sgydau yw'r prif ffactor a arweiniodd at ffurfio'r rhaeadrau hyn. Mae calchfaen carbonifferaidd wedi'i orchuddio gan haenau o dywodfaen a cherrig llaid. Mae'r tywodfaen yn gwrthsefyll erydiad yn dda iawn, ond mae cerrig llaid yn erydu'n haws. Mae cyfres o ffawtiau, sy'n rhedeg ar draws sianeli'r afon, wedi dod â'r tywodfaen a'r cerrig llaid ochr yn ochr â'i gilydd, fel sydd i'w weld yn Ffigur 17.

Mae'r afon yn llifo ar draws y ffawt o'r gogledd

Mae'r ffawt yn gogwyddo o'r GGOn i'r DDDdn

Symudiad y ffawt

Mae cerrig llaid sy'n erydu'n hawdd yn gorwedd uwchben y tywodfaen sy'n gwrthsefyll erydiad yn well

▲ **Ffigur 17** Sut cafodd rhaeadr Sgwd yr Eira ar Afon Mellte ei ffurfio.

Wrth i'r afon blymio dros y tywodfaen, mae'n arllwys dros y cerrig llaid oddi tano. Mae cyfuniad o weithred hydrolig a sgrafelliad yn erydu'r graig hon yn eithaf hawdd, ac yn creu **plymbwll**. Mae sgrafelliad yng nghefn y plymbwll yn tandorri'r haenau o dywodfaen. Yn y pen draw, bydd y bargod hwn yn hollti a bydd y creigiau'n disgyn i'r plymbwll ac yn cael eu malu yn sgil athreuliad. Felly, mae pob rhaeadr yn raddol yn cael ei herydu tuag yn ôl at darddiad yr afon mewn proses o'r enw **encilio**. O dan bob rhaeadr mae dyffryn cul gydag ochrau sydd bron yn fertigol. **Ceunant** yw'r enw ar yr arwedd hon. Mae'r broses o encilio wedi torri'r ceunant dros gyfnod o gannoedd o flynyddoedd.

▲ **Ffigur 18** Rhaeadr Sgwd yr Eira ar Afon Mellte.

▲ **Ffigur 19** Prosesau afon yn rhaeadr Sgwd yr Eira.

1 Mae 'capgraig' o dywodfaen yn gallu gwrthsefyll erydiad – mae'n erydu yn eithaf araf.

2 Mae'r bargod yn tueddu i ddymchwel ac encilio.

3 Mae sgrafelliad yn dyfnhau'r plymbwll.

4 Mae athreuliad yn torri i lawr y darnau o graig sydd wedi erydu wrth iddyn nhw gael eu cludo i lawr yr afon.

5 Mae cerigos yn troelli o gwmpas mewn pantiau i greu ceubyllau drwy sgrafelliad.

6 Mae haenau o greigiau gwydn yn creu gwely afon anwastad yn cynnwys dyfroedd gwyllt a rhaeadrau llai islaw'r rhaeadr.

Gweithgareddau

1 Disgrifiwch sut mae ffawtiau'r creigiau ym Mro'r Sgydau wedi arwain at ffurfio rhaeadrau.
2 a) Gwnewch gopi o Ffigur 19.
   b) Rhowch labeli yn y lleoedd addas ar eich diagram.
   c) Esboniwch pam mae enciliad y plymbwll, dros filoedd o flynyddoedd, wedi creu ceunant.
   ch) Lluniadwch gyfres o ddiagramau i ddangos y ceunant yn ffurfio.
3 Esboniwch pam mae enciliad rhaeadr yn arwain at ffurfio ceunant.
4 Esboniwch pam mae angen i ni ddeall sut mae prosesau naturiol wedi newid ers yr oes iâ ddiwethaf er mwyn deall y dirwedd heddiw.

Gwaith ymholi

I ba raddau rydych chi'n cytuno â'r gosodiad canlynol: 'Daeareg yw'r ffactor pwysicaf yn y broses o greu tirweddau afon nodedig?'

Defnyddiwch y wybodaeth ar dudalennau 16 i 19 i'ch helpu i gyfiawnhau eich ateb.

Cyswllt at y we

www.world-of-waterfalls.com/europe.html – map rhyngweithiol sy'n dangos lleoliad rhaeadrau ledled y DU.

Sut mae tonnau'n erydu ein tirweddau arfordirol?

Tonnau sy'n darparu'r grym sy'n llunio ein morlin. Mae tonnau'n cael eu creu o ganlyniad i ffrithiant rhwng y gwynt ac arwyneb y môr. Mae gwyntoedd cryf yn creu tonnau mwy. Hefyd, mae angen amser a lle i donnau mawr ddatblygu. Felly, mae ar donnau mawr angen i'r gwynt chwythu am amser hir dros arwynebedd arwyneb mawr o ddŵr. **Cyrch** yw'r term sy'n cael ei ddefnyddio ar gyfer y pellter y mae ton wedi datblygu drosto, ac felly i greu ton enfawr mae angen gwynt cryf a chyrch hir.

Mae'r dŵr mewn ton yn symud yn gylchol (mudiant cylchol). Mae llawer o egni'n cael ei ddefnyddio i symud y dŵr i fyny ac i lawr. Felly, does dim llawer o egni gan donnau mewn dŵr dwfn i erydu morlin. Fodd bynnag, wrth i don gyrraedd dŵr bas, mae ffrithiant â gwely'r môr yn ei harafu. Ond mae'r dŵr ar yr arwyneb yn hyrddio ymlaen yn rhydd. Yr hyrddio ymlaen wrth i'r don dorri sy'n achosi'r **prosesau erydiad** sy'n creu tirffurfiau arfordirol fel y llyfndir tonnau yn Ffigur 21.

Gweithgaredd

1 Gwnewch gopi o Ffigur 20 gan roi'r labeli canlynol yn y lleoedd priodol.
- Tonnau mewn dŵr dyfnach
- Mudiant cylchol
- Ton yn torri
- Dŵr yn cael ei hyrddio ymlaen
- Ffrithiant â gwely'r môr.

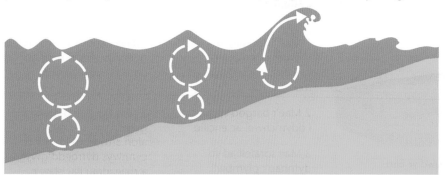

▲ **Ffigur 20** Mudiant y dŵr mewn ton.

Prosesau erydiad

Grym y tonnau sy'n achosi'r rhain, ac maen nhw'n gallu treulio'r draethlin. Maen nhw'n cynnwys gweithred hydrolig, sgrafelliad, hydoddiant ac athreuliad. Gweler Ffigur 22.

Wrth i donnau mawr daro'n ddi-baid wrth droed clogwyn, gall hyn achosi difrod enfawr drwy broses gweithred hydrolig a sgrafelliad. Mae effaith taro di-baid y tonnau ar yr ardal gul hon yn creu **rhic tonnau**. Mae clogwyni sydd eisoes wedi'u gwanhau gan fregion (*joints*) neu graciau yn gallu dymchwel yn sydyn, gan achosi cwymp creigiau mewn **màs-symudiad**. Mae'r cwymp yn achosi i linell y clogwyni encilio i'r mewndir. Mae'r **llyfndir tonnau** yn Ffigur 21 wedi cael ei ffurfio wrth i'r clogwyni encilio'n raddol.

bregion fertigol yn y llyfndir tonnau

Pwll glan môr

▲ ▶ **Ffigur 21** Y llyfndir tonnau creigiog ar Arfordir Treftadaeth Morgannwg.

Prosesau erydiad

Gweithred hydrolig – tonnau'n taro yn erbyn y clogwyn, yn cywasgu'r dŵr a'r aer i graciau a gorfodi'r creigiau i ymrannu.

Sgrafelliad – tonnau'n codi creigiau o wely'r môr neu'r traeth ac yn eu taro yn erbyn y clogwyni.

Hydoddiant – mwynau fel calsiwm carbonad (sydd mewn calchfaen a sialc) yn hydoddi'n araf mewn dŵr môr. Enw arall ar hyn yw cyrydiad.

Athreuliad – tywod a cherigos yn cael eu codi gan y môr a'u taro yn erbyn ei gilydd, gan greu gronynnau llai sy'n fwy crwn.

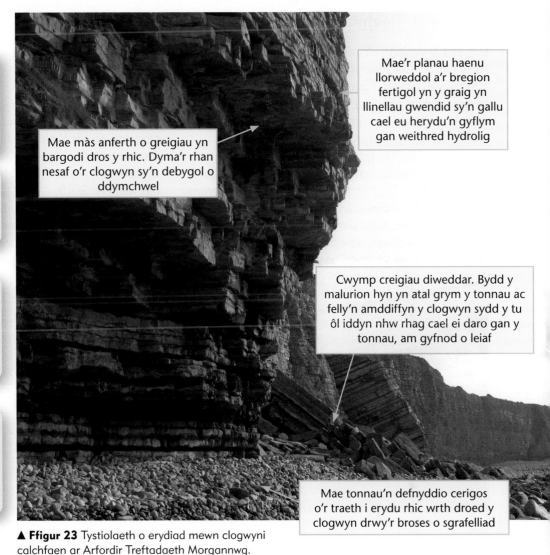

Mae màs anferth o greigiau yn bargodi dros y rhic. Dyma'r rhan nesaf o'r clogwyn sy'n debygol o ddymchwel

Mae'r planau haenu llorweddol a'r bregion fertigol yn y graig yn llinellau gwendid sy'n gallu cael eu herydu'n gyflym gan weithred hydrolig

Cwymp creigiau diweddar. Bydd y malurion hyn yn atal grym y tonnau ac felly'n amddiffyn y clogwyn sydd y tu ôl iddyn nhw rhag cael ei daro gan y tonnau, am gyfnod o leiaf

Mae tonnau'n defnyddio cerigos o'r traeth i erydu rhic wrth droed y clogwyn drwy'r broses o sgrafelliad

▲ **Ffigur 22** Pedair proses o erydiad arfordirol.

▲ **Ffigur 23** Tystiolaeth o erydiad mewn clogwyni calchfaen ar Arfordir Treftadaeth Morgannwg.

Gweithgareddau

2 Astudiwch Ffigurau 21 a 22.
  a) Defnyddiwch y termau erydu cywir i gwblhau'r anodiadau isod.
    ■ Mae bregion yn y graig yn lledu yn ystod y broses o .... sy'n digwydd pan fydd ....
    ■ Mae'r clogfeini ar y traeth yn grwn oherwydd ....
    ■ Mae'r pwll glan môr hwn wedi'i sgwrio yn y graig gan ....
  b) Gwnewch fraslun syml o Ffigur 21 gan ychwanegu eich anodiadau (uchod) at y braslun.

3 Ystyriwch Ffigur 23 a'r anodiadau sydd arno.
  a) Ysgrifennwch restr (neu luniadwch linell amser) sy'n rhoi'r digwyddiadau sy'n effeithio ar y clogwyn hwn yn y drefn gywir.
  b) Gwnewch restr (neu linell amser) arall i awgrymu beth fydd yn digwydd i'r clogwyn hwn dros y blynyddoedd nesaf.
  c) Yn ystod y 100 mlynedd nesaf bydd y morlin hwn yn encilio tua 20–40 m. Lluniadwch fwrdd stori i ddangos sut mae'r broses encilio hon yn creu'r llyfndir tonnau creigiog o flaen y clogwyn.

Prosesau llethr

Dim ond ar waelod y clogwyn y mae erydiad yn digwydd gan y tonnau. Gall gweddill wyneb y clogwyn gael ei effeithio gan brosesau goleddu eraill fel **hindreuliad**, cwymp creigiau, tirlithriadau neu gylchlithro. Gall creigiau – sydd o bosibl wedi cael eu rhyddhau gan rew'r gaeaf neu lawiad trwm – ddisgyn yn sydyn i'r traeth islaw gan achosi **cwymp creigiau**. Pan fydd erydiad yn tanseilio gwaelod y clogwyn, gall darnau mawr ohono lithro'n gyflym i lawr i'r traeth. Bydd **tirlithriad** o'r fath yn gadael craith geugrwm yn rhan uchaf y clogwyn, fel pe bai cawr wedi cnoi darn mawr allan ohono. Bydd pentwr siâp bwa o falurion yn ymddangos ar y traeth islaw hefyd. Mae proses debyg, sef **cylchlithro**, i'w gweld mewn creigiau cywasgedig llac fel y

rhai ar Arfordir Holderness. Mae effeithiau cylchlithro yn debyg iawn i rai tirlithriad – mae darnau fel pe baen nhw wedi cael eu cnoi allan o ran uchaf y clogwyn.

Fel arfer mae tirlithriadau'n digwydd mewn creigiau gwaddod ac yn aml yn cael eu sbarduno gan dywydd eithafol – er enghraifft, pan fydd stormydd y môr yn taro'r clogwyn, neu ar ôl glawiad trwm iawn sy'n ychwanegu at bwysau wyneb y clogwyn. Ond gall tirlithriadau ddigwydd unrhyw bryd ac, wrth gwrs, maen nhw'n beryglus. Ym mis Mehefin 2015, cafodd person ifanc ei ladd gan gwymp creigiau yn Llanilltud Fawr – mae llun o'r clogwyni hyn yn Ffigur 23. Mae llawer o dirlithriadau ac achosion o gwymp creigiau wedi digwydd ar hyd yr arfordir hwn. Mae'r rhai diweddaraf i'w gweld yn Ffigur 25.

Hindreuliad

Prosesau sy'n gwneud y bregion mewn creigiau yn wan. Maen nhw'n cynnwys gweithred rhew, adweithiau cemegol a thwf gwreiddiau planhigion.

Mae malurion o'r tirlithriad yn creu bwa wrth droed y clogwyn	Mae'r traeth yn rhy gul i amsugno llawer o egni'r tonnau
Pentir cul neu grib rhwng dau dirlithriad	Mae sgarp ceugrwm ar ben y clogwyn

▲ **Ffigur 24** Clogwyni ar Ynys Wyth gyda nifer o dirlithriadau.

Gweithgareddau

1 a) Cysylltwch y labeli â'r arweddion yn Ffigur 24.
   b) Awgrymwch pam nad oes amddiffynfeydd gan y clogwyni hyn.
   c) Awgrymwch pam bydd tirlithriad neu gwymp creigiau yn atal mwy o erydiad gan y tonnau am rai misoedd. Defnyddiwch Ffigur 22 i'ch helpu.

▲ **Ffigur 25** Tirlithriadau diweddar ar Arfordir Treftadaeth Morgannwg, de Cymru.

SGILIAU DAEARYDDOL

Cyfrifo a chyflwyno amlder

Mae peryglon arfordirol fel llifogydd, cwymp creigiau neu dirlithriadau yn enghreifftiau o bethau sy'n digwydd yn ysbeidiol ar hap. Rydyn ni'n tueddu i gofnodi dyddiad a lleoliad digwyddiadau o'r fath. Mae Ffigur 25 yn dangos lleoliad a dyddiad tirlithriadau diweddar ar Arfordir Treftadaeth Morgannwg yn ne Cymru. Drwy gofnodi digwyddiadau o'r fath, gallwn ni weld pa mor gyffredin ydyn nhw neu pa mor aml maen nhw'n digwydd. Mae cael gwybodaeth o'r fath yn gallu ein helpu i ddeall lefel y risg y mae'r perygl yn ei greu.

Blwyddyn	Tirlithriadau
2009	0
2010	0
2011	2
2012	3
2013	1
2014	4
2015	1
2016	2
2017	2
2018	1
Cyfanswm	16

Mae'n hawdd cyfrifo'r cyfwng ailddigwydd (*recurrence interval*) (T). Mae angen rhannu nifer y blynyddoedd mewn cofnod (N) â nifer y digwyddiadau (n).

$$T = \frac{N}{n}$$

Felly, ar gyfer y data yn Ffigur 26, y cyfwng ailddigwydd (i ddau le degol) yw:

$$T = \frac{10}{16} = 0.625 \text{ blwyddyn}$$

Mae amlder yn disgrifio cyfwng ailddigwydd digwyddiad. Gallwn ni ddiffinio hyn fel yr oediad amser cyfartalog rhwng dau ddigwyddiad. Y ffordd orau o gyflwyno amlder yw defnyddio graff bar amlder, gydag amser (blynyddoedd fel arfer) ar yr echelin-*x*. Gallwch chi weld enghraifft sy'n dangos amlder tirlithriadau ar yr arfordir rhwng Lyme Regis a Charmouth yn Dorset yn Ffigur 26.

▲ **Ffigur 26** Tirlithriadau ar y morlin rhwng Lyme Regis a Charmouth yn Dorset.

Wrth gwrs, nid yw 0.625 blwyddyn yn ateb defnyddiol iawn. Fel arfer, rydyn ni'n mynegi rhannau o bob blwyddyn mewn misoedd. Felly, os ydyn ni'n lluosi 0.625 â nifer y misoedd sydd mewn blwyddyn:

T = 0.625 × 12 = 7.5 mis

Mae'n rhaid i chi gofio mai cyfnod amser cymedrig rydych chi wedi'i gyfrifo. Pethau sy'n digwydd ar hap yw tirlithriadau a gallan nhw ddigwydd unrhyw bryd. Edrychwch unwaith eto ar Ffigur 26. Doedd dim tirlithriadau o gwbl yn y lleoliad hwn am ddwy flynedd, ond roedd pedwar tirlithriad yn 2014.

Gweithgareddau

2 Defnyddiwch Ffigur 25:
  a) i gyflwyno amlder tirlithriadau ar Arfordir Morgannwg ar ffurf graff bar.
  b) Cyfrifwch yr amlder.
  c) Defnyddiwch Ffigurau 25 a 26 i benderfynu pa un sydd fwyaf peryglus – morlin Morgannwg neu forlin Dorset?

Gwaith ymholi

Pa ran o forlin y DU sydd â'r nifer mwyaf o dirlithriadau?

Defnyddiwch y cyswllt at wefan *BGS* i ymchwilio i amlder tirlithriadau ar forlin y DU.

Cyswllt at y we

http://mapapps2.bgs.ac.uk/geoindex/home. html?theme=hazards – map rhyngweithiol o'r DU yn dangos lleoliad tirlithriadau arfordirol.

Clogwyni ar greigiau anghyfunol

Mae daeareg yn ffactor pwysig sy'n effeithio ar ba mor gyflym mae'r morlin yn newid. Mae'r math o graig yn effeithio ar gryfder y clogwyn. Mewn geiriau eraill, mae prosesau goleddu fel cylchlithro yn fwy tebygol o ddigwydd i rai mathau o graig, ac yn digwydd ar raddfa gyflymach i rai nag eraill. Mae llawer o forlin y DU wedi'i ffurfio o haenau o dywod, silt a chlai a gafodd eu dyddodi wrth i'r iâ ymdoddi ar ddiwedd yr oes iâ. Mae lledaeniad yr iâ i'w weld yn Ffigur 1 ar dudalen 1. Nid yw'r creigiau gwaddod ifanc hyn wedi cael eu cywasgu i'r un graddau â'r creigiau hŷn ac maen nhw'n

anghyfunol – hynny yw, nid yw gronynnau'r gwaddod wedi 'gludio' at ei gilydd yn dda iawn. Mae hyn yn golygu nad ydyn nhw'n gallu gwrthsefyll erydiad i'r un graddau â chreigiau gwaddod hŷn (fel y clogwyni calchfaen carbonifferaidd sydd i'w gweld yn Ffigur 29).

Mae Ffigur 28 yn helpu i esbonio pam nad yw'r clogwyni hyn yn Happisburgh yn Norfolk yn gallu gwrthsefyll prosesau erydiad y tonnau'n dda. Ar ôl i flaen troed y llethr gael ei erydu gan y môr, mae'r llethr cyfan yn mynd yn ansefydlog. Wedyn, mae mewn perygl o gylchlithro. Mae'r perygl o gylchlithro'n fwy ar adegau o law trwm, sy'n ychwanegu màs at y clogwyn.

Gwrthgloddiau neu rwystrau pren sy'n ceisio torri grym y tonnau cyn iddyn nhw gyrraedd blaen troed y clogwyn

CH

C

B

A

Gweddillion llithrfa goncrit sydd wedi dymchwel mewn tirlithriad

▲ **Ffigur 27** Morlin Happisburgh, Gogledd Norfolk yn 2011.

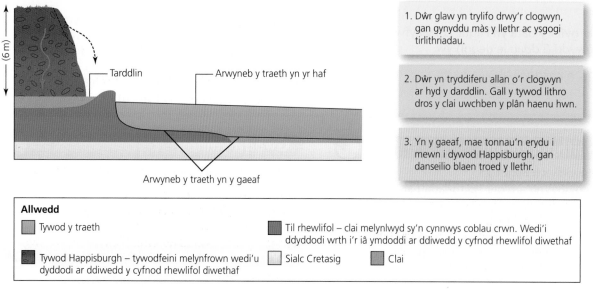

(6 m)

Tarddlin

Arwyneb y traeth yn yr haf

Arwyneb y traeth yn y gaeaf

1. Dŵr glaw yn trylifo drwy'r clogwyn, gan gynyddu màs y llethr ac ysgogi tirlithriadau.

2. Dŵr yn tryddiferu allan o'r clogwyn ar hyd y darddlin. Gall y tywod lithro dros y clai uwchben y plân haenu hwn.

3. Yn y gaeaf, mae tonnau'n erydu i mewn i dywod Happisburgh, gan danseilio blaen troed y llethr.

Allwedd

■ Tywod y traeth	■ Til rhewlifol – clai melynlwyd sy'n cynnwys coblau crwn. Wedi'i ddyddodi wrth i'r iâ ymdoddi ar ddiwedd y cyfnod rhewlifol diwethaf
■ Tywod Happisburgh – tywodfeini melynfrown wedi'u dyddodi ar ddiwedd y cyfnod rhewlifol diwethaf	□ Sialc Cretasig ■ Clai

▲ **Ffigur 28** Trawstoriad drwy'r clogwyni yn Happisburgh, Gogledd Norfolk. Mae'r clogwyni hyn wedi'u gwneud o haenau cywasgedig llac o dywod, silt a chlai a gafodd eu dyddodi ar ddiwedd yr oes iâ.

Tirffurfiau clogwyni mewn creigiau sy'n wydn

Rydyn ni wedi gweld bod gan greigiau gwaddod ifanc, fel y rhai yn Happisburgh, strwythur gwan sy'n golygu eu bod yn agored i erydiad. I'r gwrthwyneb, mae creigiau gwaddod hŷn yn gywasgedig ac yn gyfunol, ac felly'n wydn, sy'n golygu eu bod yn gallu gwrthsefyll erydiad. Mae morlinau calchfaen, fel y rhai yn Ffigur 29, yn tueddu i ffurfio clogwyni sydd bron yn fertigol. Fodd bynnag, mae planau haenu a bregion yn y graig yn golygu bod llinellau o wendid yn y clogwyni hyn. Mae'n haws erydu'r llinellau hyn na'r blociau enfawr o garreg sydd rhyngddyn nhw. Mae erydu ar hyd y llinellau hyn yn gallu ffurfio ogofâu, **bwâu môr** a **staciau**.

▲ **Ffigur 29** Pont Werdd Cymru, Sir Benfro; bwa môr naturiol mewn clogwyn calchfaen carbonifferaidd.

Gweithgareddau

1 Darllenwch yr anodiadau canlynol a phenderfynwch ble mae'n briodol eu gosod ar Ffigur 27.
- Mae tonnau wedi erydu blaen troed y clogwyn fan hyn.
- Mae'r llystyfiant ar y llethr hwn yn profi nad yw wedi cylchlithro ers sawl mis.
- Efallai bydd y blociau concrit ar y traeth yn amddiffyn y clogwyn rhag cael ei erydu gan y tonnau.
- Tystiolaeth bod dŵr glaw yn erydu'r gylïau ar y llethrau hyn.

2 a) Gwnewch gopi o Ffigur 28.
b) Ychwanegwch anodiadau 1–3 yn y lleoedd addas ar eich diagram.
c) Defnyddiwch y diagram i esbonio pam mae'r math o graig a strwythur y clogwyni yn Happisburgh yn golygu eu bod yn agored i erydiad ac i fàs-symudiad.

3 Mae cofnodion hanesyddol yn dangos bod y clogwyni hyn wedi encilio 250 m rhwng 1600 ac 1850. Beth yw'r gyfradd erydu gyfartalog y flwyddyn?

4 a) Gwnewch fraslun o Ffigur 29.
b) Rhowch labeli ar yr arweddion canlynol yn eich braslun: ogof, planau haenu, bwa môr, stac.

5 Er bod yr holl greigiau yn Ffigur 29 yr un fath, esboniwch pam mae'r dirwedd mor amrywiol.

Gwaith ymholi

Sut gallai'r dirwedd yn Ffigur 29 esblygu dros amser? Trafodwch sut gallai prosesau gweithred y tonnau a màs-symudiad effeithio ar y morlin hwn. Lluniadwch fwrdd stori i ddangos sut rydych chi'n disgwyl i bethau newid yn y dyfodol.

Prosesau traethau a thwyni tywod

Mae **traethau** yn dirffurfiau arfordirol sy'n newid drwy'r amser. Mae egni'r gwynt a'r tonnau yn symud gwaddod o gwmpas yn barhaus ac yn newid siâp y traeth. Mae pob ton yn cludo gwaddod i fyny'r traeth gyda'r **torddwr** ac yna yn ôl i lawr gyda'r **tynddwr**. Mae'r holl symudiadau hyn yn defnyddio llawer o egni'r tonnau, ac felly mae traeth llydan a thrwchus yn amddiffynfa naturiol dda yn erbyn erydiad arfordirol. Wrth i'r tonnau gyrraedd y traeth ar ongl, mae ychydig o'r gwaddod yn cael ei gludo ar hyd y morlin. Enw'r broses hon yw **drifft y glannau**. Mae Ffigur 30 yn dangos hyn. Pan fydd y morlin yn newid cyfeiriad, er enghraifft lle mae moryd yn dechrau, mae'r broses hon yn creu tirffurf o'r enw **tafod**.

Mae deunydd yn cael ei gario i fyny'r traeth ar ongl

Mae deunydd yn cael ei gario'n syth i lawr y traeth wrth i'r dŵr encilio

Mae argor pren neu goncrit yn cael ei godi i atal deunydd rhag symud ar hyd y traeth

Mae deunydd yn cael ei godi unwaith eto a'i symud ymlaen

Mae tonnau'n cyrraedd y traeth ar ongl

▲ **Ffigur 30** Cludo gwaddod drwy broses drifft y glannau.

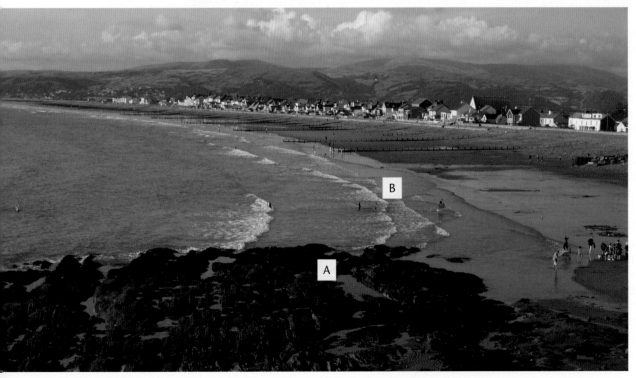

▲ **Ffigur 31** Traeth y Borth o gyfeiriad y clogwyni sydd i'r de o'r gefnen gerigos.

Fel arfer, mae'r tywod a'r cerigos ar draeth yn dod o'r amgylchedd lleol. Gall clogwyni cyfagos ddarparu peth gwaddod os ydyn nhw'n cael eu herydu gan weithred y tonnau. Mae llawer o dywod a silt mân yn cael ei gludo i'r arfordir gan afonydd. Yna bydd y gwaddod hwnnw yn cael ei ddyddodi yn y foryd neu ar ben **bar alltraeth** ger aber yr afon. Bydd torddwr y tonnau yn cario'r gwaddod atraeth ac yn ei ddyddodi ar y traeth.

Yn y Borth, ar arfordir Ceredigion, mae cefnen gerigos sy'n ffurfio tafod ar ochr ddeheuol y foryd. Mae'r cerigos hyn wedi dod o'r clogwyni i'r de. Mae Ffigur 33 yn dangos y prosesau sy'n darparu ac yn cludo deunydd ar y morlin hwn.

▲ Ffigur 32 Y twyni tywod yn Ynyslas o gyfeiriad Aberdyfi ar ochr ogleddol moryd Afon Dyfi.

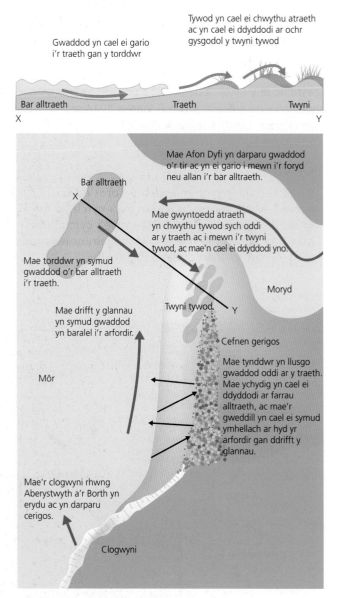

▲ Ffigur 33 Cludiant gwaddod traeth yn y Borth ac yn Ynyslas ar arfordir Ceredigion.

Gweithgareddau

1 Disgrifiwch y tirffurfiau sydd i'w gweld yn A, B ac C yn Ffigurau 31 a 32.
2 Astudiwch Ffigurau 30, 31 a 33. Defnyddiwch ddiagram wedi'i anodi i esbonio sut ffurfiwyd y gefnen gerigos y mae pentref y Borth wedi'i adeiladu arni.

Traeth

Arwedd arfordirol sy'n rhoi amddiffyniad naturiol rhag erydiad a llifogydd arfordirol. Mae traeth llydan, trwchus yn amsugno egni tonnau. Mae adeiladu argorau yn gwneud y traeth yn fwy llydan a thrwchus.

Pa ffactorau sy'n effeithio ar gyfraddau newid arfordirol?

Mae cyfraddau newid tirffurf yn dibynnu ar dri ffactor:

- effaith digwyddiadau tywydd eithafol
- daeareg – natur y creigiau lleol
- canlyniadau ymyriadau dynol.

Tywydd eithafol

Weithiau, ar ôl cael ei daro gan stormydd, bydd y morlin a'i dirffurfiau yn newid dros nos. Yn ystod gaeaf 2014, daeth cyfres o stormydd difrifol i'r DU a achosodd ddifrod eang i rannau helaeth o'r wlad. Mae'n debyg mai dyma'r cyfnod mwyaf stormus o dywydd roedd y wlad wedi'i brofi am o leiaf ugain mlynedd.

Mae nerth ton mewn storm yn dibynnu ar fuanedd y gwynt ac ar y **cyrch**. Effeithiodd stormydd pwerus o gyfeiriad y de-orllewin ar 3 a 6 Ionawr 2014 ar dde-orllewin Lloegr a rhannau o Gymru.

Cyrch

Y pellter mae gwynt yn ei deithio dros ddŵr agored. Mae'r tonnau'n fwy os yw'r cyrch yn fwy. Ar arfordir de-orllewinol y DU y mae'r cyrch hiraf. Mae gan donnau sy'n teithio dros Gefnfor Iwerydd tuag at Porthcothan gyrch o 7,000 km.

Cyn y storm

Ar ôl y storm

▲ **Ffigur 35** Y bwa môr yn Porthcothan, Gogledd Cernyw, cyn ac ar ôl y storm ar 6 Ionawr 2014.

▲ **Ffigur 34** Mae hyd y cyrch yn amrywio o amgylch morlin y DU.

Gweithgareddau

1 Edrychwch ar Ffigur 34.
  a) Cyfrifwch y cyrch sydd wedi'i nodi gan saethau 2, 4 a 5.
  b) Esboniwch pam mae'r arfordir yn Lyme Regis yn fwy agored i erydiad arfordirol pan fydd gwynt yn chwythu o'r de-orllewin yn hytrach nag o'r de.
  c) Defnyddiwch atlas i'ch helpu i gyfrifo'r cyrch sy'n effeithio ar Happisburgh, Gogledd Norfolk, pan fydd y gwynt yn chwythu o'r gogledd.
2 a) Disgrifiwch y gwahaniaethau rhwng y ddau ffotograff yn Ffigur 35.
  b) Esboniwch pam digwyddodd y newid hwn a pham digwyddodd y newid mor sydyn. Defnyddiwch Ffigur 34 wrth roi eich ateb.

Effeithiau'r stormydd ar forlin Cymru

Tref fach yw Aberdyfi ar ochr ogleddol moryd Afon Dyfi ar arfordir Gwynedd. Mae'r cwrs golff ar ben gorllewinol y pentref ac mae twyni tywod yn ei amddiffyn rhag y môr. Ond, ar ddechrau mis Ionawr 2014, pan gyrhaeddodd y storm aeafol a'r llanw uchel, gwnaeth ddifrod sylweddol i'r twyni tywod a'r tir i'r gogledd o'r cwrs golff. Meddiannodd y môr tua 3 i 6 m o lawnt (*green*) y deuddegfed twll. Gorlifodd y môr hefyd dros y banc graean a oedd yn amddiffyn y twyni tywod i ryw raddau, gan achosi llifogydd dros rannau o'r cwrs. Mae effeithiau eraill y storm i'w gweld yn Ffigur 36.

▲ **Ffigur 36** Morlin gorllewin Cymru.

Aberteifi, 3 Ionawr 2014: yn sgil ymchwydd storm llifodd dŵr môr i mewn i 30 o gartrefi

Abermaw, 3 Ionawr 2014: cafodd amddiffynfeydd y wal fôr eu difrodi gan donnau enfawr ac roedd cerrig o'r wal fôr wedi'u gwasgaru ar hyd y promenâd; cafodd y rheilffordd ei gorchuddio â cherigos a chafodd trawstiau'r rheilffordd eu tanseilio; roedd rhaid achub pobl o bymtheg o gartrefi

Y Borth, 3 Ionawr 2014: cafodd un person ei achub o do adeilad a chafodd pedwar person eu hachub o fferm gan fad achub

Aberdaron, 12 Chwefror 2014: cafodd hyrddiau o 173 km yr awr eu cofnodi – y cryfaf yng Nghymru; o ganlyniad i bŵer y tonnau diflannodd o leiaf 30 cm o dir o'r clogwyni hyn sy'n encilio

Pwllheli, 3 Ionawr 2014: cafodd pump o bobl eu hachub gan griw bad achub o garafannau a oedd wedi dioddef llifogydd

Aberystwyth, 6 Ionawr 2014: cafodd yr holl adeiladau ar hyd y ffrynt eu gwagio; gwnaeth tonnau ddifrodi'r wal fôr, chwalu rhan o'r promenâd a golchi cerigos a thywod ar draws y brif ffordd

Gweithgareddau

3 a) Gwnewch linfap o Ffigur 36.
   b) Defnyddiwch atlas i ychwanegu'r chwe label sy'n disgrifio effeithiau'r ymchwydd storm at y lleoliadau cywir ar eich llinfap.
4 Disgrifiwch brif effeithiau stormydd gaeaf 2014 ar y canlynol:
   a) yr amgylchedd
   b) y bobl

Gwaith ymholi

Pa ardal gafodd ei heffeithio fwyaf gan stormydd gaeaf 2014: arfordir dwyreiniol neu arfordir gorllewinol y DU?

■ Ymchwiliwch i effeithiau stormydd arfordirol ac erydu ar arfordir dwyreiniol Lloegr yn ystod gaeaf 2014. Gweler tudalennau 130–1.
■ Esboniwch pam roedd yr effeithiau ar yr arfordir dwyreiniol yn ddifrifol.
■ Pa forlin gafodd ei effeithio fwyaf? Cyfiawnhewch eich ateb.

Sut mae daeareg yn effeithio ar gyfraddau newid arfordirol?

Mae tir Pen Llŷn yn estyn tua 48 km i mewn i Fôr Iwerddon. I'r gorllewin o Bwllheli, mae arfordir deheuol y penrhyn yn gyfres o **bentiroedd** a **baeau** sydd wedi'u creu gan erydiad ar gyfraddau gwahanol. Mae'r pentiroedd yn cynnwys brigiadau o graig (galetach) sy'n wydn iawn. Mae'r pentir yn Llanbedrog (ger Abersoch), er enghraifft, yn cynnwys gwenithfaen sy'n graig igneaidd. Ar y llaw arall, mae llawer o'r baeau wedi'u gwneud o gerrig llaid a sialau. Mae rhai ohonyn nhw wedi'u gorchuddio â haenau cyfunol llac o dywod, silt a chlai a gafodd eu dyddodi ar ddiwedd yr oes iâ – yn debyg i'r clogwyni yn Happisburgh yn Norfolk (gweler tudalen 24). Mae tonnau'n gallu erydu'r ardaloedd hyn o graig (feddalach) sy'n llai gwydn yn gyflymach.

▲ **Ffigur 37** Map daearegol wedi'i symleiddio o ben gorllewinol Pen Llŷn. Mae'r llinell goch yn dangos yr ardal sydd yn Ffigur 38.

Allwedd
- Craig fetamorffig
- Mewnwthiadau igneaidd – gwenithfaen
- Creigiau gwaddod – cerrig llaid a sialau
- Creigiau gwaddod – cerrig grut
- Allwthiadau igneaidd – lafa

▲ **Ffigur 38** Rhanfap Arolwg Ordnans o Aberdaron a'r cyffiniau ar raddfa 1 : 50 000.

© Hawlfraint y goron a hawliau cronfa ddata 2020. Hodder Education dan drwydded i Arolwg Ordnans.

Pentir

Brig creigiog sy'n ymestyn allan i'r môr. Mae pentiroedd wedi'u gwneud o greigiau sy'n gwrthsefyll erydiad.

Bae

Corff o ddŵr bas sy'n ffurfio pan mae creigiau mwy meddal wedi'u herydu gan y môr. Mae pentiroedd a baeau yn bodoli am fod creigiau yn erydu ar gyfraddau gwahanol.

Cyswllt at y we

https://www.bgs.ac.uk/map-viewers/bgs-geology-viewer/ – defnyddiwch y map rhyngweithiol hwn i ddysgu am ddaeareg morlin sy'n agos at eich cartref chi.

Mae Ffigur 37 yn dangos map daearegol o ben gorllewinol eithaf Pen Llŷn. Mae'r pentir mawr sy'n union i'r gorllewin o Aberdaron wedi'i ffurfio o greigiau metamorffig gwydn tu hwnt. Mae'r creigiau hyn yn creu clogwyni uchel, sydd bron yn fertigol, ar bob ochr i'r pentir ac ar Ynys Enlli. Mae cyfradd erydu y pentiroedd hyn yn araf iawn. Ond, mae ffawtiau, bregion fertigol a chraciau mewn creigiau gwydn yn llinellau o wendid sy'n gallu erydu'n gyflymach na gweddill y clogwyn drwy brosesau fel gweithred hydrolig. Yn y pen draw, mae'r bregion a'r ffawtiau yn lledu i greu ogofâu a mordyllau. Mae hyn yn golygu bod hyd yn oed creigiau gwydn yn gallu cael eu herydu os yw eu strwythur (bregion, craciau a ffawtiau) yn eu gwneud nhw'n wan.

Y bae mwyaf yw Porth Neigwl. Mae'r bae wedi'i ffurfio o greigiau a oedd yn hawdd eu herydu. Mae'r clogwyni isel ar hyd Porth Neigwl wedi'u gwneud o dywod cyfunol llac. Wrth i donnau erydu gwaelod y clogwyni hyn, maen nhw'n cylchlithro ac yn dymchwel ar y traeth.

Mae Porth Neigwl wedi'i leoli rhwng dau bentir mawr. Dan amodau tywydd arferol mae'r pentiroedd yn achosi i'r tonnau arafu a cholli egni wrth iddyn nhw ddod i mewn i'r bae. O ganlyniad, mae deunydd traeth wedi pentyrru dros y blynyddoedd.

Yn 2014, profodd Porth Neigwl holl rym stormydd y gaeaf o Gefnfor Iwerydd. Roedd tonnau'r storm wedi erydu'r clogwyni a hefyd wedi cludo cerigos mawr a chreigiau i fyny llethr y traeth. Cafodd y cyfan ei ddyddodi mewn pentwr serth ar ben dwyreiniol y traeth. **Stormdraeth** yw'r enw ar yr arwedd hon.

▲ **Ffigur 39** Y traeth a'r clogwyni ym Mhorth Neigwl; gallwch weld pentir Trwyn Cilan yn y cefndir.

Gweithgareddau

1   Disgrifiwch dirwedd yr ardal arfordirol sydd i'w gweld yn Ffigur 38.
2   a) Lluniadwch fap amlinell o'r morlin hwn.
    b) Labelwch arweddion ffisegol y morlin hwn ar eich map.
    c) Defnyddiwch Ffigur 37 i'ch helpu chi i esbonio pam mae baeau wedi ffurfio yn:
        i)   Aberdaron
        ii) Abersoch.
3   Gwnewch fraslun o Ffigur 39.
    a) Labelwch Drwyn Cilan gan ychwanegu anodiadau yn esbonio pam mae'r arwedd hon wedi'i lleoli yma.
    b) Anodwch y clogwyn sydd wedi cylchlithro i esbonio'r broses sy'n digwydd yma. Defnyddiwch Ffigur 28 (tudalen 24) i'ch helpu.
4   Rhowch grynodeb o ddwy ffordd wahanol y gall daeareg effeithio ar dirffurfiau arfordirol gan ddefnyddio enghreifftiau o'r dudalen hon.

Sut mae gweithgareddau dynol yn effeithio ar y morlin?

Mae pobl wedi rheoli'r morlin ers canrifoedd – er enghraifft, drwy adeiladu argloddiau llifogydd a draenio morfeydd arfordirol. Y bwriad yw amddiffyn y morlin rhag llifogydd a gwneud porthladdoedd yn fwy diogel. Ond mae strategaethau peirianneg o'r fath yn gallu achosi **canlyniadau anfwriadol**. Mae tudalen 26 yn dangos sut mae gwaddod yn symud ar hyd y morlin drwy broses drifft y glannau. Mae adeiladu wal porthladd neu forglawdd yn gallu dal y gwaddod a'i atal rhag symud ar hyd yr arfordir. Bydd y traethau ymhellach i fyny'r arfordir yn dioddef o brinder tywod newydd a gall y broses erydiad gyflymu.

▲ **Ffigur 40** Pentir y castell yng Nghricieth.

▲ **Ffigur 41** Rhanfap Arolwg Ordnans o Gricieth ar raddfa 1 : 25 000.

© Hawlfraint y goron a hawliau cronfa ddata 2020. Hodder Education dan drwydded i Arolwg Ordnans.

Ymyriadau dynol yng Nghricieth

Mae tref Cricieth ar arfordir deheuol Gwynedd yn edrych allan dros Fae Ceredigion. Mae Bae Cricieth yn ardal o ddyddodion rhewlifol cyfunol llac (til) sy'n cael eu herydu'n hawdd gan donnau storm. Mae pentir y castell (sydd i'w weld yn Ffigur 40) wedi'i wneud o graig folcanig ac mae'n gwrthsefyll erydiad yn dda.

Mae nifer o strategaethau rheoli arfordirol ar waith ym Mae Cricieth. Ymhlith y rhain mae arfogaeth greigiog ar y pen gorllewinol, wal fôr wedi'i chrymu ar hyd y promenâd ac argorau ar y traeth.

Mae'r traeth ar ochr orllewinol y castell yn gymysgedd o dywod, graean bras a cherigos. Mae'r argorau pren wedi'u gosod ar hyd y traeth mewn modd sy'n sicrhau'r erydiad lleiaf posibl ar hyd y promenâd gorllewinol, a bod tywod yn cael ei ddal rhwng yr argorau. Gan fod Cricieth yn gyrchfan glan-môr, mae angen gwarchod y traeth er mwyn denu twristiaid. Mae traethau hefyd yn allweddol yn y gwaith o amddiffyn yr arfordir gan eu bod yn amsugno egni tonnau, ac o ganlyniad yn amddiffyn y tir sydd y tu ôl iddyn nhw.

Canlyniad anfwriadol

Sgil effaith gweithgaredd dynol sy'n gallu, er enghraifft, effeithio ar brosesau arfordirol. Enghraifft dda yw adeiladu argorau. Mae argorau yn trapio tywod, gan wneud y traeth yn fwy trwchus a llydan, ac mae hyn yn amddiffyn y morlin lle mae'r argorau wedi'u hadeiladu. Fodd bynnag, mae argorau'n atal gwaddod rhag symud ar hyd y morlin drwy ddrifft y glannau. Felly, un o ganlyniadau anfwriadol adeiladu argorau yw bod traethau ymhellach ar hyd yr arfordir yn brin o waddod. Bydd y traethau hyn yn mynd yn fwy tenau a gall y gyfradd erydu gynyddu.

Mae dau argor mawr ym Mae Cricieth hefyd, ar ben dwyreiniol y traeth. Mae un ohonyn nhw'n fawr iawn ac mae Ffigur 43 yn dangos pa mor llwyddiannus yw'r argorau o ran dal gwaddod.

I'r dwyrain o'r ddau argor mawr mae darn o glogwyn til rhewlifol (sydd i'w weld yn Ffigur 44). Nid oes llawer o ddeunydd traeth o flaen y clogwyn hwn. O ganlyniad, mae wyneb y clogwyn yn cael ei erydu'n hawdd gan donnau storm mawr. Ydy'r argorau yn gyfrifol am hyn? Mae rhai mannau ar hyd y clogwyn lle mae'n amlwg bod deunydd wedi dymchwel ohonyn nhw. Fodd bynnag, mae hyn yn golygu bod mwy o ddeunydd wrth droed y clogwyn. Mae'r deunydd hwn, felly, yn creu amddiffynfa naturiol drwy gynyddu maint y traeth unwaith eto.

▲ **Ffigur 42** Argorau pren ar ochr orllewinol Traeth Cricieth.

▲ **Ffigur 43** Un o'r ddau argor mawr ar ochr ddwyreiniol Bae Cricieth (cyfeirnod grid 505381 yn Ffigur 41).

Gwaith ymholi ?

A ddylai'r morlin o amgylch Cricieth gael ei amddiffyn yn y dyfodol?

- Defnyddiwch dystiolaeth o'r map i ddadlau o blaid cael amddiffynfeydd arfordirol.
- Ymchwiliwch i'r amddiffynfeydd sydd yma'n barod.
- Oes angen gwneud rhagor i reoli'r morlin?

Gweithgareddau

1 Esboniwch pam mae pobl yn rheoli'r arfordir.
2 Gan ddefnyddio Ffigur 41:
   a) rhowch gyfeirnod grid chwe ffigur ar gyfer pentir y castell
   b) amcangyfrifwch hyd y traeth gorllewinol sy'n cael ei amddiffyn gan yr argorau.
3 a) Lluniadwch fraslun o Ffigur 42.
   b) Rhowch anodiadau ar eich braslun i ddisgrifio'r strategaethau rheoli sydd ar waith ar hyd y morlin hwn.
4 Astudiwch Ffigur 43.
   a) Esboniwch pam mae'r deunydd traeth yn fwy trwchus ar ochr dde'r llun.
   b) Ydy hyn yn ganlyniad bwriadol? Os felly, pam?
   c) Defnyddiwch Ffigurau 41 a 42 i roi cyfeiriad drifft y glannau ar y morlin hwn.
5 Disgrifiwch arweddion Ffigur 44. Esboniwch pam gallai'r erydiad sydd i'w weld yma fod yn ganlyniad anfwriadol i weithgareddau dynol.

▲ **Ffigur 44** Y clogwyn til rhewlifol ar ben dwyreiniol pellaf traeth Cricieth ar ôl stormydd 2014.

Ymchwilio i newid yn y dirwedd

Mae'r morlin yn dirwedd sy'n newid yn barhaus. Gall newidiadau fod yn raddol iawn a gallan nhw ddigwydd dros gyfnod o sawl degawd. Gallwn ni fesur newidiadau sy'n digwydd dros gyfnodau hir drwy gymharu data gwaith maes cynradd â mapiau neu ffotograffau hanesyddol. Fodd bynnag, weithiau gall siâp proffil traeth (ei siâp trawstoriadol) newid dros nos. Er enghraifft, gall newid cyflym ddigwydd wrth i waddod traeth gael ei erydu neu ei ddyddodi gan storm eithafol. Mae modd cofnodi newid cyflym i broffil traeth drwy gymharu mesuriadau sydd wedi'u cymryd ar ddau ddiwrnod gwahanol.

Casglu tystiolaeth gynradd o broffil traeth

Mae modd cofnodi maint a siâp traethau drwy gymryd mesuriadau o broffil traeth (fel sydd i'w weld yn Ffigur 45).

- Mae person A yn sefyll ar bellter diogel o ymyl y môr gan ddal polyn anelu.
- Mae person B yn sefyll gan ddal ail bolyn anelu ymhellach i fyny'r traeth. Rhaid iddo/iddi sefyll ar y toriad yn y llethr ble mae newid yn ongl y traeth.
- Mae'r pellter rhwng y ddau bolyn anelu yn cael ei fesur gan ddefnyddio tâp mesur.
- Mae'r ongl rhwng y marcwyr sydd ar yr un uchder ar y ddau bolyn anelu yn cael eu mesur gan ddefnyddio clinomedr.

Mae angen ailadrodd yr un broses ar gyfer pob toriad yn y llethr nes i chi gyrraedd pen uchaf y traeth.

Ar ôl casglu'r data i gyd, gallwch chi blotio'r pellterau a'r onglau ar gyfer pob toriad ar graff i ddangos proffil y traeth. Wedyn mae'n bosibl cymharu'r data sydd wedi'u casglu ar ddiwrnodau gwahanol.

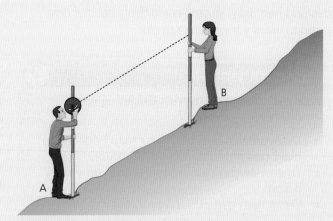

▲ **Ffigur 45** Sut i gyflawni proffil traeth.

▲ **Ffigur 46** Proffiliau traeth ar gyfer diwrnodau gwahanol ar draeth Slapton Sands, Torcross.

Gweithgareddau

1 Defnyddiwch Ffigur 46.
  a) Disgrifiwch sut mae proffil y traeth wedi newid ar ôl y stormydd. Bydd angen i chi gyfeirio at uchder a hyd y traeth.
  b) Sut byddech chi'n cyfrifo arwynebedd y traeth drwy ddefnyddio sawl proffil?

Ymchwilio i'r cysyniad o le

Mae lleoliadau arfordirol yn cynnig cyfle i ymchwilio i'r ffordd mae pobl yn meddwl am yr amgylchedd – boed yn amgylchedd ffisegol o dirwedd arfordirol naturiol neu'n amgylchedd dynol mewn cyrchfan glan-môr. Bydd hyn yn golygu casglu data ansoddol (gweler tudalen 8), er enghraifft drwy ddefnyddio'r dulliau canlynol:

- arolygon deubegwn (gweler tudalen 104)
- holiaduron (gweler tudalen 10).

Gofyn cwestiynau mewn ymholiad

Astudiwch Ffigur 47 sy'n dangos llun o gyrchfan glan-môr y Rhyl ar arfordir gogledd Cymru. Sut mae pobl o oedrannau gwahanol yn meddwl am y **lle** hwn: pa arweddion maen nhw'n eu hoffi neu ddim yn eu hoffi? Pa eiriau bydden nhw'n eu defnyddio i ddisgrifio arweddion unigryw neu arbennig y lle hwn? Faint ohonyn nhw fyddai'n gadarnhaol a faint fyddai'n negyddol? Ydy twristiaid i'r Rhyl yn rhannu'r un syniadau tuag at y lle hwn â phobl leol? Gallech chi ddefnyddio cymysgedd o gwestiynau agored a chaeedig i ymchwilio i'r syniadau hyn. Cofnodwch frasamcan o oedran pob person. Wedyn, gallwch chi drefnu eich canlyniadau i weld a yw safbwynt pobl ifanc yn wahanol i safbwynt pobl hŷn, neu a yw safbwynt twristiaid yn wahanol i safbwynt pobl leol.

Lle

Cysyniad daearyddol sy'n cael ei ddefnyddio i ddisgrifio'r pethau sy'n gwneud rhywle yn arbennig, yn unigryw neu'n nodedig. Mae llawer o arweddion gwahanol o'r amgylchedd dynol a ffisegol ym mhob lle. Ymhlith y rhain mae arweddion tirwedd a thirnodau, mathau gwahanol o adeiladau lleol, ecosystemau a chynefinoedd, ac arweddion hanesyddol a diwylliannol lleol. Gall pob un o'r arweddion hyn fod yn ddigon cyffredin yn y DU. Fodd bynnag, y cyfuniad unigryw o'r arweddion daearyddol hyn sy'n creu hunaniaeth ar gyfer unrhyw le penodol.

Gweithgareddau

2 Astudiwch Ffigur 47.
   a) Rhestrwch arweddion dynol a ffisegol yr amgylchedd hwn.
   b) Sut mae'r arweddion hyn yn cymharu â threfi glan-môr eraill?
   c) Lluniwch arolwg deubegwn y gallech chi ei ddefnyddio i asesu safbwyntiau pobl am yr amgylchedd hwn. Gallwch chi brofi eich arolwg ar eich cyd-ddisgyblion yn y dosbarth.

Gwaith ymholi

Lluniwch ymholiad ar gyfer y Rhyl.

a) Meddyliwch am gwestiwn ymholi trosfwaol am y lle.
b) Disgrifiwch sut byddech chi'n casglu'r data ansoddol mae eu hangen, a sut byddech chi'n cynllunio taflenni casglu data.

▲ **Ffigur 47** Fel llawer o gyrchfannau glan-môr y DU, mae gan y Rhyl boblogaeth sy'n heneiddio ac mae'n dioddef o ddirywiad o ran twristiaeth, cyflogaeth dymhorol a phrinder swyddi sy'n talu cyflog uchel.

Storfeydd dŵr a llifoedd mewn dalgylch afon

Mae hinsawdd, daeareg a gweithgareddau dynol yn chwarae rhan bwysig yn nhirweddau afonydd y DU. Mae **mandylledd** (*porosity*) ac **athreiddedd** (*permeability*) y creigiau o dan ein traed yn helpu i bennu faint o ddŵr sydd i'w weld yn nhirwedd y DU. Mae bylchau bach mewn creigiau **mandyllog** rhwng y gronynnau craig. Mae mandylledd yn cyfleu faint o ddŵr y mae'r mandyllau hyn yn gallu eu storio. Er enghraifft, mae creigiau fel tywodfaen yn gallu dal dŵr yn eu mandyllau fel **storfa dŵr daear**. Mae athreiddedd yn cyfleu pa mor hawdd y mae dŵr yn gallu pasio drwy graig. Mae creigiau **athraidd** yn gadael i ddŵr deithio drwyddyn nhw. Mae dŵr yn teithio'n hawdd drwy fregion a chraciau fertigol a llorweddol sy'n gyffredin mewn creigiau athraidd fel tywodfaen a chalchfaen. Does dim llawer o fandyllau na bregion mewn creigiau **anathraidd**, ac felly mae dŵr yn tueddu i lifo drostyn nhw ar arwyneb y tir. Mae'r rhan fwyaf o greigiau igneaidd fel gwenithfaen, a chreigiau metamorffig fel llechen, yn anathraidd. Mae clai, sy'n graig waddod, hefyd yn anathraidd. Mewn ardaloedd lle mae'r ddaeareg yn anathraidd, mae'n bosibl storio dŵr ar yr arwyneb. Mae llynnoedd ac afonydd yn **storfeydd arwyneb** naturiol. Mae'n bosibl adeiladu argaeau ar afonydd i reoli llifogydd a chreu cronfeydd dŵr i gyflenwi dŵr. Mae 168 o argaeau mawr yn y DU (rhaid i'r rhain fod yn uwch na 15 m a dal yn ôl o leiaf 3,000,000 o fetrau ciwbig o ddŵr yn ôl y diffiniad).

▲ **Ffigur 1** Mae Afon Elan yn llifo drwy uwchdir yng Nghymru lle mae'r creigiau yn anathraidd a'r priddoedd yn denau. Mae'r orsaf dywydd agosaf at y dalgylch afon hwn yng Nghwmystwyth.

▲ **Ffigur 2** Cronfa ddŵr Penygarreg ac argae Craig Goch yng Nghwm Elan.

	Ion	Chwe	Maw	Ebr	Mai	Meh	Gorff	Awst	Medi	Hyd	Tach	Rhag
Aberystwyth	97	72	60	56	65	76	99	93	108	118	111	96
Cwmystwyth	192	139	158	108	97	116	116	135	151	187	206	213
Birmingham	74	54	50	53	64	50	69	69	61	69	84	67
Norwich	55	43	48	41	42	58	42	54	47	68	70	53

▲ **Ffigur 3** Cyfanswm dyodiad misol o orsafoedd tywydd y DU ar hyd trawslun o'r gorllewin i'r dwyrain drwy Gymru a Lloegr.

Gweithgareddau

1 Gan ddefnyddio Ffigurau 1 a 2, awgrymwch **ddwy** ffordd wahanol mae gweithgareddau dynol wedi effeithio ar dirwedd Afon Elan.

2 Disgrifiwch y tirffurfiau sydd i'w gweld yn Ffigur 1 neu Ffigur 2 a'r prosesau oedd wedi'u ffurfio (gweler tudalen 13).

3 Astudiwch Ffigur 3.
   a) Lluniadwch bedwar graff dyodiad.
   b) Disgrifiwch sut mae dyodiad yn newid o'r gorllewin i'r dwyrain ar draws Cymru a Lloegr.
   c) Rhowch ddau reswm posibl pam cafodd Cwm Elan ei ddewis fel safle i adeiladu argae Craig Goch.

Ble mae'r storfeydd dŵr a'r llifoedd mewn dalgylch afon?

Ychydig iawn o ddyodiad sy'n disgyn yn uniongyrchol i mewn i afonydd. Mae'r rhan fwyaf yn disgyn yn rhywle arall yn y **dalgylch afon** a'i **llednentydd**. Mae Ffigur 4 yn dangos llifoedd dŵr drwy ddalgylch afon nodweddiadol. Mae dŵr naill ai'n llifo dros arwyneb y tir fel **llif trostir** neu'n llifo i mewn i'r pridd – proses o'r enw **ymdreiddiad**. Pan fydd y dŵr yn y pridd, bydd yn symud i lawr yn araf fel **trwylif**. Mae rhywfaint o'r dŵr yn trylifo'n ddyfnach i mewn i'r ddaear ac yn mynd i mewn i'r creigwely, ac wedyn bydd yn parhau i deithio fel **llif dŵr daear**. Mae cyfraddau ymdreiddiad, trwylif a llif dŵr daear yn dibynnu ar nifer o ffactorau, gan gynnwys:

- maint a siâp y dalgylch afon a pha mor serth yw'r llethrau
- maint y glawiad drwy'r flwyddyn ac arddwysedd y stormydd glaw
- y maint a'r math o lystyfiant ar y tir
- athreiddedd a mandylledd y pridd a'r creigiau oddi tano.

Dalgylch afon

Y tir y mae afon yn casglu ei dŵr ohono. Mewn dalgylch afon, mae dŵr yn cael ei storio mewn afonydd, llystyfiant, pridd a chreigiau. Mae'r dŵr yn llifo dros y tir, drwy bridd neu drwy greigwely.

▼ **Ffigur 4** Storfeydd a llifoedd dŵr mewn dalgylch afon naturiol.

Gweithgareddau

4 Defnyddiwch Ffigur 4 i enwi:
   a) tair storfa dŵr arwyneb
   b) dau le sy'n storio dŵr o dan yr arwyneb.

5 Awgrymwch pam mae dyodiad sy'n disgyn i mewn i ddalgylch afon o graig anathraidd yn debygol o gyrraedd yr afon yn llawer cyflymach na dŵr glaw sy'n disgyn ar ardal o greigiau mandyllog.

Pam mae afonydd yn gorlifo?

Yn y DU, rydyn ni'n cael dau fath o lifogydd:

- **Fflachlifau** (fel llifogydd Boscastle yn 2004), sef pan fydd glawiad mawr iawn yn digwydd dros gyfnod byr iawn, gan achosi i lefelau afon godi'n sydyn. Weithiau, mae fflachlifau'n digwydd yn yr haf yn y DU pan fydd y ddaear yn galed ac wedi caledu yn y gwres. Pan fydd cyflwr y pridd fel hyn, mae glawiad mor ddwys yn golygu ei bod yn amhosibl i'r ddaear amsugno'r dŵr yn ddigon cyflym, ac felly mae'n llifo dros arwyneb y tir.
- **Llifogydd tymhorol** (fel y llifogydd ar wastadeddau Gwlad yr Haf yn 2014), sef pan fydd lefelau afon yn codi o ganlyniad i'r amrywiad tymhorol yn y glawiad. Mae llifogydd o'r math hwn fel arfer yn digwydd ar ôl cyfnod hir o law, pan fydd y ddaear eisoes yn ddirlawn ac yn methu ag amsugno mwy o ddŵr. Gall llifogydd hefyd ddigwydd yn y DU pan fydd eira yn ymdoddi a phan fydd y ddaear wedi rhewi, ac felly nid yw'r dŵr yn gallu ymdreiddio i'r pridd.

Ydy gweithredoedd dynol yn cynyddu'r risg o lifogydd?

Mae llifogydd yn digwydd pan fydd dŵr yn methu ag ymdreiddio i'r pridd. Mae palmantu dros y pridd yn creu arwyneb **anathraidd** ac yn atal y broses ymdreiddio, felly mae twf ardaloedd trefol yn cynyddu'r risg o lifogydd. Mae nifer yn credu bod palmantu gerddi o flaen y tŷ i greu lle parcio o bosibl yn cynyddu'r risg o fflachlifau mewn ardaloedd trefol. Mae llystyfiant yn helpu i dynnu dŵr o'r pridd cyn iddo gyrraedd afon. O ganlyniad, mae torri coed neu adael caeau'n foel yn y gaeaf yn gallu cynyddu'r risg o lifogydd tymhorol. Ar y llaw arall, gallai proses o'r enw **coedwigo** (sef ailblannu uwchdiroedd â choed) helpu i leihau'r risg o lifogydd ymhellach i lawr yr afon. Mae nifer yn credu y gallai coedwigo yng nghanolbarth Cymru helpu i leihau llifogydd yn Amwythig neu yn Bewdley (gweler tudalennau 50–1).

SGILIAU DAEARYDDOL

Sut mae dadansoddi hydrograff?

Mae Ffigur 5 yn **hydrograph** llifogydd. Mae'n dangos sut gallai afon fach ymateb i achos o lifogydd. Mae'r bar glas yn cynrychioli glawiad trwm a sydyn. Yn yr enghraifft hon, mae'r llif trostir o'r dalgylch afon yn cymryd dwy awr i gyrraedd sianel yr afon. Mae cyfanswm y dŵr yn y sianel yn dechrau codi. Mae'r fraich esgynnol yn y graff yn dangos hyn. Yr enw ar y cyfnod rhwng y glawiad brig a'r **arllwysiad brig** yw'r **oediad amser**. Yn Ffigur 5, yr oediad amser yw tua 5 awr. Mae'r oediad amser ac uchder yr arllwysiad brig yn dibynnu ar arweddion y dalgylch afon, fel mandylledd y creigiau, pa mor serth yw'r llethrau a maint y llystyfiant. Mae rhai o'r ffactorau hyn wedi'u dangos yn Ffigurau 6 a 7.

Hydrograff

Graff sy'n dangos sut mae arllwysiad afon yn newid dros gyfnod o amser. Mae'r arllwysiad (maint o ddŵr) i'w weld ar yr echelin-y ac mae fel arfer wedi'i gofnodi mewn unedau o fetrau ciwbig yr eiliad, er bod yr echelin-y weithiau'n dangos dyfnder y dŵr yn yr afon. Mae'r echelin-x yn dangos amser – mewn oriau neu ddyddiau fel arfer.

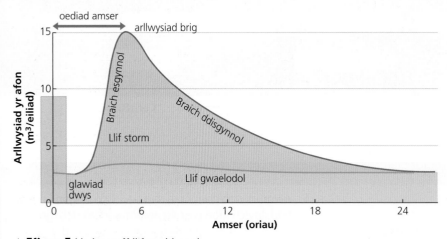

▲ **Ffigur 5** Hydrograff llifogydd syml.

Gweithgaredd

1 Defnyddiwch Ffigur 6 i esbonio sut gallai torri coedwig fawr i lawr effeithio ar yr oediad amser ac ar yr arllwysiad brig mewn afon gyfagos.

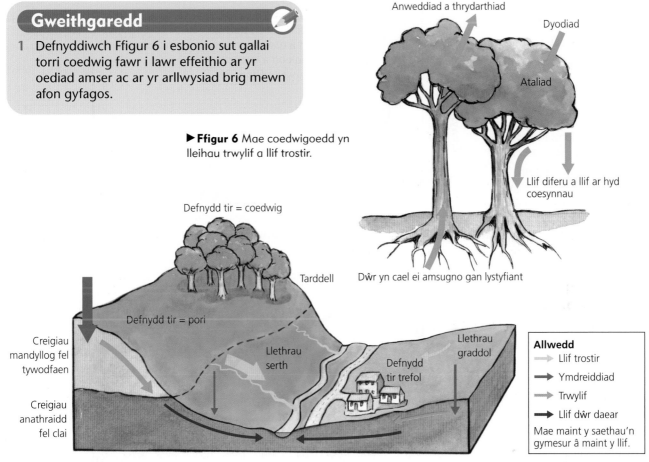

▶ **Ffigur 6** Mae coedwigoedd yn lleihau trwylif a llif trostir.

Anweddiad a thrydarthiad

Dyodiad

Ataliad

Llif diferu a llif ar hyd coesynnau

Dŵr yn cael ei amsugno gan lystyfiant

Defnydd tir = coedwig

Tarddell

Defnydd tir = pori

Creigiau mandyllog fel tywodfaen

Creigiau anathraidd fel clai

Llethrau serth

Llethrau graddol

Defnydd tir trefol

Allwedd
⇨ Llif trostir
➡ Ymdreiddiad
⇨ Trwylif
➡ Llif dŵr daear
Mae maint y saethau'n gymesur â maint y llif.

▲ **Ffigur 7** Ffactorau sy'n dylanwadu ar ymdreiddiad a llif trostir yn y dalgylch afon.

Gweithgareddau

2 Astudiwch Ffigur 5.
   a) Defnyddiwch yr amserau a'r ffigurau arllwysiad o'r hydrograff i ddisgrifio:
      i) siâp y fraich esgynnol a'r oediad amser
      ii) siâp y fraich ddisgynnol a'r llif gwaelodol.
3 Defnyddiwch Ffigurau 4, 5, 6 a 7 i'ch helpu i gopïo a chwblhau'r tabl isod.

Ffactor dalgylch afon	Effaith ar ymdreiddiad	Effaith ar lif trostir a thrwylif	Effaith ar oediad amser
Llethrau serth			
Llethrau graddol			
Creigiau mandyllog			
Creigiau anathraidd			
Defnydd tir trefol			
Plannu mwy o goed			

Gwaith ymholi

Allwch chi ragfynegi sut mae dalgylchoedd afonydd gwahanol yn ymateb i lawiad trwm a sydyn?

- Brasluniwch ddau hydrograff llifogydd i ddangos y gwahaniaeth rhwng dalgylchoedd afonydd sy'n debyg o ran maint. Rhaid cynnwys un sydd â defnydd tir trefol ac un sydd â llawer o goedwigoedd.
- Lluniadwch ddau hydrograff arall er mwyn cymharu ymateb afon mewn dalgylch afon sydd â chreigiau mandyllog ag ymateb afon mewn dalgylch afon sydd â chreigiau anathraidd.
- Trafodwch eich hydrograffau â chyd-ddisgybl, gan gyfiawnhau'r siapiau ar eich hydrograffau. Dylech chi allu esbonio pam rydych chi wedi rhagfynegi siâp y breichiau esgynnol a disgynnol a beth yw hyd posibl yr oediad amser.

Sut mae daeareg yn effeithio ar lifoedd a storfeydd dŵr?

Mae daeareg yn un o'r prif bethau sy'n dylanwadu ar ba mor gyflym mae dŵr yn llifo drwy ddalgylch afon. Mae'n dylanwadu hefyd ar faint o ddŵr sy'n gallu cael ei storio yn y dalgylch afon. **Arllwysiad** yw'r term ar gyfer cyfanswm y dŵr mewn afon, ac mae'n cael ei fesur mewn metrau ciwbig yr eiliad, neu **ciwmec**. Astudiwch Ffigurau 8 a 9. Maen nhw'n dangos **patrymedd blynyddol** dwy afon sydd â dalgylchoedd (*catchment areas*) tebyg o ran maint yn 2004. Fodd bynnag, mae daeareg a glawiad blynyddol y ddau ddalgylch afon yn wahanol iawn ac mae hyn yn effeithio ar sut mae'r dŵr yn llifo drwy bob dalgylch.

29 Ionawr–4 Chwefror. Gwasgedd isel yn dod â stormydd a glaw trwm, yn enwedig i ogledd a chanolbarth Cymru (gweler Ffigur 32)

Roedd dros 1.5 gwaith y glawiad cyfartalog ym mis Hydref

▲ **Ffigur 8** Hydrograff ar gyfer Afon Dyfi, Cymru (2004).

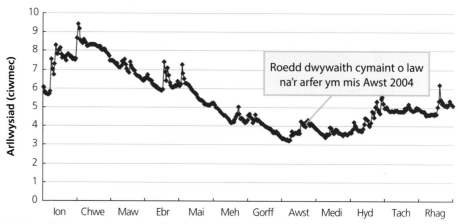

Roedd dwywaith cymaint o law na'r arfer ym mis Awst 2004

▲ **Ffigur 9** Hydrograff ar gyfer Afon Itchen, Lloegr (2004).

Ffeil Ffeithiau: Afon Dyfi ac Afon Itchen

Afon	Afon Dyfi	Afon Itchen
Lleoliad	Gorllewin Cymru	De-ddwyrain Lloegr
Cyfanswm y glawiad cyfartalog	1,834 mm	838 mm
Daeareg	100% creigiau anathraidd	90% sialc
Maint y dalgylch afon (i fyny o'r orsaf fedryddu)	471 km²	360 km²
Tirwedd	Bryniau a mynyddoedd â llethrau serth sy'n cyrraedd uchafbwynt o 907 m uwchben lefel y môr	Bryniog. Uchder mwyaf o 208 m uwchben lefel y môr
Defnydd tir	60% glaswelltir (porfa defaid); 30% coedwigoedd; 10% gweundir	Tir ffermio âr (grawnfwydydd) yn bennaf â rhywfaint o laswelltir
Ffactorau dynol sy'n effeithio ar ddŵr ffo	Nid oes bron unrhyw ddylanwadau dynol o gwbl ar ddŵr ffo	Llai o ddŵr ffo drwy ei ddefnyddio i gyflenwi dŵr. Rhywfaint o ddŵr yn cael ei ddefnyddio i ail-lenwi dŵr daear yn y ddyfrhaen sialc

Gweithgareddau

1 Cymharwch Ffigurau 8 a 9. Disgrifiwch:
   a) un peth sy'n debyg
   b) tri pheth sy'n wahanol.

2 Defnyddiwch y Ffeil Ffeithiau i awgrymu sut gallai pob un o'r ffactorau canlynol fod wedi effeithio ar y llif:
   - glawiad
   - daeareg
   - tirwedd
   - defnydd tir.

3 Dychmygwch eich bod yn gweithio i gwmni dŵr. Awgrymwch sut byddai modd defnyddio'r ddwy afon ar gyfer cyflenwi dŵr.

Sut mae tywydd eithafol yn effeithio ar lifoedd a storfeydd dŵr?

Profodd rhannau o'r DU fwy o law nag erioed o'r blaen yn ystod mis Tachwedd a mis Rhagfyr yn 2015. Roedd y tywydd gwlyb a ddaeth i ardaloedd ledled y DU yn ganlyniad i nifer o **systemau gwasgedd isel**. Daeth yr aergyrff llaith a chynnes o'r Açores – ardal gynnes o Gefnfor Iwerydd i'r gorllewin o Bortiwgal. Cawson nhw eu cario gan y jetlif (gweler tudalen 173) a oedd mewn cylched ddeheuol i'r gorllewin o'r DU am sawl wythnos.

Ar ôl wythnosau o law roedd y ddaear yn ddirlawn, felly doedd dim modd i ragor o law suddo i mewn iddo. Cododd lefelau afonydd a chafodd cyfres o lifogydd effaith ar gymunedau yng ngogledd Cymru, Gogledd Lloegr a'r Alban.

4–5 Rhagfyr	Cyrhaeddodd Storm Desmond. Disgynnodd mwy na gwerth mis o law yn rhannau o Cumbria. Llifogydd yng Nghaerliwelydd (*Carlisle*), Appleby a rhannau eraill o Cumbria.
12 Rhagfyr	Cyhoeddodd Asiantaeth yr Amgylchedd dros 70 o rybuddion llifogydd, yn bennaf yn Cumbria a Sir Gaerhirfryn.
22 Rhagfyr	Cyrhaeddodd Storm Eva. Daeth rhagor o law i Cumbria a dioddefodd rhai cymunedau lifogydd unwaith eto.
26–27 Rhagfyr	Roedd rhaid i bobl adael eu cartrefi yn Sir Gaerhirfryn a Swydd Efrog, gan gynnwys yn Hebden Bridge, Leeds, Manceinion Fwyaf ac Efrog. Roedd llifogydd hefyd yn Llanrwst yng ngogledd Cymru.

▲ **Ffigur 10** Llinell amser y digwyddiadau ym mis Rhagfyr 2015.

01-29 Rhagfyr 2015
Cyfanswm y glawiad
% o gyfartaledd 1981-2010

Mae gwerthoedd yn cael eu cymharu â'r cyfanswm cyfartalog am y mis cyfan

300
250
200
175
150
125
75

% o'r Cyfartaledd

© Hawlfraint y Goron

▲ **Ffigur 11** Glawiad mis Rhagfyr 2015 – ffigurau a dorrodd pob record.

System gwasgedd isel

Dyma gyflwr yr atmosffer sy'n dod â thywydd gwlyb a gwyntog i'r DU. Mae'r systemau hyn yn dechrau pan mae aer cynnes a llaith yn codi o'r tir. Mae hyn yn creu gwasgedd aer sy'n is nag arfer yng nghanol y system, ac mae aer yn cael ei dynnu i mewn i lenwi'r lle gwag. Gall hyn gynhyrchu gwynt cryf. Enw arall ar systemau gwasgedd isel yw seiclonau.

Gweithgareddau

4 Esboniwch pam roedd y DU wedi dioddef llifogydd yn ystod wythnosau olaf 2015.

5 Defnyddiwch Ffigurau 10 ac 11 ac atlas i labelu map amlinell o'r DU, gan ddangos y prif ardaloedd roedd y llifogydd yn effeithio arnyn nhw.

6 Disgrifiwch batrwm y glawiad sydd i'w weld yn Ffigur 11. Defnyddiwch atlas i'ch helpu i:
   a) enwi tair ardal o uwchdir a gafodd dros 250 y cant o'r glawiad arferol
   b) enwi tair ardal a gafodd lai na 75 y cant o'r glawiad arferol.

Effeithiau llifogydd 2015

Yn ystod mis Rhagfyr 2015 roedd afonydd mewn rhannau o Gymru, Gogledd Lloegr a'r Alban wedi gorlifo. Mae afonydd yn ymddwyn yn wahanol iawn pan fyddan nhw'n gorlifo. Nid yn unig mae lefelau'r dŵr yn uwch, ond mae'r arllwysiad hefyd gymaint yn fwy nag ydyw yn ystod llif arferol. Mewn achosion eithafol o'r fath, gall afonydd newid siâp y sianel mewn modd sydyn a dramatig. Pan

fydd cymaint o egni ychwanegol ynddi, gall afon erydu a chludo defnydd ar raddfa enfawr. Bydd glannau yn cael eu tanseilio a bydd mwy o greigiau yn disgyn i mewn i'r llif. Gall coed hefyd gael eu sgubo i mewn i'r afon. Yn achos Raise Beck, nant fynyddig yn Cumbria, lledodd yr afon ei sianel o sawl metr ac erydu rhan o briffordd yr A591. Gorlifodd nant debyg yn Glenridding, sydd hefyd yn Cumbria. Golchodd grym ei llif gannoedd o dunelli metrig o raean a cherigos mawr ar draws y strydoedd.

▲ **Ffigur 12** Hydrograffau ar gyfer Afon Eden yng Nghaerliwelydd (Cumbria) ac Afon Calder yn Hebden Bridge (Swydd Efrog). Mae'r llinellau glas yn nodi'r lefelau a gafodd eu cofnodi bob diwrnod; y llinell werdd yw'r lefel uchaf nodweddiadol ar gyfer mis Rhagfyr.

Ffeil Ffeithiau: Afon Eden ac Afon Calder

	Afon Eden yng Nghaerliwelydd	Afon Calder yn Hebden Bridge
Maint y dalgylch (km²)	2,286	171
Daeareg	Calchfaen i'r dwyrain a cherrig grut anathraidd i'r gorllewin o'r dalgylch	Cerrig grut anathraidd
Defnydd tir	Gweundir yn bennaf ar gyfer pori	Gweundir yn bennaf ar gyfer pori, a llethrau coediog serth
	Trefi Caerliwelydd, Penrith ac Appleby yn y dyffrynnoedd	Llawer o ddatblygiad trefol ar lawr y dyffrynnoedd; trefi Todmorden a Hebden Bridge
Llif cymedrig (ciwmec)	53.3	4.1
Arllwysiad mwyaf cyn 2015	988 ciwmec pan oedd dyfnder yr afon yn 5.52 m	59.6 ciwmec pan oedd dyfnder yr afon yn 3.09 m

▲ **Ffigur 13** Cafodd rhan o briffordd yr A591 rhwng Ambleside a Keswick ei herydu gan nant Raise Beck. Mae'r nant hon yn rhedeg oddi ar fryniau serth Ardal y Llynnoedd mewn dyffryn ffurf V, ac yna'n rhedeg ar hyd ochr y ffordd.

Beth oedd yr effaith ar bobl?

Cafodd ffyrdd eu cau naill ai oherwydd y llifddyfroedd neu am fod pontydd mewn cyflwr peryglus. Roedd yr afon wedi cludo creigiau a choed i lawr yr afon ac wedi difrodi colofnau pontydd – cwympodd sawl pont yn ystod llifogydd mis Rhagfyr. Roedd coed a changhennau wedi'u dal gan y pontydd ac yn atal llif y dŵr. Mae pontydd wedyn yn gallu dechrau ymddwyn fel argaeau, ac mae pwysau ychwanegol y dŵr i fyny'r afon yn gallu achosi difrod i strwythur y pontydd. Roedd cau ffyrdd a phontydd wedi achosi cryn dipyn o oedi i rai gyrwyr ac aeth nifer ohonyn nhw'n sownd yn y llifddyfroedd gan achosi difrod parhaol i'w ceir. Yn gynnar ym mis Ionawr 2016, un mis ar ôl i'r llifogydd ddechrau, roedd awdurdodau Cumbria wedi cau:

- pymtheg darn o ffordd oherwydd bod y ffordd wedi'i golchi ymaith neu wedi'i gorchuddio gan dirlithriad
- wyth pont droed oedd yn aros i gael eu harchwilio
- ugain o bontydd yn sgil difrod ac roedd tair pont arall yn aros i gael eu harchwilio.

Roedd is-orsaf drydan ar Afon Lune ger Caerhirfryn (*Lancaster*) wedi dioddef llifogydd, ac o ganlyniad roedd Caerhirfryn i gyd heb drydan am dri diwrnod bron. Cafodd generaduron brys eu defnyddio dros dro i ddarparu trydan i ysbyty Caerhirfryn ac i 19,000 o bobl yr ardal. Roedd Prifysgol Caerhirfryn ar gau a chafodd y myfyrwyr eu hanfon adref wythnos cyn diwedd y tymor.

Cafodd **40** o bontydd eu cau yn sgil llifogydd neu ddifrod

Cafodd ardal Honister yn Cumbria **341** mm o law mewn 24 awr (rhwng 4 a 5 Rhagfyr)

Cafodd **500** o gartrefi yn Efrog eu heffeithio gan lifogydd yn sgil storm Eva

Cafodd **5,200** o gartrefi yn Cumbria a Sir Gaerhirfryn eu heffeithio gan lifogydd yn sgil storm Desmond

Roedd **20,000** o gartrefi heb drydan dros y Nadolig – yn Swydd Efrog yn bennaf

Roedd **55,000** o gartrefi yn ardal Caerhirfryn heb drydan yn ystod storm Desmond

▲ **Ffigur 14** Ystadegau'r llifogydd.

Gweithgareddau

1. a) Cymharwch hydrograffau llifogydd y ddwy afon sydd i'w gweld yn Ffigur 12. Defnyddiwch Ffigur 38 i'ch helpu.
   b) Awgrymwch resymau dros y prif wahaniaethau rydych chi wedi'u nodi.
2. Disgrifiwch y newidiadau a ddigwyddodd yn sianel afon Raise Beck. Defnyddiwch dudalennau 12 ac 13 i ychwanegu manylion at eich disgrifiad.
3. Disgrifiwch effeithiau'r llifogydd ar:
   a) yr isadeiledd
   b) yr amgylchedd.
4. Awgrymwch yr effaith bosibl ar y grwpiau canlynol:
   a) pobl hŷn yn byw ar eu pen eu hunain
   b) pobl yn byw mewn ardaloedd gwledig anghysbell.

Sut gwnaeth amddiffynfeydd rhag llifogydd ymdopi yn 2015?

Mae tref Caerliwelydd yn Cumbria wedi'i hadeiladu ger cydlifiad tair afon – afonydd Eden, Petteril a Caldew. Ym mis Ionawr 2005 roedd llifogydd difrifol yno, a chafodd bron 2,000 o gartrefi eu difrodi. Roedd dŵr brwnt/budr o'r carthffosydd yn gymysg â'r llifddyfroedd, ac roedd rhaid i'r gwasanaeth tân fenthyg cychod rhwyfo pren i gyrraedd pobl a oedd wedi'u dal gan y llifddyfroedd. Ar ôl y llifogydd hyn:

- Gwariodd Asiantaeth yr Amgylchedd £38 miliwn ar wella amddiffynfeydd rhag llifogydd yng Nghaerliwelydd. Cafodd argloddiau (a oedd yn 6.2 m o uchder ac yn 10 km o hyd) eu hadeiladu ar hyd glan yr afon a chafodd 30 o lifddorau eu gosod.
- Gwariodd *United Utilities* £13 miliwn ar adnewyddu 4 km o'r hen garthffosydd.
- Cafodd cychod arbennig a dillad gwrth-ddŵr eu darparu i'r gwasanaeth tân, a chawson nhw eu hyfforddi i achub pobl o ddŵr sy'n llifo'n gyflym.

Yn ystod llifogydd 2005, roedd ychydig o'r dŵr wedi cael ei ddal gan yr amddiffynfeydd rhag llifogydd a oedd yno'n barod, ac nid oedd yn gallu llifo'n ôl i mewn i'r afon. Cafodd deg draen mawr eu gosod er mwyn atal hyn rhag digwydd eto.

▲ **Ffigur 15** Y gwasanaeth tân yn achub pobl o'u cartrefi oherwydd y llifogydd yng Nghaerliwelydd ym mis Rhagfyr 2015.

Ydy amddiffynfeydd rhag llifogydd yn gweithio?

Er gwaethaf yr holl fuddsoddi, pam gwelodd y dref lifogydd unwaith eto yn 2015? Mae Asiantaeth yr Amgylchedd yn dadlau ei bod wedi cael gwerth ei harian o'r amddiffynfeydd rhag llifogydd yng Nghaerliwelydd. Fodd bynnag, roedd pobl leol yn flin bod eu cartrefi wedi dioddef llifogydd, ac nid yw pawb yn cytuno mai dyma'r ffordd orau o amddiffyn ein trefi rhag llifogydd.

> Cafodd Caerliwelydd ei bygwth gan lifogydd yn 2009 ac eto yn 2012. Gweithiodd yr amddiffynfeydd rhag llifogydd yn dda bob tro. Gallwn amcangyfrif bod yr amddiffynfeydd wedi arbed £180 miliwn o gost i ni yn sgil difrod llifogydd. Costiodd yr amddiffynfeydd rhag llifogydd £38 miliwn, ac felly mewn gwirionedd maen nhw wedi talu amdanyn nhw eu hunain. Credaf ein bod wedi cael gwerth ein harian.

Mike Harper – Asiantaeth yr Amgylchedd

> Rydyn ni wedi cael cyfnod eithriadol o lawiad ond mae'n rhaid i ni gydnabod, wrth i'r hinsawdd newid, y bydd tywydd o'r fath yn digwydd yn llawer amlach. Dyma pam mae rheoli llifogydd a pheryglon arfordirol yn flaenoriaeth allweddol i'r llywodraeth hon [yng Nghymru].

Carwyn Jones – Prif Weinidog Cymru ar y pryd

▲ **Ffigur 16** Dau safbwynt am lifogydd 2015.

Blwyddyn	Achos o lifogydd
1963	Llifogydd
1968	Llifogydd
1979	Llifogydd
1980	Llifogydd
1984	Llifogydd
2005	Llifogydd
2009	Llifogydd wedi'u hatal
2012	Llifogydd wedi'u hatal
2015	Llifogydd

▲ **Ffigur 17** Achosion diweddar o lifogydd yng Nghaerliwelydd.

SGILIAU DAEARYDDOL

Cyfrifo canran o'r cyfartaledd

Mae'n bosibl cyfrifo ffigurau glawiad cyfartalog am bob mis. I wneud hyn, rhaid cofnodi ffigurau glawiad gwirioneddol dros gyfnod hir o amser (o leiaf 20 mlynedd fel arfer) ac yna dod o hyd i'r gwerth cymedrig. Roedd Rhagfyr 2015 yn fis a dorrodd pob record – y mis mwyaf gwlyb erioed wedi'i gofnodi yn y DU. I gyfrifo faint yn fwy gwlyb oedd hi o gymharu â'r cyfartaledd, mae angen i chi rannu cyfanswm gwirioneddol y glawiad ar gyfer unrhyw fis â'r cyfartaledd ar gyfer y mis hwnnw. Felly, ar gyfer mis Tachwedd 2015 yn Hazelrigg:

$249.8 \div 114.7 = 218\%$

	2015	Cyfnod mwyaf gwlyb blaenorol	Cyfartaledd (cymedr)	2015 o'r cyfartaledd
Tachwedd	249.8	244.8 (2009)	114.7	218
Rhagfyr	306.4	234.5 (1986)	112.8	
Tachwedd a Rhagfyr	556.2	357.5 (1986)	227.4	

▲ **Ffigur 18** Glawiad (mm) ar gyfer Hazelrigg yn Cumbria, 2015, o'i gymharu â ffigurau'r cyfnodau mwyaf gwlyb blaenorol a'r cyfartaleddau ar gyfer mis Tachwedd a mis Rhagfyr.

Gweithgareddau

1 Gan ddefnyddio Ffigur 15, disgrifiwch ddau risg sydd wedi'u hachosi gan lifogydd.
2 Disgrifiwch dair ffordd y cafodd amddiffynfeydd rhag llifogydd eu gwella yng Nghaerliwelydd ar ôl 2005.
3 Cyfrifwch amlder llifogydd (gweler tudalen 23) yng Nghaerliwelydd:
   a) gydag amddiffynfeydd rhag llifogydd
   b) pe na bai amddiffynfeydd wedi'u hadeiladu ar ôl 2005.
4 Defnyddiwch Ffigur 18 i gyfrifo glawiad 2015 yn Hazelrigg fel canran o'r cyfartaledd ar gyfer:
   a) mis Rhagfyr
   b) mis Tachwedd a mis Rhagfyr.
5 Defnyddiwch Ffigurau 16, 17 ac 18 i awgrymu dau reswm pam digwyddodd y llifogydd hyn, er gwaethaf yr amddiffynfeydd rhag llifogydd.

Atal llifogydd yn y dyfodol

Dechreuwyd gwaith yn 2019 i wneud y waliau llifogydd yng Nghaerliwelydd yn uwch ac yn hirach. Bydd y gwaith yn costio £25 miliwn a dylai ddiogelu mwy na 1,600 o gartrefi a busnesau. Ond, a ydym yn gwario arian yn y lleoedd cywir ac ar y math cywir o gynllun?

Mae George Monbiot, sy'n arbenigwr ar yr amgylchedd, yn dadlau bod amddiffynfeydd rhag llifogydd yn cael eu hadeiladu yn y lleoedd anghywir. Yn hytrach nag amddiffyn ein trefi ar lawr y dyffrynnoedd, dylen ni fod yn gwario arian ar reoli afonydd yn y dalgylchoedd uchaf. Mae'n dadlau bod carthu (*dredging*) a sythu afonydd i amddiffyn tir ffermio yn gwaethygu'r risg o lifogydd oherwydd bod dŵr yn symud i lawr yr afon yn gyflymach ac yn hyrddio i mewn i'r dref agosaf. Er enghraifft, mae'n sôn am Afon Liza yn Ennerdale. Roedd yr afon hon yn arfer cael ei charthu, ond nid yw hyn yn digwydd rhagor. Yn hytrach, mae'r afon wedi gallu ymdroelli a dyddodi cerrig a boncyffion yn sianel yr afon, gan greu siâp **plethog** – fel pleth o wallt. Erbyn hyn mae'r afon yn edrych yn llawer mwy naturiol. Yn ystod achos o lifogydd fel yr un yn 2009, mae sianel blethog lydan Afon Liza

▲ **Ffigur 19** Cronfa storio llifddyfroedd yn Thacka Beck, Penrith.

yn storio llifddyfroedd ac yn eu rhyddhau yn araf, gan amddiffyn lleoedd i lawr yr afon rhag hyrddiadau sydyn.

Mae Penrith yn dref arall yn Cumbria sy'n agored i ddioddef llifogydd afon. Mae nant fach, Thacka Beck, yn llifo o dan y dref mewn ceuffos (*culvert*). Bob tro byddai rhywbeth yn blocio'r geuffos, byddai llifogydd yn y dref. Cafodd cynllun amddiffyn rhag llifogydd, a gostiodd £5.6 miliwn, ei gwblhau yn y dref yn 2010. Mae'r cynllun yn diogelu 263 o gartrefi ac 115 o siopau, yn ogystal â busnesau eraill. Mae gan y cynllun ddwy ran:

1 Cafodd 675 m o geuffosydd eu hailosod er mwyn sicrhau na fydd dŵr yn cronni a llifo'n ôl i'r strydoedd.
2 Cafodd cronfa storio llifddyfroedd ei hadeiladu cyn bod Thacka Beck yn mynd i mewn i'r geuffos. Pant mewn cae yw'r gronfa yn y bôn. Mewn tywydd arferol mae'r pwll tua 12 cm o ddyfnder yn unig, ond gall storio 76,000 metr ciwbig o ddŵr hyd nes y bydd lefelau'r llifogydd wedi disgyn.

Gweithgareddau

6 a) Esboniwch pam mae rhai pobl yn dadlau bod carthu a sythu wedi achosi mwy o berygl o lifogydd yn anfwriadol.
   b) Disgrifiwch sut gallai cynlluniau storio llifddyfroedd helpu i amddiffyn trefi. Rhowch ddwy enghraifft wahanol.
7 Cafodd y gwaith o adeiladu cynllun storio llifddyfroedd Thacka Beck ei gefnogi gan Ymddiriedolaeth Bywyd Gwyllt Cumbria. Awgrymwch beth yw manteision y cynllun i'r bobl leol ac i fywyd gwyllt.

Gwaith ymholi

A ddylai argloddiau uwch gael eu codi ar hyd Afon Eden yng Nghaerliwelydd?

Beth mae angen ei wneud yn y dyfodol? Oes angen rhoi cynnig ar gynlluniau eraill? Rhowch resymau dros eich ateb.

Tirwedd nodedig Gwastadeddau Gwlad yr Haf

Mae Gwastadeddau Gwlad yr Haf yn dirwedd wastad nodedig sy'n gorchuddio 250 o filltiroedd sgwâr. Dim ond 8 m uwchben lefel y môr y mae'r gwastadeddau. Byddai llawer o'r dirwedd yn dioddef llifogydd ddwywaith y mis gan y llanw mawr uchel oni bai am amddiffynfeydd rhag llifogydd sydd ar hyd yr arfordir. Cafodd amddiffynfeydd rhag llifogydd a ffosydd i wella'r draeniad eu gosod gan y Rhufeiniaid. Dros amser, mae afonydd wedi cael eu carthu ac mae dŵr wedi cael ei bwmpio allan. Mae'r gwlyptir, felly, wedi troi'n dir ffermio cynhyrchiol sy'n cael ei ddefnyddio ar gyfer ffermio da byw a thyfu cnydau. Mae rhywfaint o'r gwlyptir ar ôl ac mae'n cael ei ddiogelu fel gwarchodfa natur. Mae tir Gwastadeddau Gwlad yr Haf yn agored i ddioddef:

- llifogydd arfordirol oherwydd llanw uchel ac ymchwydd stormydd, fel yn 1919
- llifogydd afon ar ôl cyfnodau hir o law, fel yn 2014.

Beth achosodd y llifogydd yn 2014?

Roedd cyfanswm uchel y glawiad yn ystod gaeaf 2013–14 wedi dirlenwi'r priddoedd â dŵr. Rhedodd mwy o ddŵr glaw dros y tir i mewn i'r afonydd a oedd eisoes yn orlawn yn ystod mis Ionawr a mis Chwefror 2014. Ar bob llanw uchel, byddai'r dŵr yn yr afonydd yn cronni am yn ôl oherwydd doedd y llifddyfroedd ddim yn gallu dianc yn ddigon cyflym i mewn i Fôr Hafren. Yn ôl pobl leol, nid oedd yr afonydd a'r ffosydd draenio yn y Gwastadeddau wedi cael eu carthu ers yr 1990au. Roedd hyn wedi lleihau gallu sianeli'r afonydd i ddal dŵr. Roedd coed a oedd yn crogi dros yr afonydd hefyd wedi arafu arllwysiad yr afonydd.

▲ **Ffigur 20** Map yn dangos lleoliad Gwastadeddau Gwlad yr Haf a'r llifogydd yn 2014.

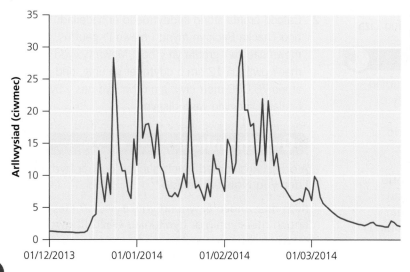

Cysylltau at y we

www.metoffice.gov.uk/ public/weather/climate-historic/#?tab=climateHistoric

Mae'r wefan hon yn cynnwys data tywydd hanesyddol o 40 o orsafoedd tywydd ledled y DU, gan gynnwys gorsaf Yeovilton yng Ngwlad yr Haf.

http://nrfa.ceh.ac.uk

Dyma wefan Archif Genedlaethol Llif Afonydd. Gallwch chi weld a lawrlwytho data arllwysiadau am lawer o afonydd y DU. Defnyddiwch y data hyn i greu hydrograffau fel Ffigur 21.

◄ **Ffigur 21** Arllwysiad yn Afon Tone ger Bishop's Hull (Rhagfyr 2013 hyd nes diwedd mis Mawrth 2014).

Gweithgareddau

1 Edrychwch ar Ffigur 20.
  a) Disgrifiwch y patrymau draeniad yng Ngwastadeddau Gwlad yr Haf.
  b) Amcangyfrifwch gyfran y Gwastadeddau lle'r oedd llifogydd yn 2014.

Blwyddyn	Llanwol/ arfordirol	Afon
1885	✓	
1919	✓	
1968		✓
1981	✓	
1990	✓	
2005		✓
2007		✓
2008		✓
2012		✓
2014		✓

▲ **Ffigur 22** Achosion hanesyddol o lifogydd ar Wastadeddau Gwlad yr Haf.

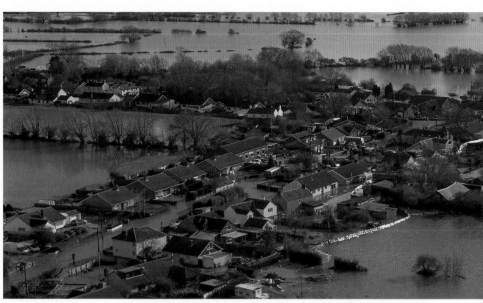

▲ **Ffigur 24** Roedd ardaloedd eang o'r Gwastadeddau o dan ddŵr am sawl wythnos yn 2014.

Blwyddyn	Mis	Dyodiad (mm)
2013	Meh	25.7
	Gorff	40.4
	Awst	15.2
	Medi	67.6
	Hyd	115.8
	Tach	42.9
	Rhag	121.4
2014	Ion	166.4
	Chwe	131.2
	Maw	38.4
	Ebr	62.2
	Mai	59.6
	Meh	79.0
	Gorff	56.8
	Awst	74.6
	Medi	3.2
	Hyd	99.8
	Tach	108.0
	Rhag	34.8
2015	Ion	75.4
	Chwe	41.8
	Maw	22.0
	Ebr	25.8
	Mai	55.2

▲ **Ffigur 23** Cyfanswm dyodiad misol yng ngorsaf Yeovilton (2013–15).

Gweithgareddau

2 a) Esboniwch pam digwyddodd llifogydd ar Wastadeddau Gwlad yr Haf yn 2014. Dylech chi allu nodi ffactorau ffisegol a ffactorau dynol.

b) Astudiwch Ffigur 22. Beth sy'n digwydd i amlder llifogydd yn y Gwastadeddau?

c) Awgrymwch ddau reswm gwahanol a allai esbonio'r patrwm amlder hwn.

3 Defnyddiwch Ffigur 21 i ddisgrifio'r patrwm arllwysiad yn Afon Tone.

4 a) Lluniadwch graff i gynrychioli'r patrymau dyodiad misol yng ngorsaf Yeovilton sydd i'w gweld yn Ffigur 23.

b) Pa mor anarferol oedd y patrwm glawiad a oedd i'w weld yn ystod y cyfnod rhwng mis Tachwedd 2013 a mis Chwefror 2014?

c) Cymharwch eich graff gorffenedig â Ffigur 21. Defnyddiwch y ddau graff hyn a'ch dealltwriaeth o symudiadau'r llanw i awgrymu rhesymau dros y ffordd mae'r arllwysiad yn codi ac yn disgyn.

Gwaith ymholi

Dadansoddwch y patrymau arllwysiad dros y gaeaf yn afonydd Gwastadeddau Gwlad yr Haf. Defnyddiwch wefan Archif Genedlaethol Llif Afonydd ar gyfer eich ymchwiliad. Sut mae patrymau'r gaeaf diwethaf yn cymharu â Ffigur 23? Awgrymwch resymau dros unrhyw nodweddion sy'n debyg ac unrhyw nodweddion sy'n wahanol.

Peirianneg galed

Dyma oedd yr ymatebion cyntaf i'r llifogydd yng Ngwlad yr Haf:

- Cafodd 13 o bympiau mawr o'r Iseldiroedd eu defnyddio i dynnu 7.3 miliwn o dunelli metrig o ddŵr y dydd o'r gorlifdir.
- Cafodd cymorth brys a chyngor ar yswiriant eu rhoi i'r bobl yn y cartrefi a gafodd eu difrodi gan y llifogydd.
- Daeth timau o bobl i'r ardal i ddechrau ar y gwaith trwsio brys i'r isadeiledd fel rhwydweithiau rheilffordd a ffyrdd, cyflenwadau trydan, systemau ffôn a charthffosydd.
- Cafodd da byw eu hachub a'u cludo i ardaloedd eraill.

Yng nghanol 2014, cyhoeddodd Llywodraeth y DU y byddai'n cyfrannu £100 miliwn at raglen adfer ar gyfer Gwastadeddau Gwlad yr Haf. Roedd y cynllun hwn yn cynnwys amrywiaeth o opsiynau **peirianneg galed** i wella amddiffynfeydd rhag llifogydd. Mae nodau Cynllun Gweithredu Llifogydd Gwastadeddau a Gweundiroedd Gwlad yr Haf i'w gweld yn Ffigur 26.

▲ **Ffigur 25** Cafodd pympiau o'r Iseldiroedd eu defnyddio i bwmpio dŵr yn ôl i mewn i afonydd Gwlad yr Haf o'r gorlifdir.

Nodau tymor canolig – hyd at 2020

- Costiodd gwaith carthu ar Afonydd Parrett a Tone £6 miliwn. Carthwyd cyfanswm o 8 km o'i hyd.
- Codwyd argloddiau o gwmpas pentrefi oedd yn agored i lifogydd. Cafodd £180,000 ei wario ar warchod y deg tŷ ym mhentref Thorney.
- Codwyd uchder ffordd yr A372 ac atgyweiriwyd 44 km o ffyrdd oedd wedi'u difrodi.
- Paratowyd a chynlluniwyd yn well ar gyfer gwarchod trigolion a pherchnogion busnesau.

Nodau tymor hir – hyd at 2035

- Codi rhwystr llifogydd yn Bridgwater erbyn 2024. Y gost sydd wedi'i hamcangyfrif ar gyfer y rhwystr yw £60 miliwn o leiaf. Byddai hyn yn lleihau effaith llanwau uchel sy'n atal llifddyfroedd rhag dianc o'r Gwastadeddau.
- Ymchwilio i gostau a buddion codi cynllun storfa llifddyfroedd gwerth £50 miliwn i fyny'r afon o Taunton. Byddai hyn yn dal dŵr glaw a'i gadw rhag draenio i mewn i Afon Tone. Byddai rhaglen plannu coed ar raddfa fawr yn y dalgylch uchaf yn rhan o'r cynllun hwn.

▲ **Ffigur 26** Cynllun Gweithredu Llifogydd Gwastadeddau a Gweundiroedd Gwlad yr Haf.

Peirianneg galed

Cynlluniau sy'n defnyddio strwythurau artiffisial i atal llifogydd. Mae'r rhain yn cynnwys carthu gwaddodion o'r afon er mwyn creu lle i'r afon ddal mwy o ddŵr. Enghraifft arall o beirianneg galed yw arglawdd llifogydd ar hyd glan yr afon, sydd wedi'i adeiladu i gadw'r dŵr rhag gorlifo dros y gorlifdir.

◄ **Ffigur 27** Carthu a sefydlogi'r lan ar Afon Parrett.

Ffeil Ffeithiau: Effeithiau'r llifogydd

- Effeithiodd y llifogydd ar hanner y busnesau yng Ngwlad yr Haf, naill ai'n uniongyrchol neu'n anuniongyrchol.
- Costiodd y difrod i gartrefi hyd at £20 miliwn.
- Roedd cyfanswm y costau i lywodraeth leol, yr heddlu a'r gwasanaethau achub yn £19 miliwn.
- Roedd y rheilffordd rhwng Taunton a Bridgwater ar gau am bedair wythnos gan olygu cost o £21 miliwn i'r economi lleol.
- Roedd dros 80 o ffyrdd dan ddŵr am wythnosau gan olygu cost o £15 miliwn i'r economi lleol.

Gwaith ymholi

Pwy ddylai dalu am Gynllun Gweithredu Llifogydd Gwastadeddau a Gweundiroedd Gwlad yr Haf? Trafodwch gyfrifoldebau'r grwpiau canlynol cyn gwneud eich argymhelliad:
- Y bobl mae'r llifogydd wedi effeithio arnyn nhw'n uniongyrchol
- Trigolion Gwlad yr Haf
- Trethdalwyr y DU.

Gweithgareddau

1 Lluniadwch ddilyniant o ddiagramau trawstoriadol syml a'u labelu i ddangos sut byddai carthu afonydd yn golygu eu bod yn fwy effeithlon ac yn lleihau'r risg o lifogydd.
2 Gwerthuswch y dadleuon o blaid ac yn erbyn parhau i garthu afonydd yn y Gwastadeddau.
3 Defnyddiwch y wybodaeth ar y tudalennau hyn i ddadansoddi Cynllun Gweithredu Llifogydd Gwastadeddau a Gweundiroedd Gwlad yr Haf. Gwnewch hyn drwy gwblhau tabl tebyg i'r un isod.

	Manteision	Anfanteision
Economaidd		
Cymdeithasol		
Amgylcheddol		

Mae ein modelau cyfrifiadurol yn awgrymu bydd y rhaglen garthu yn golygu bod yr afonydd yn gallu gwaredu 90% o'r llifddyfroedd. Ar hyn o bryd, mae'r silt sydd wedi casglu yn yr afonydd ers 2009 yn eu galluogi i waredu dim ond 60% o'r llifddyfroedd.

Ashley Gibson, Partneriaeth Rheoli Dŵr Gwlad yr Haf

Rhaid bod rhywfaint o'r bai ar ysgwyddau Asiantaeth yr Amgylchedd. Pam yn y byd gwnaethon nhw dorri'n ôl ar y rhaglen garthu yn y lle cyntaf?

Ian Liddell-Grainger, Aelod Seneddol

Mae carthu yn cael effaith ar y cynefinoedd yn yr afon ac o'i hamgylch. Mae'r pysgod yn cael eu haflonyddu'n ofnadwy yn ystod y broses garthu ac mae'r dŵr yn gymylog am ddiwrnodau ar ôl y gwaith. Mae gwelyau cyrs ar hyd glan yr afon yn cael eu chwalu, ac felly mae adar a mamolion bach yn colli eu cynefinoedd.

Y Gymdeithas Frenhinol er Gwarchod Adar

Byddai wedi bod yn rhatach cynnal yr afonydd yn iawn yn hytrach na thorri'n ôl ar y rhaglen garthu yn 2009. Bydd y gwaith glanhau ac atgyweirio'n costio miliynau o bunnoedd i'r trethdalwr.

Undeb Cenedlaethol yr Amaethwyr

Byddwn i'n annog yr awdurdodau i beidio â chymryd camau eithafol hyd nes y byddan nhw wedi ystyried effeithiau newid hinsawdd a'r codiad yn lefel y môr. Pe bai lefel y môr yn codi 12 cm, gallai olygu bod y bared arfaethedig yn Bridgwater yn wastraff arian.

Yr Arglwydd Krebs, Arbenigwr ar yr hinsawdd

Rwy'n gwrthwynebu talu £25 ychwanegol y flwyddyn mewn trethi lleol i ariannu camau i atal llifogydd. Ni ddylai'r cyngor ganiatáu i unrhyw un adeiladu ar orlifdiroedd. Clywais fod mwy na 900 o gartrefi wedi'u hadeiladu yng Ngwlad yr Haf ar dir sy'n agored i lifogydd ers 2001.

Person sy'n byw yn Glastonbury nad oedd wedi dioddef llifogydd

Mae Asiantaeth yr Amgylchedd yn ysgwyddo llawer o'r bai am dorri'n ôl ar y rhaglen garthu yn y blynyddoedd diwethaf. Fodd bynnag, mae toriadau'r llywodraeth mewn gwariant cyhoeddus yn golygu eu bod wedi colli 1,700 o swyddi. Allwn ni ddim bod ar ein hennill bob tro.

Papur newydd Western Morning News

Rhaid i ni adael i'r afonydd orlifo'n naturiol. Mae rhai o gynefinoedd y gwlyptiroedd yn unigryw. Weithiau mae angen i natur gael blaenoriaeth dros yr economi a phobl.

Ymddiriedolaeth Bywyd Gwyllt Gwlad yr Haf

▲ **Ffigur 28** Safbwyntiau gwahanol gan randdeiliaid ar yr hyn ddylai ddigwydd.

Cylchfaoedd defnydd tir

Ar ôl llifogydd difrifol yn 2000, cafodd amddiffynfeydd rhag llifogydd eu codi yn Frankwell yn nhref Amwythig ar yr Afon Hafren. Roedd yr amddiffynfeydd ar ffurf argloddiau pridd, waliau llifogydd concrit a rhwystrau llifogydd dros dro. Mae'r rhwystrau dros dro (sydd i'w gweld yn Ffigur 29) wedi'u gwneud o baneli alwminiwm. Mae'n bosibl eu cysylltu â'i gilydd cyn i'r llifogydd gyrraedd. Llwyddodd y rhwystrau dros dro i ddal 1.9 m o lifddyfroedd yn ôl mewn achos o lifogydd ym mis Chwefror 2004, gan warchod 74 o adeiladau. Mae **cylchfaoedd defnydd tir** yn cael eu defnyddio yn

Amwythig hefyd. Yn Ffigurau 29 a 30, gallwch chi weld bod y maes parcio wedi llenwi â dŵr. Gadawyd i hyn ddigwydd yn fwriadol er mwyn gostwng lefel y llifddŵr yn sianel yr afon, gan olygu bod llai o fygythiad o lifogydd mewn mannau eraill.

Cylchfaoedd defnydd tir

Nid yw ardaloedd lle mae'r defnydd tir o werth isel, fel meysydd parcio a chaeau chwarae, yn cael eu hamddiffyn gan waliau llifogydd. Mae'r cylchfaoedd hyn yn darparu ardaloedd diogel i storio dŵr os bydd llifogydd yn digwydd, fel bod y dŵr yn cael ei gadw i ffwrdd oddi wrth dir sy'n fwy gwerthfawr i'r ardal, fel y tir lle mae cartrefi pobl.

▲ **Ffigur 29** Mae 700 m o argloddiau a waliau llifogydd wedi'u codi yn yr ardal lle mae'r afon yn dod i mewn i'r dref i atal llifogydd yn Amwythig. Mae 155 m o lan yr afon hefyd yn cael eu hamddiffyn gan amddiffynfeydd dros dro.

▲ **Ffigur 30** Maes parcio Neuadd y Dref a Frankwell, SY3 8HQ – yr un lleoliad ag sydd i'w weld yn Ffigur 29.

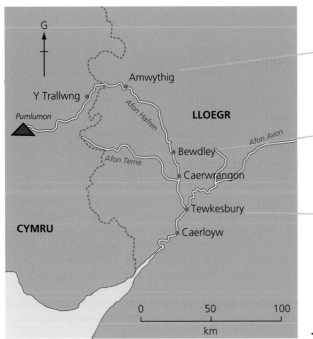

Amwythig: Difrod gan lifogydd yn 2000 (difrifol), 2002, 2004 a 2007 (difrifol) ac yn 2014. Cafodd amddiffynfeydd mawr rhag llifogydd eu hadeiladu yn ystod gwanwyn 2004. Cafodd ei gyhoeddi ym mis Chwefror 2015 y byddai £20 miliwn pellach yn cael ei wario ar estyn yr amddiffynfeydd rhag llifogydd yn Amwythig, a'r gwaith i'w gwblhau erbyn 2020.

Bewdley: Difrod gan lifogydd yn 2000 a 2002. Cafodd llifogydd difrifol eu hosgoi yn 2004 ac eto yn 2014 drwy ddefnyddio rhwystrau llifogydd dros dro.

Tewkesbury: Roedd llifogydd difrifol yn Tewkesbury a **Chaerloyw** yn 2000 a 2007. Llwyddodd cynllun atal llifogydd 5-mlynedd gwerth miliynau o bunnoedd i amddiffyn y ddwy dref pan gododd y dŵr yn Afon Hafren i lefelau peryglus o uchel yn 2012. Dim ond pentrefi anghysbell i lawr yr afon o Tewkesbury a gafodd eu difrodi yn 2012 a 2014.

◀ **Ffigur 31** Llifogydd hanesyddol (2000–15) ar hyd Afon Hafren.

▲ **Ffigur 32** Hydrograff llifogydd ar gyfer Afon Hafren yn Bewdley (Ionawr–Chwefror 2004). Mae'r data glawiad ar gyfer Capel Curig, gogledd Cymru.

Gweithgareddau

1 Disgrifiwch lwybr Afon Hafren.
2 Awgrymwch pam gallai cynllunwyr atal pobl rhag adeiladu tai newydd ar orlifdir Afon Hafren.
3 Awgrymwch pam gallai fod yn well gan y bobl leol gael rhwystrau dros dro na waliau ac argloddiau parhaol.
4 Esboniwch pam mae Amwythig wedi'i rhannu yn gylchfaoedd defnydd tir. Ystyriwch y manteision economaidd ac amgylcheddol.

Gwaith ymholi

Sut mae digwyddiadau tywydd yn effeithio ar batrymau llifogydd tymhorol?

■ Disgrifiwch siâp yr hydrograff llifogydd rhwng 29 Ionawr a 29 Chwefror yn ofalus. Defnyddiwch Ffigur 5 ar dudalen 38 i'ch helpu gyda'ch disgrifiad.
■ Disgrifiwch sut mae pob un o'r tri digwyddiad tywydd (sy'n cael eu disgrifio yn y labeli yn Ffigur 32) wedi effeithio ar lif yr afon. Canolbwyntiwch ar yr oediad amser yn ogystal ag ar raddiant pob braich esgynnol.
■ Awgrymwch sut mae Asiantaeth yr Amgylchedd yn defnyddio data glawiad o Gymru i rybuddio pobl sy'n byw yn Bewdley am ddigwyddiadau llifogydd yn y dyfodol.

Peirianneg feddal

Mae gwyddonwyr yn dadlau ac yn trafod dulliau posibl o ddiogelu trefi a dinasoedd y DU rhag llifogydd yn y dyfodol. Mae nifer ohonyn nhw'n credu y dylem gynnwys llawer mwy o gynlluniau **peirianneg feddal** yn ein hamddiffynfeydd rhag llifogydd yn y dyfodol. Mae hyn yn golygu y byddai afonydd yn ymddwyn yn fwy naturiol. Byddai'n bosibl i weundiroedd, fforestydd a gorlifdiroedd storio mwy o ddŵr a'i ryddhau'n araf i lawr yr afon.

Peirianneg feddal

Cynlluniau sy'n helpu natur i ymdrin â phroblem llifogydd. Mae'r rhain yn cynnwys plannu coed i amsugno dŵr. Enghraifft arall o beirianneg feddal yw cau'r systemau draenio yn uwchdiroedd y DU fel bod y gweundiroedd hyn yn gallu storio mwy o ddŵr am gyfnodau hirach o amser.

▶ **Ffigur 33** Safbwyntiau gwahanol am ddatrys problem llifogydd.

Cynllunydd

Mae angen annog perchnogion tai i beidio â phalmantu eu gerddi. Mae palmant a tharmac yn anathraidd. Mae dŵr glaw yn mynd yn syth i lawr i'r draeniau llifogydd ac i mewn i'r afon yn hytrach na chael ei amsugno'n araf i mewn i'r pridd. Gallai pobl ddefnyddio graean ac arwynebau athraidd yn lle tarmac. Hefyd, mae angen i ni osod draeniau storm newydd yn lle'r hen rai sy'n rhy fach i ymdopi â stormydd o law trwm. Fodd bynnag, ni fydd gyrwyr yn hoffi hynny gan y bydd yn golygu bod angen cloddio ffyrdd trefol!

Yn y gorffennol, mae ffermwyr uwchdiroedd Cymru a Lloegr wedi ychwanegu draeniau i'w caeau i gynyddu faint o laswellt maen nhw'n ei dyfu. Fodd bynnag, mae'r draeniau caeau hyn wedi cynyddu llif afonydd ymhellach i lawr yr afon. Rydyn ni'n cymryd rhan mewn cynllun i adfer hen fawnogydd yn uwchdiroedd Cymru. Rydyn ni'n defnyddio byrnau wedi'u gwneud o rug i gau'r draeniau. Bydd hyn yn arafu'r llif trostir ac yn gorfodi'r dŵr i gael ei amsugno'n ôl i mewn i'r pridd. Nid yn unig y bydd hyn yn helpu i leihau'r perygl o lifogydd, ond bydd hefyd yn gwella ecosystem y gweundir ac yn helpu i warchod adar ysglyfaethus prin, fel y cudyll bach a'r boda tinwyn.

Llefarydd ar ran RSPB

Gwyddonydd afonydd

Mae cynlluniau peirianneg galed, fel y waliau llifogydd a'r argloddiau yn Amwythig, yn cyflymu llif y dŵr. Gallai'r cynlluniau hyn sianelu dŵr ymlaen i'r gymuned nesaf sy'n byw i lawr yr afon a chynyddu'r perygl o lifogydd yn y cymunedau hyn. Yr hyn mae angen i ni ei wneud yw newid dyffrynnoedd afonydd yn ôl i gyflwr mwy naturiol. Dylen ni ddefnyddio gorlifdiroedd fel storfeydd dŵr dros dro, fel bod llifogydd yn digwydd ymhell oddi wrth ardaloedd adeiledig.

Mae'n bosibl gwneud tai yn fwy diogel rhag llifogydd drwy ddefnyddio camau fel rhoi socedi trydan yn uwch ar y waliau a gosod teils ar y llawr yn lle pren a charpedi.

Adeiladwr tai

Person sy'n byw yn Amwythig

Rwy'n fodlon iawn â'r amddiffynfeydd newydd rhag llifogydd. Mae fy nghartref i wedi dioddef llifogydd yn y gorffennol, ond cafodd ei amddiffyn yn 2007. Costiodd cynllun amddiffynfeydd rhag llifogydd Amwythig £4.6 miliwn, ond roedd yn werth pob ceiniog yn fy marn i.

Mae angen i ni adeiladu 3 miliwn o gartrefi ychwanegol yn y DU erbyn 2020. Bydd rhaid adeiladu rhai o'r tai hyn ar safleoedd tir glas. Fodd bynnag, dylen ni gyfyngu ar adeiladu ar orlifdiroedd yn y dyfodol.

Gweinidog tai y llywodraeth

▼ **Ffigur 34** Newidiodd llwybr y dŵr drwy ddalgylchoedd afonydd yr uwchdir yng nghanolbarth Cymru pan gafodd draeniau eu gosod yn y tir. Mae maint y saethau mewn cyfrannedd â chyfanswm pob llif.

a) Y system naturiol

Glawiad

Mae rhywfaint o lif trostir yn digwydd pan fydd y ddaear yn ddirlawn â dŵr

Mae llawer o ddŵr yn ymdreiddio i mewn i storfa'r pridd. Mae haenau trwchus o fawn (*peat*) yn gallu storio symiau mawr o ddŵr

Trwylif: mae dŵr yn symud yn araf drwy'r pridd ac yn mynd i mewn i'r afon sawl awr neu sawl diwrnod ar ôl y glawiad

b) Cafodd draeniau caeau eu gosod i wella'r draeniad

Glawiad

Draeniau caeau

1
2
3

Gweithgareddau

1 Astudiwch Ffigur 34.
   a) Gwnewch gopi o'r ail ddiagram.
   b) Ychwanegwch labeli at eich diagram sy'n esbonio llif y dŵr yng nghamau 1, 2 a 3.

   c) Esboniwch sut byddai'r gwahaniaethau rhwng y ddau ddiagram yn effeithio ar lif dŵr yr afon i lawr yr afon.

Gwaith ymholi

Rydych chi wedi cael cais i roi cyngor i Gyngor Tewkesbury ar atal llifogydd.
Beth rydych chi'n meddwl y dylai'r Cyngor ei wneud i atal llifogydd yn y dref yn y dyfodol?

■ Defnyddiwch yr hyn rydych chi wedi'i ddysgu yn y bennod hon, a'r safbwyntiau yn Ffigur 33, i lenwi copi o'r tabl isod.

Ateb posibl	Manteision a phroblemau tymor byr	Manteision a phroblemau tymor hir	Pwy allai gytuno ac anghytuno â'r ateb hwn?
Adeiladu amddiffynfeydd rhag llifogydd fel y rhai yn Amwythig			
Adfer corsydd a gweundiroedd yng nghanolbarth Cymru drwy gau draeniau			
Rheolaeth fwy llym ar adeiladu ar orlifdiroedd a phalmantu gerddi			
Gadael i afonydd lifo'n naturiol a gorlifo dros y gorlifdir			

■ Nawr, mae angen i chi argymell eich cynllun. Beth rydych chi'n meddwl y dylai'r Cyngor ei wneud, a pham rydych chi'n meddwl y bydd eich cynllun yn gweithio? Defnyddiwch y tabl canlynol i gynllunio eich ateb.

Cwestiynau allweddol i ofyn i chi eich hun	Fy atebion
Ydy fy nghynllun yn realistig ac yn bosibl ei gyflawni?	
Pa grwpiau o bobl fydd yn cael budd o fy nghynllun?	
Sut bydd y cynllun yn effeithio ar yr amgylchedd?	
Pam mae'r cynllun hwn yn well na'r dewisiadau eraill?	

THEMA 2

Cysylltiadau gwledig–trefol
Pennod 1
Continwwm gwledig–trefol

Ble mae pobl yn byw yn y DU?

Mae ardaloedd trefol yn amgylcheddau adeiledig prysur. Mae pobl yn byw yn agos at ei gilydd ac mae'r dwysedd poblogaeth yn uchel. I'r gwrthwyneb i hyn, mae mwy o fannau agored mewn ardaloedd gwledig. Mae dwysedd poblogaeth yn is neu'n denau mewn ardaloedd gwledig. Mae hierarchaeth o aneddiadau mewn ardaloedd gwledig – pentrefannau, pentrefi a threfi bach – ond mae'r aneddiadau hyn yn tueddu i fod yn llai nag aneddiadau mewn rhanbarthau trefol.

Astudiwch Ffigur 2. Mae dinasoedd fel Lerpwl a Chaer yn darparu gwasanaethau a chyfleoedd gwaith i bobl sy'n byw mewn trefi llai gerllaw, fel Wrecsam a Llangollen, a'r ardaloedd gwledig sydd o'u hamgylch. Mae hyn yn golygu bod trefi a chymunedau gwledig gogledd-ddwyrain Cymru a Sir Gaer wedi'u cysylltu â chylchoedd dylanwad trefol Lerpwl a Chaer.

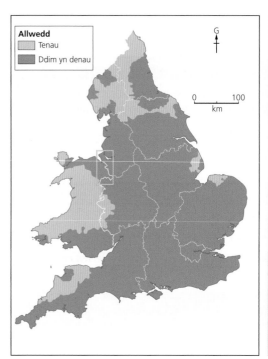

▲ **Ffigur 1** Poblogaethau tenau yng Nghymru a Lloegr; mae'r blwch melyn yn dangos yr ardal sydd i'w gweld yn Ffigur 2.

Allwedd
- Tenau
- Ddim yn denau

Caer – poblogaeth 329,608. Mae siopau Caer yn denu cwsmeriaid o ardal enfawr ledled Sir Gaer, Gogledd Sir Amwythig a gogledd Cymru. Mae 15,000 o fyfyrwyr yn astudio ym Mhrifysgol Caer.

Brychdyn – poblogaeth 6,000. Tref wledig fach yng Nghymru sydd o fewn pellter cymudo hwylus i Gaer. Mae gan gwmni Airbus ffatri yma sy'n gwneud adenydd awyrennau ac sy'n cyflogi 6,000 o bobl. Mae pobl yn cymudo i'r ffatri o Gaer, Penbedw a gogledd Cymru.

Wrecsam – poblogaeth 42,000. Wrecsam yw'r dref fwyaf yng ngogledd Cymru. Rhoddwyd statws dinas iddi yn 2022. Mae'n ganolfan weinyddol ar gyfer Bwrdeistref Sirol Wrecsam. Mae pedair ysgol uwchradd yn Wrecsam.

Llangollen – poblogaeth 4,000. Tref wledig fach sy'n boblogaidd â'r twristiaid sy'n ymweld ag AHNE Bryniau Clwyd.

Glyn Ceiriog – poblogaeth 800. Cymuned ffermio defaid â dwysedd poblogaeth o 0.2 person yr hectar yw Dyffryn Ceiriog. Un siop sydd ym mhentref Glyn Ceiriog, ac mae swyddfa'r post yn y siop hon.

▲ **Ffigur 2** Ardaloedd trefol a gwledig ger y ffin ogleddol rhwng Cymru a Lloegr.

Cylch dylanwad trefol

Y dylanwad sydd gan bob ardal drefol dros yr ardal o'i hamgylch drwy ei chysylltiadau agos â threfi a phentrefi gerllaw. Gall y cysylltiadau hyn fod yn ffisegol (fel ffyrdd a rheilffyrdd), yn gymdeithasol (fel teuluoedd neu gyfeillion) neu'n economaidd (fel cysylltiadau rhwng banc neu gyfreithiwr yn y ddinas a busnes bach mewn tref gyfagos). Efallai fod y bobl sy'n byw o fewn y cylch dylanwad trefol yn cymudo i'r ddinas yn rheolaidd i weithio. Mae eraill yn ymweld â'r ddinas i ddefnyddio ei gwasanaethau. Er enghraifft, mae gwasanaethau addysg arbenigol fel prifysgolion, a gwasanaethau iechyd arbenigol, fel ysbytai a chlinigau, mewn dinasoedd sy'n denu pobl o ardaloedd cyfagos eang. Y rheswm y mae cylchoedd dylanwad trefol yn bodoli yw bod gan ddinasoedd swyddi a gwasanaethau sydd ddim yn bodoli mewn trefi a phentrefi llai. Er enghraifft, os ydych yn byw mewn ardal wledig efallai fod gennych feddygfa gerllaw, ond os byddwch chi angen mynd i'r adran ddamweiniau ac achosion brys mae'n debyg nad oes un yn agos at eich cartref, felly mae'n rhaid i chi fynd i un yn y dref fawr neu ddinas agosaf.

Rydw i a fy ngwraig yn byw mewn pentrefan bach ger Llangollen. Roedd y ddau ohonon ni'n arfer gweithio yn Wrecsam, ond rydyn ni wedi ymddeol o waith amser llawn erbyn hyn. Rydyn ni'n mynd i siopa yng Nghroesoswallt neu yn Wrecsam fel arfer. Mae'r theatr agosaf yn yr Wyddgrug ac mae'r meysydd awyr agosaf yn Lerpwl ac ym Manceinion. Lerpwl ac Everton yw'r clybiau pêl-droed agosaf sy'n chwarae yn Uwch Gynghrair Lloegr.

▲ **Ffigur 3** Tref wledig Llangollen.

Oed	Lleoedd gwledig (%)			Lleoedd trefol (%)		Cymru a Lloegr
	Glyn Ceiriog	Llangollen	Gogledd-ddwyrain Brychdyn	Garden Quarter, Caer	Upton, Caer	
75+	9.6	12.5	8.3	2.8	11.3	7.8
65–74	11.3	12.6	9.9	3.2	9.5	8.6
45–64	31.9	31.1	24.8	11.8	24.0	25.4
30–44	18.0	16.2	20.9	14.4	20.4	20.6
20–29	7.0	9.2	12.7	45.1	10.2	13.7
16–19	5.3	4.3	5.4	17.6	4.3	5.1
10–15	7.1	5.4	7.0	1.5	7.4	7.0
0–9	9.8	8.7	11.0	3.6	12.9	11.9

▲ **Ffigur 4** Data poblogaeth ar gyfer lleoedd gwledig a lleoedd trefol yn ardal Llangollen a Chaer.

Gweithgareddau

1 Disgrifiwch ddosbarthiad y poblogaethau tenau yn:
   a) Cymru
   b) Lloegr.
2 Defnyddiwch dystiolaeth o Ffigurau 1 a 2 i nodi'r unig le sydd â phoblogaeth denau o'r lleoedd sydd wedi'u labelu ar Ffigur 2.
3 Astudiwch Ffigurau 2 a 3 i'ch helpu i awgrymu pa fath o gylchoedd dylanwad gwahanol sydd gan:
   a) Siop bentref Glyn Ceiriog
   b) Prifysgol Caer
   c) Cwmni Airbus yn nhref Brychdyn
   ch) Clwb Pêl-droed Lerpwl.
4 Defnyddiwch dystiolaeth o Ffigurau 2 a 3 i awgrymu pam mae'n bosibl y byddai pobl eisiau symud i fyw yn Llangollen ar ôl ymddeol.
5 Esboniwch pam mae pobi sy'n byw mewn lleoedd gwledig fel Llangollen yn gorfod teithio'n bellach ac yn amlach na phobl sy'n byw mewn lleoedd trefol fel Lerpwl.

Gwaith ymholi

Sut mae strwythur y boblogaeth yn wahanol mewn lleoedd trefol o'u cymharu â lleoedd gwledig?

- Dadansoddwch y data yn Ffigur 4 er mwyn awgrymu rhagdybiaeth bosibl.
- Defnyddiwch graff addas i gyflwyno'r data yn Ffigur 4.
- Beth yw eich casgliadau?
- Ymchwiliwch i ardal y Garden Quarter yng Nghaer. Pam mae strwythur poblogaeth y lle hwn yn anarferol?

Y Continwwm trefol–gwledig

Ar yr olwg gyntaf, mae'n ymddangos bod ardaloedd gwledig ac ardaloedd trefol yn groes i'w gilydd. Fodd bynnag, mewn gwirionedd, mae yna **gontinwwm trefol–gwledig** – graddfa symudol rhwng lleoedd trefol a'r rhanbarthau gwledig mwyaf anghysbell. Mae rhai lleoedd gwledig o fewn cyrraedd hwylus i ddinasoedd mawr. Er enghraifft, mae cymunedau gwledig Caint a De Swydd Rydychen yn Lloegr yn agos at y prif lwybrau trafnidiaeth i Lundain. Mae hyn yn golygu bod **cymudo** a theithio i'r siopau ac i ganolfannau adloniant yn hawdd. Mae poblogaeth ardaloedd gwledig sydd o fewn cyrraedd hwylus yn tyfu – proses o'r enw **gwrthdrefoli**. Ar ben arall y continwwm, mae rhai ardaloedd gwledig anghysbell sydd â phoblogaeth denau iawn. Nid yw'n hawdd cymudo o'r lleoedd anghysbell hyn. Mae poblogaeth y lleoedd hyn yn heneiddio gan fod pobl ifanc yn gadael cefn gwlad i chwilio am waith mewn dinasoedd.

Mathau gwahanol o leoedd gwledig

Mae gan leoedd gwledig rai nodweddion cyffredin, er enghraifft mannau agored a chymunedau pentrefi. Fodd bynnag, mae ganddyn nhw nodweddion eraill sy'n gallu cael eu defnyddio i'w dosbarthu'n fathau gwahanol o leoedd. Mae Ffigur 6 yn dangos enghreifftiau o bedwar lle gwledig gwahanol iawn:

- *Gwyrdd anghysbell*: Lleoedd gwledig anghysbell ac ynysig sydd â rhwydweithiau ffordd gwael. Mae ganddyn nhw lawer o fannau agored a phoblogaethau tenau iawn.
- *Newid cyflym*: Mae poblogaeth yr ardaloedd gwledig hyn yn llai trwchus ac maen nhw'n cynnwys rhai trefi mwy. Mae llawer o bobl sy'n byw yma yn gymudwyr sy'n gweithio mewn ardaloedd trefol yn hytrach nag yng nghefn gwlad.
- *Mwynderau hamdden*: Mae rhai o olygfeydd harddaf a Pharciau Cenedlaethol y DU yn y lleoedd gwledig hyn. Maen nhw wedi'u lleoli mewn rhannau anghysbell o'r DU.

▲ **Ffigur 6** Lleoliad a dosbarthiad mathau gwahanol o leoedd gwledig yng Nghymru a Lloegr.

- *Ymddeol i'r arfordir*: Mae cyfran sylweddol o boblogaeth y trefi arfordirol hyn yn bobl a symudodd yno ar ôl iddyn nhw ymddeol.

Gwrthdrefoli

Proses sy'n digwydd pan fydd pobl yn symud allan o ddinasoedd ac i mewn i bentrefi a threfi mewn ardaloedd gwledig. Gall tagfeydd, llygredd aer neu droseddu achosi iddyn nhw deimlo bod rhaid iddyn nhw adael y ddinas. Efallai fod ansawdd bywyd gwell yn eu denu i gefn gwlad. Mae trefi llai yn ardaloedd melyn Ffigur 6 wedi tyfu'n gyflym ers yr 1960au o ganlyniad i wrthdrefoli.

▲ **Ffigur 5** Rhanbarth 'gwyrdd anghysbell' Powys, canolbarth Cymru, sydd â phoblogaeth denau.

Beth yw cryfderau a sialensiau bywyd gwledig?

Mae cryfderau a sialensiau unigryw gan bob un o'r mathau gwahanol o leoedd gwledig yn Ffigur 6. Er enghraifft, gan fod y boblogaeth yn denau iawn mewn lleoedd gwyrdd anghysbell, mae'n anodd i fusnesau bach a gwasanaethau gwledig aros ar agor. Mae'r lleoedd gwledig hyn yn wynebu'r sialens o geisio cadw siopau, ysgolion a swyddfeydd post ar agor mewn pentrefi. Mae trafnidiaeth gyhoeddus yn wael, ac felly os bydd y gwasanaethau hyn yn cau, y bobl heb geir fydd yn dioddef fwyaf.

Ardal	Dwysedd poblogaeth (person yr hectar)	Poblogaeth sydd wedi ymddeol (%)
Dwyrain Dyfnaint	1.63	22.36
De Swydd Rydychen	1.98	13.9
Powys	0.26	17.9
Gwynedd	0.48	16.4
Glan yr Afon, Caerdydd	53.3	7.5

Ffigur 7 Nodweddion poblogaeth mewn ardaloedd gwledig gwahanol yng Nghymru a Lloegr. Mae ffigurau Glan yr Afon (sy'n ardal drefol fewnol yng Nghaerdydd) wedi'u cynnwys er mwyn cymharu.

Ardal	Swyddi ariannol (%)	Swyddi proffesiynol (%)	Ffermio, coedwigo a physgota (%)	Llety a bwyd (%)
Dwyrain Dyfnaint	2.35	6.19	3.06	7.25
De Swydd Rydychen	2.80	11.29	1.03	4.42
Powys	1.43	4.44	8.67	6.42
Gwynedd	1.13	3.66	3.46	9.82

Ffigur 8 Rhai swyddi mewn ardaloedd gwledig gwahanol yng Nghymru a Lloegr (canran).

Prinder gwasanaethau lleol

Poblogaeth sy'n heneiddio

Signal ffonau symudol gwael

Cysylltiadau ffordd gwael

Poblogaeth oedolion ifanc yn cynyddu

Mae cymudwyr yn gallu defnyddio gwasanaethau trên i Lundain

Golygfeydd hardd

Cymunedau cryf a diogel

▲ **Ffigur 9** Cryfderau a sialensiau bywyd gwledig.

Gwaith ymholi

I ba raddau mae lleoedd gwledig yn cyfateb i'r mathau gwahanol sy'n cael eu disgrifio yn Ffigur 6?

Defnyddiwch y cyswllt at y we ar y dudalen hon – neu unrhyw wefan arall sy'n defnyddio data cyfrifiad – i ymchwilio i nodweddion y boblogaeth a'r nodweddion gwaith ym mhob un o'r lleoedd gwledig canlynol. I ba fath o ardal wledig mae'r canlynol yn perthyn?

- Dwyrain Lindsey yn Swydd Lincoln
- De Lakeland yn Cumbria
- Gogledd Norfolk
- Sir Benfro

Cyswllt at y we

www.censusdata.uk – mae'r wefan hon yn eich galluogi i weld data'r Swyddfa Ystadegau Gwladol. Gallwch chi ddefnyddio cod post neu enw lle i chwilio am ddata.

Gweithgareddau

1 Astudiwch Ffigur 6.
   a) Disgrifiwch ddosbarthiad pob math o ardal wledig.
   b) Awgrymwch resymau dros ddosbarthiad ardaloedd gwyrdd anghysbell a newid cyflym.
2 Astudiwch Ffigurau 7 ac 8. Maen nhw'n dangos data ar gyfer lleoedd penodol ym mhob un o'r pedwar math o ardal wledig sydd i'w gweld yn Ffigur 6.
   a) Cyflwynwch y data i grynhoi'r prif nodweddion sy'n debyg a'r prif nodweddion sy'n wahanol.
   b) Defnyddiwch y data i dynnu casgliadau am y bobl a'r swyddi sy'n nodweddiadol o bob un o'r lleoedd gwledig hyn.
3 a) Nodwch pa osodiadau yn Ffigur 9 sy'n gryfderau a pha osodiadau sy'n sialensiau.
   b) Ar gyfer pedwar o'r gosodiadau hyn:
      i) penderfynwch pa fath o ardal wledig mae'n ei ddisgrifio orau
      ii) disgrifiwch ganlyniadau'r cryfder neu'r sialens i drigolion gwledig.

Canlyniadau gwrthdrefoli

Un o'r pethau a welwyd o ganlyniad i wrthdrefoli yw cynnydd yn y nifer o bobl sy'n cymudo i'w gwaith ac yn ôl bob dydd. Mae llawer o gymudwyr yn byw yn y rhanbarth o amgylch y ddinas ac yn teithio iddi bob dydd i fynd i'r gwaith. Mae nifer llai o gymudwyr yn teithio i'r cyfeiriad arall – hynny yw, yn gadael eu cartrefi yn y ddinas i weithio mewn tref gyfagos. Mae bron 11.3 miliwn o bobl yn y DU yn teithio o'u cartref sydd mewn un awdurdod lleol i'w gweithle sydd mewn awdurdod lleol arall bob dydd gwaith.

Mae llawer mwy o swyddi ar gael mewn dinasoedd mawr (fel Llundain, Lerpwl a Chaerdydd) nag sydd ar gael yn eu rhanbarthau cyfagos. Mae gan y dinasoedd hyn gylch dylanwad mawr iawn. Yn aml, mae'n rhatach i bobl fyw mewn tref lai a chymudo i'r ddinas, hyd yn oed os yw'r daith yn eithaf pell. Mae pobl eraill yn cymudo o dro i dro yn unig, ac mae **teleweithio** o'u cartref gwledig yn fwy cyfleus iddyn nhw. Mae teleweithwyr yn defnyddio technoleg symudol a'r rhyngrwyd i ddefnyddio eu cartrefi fel swyddfa.

Ffeil Ffeithiau: Cymudo

- Mae amserau cymudo cyfartalog yn y DU yn cynyddu. Yn 2003 roedd y daith gyfartalog yn cymryd 45 munud; erbyn 2017 roedd wedi cynyddu i 64 munud.
- Mae 616,000 o bobl yn cymudo i ddinas Llundain bob diwrnod gwaith.
- Mae 1.8 miliwn o bobl yn y DU (un o bob deg o gymudwyr y DU) yn teithio am dros 3 awr y dydd. Mae'r bobl hyn yn cael eu disgrifio fel 'cymudwyr eithafol'.

Ardal o'r DU	Yr amser a dreulir ar gyfartaledd yn cymudo (yn ôl ac ymlaen i'r gwaith) mewn munudau
Llundain Ganolog	110
Llundain Allanol	74
De-ddwyrain Lloegr	62
Cymru	52

Ffigur 10 Amserau cymudo cyfartalog yn y DU.

1945   1950   1960   1970   1980   1990   2000   2010

Ceir rhad, fel Ford Anglia a Mini, yn cael eu masgynhyrchu

Twf y rhwydwaith traffyrdd

Mae ceir yn fwy cyfforddus, dibynadwy a diogel nag oedden nhw

Cyfrifiaduron rhatach a mwy pwerus yn cael eu defnyddio'n eang yn y cartref

Twf cyflym mewn technoleg yn ymwneud â'r rhyngrwyd, e-bost a ffonau symudol

Twf cyflym yn y defnydd o wasanaeth band eang – o 4 miliwn o ddefnyddwyr yn 2004 i 11 miliwn o ddefnyddwyr yn 2006

▲ **Ffigur 11** Mae newidiadau technolegol wedi cynyddu'r cysylltiadau rhwng lleoedd gwledig a lleoedd trefol.

Y gwahaniaeth mewn prisiau tai rhwng dinas a'i rhanbarth cyfagos
Cysylltiadau rheilffordd cyflym
Costau tanwydd a chostau tocynnau trên yn cynyddu
Y ffaith bod signalau 3G a 4G da a gwasanaeth *wi-fi* am ddim ar gael ar y trenau
Pa mor fforddiadwy yw ceir sy'n defnyddio tanwydd yn effeithlon
Oriau gwaith hyblyg sy'n golygu bod gweithwyr yn gallu dechrau'r diwrnod gwaith unrhyw bryd rhwng 7 a.m. a 10 a.m.

▲ **Ffigur 12** Ffactorau sy'n effeithio ar gymudo.

Gweithgareddau

1 Astudiwch Ffigur 11 er mwyn esbonio'r ffeithiau canlynol.
   a) Mae nifer y cymudwyr wedi cynyddu ers yr 1960au.
   b) Mae mwy o bobl yn gallu gweithio o gartref nawr nag oedd yn gallu gwneud cyn 1980.
2 Edrychwch ar y ffactorau yn Ffigur 12, ac awgrymwch sut gall pob ffactor effeithio ar batrymau cymudo.
3 a) Awgrymwch pam mai Llundain sydd â'r amserau cymudo hiraf yn y DU.
   b) Awgrymwch ddau reswm gwahanol pam mae hyd y daith gymudo yn y DU yn cynyddu ar gyfartaledd.

Patrymau cymudo yn ne-ddwyrain Cymru

Mae cylch dylanwad Caerdydd yn eang iawn. Mae pobl ledled Cymru yn teithio i Gaerdydd o bryd i'w gilydd er mwyn siopa, mynd i gyngherddau a digwyddiadau chwaraeon ac ymweld â'r amgueddfeydd. Mae'r cylch dylanwad ar ei gryfaf yn ne-ddwyrain Cymru. Mae pobl sy'n byw yn y rhanbarth hwn yn cymudo yn ôl ac ymlaen i Gaerdydd yn rheolaidd, fel sydd i'w weld yn Ffigur 13.

Cyngor lleol	Cyfanswm y bobl sy'n gweithio yno	Cymudwyr dyddiol i Gaerdydd	Cymudwyr dyddiol allan o Gaerdydd
Bro Morgannwg	37,300	20,600	4,700
Rhondda Cynon Taf	71,500	20,400	3,800
Caerffili	56,500	15,100	3,200
Casnewydd	70,200	6,900	6,700
Pen-y-bont ar Ogwr	62,900	5,400	DD
Merthyr Tudful	21,900	2,300	DD
Torfaen	35,400	1,900	1,900
Sir Fynwy	43,200	1,700	DD
Abertawe	111,400	1,600	DD
Castell-nedd Port Talbot	45,200	1,500	DD
Blaenau Gwent	19,200	1,000	DD
Caerdydd	217,000	0	0
Arall		4,500	13,700

▲ **Ffigur 13** Patrymau cymudo i mewn ac allan o Gaerdydd. Ystyr DD yw does dim data ar gael ar gyfer llifoedd cymudwyr (mae'r niferoedd yn debygol o fod yn fach).

▲ **Ffigur 14** Map o Gaerdydd a'r cynghorau lleol cyfagos.

Ffeil Ffeithiau: Rhanbarth dinas Caerdydd

- Yn ôl yr amcangyfrifon, 357,000 oedd poblogaeth Caerdydd yn 2019.
- Mae hanner poblogaeth Cymru (sef 1.49 miliwn o bobl) yn byw o fewn 32 km i ganol dinas Caerdydd.
- Mae 189,000 o bobl yn gweithio yn y ddinas.
- Mae bron 78,000 o bobl yn cymudo i Gaerdydd, a 33,900 yn cymudo allan o Gaerdydd, bob diwrnod gwaith.

Gwaith ymholi

Sut mae isadeiledd trafnidiaeth yn effeithio ar batrymau cymudo?

Defnyddiwch y rhyngrwyd i ddod o hyd i'r prif gysylltiadau ffordd a rheilffordd i mewn i Gaerdydd. Sut mae'r llwybrau trafnidiaeth hyn yn helpu i esbonio unrhyw batrymau sydd i'w gweld yn Ffigur 13?

Gweithgareddau

4 Defnyddiwch y Ffeil Ffeithiau i awgrymu un fantais ac un broblem sydd wedi'u hachosi gan gylch dylanwad cryf Caerdydd yn ne-ddwyrain Cymru.

5 a) Gwnewch gopi syml o Ffigur 14.
  b) Defnyddiwch y data yn Ffigur 13 i wneud map coropleth o gymudwyr dyddiol i Gaerdydd.
  c) Disgrifiwch y patrymau sydd i'w gweld ar eich map.
  ch) Disgrifiwch ddull arall o gyflwyno'r data hyn.

Problemau oherwydd cymudo

Mae bron 63,000 o bobl yn cymudo i Gaerdydd mewn ceir bob dydd gwaith. Mae tagfeydd ar yr A470 o'r gogledd, ac ar yr A48 o'r dwyrain, yn gallu achosi oedi o hyd at awr i gyrraedd Caerdydd. Mae'r rhan fwyaf o gymudwyr eraill yn defnyddio'r trên. Ar ôl cyrraedd y ddinas, maen nhw'n dibynnu ar lwybrau bysiau, beicio neu gerddwyr i gyrraedd eu gweithle yn ddiogel. Fodd

▲ **Ffigur 15** Llwybr Taith Taf; coridor gwyrdd o barciau sy'n amgylchedd diogel i gymudwyr gerdded neu feicio drwy Gaerdydd o'r gogledd i'r de.

bynnag, mae beicio, a hyd yn oed cerdded, yn gallu bod yn beryglus ar strydoedd sy'n llawn traffig cymudwyr.

Mae gan Gaerdydd dri chynllun parcio a theithio
Llwybr Taith Taf
Llwybrau beicio
Lonydd bysiau
Cynlluniau rhannu ceir
Systemau integredig lle mae llwybrau bysiau yn cysylltu â gorsafoedd trenau a llwybrau beicio
Oriau gwaith hyblyg fel bod diwrnod gwaith busnesau yn dechrau ac yn gorffen ar amserau gwahanol
Sicrhau bod cyflogwyr mawr, fel y BBC, wedi'u lleoli wrth ymyl gorsafoedd trenau
Tacsis dŵr sy'n mynd â theithwyr o Fae Caerdydd i ganol y ddinas ar Afon Taf

▲ **Ffigur 16** Naw ateb i broblemau traffig Caerdydd.

Ailddatblygu Sgwâr Canolog Caerdydd i greu canolfan drafnidiaeth integredig

Mae £400 miliwn yn cael ei wario ar adfywio rhan o ganol Caerdydd. Bydd y safle y tu allan i orsaf drenau Caerdydd Canolog yn cael ei weddnewid drwy ddymchwel adeiladau, ac adeiladu swyddfeydd newydd. Gallai'r project greu cymaint â 10,000 o swyddi. Mae'r cynllun yn cynnwys adeilad newydd ar gyfer y BBC,

a agorodd yn 2019. Mae mwy o swyddfeydd newydd, gwesty â 150 o ystafelloedd, siopau, 200 o gartrefi preswyl a gorsaf fysiau ganolog newydd yn cael eu hadeiladu fel rhan o'r cynllun adfywio. Dim ond ychydig funudau ar droed o ganol y ddinas bydd hyn i gyd.

Dechreuodd y gwaith o adeiladu gorsaf fysiau newydd yn 2019. Bydd wedi'i chysylltu â'r orsaf drenau bresennol – bydd palmentydd llydan, gwastad heb risiau yn galluogi i gerddwyr symud rhwng y ddwy orsaf yn hawdd. Bydd y cyfleusterau canlynol ar gael yn yr orsaf newydd: sgriniau gwybodaeth fyw; cyfleusterau i deithwyr gan gynnwys mannau cymorth, toiledau a thai bwyta; ardaloedd diogel i storio beiciau; mannau aros dymunol; a chysgod rhag y glaw gan fargodion y swyddfeydd newydd.

▲ **Ffigur 17** Bydd adfywiad y Sgwâr Canolog yn cynnwys canolfan drafnidiaeth integredig. Mae'r llun yn dangos pencadlys newydd y BBC.

Gweithgareddau

1 a) Trafodwch y naw ateb i broblemau traffig Caerdydd yn Ffigur 16.
   b) Gwnewch ddiagram diemwnt naw (fel yr un sydd ar dudalen 83) a rhowch yr atebion yn Ffigur 16 yn y diagram, gan roi'r rhai sy'n hanfodol yn eich barn chi ar frig y diagram.
   c) Esboniwch eich rhesymau dros ddewis eich tri phrif ateb.

Gwaith ymholi

'Bydd adfywio'r Sgwâr Canolog yn datrys holl broblemau trafnidiaeth Caerdydd.'

I ba raddau rydych chi'n cytuno â'r gosodiad hwn? Defnyddiwch dystiolaeth o'r Ffeil Ffeithiau ar dudalen 59 a Ffigur 17 i gefnogi eich barn.

Y mater o ail gartrefi

Mae gwrthdrefoli yn un o'r rhesymau pam mae nifer yr ail gartrefi yn y DU wedi cynyddu yn y blynyddoedd diwethaf. Mae tua 1.6 miliwn o bobl yng Nghymru a Lloegr yn berchen ar ail gartrefi yng nghefn gwlad, ac maen nhw'n eu defnyddio ar y penwythnos neu ar gyfer gwyliau. Mae llawer o'r cartrefi hyn wedi'u lleoli yn ardaloedd harddaf cefn gwlad, fel Ardal y Llynnoedd yn Lloegr neu ym Mhen Llŷn yng Nghymru. Mae rhai pobl yn credu bod y prinder tai fforddiadwy

yng Ngwynedd yn gysylltiedig â gwerthu tai gwledig fel ail gartrefi. Mae cartrefi gwyliau yn wag am gyfnodau hir. Wrth i'r galw rheolaidd am wasanaethau leihau, mae tai tafarnau mewn pentrefi yn cau ac yn cael eu troi'n gartrefi. Ar ben hyn, mae gwasanaethau bws yn dod i ben, a gall siopau a banciau lleol gau hefyd. Mae'r cynnydd mewn bancio ar y we hefyd yn golygu bod banciau'r stryd fawr yn cau mewn ardaloedd gwledig.

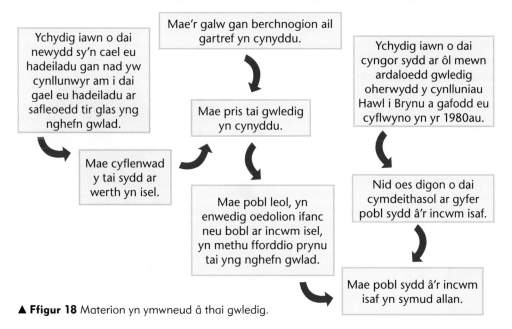

▲ **Ffigur 18** Materion yn ymwneud â thai gwledig.

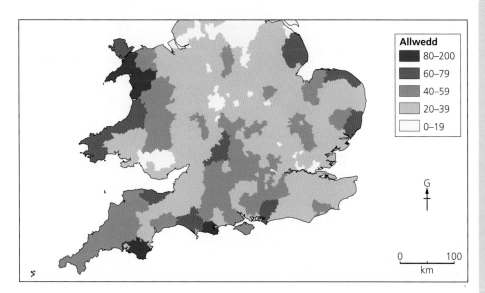

▲ **Ffigur 19** Nifer yr ail gartrefi (fesul 1,000 o drigolion parhaol) yng Nghymru ac yn ne/canolbarth Lloegr.

Allwedd
- 80–200
- 60–79
- 40–59
- 20–39
- 0–19

Gweithgareddau

2 Astudiwch Ffigur 18.
   a) Nodwch dri phrif reswm dros y prinder o dai fforddiadwy mewn lleoedd gwledig.
   b) Esboniwch pam mae gwerthu tai fel cartrefi gwyliau yn gallu arwain at gau siopau pentrefi a gwasanaethau eraill.
3 Cymharwch Ffigur 19 â'r map o'r Parciau Cenedlaethol, sef Ffigur 9 ar dudalen 4, a Ffigur 6 ar dudalen 56. Beth yw eich casgliadau?

Problemau sy'n wynebu lleoedd gwledig anghysbell

Mae nifer o broblemau yn gallu effeithio ar leoedd gwledig anghysbell, er enghraifft:

- incwm isel a gwaith rhan amser
- prinder gwasanaethau, yn enwedig gwasanaethau iechyd, ysgolion ac addysg i oedolion
- diffyg trafnidiaeth gyhoeddus rheolaidd a chostau teithio uchel.

Mae ffyrdd gwael, arwahanrwydd (*isolation*) a phoblogaethau tenau i gyd yn ffactorau sy'n gallu arwain at lai o swyddi gwledig a gwasanaethau gwledig. Mae'r problemau hyn yn enghreifftiau o **amddifadedd** gwledig. Mae diffyg swyddi, cyfleusterau hamdden a siopau yng nghefn gwlad i gyd yn ffactorau gwthio ar gyfer oedolion ifanc. Hefyd, mae'r gost uchel o brynu tŷ yn gallu atal teuluoedd ifanc ar incwm isel rhag aros mewn ardal wledig. Mae hyn yn arwain at gwymp mewn cyfradd genedigaethau. O ganlyniad, mae poblogaeth rhai ardaloedd gwledig yn heneiddio ac yn lleihau. **Diboblogi** gwledig yw'r enw ar y broses hon.

Amddifadedd

Mae cymunedau yn cael eu disgrifio fel rhai difreintiedig os nad oes ganddyn nhw y nodweddion sydd fel arfer yn cael eu hystyried yn angenrheidiol ar gyfer safon byw resymol. Mae cyflogau isel yn achosi amddifadedd mewn rhai lleoedd trefol. Mae diffyg trafnidiaeth gyhoeddus, gofal iechyd a gwasanaethau addysg yn achosi amddifadedd mewn rhai lleoedd gwledig.

Prinder swyddi a chyfleoedd yng nghefn gwlad.

Mae mudo gwledig–trefol yn uwch na mudo i'r ardal wledig.

Poblogaethau gwledig yn lleihau.

Llai o alw am ysgolion, siopau a gwasanaethau eraill.

Gwasanaethau gwledig yn dod i ben.

Rhagor o ddiboblogi gwledig.

▲ **Ffigur 20** Sut mae diboblogi gwledig yn creu cymunedau anghynaliadwy.

G

0 ————— 50
km

Allwedd
- 5% mwyaf difreintiedig
- 5–10%
- 10–20%
- 20–50%
- 50% lleiaf difreintiedig

▲ **Ffigur 21** Amddifadedd gwledig. Mae awdurdodau lleol yng Nghymru wedi'u rhestru yn ôl eu harwahanrwydd oddi wrth wasanaethau pwysig (gan gynnwys addysg, iechyd a swyddfeydd post). Yr ardaloedd coch sydd â'r mynediad gwaethaf at y gwasanaethau hyn.

Arwahanrwydd oddi wrth wasanaethau iechyd

Mae dinasoedd yn darparu amrywiaeth o wasanaethau iechyd ac addysg pwysig i'r rhanbarth gwledig cyfagos – dyma un o'r swyddogaethau pwysig sydd gan gylchoedd dylanwad trefol (gweler tudalen 54). Mae ysbytai, sydd wedi'u lleoli mewn dinasoedd, yn darparu gofal arbenigol i bobl ar draws rhanbarthau gwledig mawr iawn. Dangosodd tudalennau 56–7 fod **poblogaeth sy'n heneiddio** gan lawer o leoedd gwledig. Mae hyn yn arwain at y problemau canlynol:

- Mae pobl hŷn yn fwy tebygol o ddioddef problemau iechyd tymor hir (neu broblemau cronig) gan gynnwys diabetes, diffyg symudedd oherwydd arthritis, a dementia.
- Fel arfer, mae'r boblogaeth denau yn golygu nad yw triniaeth neu ofal arbenigol ar gael yn lleol – mae'n rhaid i gleifion deithio'n bell. Er enghraifft, ar hyn o bryd dim ond tair canolfan iechyd sydd ar gael yn ardal gyfan Pen Llŷn yn y gogledd-orllewin. Mae dwy o'r rhain yn nhrefi Pwllheli a Nefyn. Fodd bynnag, mae'r prif ysbyty tua 40 km i ffwrdd ym Mangor.

▲ **Ffigur 22** Canran y boblogaeth sy'n 65 oed neu'n hŷn yn ne-ddwyrain Cymru a de-orllewin Lloegr.

Allwedd
%
- <12.5
- 12.5–16.6
- 16.7–20.2
- 20.3–24.3
- 24.4+
- Dim data

	Powys		Caerdydd	
Poblogaeth	132,976	–	346,090	–
Poblogaeth dros 65 oed	a	22.7%	c	13.16%
Poblogaeth dros 75 oed	b	10.5%	ch	6.6%
Dwysedd poblogaeth (yr hectar)	0.2567	–	24.6534	–
Arwynebedd (hectarau)	518,037	–	14,038	–

▲ **Ffigur 23** Cymharu'r boblogaeth dros 65 oed mewn ardaloedd gwledig ac ardaloedd trefol yng Nghymru.

Gweithgareddau

1 Rhowch ddau brif reswm dros ddiboblogi gwledig. Defnyddiwch Ffigur 20 i'ch helpu.

2 Defnyddiwch Ffigur 21 i ddisgrifio dosbarthiad:
   a) y lleoedd mwyaf difreintiedig
   b) y lleoedd lleiaf difreintiedig.

3 Cymharwch Ffigur 21 â Ffigur 1 (sydd ar dudalen 54) a Ffigur 6 (sydd ar dudalen 56). Awgrymwch resymau dros y patrymau sydd i'w gweld yn Ffigur 21.

4 a) Gwnewch gopi o Ffigur 23.
   b) Cyfrifwch y ffigurau poblogaeth sydd ar goll a rhowch y ffigurau hyn yng nghelloedd a, b, c ac ch.

5 a) Disgrifiwch y patrymau sydd i'w gweld yn Ffigur 22.
   b) Defnyddiwch Ffigur 6 ar dudalen 56 i'ch helpu i esbonio'r patrymau hyn.

Gwaith ymholi

'Mae'r broblem sy'n cael ei hachosi gan y boblogaeth sy'n heneiddio yn waeth mewn ardaloedd gwledig nag mewn ardaloedd trefol.'

I ba raddau rydych chi'n cytuno â'r gosodiad hwn? Defnyddiwch dystiolaeth o Ffigurau 22 a 23 i'ch helpu i ateb.

Ydy cymunedau gwledig yn gynaliadwy?

Rydyn ni wedi gweld bod rhai ardaloedd gwledig yn wynebu problemau am fod gwasanaethau'n cau, am fod pobl yn prynu ail gartrefi, neu am fod y boblogaeth yn heneiddio. Mae angen i gynghorau lleol ddefnyddio strategaethau a fydd yn rhoi hwb i fusnesau lleol ac yn creu swyddi newydd yng nghefn gwlad. Hefyd, mae angen iddyn nhw sicrhau bod tai addas ar gael, yn ogystal â helpu i gynnal gwasanaethau gwledig fel swyddfeydd post, banciau, gwasanaethau bws, ysgolion a gwasanaethau iechyd. Mae angen y strategaethau hyn er mwyn creu **cymunedau cynaliadwy**.

Rhoi hwb i'r economi gwledig

Mae swyddi llawn amser gyda chyflog da yn brin yng nghefn gwlad. Dim ond rhai pobl sydd wedi'u cyflogi mewn amaethyddiaeth. Mae llawer o'r bobl sy'n byw yng nghefn gwlad yn cymudo i'w gwaith mewn trefi cyfagos. Un ffordd o ddatrys hyn yw **amrywiaethu** yr economi gwledig. Mae twristiaeth yn helpu i gynnal y swyddi sy'n bodoli'n barod yng nghefn gwlad, fel gwaith mewn arlwyo, gwestai a siopau. Gall perchnogion tai yng nghefn gwlad ddefnyddio technoleg i ennill arian o dwristiaeth drwy wefannau fel Airbnb. Mae'r rhan fwyaf o bobl sy'n ymweld â chefn gwlad yn mynd yno ar wyliau byr neu am ddiwrnod, felly mae busnesau gwledig yn hyrwyddo gwyliau bwyd, gwyliau cerddoriaeth neu wyliau cerdded er mwyn denu ymwelwyr i ddychwelyd yn amlach drwy gydol y flwyddyn.

Amrywiaethu

Pan fydd amrywiaeth ehangach o lawer o swyddi a busnesau newydd yn cael eu creu yn yr economi lleol.

▲ **Ffigur 24** Torfeydd yn mwynhau gŵyl benwythnos flynyddol, ym mis Medi, yn Bishop's Castle, Sir Amwythig.

Cymuned gynaliadwy

Cymuned lle mae mynediad gan bawb i'r gwasanaethau sydd eu hangen arnyn nhw. Mewn cymuned gynaliadwy, mae'r economi lleol yn llwyddo ac mae'r trigolion yn teimlo'n saff ac yn ddiogel. I weld rhagor o fanylion, gweler Olwyn Egan ar dudalen 73.

Tai cynaliadwy

Os yw oedolion ifanc lleol ar incwm isel, neu mewn swydd ran amser, mae cartrefi gwledig yn rhy ddrud iddyn nhw. Un ffordd o wneud ardaloedd gwledig yn fwy cynaliadwy yw adeiladu tai mwy fforddiadwy. Gall cynghorau lleol fynnu bod cyfran o'r holl dai newydd sy'n cael eu hadeiladu ar gael i bobl ar incwm isel. Un ffordd o ddatrys hyn yw rhannu perchnogaeth. Mewn trefniant o'r fath, mae'r bobl sy'n byw yn y tŷ yn berchen ar ran o'r eiddo, a chwmni sy'n darparu tai cymdeithasol, fel Cymdeithas Tai, sy'n berchen ar y rhan arall. Ar gyfartaledd, mae poblogaeth ardaloedd gwledig yn hŷn na phoblogaeth ardaloedd trefol (gweler tudalennau 66–67). Wrth i'r boblogaeth wledig heneiddio, ac wrth i rai o'r bobl hŷn fethu â symud cystal o gwmpas eu tai, gall cartrefi traddodiadol fod yn anaddas oherwydd y grisiau ac am fod y drysau'n gul. Os yw cymuned wledig eisiau bod yn gynaliadwy, rhaid iddi gael cartrefi mwy addas i drigolion hŷn, gan gynnwys tai sy'n hygyrch i bobl mewn cadeiriau olwyn a chartrefi lle mae gofal brys gan warden ar gael i'r preswylwyr.

▲ **Ffigur 25** Pyramid poblogaeth ar gyfer Bishop's Castle, Sir Amwythig.

Cynnal a chadw gwasanaethau gwledig

Mae'r gwasanaethau wedi dirywio mewn llawer o gymunedau gwledig o ganlyniad i gostau'n codi, pobl yn defnyddio mwy ar y rhyngrwyd a'r boblogaeth yn newid. Mae llawer o fanciau, swyddfeydd post a siopau pentref wedi cau, ac maen nhw wedi cael eu troi yn gartrefi. Canlyniad hyn yw bygythiad i gynaliadwyedd cymunedau gwledig. Er enghraifft, ers 2010, mae traean o ganghennau banciau wedi cau, ac mae hyn wedi effeithio'n fawr ar ardaloedd gwledig. Wrth gwrs, gall pobl ddefnyddio un o'r 70,000 o beiriannau tynnu arian parod ledled y DU i dynnu arian parod allan, ond mae 300 o'r rhain yn cael eu cau bob mis. Un ateb mewn ardaloedd gwledig yw bod gwasanaethau'n dod at ei gilydd o dan un to i arbed costau. Er enghraifft, swyddfeydd post yn symud eu gwasanaethau i siopau pentref neu dai tafarnau pentref. Pan fydd banciau wedi cau, gall cwsmeriaid ddefnyddio Swyddfa'r Post i dynnu arian parod allan. Ond, i arbed arian, penderfynodd Barclays ddod â'r gwasanaeth hwn i ben (gweler Ffigur 27). Cafodd Barclays lawer o gwynion am y penderfyniad hwn, felly maen nhw'n dweud eu bod wedi newid eu meddwl am y tro.

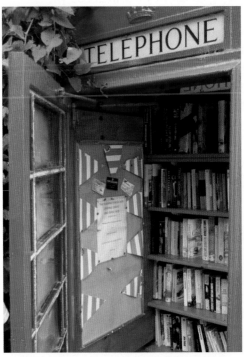

▲ **Ffigur 26** Bocs ffôn mewn lleoliad gwledig yng Nghernyw sydd wedi cael ei droi'n llyfrgell.

Gwahardd tynnu arian parod allan yn swyddfa'r post

Wrth i ganghennau banc a pheiriannau tynnu arian parod ddiflannu'n arswydus o gyflym, mae banciau wedi sicrhau eu cwsmeriaid dro ar ôl tro y gallan nhw fynd i un o'r 11,500 o swyddfeydd post i roi arian yn eu cyfrifon a'i dynnu allan, talu sieciau i mewn a gweld faint sydd yn eu cyfrif.

Ond, mae Barclays, a wnaeth elw o £3.5 biliwn yn 2018, wedi penderfynu atal cwsmeriaid rhag tynnu arian parod allan yn swyddfa'r post.

Mae Barclays yn amcangyfrif y bydden nhw'n arbed £7 miliwn drwy wneud hyn, ond nawr maen nhw'n gweld bod nifer mawr o'r cwsmeriaid sy'n dibynnu ar fancio yn swyddfa'r post yn gadael y banc.

Maen nhw wedi cau 481 o ganghennau ers 2015 – gan adael llawer o gymunedau'n ddibynnol ar swyddfeydd post. Mae amcangyfrifon yn awgrymu y bydd hyn yn ergyd i'r cymunedau mwyaf bregus ac anghysbell.

▲ **Ffigur 27** Addasiad o erthygl ym mhapur newydd y *Daily Mail* (Hydref 2019).

Gweithgareddau

1 Edrychwch ar Ffigur 24. Sut gallai gwyliau fel hyn yng nghefn gwlad helpu i wneud cymuned wledig yn fwy cynaliadwy?
2 Eglurwch pam mae angen i ardaloedd gwledig amrywiaethu eu heconomi.
3 a) Defnyddiwch Ffigur 25 i ddisgrifio strwythur poblogaeth Bishop's Castle.
   b) Awgrymwch sut mae angen newid tai mewn ardaloedd gwledig fel eu bod nhw'n fwy cynaliadwy i bawb sy'n byw yng nghefn gwlad. Defnyddiwch dystiolaeth o Ffigur 25 i gefnogi eich ateb.
4 Esboniwch pam mae'n bwysig cadw gwasanaethau fel llyfrgelloedd a swyddfeydd post mewn ardaloedd gwledig.
5 Astudiwch Ffigur 27. Beth yw'r manteision a'r anfanteision i fanciau fel Barclays os ydyn nhw'n cau canghennau gwledig ac yn terfynu'r cytundeb gyda Swyddfa'r Post i ddarparu gwasanaethau bancio?

Gwaith ymholi

'Buddsoddi mewn hamdden a thwristiaeth yw'r ffordd orau o ddatrys problemau ardaloedd gwledig anghysbell.'

I ba raddau rydych chi'n cytuno â'r gosodiad hwn? Defnyddiwch enghreifftiau o'r bennod hon ac o Thema 1 Pennod 1 i'ch helpu.

Sut a pham mae poblogaeth y DU yn newid?

Ers 1964, mae twf o dros 10 miliwn wedi bod ym mhoblogaeth y DU. Mae gan y DU boblogaeth o tua 65 miliwn ar hyn o bryd ac mae'n cynyddu'n araf. Mae nifer o ffactorau'n gyfrifol am y newidiadau i faint poblogaeth y DU, er enghraifft:

- Mae pobl yn byw'n hirach, ac mae eu **disgwyliad oes cyfartalog** wedi cynyddu. Mae gofal iechyd gwell wedi arwain at lai o farwolaethau a hyd oes hirach ar gyfartaledd. Mae gofal iechyd gwell hefyd wedi lleihau cyfraddau marwolaethau babanod. Yn 1980, roedd 11 marwolaeth am bob 1,000 o enedigaethau byw ar gyfartaledd. Roedd y ffigur hwn wedi gostwng i 4 marwolaeth erbyn 2014.

- Mudo i mewn ac allan o'r DU, yn enwedig o wledydd y Gymanwlad a gwledydd sy'n aelodau o'r Undeb Ewropeaidd (UE). Mae deddfau mudo Ewrop yn golygu bod gweithwyr yn gallu symud rhwng gwledydd sy'n aelodau o'r UE. Er enghraifft, daeth 50,000 o fudwyr yr UE o Fwlgaria a România i'r DU yn y flwyddyn a ddaeth i ben ym mis Mehefin 2015. Roedd 84 y cant o'r bobl hyn wedi dod i'r DU am resymau'n ymwneud â gwaith.

- Mae'r gyfradd genedigaethau yn newid. Mae'r **gyfradd genedigaethau** yn y DU wedi bod yn eithaf isel ers yr 1980au. Mae menywod yn dewis cael teuluoedd bach er mwyn canolbwyntio ar eu gyrfaoedd. Fodd bynnag, mae'r gyfradd genedigaethau wedi cynyddu ychydig ers 2004 oherwydd bod oedolion ifanc wedi symud i'r DU ac wedi dechrau teuluoedd.

▲ **Ffigur 1** Newidiadau poblogaeth blynyddol y DU. Mae'r graff llinell yn dangos nifer y bobl ychwanegol ym mhoblogaeth y DU bob blwyddyn (mewn miloedd). Mae'r barrau'n dangos a yw'r newidiadau wedi'u hachosi gan newid naturiol (genedigaethau minws marwolaethau) neu gan fudo.

Gweithgareddau

1 a) Nodwch dri phrif reswm sy'n esbonio pam mae poblogaeth y DU yn tyfu.

  b) Trafodwch y rhesymau hyn. Allwch chi eu dosbarthu'n rhesymau economaidd, gwleidyddol neu gymdeithasol?

2 Astudiwch Ffigur 1. Rhwng pa flynyddoedd mae'r gosodiadau canlynol am dwf y boblogaeth yn gywir?

  a) Twf mwyaf araf

  b) Twf mwyaf cyflym

  c) Twf wedi'i achosi gan newid naturiol yn bennaf

  ch) Twf wedi'i achosi gan fudo yn bennaf.

3 a) Defnyddiwch ddull addas i gyflwyno'r data yn Ffigur 2.

  b) Beth yw eich casgliadau?

4 Astudiwch Ffigur 3.

  a) Copïwch y gosodiadau sydd yn y blychau gwyrdd.

  b) Edrychwch ar y gosodiadau yn y blychau glas a chysylltwch bob un ag ymadrodd addas.

5 Trafodwch bob gosodiad yn Ffigur 4. Esboniwch pam gallai pob un o'r syniadau hyn helpu i ymateb i'r problemau sy'n cael eu hachosi gan boblogaeth sy'n heneiddio.

Sut dylai'r DU baratoi ar gyfer poblogaeth sy'n heneiddio?

Mae pobl yn y DU yn byw'n hirach. Yn 1995, roedd llai na 9 miliwn o bobl dros 65 oed yn y DU. Er bod y rhagfynegiadau yn amrywio, mae'n edrych yn debygol y bydd tua 13 miliwn o bobl dros 65 oed yn y DU erbyn 2030. Mae mwy o bobl yn cyrraedd oed ymddeol, ond mae llawer mwy hefyd yn cyrraedd henaint. Yn 1951, dim ond tua 300 o bobl oedd dros 100 oed. Erbyn 2030, mae'n bosibl y bydd cynifer â 36,000 o bobl dros 100 oed. Bydd y **boblogaeth sy'n heneiddio** yn effeithio ar y gymdeithas yn y DU, fel sydd i'w weld yn Ffigur 3. Mae'n rhaid i'r llywodraeth, busnesau ac unigolion baratoi ar gyfer yr effeithiau hyn, ac mae ymatebion posibl i'w gweld yn Ffigur 4.

Blwyddyn	0–15 oed (%)	16–64 oed (%)	65 oed a throsodd (%)
1984	21	64	15
1994	21	63	16
2004	20	65	16
2014	19	64	18
2024	19	61	20
2034	18	58	24
2044	17	58	25

▲ **Ffigur 2** Poblogaeth y DU sy'n heneiddio – ffigurau gwirioneddol a ffigurau sydd wedi'u rhagfynegi.

Mae sgiliau a phrofiad gwaith gwerthfawr gan lawer o bobl hŷn	Cyfraniad pwysig at fusnes, addysg a hyfforddiant
Mae nifer y bobl hŷn sy'n gyfoethog yn cynyddu	Ymrwymiad i gefnogi cymunedau lleol drwy waith gwirfoddol
Mae cyfran y bobl o oedran gweithio yn lleihau, ond mae cyfran y bobl sydd wedi ymddeol yn cynyddu	Teimlo'n ynysig ac yn ddi-werth
Mae nifer y bobl hŷn sy'n byw ar eu pen eu hunain yn cynyddu	Yn creu ac yn cynnal swyddi drwy wario arian ar wyliau neu ar weithgareddau hamdden
Mae nifer y bobl hŷn sydd â phroblemau iechyd cymhleth neu dymor hir yn cynyddu	Mae angen gofal neu gymorth iechyd drud arnyn nhw gan aelodau o'r teulu a gofalwyr
Mae pobl sydd wedi ymddeol yn gallu bod yn hyblyg ynglŷn â phryd a pha mor aml maen nhw'n gweithio	Mae'r llywodraeth yn derbyn llai o arian ond yn gwario mwy nag erioed ar bensiwn y wladwriaeth

▲ **Ffigur 3** Rhai o effeithiau poblogaeth sy'n heneiddio yn y DU.

Poblogaeth sy'n heneiddio

Mae'r disgwyliad oes yn cynyddu yn y DU. Mewn geiriau eraill, mae mwy o bobl yn byw'n hirach. Ar yr un pryd, mae'r gyfradd ffrwythlondeb (sef y nifer o blant y bydd pob menyw yn eu cael yn ystod ei bywyd ar gyfartaledd) yn parhau'n sefydlog – tua 1.7. Mae hyn yn golygu bod strwythur poblogaeth y DU yn newid, am fod y gyfran o bobl dros 65 oed yn cynyddu'n raddol. Yr enw ar hyn yw **poblogaeth sy'n heneiddio**. Mae hyn i'w weld yn fwyaf amlwg yn ardaloedd gwledig ac arfordirol y DU (gweler Ffigur 5).

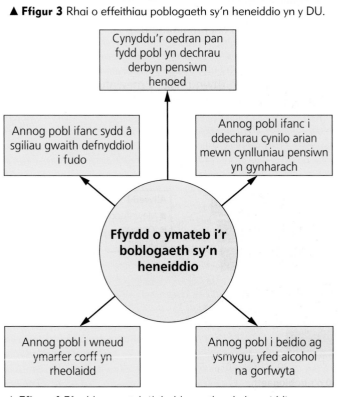

▲ **Ffigur 4** Ffyrdd o ymateb i'r boblogaeth sy'n heneiddio.

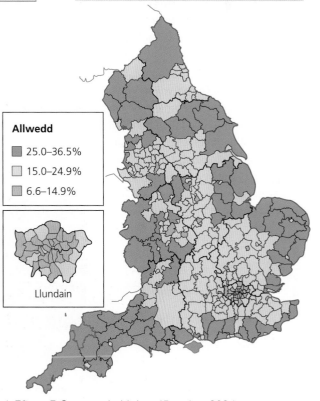

▲ **Ffigur 5** Canran y bobl dros 65 oed yn 2024.

Mudo i mewn i'r DU ac o fewn y DU

Ystyr mudo yw pobl yn symud o un lle i le arall er mwyn creu cartref newydd neu ddechrau swydd newydd. Mae dau brif fath o fudo sy'n effeithio ar boblogaeth y DU:

- Mudo o fewn y DU. Er enghraifft, oedolion ifanc yn symud o gartrefi eu rhieni i fynd i'r brifysgol neu i gael swydd.
- Mudo i mewn ac allan o'r DU. Er enghraifft, pobl yn symud i'r DU o India i gael swydd dra-medrus yn y gwasanaeth iechyd, neu bobl yn symud allan o'r DU wrth ymddeol i fyw mewn gwlad lle mae'r hinsawdd yn gynnes, fel Sbaen.

Mudo o fewn y DU

Mewn arolwg gan *Open Access Government* yn 2019, awgrymwyd bod pobl, ar gyfartaledd, yn symud bob 23 mlynedd yn y DU. Dyma'r rhesymau mwyaf cyffredin sydd gan bobl dros symud o fewn y DU:

- cwblhau eu haddysg
- dechrau swydd newydd
- symud i rywle newydd pan maen nhw'n ymddeol.

Mae astudiaethau o fudo yn y DU yn 2018 yn dangos y canlynol:

- Mae gan y lleoedd mwyaf gwledig yn y DU fwy o bobl yn symud i mewn na phobl yn symud allan. Dyma'r broses wrthdrefoli a drafodwyd ar dudalennau 56–61.
- Yn y rhan fwyaf o drefi a dinasoedd, mae tua'r un nifer o bobl yn symud i mewn ac allan. Mae pobl yn tueddu i symud pellteroedd eithaf byr. Er enghraifft, mae'r bobl sy'n mudo i mewn ac allan o Fryste yn symud yn bennaf i, ac o, Swydd Gaerloyw, Caerfaddon a Gwlad yr Haf.
- Mae'r rhan fwyaf o fudwyr sy'n symud i mewn i drefi a dinasoedd yn oedolion ifanc sydd naill ai'n mynd i'r brifysgol neu'n chwilio am waith.
- Mae gan y dinasoedd (neu gytrefi) mwyaf fwy o bobl yn symud allan nag yn symud i mewn.

Mudo i mewn ac allan o'r DU

Mae pobl yn symud i mewn ac allan o'r DU o wledydd tramor. Mewnfudwyr yw'r enw ar y bobl sy'n symud i mewn i'r DU ac ymfudwyr yw'r enw ar y bobl sy'n symud allan o'r DU. Ym mis Mawrth 2019, amcangyfrifwyd bod 612,000 o fewnfudwyr wedi dod i mewn i'r DU yn y 12 mis blaenorol. Dros yr un cyfnod, amcangyfrifwyd bod 366,000 o bobl wedi ymfudo. Mae hyn yn golygu bod y ffigur **mudo net** yn fwy na 246,000.

Mae llywodraeth y DU yn credu bod mewnfudo yn fanteisiol i'r DU. Fel llawer o wledydd incwm uchel, mae gan y DU boblogaeth sy'n heneiddio, ac mae cyfran y bobl sydd o oedran gweithio yn lleihau. Mae poblogaethau sy'n heneiddio yn ddrud oherwydd costau pensiwn ac iechyd. Mae angen i lywodraethau dderbyn rhagor o daliadau treth gan bobl sy'n gweithio er mwyn talu am y costau hyn.

Y DU	1,021,257		Sbaen	5,899
India	21,207		Românâ	4,451
Pilipinas	18,584		Zimbabwe	4,049
Iwerddon	13,320		Pakistan	3,975
Gwlad Pwyl	9,272		Groeg	3,194
Portiwgal	7,178		Ghana	2,570
Nigeria	6,770		Yr Almaen	2,427
Yr Eidal	6,396		Malaysia	2,298

▲ **Ffigur 7** Y gwledydd mwyaf cyffredin y mae staff y Gwasanaeth Iechyd Gwladol (GIG/*NHS: National Health Service*) yn tarddu ohonyn nhw (2019).

Mudo net

Y gwahaniaeth rhwng nifer y mewnfudwyr a nifer yr ymfudwyr mewn blwyddyn benodol.

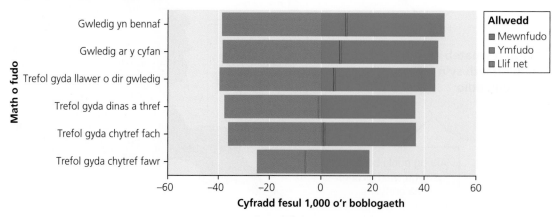

▲ **Ffigur 6** Mudo o fewn y DU (nifer y mudwyr fesul 1,000 o'r boblogaeth).

Gweithgareddau

1 Astudiwch Ffigur 6. Defnyddiwch y wybodaeth i ddisgrifio'r nifer o bobl sy'n symud i mewn ac allan o'r canlynol:
   a) ardaloedd sy'n wledig yn bennaf
   b) ardaloedd sy'n drefol yn bennaf gyda chytref fawr.
2 Defnyddiwch yr hyn rydych chi'n ei ddeall am fudo o fewn y DU i awgrymu pa fath o dai newydd sydd angen eu hadeiladu mewn:
   a) lleoliadau gwledig ac arfordirol
   b) trefi a dinasoedd.
   Defnyddiwch dystiolaeth o Ffigur 6 i gefnogi eich ateb.
3 Astudiwch Ffigur 7. Beth yw manteision ac anfanteision defnyddio'r dulliau canlynol i gyflwyno'r data hyn?
   a) Siart cylch
   b) Map lliflin.

▲ **Ffigur 8** Dinas Llundain – un o brif ganolfannau'r economi gwybodaeth.

Yr effeithiau ar economi'r DU

Mae economi byd-eang y DU wedi arwain at gynnydd yn nifer y mewnfudwyr i'r DU. Dirywiodd economi gweithgynhyrchu'r DU yn yr 1970au a'r 1980au, a chafodd ei ddisodli gan dwf yr economi gwasanaethau. Erbyn hyn, mae dau grŵp o weithwyr yn mudo i'r DU. Mae hanner y gweithwyr hyn yn weithwyr **tra medrus**.

- Mae llawer ohonyn nhw'n derbyn swyddi â chyflogau uchel yn **economi gwybodaeth** y DU. Mae'r swyddi hyn yn gofyn am arbenigedd mewn meysydd fel cyllid a bancio, y gyfraith a TG. Mae pobl sy'n gwneud y swyddi hyn yn gyfrifol am 35 y cant o holl allforion y DU.
- Mae'r rhan fwyaf o'r swyddi hyn wedi'u lleoli yn ninas Llundain. Mae'r banciau a'r holl gwmnïau cyfreithiol, llongau a biotechnoleg sydd wedi'u lleoli yma yn recriwtio gweithwyr o blith pobl fwyaf cymwysedig y byd.
- Erbyn hyn mae Llundain yn 'mewnforio' arbenigwyr o dramor oherwydd prinder arbenigwyr yn y DU.

Gweithwyr di-grefft yw hanner arall y gweithwyr sy'n mudo i'r DU. Mae digon o waith ar gael:
- Mae gweithwyr o'r DU yn gwrthod gwneud llawer o swyddi brwnt, anodd a pheryglus.
- Mae ffordd o fyw llawer o deuluoedd ym Mhrydain yn dibynnu ar bobl sy'n gwneud swyddi ag oriau anghymdeithasol. Mae'r swyddi hyn yn amrywio o ofal plant i lanhau cartrefi a dosbarthu pizza.
- Mae swyddi mewn sectorau lle mae prinder llafur tymhorol (fel ffermio, adeiladu, gweithio mewn gwestai a thai bwyta a thwristiaeth) yn cael eu llenwi gan fewnfudwyr.

Effeithiau cymdeithasol a diwylliannol mewnfudo

Mae 37 y cant o boblogaeth Llundain wedi'u geni dramor. Ar wahân i Efrog Newydd, Llundain sydd â'r boblogaeth fwyaf o fewnfudwyr trefol yn y byd. Mae gwleidyddion a'r cyfryngau yn trafod mewnfudo yn aml.

- Mae rhai newyddiadurwyr a gwleidyddion yn honni bod gormod o fewnfudwyr a'u bod nhw'n mynd â swyddi pobl leol ac yn rhoi straen ar wasanaethau fel ysgolion a thai. Mewn gwirionedd, mae'r trethi sy'n cael eu talu gan fudwyr yn gwneud iawn a mwy am yr effaith maen nhw'n ei chael ar wasanaethau.
- Mae eraill yn pwysleisio manteision mewnfudo. Mae llawer yn credu bod y DU yn elwa o sgiliau a chyfraniad diwylliannol mewnfudwyr. Maen nhw'n honni bod cyfeillgarwch amrywiol, gwahanol dai bwyta a'r effaith ddiwylliannol ar chwaraeon, cerddoriaeth a'r cyfryngau ym Mhrydain yn gwneud iawn a mwy am unrhyw broblemau.

Gweithgareddau

4 Lluniadwch ddiagram corryn i ddangos manteision economaidd y canlynol i'r DU:
   a) mudwyr medrus
   b) mudwyr di-grefft.
5 Lluniadwch dabl a'i gwblhau i ddangos beth fyddai'r manteision a'r problemau i economi'r DU os byddai'r DU yn lleihau mewnfudo.

Oes angen i'r DU adeiladu mwy o gartrefi newydd?

Yn 2018, cafodd 165,000 o gartrefi newydd eu hadeiladu yn y DU. Y ffigur yn 2013 oedd 135,000, felly mae wedi cynyddu, ond nid yw hyn yn ddigon. Wrth i boblogaeth y DU gynyddu, mae angen mwy o gartrefi arnon ni. Os na fydd digon o gartrefi yn cael eu hadeiladu, bydd y galw yn fwy na'r cyflenwad a bydd prisiau cartrefi newydd yn codi'n gyflymach na chyflogau pobl. Mae'r llywodraeth eisiau sicrhau bod 240,000 o gartrefi ychwanegol yn cael eu hadeiladu bob blwyddyn. Ond ble dylai'r cartrefi newydd hyn gael eu hadeiladu? Mae'r galw mwyaf yn ne-ddwyrain Lloegr. Mae'r economi ar ei gryfaf yno, ac felly mae llawer o bobl ifanc yn symud yno o ardaloedd eraill o'r DU ac o wledydd eraill sy'n aelodau o'r UE.

Gweithgareddau

1 Astudiwch Ffigur 9.
   a) Lluniadwch farrau cyfrannol ar bapur graff i ddangos canran y newid yn y boblogaeth ym mhob rhanbarth.
   b) Ewch ati i dorri'r barrau a'u gludo ar fap amlinell o Gymru a Lloegr.
   c) Esboniwch pam mae'r ffordd hon o gyflwyno Ffigur 9 yn fwy defnyddiol na graff bar syml.
2 Ar gyfartaledd, mae 2.4 o bobl yn byw ym mhob tŷ yn y DU. Defnyddiwch Ffigur 9 i gyfrifo faint o dai newydd sydd eu hangen yn eich rhanbarth erbyn 2026.
3 Disgrifiwch leoliad datblygiad y Thames Gateway.

Rhanbarth	Newid yn y boblogaeth dros 10 mlynedd	Canran y newid
Llundain	774,000	8.8
Dwyrain Lloegr	444,000	7.3
De-orllewin Lloegr	364,000	6.6
De-ddwyrain Lloegr	574,000	6.4
Dwyrain Canolbarth Lloegr	283,000	6.0
Gorllewin Canolbarth Lloegr	314,000	5.4
Swydd Efrog a Glannau Humber	190,000	3.5
Gogledd-orllewin Lloegr	243,000	3.4
Gogledd-ddwyrain Lloegr	50,000	1.9
Lloegr	3,238,000	5.9
Cymru	97,000	3.2

▲ **Ffigur 9** Y cynnydd amcanol ym mhoblogaeth rhanbarthau Cymru a Lloegr (2016–26).

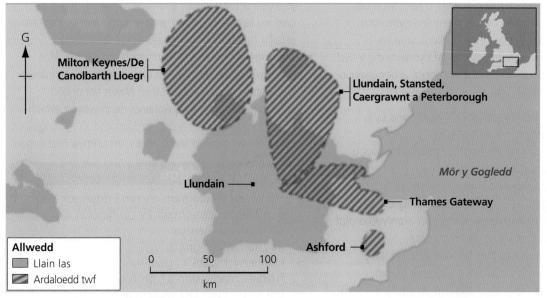

▲ **Ffigur 10** Yr ardaloedd allweddol ar gyfer cartrefi newydd yn Lloegr.

Ai gardd-ddinasoedd newydd yw'r ateb?

Yn 2014, cyhoeddodd Llywodraeth y DU y byddai tair **gardd-ddinas** newydd yn cael eu hadeiladu yn Lloegr. Byddai tua 15,000 o gartrefi newydd ym mhob un. Cafodd y gardd-ddinasoedd cyntaf eu hadeiladu yn yr 1930au pan oedd llawer o dai newydd yn cael eu hadeiladu. Roedd llawer o fannau agored yn y trefi hyn, ac o hyn y daw'r enw 'gardd-ddinasoedd'. Bydd cartrefi o ansawdd uchel, llawer o fannau gwyrdd a swyddi a gwasanaethau lleol ar gael yn y gardd-ddinasoedd newydd. Byddan nhw'n cael eu hadeiladu yn y lleoedd canlynol:

- Bicester ger Rhydychen
- Northstowe yn Swydd Gaergrawnt
- Ebbsfleet yn y Thames Gateway (Caint).

Mae Ebbsfleet, Caint, yn rhanbarth Thames Gateway. Mae gan y rhanbarth hwn gysylltiadau trafnidiaeth da â Llundain – dim ond 20 munud yw'r daith drên o Ebbsfleet i Lundain. Mae llywodraeth y DU yn gobeithio y bydd tai newydd yn cael eu hadeiladu yn y Thames Gateway – cynifer â 90,000 o gartrefi newydd erbyn 2030 o bosibl. Mae wedi addo rhoi £200 miliwn i helpu i ariannu Corfforaeth Datblygu Ebbsfleet a fydd yn goruchwylio'r project ac yn talu am isadeiledd newydd, fel ffyrdd, yn Ebbsfleet.

Yn ôl y cynllun arfaethedig, bydd gardd-ddinas Ebbsfleet wedi'i rhannu'n gyfres o bentrefi traddodiadol llai sy'n ffurfio clwstwr mwy. Bydd gan bob 'pentref' ei ysgol gynradd ei hun a fydd o fewn pellter cerdded i holl gartrefi'r dalgylch. Bydd mannau gwyrdd agored ym mhob 'pentref', a rhandiroedd, meysydd chwarae ac adeilad cymunedol i'w ddefnyddio gan grwpiau o drigolion lleol. Mae'r adeiladu yn Ebbsfleet wedi dechrau'n barod. Erbyn dechrau 2019, roedd cyfanswm o 1,669 o gartrefi wedi'u hadeiladu yn Ebbsfleet. Ar ôl ei chwblhau, bydd yr ardd-ddinas hon yn gartref i tua 30,000 o bobl mewn 15,000 o gartrefi newydd.

Mae'r Thames Gateway ar dir isel ac mae'n agored i lifogydd arfordirol (gweler tudalennau 144–5). Gallai amddiffynfeydd môr newydd gostio £500 miliwn.

Mae llawer o'r tir datblygu yn y Thames Gateway yn dir llwyd. Bydd rhan o Ebbsfleet yn cael ei hadeiladu ar safle hen chwarel.

Bydd pentrefi bach cyfagos yn dod yn rhan o'r dref fawr newydd. Gallen nhw golli eu cymeriad unigryw.

Bydd gwasanaeth bws newydd, Fastrack, yn mynd yn ôl ac ymlaen rhwng Ebbsfleet a threfi eraill yn y Thames Gateway bob 5–10 munud yn ystod y dydd.

Mae'r llywodraeth am i'r Thames Gateway fod yn rhanbarth carbon isel. Mae'n gobeithio y bydd pobl yn gweithio'n lleol.

▲ **Ffigur 11** Agweddau ar y gwaith datblygu yn rhanbarth Thames Gateway.

▲ **Ffigur 12** Cartrefi presennol wrth ymyl ardal o dir prysg sydd wedi'i dewis fel safle posibl ar gyfer gardd-ddinas newydd Ebbsfleet. Mae rhan o'r safle hwn yn dir hen chwarel.

Gweithgaredd

4 Defnyddiwch y wybodaeth am y Thames Gateway ac Ebbsfleet i gwblhau tabl fel yr un isod. Byddwch chi'n ysgrifennu mwy mewn rhai blychau na rhai eraill.

	Dadleuon o blaid adeiladu tai newydd yn Ebbsfleet	Dadleuon yn erbyn adeiladu tai newydd yn Ebbsfleet
Economaidd		
Amgylcheddol		
Cymdeithasol		

Gwaith ymholi

Ydych chi'n meddwl y bydd y gardd-ddinasoedd newydd yn datblygu i fod yn gymunedau cynaliadwy?

Defnyddiwch Ffigur 15 (tudalen 73) i'ch helpu i gyfiawnhau eich syniadau.

Sut gallwn ni greu cymunedau cynaliadwy trefol a gwledig?

Mae Ffigur 13 yn dangos rhai nodweddion sy'n perthyn i eco-gartrefi modern. Mae tai fel hyn yn amgylcheddol gynaliadwy. Ond, er mwyn creu **cymuned gynaliadwy**, mae angen i gynllunwyr ystyried ffactorau eraill hefyd. Mae angen iddyn nhw gynllunio lleoedd byw i bobl sydd â rhwydweithiau trafnidiaeth da, gwasanaethau lleol (fel ysgolion a siopau), mannau gwyrdd a swyddi lle mae llai o angen i bobl gymudo.

▼ **Ffigur 13** Eco-gartrefi sy'n rhan o Ddatblygiad Sero Egni Beddington (*BedZED*) yn Surrey. *BedZED* oedd yr eco-gymuned carbon niwtral gyntaf (a'r fwyaf) yn y DU.

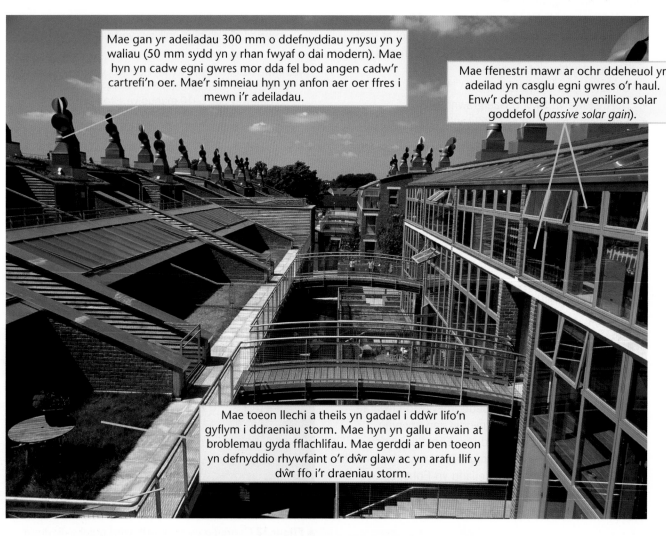

Mae gan yr adeiladau 300 mm o ddefnyddiau ynysu yn y waliau (50 mm sydd yn y rhan fwyaf o dai modern). Mae hyn yn cadw egni gwres mor dda fel bod angen cadw'r cartrefi'n oer. Mae'r simneiau hyn yn anfon aer oer ffres i mewn i'r adeiladau.

Mae ffenestri mawr ar ochr ddeheuol yr adeilad yn casglu egni gwres o'r haul. Enw'r dechneg hon yw enillion solar goddefol (*passive solar gain*).

Mae toeon llechi a theils yn gadael i ddŵr lifo'n gyflym i ddraeniau storm. Mae hyn yn gallu arwain at broblemau gyda fflachlifau. Mae gerddi ar ben toeon yn defnyddio rhywfaint o'r dŵr glaw ac yn arafu llif y dŵr ffo i'r draeniau storm.

rhai tai fforddiadwy ar gyfer pobl sydd ag incwm is

safle tir llwyd yn hytrach na safle tir glas

swyddi sydd ar gael yn lleol

trafnidiaeth gyhoeddus sydd ar gael i bawb

rhai adeiladau sydd wedi'u cynllunio ar gyfer pobl hŷn neu bobl ag anableddau, gyda drysau llydan i bobl sy'n defnyddio cadeiriau olwyn, ac ystafelloedd gwely ac ymolchi ar y llawr gwaelod

Mae gan gymuned gynaliadwy ...

cynlluniau i leihau nifer y bobl sy'n berchen ar geir, fel cynyddu costau parcio

cyfleusterau lleol ar gyfer pobl o bob oedran, e.e. meithrinfa, grŵp ieuenctid, canolfan gymunedol

technolegau gwyrdd i leihau costau gwresogi ac allyriadau carbon

▲ **Ffigur 14** Nodweddion posibl cymuned gynaliadwy.

Olwyn Egan

Mae Olwyn Egan yn disgrifio wyth o nodweddion cymuned gynaliadwy. Mae'r nodweddion hyn yn cynnwys pethau y byddech chi'n eu disgwyl, fel swyddi lleol, cartrefi wedi'u llunio'n dda (eco-gyfeillgar efallai) a chysylltiadau trafnidiaeth da. Mae'n awgrymu bod y bobl sy'n byw yno yn teimlo'n ddiogel ac yn cyfrannu at benderfyniadau sy'n cael eu gwneud gan y cyngor lleol.

Cymuned gynaliadwy

Cymuned sy'n rheoli ei hadnoddau fel ei bod yn ateb anghenion y bobl sy'n byw ynddi ar y pryd, a hefyd yn sicrhau bod digon o adnoddau wedi'u cadw i'r bobl fydd yn byw ynddi yn y dyfodol. Mae adnoddau'r gymuned yn cynnwys ei heconomi (swyddi a busnesau), ei hamgylchedd (adeiladau, aer glân a dŵr) a'i phobl. Mae Olwyn Egan yn disgrifio'r nodweddion sydd i'w cael mewn cymuned gynaliadwy.

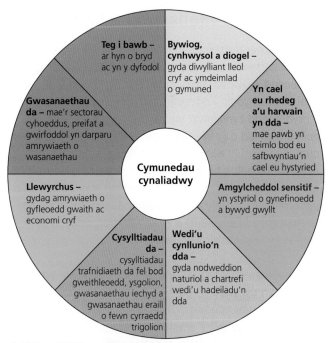

▲ **Ffigur 15** Olwyn Egan.

▲ **Ffigur 16** Tystiolaeth o gymunedau trefol cynaliadwy yng Nghaerdydd.

Gweithgareddau

1. Astudiwch nodweddion yr eco-gartref yn Ffigur 13. Esboniwch sut mae pob nodwedd yn cyfrannu naill ai at gynaliadwyedd amgylcheddol neu at gynaliadwyedd economaidd.
2. Esboniwch beth yw'r prif wahaniaethau rhwng eco-gartref a chymuned gynaliadwy.
3. Trafodwch Ffigur 14.
   a) Awgrymwch sut mae pob nodwedd yn y diagram yn gallu cael ei hystyried yn nodwedd gynaliadwy.
   b) Awgrymwch o leiaf dwy nodwedd a allai fod yn ddadleuol. Pa grwpiau o bobl fyddai'n gwrthdaro o bosibl oherwydd yr awgrymiadau hyn?
   c) Awgrymwch o leiaf dwy nodwedd arall sy'n angenrheidiol mewn cymuned gynaliadwy newydd yn eich barn chi.
4. Astudiwch y ffotograffau yn Ffigur 16.
   a) Defnyddiwch Olwyn Egan i ddod o hyd i'r elfen gynaliadwy ym mhob ffotograff.
   b) Dewiswch un ffotograff. Ysgrifennwch bennawd 50 gair sy'n esbonio sut mae'r nodwedd yn y ffotograff yn cyfrannu at gymuned gynaliadwy.

Gwaith ymholi ❓

Pa mor gynaliadwy yw Caerdydd?

- Lluniwch o leiaf 5 pâr o osodiadau deubegwn (gweler tudalennau 3–4) y gallech chi eu defnyddio mewn arolwg o gynaliadwyedd cymuned. Bydd Ffigur 15 yn rhoi rhai syniadau i chi.
- Defnyddiwch eich arolwg deubegwn i asesu pob llun o Gaerdydd sydd yn Ffigur 16.

A ddylen ni adeiladu ar y llain las?

Cafodd llawer o dai eu hadeiladu ar ôl yr Ail Ryfel Byd. Cafodd cartrefi maestrefol newydd eu hadeiladu ar gyrion dinasoedd y DU, ac mae'r term 'blerdwf maestrefol' yn cael ei ddefnyddio i ddisgrifio twf cyflym y maestrefi. Ar y pryd, roedd cynllunwyr yn y DU yn poeni cymaint am golli ardaloedd o gefn gwlad, gwnaethon nhw benderfynu creu lleiniau glas eang o amgylch llawer o ddinasoedd er mwyn diogelu'r tir. Ar hyn o bryd, mae 13 y cant o'r holl arwynebedd tir yn Lloegr yn lleiniau glas. Mae trefi a phentrefi llai, tir ffermio ac ardaloedd cefn gwlad mewn lleiniau glas. Mae gwaith adeiladu cartrefi newydd yn cael ei gyfyngu ar dir llain las.

Mae poblogaeth y DU yn tyfu ac mae'r galw am gartrefi newydd yn cynyddu. A ddylai'r cartrefi newydd hyn gael eu hadeiladu ar safleoedd tir glas – tir sydd heb gael ei ddefnyddio ar gyfer adeiladu o'r blaen? Neu a ddylai cartrefi gael eu hadeiladu ar safleoedd tir llwyd – tir a gafodd ei ddefnyddio yn y gorffennol (er enghraifft fel safle ffatri, warws, doc neu chwarel) ond sydd bellach yn segur neu'n ddiffaith (*derelict*)? Weithiau mae pobl leol yn gwrthwynebu cynlluniau i adeiladu tai newydd ar safleoedd tir glas oherwydd eu bod yn poeni y bydd tai newydd yn difetha cymeriad gwledig eu cymuned leol. Mae protestiadau yn erbyn datblygiadau lleol yn cael eu hadnabod yn aml fel *NIMBYism* – talfyriad Saesneg sy'n sefyll am *Not in My Back Yard*.

▲ **Ffigur 17** Ardaloedd datblygu yn llain las Rhydychen a gafodd eu hawgrymu gan Gyngor Dinas Rhydychen.

Rhanbarth o Loegr	Incwm gwario gros y cartref y pen (£)	Pris tai ar gyfartaledd (£)
Gogledd-ddwyrain Lloegr	15,809	131,000
Gogledd-orllewin Lloegr	16,861	162,000
Swydd Efrog a Glannau Humber	16,119	161,000
Dwyrain Canolbarth Lloegr	16,932	193,000
Gorllewin Canolbarth Lloegr	16,885	195,000
Dwyrain Lloegr	20,081	189,000
Llundain	27,825	472,000
De-ddwyrain Lloegr	22,568	319,000
De-orllewin Lloegr	18,984	253,000

▲ **Ffigur 18** Cost tai o gymharu ag incwm gwario gros y cartref y person (y ffigurau diweddaraf).

> Mae cyflogwyr yn Rhydychen – gan gynnwys cwmni BMW Mini, ysgolion, ysbytai a'r brifysgol – yn cael anhawster recriwtio gweithwyr oherwydd costau tai uchel.

> Mae dros 50 y cant o'r gweithlu yn cymudo i'r ddinas. Yn Rhydychen, mae unrhyw gynlluniau newydd i adeiladu ar safleoedd tir glas yn osgoi'r llain las. Mae hyn yn golygu bod teuluoedd sy'n byw yn y tai newydd mewn lleoedd fel Bicester yn gorfod teithio'n bell iawn i gyrraedd y gwaith yn Rhydychen. Dydy'r pwysau sydd ar ein ffyrdd ac ar drafnidiaeth gyhoeddus ddim yn gynaliadwy.

> Mae gan brifysgolion Rhydychen enw da yn rhyngwladol am ragoriaeth ym meysydd ymchwil ac addysgu. Mae angen tai rhatach yma er mwyn denu'r gweithwyr ymchwil gorau. Mae cymaint o gwmnïau technoleg uwch wedi dod yma oherwydd yr ymchwilwyr hyn.

▲ **Ffigur 19** Aelodau o Gyngor Dinas Rhydychen yn esbonio pam mae'n bosibl y bydd angen adeiladu ar y llain las.

Cartrefi newydd yn Rhydychen?

Mewn ardaloedd lle mae'r galw am dai yn fwy na'r cyflenwad, mae prisiau tai wedi cynyddu'n gyflym. Astudiwch Ffigur 18. Mae tai yng ngogledd-ddwyrain Lloegr yn costio tua 8 gwaith incwm gwario gros y cartref. Yn Llundain, mae tai yn costio tua 17 gwaith incwm gwario gros y cartref. Mae'r tai lleiaf fforddiadwy i'w cael yn Llundain ac mewn dinasoedd yn ne-ddwyrain Lloegr, fel Rhydychen.

Mae Cyngor Dinas Rhydychen yn credu bod angen adeiladu rhwng 24,000 a 32,000 o gartrefi yn Rhydychen erbyn 2031. Byddai'r Cyngor yn hoffi adeiladu llawer o'r cartrefi hyn yn y llain las, sy'n fater dadleuol. Mae Cyngor Dosbarth De Rhydychen wedi gwrthwynebu'r cynllun. Mae'n cydnabod bod angen adeiladu cartrefi newydd, ond nid ar dir llain las.

Allwedd

Cliciwch ar y map i weld ym mha un o'r Parthau Llifogydd (diffiniadau'r Canllaw Polisi Cynllunio Cenedlaethol) mae'r datblygiadau arfaethedig wedi'u lleoli

☐ ☑ **Map Llifogydd ar gyfer Cynllunio (Afonydd a Moroedd)** ⓘ

Parth Llifogydd 3

Parth Llifogydd 2

Amddiffynfeydd rhag llifogydd (Mae'n bosibl nad yw pob un i'w weld)

Ardaloedd sy'n elwa o amddiffynfeydd rhag llifogydd (Mae'n bosibl nad yw pob un i'w gweld)

☐ ☑ **Prif Lwybr yr Afon** ⓘ

Prif Lwybr yr Afon

☐ ☑ **Sefydliadau amgylcheddol cenedlaethol eraill** ⓘ

Ardal dan gyfrifoldeb Cyfoeth Naturiol Cymru

Ardal dan gyfrifoldeb Asiantaeth Amddiffyn Amgylchedd yr Alban

Rhydychen, Swydd Rhydychen ar raddfa 1:40,000

▲ **Ffigur 20** Sgrinlun o wefan Asiantaeth yr Amgylchedd. Mae canol y ddinas yn y gornel dde ar waelod y sgrinlun. Sylwch ar y tir agored i'r gogledd-orllewin o'r ddinas sy'n ffurfio coridor gwyrdd ar hyd Afon Cherwell.

Gweithgareddau

1 Ysgrifennwch ddatganiad i'r wasg sy'n 200 gair yn esbonio pam mae Cyngor Dinas Rhydychen yn credu bod angen adeiladu ar y llain las. Defnyddiwch Ffigur 19.

2 Astudiwch Ffigur 18.
   a) Dewiswch ddull addas o gyflwyno'r data hyn.
   b) Defnyddiwch atlas i ddadansoddi'r patrwm sydd i'w weld yn y data hyn.

3 a) Defnyddiwch Ffigur 17 i ddisgrifio lleoliad y safle datblygu yn Wheatley.
   b) Defnyddiwch Ffigur 21 i nodi dau reswm pam dylai'r datblygiad ddigwydd yn eich barn chi.
   c) Rhowch ddau reswm pam na ddylai'r datblygiad ddigwydd yn eich barn chi.
   ch) Awgrymwch ddau grŵp gwahanol o bobl a allai wrthwynebu'r datblygiad hwn.

4 a) Defnyddiwch Ffigur 20 i ddisgrifio'r ardaloedd yn Rhydychen sy'n agored i lifogydd.
   b) Esboniwch pam ei bod yn bwysig amddiffyn coridorau gwyrdd o dir sydd heb eu datblygu mewn dinasoedd fel Rhydychen.

Bydd y datblygiad yn ehangu pentref Wheatley. Bydd y pentref yn colli ei gymeriad unigryw.

Mae'r safle ar hyd ymyl yr A40 ac felly bydd teithio i Rydychen yn hawdd.

Mae'r tir mewn ardal o gefn gwlad agored a does neb wedi adeiladu arno o'r blaen.

Mae'r tir ar lethr ac mae'n dir ffermio o ansawdd gwael sy'n cael ei ddefnyddio ar gyfer pori.

Bydd adeiladu cartrefi yn ddrud gan fod llethrau serth ar rannau o'r safle.

▲ **Ffigur 21** Nodweddion y safle datblygu arfaethedig yn Wheatley.

Gwaith ymholi

Pa mor bwysig yw'r llain las?

Cynlluniwch arolwg i ymchwilio i safbwyntiau pobl am gynlluniau i adeiladu tai ar dir llain las. Sut gallech chi gynllunio'r strategaeth samplu (gweler tudalen 8) er mwyn sicrhau bod safbwyntiau grwpiau gwahanol o bobl yn cael eu cynnwys?

Adfywiad trefol

Yn ystod yr 1970au a'r 1980au, doedd byw yn yr ardaloedd trefol mewnol ddim yn ffasiynol yn nifer o drefi a dinasoedd y DU. Doedd pobl ddim eisiau byw yn ardaloedd hen dai y ddinas fewnol, yn enwedig ardaloedd y dociau neu ar lan y dŵr mewn porthladdoedd, fel ardal Butetown yng Nghaerdydd neu yn Salford Quays, Manceinion.

Fodd bynnag, mae'r **safleoedd tir llwyd** hyn – a oedd yn dirywio neu'n ddiffaith ar un adeg – wedi'u hailddatblygu bellach, ac mae cartrefi a busnesau newydd wedi'u hadeiladu yno. Mae pobl yn symud yn ôl i ardaloedd dinas fewnol. Aildrefoli yw'r enw ar y broses hon.

Adfywiad trefol yn Ipswich

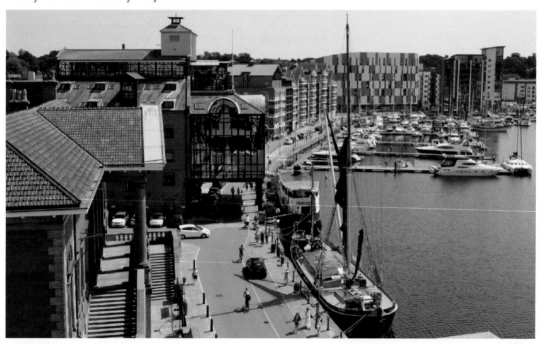

▲ **Ffigur 22** Golygfa o'r ardal ar lan y dŵr yn Ipswich o un o'r blociau o fflatiau.

Mae Ipswich yn un o'r trefi sydd â'r twf cyflymaf yn y DU. Mae Ipswich yn tyfu'n rhannol o ganlyniad i'r cynnydd naturiol yn y boblogaeth. Fodd bynnag, mae nifer sylweddol o fewnfudwyr wedi dod i Ipswich hefyd.

Datblygiad glan y dŵr yn Ipswich yw'r project adfywiad trefol mwyaf yn nwyrain Lloegr. Ardal dociau diwydiannol gyda warysau a ffatrïoedd oedd y safle ar un adeg, ond roedd y lle wedi dechrau mynd yn fwyfwy diffaith ers yr 1970au. Aeth Cyngor Bwrdeistref Ipswich ati i weithio mewn partneriaeth â nifer o ddatblygwyr i adnewyddu'r safle tir llwyd. Mae hen warysau wedi'u hadnewyddu a'u troi yn siopau, yn dai bwyta ac yn fflatiau. Mae amrywiaeth o adeiladau newydd wedi'u codi i greu cartrefi ac at ddibenion hamdden ac addysg.

Safle tir llwyd

Llain o dir lle mae adeiladau segur (fel ffatrïoedd neu warysau). Mae llawer o'r safleoedd hyn yn agos at ganol trefi a dinasoedd felly, os bydd cartrefi newydd yn cael eu hadeiladu yma, bydd y trigolion yn agos at siopau, gwasanaethau a swyddi. O ganlyniad, mae'n bosibl creu cymunedau cynaliadwy ar safleoedd tir llwyd. Mae ganddyn nhw wasanaethau fel trydan, carthffosiaeth a dŵr yno yn barod. Ond, efallai fod y tir wedi llygru oherwydd y ffordd y defnyddiwyd y tir yn y gorffennol. Gall hyn fod yn ddrud i'w lanhau.

Gweithgareddau

1 a) Cyflwynwch y data sydd i'w gweld yn Ffigur 23.
   b) Pa ffactorau sy'n creu'r angen am gymaint o gartrefi newydd yn Ipswich?

| | Poblogaeth | | | Amcangyfrif o nifer y cartrefi newydd mae eu hangen |
	Cyfrifiad 2001	2021 (amcangyfrif)	Newid	
Suffolk gyfan	670,200	733,600	+ 63,400	61,700
Ipswich	117,400	138,700	+ 21,300	15,400

▲ **Ffigur 23** Twf poblogaeth Ipswich a'r galw am dai.

Roedd rhai safleoedd diffaith wedi'u llygru gan wastraff o'r hen weithfeydd diwydiannol. Er enghraifft, gweithfeydd nwy oedd ar safle Cei Orwell yn y gorffennol lle roedd glo yn cael ei ddefnyddio i wneud nwy. Roedd y tir wedi'i lygru, a chostiodd hyd at £270,000 yr hectar i gael gwared ar y gwastraff a'i wneud yn ddiogel.

Roedd yr Eingl-Sacsoniaid yn byw yma yn y seithfed ganrif, ac felly roedd angen cynnal arolygon archaeolegol ar y tir. Roedd angen diogelu olion a oedd yn bwysig yn hanesyddol. Cafodd £1.2 miliwn yr hectar ei wario ar y gwaith hwn.

Mae'r tir wedi'i wneud yn bennaf o fathau o dywod a graean meddal a gafodd eu dyddodi ar ddiwedd yr oes iâ. O ganlyniad, roedd angen gosod sylfeini'r adeiladau newydd yn ddwfn yn y ddaear, ac roedd y gwaith hwn yn ddrud.

Mae'r safle wrth ymyl moryd lanw. Roedd angen codi amddiffynfeydd rhag llifogydd er mwyn gwarchod canol Ipswich rhag llifogydd llanw. Cost yr amddiffynfeydd hyn oedd £53 miliwn. Maen nhw'n amddiffyn 10 hectar o dir llwyd, ac roedden nhw'n hanfodol er mwyn ailddatblygu'r tir hwn.

Roedd angen diogelu a moderneiddio adeiladau o ddiddordeb hanesyddol fel hen warysau. Roedd gwneud hyn yn fwy drud nag adeiladu cartrefi a swyddfeydd newydd.

Efallai byddai adeiladu ar safleoedd tir glas ar gyrion Ipswich wedi bod yn llai drud, ond byddai hefyd wedi arwain at flerdwf trefol. Wrth i'n trefi dyfu, mae hyn yn creu mwy o broblemau trafnidiaeth gan fod angen i bobl gymudo ymhellach i'r gwaith.

Os ydyn ni'n adeiladu clystyrau o dai newydd yn y mannau gwag yn ein trefi a'n dinasoedd, nid yw'r ddinas yn tyfu'n fwy. Mae pobl wedyn yn gallu byw'n agos i'w gweithle ac i'r cyfleusterau hamdden yng nghanol y ddinas.

▲ **Ffigur 24** Manteision ac anfanteision datblygu'r safleoedd ar lan y dŵr yn Ipswich.

Mae'r lleoliad yn ardderchog. Rwy'n gallu cerdded i'r swyddfa yng nghanol y dref ymhen munudau a does dim rhaid i fi ddefnyddio'r car yn ystod yr wythnos bellach.

Mae amrywiaeth eang o adloniant ar gael yn agos at y tŷ. Mae'r bariau'n brysur gyda'r nos, ac ar ddiwrnod heulog rwy'n gallu eistedd gyda ffrindiau yn yfed coffi a gwylio'r byd yn y marina.

▲ **Ffigur 25** Safbwyntiau'r trigolion.

▲ **Ffigur 26** Mae'r patrwm stryd canoloesol, y ffyrdd cul a'r hen garthffosydd o dan bwysau gan fod y datblygiad ar lan y dŵr wedi creu mwy o draffig yn yr ardal hon o'r ddinas fewnol.

Gweithgareddau

2 Astudiwch Ffigurau 24, 25 a 26. Defnyddiwch wybodaeth o'r adnoddau hyn i gwblhau tabl fel yr un isod. Byddwch chi'n ysgrifennu mwy mewn rhai blychau nag eraill.

	Manteision defnyddio safleoedd tir llwyd	Anfanteision defnyddio safleoedd tir llwyd
Economaidd		
Amgylcheddol		
Cymdeithasol		

3 Defnyddiwch Ffigur 15 (tudalen 73) i esbonio pam mae datblygu safle tir llwyd yn fwy cynaliadwy yn aml na datblygu safle tir glas.

Gwaith ymholi

Mae cynllun tai newydd neu ddatblygiad trefol arall yn dod i'r ardal ger eich ysgol chi. Lluniwch dabl â dwy golofn yn nodi manteision ac anfanteision y cynllun/datblygiad. Ceisiwch ystyried ffactorau cymdeithasol, economaidd ac amgylcheddol wrth adolygu llwyddiannau a methiannau'r cynllun.

Sut a pham mae adwerthu yn newid?

Yn 2018, roedd diwydiant adwerthu'r DU yn cyflogi tua 2.9 miliwn o bobl. Mae'r rhan fwyaf o'r gwerthiannau adwerthu yn dal i ddigwydd yn y siopau ar y stryd fawr, mewn canolfannau siopa neu mewn parciau adwerthu tu allan i'r dref. Ond, mae'r diwydiant adwerthu yn newid oherwydd cymysgedd o ffactorau economaidd, diwylliannol a thechnolegol. Mae'r ffactorau hyn yn newid y ffordd rydyn ni'n siopa ac ymhle.

Ffactorau economaidd

Rhaid i bob siop dalu trethi busnes (sy'n fath o dreth leol). Gall y trethi fod yn uchel iawn yng nghanol dinasoedd. Mae'r costau mor uchel nes eu bod wedi gorfodi rhai adwerthwyr i gau eu busnesau. Dyma un rheswm pam mae un ym mhob deg siop yn wag yn 2019. Ar y llaw arall, mae siopau elusen yn talu 80 y cant yn llai mewn trethi na siopau eraill. Mae hyn yn golygu gallai siop wag ar y stryd fawr ddod yn siop elusen pan fydd adwerthwr yn gorfod cau busnes.

▲ **Ffigur 27** Un enghraifft o broblem ddiwylliannol sy'n effeithio ar adwerthu yw mynd i'r afael â phlastig untro.

Ffactorau diwylliannol

Mae tueddiadau yn y cyfryngau yn dylanwadu ar y ffordd rydyn ni'n siopa a'r pethau rydyn ni'n eu prynu. Er enghraifft, mae siopwyr wedi dod yn fwyfwy pryderus am effaith plastig ar yr amgylchedd. O ganlyniad, mae pwysau ar adwerthwyr i ostwng y deunydd pecynnu plastig a'r bagiau plastig untro sy'n cael eu defnyddio yn eu siopau. Mae adwerthwyr yn cael eu dylanwadu hefyd gan dueddiadau diwylliannol eraill ymysg defnyddwyr, fel pobl sy'n llysieuwyr neu sydd eisiau prynu cynhyrchion lleol, a'r rheini sy'n dewis osgoi prynu cynhyrchion sydd wedi'u gwneud mewn siopau chwys.

Ffactorau technolegol

Mae tua 18 y cant o'r holl werthiannau adwerthu yn y DU yn digwydd ar-lein erbyn hyn. Mae gwerthiannau dillad, dodrefn, bwyd, cerddoriaeth a llyfrau i gyd yn cynyddu ar-lein. Gall y prynwyr hefyd fynd ar-lein i dalu am docynnau awyren a gwyliau, yn ogystal â gwneud eu bancio. Mae gwerthiant nwyddau a gwasanaethau ar-lein yn rheswm arall dros ddirywiad y gwerthiannau yn siopau'r stryd fawr a chau banciau a siopau gwyliau ar y stryd fawr.

Mae'r cynnydd mewn siopa ar-lein 24/7 wedi creu problemau logistaidd newydd i adwerthwyr, yn enwedig archfarchnadoedd. Sut gallan nhw sicrhau bod nwyddau darfodus yn cyrraedd y cwsmer yn gyflym ac yn effeithlon? Yr ateb yw datblygu gwasanaethau dosbarthu effeithiol sy'n gallu manteisio ar rwydwaith traffyrdd y DU.

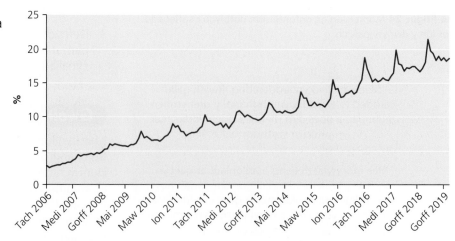

▲ **Ffigur 28** Gwerthiannau ar-lein fel canran o gyfanswm y gwerthiannau adwerthu (%).

Roedd y rhan fwyaf o siopau Morrisons yng ngogledd Lloegr tan 2004. Yna, prynodd y cwmni gadwyn Safeway, a dechreuodd ehangu i leoliadau yn ne Lloegr. Roedd angen gwella ei system ddosbarthu er mwyn cyflenwi ei siopau newydd. Cafodd dwy ganolfan ddosbarthu newydd eu hadeiladu – un yn Sittingbourne (yn y de-ddwyrain) a'r llall yn Bridgwater (yn y de-orllewin).

> Rwy'n berchen ar siop a gwefan sy'n gwerthu hen bethau. Mae llai o bobl yn prynu pethau gen i'r dyddiau hyn, yn enwedig yn y siop, ac mae gwerthwyr eraill rwy'n eu nabod wedi cau eu siopau. Y broblem yn fy marn i yw'r cynnydd yn nifer y gwefannau arwerthu ar-lein. Mae'n hawdd iawn i unrhyw un werthu pethau ar-lein gan ddefnyddio un o'r gwefannau hyn. Does dim rhaid talu biliau fel rhent, neu drethi fel y byddech chi mewn siop.

> Rwy'n byw mewn ardal wledig yng Nghymru. Rwy'n gwneud fy ngwaith bancio ar-lein. Mae'n ffordd gyfleus o reoli fy arian a gallaf edrych ar fy nghyfrif unrhyw bryd. Ond, roeddwn yn flin pan gaeodd fy nghangen leol. Nawr, mae'n rhaid i fi deithio cyfanswm o 25 milltir i fynd i'r banc stryd fawr agosaf, ac mae'n rhaid i fi wneud hynny os ydw i angen cyngor ariannol.

> Rwy'n gweithio fel gyrrwr dosbarthu – yn gyrru fan i ddosbarthu parseli. Rwy'n treulio'r rhan fwyaf o'r diwrnod gwaith yn gyrru i fyny ac i lawr traffyrdd y DU. Rwy'n teithio milltiroedd lawer a bydd angen i fi brynu fan newydd cyn hir yn lle'r hen un diesel. Dydw i ddim yn siŵr beth i'w brynu nesaf. Dydw i ddim yn gallu fforddio cerbyd hybrid newydd.

▲ **Ffigur 29** Barn pobl am y cynnydd yn nifer y gwasanaethau ar-lein.

▲ **Ffigur 30** Canolfannau dosbarthu rhanbarthol a ffatrïoedd gweithgynhyrchu Morrisons.

Gweithgareddau

1 Trafodwch y ffordd mae'r diwydiant adwerthu yn defnyddio plastigion.
   a) Rhestrwch sut mae plastigion yn cael eu defnyddio mewn adwerthu.
   b) Awgrymwch sut gallai adwerthwyr ostwng y defnydd o blastig.
2 Astudiwch Ffigur 28. Disgrifiwch duedd y graff.
3 Rhestrwch rai o effeithiau cadarnhaol a negyddol siopa ar-lein. Ystyriwch y canlyniadau economaidd, cymdeithasol ac amgylcheddol. Defnyddiwch dystiolaeth o'r dudalen hon.
4 Edrychwch ar Ffigur 30.
   a) Disgrifiwch leoliad Canolfan Ddosbarthu Bridgwater.
   b) Esboniwch pam dewisodd Morrisons y lleoliad hwn fel safle ar gyfer y ganolfan ddosbarthu newydd ar ôl 2004.

Gwaith ymholi

'Mae effeithiau cadarnhaol adwerthu ar-lein yn gorbwyso'r effeithiau negyddol.'

I ba raddau rydych chi'n cytuno â'r gosodiad hwn? Ystyriwch yr effeithiau ar bobl (y defnyddwyr a'r gweithwyr), yr economi a'r amgylchedd. Defnyddiwch dystiolaeth o'r dudalen hon i gefnogi eich ateb.

Adwerthu tu allan i'r dref

Mae'r siopau ar safleoedd tu allan i'r dref yn parhau i berfformio'n well na siopau'r stryd fawr. Yn 2019, roedd tua 1 allan o bob 10 siop yn wag: roedd 11.2 y cant o'r siopau stryd fawr i gyd yn wag o'i gymharu â 4.9 y cant o'r siopau tu allan i'r dref. Mae'n bosibl mai un rheswm dros hyn oedd hygyrchedd y siopau. Fel arfer, mae siopau tu allan i'r dref yn hawdd eu cyrraedd mewn car ac mae'n bosibl parcio am ddim fel rheol. Mae hyn yn golygu eu bod yn lleoedd cyfleus i gwsmeriaid wneud eu siopa bwyd mawr wythnosol.

Rhwng 1990 a 2010, prynwyd llawer o dir gan adwerthwyr mawr fel Tesco a Sainsbury's. Defnyddiwyd peth o'r tir i adeiladu archfarchnadoedd, ond gadawyd safleoedd eraill yn wag mewn proses o'r enw 'bancio tir'. Fodd bynnag, erbyn 2010, roedd siopwyr wedi dechrau archebu bwyd ar-lein a sylweddolodd yr archfarchnadoedd nad oedden nhw angen cynifer o siopau enfawr. Yn 2014, roedd papur newydd y *Guardian* yn amcangyfrif bod gan Tesco ddigon o dir ar gyfer 15,000 o gartrefi. Mae llawer o'r rhain yn safleoedd tir llwyd mewn lleoliadau maestrefol. Mae llawer o'r tir hwn yn dal i fod yn wag. Mewn nifer o'r lleoedd hyn, mae pobl leol yn anfodlon bod safleoedd mawr a diffaith wedi'u gadael yn wag. Yn 2019, nid oedd Tesco wedi penderfynu a ddylai werthu peth o'i dir sbâr neu ddefnyddio'r tir i adeiladu tai.

- Efallai fod dod o hyd i le parcio yn agos at y siopau yn broblem.
- Mae meysydd parcio arwyneb mawr yn ddi-dâl fel arfer.
- Mae'n hawdd dod â nwyddau yma oherwydd bod y cysylltiadau ffordd yn dda.
- Mae amrywiaeth o siopau yn darparu nwyddau i bobl o wahanol ethnigau.
- Does gan y prynwyr ddim cymaint o ddewis os oes siopau gwag a siopau elusen.
- Ar strydoedd i gerddwyr yn unig, mae pobl yn gallu rhyngweithio â'i gilydd.
- Mae'n anodd i gerbydau ddod â nwyddau i fusnesau mewn strydoedd cul.
- Mae'n anodd troi adeiladau hŷn yn siopau modern.

▲ **Ffigur 31** Cymharu lleoliadau tu allan i'r dref a lleoliadau stryd fawr.

▲ **Ffigur 32** Archfarchnad tu allan i'r dref.

Patrymau siopa newidiol

Mae cyfuniad o ffactorau diwylliannol, technolegol ac economaidd yn effeithio ar y ffordd y mae pobl yn siopa am fwyd. Cafodd cwymp ariannol 2007 a'r newidiadau i fudd-daliadau (er enghraifft cyflwyno Credyd Cynhwysol) effaith fawr ar y ffordd rydyn ni wedi siopa dros y degawd diwethaf. Er enghraifft, efallai fod pobl ar incwm is yn gorfod cynilo arian i dalu rhent neu aros i dderbyn budd-dal. O ganlyniad i hynny, mae cartrefi tlawd yn tueddu i siopa'n aml a pheidio â phrynu llawer ar y tro.

Mae'r archfarchnadoedd mawr fel Tesco a Sainsbury's wedi ymateb i hyn drwy agor siopau llai yng nghanol trefi a dinasoedd (fel Tesco Express neu Sainsbury's Local) yn hytrach na mwy o archfarchnadoedd mawr tu allan i'r dref. Ar yr un pryd, cafwyd cynnydd cyflym yn y nifer o fanciau bwyd. Elusennau yw'r rhain sy'n rhoi parseli bwyd brys i bobl sy'n methu fforddio prynu digon o fwyd i'w bwydo eu hunain a'u teuluoedd. Mewn arolwg yn 2019 o bobl sy'n defnyddio Banciau Bwyd Ymddiriedolaeth Trussell, dywedodd 33 y cant bod eu hincwm yn rhy isel i dalu am bethau hanfodol fel bwyd, a dywedodd 38 y cant eu bod yn dibynnu ar fanciau bwyd oherwydd oedi neu newidiadau i'w budd-daliadau.

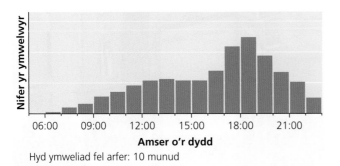

Amser o'r dydd

Hyd ymweliad fel arfer: 10 munud

▲ **Ffigur 33** Nifer yr ymwelwyr â Tesco Express, siop canol dinas Caerdydd, CF10 1AB.

Amser o'r dydd

Hyd ymweliad fel arfer: 25 munud

▲ **Ffigur 34** Nifer yr ymwelwyr â Tesco Express, siop tu allan i'r dref yng Nghaerdydd, CF14 3AT.

Y flwyddyn ariannol yn gorffen ym mis Mawrth	Nifer y parseli bwyd brys ar gyfer tri diwrnod
2014	913,138
2015	1,084,604
2016	1,109,309
2017	1,182,954
2018	1,332,952
2019	1,583,668

▲ **Ffigur 35** Nifer y parseli bwyd brys ar gyfer tri diwrnod a roddwyd gan fanciau bwyd Ymddiriedolaeth Trussell.

Gweithgareddau

3 Astudiwch Ffigurau 33 a 34.
   a) Cymharwch y patrymau sydd i'w gweld ar y ddau graff. Meddyliwch am yr hyn sy'n debyg a'r hyn sy'n wahanol.
   b) Esboniwch pam mae adwerthwyr fel Tesco wedi agor archfarchnadoedd bach newydd yng nghanol trefi a dinasoedd. Defnyddiwch dystiolaeth o Ffigur 33 i'ch helpu.
4 Astudiwch Ffigur 35.
   a) Disgrifiwch y patrwm sydd i'w weld yn y data hyn.
   b) Awgrymwch un ffordd bosibl o gyflwyno'r data hyn. Cyfiawnhewch eich dewis.

Gwaith ymholi

'Mae ffactorau economaidd yn bwysicach na ffactorau technolegol neu ddiwylliannol o ran newid y ffordd rydyn ni'n siopa.'

I ba raddau rydych chi'n cytuno? Defnyddiwch dystiolaeth o'r dudalen hon i gefnogi eich ateb.

Y stryd fawr yn ymladd yn ôl

Mae'r stryd fawr yn nhrefi a dinasoedd y DU wedi newid yn gyflym dros yr ugain mlynedd diwethaf. Mae cynllunwyr trefi ac adwerthwyr y stryd fawr wedi gorfod addasu er mwyn ymateb i fygythiadau adwerthu y tu allan i'r dref a siopa ar-lein. Mae'r stryd fawr wedi ymladd yn ôl er mwyn gwella ansawdd yr amgylchedd trefol ar gyfer siopwyr. Mae cynllunwyr wedi defnyddio amrywiaeth o strategaethau er mwyn denu siopwyr yn ôl i'r stryd fawr. Mae rhai cynlluniau wedi canolbwyntio ar wneud strydoedd yn fwy diogel ar gyfer cerddwyr, a hynny drwy atal ceir rhag gyrru yno neu drwy osod mwy o gamerâu teledu cylch cyfyng (*CCTV: closed circuit television*). Mae cynghorau lleol wedi gweithio gyda datblygwyr i greu canolfannau siopa dan do, ac felly does dim angen i siopwyr boeni os yw hi'n bwrw glaw y tu allan!

Mae canol dinas Caerhirfryn wedi'i wella'n ddiweddar. Mae wyneb newydd wedi'i osod ar rai o'r strydoedd ar gyfer cerddwyr yn unig, ac mae dodrefn gwell (sydd wedi'u gwneud o ddefnyddiau cryf o ansawdd uchel) wedi'u rhoi ar y strydoedd. Yn sgil y newidiadau i gynllun y ffyrdd, roedd yr hen arwyddion ffyrdd yn peri dryswch. Mae gwybodaeth cyfeirio (neu arwyddion) newydd wedi'i gosod ar gyfer siopwyr ac ymwelwyr â'r dref. Cafodd camera hefyd ei osod i fesur nifer y cerddwyr mewn lleoliadau allweddol. Dangosodd y camera fod 185,000 o bobl yn defnyddio canol y ddinas bob wythnos ac mai dydd Mercher yw'r diwrnod mwyaf poblogaidd, sef diwrnod y farchnad. Mae'n ymddangos bod hyn yn profi bod pobl o hyd yn mwynhau prynu nwyddau gan fasnachwyr annibynnol yn ogystal ag o siopau cadwyn mawr.

▲ **Ffigur 36** Cafodd gwybodaeth cyfeirio ac arwyddion newydd eu gosod yng Nghaerhirfryn yn 2015.

Gweithgareddau

1 Astudiwch Ffigur 37 yn ofalus. Ysgrifennwch anodiadau ar gyfer y nodweddion sydd wedi'u rhifo. Defnyddiwch eich anodiadau i esbonio sut mae pob nodwedd yn gwella'r amgylchedd i siopwyr.

2 Esboniwch sut mae'r nodweddion sydd i'w gweld yn Ffigurau 37 a 38 yn gallu gwella ansawdd yr amgylchedd adwerthu.

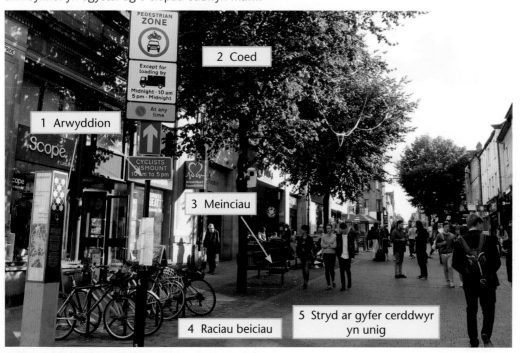

▲ **Ffigur 37** Amgylchedd y stryd fawr yng Nghaerhirfryn.

▲ **Ffigur 38** Marchnadoedd Nadolig yn cael eu cynnal yng nghanol trefi i ddenu mwy o siopwyr i'r dref. Mae hon yng Nghaerwynt.

SGILIAU DAEARYDDOL

Graddio diemwnt

Mae graddio diemwnt, neu ddiagram diemwnt naw, yn ddull da i'w ddefnyddio pan fydd angen i chi wneud penderfyniad. Weithiau mae'n anodd ceisio graddio neu flaenoriaethu syniadau pan nad oes ateb amlwg ar gael. Defnyddiwch y dull hwn i grwpio eich syniadau, gan roi eich hoff syniadau ar frig y diemwnt, a'r syniadau sy'n llai pwysig yn eich barn chi ar waelod y diemwnt.

| Gwaith ymholi | |

Beth yw'r strategaethau gorau ar gyfer gwella'r amgylchedd adwerthu?

Astudiwch y strategaethau yn Ffigur 39.

a) Gwnewch ddiagram diemwnt naw a rhowch y strategaethau yn y diagram, gan roi'r rhai sy'n hanfodol, yn eich barn chi, ar frig y diagram.

b) Cyfiawnhewch eich rhesymau dros ddewis y tair strategaeth ar frig y diagram drwy esbonio sut byddan nhw'n gwella profiad siopwyr ac yn gwella economi'r stryd fawr.

Strydoedd siopa i gerddwyr yn unig	Dulliau gostegu traffig fel rampiau a mannau cyfyng	Caniatáu adloniant fel perfformwyr ar y stryd
Gwella arwyddion a gwybodaeth cyfeirio i gerddwyr	Darparu dodrefn stryd fel gwelyau blodau a meinciau	Lleihau'r gost o barcio am gyfnod byr
Creu cynlluniau parcio a theithio	Digwyddiadau arbennig ar y stryd fawr fel marchnad Ffrengig neu farchnad Nadolig	Caniatáu siopau dros dro (*pop-up*) i werthu nwyddau mewn siopau gwag

▲ **Ffigur 39** Strategaethau i wella'r stryd fawr.

Oes angen hunaniaeth unigryw ar ganol pob tref?

Mae hunaniaeth pob tref yn cael ei chreu gan y cymysgedd o nodweddion sy'n creu ei chymeriad. Hunaniaeth tref sy'n rhoi ymdeimlad unigryw o le iddi. Mae llawer o bobl yn pryderu y bydd tref yn colli ei hunaniaeth pan fydd siopau sy'n perthyn i gadwyn genedlaethol yn disodli siopau annibynnol lleol.

Timpson – sychlanhau a gwneud allweddi	Bailey's – caffi a siop fara
Radio – caffi	Age UK – siop elusen
GWAG	
Shades – llenni/ffabrigau	Cascade – arcêd gemau
The Flower Gallery - gwerthwr blodau	
The Oak Furniture Shop – gwelyau a dodrefn	Pound Stretcher – siop ddisgownt
Polka Dot – asiantaeth deithio	Card Factory – cardiau cyfarch
RJ Christian – siop gemydd	
The Works – siop lyfrau	Specsavers – optegydd

Stryd Bailey

▲ **Ffigur 40** Ffordd syml o gofnodi siopau. Nodwch fod y ffotograffau yn Ffigur 42 wedi'u tynnu yn yr un stryd.

Tref wedi'i chlonio

Mae arolwg tref wedi'i chlonio yn rhan o arolwg cenedlaethol sy'n ceisio darganfod faint o siopau annibynnol sydd ar ôl ar y stryd fawr yn y DU. Mae'n mesur ystod y mathau gwahanol o siopau (amrywiaeth) a chyfran y siopau annibynnol o'i chymharu â chyfran y siopau cadwyn (hunaniaeth). Dilynwch y camau isod i gyfrifo sgôr 'tref wedi'i chlonio'.

Cam 1 Defnyddiwch daflen gofnodi fel yr un sydd yn Ffigur 43 i wneud arolwg o 40–60 siop.

Cam 2 Nodwch gyfanswm y **mathau** o siopau yn eich arolwg a chyfanswm y siopau **annibynnol** yn eich tabl.

Cam 3 Lluoswch gyfanswm y siopau annibynnol â 75, ac yna rhannwch yr ateb â chyfanswm y siopau yn eich arolwg.

Cam 4 Adiwch gyfanswm y mathau o siopau at eich ateb ar ddiwedd Cam 3. Dyma'r sgôr tref wedi'i chlonio. Mae sgôr o dan 50 yn awgrymu bod y dref wedi'i chlonio. Mae sgôr dros 65 yn awgrymu bod gan y dref amrywiaeth dda o siopau a digon o siopau annibynnol i roi hunaniaeth i'r dref.

▲ **Ffigur 41** Sgôr tref wedi'i chlonio.

▲ **Ffigur 42** Siopau ar Stryd Bailey, Croesoswallt, Sir Amwythig. Mae Stryd Bailey yn ffordd i gerddwyr yn unig. Does dim ffotograff ohoni ar Google Street View.

Math o siop	Siop annibynnol ✓	Rhan o gadwyn ✓
Bwyd (siop gigydd, siop fara, archfarchnad)		
Siop bapurau newydd/tybaco		
Llyfrau/deunydd ysgrifennu		
Siop adrannol/catalog		
Tŷ tafarn/bar		
Siop drwyddedig		
Proffesiynol, e.e. yswiriant/cyfrifydd		
Gwerthwr eiddo		
Gofal iechyd/fferyllfa/optegydd		
Nwyddau cartref (dodrefn, nwyddau cegin)		
Dillad/esgidiau		
Sinema/theatr		
Electronig/TG, e.e. ffonau, cyfrifiaduron		
Anifeiliaid anwes/cyflenwadau anifeiliaid anwes/milfeddyg		
Siop trin gwallt/triniaeth harddwch		
Teganau/chwaraeon/seiclo/hamdden awyr agored		
Ategolion ceir/petrol		
Siop deunyddiau adeiladu/*DIY*		
Gwerthwr blodau/canolfan arddio		
Sychlanhau/golchfa		
Swyddfa deithio		
Camerâu/prosesu ffotograffau		
Swyddfa'r Post		
Arall, e.e. betio, arcêd gemau, hen bethau, siopau elusen, siop gemydd		
CYFANSWM		

▲ **Ffigur 43** Taflen gofnodi arolwg tref wedi'i chlonio.

Gweithgareddau

1 Astudiwch Ffigur 42.
   a) Cynigiwch un nodwedd sy'n rhoi hunaniaeth i'r stryd hon.
   b) Defnyddiwch Ffigurau 40 a 43 i'ch helpu i greu siart cyfrif ar gyfer y siopau yn Ffigur 42. Yn eich siart cyfrif, dylech chi nodi:
      i) nifer y siopau annibynnol
      ii) nifer y mathau gwahanol o siopau.
2 Defnyddiwch *Google Street View* i gwblhau arolwg rhithwir tref wedi'i chlonio o Groesoswallt. Gallwch chi nodi eich canlyniadau yn Ffigur 43. Bydd angen i chi ddosbarthu 25–45 siop.
3 Trafodwch y nodweddion sy'n rhoi hunaniaeth unigryw i ganol eich tref leol chi.
   a) Gwnewch restr o dair nodwedd o'r amgylchedd adeiledig a thair nodwedd o'r amgylchedd dynol sy'n creu hunaniaeth.
   b) I ba raddau rydych chi'n cytuno ei bod yn bwysig bod hunaniaeth unigryw gan ganol pob tref? Pam mae'n ymddangos bod y mater hwn yn un pwysig?

Gwaith ymholi

Lluniwch ymholiad sy'n ymchwilio i ganfyddiadau am hunaniaeth yng nghanol eich tref chi. Dylai eich cynllun gynnwys:

- cwestiwn ymholi trosfwaol
- eich strategaeth samplu
- syniadau am sut byddech chi'n casglu data meintiol a data ansoddol (gweler tudalen 8).

Beth yw'r patrymau trefoli byd-eang?

Mae dros hanner poblogaeth y byd (54 y cant) yn byw mewn dinasoedd. Ond nid felly y bu hi erioed. Ar ddechrau'r ugeinfed ganrif, roedd y rhan fwyaf o boblogaeth y byd yn byw yng nghefn gwlad neu mewn trefi bach. Yn ystod ail hanner yr ugeinfed ganrif, tyfodd poblogaeth dinasoedd y byd a maint ffisegol eu hardaloedd adeiledig – proses o'r enw **trefoli**. Digwyddodd y broses hon yn arbennig o gyflym yn ninasoedd **gwledydd newydd eu diwydianeiddio** (*NICs: newly industrialised countries*) yn Asia ac America Ladin.

Mae trefoli wedi digwydd yn sgil cyfuniad o'r ffactorau canlynol:

- mudo o ardaloedd gwledig i ardaloedd trefol
- y cynnydd naturiol yn y boblogaeth pan fydd mwy o enedigaethau na marwolaethau bob blwyddyn.

Yn ôl y Cenhedloedd Unedig, mae 548 o ddinasoedd yn y byd sydd â phoblogaeth o 1 miliwn o bobl o leiaf. **Mega-ddinasoedd** yw 33 ohonyn nhw. Mae gan Asia 20 mega-ddinas. Mae chwech o'r rhain yn China, a phump yn India. Mae gan America Ladin chwe mega-ddinas, a dim ond dwy sydd yn Ewrop.

Gwledydd newydd eu diwydianeiddio (*NICs*)

Nodweddion y gwledydd hyn yw: twf trefol cyflym; twf sector gweithgynhyrchu'r economi; cysylltiadau masnachu da â gwledydd eraill; a phresenoldeb cwmnïau amlwladol (*MNCs: multinational companies*) tramor.

Mega-ddinas

Dinas sydd â phoblogaeth dros 10 miliwn o bobl.

◀ **Ffigur 1** Canol Mumbai, India. Mae cymdogaeth Bhendi Bazaar i'w gweld yn rhan flaen y llun. Cartrefi traddodiadol o'r enw *chawls* yw'r adeiladau isel yn yr ardal hon.

1990		2015		2030	
Tōkyō, Japan	32.53	Tōkyō, Japan	38.00	Tōkyō, Japan	37.19
Ōsaka, Japan	18.39	Delhi, India	25.70	Delhi, India	36.06
Efrog Newydd–Newark, UDA	16.09	Shanghai, China	23.74	Shanghai, China	30.75
Ciudad de México	15.64	São Paulo, Brasil	21.07	Mumbai, India	27.80
São Paulo, Brasil	14.78	Mumbai, India	21.04	Beijing, China	27.71
Mumbai, India	12.44	Ciudad de México	21.00	Dhaka, Bangladesh	27.37
Kolkata, India	10.89	Beijing, China	20.38	Karachi, Pakistan	24.84
Los Angeles–Long Beach–Santa Ana, UDA	10.88	Ōsaka, Japan	20.24	Cairo, Yr Aifft	24.50
Sâul, De Korea	10.52	Cairo, Yr Aifft	18.77	Lagos, Nigeria	24.24
Buenos Aires, Ariannin	10.51	Efrog Newydd–Newark, UDA	18.59	Ciudad de México	23.86

▲ **Ffigur 2** Deg mega-ddinas fwyaf y byd (poblogaeth mewn miliynau).

Beth fydd yn digwydd nesaf?

Mae disgwyl y bydd poblogaeth drefol y byd yn codi o 3.9 biliwn (yn 2014) i 6.0 biliwn erbyn 2045. Mae disgwyl y bydd y twf trefol mwyaf yn India, China a Nigeria. Erbyn 2050, bydd 404 miliwn o drigolion trefol ychwanegol yn India, 292 miliwn ychwanegol yn China a 212 miliwn ychwanegol yn Nigeria. Nid mega-ddinasoedd yw'r dinasoedd sy'n tyfu gyflymaf, ond rhai sydd â phoblogaeth sy'n llai na 500,000. Mae disgwyl y bydd llawer o'r dinasoedd sy'n tyfu gyflymaf yn Affrica Is-Sahara ac yn Asia.

Rhanbarth	1990–95 (%)	2015–20 (%)	2045–50 (%)
Affrica Is-Sahara	4.09	3.83	2.78
Dwyrain Asia (yn cynnwys China)	3.28	1.91	-0.06
De Asia (yn cynnwys India)	2.95	2.40	1.37
Gorllewin Ewrop	0.78	0.47	0.12
De America	2.43	1.16	0.36

▲ **Ffigur 4** Cyfraddau newid blynyddol cyfartalog yn y boblogaeth drefol (canran).

Blwyddyn	Mumbai, India	Kinshasa, Gweriniaeth Ddemocrataidd Congo
1950	2.86	0.20
1960	4.06	0.44
1970	5.81	1.07
1980	8.66	2.05
1990	12.44	3.68
2000	16.37	6.14
2010	19.42	9.38
2020	22.84	14.12
2030	27.80	20.00

▲ **Ffigur 3** Poblogaeth (miliynau) Mumbai, India a Kinshasa, Gweriniaeth Ddemocrataidd Congo, sef un o'r dinasoedd sy'n tyfu gyflymaf yn Affrica.

Gwaith ymholi

Beth yw dyfodol daearyddol yr ardaloedd trefol ar draws y byd?
- Cyflwynwch y data yn Ffigur 4. Ffordd dda o wneud hyn fyddai llunio barrau cyfrannol ar fap amlinell o'r byd.
- Defnyddiwch eich map i ysgrifennu adroddiad 200 gair. Cofiwch gymharu'r cyfraddau twf trefol mewn rhanbarthau gwahanol o'r byd.

Gweithgareddau

1 Ysgrifennwch ddiffiniadau ar gyfer y termau canlynol:
   trefoli   mega-ddinasoedd   *NICs*
2 Astudiwch Ffigur 2.
   a) Dewiswch graff addas i gyflwyno'r data hyn.
   b) Disgrifiwch beth sydd wedi digwydd i ddosbarthiad dinasoedd mwyaf y byd.
3 Astudiwch Ffigur 3.
   a) Lluniadwch ddau graff llinell i ddangos twf y ddwy ddinas hyn.
   b) Disgrifiwch y pethau sy'n debyg a'r pethau sy'n wahanol rhwng y ddau graff.
4 Ydy trefoli cyflym yn beth da? Ceisiwch ragweld yr effeithiau posibl yn sgil twf cyflym yn y boblogaeth ar ddinas fel Kinshasa sydd mewn Gwlad Incwm Isel (*LIC: Low Income Country*). Dylech chi ystyried y manteision a'r anfanteision.

Beth yw dinasoedd global?

Mae pob dinas yn dylanwadu ar y rhanbarth cyfagos. Maen nhw'n rhyngweithio â'r ardaloedd o'u hamgylch, er enghraifft:

- denu cymudwyr dyddiol i'r gwaith
- darparu gwasanaethau arbenigol fel ysbytai a phrifysgolion
- bod yn ganolfannau cludiant ar gyfer rhwydweithiau rheilffordd neu feysydd awyr rhanbarthol.

Fodd bynnag, mae rhai dinasoedd yn cael mwy o ddylanwad nag eraill. **Dinasoedd global** yw'r dinasoedd hynny sy'n rhyngweithio â lleoedd eraill ar raddfa fyd-eang. Mae Ffigur 5 yn dangos rhai o'r cysylltiadau byd-eang hyn. Mae Rhwydwaith Ymchwil Globaleiddio a Dinasoedd y Byd wedi enwi dros 300 o ddinasoedd sydd â chydgysylltiadau â rhannau eraill o'r byd. Mae 14 dinas global yn y DU. Llundain sydd yn y safle uchaf, ond Manceinion yw'r ddinas nesaf o'r DU ar y rhestr yn safle rhif 78. Mae Caerdydd yn safle rhif 248. Mae Ffigur 6 yn dangos y Dinasoedd Global sydd â'r cysylltiadau byd-eang pwysicaf.

Globaleiddio

Mae proses globaleiddio yn cysylltu lleoedd yn economaidd, yn gymdeithasol, yn wleidyddol neu'n ddiwylliannol. Mae dinasoedd global yn chwarae rhan bwysig yn y broses hon. Mae masnach a mudo wedi cysylltu dinasoedd â'i gilydd erioed. Fodd bynnag, wrth i ddulliau cyfathrebu a darpariaeth cludiant wella, mae'r broses yn cyflymu. Mae'r byd fel pe bai'n mynd yn llai wrth i gysylltiadau wella ac i leoedd fod yn llai ynysig.

Mudo a diwylliant:
Mae dinasoedd global yn denu mudwyr economaidd o bedwar ban byd. Mae mudo'n arwain at amrywiaeth ddiwylliannol. Mae dros 100 o ieithoedd yn cael eu siarad mewn cymunedau yn 30 o'r 33 bwrdeistref yn Llundain. Yn ôl Cyfrifiad 2011, nid Saesneg yw prif iaith 22 y cant o drigolion Llundain, sef ychydig dros 1.7 miliwn o bobl.

Llywodraethu a gwneud penderfyniadau:
Gall rheolwyr busnes mewn un ddinas wneud penderfyniadau sy'n effeithio ar bobl ar draws y byd. Mae *Tata*, er enghraifft, yn gwmni trawswladol o India. Mae pencadlys y cwmni yn Mumbai ac mae ganddo fusnesau mewn mwy na 100 o wledydd. Mae gwleidyddion a gweision sifil hefyd yn gallu gwneud penderfyniadau sy'n cael effaith fyd-eang. Mae'r Cenhedloedd Unedig yn cyflogi 41,000 o bobl. Mae 6,389 ohonynt yn gweithio yn eu pencadlys yn Efrog Newydd.

Pencadlys *HSBC* yn Hong Kong

Cyllid a masnach:
Mae dinasoedd global pwysicaf y byd yn ganolfannau ariannol. Mae banciau yn lleoli eu prif swyddfeydd yn y dinasoedd hyn. Mae masnachwyr sy'n gweithio mewn marchnadoedd ariannol fel *FTSE* yn prynu ac yn gwerthu cynwyddau ar farchnadoedd y byd.

Canolfannau trafnidiaeth:
Mae gan y prif ddinasoedd global gysylltiadau cludiant da â gweddill y byd, hynny yw meysydd awyr a phorthladdoedd mawr. Mae'r cysylltiadau hyn yn golygu bod digon o bobl, twristiaid a chyfleoedd masnach yn llifo i'r ddinas. Mae tua 1,400 o awyrennau yn gadael neu'n glanio ym maes awyr Heathrow yn Llundain bob dydd.

Syniadau a gwybodaeth:
Mae llawer o ddinasoedd global y byd yn gartref i gwmnïau darlledu mawr. Mae papurau newydd, gorsafoedd teledu a gwneuthurwyr ffilmiau wedi'u lleoli mewn dinasoedd global. Mae BBC World News yn sianel deledu ryngwladol sy'n darlledu 24 awr y dydd i dros 300 miliwn o gartrefi mewn 200 o wledydd.

Dinasoedd global

Pencadlys y Cenhedloedd Unedig yn Efrog Newydd

New Broadcasting House yn Llundain

▲ **Ffigur 5** Sut mae dinasoedd global yn cysylltu â gweddill y byd.

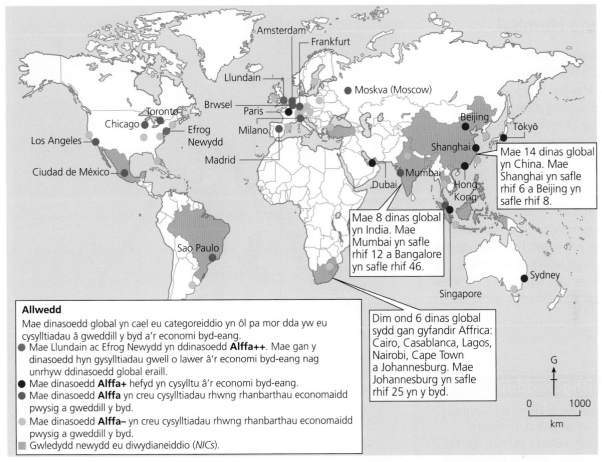

Mae 14 dinas global yn China. Mae Shanghai yn safle rhif 6 a Beijing yn safle rhif 8.

Mae 8 dinas global yn India. Mae Mumbai yn safle rhif 12 a Bangalore yn safle rhif 46.

Dim ond 6 dinas global sydd gan gyfandir Affrica: Cairo, Casablanca, Lagos, Nairobi, Cape Town a Johannesburg. Mae Johannesburg yn safle rhif 25 yn y byd.

Allwedd

Mae dinasoedd global yn cael eu categoreiddio yn ôl pa mor dda yw eu cysylltiadau â gweddill y byd a'r economi byd-eang.

- Mae Llundain ac Efrog Newydd yn ddinasoedd **Alffa++**. Mae gan y dinasoedd hyn gysylltiadau gwell o lawer â'r economi byd-eang nag unrhyw ddinasoedd global eraill.
- Mae dinasoedd **Alffa+** hefyd yn cysylltu â'r economi byd-eang.
- Mae dinasoedd **Alffa** yn creu cysylltiadau rhwng rhanbarthau economaidd pwysig a gweddill y byd.
- Mae dinasoedd **Alffa–** yn creu cysylltiadau rhwng rhanbarthau economaidd pwysig a gweddill y byd.
- Gwledydd newydd eu diwydianeiddio (*NICs*).

G

0   1000
km

▲ **Ffigur 6** Lleoliad a dosbarthiad dinasoedd global alffa y byd (dinasoedd yn y safleoedd uchaf).

Blwyddyn	Poblogaeth
1950	8.36
1960	8.19
1970	7.51
1980	7.66
1990	8.05
2000	8.61
2010	9.70
2020	10.85
2030	11.47

▲ **Ffigur 7** Poblogaeth (miliynau) Llundain, y ddinas sydd ar frig y rhestr o ddinasoedd global.

Gweithgareddau

1 Esboniwch y gwahaniaeth rhwng mega-ddinasoedd a dinasoedd global. Cofiwch roi enghreifftiau o ddinasoedd sy'n perthyn i'r ddau gategori drwy ddefnyddio Ffigurau 2 a 6.

2 Astudiwch Ffigur 6.
   a) Disgrifiwch ddosbarthiad y dinasoedd alffa++ ac alffa+.
   b) Pa ganran o'r dinasoedd global sydd i'w gweld yn Ffigur 6 sydd wedi'u lleoli mewn gwledydd newydd eu diwydianeiddio (*NICs*)?
   c) Awgrymwch pam mae cymaint o ddinasoedd global yn India ac yn China.

3 a) Defnyddiwch y data yn Ffigur 7 i luniadu graff llinell o dwf poblogaeth Llundain.
   b) Defnyddiwch eich graff i amcangyfrif ym mha flwyddyn y daeth Llundain yn mega-ddinas.
   c) Cymharwch a chyferbynnwch dwf poblogaeth Llundain â thwf poblogaeth Mumbai a Kinshasa (sydd i'w weld yn Ffigur 3 ar dudalen 87).

Gwaith ymholi

Pam rydych chi'n credu mai Llundain yw dinas global bwysicaf y byd?

Gwnewch restr o 10 ffordd y mae Llundain:
- wedi'i chysylltu â rhannau eraill o'r DU
- wedi'i chydgysylltu â rhannau eraill o'r byd.

Dinas global

Dinas sy'n chwarae rôl bwysig yn economi'r byd.

Cyflwyno Mumbai

Mumbai yw dinas fwyaf India a'r ddinas global sydd â'r cysylltiadau gorau yn y wlad. Mae Mumbai hefyd yn fega-ddinas, ac yn 2018 amcangyfrifwyd bod ganddi boblogaeth o 24 miliwn. Mae dinas Mumbai Fwyaf wedi'i hadeiladu ar ynys isel ym Môr Arabia. Mae'r ddinas wedi tyfu ac wedi lledaenu tua'r gogledd a'r dwyrain y tu hwnt i Gilfach Thane i greu rhanbarth metropolitan mawr. Mae 465 km o reilffyrdd maestrefol yn cysylltu Canol Mumbai â'r maestrefi ar y tir mawr. Fodd bynnag, dim ond pedair pont reilffordd sy'n croesi i'r ynys ac mae hyn yn creu tagfeydd i'r 7.5 miliwn o bobl sy'n cymudo i Mumbai bob dydd.

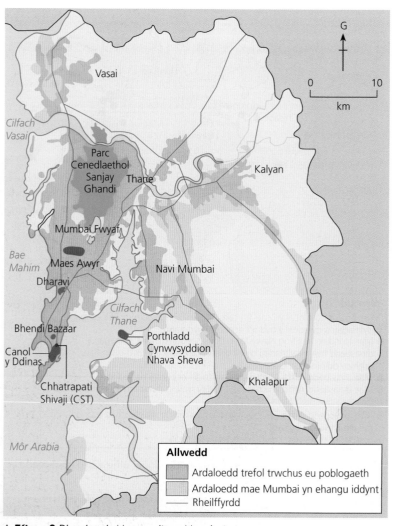

▲ **Ffigur 8** Rhanbarth Metropolitan Mumbai.

Gweithgareddau

1 Defnyddiwch Ffigur 8 i luniadu llinfap o Mumbai. Cofiwch gynnwys canol y ddinas, gorsaf CST, y maes awyr, y porthladd cynwysyddion a Navi Mumbai.
2 Esboniwch pam mae safle Mumbai Fwyaf wedi cyfrannu at broblemau tagfeydd traffig.

◄ **Ffigur 9** Trên hynod o orlawn yn Mumbai.

Problemau cludiant – canlyniad anochel yn sgil twf cyflym?

Mae angen systemau **cludiant torfol** (neu gludiant cyflym) effeithiol ar ddinasoedd mawr fel Mumbai fel bod cymudwyr yn gallu cyrraedd y gwaith yn gyflym ac yn ddiogel. System reilffordd Mumbai yw un o'r prysuraf yn y byd. Ar yr adegau prysuraf, mae trenau'n cludo dair gwaith cymaint o deithwyr ag y dylen nhw. Mae pobl yn gafael yn y drysau y tu allan i'r cerbyd a hyd yn oed yn teithio ar do'r trên. Nid yn unig y mae trenau gorlawn yn anghyfforddus – maen nhw'n beryglus hefyd. Mae pobl yn marw wrth ddisgyn oddi ar y trenau neu maen nhw'n cael eu taro wrth groesi'r rheilffyrdd. Mae o leiaf naw person yn marw ar reilffyrdd Mumbai bob dydd. Sut mae modd gwella'r system? Mae trên yn gadael bob tri munud ar yr adegau prysuraf. Mae'n bosibl na fydd modd ychwanegu mwy o drenau heb gynyddu'r perygl o ddamweiniau.

Annog busnesau i gynnig oriau gwaith hyblyg yn hytrach nag oriau 9 a.m.–5 p.m arferol.
Cadw mwy o seddi ar drenau ar gyfer teithwyr hŷn.
Gwella cyfleusterau toiledau.
Atal pobl rhag teithio ar do'r trên.
Cael gwared ar stondinau bwyd cyflym a gwerthwyr eraill o bob platfform.
Gwneud y platfformau'n hirach.
Sicrhau bod mwy o awyr iach mewn cerbydau.
Chwalu tai anffurfiol ger rheilffyrdd.
Gosod drysau priodol ar bob trên fel na allai pobl deithio hanner y tu allan i'r cerbyd.

▲ **Ffigur 10** Ffyrdd posibl o wella system reilffordd Mumbai.

Cludiant torfol

Systemau cludiant, fel trenau cymudo neu drenau tanddaearol, a luniwyd i gludo niferoedd mawr iawn o bobl.

◀ **Ffigur 11** Mae llawer o bobl yn byw mewn tai anffurfiol sy'n beryglus o agos at reilffyrdd Mumbai.

Gweithgareddau

3 a) Trafodwch y syniadau yn Ffigur 10. Esboniwch y ffyrdd gorau o wella'r agweddau canlynol:
   i)   diogelwch ar y rheilffyrdd
   ii) cysur teithwyr
   iii) amserau trenau.

   b) Defnyddiwch dechneg diemwnt naw (gweler tudalen 83) i roi'r naw syniad yn nhrefn pwysigrwydd. Pa dri syniad ddylai gael blaenoriaeth er mwyn gwella gwasanaethau yn eich barn chi? Cyfiawnhewch eich dewis.

4 Esboniwch pam byddai chwalu tai anffurfiol ger rheilffyrdd yn gallu:
   a) gwella diogelwch ar y rheilffyrdd
   b) gwella amserau trenau.

5 Astudiwch Ffigur 11.
   a) Disgrifiwch yr adeiladau yn yr ardal hon.
   b) Awgrymwch dair ffordd mae ansawdd eu hamgylchedd yn effeithio ar y bobl sy'n byw yma.

Pam mae Mumbai wedi tyfu?

Gallwch chi weld ar dudalen 87 pa mor gyflym mae poblogaeth Mumbai wedi tyfu. Fel dinasoedd eraill yn India, mae Mumbai wedi tyfu yn sgil cyfuniad o gynnydd naturiol yn y boblogaeth a mudo gwledig–trefol.

Cynnydd naturiol ym mhoblogaeth Mumbai

Cynnydd naturiol yw'r twf yn y boblogaeth sy'n digwydd pan fydd mwy o enedigaethau na marwolaethau. Cynnydd naturiol oedd y prif reswm dros dwf Mumbai yn yr ugeinfed ganrif. Un ffordd syml o ymchwilio i hyn yw edrych ar faint teuluoedd ar gyfartaledd – ystadegyn sy'n cael ei adnabod fel cyfradd ffrwythlondeb. Os yw menywod, ar gyfartaledd, yn cael mwy na dau o blant, bydd y boblogaeth yn tyfu. Mae cyfraddau ffrwythlondeb yn Mumbai yn tueddu i fod ychydig yn is na'r cyfraddau ffrwythlondeb mewn ardaloedd gwledig yn nhalaith Maharashtra. Dyma'r cyfraddau ffrwythlondeb yn 2007:

- 2.2 yn ardaloedd gwledig Maharashtra
- 1.8 yn ardaloedd trefol y dalaith.

Mudo o'r wlad i'r dref yn Maharashtra

System reilffordd India sydd â rhai o docynnau trên rhrataf y byd. Dim ond 250 rwpî (tua £2.50) mae'n ei gostio i deithio o Kolkata i Mumbai. Mae teithiau trên rhad yn un ffactor tynnu sy'n annog pobl i fudo i Mumbai. Mae pobl sy'n byw yn ardaloedd gwledig India yn cael eu denu gan y swyddi a'r cyfleoedd hyfforddi gwell sydd ar gael mewn dinasoedd fel Mumbai. Mae tlodi, yn ogystal â thai, gofal iechyd ac iechydaeth o safon isel i gyd yn ffactorau gwthio sy'n gallu gorfodi pobl i symud o'r ardaloedd gwledig.

Blwyddyn (neu gyfnod)	Cyfradd ffrwythlondeb
Cyfartaledd 1974–82	4.03
Cyfartaledd 1984–90	3.45
Cyfartaledd 1994–2000	2.60
2004	2.20
2010	2.00
2018	1.80

▲ **Ffigur 12** Newidiadau mewn cyfraddau ffrwythlondeb yn Maharashtra.

Cyfradd ffrwythlondeb

Y nifer o weithiau mae menyw yn rhoi genedigaeth yn ystod ei hoes, ar gyfartaledd.

Mudo gwledig–trefol

Pobl yn symud o gefn gwlad i drefi a dinasoedd. Oedolion ifanc yw'r bobl sy'n symud fel arfer. Mae mudwyr yn dweud eu bod yn symud am eu bod eisiau ymuno â rhywun sy'n annwyl iddyn nhw ac sy'n byw yn y ddinas, neu am eu bod yn chwilio am waith.

Gweithgareddau

1 a) Dewiswch dechneg i gyflwyno'r data yn Ffigur 12.
  b) Disgrifiwch y duedd yn y cyfraddau ffrwythlondeb. Beth mae'r duedd hon yn ei awgrymu am y rhesymau dros dwf y boblogaeth yn Mumbai?
  c) Awgrymwch pam mae ffrwythlondeb yn is yn ardaloedd trefol Maharashtra.

◄ **Ffigur 13** Llifoedd mudwyr i Mumbai o daleithiau eraill India.

Ffeil Ffeithiau: Pam mae pobl yn symud i Mumbai?

O'r 1,000 o bobl a gafodd eu cyfweld ynglŷn â'u rhesymau dros symud i Mumbai:

- roedd 538 wedi symud oherwydd priodas
- roedd 187 wedi symud oherwydd bod aelod o'r teulu/rhiant wedi symud
- roedd 173 wedi symud i gael gwaith
- roedd 35 wedi symud i wella eu haddysg/mynd i'r brifysgol
- roedd 62% o ddynion wedi symud am resymau'n ymwneud â gwaith neu fusnes
- roedd 80% o fenywod wedi symud i briodi neu wedi symud gydag aelod o'r teulu.

◀ **Ffigur 14** O ble mae mudwyr i Mumbai yn dod?

 o ardaloedd gwledig yn Maharashtra

 o ardaloedd gwledig y tu allan i Maharashtra

o ardaloedd trefol yn Maharashtra

o ardaloedd trefol y tu allan i Maharashtra

Enw talaith yn India	Nifer y cartrefi	Nifer y cartrefi heb ystafell ymolchi	Nifer y cartrefi sydd â chyfrifiadur
Maharashtra	23,830,580	3,478,681	3,174,031
Uttar Pradesh	32,924,266	14,761,001	2,664,447
Gujarat	12,181,718	3,967,358	1,077,510
Karnataka	13,179,911	1,807,662	1,692,253
Rajasthan	12,581,303	5,595,753	869,923
Bihar	18,940,629	11,849,779	1,334,565
Tamil Nadu	18,493,003	6,625,321	1,956,630
Andhra Pradesh	21,024534	6,910,308	1,763,555
Kerala	7,716,370	1,097,456	1,214,644
Gorllewin Bengal	20,067,299	12,869,502	1,668,757

▲ **Ffigur 15** Detholiad o ddata am daleithiau yn India. Mae poblogaeth fudol Mumbai yn dod o'r taleithiau hyn.

SGILIAU DAEARYDDOL

Cyfrifo canrannau gan ddefnyddio data crai

Data crai yw'r data cyfrifiad yn Ffigur 15 – hynny yw, data sydd heb gael eu prosesu. Byddai'n ddiddorol gweld a yw'r tlodi yn Uttar Pradesh yn ffactor gwthio. Er enghraifft, oes mwy o gartrefi heb ystafell ymolchi yn Uttar Pradesh nag sydd yn Maharashtra? Er mwyn cymharu, mae angen i ni brosesu'r data crai i weld pa ganran o gartrefi sydd heb ystafell ymolchi. Mae modd gwneud hyn drwy rannu nifer y cartrefi heb ystafell ymolchi â chyfanswm nifer y cartrefi yn y dalaith honno, ac yna lluosi'r ateb â 100. Felly, ar gyfer Uttar Pradesh:

$14{,}761{,}001 \div 32{,}924{,}266 = 0.4483$

$0.4483 \times 100 = 44.83\%$

Gweithgareddau

2 a) Rhestrwch 5 ffaith am darddiad (*origin*) mudwyr Mumbai.
   b) Dydy'r rhan fwyaf o fudwyr yng ngwledydd Affrica ddim yn symud yn bell iawn. I ba raddau mae hyn yn wir yn India?
3 Disgrifiwch y prif ffactorau gwthio a thynnu sy'n achosi'r mudo i Mumbai.

Gwaith ymholi

Ydy tlodi'n ffactor gwthio yng nghyd-destun mudo gwledig–trefol?

- Proseswch y data yn Ffigur 15 i gael canrannau.
- Lluniadwch graff gwasgariad. Dylech chi blotio canran y mudwyr (gweler Ffigur 13) ar yr echelin fertigol a chanran y cartrefi heb ystafell ymolchi ar yr echelin lorweddol.
- Rhowch sylwadau am y duedd sydd i'w gweld yn eich graff gwasgariad. Beth yw eich casgliadau?

Pam mae Mumbai yn ddinas global?

Mae gan economi Mumbai gysylltiadau da â lleoliadau eraill yn India a thramor hefyd:

- Mae'r diwydiant ffilmiau Hindi (neu ddiwydiant Bollywood) wedi'i leoli yn Mumbai ac amcangyfrifir ei fod yn cyflogi 175,000 o bobl.
- Mae pencadlys *Tata Steel* – sy'n cyflogi pobl mewn dros 100 o wledydd – yn Mumbai.
- Nhava Sheva yw porth cynwysyddion mwyaf India. Mae nwyddau sy'n cael eu gwneud yn India yn gallu cael eu cludo ar long i Felixstowe, drwy Gamlas Suez, mewn 19 diwrnod. Mae taith y llongau cynwysyddion o Kolkata, ar arfordir dwyrain India, yn cymryd 28 diwrnod. Mae hyn yn rhoi mantais glir i Mumbai o ran ei safle'n fyd-eang.
- Mae Maes Awyr Rhyngwladol Mumbai mewn lleoliad da i gludo pobl fusnes rhwng Ewrop, y Dwyrain Canol ac Asia. Mae'n cymryd 9 awr i hedfan i Lundain, 3 awr i hedfan i Dubai a 6 awr i hedfan i Hong Kong.

Blwyddyn	India	UDA
2011	1,255	819
2012	1,602	738
2013	1,724	738
2014	1,966	707
2015	1,845	791
2016	1,903	789
2017	1,986	821
2018	1,813	576

▲ **Ffigur 16** Nifer y ffilmiau a wnaed fesul blwyddyn yn India ac UDA.

Gweithgareddau

1. a) Defnyddiwch dechneg addas i gyflwyno'r data yn Ffigur 16.
   b) Cymharwch y tueddiadau a welwch mewn cynhyrchu ffilmiau yn India ac UDA.
2. Esboniwch pam mae lleoliad Mumbai yn golygu bod ganddi fantais economaidd dros Kolkata a Chennai o ran ei safle'n fyd-eang (*global rankings*).

Y sector anffurfiol

Y rhan o'r economi sydd ddim yn cael ei rheoli'n llwyr gan y llywodraeth. Yn aml iawn, mae'r bobl sy'n gweithio yn y sector hwn yn hunangyflogedig neu mewn busnesau bach. Dydyn nhw ddim yn talu treth, ond dydyn nhw ddim yn derbyn unrhyw fudd-daliadau gwladol chwaith. Mae'n bosibl bod 80 y cant o'r gweithwyr yn India yn gweithio yn y sector hwn. Maen nhw'n darparu nwyddau a gwasanaethau hanfodol sy'n cael eu defnyddio gan y sector ffurfiol.

▲ **Ffigur 17** *Jaguar Land Rover* yw gwneuthurwr ceir mwyaf y DU. Mae'n is-gwmni i *Tata*, sydd â'i bencadlys yn Mumbai.

Mae *Tata* yn cyflogi 40,000 o bobl i wneud dur yn Jamshedpur

Allwedd
- Pencadlys a phrif swyddfeydd
- Swyddfa werthu
- Projectau
- Gweithfeydd a mwyngloddiau

0 300 km

▲ **Ffigur 18** Lleoliad a dosbarthiad *Tata Steel* yn India.

Mumbai: swyddi ffurfiol neu anffurfiol?

Mae dosbarth canol newydd o bobl ifanc a phroffesiynol sy'n ennill cyflogau da yn creu newidiadau trefol ac economaidd yn India. Graddedigion ifanc yw llawer ohonyn nhw sydd wedi penderfynu peidio mynd yn ôl i gefn gwlad ar ôl bod yn y brifysgol mewn dinasoedd fel Mumbai. Maen nhw'n cael swyddi yn y llywodraeth ganolog a llywodraethau'r taleithiau; bancio a'r diwydiant ariannol; y diwydiant TG; gweithgynhyrchu tecstilau; swyddi'n ymwneud â'r porthladd; ac yn y diwydiant ffilmiau Hindi. Mae'r rhain i gyd yn swyddi ffurfiol sy'n cael cyflog rheolaidd. Fodd bynnag, mae gan economi Mumbai **sector anffurfiol** mawr iawn hefyd. Mae gwerthu ar y stryd, gyrru cerbydau *rickshaw* ac ailgylchu gwastraff yn enghreifftiau o swyddi anffurfiol. Nid yw'r swyddi hyn yn cael eu rheoleiddio gan y wladwriaeth. Nid oes angen cymhwyster i'w gwneud nhw o reidrwydd ac yn fwy na thebyg ni fydd trethi i'w talu. Fodd bynnag, dydy swyddi anffurfiol ddim yn cynnig gwyliau â thâl, pensiynau na budd-daliadau salwch, a does dim rheolau i sicrhau eich iechyd a'ch diogelwch yn y gwaith.

Mae cyferbyniad enfawr rhwng pobl gyfoethog a phobl dlawd yn Mumbai. Yn ôl y sôn, mae Mumbai yn y trydydd safle o ran cael y swyddfeydd drutaf yn y byd. Mae'n gartref hefyd i filiynau o bobl sy'n byw mewn tlodi. Mae tai anffurfiol ar 7 y cant o dir Mumbai, ond mae 60 y cant o boblogaeth y ddinas yn byw ynddyn nhw. Maen nhw felly yn orlawn tu hwnt. Mae'r **aneddiadau anffurfiol** hyn yn ymddangos ar dir nad oes neb ei eisiau: corstir sy'n agored i lifogydd yn ystod tymor y monsŵn neu dir sy'n agos at reilffyrdd prysur. Mae Dharavi, ardal sy'n ailgylchu sbwriel Mumbai, ar anheddiad anffurfiol o'r fath.

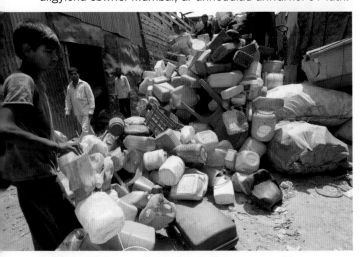

▲ **Ffigur 19** Person ifanc sy'n casglu carpiau yn Dharavi, un o aneddiadau anffurfiol Mumbai. Mae didoli plastig sydd wedi'i ailgylchu yn enghraifft o swydd anffurfiol. Mae pobl sy'n casglu carpiau yn ailgylchu 80 y cant o wastraff Mumbai – gyda'i gilydd maen nhw'n cyfrannu tua £700 miliwn i economi Mumbai bob blwyddyn.

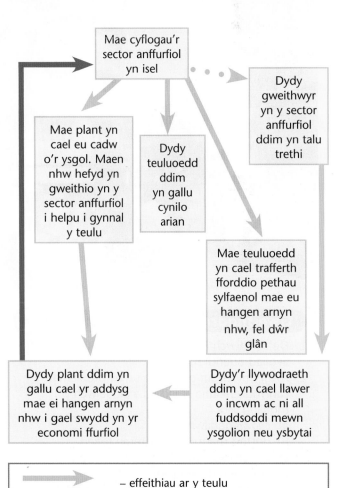

Mae cyflogau'r sector anffurfiol yn isel

Dydy gweithwyr yn y sector anffurfiol ddim yn talu trethi

Mae plant yn cael eu cadw o'r ysgol. Maen nhw hefyd yn gweithio yn y sector anffurfiol i helpu i gynnal y teulu

Dydy teuluoedd ddim yn gallu cynilo arian

Mae teuluoedd yn cael trafferth fforddio pethau sylfaenol mae eu hangen arnyn nhw, fel dŵr glân

Dydy plant ddim yn gallu cael yr addysg mae ei hangen arnyn nhw i gael swydd yn yr economi ffurfiol

Dydy'r llywodraeth ddim yn cael llawer o incwm ac ni all fuddsoddi mewn ysgolion neu ysbytai

– effeithiau ar y teulu
– effeithiau ar y wlad
– adborth positif

▲ **Ffigur 20** Y berthynas rhwng y sector anffurfiol a'r economi ehangach.

Beth yw'r problemau tai yn Mumbai?

Cartrefi gorlawn, iechydaeth wael, a chartrefi sydd mewn perygl o ddymchwel neu ddioddef llifogydd neu dân. Dyma rai o'r problemau sy'n effeithio ar bobl ar incwm isel yn Mumbai. Mae pobl sy'n byw yn y tri math o dai sydd wedi'u rhestru isod mewn perygl oherwydd yr amodau gwael:

- Math o adeilad tenement 4 neu 5 llawr yw *chawl*. Mae teuluoedd yn byw mewn un ystafell ar hyd coridor. Mae tenantiaid pob coridor yn rhannu'r cyfleusterau toiled sylfaenol. Cafodd llawer o *chawls* eu hadeiladu rhwng 1920 ac 1956. Maen nhw'n orlawn ac wedi'u hawyru'n wael, ond maen nhw'n fforddiadwy.

- Mae aneddiadau anffurfiol (sydd hefyd yn cael eu galw'n slymiau yn India) yn adeiladau 1 neu 2 lawr syml a gafodd eu hadeiladu heb reolau cynllunio. Mae iechydaeth yn wael iawn: mae 73 y cant o drigolion yn rhannu tai bach cymunedol.

- Mae **preswylwyr palmant**, llawer ohonyn nhw'n blant, yn byw mewn cabanau sy'n gwneud palmentydd yn fwy cul. Mae preswylwyr palmant yn talu rhent i droseddwyr sy'n rheoli'r palmentydd. Mae'r cabanau'n anghyfreithlon ac mae'r awdurdodau'n gallu eu chwalu.

Mae barn yn amrywio am sut i ddatrys y problemau hyn. Mae rhai yn credu bod projectau **hunangymorth** yn gallu gwella tai neu iechydaeth. Mae eraill yn credu mai **clirio slymiau'n gyfan gwbl** a'u hailddatblygu yw'r ateb gorau. Beth yw'r ateb mwyaf cynaliadwy?

◀ **Ffigur 21** Adeiladau tenement (neu *chawls*) traddodiadol yn Bhendi Bazaar a fydd yn cael eu chwalu.

Gweithgareddau

1 Defnyddiwch Ffigur 8 ar dudalen 90 i ddisgrifio lleoliad Bhendi Bazaar.

2 Awgrymwch sut gallai pob un o'r problemau canlynol effeithio ar iechyd a diogelwch y trigolion lleol:
   a) *chawls* gorlawn
   b) gorfod rhannu cyfleusterau toiled
   c) ansicrwydd ymhlith preswylwyr palmant am ddyfodol eu llety.

3 Astudiwch Ffigur 15 ar dudalen 73. Mae'n dangos Olwyn Egan. Esboniwch sut gallai pob un o'r elfennau cynaliadwyedd canlynol gael ei chyflawni drwy ailddatblygu ardal Bhendi Bazaar:
   a) tai a'r amgylchedd adeiledig
   b) elfennau cymdeithasol a diwylliannol
   c) yr economi.

▲ **Ffigur 22** Masnachwyr ym marchnad Bhendi Bazaar.

Ai clirio aneddiadau anffurfiol yn gyfan gwbl ac ailddatblygu yw'r ateb?

Mae ardal Bhendi Bazaar yn gymysgedd o *chawls* ac 1,250 o siopau a stondinau. Mae amcangyfrifon yn awgrymu bod 20,000 o bobl yn byw yma. Mae'r *chawls* yn hen ac yn orlawn. Does dim system gwaredu sbwriel briodol yno a dim ond am ychydig oriau bob dydd y mae dŵr yn cael ei gyflenwi. Mae cynllun uchelgeisiol ar y gweill sy'n bwriadu chwalu 250 o adeiladau a chodi 17 bloc o fflatiau uchel yn eu lle. Dechreuodd y gwaith adeiladu yn 2016. Dylai'r project uchelgeisiol gael ei gwblhau erbyn 2026.

Mae'r datblygiad newydd wedi cael ei gynllunio i fod yn gynaliadwy:
- Bydd cymysgedd o dai a siopau yno fel bod pobl yn gallu parhau i weithio'n lleol.
- Bydd ffyrdd llydan a phalmentydd coediog yn cymryd lle lonydd cul.
- Bydd mannau agored yno ar gyfer parciau, mannau gwyrdd ac ardaloedd chwarae.
- Bydd mosgiau'n cael eu cadw a'u gwella.
- Mae bwriad i greu meysydd parcio a chysylltiadau â thrafnidiaeth gyhoeddus.

◀ **Ffigur 23** Nodweddion cynaliadwy yr adeiladau aml-lawr newydd yn Bhendi Bazaar.

Bydd agwedd yr adeiladau'n gwneud y defnydd gorau o olau ac awyru naturiol ym mhob cartref

Bydd paneli solar yn cynhyrchu trydan

Cyfleusterau trin carthion ac ailgylchu dŵr i garthu toiledau

Casglu dŵr glaw

Bydd pympiau gwres ffynhonnell-aer yn defnyddio gwres naturiol yn yr atmosffer i wresogi dŵr yn y bloc o fflatiau

Bydd teledu cylch cyfyng (*CCTV*) yn golygu bod tenantiaid yn fwy diogel

Ardaloedd cerdded llydan a choediog

Ardaloedd cymunedol wedi'u goleuo'n dda

Gweithgareddau

4 a) Trafodwch gryfderau a chyfyngiadau'r cynllun ailddatblygu hwn.
   b) Allwch chi awgrymu tair ffordd wahanol o wella'r cynllun?

Mae fy nghartref yn Bhendi Bazaar wedi cael ei chwalu'n barod, ac rwyf bellach yn byw mewn cartref 'dros dro' wrth aros iddyn nhw roi cartref parhaol i mi. Mae bywyd yn well o lawer yma. Rydyn ni wedi symud i ystafell â dodrefn. Mae ganddi garped, llenni a chwpwrdd. Mae cegin fach yn yr ystafell gyda dŵr poeth a pheiriant golchi dillad. Mae hi cymaint yn fwy glân a thawel yma! Mae'r plant yn gallu chwarae criced yn y man agored o flaen yr adeilad. Mae hyd yn oed cysylltiad rhyngrwyd yma.

Mariya, tenant yn y bloc dros dro

Dydy injanau tân mawr ddim yn gallu mynd i mewn i ardaloedd fel Bhendi Bazaar sy'n llawn *chawls*, neu Dharavi sy'n llawn cartrefi sgwatwyr. Mae angen prynu rhai bach i allu symud drwy'r lonydd cul, prysur. Mae hefyd angen adeiladu gorsafoedd tân newydd drwy'r ddinas. Dim ond 33 gorsaf dân sydd yn Mumbai. Mae angen o leiaf 100 i fodloni safonau byd-eang.

Aziz, cynllunydd dinas

Rwy'n gwerthu nwyddau ar y stryd ac yn cysgu o flaen siop. Bydd tenantiaid yn cael cartrefi newydd, ond rwy'n ofni na fydda i'n cael dim byd. Mae miloedd o breswylwyr palmant fel fi sy'n gwneud bywoliaeth yn y farchnad stryd. Os na alla' i fyw a gweithio yma, efallai bydd rhaid i fi fynd yn ôl i'r pentref yn Uttar Pradesh.

Taha, gwerthwr watshis ail-law

Yn 2015, lledaenodd tân yn gyflym drwy Kalbadevi, ardal arall llawn *chawls*. Mae gwneud y ffyrdd yn fwy llydan yn hanfodol i sicrhau bod yr ardal yn fwy diogel. Rwy'n deall bydd clirio slymiau Bhendi Bazaar yn golygu y bydd modd gwneud y ffyrdd yn fwy llydan, sef cynyddu'r lled bresennol (6–8 metr) i tua 16 metr.

Mohammed, diffoddwr tân

▲ **Ffigur 24** Barn pobl am ailddatblygu Bhendi Bazaar.

Caerdydd

Caerdydd yw un o'r 14 dinas global yn y DU a'r ddinas fwyaf yng Nghymru. Gallwch chi weld ar dudalennau 59 a 60 bod gan Gaerdydd gylch dylanwad cryf yn lleol. Mae 1.49 miliwn o bobl yn byw o fewn 32 km o ganol dinas Caerdydd. Mae llawer o'r bobl hyn yn defnyddio'r ddinas yn rheolaidd ar gyfer gwaith, siopa neu adloniant. Fodd bynnag, nid cylch dylanwad lleol yn unig sydd gan Gaerdydd – mae ganddi gysylltiadau cenedlaethol a byd-eang hefyd. Caerdydd yw cartref Llywodraeth Cymru, sy'n gyfrifol am faterion yn ymwneud ag addysg, iechyd a'r economi ar gyfer Cymru gyfan. Mae gan Gaerdydd gysylltiadau rheilffordd da â Llundain, ac mae awyrennau'n hedfan o faes awyr Caerdydd i nifer o gyrchfannau yn Ewrop. Mae Stadiwm Principality yn lleoliad heb ei ail ar gyfer digwyddiadau chwaraeon a chyngherddau. Mae'r stadiwm wedi cynnal digwyddiadau rhyngwladol gan gynnwys Cwpan Rygbi'r Byd yn 2015. Mae un cwmni amlwladol mawr – cwmni yswiriant Admiral – wedi lleoli ei brif swyddfa yma. Mae nifer o raglenni teledu y BBC, gan gynnwys *Sherlock* a *Doctor Who*, yn cael eu ffilmio ar leoliad yn yr ardal ac mewn stiwdios yng Nghaerdydd. Mae'r rhaglenni hyn yn cael eu gwerthu ar draws y byd. Mae'r cysylltiadau hyn ym maes cyfryngau a diwylliant yn golygu bod Caerdydd ar y rhestr o ddinasoedd global.

SGILIAU DAEARYDDOL

Disgrifio lleoliadau

Mae disgrifio lleoliad yn golygu gallu nodi'n union ble mae rhywbeth ar fap. Mae'n hawdd disgrifio lleoliad ar fap Arolwg Ordnans drwy roi cyfeirnod grid. Fodd bynnag, mae disgrifio lleoliad ar fap heb linellau grid yn gofyn am dechneg wahanol.

Yn gyntaf, mae angen i chi roi syniad bras o'r lleoliad drwy ddisgrifio pa ran o'r map dylai'r gwyliwr fod yn edrych arni. Dylech chi ddefnyddio termau daearyddol bob amser – er enghraifft, 'yn ne Cymru' yn hytrach nag 'ar waelod y map' neu 'ger Môr Hafren'.

Yna, i ddisgrifio'r union leoliad, dylech chi ddefnyddio man arwyddocaol arall ar y map a rhoi:
- y pellter o'r man arall hwnnw mewn cilometrau
- y cyfeiriad gan ddefnyddio pwyntiau'r cwmpawd.

Er enghraifft, ar Ffigur 25 mae Pen-y-bont ar Ogwr 28 km i'r gorllewin o Gaerdydd.

Twf Caerdydd

Fel llawer o ddinasoedd eraill yn y DU, bu cyfnod o dwf cyflym yng Nghaerdydd rhwng tua 1850 ac 1920. Roedd pobl wedi symud i'r ddinas i gael gwaith mewn diwydiannau a oedd yn gysylltiedig â gwerthu glo o Ddociau Caerdydd. Cafodd tai teras eu hadeiladu i roi cartrefi i weithwyr y dociau, ac mae llawer o'r tai hyn i'w gweld o hyd yn yr ardaloedd trefol fewnol sy'n agos at ganol y ddinas.

Yn y cyfnod rhwng 1930 a chanol yr 1980au, aeth Caerdydd drwy gyfnod o dwf maestrefol. Roedd trafnidiaeth gyhoeddus well a chynnydd yn nifer y bobl a oedd yn berchen ar geir yn golygu bod pobl yn gallu byw ymhellach o'r gwaith. Cafodd tai newydd eu hadeiladu, gan lenwi'r bylchau rhwng cyrion y ddinas a'r pentrefi bach fel Radur a'r Eglwys Newydd. Mae'r pentrefi hyn bellach yn rhan o ardal drefol Caerdydd.

Ers canol yr 1980au, mae Caerdydd wedi mynd drwy gyfnod o **aildrefoli**. Y tro hwn, cafodd tai newydd eu hadeiladu ar y safleoedd tir llwyd lle ar un adeg roedd y diwydiannau a oedd yn gysylltiedig â'r dociau yn Butetown ger Bae Caerdydd.

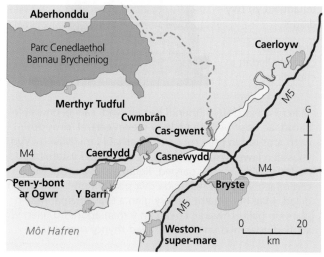

▲ **Ffigur 25** Lleoliad Caerdydd.

Aildrefoli

Erbyn hyn, mae pobl yn ystyried canol dinasoedd yn fannau da i fyw. Mae fflatiau newydd wedi'u hadeiladu ar hen safleoedd swyddfeydd, ffatrioedd neu warysau. Mae poblogaeth ardaloedd trefol fewnol yn cynyddu. Enw'r broses hon yw aildrefoli.

Blwyddyn	Poblogaeth
1801	1,870
1851	18,352
1861	48,965
1871	57,363
1881	96,637
1891	128,915
1901	164,333
1911	182,259
1921	222,827
1931	226,937
1941	Dim data
1951	243,632
1961	283,998
1971	293,220
1981	285,740
1991	296,900
2001	305,353
2011	346,000
2017	362,800

▲ **Ffigur 26** Poblogaeth Caerdydd.

Yn 1841, cafodd 87,000 tunnell fetrig o lo eu cludo ar longau o Ddociau Caerdydd. Erbyn 1862, roedd y dociau'n allforio 2 filiwn tunnell fetrig o lo bob blwyddyn, ac erbyn 1883, roedd y ffigur hwn wedi codi i 6 miliwn. Yr uchafbwynt oedd 10.7 miliwn tunnell fetrig yn 1913. Erbyn 1946, roedd y ffigur hwn wedi disgyn i 1 miliwn. Yn 1970, cafodd Doc Dwyreiniol Bute ei gau. Yn 1980, cafodd traffordd yr M4 ei chwblhau i'r gogledd o Gaerdydd.

▲ **Ffigur 27** Ambell ddyddiad arwyddocaol yn hanes datblygiad Caerdydd.

Gweithgareddau

1 a) Nodwch 5 peth sy'n cysylltu Caerdydd â gweddill y DU a/neu weddill y byd.
   b) Nodwch ai cysylltiadau economaidd, gwleidyddol neu gymdeithasol yw'r rhain.
2 a) Dewiswch ddull addas o gyflwyno'r wybodaeth sydd yn Ffigur 26.
   b) Disgrifiwch y newidiadau ym mhoblogaeth Caerdydd yn ofalus. Ym mha ddegawdau wnaeth poblogaeth Caerdydd dyfu gyflymaf, ac ym mha ddegawdau wnaeth y boblogaeth leihau?
   c) Defnyddiwch y wybodaeth yn Ffigur 27 i greu pedwar label ar gyfer eich graff. Dylai eich labeli helpu i esbonio pam gwnaeth poblogaeth Caerdydd newid.
3 Astudiwch Ffigur 28. Disgrifiwch sut mae Caerdydd wedi newid rhwng 1920 a heddiw. Defnyddiwch y termau arbenigol hyn yn eich ateb: blerdwf maestrefol, ardal drefol fewnol ac aildrefoli.

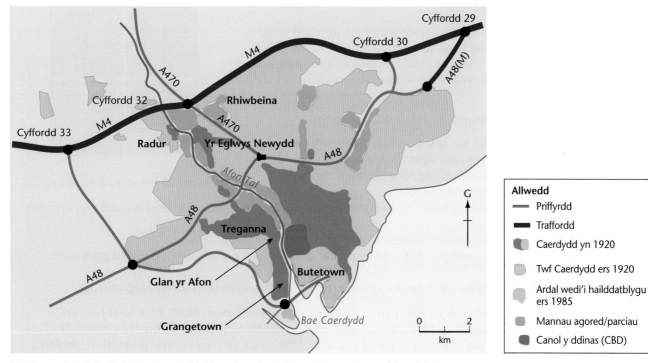

▲ **Ffigur 28** Ardal adeiledig Caerdydd. Mae disgrifiad o'r cymdogaethau sydd wedi'u henwi ar y tudalennau nesaf.

Patrymau diwylliannol

Mae Caerdydd yn ddinas amlddiwylliannol. Rhwng 1800 a'r 1930au, symudodd mudwyr economaidd i Gaerdydd o wledydd eraill yn Ewrop ac o wledydd yr Ymerodraeth Brydeinig. Morwyr oedd llawer ohonyn nhw, yn gweithio ar y llongau a oedd yn allforio glo o dde Cymru. Ymgartrefodd y rhan fwyaf yn Butetown, yn agos at y dociau, mewn ardal oedd yn cael ei hadnabod fel Tiger Bay. Heddiw, mae cyfanswm o 8 y cant o boblogaeth Caerdydd yn perthyn i grwpiau lleiafrifol ethnig. Mae pobl o dros 50 o wledydd gwahanol wedi ymgartrefu yn y ddinas. Disgynyddion mudwyr o Dde Asia (India, Pakistan a Bangladesh) a Somalia yw'r ddwy gymuned fwyaf.

Mae amcangyfrifon yn awgrymu bod y boblogaeth Somali yng Nghaerdydd ychydig yn llai na 10,000. Mae'r rhan fwyaf yn byw mewn cymdogaeth eithaf bach yn wardiau Grangetown a Glan yr Afon sydd y tu mewn i'r ardal drefol fewnol. Maen nhw'n dewis byw yn yr ardal hon er mwyn bod yn agos at aelodau eraill o'r teulu. Mae gan yr ardal hon lawer o siopau sy'n darparu ar gyfer y boblogaeth Fwslimaidd – er enghraifft, cigyddion halal a siopau bwyd cyflym sy'n gwerthu bwyd sy'n cynnwys cig halal. Mae gan yr ardal nifer o fosgiau a chanolfannau diwylliannol

Mwslimaidd. Mae amrywiaeth eang o dai a fflatiau o wahanol feintiau yn yr ardal. Maen nhw ar gael i'w rhentu neu i'w prynu am amrywiaeth o brisiau.

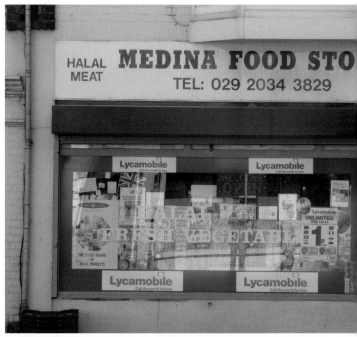

▲ **Ffigur 29** Siop yn ardal Glan yr Afon, Caerdydd, sy'n gwerthu cig halal.

SGILIAU DAEARYDDOL

Disgrifio dosbarthiad

Ystyr disgrifio dosbarthiad yw disgrifio sut mae pethau tebyg wedi'u gwasgaru ar draws map. Mae daearyddwyr yn astudio dosbarthiad arweddion naturiol (fel rhewlifoedd, riffiau cwrel a llosgfynyddoedd) a dosbarthiad nodweddion dynol (fel aneddiadau, ysbytai a chyfleusterau chwaraeon).

Mae disgrifio dosbarthiad yn gofyn i chi wneud dau beth.

1 Mae angen i chi ddisgrifio ble ar y map mae'r nodweddion wedi'u lleoli. Er enghraifft, o'r deg parc sydd wedi'u nodi ar Ffigur 31, mae'r mwyafrif ym maestref ogleddol y ddinas a dim ond pedwar sydd yn yr ardal drefol fewnol.

▲ **Ffigur 30** Patrymau dosbarthiad.

2 Disgrifiwch unrhyw batrwm y mae'r nodweddion yn ei wneud. Mae patrymau dosbarthiad yn perthyn i un o dri math fel arfer:
   - Rheolaidd, lle mae'r nodweddion wedi'u gwasgaru'n gyfartal fwy neu lai.
   - Ar hap, lle mae'r nodweddion wedi'u gwasgaru ar draws y map ar bellterau afreolaidd oddi wrth ei gilydd.
   - Clwstwr, lle mae'r nodweddion wedi'u grwpio gyda'i gilydd mewn un rhan o'r map yn unig.

Yn ogystal, mae rhai nodweddion yn creu patrwm llinol os ydyn nhw'n dilyn llinell. Mae sawl parc yng Nghaerdydd yn creu patrwm llinol. Mae'r parc mwyaf yn dilyn llinell Afon Taf wrth iddi lifo i mewn i'r ddinas yn y gogledd a llifo tua'r de tuag at ganol y ddinas. Mae'r parc yn creu coridor gwyrdd o'r gogledd i'r de drwy'r ddinas.

▲ **Ffigur 31** Map yn dangos dosbarthiad mosgiau yng Nghaerdydd. Mae'r llinellau gwyn yn dangos ffiniau'r wardiau.

Hanes Somaliaid yn mudo i Gaerdydd

Daeth y mudwyr cyntaf o Somalia i Gaerdydd yn y cyfnod rhwng 1880 ac 1900. Roedd llawer ohonyn nhw'n gweithio ar y llongau a oedd yn allforio glo o'r dociau yn Butetown (neu Tiger Bay, sef enw'r ardal ar y pryd). Ymgartrefodd morwyr o Somalia ym mhorthladdoedd eraill y DU yn y cyfnod hwn hefyd, er enghraifft dociau Llundain, Bryste, Hull a Lerpwl. Erbyn 1945, roedd tua 2,000 o forwyr o Somalia a'u teuluoedd yn byw yng Nghaerdydd. Yn 1991, dechreuodd cyfnod hir o ryfel cartref yn Somalia. Aeth ffoaduriaid y rhyfel hwn i wersylloedd ffoaduriaid yng ngwledydd eraill Affrica, fel Kenya ac Ethiopia, yn gyntaf. Yn y pen draw, daeth rhai o'r ffoaduriaid i'r DU i ymuno â'r gymuned Somali oedd yma'n barod.

Mudwyr economaidd

Y bobl sy'n symud cartref i ddod o hyd i waith. Maen nhw'n aml yn oedolion ifanc. Mae llawer o bobl yn symud o un rhanbarth o'r DU i ranbarth arall i chwilio am waith. Mae mudwyr economaidd eraill yn symud i mewn i'r DU o wledydd eraill. Daw'r rhan fwyaf o'r rhain o wledydd y Gymanwlad, fel India, neu wledydd Ewropeaidd eraill, fel Gwlad Pwyl. Mae mudwyr economaidd yn cyfrannu'n gadarnhaol i economi'r DU drwy wneud amrywiaeth o swyddi mewn meysydd fel iechyd, gofal cymdeithasol ac amaethyddiaeth.

Ward	Du	Asiaidd	Ethnigrwydd cymysg
Adamsdown	3.4	5.8	3.5
Butetown	13.4	8.1	8.3
Treganna	0.8	4.7	1.8
Grangetown	4.2	13.2	3.8
Plasnewydd	1.5	9.5	1.7
Glan yr Afon	2.8	15.6	2.4
Y Sblot	1.8	3.3	2.9

▲ **Ffigur 32** Wardiau sydd â phoblogaethau lleiafrifol ethnig sylweddol.

Gweithgareddau

1 Cysylltwch y pedwar patrwm dosbarthiad sydd i'w gweld yn Ffigur 30 â'r termau canlynol:
   ▪ ar hap   ▪ rheolaidd   ▪ llinol   ▪ clwstwr
2 a) Cysylltwch y nodweddion daearyddol canlynol ag un o'r patrymau dosbarthiad yn Ffigur 30:
      ▪ gorsafoedd gwasanaethau ar y traffyrdd
      ▪ banciau'r stryd fawr mewn tref fawr
      ▪ ysgolion cynradd mewn dinas.
   b) Awgrymwch pam mae'r nodweddion wedi'u dosbarthu yn y ffordd hon.
3 Defnyddiwch Ffigur 31 i ddisgrifio dosbarthiad mosgiau yng Nghaerdydd. Awgrymwch beth mae'r map hwn yn ei ddweud am ddosbarthiad y boblogaeth Fwslimaidd yng Nghaerdydd.
4 Defnyddiwch y testun ar y tudalennau hyn i luniadu llinell amser o hanes Somaliaid yn mudo i Gaerdydd.
5 Esboniwch pam mae poblogaeth Somali Caerdydd yn byw mewn ardal eithaf bach o'r ddinas. Cofiwch roi un rheswm hanesyddol ac un rheswm cymdeithasol.

Gwaith ymholi

Sut mae twf Caerdydd yn cymharu â thwf Mumbai?

Dylech chi ystyried pwysigrwydd cynnydd naturiol a phatrymau mudo yn y ddwy ddinas.

Sialensiau trefol a'u hatebion

Yn debyg i ddinasoedd global eraill mewn gwledydd incwm uchel (*HICs: high income countries*), mae Caerdydd yn wynebu sialensiau trefol sydd angen atebion. Er enghraifft, un sialens yw sut i wella'r amgylchedd trefol yn rhannau mwy difreintiedig y ddinas. Un arall yw darparu digon o dai, yn enwedig tai sy'n fforddiadwy, i bobl ar incwm isel.

Mynd i'r afael ag amddifadedd

Mewn rhai o gymdogaethau Caerdydd, nid oes digon o'r amodau sy'n helpu i roi ansawdd bywyd cyfforddus i bobl. Efallai nad oes ganddyn nhw leoedd diogel i blant chwarae. Efallai fod y trigolion yn dioddef iechyd gwael neu dai o safon isel. Hefyd, mae problemau amgylcheddol yn rhai o'r cymdogaethau hyn, fel ansawdd aer gwael oherwydd traffig prysur.

Mae Cyngor Caerdydd yn defnyddio Cynlluniau Adnewyddu Cymdogaethau i wella amgylchedd ffisegol ardaloedd o **amddifadedd**. Mae'r trigolion lleol yn rhan o'r cam cynllunio er mwyn darganfod beth sydd ei angen. Bwriad y cynlluniau yw gwneud yr amgylchedd lleol yn fwy diogel ac atyniadol, ac yn rhywle bydd pobl leol yn gwneud gwell defnydd ohono. Er enghraifft, cafwyd cynlluniau i wella palmentydd, plannu coed, gosod gwell goleuadau stryd a darparu parciau sglefrio. Project arall a luniwyd i wella diogelwch a gostwng troseddu mewn nifer o leoliadau yng nghanolbarth a de Caerdydd yw'r Rhaglen Gatiau Lonydd Cefn (2019–2021). Mae'r cynllun hwn yn gosod gatiau metel ar draws lonydd cefn sy'n rhedeg y tu ôl i resi o dai teras Fictoraidd.

▲ **Ffigur 33** Gatiau metel yn cael eu gosod fel rhan o'r Rhaglen Gatiau Lonydd Cefn.

▲ **Ffigur 34** Mae Rhodfa'r Mileniwm yng nghanol Caerdydd yn lleoliad lle mae gan artistiaid graffiti ganiatâd i beintio.

Amddifadedd

Diffyg nodweddion cymdeithasol, economaidd neu amgylcheddol sy'n rhoi ansawdd bywyd cyfforddus i bobl. Mae amddifadedd yn fesur sy'n ystyried amrywiaeth eang o ffactorau, fel incwm a math o swydd, iechyd, diogelwch a chyflwr ffisegol yr amgylchedd lleol.

Gweithgareddau

1 Trafodwch y cynlluniau sydd i'w gweld yn Ffigur 35.
   a) Nodwch pwy fyddai'n elwa o bob cynllun.
   b) Defnyddiwch dechneg graddio diemwnt (gweler tudalen 83) i roi'r naw syniad i gyd mewn trefn restrol. Yn eich barn chi, pa dri fyddai'n fwyaf effeithiol i ymdrin ag amddifadedd? Meddyliwch am effeithiau cymdeithasol, economaidd ac amgylcheddol y cynllun.

Rhaglen Gatiau Lonydd Cefn.
Gwella goleuadau stryd.
Caniatáu graffiti mewn rhai ardaloedd.
Rhoi cae pêl-droed pob tywydd yn y Sblot.
Arafu traffig drwy ledu palmentydd a gosod twmpathau cyflymder.
Gweithio gyda thrigolion lleol i greu gardd gymunedol.
Gosod cyrbiau is ar gyfer cerddwyr a beicwyr.
Plannu coed.
Adeiladu maes chwarae i blant yn Llys-faen.

▲ **Ffigur 35** Enghreifftiau o gynlluniau a ddefnyddiwyd yng Nghaerdydd i adfywio cymdogaethau difreintiedig.

Materion tai

Mae Cyngor Caerdydd yn gwario £280 miliwn i ddarparu mwy o dai i bobl ar incwm isel. Mae'n bwriadu darparu 2,000 o gartrefi ychwanegol mewn 20 safle ar draws Caerdydd. Bydd rhai o'r tai hyn yn newydd sbon. Bydd y cyngor yn prynu tai eraill ac yna'n eu rhentu i denantiaid. Dyma'r cynllun **tai cymdeithasol** mwyaf yn y ddinas ers 1945.

Bydd Cyngor Caerdydd yn darparu 21 o gartrefi dros dro i deuluoedd digartref drwy addasu hen gynwysyddion cludo. Mae hwn yn ateb cyflym i'r galw brys am dai, ond mae'n ddadleuol. Mewn mannau eraill o'r DU lle mae cynwysyddion wedi cael eu defnyddio, mae'r tenantiaid yn cwyno eu bod yn gyfyng, yn oer yn y gaeaf ac yn rhy boeth yn yr haf. Mae dinasoedd eraill yn y DU yn troi hen flociau swyddfa yn dai cymdeithasol.

Tai cymdeithasol

Cartrefi sy'n cael eu darparu i'w rhentu am bris fforddiadwy. Mae tai cymdeithasol yn cael eu darparu gan y cyngor lleol neu gan gymdeithas tai.

Tai cyngor yn Norwich yn ennill gwobr Stirling am bensaernïaeth

Cafodd y 105 o gartrefi brics lliw hufen eu cynllunio i ateb safonau amgylcheddol llym, gan olygu bod y costau egni tua 70% yn rhatach na'r cyfartaledd. Mae'r waliau wedi'u hynysu'n dda ac, yn glyfar iawn, mae'r toeau wedi'u gosod ar ongl o 15 gradd i sicrhau nad yw'r terasau'n atal golau'r haul rhag cyrraedd y cartrefi tu ôl iddynt. Hefyd, mae'r blychau llythyrau wedi'u gosod yn wal y portsh allanol yn hytrach na'r drysau blaen er mwyn lleihau'r posibilrwydd o ddrafft. Mae'r gerddi cefn yn wynebu lôn gefn sy'n llawn planhigion, lle mae byrddau a meinciau cyhoeddus wedi'u gosod yma ac acw. Mae'r lle parcio ar ymyl y safle. Mae hyn yn golygu nad oes ceir ar y strydoedd, ac felly mae digon o le i'r bobl sy'n byw yno.

 Ffigur 36 Erthygl papur newydd o'r *Guardian* am ddatblygiad tai cyngor yn Norwich sydd wedi ennill gwobr.

Gweithgareddau

2 Awgrymwch pam mae dinasoedd y DU angen darparu tai cymdeithasol ychwanegol.

3 Astudiwch Ffigur 36 a'r wybodaeth ar dudalen 73 am Olwyn Egan. Nodwch pa rai o nodweddion y datblygiad hwn fyddai efallai wedi'i wneud yn broject sy'n ennill gwobrau.

Gwaith ymholi

Yn eich barn chi, a yw'n iawn i droi hen gynwysyddion cludo neu swyddfeydd gwag yn gartrefi i deuluoedd sy'n ddigartref? I ba raddau rydych chi'n meddwl bod hyn yn ateb cynaliadwy i'r sialens o ddarparu digon o dai cymdeithasol?

Arolygon deubegwn

Mae rhai o nodweddion yr amgylchedd trefol yn hawdd eu cyfrif a'u mesur. Mae nifer y ceir sy'n teithio ar hyd stryd mewn 10 munud yn un enghraifft. Fodd bynnag, weithiau mae ymholiadau gwaith maes yn cynnwys nodweddion sydd ddim mor hawdd eu mesur. Un enghraifft o rywbeth y gallen ni fod eisiau ei fesur yw canfyddiad (*perception*) pobl o'r amgylchedd trefol. Gan fod canfyddiadau yn amrywio'n fawr o un person i'r llall, rydyn ni'n dweud eu bod nhw'n oddrychol. Felly, sut gallwn ni asesu canfyddiadau?

▲ **Ffigur 39** Fflatiau a siopau lleol.

Gweithgareddau

1 Astudiwch yr amgylcheddau trefol yn Ffigurau 33, 36, 39 a 41.
   a) Defnyddiwch yr asesiad deubegwn yn Ffigur 40 i gyfrifo sgôr ar gyfer pob amgylchedd trefol yn y pedwar ffotograff hyn.
   b) Rhannwch eich sgorau ag o leiaf pedwar aelod o'ch dosbarth. Cyfrifwch sgôr gymedrig ar gyfer pob ffotograff.
   c) Ewch ati i greu llinfap o ardal Glan yr Afon gan ddefnyddio'r wybodaeth o Ffigur 34. Plotiwch leoliad Ffigurau 33, 36, 39 a 41 ar eich map. Dewiswch ddull addas o gyflwyno eich sgorau cymedrig ar y map hwn.

Creu arolwg deubegwn syml

Cam 1 Dewiswch gategorïau ar gyfer y gosodiadau deubegwn. Bydd y categorïau hyn yn dibynnu ar ffocws arbennig eich astudiaeth, ond gallen nhw gynnwys ffactorau fel presenoldeb/absenoldeb llystyfiant naturiol, goleuadau stryd, gwaith cynnal a chadw ar adeiladau a chyflwr palmentydd. Mewn rhai achosion, gallech chi ymchwilio i agweddau mwy personol fel ofn trosedd neu ymdeimlad o ddiogelwch. Mae parau o osodiadau cyferbyniol yn cael eu rhoi ar naill ben y raddfa a'r llall (fel sydd i'w weld yn Ffigur 40). Ar raddfa ddeubegwn, mae amrediad o werthoedd – er enghraifft, o –5 i +5. Mae'r gwerthoedd positif a negatif yn rhoi awgrym o ganfyddiad person o'r amgylchedd. Nid yw'r sero yn cael ei gynnwys yng nghanol y raddfa fel arfer er mwyn sicrhau nad yw pobl yn dewis yr opsiwn canol diogel.

Cam 2 Dewiswch leoliad ar gyfer eich arolwg. Efallai y byddwch chi'n dewis lleoliad ar sail astudiaeth beilot, ar sail y ffaith eich bod wedi ymweld â'r ardal o'r blaen, neu ar sail gwybodaeth sydd gennych chi'n barod am eich ardal astudio. Os nad ydych chi'n gyfarwydd â'ch safle, gallech chi ddefnyddio awyrluniau (er enghraifft, *Bing Maps* neu *Google Earth*) neu raglen fel *Google Street View* i'ch helpu i ddeall y safle cyn mynd ar daith maes. Gallech chi ddefnyddio data eilaidd (fel Ffigurau 37 neu 38) o http://www.neighbourhood.statistics.gov.uk i'ch helpu i ddewis eich safleoedd. Dylech chi sicrhau eich bod yn ymweld ag o leiaf wyth safle yng Nglan yr Afon, Caerdydd, hynny yw, un ym mhob ACEHI.

Cam 3 Casglwch y sgorau deubegwn. Y dull symlaf yw cwblhau'r arolwg eich hun. Fodd bynnag, er mwyn ymchwilio i ganfyddiadau gwahanol, bydd angen i chi gymharu eich sgôr chi â sgorau pobl eraill. Gallai'r rhain fod yn aelodau eich dosbarth neu'n aelodau o'r cyhoedd. Gallwch chi gyfuno eich sgorau i greu 'sgôr y dosbarth' neu drwy gyfrifo'r sgôr gymedrig ar gyfer pob lleoliad. Os felly, gallwch chi wedyn gyflwyno'r sgorau cymedrig hyn ar fap sylfaenol o'r ardal y gwnaethoch chi ymweld â hi.

	+5	+4	+3	+2	+1	−1	−2	−3	−4	−5	
Amgylchedd trefol deniadol											Amgylchedd trefol anneniadol
Diogel i gerddwyr											Ddim yn ddiogel i gerddwyr
Arweddion naturiol gerllaw											Dim arweddion naturiol gerllaw
Cymunedau'n ffynnu gyda digon o gyfleoedd gwaith											Cymunedau'n dirywio heb lawer o gyfleoedd gwaith

▲ **Ffigur 40** Enghraifft o osodiadau deubegwn.

Creu asesiad deubegwn mwy soffistigedig

Dyma dri awgrym y gallech chi roi cynnig arnyn nhw. Ym mhob achos, dylech chi feddwl am gryfderau a gwendidau'r asesiadau hyn o'u cymharu ag arolwg deubegwn safonol.

1 **Canfyddiadau gwahanol** Gwnewch arolwg deubegwn safonol fel chi eich hun – person ifanc yn ei arddegau. Yna dychmygwch sut brofiad fyddai gweld yr amgylchedd trefol drwy lygaid rhywun arall. Ceisiwch wneud yr arolwg deubegwn eto ond gan ddychmygu eich bod yn berson ag anawsterau symud, er enghraifft, neu'n rhiant sengl â phlentyn ifanc iawn. Sut byddai eich canfyddiad yn newid?

2 **Arolygon lluniau** Dewiswch 5 categori neu nodwedd ar gyfer eich arolwg deubegwn. Er enghraifft, mannau agored, cynlluniau adeiladau, diogelwch cerddwyr, nodweddion hamdden a thraffig ffordd. Peidiwch ag ysgrifennu gosodiadau cyferbyniol. Edrychwch ar yr ardal yn ofalus, gan dynnu cymaint o ffotograffau ag sy'n bosibl. Cofiwch gadw cofnod o'r man lle cafodd pob ffotograff ei dynnu. Yna dewiswch y pâr o luniau sy'n cynrychioli'r enghreifftiau gorau a'r enghreifftiau gwaethaf ar gyfer pob categori neu nodwedd.

3 **Pwysoli** Pan fydd pobl yn meddwl am ansawdd yr amgylchedd, nid yw pob un o'r categorïau neu'r nodweddion yr un mor bwysig â'i gilydd. Er enghraifft, gallech chi benderfynu bod man agored yn nodwedd bwysicach na thraffig ffordd neu sbwriel. Rhowch gynnig ar roi eich gosodiadau deubegwn yn nhrefn pwysigrwydd, neu eu pwysoli. Er enghraifft, os ydych chi'n credu bod nifer y mannau agored ddwywaith mor bwysig â sbwriel, dylech chi luosi eich sgorau deubegwn ar gyfer mannau agored â dau. Trafodwch y pwysoli hyn i geisio cytuno arnyn nhw fel dosbarth neu grŵp. Sut gallai eich pwysoli fod yn wahanol pe baech chi'n berson hŷn yn hytrach nag yn berson ifanc yn eich arddegau?

▲ **Ffigur 41** Fflatiau a siopau lleol.

Gwaith ymholi ❓

Ysgrifennwch 4 pâr newydd o osodiadau deubegwn. Defnyddiwch y gosodiadau hyn i gynnal arolwg o'r ardal o amgylch eich ysgol.
- Gwnewch yr arolwg fel chi eich hun.
- Nawr dychmygwch beth fyddai canfyddiad rhywun arall o'r ardal hon. Dychmygwch eich hun fel:
  i) rhiant sengl â phlentyn ifanc
  ii) person hŷn.
- Wrth geisio casglu canfyddiadau gwahanol, beth yw cryfderau a chyfyngiadau'r dull mwy soffistigedig hwn o wneud arolwg deubegwn?

THEMA 3

Tirweddau a pheryglon tectonig
Pennod 1
Prosesau a thirffurfiau tectonig

Beth yw'r prosesau tectonig mwyaf?

Efallai fod cramen y Ddaear yn ymddangos fel pe bai'n sefydlog ac yn aros yn ei hunfan, ond mewn gwirionedd mae'n newid ac yn symud drwy'r amser. Yn 1835, dywedodd Charles Darwin 'nad oedd unrhyw beth, ddim hyd yn oed y gwynt sy'n chwythu, mor ansefydlog â chramen y Ddaear hon'. Cafodd ei ysbrydoli yn ystod ei daith i Ynysoedd folcanig y Galapagos i feddwl am y grymoedd sy'n siapio'r Ddaear. Erbyn heddiw, rydyn ni'n deall bod cramen y Ddaear wedi'i gwneud o nifer o **blatiau** mawr iawn sy'n symud mewn perthynas â'i gilydd. Mae platiau'n symud tuag at ei gilydd ar **ymylon platiau dinistriol** ac i ffwrdd oddi wrth ei gilydd ar **ymylon platiau adeiladol**.

▲ **Ffigur 1** Crater Villarica a Lanín (sy'n stratolosgfynydd) yn Chile. Mae'r dirwedd dectonig hon yn nodweddiadol o'r mynyddoedd plyg sydd yn yr Andes, De America.

Pam mae'r platiau'n symud?

Mae gwres o grombil y Ddaear yn achosi i graig dawdd, sef **magma**, godi drwy'r **fantell**, sef yr haen drwchus o dan gramen solet, denau y Ddaear. Wrth i'r magma hwn godi, mae'n achosi echdoriadau folcanig mewn lleoedd fel Gwlad yr Iâ yng nghanol Cefnfor Iwerydd. Efallai mai magma sy'n codi drwy'r fantell sydd hefyd yn gyfrifol am symudiad y platiau sy'n ffurfio cramen y Ddaear. Mae dwy ddamcaniaeth ynglŷn â symudiad platiau: tyniad slabiau a darfudiad.

Mae **tyniad slabiau** yn un esboniad am symudiad platiau. Yn y ddamcaniaeth hon, mae'r platiau'n symud oherwydd bod disgyrchiant yn eu tynnu ar wahân. Wrth i fagma godi o dan ymyl plât adeiladol, mae'n gwresogi creigiau'r gramen ac yn eu gorfodi i blygu am i fyny. Mae'r gramen yn cael ei chodi, gan greu **cefnen canol cefnfor**, sydd tua 2,500 m yn uwch na gwely'r cefnfor. Mae disgyrchiant yn tynnu'r gramen i lawr ac mae'n llithro i lawr y llethr oddi wrth ganol y gefnen canol cefnfor. Mae hyn yn achosi mwy o echdoriadau. Mae grym disgyrchiant sydd hyd yn oed yn fwy nerthol yn tynnu'r gramen i lawr ar ben arall y plât. Mae hyn yn digwydd pan fydd y gramen gefnforol hynaf a mwyaf dwys yn plygu am i lawr ac yn llithro'n ôl i'r fantell. Enw'r broses hon yw **tansugno**. Mae màs enfawr y slab sy'n cael ei dansugno yn tynnu gweddill y plât cefnforol i ffwrdd oddi wrth y gefnen canol cefnfor.

Tansugno

Y broses lle mae un plât yn cael ei ddinistrio wrth iddo gael ei dynnu'n araf o dan blât arall.

	Mae ffrwd o fagma poeth yn codi drwy'r fantell
Cramen gyfandirol	Mae'r magma yn gwresogi'r gramen gefnforol ac yn ei gwthio i fyny, gan greu cefnen canol cefnfor
Cramen gefnforol	Mae'r gramen gefnforol yn oeri, yn mynd yn fwy dwys ac yn llithro i ffwrdd oddi wrth y gefnen oherwydd disgyrchiant
	Mae ffos gefnforol ddwfn yn cael ei ffurfio lle mae'r gramen gefnforol yn plygu am i lawr o dan y gramen gyfandirol
Mantell	Mae pwysau aruthrol y gramen gefnforol yn tynnu'r plât wrth iddo gael ei dansugno i mewn i'r fantell

▲ **Ffigur 2** Y prosesau sy'n achosi symudiad platiau.

Mae **darfudiad** yn esboniad arall am symudiad platiau, sef proses sy'n trosglwyddo egni gwres. Gallwch chi weld y broses ar waith mewn sosban sy'n berwi: mae cynnwys y sosban yn cael ei wresogi gan yr hob oddi tani; mae'r gwres yn codi drwy gynnwys y sosban ac mae swigod yn ymddangos ar yr arwyneb, sydd fymryn yn oerach; mae'r hylif oerach yn suddo'n ôl i mewn i'r sosban tuag at y ffynhonnell wres, ac mae'r broses gyfan yn dechrau unwaith eto. Mae hyn yn creu cerrynt darfudiad cylchol. Mae'n bosibl bod proses debyg yn digwydd yn y fantell. Craidd y Ddaear yw'r ffynhonnell wres, ac wrth i'r magma godi drwy'r fantell mae'n trosglwyddo'r egni gwres hwn i ffwrdd o'r ffynhonnell. Os oes ceryntau darfudiad yn bodoli yn y fantell, gallen nhw helpu i esbonio'r symudiad platiau sydd i'w weld yn Ffigur 2.

Gweithgareddau

1 Gwnewch gopi o Ffigur 2.
   a) Rhowch y labeli yn y mannau priodol ar eich diagram i ddisgrifio proses tyniad slabiau.
   b) Ychwanegwch eich labeli eich hun mewn lliw gwahanol i esbonio proses darfudiad.

Ymyl plât dinistriol

Cylchfa yng nghramen y Ddaear lle mae platiau'n cydgyfeirio (symud tuag at ei gilydd).

Arweddion ar raddfa fawr sy'n perthyn i ffiniau platiau dinistriol

Mae **ffosydd cefnforol** yn cael eu ffurfio lle mae'r gramen gefnforol yn plygu am i lawr ac yn llithro'n ôl i'r fantell ar ymylon platiau dinistriol. Mae ffosydd cefnforol yn arweddion dwfn, cul a hir yng ngwely'r môr. Mae'r rhan fwyaf ohonyn nhw'n ddyfnach na 6 km. Mae gan Ffos Mariana, yng ngorllewin y Cefnfor Tawel, ddyfnder o 11 km, hyd o 2,500 km a lled cyfartalog o 70 km yn unig. Nid yw tansugno yn broses esmwyth. Mae ffrithiant yn cloi'r platiau wrth ei gilydd. Wrth i'r gwasgedd gynyddu, mae'r ffrithiant yn gorfod ildio iddo ac mae'r platiau'n symud gydag un ysgytiad aruthrol. Gall y daeargrynfeydd mawr hyn gael effeithiau enfawr. Y math hwn o ddaeargryn cylchfa tansugno a achosodd y tswnami yn Japan yn 2011 (gweler tudalen 128).

Mae cadwyni **mynyddoedd plyg**, fel yr Andes yn Ne America, yn enghraifft arall o'r arweddion ar raddfa fawr sy'n perthyn i ymylon platiau dinistriol. Hyd yr Andes yw 7,000 km ac mae copa sawl mynydd yn codi i dros 6,000 m. Maen nhw'n cael eu ffurfio pan fydd cramen gyfandirol yn cael ei gwasgu a'i phlygu am i fyny. Mae'r plât cefnforol o dan yr Andes yn ymdoddi yn sgil y gwres o'r fantell a'r ffrithiant sy'n cael ei achosi gan dansugno. Mae hyn yn creu magma, sy'n codi drwy'r gramen uwchben gan greu cadwyn o losgfynyddoedd mawr, fel y rhai sydd i'w gweld yn Ffigur 3.

Gweithgareddau

2 a) Disgrifiwch y dirwedd yn Ffigur 1.
   b) Defnyddiwch Ffigur 3 i ddisgrifio'r broses sy'n gyfrifol am y dirwedd hon.
3 Esboniwch pam mae angen i wyddonwyr ddeall proses tansugno.

Gwaith ymholi

Ydy pob rhan o system y gefnen canol cefnfor yn debyg?

- Ymchwiliwch i'r ddwy ran hon:
  a) Cefnen Canol Iwerydd
  b) Cefnen Dwyrain y Cefnfor Tawel.
- Disgrifiwch y pethau sy'n debyg a'r pethau sy'n wahanol rhwng y rhannau hyn o system y gefnen canol cefnfor.

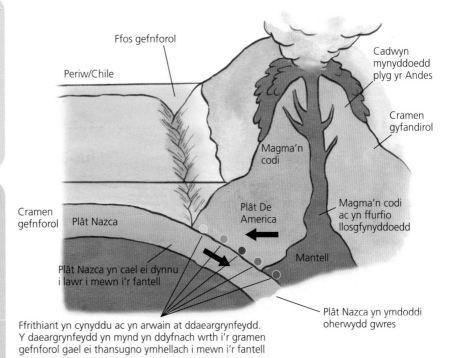

Ffrithiant yn cynyddu ac yn arwain at ddaeargrynfeydd. Y daeargrynfeydd yn mynd yn ddyfnach wrth i'r gramen gefnforol gael ei thansugno ymhellach i mewn i'r fantell

▲ **Ffigur 3** Sut mae ffosydd cefnforol a mynyddoedd plyg yn cael eu ffurfio yn Ne America.

Pa arweddion tectonig mawr sydd i'w gweld ar ymylon platiau adeiladol?

Mae Gwlad yr Iâ, yng nghanol Cefnfor Iwerydd, wedi'i ffurfio gan echdoriadau folcanig ar **ymylon platiau adeiladol**. Mae daeargrynfeydd yn digwydd ar hyd ffiniau'r platiau hyn wrth i'r platiau gael eu rhwygo oddi wrth ei gilydd ac wrth i fagma wthio ei ffordd drwy **holltau** yn y gramen. Daeargrynfeydd o faint bach a chanolig yw'r rhain fel arfer, ond maen nhw'n teimlo'n gryfach gan eu bod yn digwydd yn agos at yr arwyneb. Fodd bynnag, gan fod y rhan fwyaf o ffiniau platiau adeiladol yng nghanol cefnforoedd, nid yw'r daeargrynfeydd hyn yn fygythiad mawr i bobl fel arfer.

Ymyl plât adeiladol

Rhanbarth yng nghramen y Ddaear lle mae platiau'n symud oddi wrth ei gilydd (term arall yw cylchfa dargyfeirio).

Gweithgareddau

1 Defnyddiwch Ffigur 4 i enwi parau o blatiau sy'n ffurfio:
   a) ymylon platiau adeiladol
   b) ymylon platiau dinistriol.
2 Defnyddiwch Ffigur 4 ac atlas i enwi:
   a) pedair gwlad sydd wedi'u lleoli ar ffiniau platiau dinistriol
   b) pedair gwlad sydd wedi'u lleoli ar ffiniau platiau adeiladol.
3 a) Gwnewch fraslun o Ffigur 5.
   b) Cysylltwch y labeli â 5 arwedd sydd wedi'u rhifo yn y ffotograff.

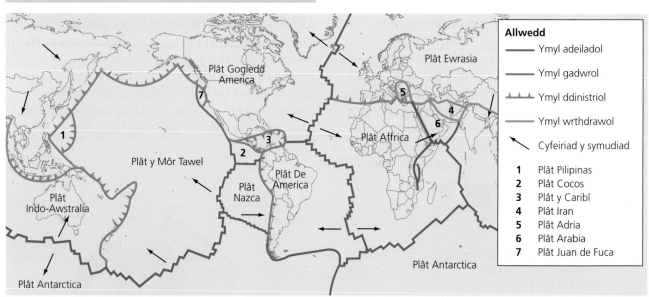

Allwedd
- Ymyl adeiladol
- Ymyl gadwrol
- Ymyl ddinistriol
- Ymyl wrthdrawol
- Cyfeiriad y symudiad

1 Plât Pilipinas
2 Plât Cocos
3 Plât y Caribî
4 Plât Iran
5 Plât Adria
6 Plât Arabia
7 Plât Juan de Fuca

▲ **Ffigur 4** Ymylon platiau a chyfeiriad symudiad y platiau.

System y gefnen canol cefnfor

Cadwyn anferth o fynyddoedd wedi'i ffurfio ar hyd ymylon platiau adeiladol y Ddaear yw system y gefnen canol cefnfor. Ar gyfartaledd, mae uchder y gefnen yn 2,500 m (tua dwywaith uchder yr Wyddfa) a'i hyd dros 65,000 km. Mae'n amgylchynu'r byd, yn debyg i'r pwythau sy'n amgylchynu pêl griced. Mae llawer o graciau ac agennau dwfn yng nghanol y gefnen lle mae'r gramen yn gwahanu. Mae echdoriadau folcanig yn digwydd yn aml ar hyd y gefnen. Mae'r rhan fwyaf o'r gefnen canol cefnfor tua 2,500 m islaw lefel y môr, ond mae'r gefnen i'w gweld mewn ambell fan lle mae gweithgaredd folcanig wedi creu ynysoedd, er enghraifft yng Ngwlad yr Iâ.

Ffurfio dyffrynnoedd hollt

Mae Gwlad yr Iâ wedi'i leoli naill ochr i'r llall o Gefnen Canol Iwerydd ar ben **man poeth folcanig**. Mae Gwlad yr Iâ yn cael ei rhannu'n ddwy yn raddol, ac mae hyn i'w weld yn glir ym Mharc Cenedlaethol Thingvellir. Dros amser mae agen enfawr â'i hyd yn 7.7 km wedi agor ar arwyneb y Ddaear. Wrth i'r agen ledu, mae'r tir yn y canol wedi suddo'n raddol. Mae'r broses hon wedi ffurfio **dyffryn hollt** (neu **graben**). Mae llawr y dyffryn yn wastad ac mae **sgarpiau** serth ar bob ochr. Mae'r hollt yn parhau i dyfu. Mae waliau'r dyffryn yn symud 7 mm oddi wrth ei gilydd ar gyfartaledd bob blwyddyn ac mae llawr y dyffryn yn ymsuddo tua 1 mm bob blwyddyn.

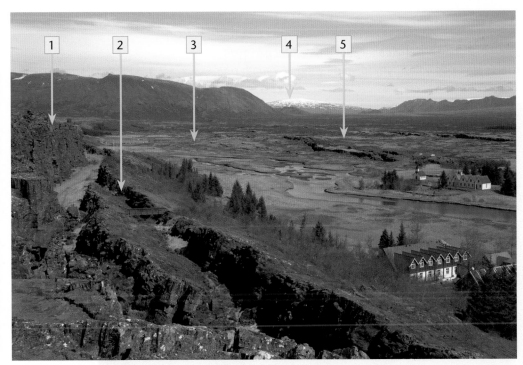

Mae llawr gwastad y dyffryn hollt yn cael ei ffurfio gan ymsuddiant

Sgarpiau serth ar ymyl gorllewinol yr hollt

Llethrau graddol llosgfynydd tarian

Mae agennau dwfn yn llawr y dyffryn yn awgrymu bod y platiau yn parhau i ddargyfeirio

Slabiau o gramen ar ogwydd yn ymsuddo ar hyd ymyl yr hollt

◀ **Ffigur 5** Yr olygfa tua'r gogledd o sgarp gorllewinol y dyffryn hollt yn Thingvellir, Gwlad yr Iâ.

▲ **Ffigur 6** Map o Wlad yr Iâ yn dangos ble mae'r gylchfa dargyfeirio yn croesi'r wlad.

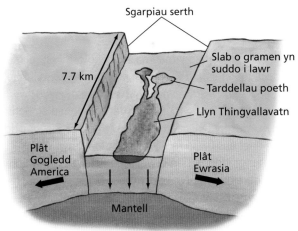

▲ **Ffigur 7** Ffurfio'r dyffryn hollt yn Thingvellir, Gwlad yr Iâ.

Gweithgareddau

4 a) Defnyddiwch Ffigur 7 i ddisgrifio lleoliad y gylchfa dargyfeirio yng Ngwlad yr Iâ.

b) Awgrymwch ragdybiaeth sy'n esbonio'r patrwm sydd wedi'i greu gan losgfynyddoedd a daeargrynfeydd yng Ngwlad yr Iâ.

c) Ble byddech chi'n disgwyl dod o hyd i'r creigiau hynaf yng Ngwlad yr Iâ a pham?

Gwaith ymholi

Ble arall mae ymylon platiau adeiladol i'w gweld ar dir?

Ymchwiliwch i arweddion Dyffryn Hollt Affrica. Lluniwch boster sy'n disgrifio'r arweddion tectonig sydd i'w gweld yma. Dylech chi gynnwys:

■ llinfap yn dangos ffiniau platiau a chyfeiriad symudiad y platiau

■ disgrifiad o'r dyffryn hollt ac un llosgfynydd byw sydd yn y rhanbarth hwn.

Arweddion tirweddau folcanig

Mae llosgfynyddoedd yn cael eu creu ar ffiniau platiau adeiladol a dinistriol pan fydd magma yn cael ei wthio i'r arwyneb. Mae siâp y llosgfynydd yn dibynnu ar y math o fagma a swm y nwy sydd yn y magma hwn.

▲ **Ffigur 8** Mae copa llosgfynydd tarian Erta Ale yn Ethiopia 613 m uwchben lefel y môr ac mae ganddo lethrau graddol. Mae'n enwog oherwydd bod llyn o lafa yn ei grater.

Llosgfynyddoedd tarian

Fel arfer, mae gan y magma sy'n dod o ffiniau platiau adeiladol lefelau **gludedd** isel a swm isel o nwy. Mae'r lafa yn lledaenu ar draws **meysydd lafa** llydan, sydd fwy neu lai'n wastad, yn hytrach nag adeiladu conau ag ochrau serth. **Llosgfynyddoedd tarian** yw'r enw ar losgfynyddoedd sy'n cael eu ffurfio fel hyn am fod ganddyn nhw lethrau graddol a siâp crwn. Mae Erta Ale yn Ethiopia, Skjaldbreidur yng Ngwlad yr Iâ, a Mauna Loa yn Hawaii yn enghreifftiau o losgfynyddoedd tarian. Mauna Loa yw llosgfynydd mwyaf y byd. Mae'r copa 9,170 m uwchben gwely'r môr ac mae troed y llosgfynydd, o un pen i'r llall, yn 125 km.

Stratolosgfynyddoedd

Llosgfynydd mawr, siâp côn, ag ochrau serth yw **stratolosgfynydd** (neu losgfynydd cyfansawdd). Maen nhw wedi'u creu o haenau o ludw a lafa o nifer mawr o echdoriadau. Maen nhw'n cael eu ffurfio mewn mannau lle mae cryn dipyn o nwy yn y magma. Mae hyn yn golygu bod gludedd uchel gan y lafa, ac felly nid yw'n gallu llifo cystal. Yn ystod echdoriad, gall y lafa gludiog greu cromen ag ochrau serth.

Mae stratolosgfynyddoedd i'w gweld yn aml ar ffiniau platiau dinistriol. Mae Mynydd Merapi yn Indonesia (Ffigur 9 a thudalen 120) a llosgfynydd Bryniau Soufrière ar Ynys Montserrat (tudalen 118) yn enghreifftiau o stratolosgfynyddoedd. Fodd bynnag, maen nhw hefyd i'w gweld ar gefnenau canol cefnfor, fel Mynydd Pico yn yr Açores (tudalen 112). Mae rhai stratolosgfynyddoedd wedi'u lleoli yn agos at boblogaethau mawr, ac mae'r ffrwydradau mawr sy'n digwydd pan fyddan nhw'n echdorri yn eu gwneud nhw'n beryglus. Mae Vesuvius yn yr Eidal a Merapi yn Indonesia yn enghreifftiau o stratolosgfynyddoedd peryglus.

▲ **Ffigur 9** Stratolosgfynydd yw Mynydd Merapi yn Indonesia. Sylwch ar y dyffrynnoedd afonydd dwfn sydd wedi'u naddu drwy haenau o ludw meddal o lawer o echdoriadau blaenorol.

Llosgfynyddoedd tarian Hawaii

Cadwyn o fynyddoedd mawr iawn wedi'i chreu gan weithgaredd folcanig yw Ynysoedd Hawaii, ond dydyn nhw ddim yn agos at ffin platiau. Mae Ynysoedd Hawaii wedi ffurfio ar ben **man poeth folcanig** yng nghanol Plât y Cefnfor Tawel. Mae'r ffin platiau agosaf 3,200 km i ffwrdd. Fel sydd i'w weld yn Ffigur 10, wrth i Blât y Cefnfor Tawel symud yn araf ar draws y man poeth, mae magma'n codi drwy'r gramen ac yn ffurfio ynys folcanig. Dros amser, mae'r plât yn symud ond mae'r man poeth yn aros yn yr un man. O ganlyniad, mae llosgfynyddoedd tarian newydd yn cael eu ffurfio y tu ôl i linell o ynysoedd sy'n mynd yn hŷn ac yn hŷn, ac sy'n cynnwys llosgfynyddoedd marw.

Mannau poeth folcanig

Lleoliadau ar gramen y Ddaear sydd yn arbennig o actif. Y gred yw bod mannau poeth yn ymddangos lle mae ffrydiau o fagma tanbaid yn codi drwy'r fantell. Mae'r ffrwd yn dod o hyd i wendid yn y gramen ac yn torri drwyddi i greu gweithgaredd folcanig. Mae rhai mannau poeth ar ffiniau platiau. Un enghraifft yw Gwlad yr Iâ sy'n fan poeth ar Gefnen Canol Iwerydd. Gall mannau poeth ymddangos yng nghanol platiau hefyd.

Geiserau

Mewn llawer o ranbarthau folcanig, mae dŵr yn rhyngweithio â gwres yn y ddaear i greu arweddion thermol fel **geiserau**, tarddellau poeth, mygdyllau a photiau llaid. Mae'r arweddion llai hyn yn cael eu creu pan fydd dŵr glaw neu ddŵr eira yn trylifo i lawr ac yn cwrdd â chreigiau poeth. Mae'r dŵr yn cynhesu ac yn ehangu. Mae hyn yn cynyddu'r gwasgedd, ac yn gorfodi cymysgedd o ddŵr berw ac ager i deithio yn ôl i'r arwyneb drwy agennau yn y ddaear. Weithiau mae hyn yn digwydd ar ffurf ffrwydradau hydrothermol syfrdanol sy'n anfon colofnau o ager yn uchel i'r awyr. Os bydd geiser yn ffrwydro dro ar ôl tro, gall hyn greu crater bach sydd ychydig fetrau o un pen i'r llall.

Plât y Cefnfor Tawel

Ffrwd o fagma'n codi mewn man poeth sefydlog

Yr ynys hynaf

Yr ynys ifancaf

Cyfeiriad symudiad Plât y Cefnfor Tawel

Kauai

Oahu

Maui

Ynys Hawaii

Cefnen Hawaii

Mantell

▲ **Ffigur 10** Cadwyni o ynysoedd folcanig wedi'u ffurfio ar fan poeth, fel Ynysoedd Hawaii.

Gweithgareddau

1 Disgrifiwch y prif bethau sy'n debyg a'r prif bethau sy'n wahanol rhwng llosgfynyddoedd tarian a stratolosgfynyddoedd.
2 Pam mae stratolosgfynyddoedd yn cael eu hystyried yn fwy peryglus na llosgfynyddoedd tarian? Pa ddifrod gallai llosgfynyddoedd tarian ei achosi?
3 a) Gwnewch gopi o Ffigur 10.
 b) Rhowch labeli yn y lleoedd addas ar eich diagram.
4 Lluniadwch ddiagram syml wedi'i labelu neu siart llif i ddangos sut mae geiser yn gweithio.

Gwaith ymholi

Lluniwch hierarchaeth o fathau o losgfynyddoedd yn ôl eu maint a pha mor beryglus ydyn nhw. Disgrifiwch unrhyw broblemau y daethoch chi ar eu traws wrth benderfynu ar drefn y llosgfynyddoedd.

◀ **Ffigur 11** Ager, yng nghanol y ffotograff, yn gwthio ymchwydd o ddŵr allan o grater hydrothermol bach. Mae'r geiser hwn, sydd yn Strokkur yng Ngwlad yr Iâ, yn echdorri bob 8–10 munud.

Deall tirweddau folcanig

Mae llosgfynyddoedd tarian a stratolosgfynyddoedd yn arweddion folcanig mawr. Fodd bynnag, mae tirweddau folcanig yn cynnwys llawer o dirffurfiau ar wahân ar **raddfeydd** gwahanol. Y cyfuniad o'r tirffurfiau gwahanol hyn sy'n creu tirwedd nodedig ac unigryw.

◄ **Ffigur 12** Golygfa o Fynydd Pico, yn yr Açores, o Faial. Mae'r ddwy yn ynysoedd folcanig ar Gefnen Canol Iwerydd.

Dyffryn hollt bach (graben)

Stratolosgfynydd ag uchder o 2,351 m; mae ganddo siâp côn nodweddiadol ag ochrau serth

Grŵp o dri chôn lludw o leiaf, pob un ag uchder o 100–250 m

Meysydd lafa ar ogwydd ysgafn ar lethrau is y stratolosgfynydd; mae tiwbiau lafa wedi cael eu darganfod yma

Côn lafa bach a dyfodd yng nghrater y stratolosgfynydd yn ystod ei echdoriad diwethaf

Conau lludw

Y math lleiaf o losgfynydd, sy'n fwyaf cyffredin, yw **côn lludw**. Mae'r bryniau hyn sydd â siâp côn i'w gweld ar eu pen eu hunain (er enghraifft Parícutin, México) neu ar lethrau llosgfynyddoedd eraill sy'n fwy o faint. Maen nhw wedi'u gwneud o'r marwor (neu **sgoria**) sy'n cael eu creu pan fydd lafa'n cael ei hyrddio i'r awyr o un agorfa. Mae chwistrelliad y lafa yn oeri'n gyflym iawn wrth iddo gael ei daflu drwy'r aer, ac mae'n disgyn i'r ddaear fel marwor poeth. Mae'r marwor hyn yn cronni o amgylch yr agorfa i greu côn crwn ag ochrau serth. Mae conau lludw yn cael eu creu yn ystod un echdoriad fel arfer. Mae hyn yn esbonio pam mae conau lludw yn llai na llosgfynyddoedd cyfansawdd sy'n esblygu dros sawl echdoriad.

Tiwbiau lafa

Mae Ffigur 5, tudalen 116, yn dangos llif lafa yn Hawaii. Mae arwyneb y lafa wedi oeri yn yr aer ac mae'n caledu. Mae'r haen hon yn ynysu lafa oddi tani sy'n aros fel hylif – gallwch chi weld lafa crasboeth, sydd dros 1000°C, yng nghanol y ffotograff. Gall afonydd lafa tanddaearol lifo ychydig o dan arwyneb y ddaear sydd wedi caledu, mor bell â 50 km o grater y llosgfynydd. Pan ddaw'r echdoriad i ben, mae'r lafa hylifol yn draenio i ffwrdd gan adael **tiwb lafa** gwag. Mae'r tiwbiau lafa hyn yn tueddu i fod yn hirgrwn, ac fel arfer mae ganddyn nhw led o 5–10 m, uchder o 1–5 m ac maen nhw'n ymestyn am gannoedd o fetrau. Mae rhai tiwbiau yn creu patrymau canghennog lle mae llednentydd o lafa wedi ymuno â'i gilydd.

▲ **Ffigur 13** Tiwb lafa ar lethrau isaf Mynydd Pico sydd yn yr Açores. Sylwch ar y ffurfiannau ar y to lle mae lafa poeth wedi caledu wrth iddo ddiferu o nenfwd y tiwb.

Callorau

Yn achos rhai echdoriadau nerthol, mae cymaint o lafa a lludw yn cael eu saethu allan nes bod y **siambr magma** sy'n cyflenwi'r llosgfynydd yn wag. Mae rhan uchaf y llosgfynydd yn dymchwel i'r gofod gwag oddi tani, gan greu pant crwn sy'n fwy nag agorfa folcanig arferol. **Callorau** yw enw'r arweddion hyn. Mae maint callorau yn amrywio'n fawr. Mae'r callor ar ynys Faial, yn yr Açores, sydd i'w weld yn Ffigur 14, yn 2 km o un ochr i'r llall ac mae ganddo ddyfnder o 400 m. Cafodd callor Yellowstone yng Ngogledd America ei ffurfio gan echdoriad llawer mwy ffrwydrol, ac o ganlyniad mae'n fwy o lawer. Mae'r callor hwn yn mesur 55 km wrth 72 km o un ochr i'r llall.

▲ **Ffigur 14** Yr olygfa i mewn i'r callor ar ynys Faial yn yr Açores.

▲ **Ffigur 15** Sut mae callor yn ffurfio.

Mae gan ochrau serth y callor uchder o 400 m

Mae côn lludw bach ag agorfa ganolog ar waelod y callor

Mae tirlithriad diweddar ar y llethr serth wedi difetha'r llystyfiant i gyd

Pentyrrau o sgri wrth droed y callor yn sgil hen dirlithriadau

Graddfa

Mae graddfa yn gysyniad daearyddol pwysig. Yn aml, mae tirweddau yn gymysgedd cymhleth o arweddion a thirffurfiau gwahanol. Mae graddfa'n helpu daearyddwyr i rannu'r dirwedd yn rhannau gwahanol. Mae graddfa hefyd yn eu galluogi i ddisgrifio maint cymharol yr arweddion daearyddol hyn a'r prosesau sy'n eu creu nhw.

Pennod 2 Lleoedd sy'n agored i niwed a lleihau peryglon

Pam mae rhai cymunedau'n agored i niwed gan ddigwyddiadau tectonig?

Mae prosesau tectonig yn creu amrywiaeth o ddigwyddiadau sy'n gallu bod yn beryglus, gan gynnwys echdoriadau folcanig, daeargrynfeydd a tswnami.

Mae sawl ffactor yn effeithio ar ba mor fygythiol yw'r digwyddiadau hyn i bobl, sef:

- cryfder neu **faint** y digwyddiad
- maint a dwysedd y boblogaeth, a pha mor agos yw'r boblogaeth i'r digwyddiad – nid yw echdoriad folcanig o dan y dŵr ar gefnen canol cefnfor yn beryglus, ond byddai echdoriad folcanig ger dinas fawr yn fygythiad enfawr
- pa mor **agored i niwed** yw'r bobl sy'n cael eu heffeithio gan y digwyddiad; mae hyn yn gysylltiedig â ffactorau fel tlodi.

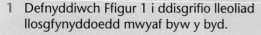

Gweithgaredd

1 Defnyddiwch Ffigur 1 i ddisgrifio lleoliad llosgfynyddoedd mwyaf byw y byd.

Natur agored i niwed

Mae natur agored i niwed yn cyfleu anallu person i ymdopi â thrychineb fel daeargryn neu berygl tectonig arall, ac anallu i adfer wedi'r digwyddiad. Mae rhai grwpiau o bobl yn fwy agored i niwed gan beryglon na grwpiau eraill. Mae tlodi, oedran, rhywedd ac anabledd i gyd yn ffactorau sy'n gallu effeithio ar fod yn agored i niwed. Er enghraifft, efallai fod cartref person tlawd heb ei adeiladu'n dda ac felly ni fydd yn gallu gwrthsefyll effeithiau'r ddaear yn ysgwyd yn ystod daeargryn.

Capasiti

Capasiti yw'r gwrthwyneb i fod yn agored i niwed. Mae'n disgrifio gallu person i oroesi perygl ac adfer yn gyflym wedi'r digwyddiad. Os yw'r adnoddau angenrheidiol gan unigolion neu gymunedau i ymdopi â'r perygl, mae eu capasiti yn cynyddu. Gall adnoddau fod yn rhai ariannol neu'n rhai materol, fel defnyddiau adeiladu cryf. Mae ffactorau fel addysg, technoleg, a pharatoi a chynllunio ar gyfer trychinebau yn gallu gwella capasiti hefyd.

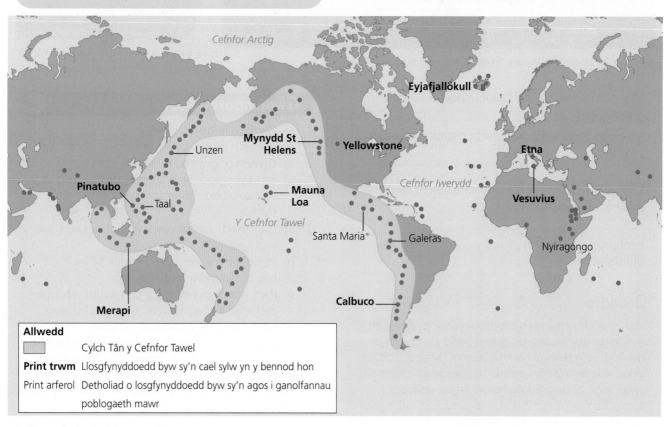

▲ **Ffigur 1** Lleoliad llosgfynyddoedd mwyaf byw y byd.

Gwlad	Nifer y llosgfynyddoedd byw	Dinasoedd â phoblogaeth sy'n fwy na 300,000	Incwm gwladol crynswth (IGC) y pen ($UDA)	Nifer y bobl sy'n byw ar lai na $UDA1.90 y dydd
Chile	108	6	14,670	0.7
Gweri. Ddem. Congo	6	16	490	76.6
Gwlad yr Iâ	35	0	60,740	0
Indonesia	147	32	3,840	5.7
Japan	118	32	41,340	0
Papua Guinea Newydd	67	1	2,530	38.0
Pilipinas	53	30	3,850	7.8

▲ **Ffigur 2** Detholiad o wledydd sydd â nifer sylweddol o losgfynyddoedd byw.

Sut gallwn fod yn llai agored i niwed yn sgil digwyddiadau tectonig?

Ar draws y byd, mae 67 dinas fawr (sydd â phoblogaeth o dros 100,000) sydd wedi'u lleoli'n agos at losgfynyddoedd byw. Ymhlith y dinasoedd hyn mae Tōkyō yn Japan, Manila yn y Pilipinas a Ciudad de México. Mae gan y tair dinas hyn boblogaethau o dros 10 miliwn. Mae nifer y dinasoedd mawr sydd mewn perygl o ddaeargrynfeydd yn fwy fyth. Mae 38 dinas fawr sydd mewn perygl o ddaeargrynfeydd yn India yn unig. I wneud lleoedd a phobl yn llai agored i niwed yn sgil digwyddiadau tectonig, mae angen i sefydliadau wneud y pethau canlynol:

- *Lleihau effaith y perygl*: mae'n bosibl lleihau effaith perygl folcanig drwy fonitro gweithgaredd folcanig, yn ogystal â rhagfynegi echdoriadau posibl a symud pobl o ardaloedd sydd dan fygythiad. Yn y tymor hir, mae modd rheoli'r risg drwy fapio'r peryglon a chyfyngu ar symudiad pobl mewn cylchfaoedd sydd mewn perygl. Maen nhw wedi ceisio gwneud hyn ar ynys folcanig Montserrat yn y Caribî.
- *Datblygu capasiti i ymdopi â'r perygl tectonig*: er enghraifft, addysgu pobl am beth dylen nhw ei wneud yn ystod daeargryn fel eu bod yn fwy tebygol o oroesi. Syniad arall yw creu cynllun trychineb fel bod y gwasanaethau brys, yr ysbytai a'r awdurdodau lleol i gyd yn gwybod beth i'w wneud yn ystod ac ar ôl daeargryn mawr. Yn Japan ac yn California yn UDA, maen nhw'n gwario llawer o arian ar drefnu cynlluniau trychineb ar gyfer daeargrynfeydd.
- *Mynd i'r afael â'r ffactorau sy'n gwneud pobl yn agored i niwed*: mae angen i lywodraethau leihau tlodi ac anghydraddoldeb yn y gymdeithas fel bod pawb yn cael yr un cyfleoedd ac yn cael eu hamddiffyn i'r un graddau yn ystod trychineb.

Gweithgareddau

2 Astudiwch Ffigur 2.
  a) Esboniwch pam mae llosgfynyddoedd yn fwy o fygythiad yn Japan nag yng Ngwlad yr Iâ.
  b) Awgrymwch pa ddwy wlad sydd fwyaf agored i niwed yn sgil gweithgaredd folcanig o bosibl. Cyfiawnhewch eich dewis.
3 Dewiswch bedwar grŵp gwahanol o bobl o'r rhai sydd i'w gweld yn Ffigur 3.
  a) Ar gyfer pob grŵp, esboniwch pam mae'n bosibl eu bod nhw'n fwy agored i niwed yn sgil trychinebau naturiol.
  b) Ar gyfer un o'r grwpiau hyn, awgrymwch sut byddai modd gwella eu capasiti i ymdopi â daeargryn.

▲ **Ffigur 3** Pam mae rhai grwpiau o bobl yn fwy agored i niwed na grwpiau eraill yn sgil trychinebau naturiol?

Peryglon folcanig

Mae'r **Mynegrif Ffrwydroldeb Folcanig (VEI)** yn cael ei ddefnyddio i fesur maint echdoriadau folcanig. Mae'n mesur uchder a chyfaint y ffrwd o ddeunydd sy'n cael ei saethu allan o losgfynyddoedd. Mae pob pwynt ar y raddfa 10 gwaith yn fwy na'r pwynt o'i flaen.

VEI	Cyfaint y deunydd sy'n cael ei saethu allan	Uchder y ffrwd	Enghraifft
0	<10,000 m³	<100 m	
1	>10,000 m³	100 m–1 km	Nyiragongo, Gwer. Ddem. Congo (2002)
2	>1,000,000 m³	1-5 km	
3	>10,000,000 m³	3-15 km	Bryniau Soufrière, Montserrat (1995)
4	>0.1 km³	>10 km	Calbuco, Chile (2015)
5	>1 km³	>20 km	
6	>10 km³	>20 km	Pinatubo, Pilipinas (1991)
7	>100 km³	>20 km	
8	>1,000 km³	>20 km	

▲ **Ffigur 4** Y Mynegrif Ffrwydroldeb Folcanig (VEI).

Llifoedd lafa

Yn anaml iawn y bydd **llifoedd lafa** yn achosi marwolaeth neu anafiadau. Maen nhw'n symud yn araf fel arfer, felly mae pobl yn gallu symud o'r ffordd. Fodd bynnag, bydd llif lafa yn dinistrio popeth sydd o'i flaen, gan gynnwys adeiladau, ffyrdd a chnydau. Weithiau mae ffyrdd yn cael eu cau, a gall hyn amharu ar ymdrechion i gael cymorth i'r ardal neu symud pobl oddi yno.

Mae Kilauea, un o'r 5 llosgfynydd yn Hawaii, wedi bod yn echdorri ers 1983. Mae lafa o'r echdoriad hwn wedi dinistrio 214 o adeiladau, gorchuddio dros 100 km² o dir ac wedi claddu 14 km o ffyrdd. Er hynny, nid yw wedi achosi unrhyw farwolaethau o gwbl yn uniongyrchol. Mae'n bosibl dargyfeirio llifoedd lafa, ond nid yw hyn yn digwydd yn Hawaii ar y cyfan am resymau ysbrydol. Mae rhwystrau wedi'u gosod o amgylch arsyllfa Mauna Loa yn Hawaii i'w

Gwaith ymholi

Beth am faint echdoriadau mwy diweddar?
- Ymchwiliwch i bob un o'r echdoriadau canlynol:
  a) Eyjafjallajökull, Gwlad yr Iâ (2010)
  b) Mynydd St Helens, UDA (1980)
  c) Tambora, Indonesia (1815)
  ch) Stromboli, yr Eidal (yr echdoriad diweddaraf).
- Cofnodwch gyfaint y deunydd a gafodd ei saethu allan. Gwnewch gopi o Ffigur 4, ac ychwanegwch bob digwyddiad ato.
- Disgrifiwch effaith economaidd a chymdeithasol un o'r digwyddiadau hyn.

hamddiffyn gan ei bod yn gartref i offer drud a phwysig iawn. Dyma'r unig rwystr lafa sydd i'w gael yn Hawaii.

Mae llifoedd lafa yn aml yn bygwth trefi a phentrefi ar lethrau Mynydd Etna yn yr Eidal. Mae dargyfeirio'r llifoedd hyn yn ddrud, ac mae penderfynu pa dir i'w achub a pha dir i'w aberthu yn achosi problemau cyfreithiol, gwleidyddol a chymdeithasol cymhleth. Fodd bynnag, mae nifer o ddulliau llwyddiannus y mae'n bosibl eu defnyddio i ddargyfeirio llifoedd lafa, er enghraifft:

- chwistrellu dŵr ar y lafa i'w oeri a'i galedu, fel ei fod yn ymddwyn fel rhwystr i'r lafa tawdd sy'n llifo y tu ôl iddo
- creu argloddiau o bridd i reoli cyfeiriad y llif lafa
- gollwng blociau concrit o hofrennydd i ddargyfeirio'r llif
- creu ffrwydradau mewn tiwbiau lafa i'w gwneud nhw'n fwy llydan ac i ledaenu'r llif; bydd y lafa yn caledu'n gyflymach ac ni fydd yn teithio mor bell.

Gweithgareddau

1 Disgrifiwch y dirwedd yn Ffigur 5.
2 Rhowch dri rheswm pam gall penderfyniad gael ei wneud i beidio â dargyfeirio llif lafa.

▲ **Ffigur 5** Llif lafa araf ar Ynys Hawaii.

Cymylau lludw

Stratolosgfynydd yn Chile yw Calbuco. Roedd echdoriad Calbuco ym mis Ebrill 2015 yn nerthol iawn a chafodd **cwmwl lludw** enfawr ei greu, sydd i'w weld yn Ffigur 7. Mae cymylau lludw yn ffurfio pan fydd echdoriad ffrwydrol yn taflu cymysgedd o nwy, darnau o graig a diferion bach o lafa yn uchel i'r awyr. Mae'r diferion lafa yn oeri'n gyflym ac yn troi'n ddarnau bach solet o ludw, tebyg i wydr. Mae'r gronynnau lludw hyn yn finiog ac yn sgraffiniol. Os ydyn nhw'n cael eu sugno i mewn i injan awyren, gall yr injan ddod i stop. Pan wnaeth Eyjafjallajökull yng Ngwlad yr Iâ echdorri yn 2010, roedd y cwmwl lludw yn ymestyn am 10 km i'r awyr. Lledaenodd y cwmwl ar draws ardal helaeth o ogledd Ewrop, ac roedd rhaid i tua 100,000 o deithiau hedfan gael eu canslo. Costiodd hyn tua $UDA2.6 biliwn i'r diwydiant hedfan.

Wrth iddo gwympo i'r ddaear, mae'r lludw'n ymgasglu ar linellau trydan a chyfathrebu yn ogystal ag adeiladau. Pan fydd glaw'n disgyn, mae'r lludw yn mynd yn drymach ac yn achosi difrod i adeiladau a thoriadau pŵer. Mae lludw'n gallu cael effaith ar iechyd hefyd. Mae'n gallu llygru cyflenwadau dŵr, ac mae anadlu lludw folcanig yn gallu achosi niwed i'r ysgyfaint. Mae lludw'n gallu difrodi cnydau hefyd, gan arwain at brinder bwyd a phrisiau bwyd uwch.

▲ **Ffigur 6** Map yn dangos lledaeniad cwmwl lludw Calbuco ar 25 Ebrill 2015.

▲ **Ffigur 7** Echdoriad llosgfynydd Calbuco yn ne Chile yn 2015 ar ôl bod yn segur am 43 mlynedd.

1893–94	1895	1906	1907	1909	1911–12	1917	1929	1961	1972	2015

▲ **Ffigur 8** Y blynyddoedd mae Calbuco, Chile, wedi echdorri.

Cwmwl lludw

Perygl folcanig graddfa fawr sy'n cael ei achosi gan echdoriad darnau mân o greigiau folcanig i mewn i'r atmosffer.

Echdoriad Calbuco, Chile (2015)

- Roedd y ffrwd lludw yn ymestyn dros 15 km i'r awyr.
- Teithiodd llifoedd pyroclastig am bellter o hyd at 7 km.
- Teithiodd laharau (llifoedd llaid folcanig) am 15 km.
- Cafodd teithiau hedfan rhyngwladol eu gohirio neu eu canslo.
- Cafodd tref Ensenada (â phoblogaeth o 1,600) ei gorchuddio â 50 cm o ludw; cwympodd rhai tai o dan bwysau'r lludw ar y to.
- Cafodd tua 5,000 o bobl eu symud o'r ardal.

Gweithgareddau

3 Defnyddiwch y Ffeil Ffeithiau i ddisgrifio:
  a) maint echdoriad Calbuco yn 2015
  b) effeithiau economaidd a chymdeithasol y digwyddiad.
4 a) Defnyddiwch y data yn Ffigur 8 i blotio graff amlder.
  b) Cyfrifwch amlder echdoriadau Calbuco.
5 Defnyddiwch Ffigur 6 i ddisgrifio:
  a) lleoliad Calbuco
  b) arwynebedd a lleoliad y cwmwl lludw yn fras.
6 a) Esboniwch pam roedd rhaid canslo teithiau hedfan ar draws Ewrop yn ystod echdoriad Eyjafjallajökull yn 2010.
  b) Awgrymwch sut gallai hyn fod wedi effeithio ar deithwyr busnes a thwristiaid.

Pam mae llifoedd pyroclastig mor beryglus?

Cymylau o nwy, lludw a chreigiau gor-boeth sy'n symud yn gyflym yw **llifoedd pyroclastig**. Maen nhw'n digwydd pan fydd colofn o ludw yn dymchwel. Maen nhw hefyd yn gallu digwydd pan fydd cromen o lafa sy'n oeri yn dymchwel. Mae hyn yn achosi i egni gael ei ryddhau o'r siambr magma o dan y gromen, sy'n creu echdoriad sydyn a nerthol o ludw a nwy.

Mae llifoedd pyroclastig yn gallu lladd. Mae Arolwg Daearegol Prydain, sy'n monitro llosgfynydd Bryniau Soufrière yn Montserrat, wedi cofnodi tymereddau rhwng 100 a 600°C y tu mewn i'r llifoedd.

Mae llifoedd pyroclastig ar ynys Montserrat yn tueddu i deithio ar gyflymder o tua 100 cilometr yr awr i lawr

ochr y llosgfynydd. Maen nhw'n cario darnau o greigiau sy'n amrywio o ran maint – o ludw mân i greigiau sydd yr un maint â char bach. Gallan nhw ddymchwel adeiladau ac mae'r tymereddau uchel sydd ganddyn nhw yn gallu dechrau tanau. Hyd yn oed ar ymylon y llif, mae pobl mewn perygl o losgi, ac o anadlu a thagu ar nwyon poeth. Er mai cymylau o ddeunydd solet yw llifoedd pyroclastig, maen nhw'n symud fel hylif, gan lifo'n agos at y ddaear a dilyn patrymau cyfuchlinol am i lawr, yn debyg iawn i eirlithradau. Fodd bynnag, mae ganddyn nhw ddigon o fàs ac egni i lifo i fyny'r llethrau ar waelod llosgfynydd. Mae hyn yn golygu ei bod hi'n anodd rhagweld i ba gyfeiriad byddan nhw'n llifo.

▲ **Ffigur 9** Mae colofn ludw yn dymchwel yn gallu achosi llifoedd pyroclastig.

Mae lludw'n codi mewn colofn hyd at 20 km i fyny i'r atmosffer; wrth i wasgedd gael ei ryddhau o'r siambr magma, mae'r nwy yn y golofn yn ehangu; mae'n debyg i ysgwyd potel o bop cyn ei hagor

Nid yw'r echdoriad yn gallu dal pwysau'r lludw; mae'n dymchwel oherwydd effaith disgyrchiant

Mae'r llif pyroclastig yn cynnwys cymysgedd o ddarnau o graig trwm, lludw a nwy; mae'n rholio i lawr y llethrau, gan lifo'n agos at y ddaear

Mae darnau o graig ysgafn a lludw yn chwythu i fyny uwchben prif ran y llif

▲ **Ffigur 10** Llif pyroclastig ar Fryniau Soufrière, Montserrat.

Gweithgareddau

1 Disgrifiwch sut gallai llifoedd pyroclastig effeithio ar y canlynol:
   a) pobl
   b) yr economi
   c) yr amgylchedd.

2 a) Gwnewch gopi o Ffigur 9.
   b) Rhowch yr anodiadau mewn mannau priodol ar eich diagram.

3 Awgrymwch labeli neu anodiadau addas ar gyfer pob un o'r tri phwynt yn Ffigur 10.

Mapio peryglon

Mae lefel bygythiad digwyddiadau tectonig, fel llifoedd pyroclastig, yn cynyddu yn ôl maint y digwyddiad ond hefyd yn ôl pa mor agored i niwed yw'r cymunedau lleol. Os oes modd symud cymunedau o'r ardaloedd hyn, mae'r bygythiad yn diflannu. **Mapio peryglon** yw creu map sy'n nodi lefelau bygythiad. Mae'n golygu bod awdurdodau lleol yn gallu:

- cyfyngu ar fynediad pobl i ardaloedd peryglus – er enghraifft, dim ond yn ystod golau dydd mae gan bobl yr hawl i fynd i'r ardaloedd hyn, neu dim ond gwyddonwyr sy'n cael mynd i'r cylchfaoedd mwyaf peryglus

- rheoli datblygiad ardaloedd sydd mewn perygl o ddioddef difrod yn sgil digwyddiadau tectonig – er enghraifft, atal pobl rhag adeiladu tai newydd mewn cylchfaoedd peryglon.

Echdorodd llosgfynydd Bryniau Soufrière yn Montserrat yn ffyrnig yn 1995. Ni chafwyd unrhyw echdoriadau ers

2012, er bod gwyddonwyr yn dal i fonitro'r llosgfynydd yn ofalus. Mae de'r ynys wedi'i rannu'n 6 chylchfa, sydd i'w gweld yn Ffigur 11. Dim ond gwyddonwyr sy'n cael mynd i Gylchfa V, er bod pobl yn gallu mynd a dod i rai rhannau o'r gylchfa hon pan nad oes llawer o weithgaredd folcanig. Hefyd mae yna ardaloedd dan waharddiad ar y môr oherwydd bod llifoedd pyroclastig yn gallu cyrraedd yr arfordir a theithio allan i'r môr. Mae llawer o drigolion wedi gadael yr ynys ers i'r llosgfynydd ddechrau echdorri yn 1995 – mae llawer ohonyn nhw wedi symud i'r DU.

Blwyddyn	Poblogaeth
1951	14,100
1961	11,900
1971	11,600
1981	11,900
1991	10,800
2003	4,500
2019	5,200

▲ **Ffigur 12** Poblogaeth Montserrat.

Cyswllt at y we

www.mvo.ms – gwefan Arsyllfa Llosgfynyddoedd Montserrat.

▲ **Ffigur 11** Map peryglon ar gyfer Montserrat; dim ond gogledd yr ynys sydd yn y gylchfa ddiogel.

Gweithgareddau

4 Astudiwch Ffigur 11.
   a) Amcangyfrifwch pa ganran o'r ynys sydd yn y gylchfa ddiogel.
   b) Sut gallai'r ardaloedd dan waharddiad ar y môr effeithio ar bobl leol?
   c) Cafodd yr hen brifddinas, Plymouth, a maes awyr W H Bramble eu gadael (*abandoned*). Pa broblemau fyddai'r penderfyniad hwn wedi'u hachosi i bobl Montserrat?
5 a) Cyflwynwch y data yn Ffigur 12 mewn graff addas.
   b) Disgrifiwch beth sydd wedi digwydd i'r boblogaeth ers i'r echdoriad ddechrau yn 1995.

Gwaith ymholi

Beth yw lefel y perygl yn Montserrat heddiw?

- Defnyddiwch y cyswllt at y we ar gyfer Arsyllfa Llosgfynyddoedd Montserrat.

- Gwnewch linfap o Ffigur 11. Defnyddiwch god lliw i ddangos lefel y perygl ar hyn o bryd.

- Pa lefel o weithgaredd sy'n cael ei chaniatáu ym mhob cylchfa sydd o dan lefel y perygl ar hyn o bryd?

Peryglon folcanig Mynydd Merapi

Stratolosgfynydd yng Nghanolbarth Jawa yw Mynydd Merapi. Dyma un o ardaloedd mwyaf poblog Indonesia. Mynydd Merapi yw llosgfynydd mwyaf byw Indonesia, ac mae'n cynhyrchu llifoedd pyroclastig a chymylau lludw. Mae'n cael ei ffurfio wrth i'r Plât Indo-Awstralia gael ei dansugno o dan Blât Ewrasia ar ffin platiau dinistriol.

Gweithgareddau

1 Defnyddiwch Ffigur 13 i ddisgrifio:
   a) lleoliad Mynydd Merapi
   b) dosbarthiad llosgfynyddoedd yn y rhanbarth hwn.
2 a) Defnyddiwch y data yn Ffigur 14 i blotio graff amlder.
   b) Cyfrifwch amlder echdoriadau Mynydd Merapi.
3 Disgrifiwch effeithiau echdoriad 2010. Ystyriwch yr effeithiau ar:
   a) y bobl
   b) yr economi.

▲ **Ffigur 13** Lleoliad Mynydd Merapi, Indonesia.

1933–35	1939–40	1944–45	1948–49	1953–58	1961	1967–69	1971	1972–90
1992–98	2001–2	2006	2007	2010–11	2012	2013	2018	2019

▲ **Ffigur 14** Amlder echdoriadau Mynydd Merapi, Indonesia, ers 1933.

Effeithiau echdoriad mis Hydref 2010

Maint echdoriad Mynydd Merapi yn 2010 oedd *VEI-4*. Cafodd cartrefi a chnydau eu dinistrio gan y ffrwydrad, gyda llifoedd pyroclastig yn teithio hyd at 10 km o'r copa. Collodd miloedd o bobl eu cartrefi. Roedd 30 cm o ludw wedi cwympo mewn pentrefi hyd at 20 km i ffwrdd ac achosodd hyn broblemau anadlu. Roedd rhaid i awyrennau lanio yng Ngorllewin Awstralia oherwydd y perygl o ddifrod i awyrennau, ac roedd rhaid canslo cannoedd o deithiau hedfan rhyngwladol i mewn ac allan o Indonesia. Cafodd ei amcangyfrif bod yr echdoriad wedi achosi colledion ariannol o tua $UDA700 miliwn.

Yn yr wythnos yn dilyn yr echdoriad, cododd prisiau bwyd ac roedd miloedd yn ei chael yn anodd talu'r prisiau uwch. Cafodd 700 o lochesau argyfwng eu darparu, ond roedden nhw'n orlawn a doedd dim digon o ddŵr yfed glân na thoiledau. Arweiniodd hyn at safonau iechydaeth gwael a pherygl y gallai clefydau fel colera ledaenu.

27 miliwn metr ciwbig o ludw a chraig wedi'u dyddodi yn Afon Gendol

Ardal dan waharddiad o **20 km**

320,000 o bobl wedi gorfod gadael yr ardal

353 o farwolaethau

26,00 hectar o gnydau wedi'u gorchuddio gan ludw

1,900 o dda byw wedi'u lladd (gwartheg godro yn bennaf)

▲ **Ffigur 15** Ystadegau'n ymwneud ag echdoriad Mynydd Merapi yn 2010.

Monitro peryglon

Wrth fonitro peryglon mae gwyddonwyr yn ceisio rhagweld pryd bydd yr echdoriad nesaf yn digwydd. Mae data o orsafoedd monitro ar Fynydd Merapi yn cael eu hanfon i Arsyllfa Llosgfynyddoedd Merapi yn ninas Yogyakarta. Mae'r data yn cael eu prosesu ac mae lefel perygl y llosgfynydd yn cael ei addasu bob dydd fel bod modd rhybuddio pobl leol os bydd echdoriad yn dod yn fwy tebygol.

Mae 6 man arsylwi o amgylch Mynydd Merapi. Yma, mae ffotograffau'n cael eu tynnu'n rheolaidd i ddangos esblygiad y gromen lafa ac i gofnodi nifer y cwymp creigiau. Mae gwyddonwyr yn ceisio rhagfynegi cyfeiriad llifoedd pyroclastig y dyfodol ar sail newidiadau yn siâp y gromen. Mae lloerenni'n darparu delweddau cydraniad uchel (*high resolution*) o newidiadau gweladwy, ac mae delweddau isgoch thermol yn dangos cynnydd yn y tymheredd wrth i'r magma godi. Mae mesuryddion gogwydd yn dadansoddi symudiadau'r ddaear. Mae 5 gorsaf arsyllu hefyd yn anfon paladr laser at y drychau sydd wedi'u gosod o amgylch y llosgfynydd i fesur y newid lleiaf yn siâp y ddaear. Gall y tir chwyddo lle mae magma yn llenwi'r siambr magma o dan y llosgfynydd. Mae gan Fynydd Merapi wyth seismomedr – offer sy'n cofnodi daeargrynfeydd. Mae 4 gorsaf yn gwneud gwaith monitro geomagnetig: maen nhw'n mesur arddwysedd geomagnetig unwaith bob munud. Hefyd, mae sawl safle monitro geocemegol sefydlog gan Fynydd Merapi sy'n cymryd samplau o allyriadau nwy.

▲ **Ffigur 16** Timau chwilio ac achub yn chwilio am oroeswyr mewn cymuned ar lan afon a oedd yn gartref i 200 o bobl, tua 8 km o Fynydd Merapi, Indonesia.

Monitro peryglon

Defnyddir amrywiaeth o wahanol offer gwyddonol i arsylwi ar losgfynyddoedd. Gallai'r data sy'n cael eu casglu rhoi cliw i wyddonwyr a yw llosgfynydd ar fin echdorri. Mae gwyddonwyr yn defnyddio'r data hyn i roi digon o amser i bobl leol symud allan o'r ardal.

Mwy o weithgaredd seismig (mwy o ddaeargrynfeydd) wrth i'r magma wthio ei ffordd i fyny drwy'r llosgfynydd

Mwy o wres yn cael ei daflu allan wrth i'r magma nesáu at yr arwyneb

Anffurfiad y ddaear (newid yn ei siâp) wrth i'r magma sy'n codi wthio'r graig uwch ei ben i fyny

Rhagfynegi echdoriad

Nwyon fel sylffwr deuocsid a charbon deuocsid yn cael eu rhyddhau o'r magma

Cwymp creigiau yn cael eu cofnodi wrth i lethrau'r llosgfynydd ddechrau ysgwyd yn sgil symudiadau'r magma

Newidiadau mewn meysydd magnetig; mae creigiau'n colli eu magnetedd wrth iddyn nhw gael eu gwresogi gan y magma sy'n codi

▲ **Ffigur 17** Mae gwyddonwyr yn monitro llosgfynyddoedd i geisio rhagfynegi pryd bydd echdoriad yn digwydd.

Gweithgareddau

4 Disgrifiwch y dirwedd yn Ffigur 16. Sut mae'r echdoriad folcanig wedi effeithio ar yr amgylchedd?

5 Beth sy'n achosi'r newidiadau sydd i'w gweld mewn llosgfynydd cyn echdoriad?

6 Disgrifiwch dair ffordd wahanol o fonitro llosgfynyddoedd. Ar gyfer pob un ohonyn nhw, disgrifiwch beth sy'n cael ei fonitro a beth mae hyn yn ei ddweud wrth wyddonwyr am y llosgfynydd.

Gwaith ymholi

Pa brosesau ffurfiodd Fynydd Merapi?

Lluniadwch fraslun wedi'i anodi i ddangos sut cafodd Mynydd Merapi ei ffurfio. Defnyddiwch Ffigur 3 ar dudalen 107 i'ch helpu.

Ymdopi â'r bygythiad o laharau

Mae llifoedd pyroclastig yn dyddodi haenau o ludw a chreigiau rhydd. Ar ôl echdoriad mawr, mae trwch y dyddodion hyn yn gallu mesur cannoedd o fetrau. Pan fydd y dyddodion yn cymysgu â dŵr, mae lleidlif dinistriol o'r enw **lahar** yn cael ei greu. Mae lahar yn gallu ffurfio mewn dwy ffordd:

- Mae iâ ac eira ar lethrau uchel y llosgfynydd yn gallu ymdoddi yn sgil yr echdoriad. Mae'r dŵr tawdd yn cymysgu â'r dyddodion lludw i greu'r lahar.
- Mae dŵr glaw, yn ystod neu ar ôl yr echdoriad, yn cymysgu â dyddodion pyroclastig.

Mae lahar yn gallu teithio ar gyflymder o hyd at 65 km yr awr, sy'n gyflymach nag afon sy'n gorlifo. Mae gan y cymysgedd o ludw, craig a dŵr yr un ansawdd â choncrit gwlyb. Mae dwysedd lahar yn achosi llawer mwy o ddifrod na dŵr ar ei ben ei hun. Mae pobl, adeiladau, ffyrdd a phontydd yn cael eu sgubo i ffwrdd gan y llif neu eu claddu. Mae tir ffermio yn cael ei ddifetha sy'n rhoi straen ar y cyflenwad bwyd lleol. Mae lahar yn gallu teithio'n bell iawn o'r llosgfynydd. Mae lahar yn gallu cael ei greu ymhell ar ôl i'r llosgfynydd orffen echdorri – hynny yw, bob tro y mae glaw trwm yn cymysgu â'r graig a'r lludw sydd wedi'u dyddodi mewn dyffrynnoedd afonydd.

	Ion	Chwe	Maw	Ebr	Mai	Meh	Gorff	Awst	Medi	Hyd	Tach	Rhag
Dyodiad (mm)	353	335	310	211	127	89	41	5	30	94	229	340
Tymheredd (°C)	26	26.5	26.5	27	27	26	25	25.5	26.5	27	27	26.5

▲ **Ffigur 18** Dyodiad a thymheredd cyfartalog yn Yogyakarta, Indonesia.

▲ **Ffigur 19** Pobl leol yn tynnu tywod o afon yn ystod echdoriad Mynydd Merapi, Indonesia, er mwyn gwneud bagiau tywod i geisio atal llifogydd.

Pam mae pobl yn parhau i fyw yma?

Mae Mynydd Merapi yn echdorri'n aml, ond mae'r rhan fwyaf o'r echdoriadau yn eithaf bach. Mae maint yr echdoriadau ar gyfartaledd yn *VEI-3*, felly mae'r effeithiau wedi'u cyfyngu i ardaloedd lleol. Mae lludw folcanig yn llawn mwynau. Ar ôl iddo hindreulio, mae'n creu pridd ffrwythlon ar gyfer amaethyddiaeth. Mae Parc Cenedlaethol yn yr ardal rhwng y llosgfynydd a dinas Yogyakarta, ac mae'n lleoliad sy'n boblogaidd ymhlith twristiaid. Mae rhai pobl leol yn gweithio yn y diwydiant twristiaeth fel tywyswyr, a'u gwaith yw mynd â thwristiaid i'r ardaloedd cadwraeth newydd sy'n cael eu hystyried yn rhy beryglus i fyw ynddyn nhw.

Lahar

Lleidlif sy'n symud yn gyflym pan mae dŵr yn achosi i ludw folcanig symud. Mae lahar yn enghraifft o berygl folcanig graddfa fawr. Gall achosi marwolaethau fwy na 20 km i ffwrdd oddi wrth losgfynydd.

Gweithgareddau

1. a) Disgrifiwch sut mae lahar yn gallu ffurfio yn ystod echdoriad.
   b) Esboniwch pam mae laharau'n parhau i fod yn berygl am sawl mis ar ôl echdoriad.
2. Disgrifiwch y pethau sy'n debyg a'r pethau sy'n wahanol rhwng lahar ac afon sydd wedi gorlifo.
3. a) Defnyddiwch Ffigur 18 i blotio graff hinsawdd ar gyfer Yogyakarta.
   b) Labelwch y misoedd pan fyddai laharau wedi bod yn berygl yn dilyn echdoriad Hydref 2010.

Sector o'r economi	(%)
Amaethyddiaeth	16
Gweithgynhyrchu	14
Twristiaeth	21
Diwydiannau gwasanaethu eraill	49

▲ **Ffigur 20** Sectorau o'r economi a'u gwerth i economi Yogyakarta.

Gwneud cymunedau glan afon yn llai agored i niwed

Gwlad newydd ei diwydianeiddio (*NIC: newly industrialised country*) yw Indonesia sydd â phoblogaeth drefol sy'n cynyddu'n gyflym. Mae cynllunwyr wedi cael trafferth adeiladu digon o dai newydd fforddiadwy i gwrdd â'r galw. Mae amcangyfrifon yn awgrymu bod cymaint ag 80 y cant o'r holl dai newydd mewn aneddiadau anffurfiol. Mae llawer o'r tai hyn wedi'u hadeiladu mewn mannau sydd ddim yn addas nac yn ddiogel – er enghraifft, cymunedau glan afon sydd mewn perygl o ddioddef llifogydd yn ystod tymor gwlyb Indonesia. Ar ôl echdoriadau folcanig, gallai'r bobl yn y cymunedau hyn gael eu lladd gan laharau.

Un sefydliad anllywodraethol (*NGO: non-governmental organisation*) sy'n ceisio helpu'r sefyllfa yw Arkomiogia – grŵp o benseiri cymunedol sy'n gweithio yn Kali Jawi, sef cymuned glan afon yn Yogyakarta. Cafodd y project ei greu gan grŵp o fenywod a oedd wedi dechrau cynllun microgredyd er mwyn gallu cynilo arian yn rheolaidd. Dechreuodd y menywod gwrdd â phenseiri, cynllunwyr a swyddogion y llywodraeth leol yn rheolaidd i gynllunio canolfan gymunedol newydd. Gall y ganolfan hon gael ei defnyddio fel lleoliad ar gyfer cyfarfodydd pentref ac fel lloches yn ystod digwyddiad llifogydd neu lahar. Mae gan y ganolfan gymunedol newydd sawl nodwedd sy'n ei gwneud yn ymarferol ac yn gynaliadwy, ac mae'r rhain i'w gweld yn Ffigur 21.

1 Mae stiltiau concrit yn codi'r adeilad yn uwch nag uchder llifogydd

2 Mae'r adeilad wedi'i wneud o dri math gwahanol o'r planhigyn bambŵ, ac mae pob math yn gyffredin yn Jawa

3 Mae bolltau dur yn dal y strwythur hyblyg at ei gilydd yn gadarn

4 Cafodd aelodau o'r gymuned gyfle i fod yn rhan o'r gwaith adeiladu syml

5 Mae arddull traddodiadol yr adeilad yn cyd-fynd â'r bensaernïaeth leol

6 Mae'r to mawr yn cynnig cysgod a lloches rhag y glaw; mae'r mannau agored yn darparu awyriad

Gweithgareddau

4 Awgrymwch resymau pam mai'r bobl sy'n byw mewn tai anffurfiol yn Yogyakarta sydd fwyaf agored i niwed yn sgil cwympiau lludw a lahar.
5 Astudiwch Ffigur 21. Disgrifiwch sut mae un neu fwy o nodweddion yr adeilad wedi'u cynllunio i gwrdd â'r gofynion canlynol:
  a) bod yn gynaliadwy
  b) bod yn addas ar gyfer hinsawdd y rhanbarth
  c) gwella capasiti Kali Jawi i ymdopi â digwyddiadau llifogydd a laharau.

▲ **Ffigur 21** Y ganolfan gymunedol newydd yn Kali Jawi sy'n gallu gwrthsefyll peryglon.

Gwaith ymholi

Pa un o'r dinasoedd yn Ffigur 22 sy'n wynebu'r perygl mwyaf yn sgil laharau?

■ Defnyddiwch fap rhyngweithiol o'r byd, fel *Google Maps*, i ddarganfod pa mor bell yw pob dinas o Fynydd Merapi.
■ Disgrifiwch batrwm draeniad yr afonydd yn y rhanbarth hwn.
■ Defnyddiwch y wybodaeth hon i roi'r tair dinas mewn trefn restrol yn ôl maint y perygl. Cyfiawnhewch eich dewis.

Blwyddyn	Yogyakarta	Semarang	Surakarta
1970	343,000	627,000	408,000
1980	397,000	1,009,000	468,000
1990	412,000	1,243,000	503,000
2000	397,000	1,427,000	491,000
2010	388,000	1,558,000	499,000
2020	402,000	1,761,000	533,000
2030	503,000	2,188,000	668,000

▲ **Ffigur 22** Poblogaeth dinasoedd sydd ger Mynydd Merapi.

Perygl daeargrynfeydd

Mae daeargrynfeydd yn cael eu mesur yn ôl graddfa maint moment (M_w). Mae'r raddfa yn mesur lluoswm y pellter mae ffawt yn ei symud a'r grym mae ei angen i'w symud. Mae pob rhif ar y raddfa 10 gwaith yn fwy pwerus na'r rhif o'i flaen.

Mae faint mae'r tir yn ysgwyd yn ystod daeargryn yn lleihau wrth symud yn bellach oddi wrth y tarddiad – man o dan y ddaear sy'n cael ei adnabod fel canolbwynt. Mae hyn yn golygu ein bod ni'n gallu teimlo daeargrynfeydd sy'n agos at arwyneb y Ddaear yn fwy na daeargryn o'r un cryfder sydd â chanolbwynt dyfnach. Yn yr un modd, mae faint mae'r tir yn ysgwyd yn lleihau wrth symud yn bellach oddi wrth yr uwchganolbwynt, sef y man ar yr arwyneb sy'n union uwchben y canolbwynt.

Mae tonnau seismig yn teithio drwy graig mewn daeargryn. Mae caledwch y graig yn effeithio ar faint mae'r tir yn ysgwyd a pha mor gryf yw'r ysgytiadau. Mae tonnau daeargrynfeydd yn teithio'n gyflym drwy graig galed. Pan fyddan nhw'n cyrraedd tir mwy meddal, maen nhw'n arafu ac mae'r tir yn ysgwyd fwy.

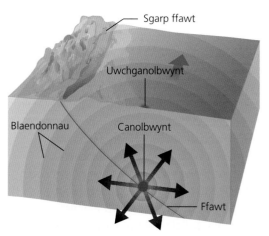

▲ **Ffigur 23** Trawstoriad drwy ffawt yn dangos nodweddion daeargryn.

Cyswllt at y we

https://earthquake.usgs.gov/earthquakes – mae Arolwg Daearegol yr Unol Daleithiau yn cofnodi manylion daeargrynfeydd o amgylch y byd.

Dyddiad	Gwlad	Maint (M_w)	Effeithiau	Dyfnder (km)	IGC y pen ($UDA)*
26/05/19	Periw	8.0	2 farwolaeth, difrod i 833 o gartrefi	123	6,530
06/09/18	Fiji	7.9	Dim effeithiau	670	5,860
14/05/19	Papua Guinea Newydd	7.6	0 marwolaeth, 100 yn ddigartref	10	2,530
22/02/19	Ecuador	7.5	1 farwolaeth, difrod i 22 o gartrefi	145	6,120
28/09/18	Indonesia	7.5	2,077 o farwolaethau, 206,000 yn ddigartref	20	3,840
16/06/19	Seland Newydd	7.3	Dim effaith	46	40,820
20/12/18	Rwsia	7.3	Dim effaith	17	10,230
24/06/19	Indonesia	7.3	Dim effaith	212	3,840
14/07/19	Indonesia	7.2	14,500,000 yn ddigartref	19	3,840
06/07/19	UDA	7.1	0 marwolaeth, difrod i 54 o gartrefi	8	62,850

▲ **Ffigur 24** Maint, lleoliad a dyfnder rhai daeargrynfeydd mawr o ran maint (2018–19).

*Ffigurau diweddaraf Banc y Byd

Gweithgareddau

1 Astudiwch Ffigur 23. Disgrifiwch y gwahaniaeth rhwng canolbwynt ac uwchganolbwynt daeargryn.
2 Esboniwch pam mae pobl sy'n byw mewn cartrefi sydd wedi'u hadeiladu ar dir meddal yn fwy agored i niwed gan ddaeargrynfeydd.
3 Astudiwch Ffigur 24. Defnyddiwch y dystiolaeth yn y tabl hwn i esbonio'r cysylltiad rhwng dyfnder daeargryn a'i effeithiau.

Gwaith ymholi

Pam mae rhai daeargrynfeydd yn achosi mwy o farwolaethau nag eraill?

■ Defnyddiwch wefan USGS (mae'r cyswllt yn y blwch 'Cyswllt at y we' uchod) i ymchwilio i leoliad y daeargrynfeydd oedd heb gael unrhyw effeithiau o'u cymharu â lleoliad y rhai a achosodd i bobl farw. Beth yw eich casgliadau?

Oes modd defnyddio technoleg i leihau effeithiau daeargrynfeydd?

Mae'r capasiti i oroesi daeargryn yn cynyddu os bydd gan unigolion neu gymunedau yr adnoddau neu'r dechnoleg mae eu hangen arnyn nhw i ymdopi â'r perygl. Gwlad Incwm Uchel (*HIC: High Income Country*) yw Japan, ac mae ganddi adnoddau ariannol i'w buddsoddi mewn technoleg a pharatoi ar gyfer peryglon. Mae llawer o adeiladau aseismig wedi cael eu hadeiladu i wrthsefyll daeargrynfeydd, er enghraifft Landmark Tower yn Yokohama. Mae'r adeiladau hyn yn hyblyg ac yn gryf yn hytrach nag yn anhyblyg ac yn frau fel concrit. Hefyd, mae modd adeiladu isadeiledd, fel ffyrdd, sy'n gallu plygu a gwrthsefyll daeargrynfeydd.

Felly, wrth i wledydd ddatblygu'n economaidd, ydyn nhw'n fwy diogel? Ddim o reidrwydd. Mewn llawer o wledydd newydd eu diwydianeiddio, fel India neu China, nid yw datblygiad economaidd yn golygu bod pawb yn wynebu llai o berygl gan ddaeargrynfeydd. Nid yw pawb mewn cymdeithas yn llai agored i niwed.

Dinas yng ngogledd-ddwyrain India yw Shillong. Yn 1897, cafodd tua 1,500 o'r 50,000 o bobl a oedd yn byw yno eu lladd gan ddaeargryn yn mesur 8.3 M_w. Yn ôl yr amcangyfrifon, pe bai daeargryn tebyg yn digwydd heddiw, gallai ladd 90,000 o bobl o'r 400,000 sy'n byw yno ar hyn o bryd. Pam mae cymaint mwy o bobl mewn perygl heddiw? Y rheswm yw technoleg. Yn 1897, roedd y rhan fwyaf o bobl yn byw mewn cartrefi un llawr traddodiadol wedi'u gwneud o fambŵ. Roedd y rhain yn hyblyg ac yn ysgafn, fel strwythurau modern sydd â fframwaith o ddur. Heddiw, mae'r rhan fwyaf o bobl yn byw mewn adeiladau concrit aml-lawr wedi'u hadeiladu'n rhad. Mae llawer ohonyn nhw wedi'u lleoli ar lethrau serth. Yn ystod daeargryn, gallai'r adeiladau hyn ddymchwel, gan gwympo ar ben pobl y tu mewn iddyn nhw a'u lladd.

▲ **Ffigur 25** Tai yn Shillong, India, heddiw.

Cynllunio ar gyfer trychinebau

Ar ôl daeargryn, mae nifer o beryglon eraill yn effeithio ar bobl, er enghraifft:

- adeiladau ansefydlog sydd wedi cael eu gwanhau gan y daeargryn
- yr angen am sylw meddygol i'w hanafiadau
- peryglon sy'n gysylltiedig â bod yn yr awyr agored oherwydd eu bod wedi colli eu cartrefi
- peryglon sy'n gysylltiedig â diffyg adnoddau sylfaenol fel bwyd, dŵr glân ac iechydaeth.

Mae angen ymateb yn gyflym ac yn uniongyrchol er mwyn lleihau'r effeithiau hyn. Nid yw hyn yn hawdd o dan yr amgylchiadau canlynol:

- os yw'r ardal yn anghysbell iawn
- os nad oes digon o arian gan y wlad i fuddsoddi mewn gwaith cynllunio a pharatoi ar gyfer trychinebau.

Mae timau argyfwng arbenigol i'w cael yn y rhan fwyaf o wledydd incwm uchel sy'n agored i niwed yn sgil trychinebau tectonig (er enghraifft Japan, yr Eidal ac UDA). Mae'r timau hyn wedi cael hyfforddiant ar sut i ddefnyddio offer sydd wedi'u cynllunio i ddod o hyd i oroeswyr sydd wedi'u claddu o dan rwbel. Mewn gwledydd o'r fath, mae rhaglenni addysgiadol mewn ysgolion a gweithleoedd yn addysgu pobl am beth i'w wneud yn ystod daeargryn, tswnami neu echdoriad folcanig. Mae digwyddiadau blynyddol fel 'The Great ShakeOut' yn nhalaith California yn codi ymwybyddiaeth ymhlith cymunedau cyfan ynglŷn â beth i'w wneud yn ystod ac ar ôl daeargryn mawr. Yn Japan, mae arwyddion clir mewn trefi glan môr sy'n dangos llwybrau dianc pe bai tswnami yn taro.

Aseismig

Term i ddisgrifio strwythurau sydd wedi'u cynllunio i wrthsefyll y ddaear yn ysgwyd yn ystod daeargryn. Mae rhai adeiladau traddodiadol yn aseismig.

Gweithgareddau

4 Rhowch ddau reswm pam gallai daeargryn mawr yn Shillong ladd cymaint o bobl. Defnyddiwch dystiolaeth o Ffigur 25 i'ch helpu.

5 Awgrymwch pam mae rhai grwpiau o bobl yn India yn parhau i fod yn agored i niwed yn sgil daeargrynfeydd, er gwaethaf twf economaidd cyflym y wlad. Defnyddiwch Ffigur 3 ar dudalen 115 i'ch helpu.

6 Oes modd gwella capasiti cymunedau sy'n agored i niwed yn Shillong? Sut?

Daeargryn Nepal, Ebrill 2015

Ar 25 Ebrill 2015, cafodd ardal Gorkha yn Nepal ei tharo gan ddaeargryn 7.8 M_w. Roedd yr uwchganolbwynt yn agos at ddinas Kathmandu yn Nepal, ond cafodd y daeargryn pwerus effaith ar bobl yn India, China a Bangladesh hefyd. Cafodd mwy o ddifrod ac anafiadau eu hachosi gan nifer o ôl-gryniadau nerthol, gan gynnwys un yn mesur 7.3M_w yn agos at Fynydd Everest ar 12 Mai.

400 o ôl-gryniadau	**$UDA5 biliwn** – amcan o gost y difrod
7.8 M_w o faint	**9,000** o bobl wedi'u lladd
22,000 o bobl wedi'u hanafu	**450,000** o bobl yn ddigartref

▲ **Ffigur 26** Ystadegau'n ymwneud â daeargryn Nepal yn 2015.

▲ **Ffigur 27** Lleoliad daeargrynfeydd Nepal yn 2015. Mae'r daeargrynfeydd mwy yn cael eu cynrychioli gan gylchoedd mwy.

Beth oedd effeithiau'r daeargryn hwn?

Y rheswm dros y daeargryn oedd bod Plât India wedi symud o dan Blât Ewrasia yn sydyn. O ganlyniad, mae Kathmandu wedi symud 3 m ymhellach i'r de yn dilyn y daeargryn.

Cafodd adeiladau ac **isadeiledd** eu difrodi'n wael wrth i'r ddaear ysgwyd yn wyllt yn ystod y daeargryn. Cafodd pentrefi cyfan eu dinistrio wrth i adeiladau ddymchwel. Holltodd llawer o ffyrdd wrth i'r Ddaear symud. Cafodd ffyrdd eraill eu cau gan fod y daeargrynfeydd wedi achosi i dirlithriadau lithro i lawr llethrau serth y mynyddoedd. Cafodd cannoedd o bobl eu lladd gan eirlithradau a oedd wedi'u hachosi gan ysgytiadau'r ddaear. Roedd lled un o'r eirlithradau hyn dros 2 km.

Roedd gweithwyr cymorth yn ei chael yn anodd cyrraedd y bobl a oedd angen help oherwydd y tir mynyddig a'r difrod i'r ffyrdd. Roedd rhaid cludo llawer o'r cymorth mewn hofrennydd. Does dim llawer o le mewn hofrennydd, felly nid oedd modd anfon cymaint o gyflenwadau nac achub cymaint o bobl ar bob taith. Cafodd llawer o ganolfannau meddygol eu dinistrio ac roedd dod o hyd i gyflenwadau meddygol yn anodd. Roedd bwyd ffres a dŵr glân yn brin. Roedd y gwaith adeiladu ar ôl y daeargryn yn araf. Yn ôl yr amcangyfrifon, achosodd y daeargryn $UDA10 biliwn o ddifrod. Gwlad incwm isel (*LIC*) yw Nepal, felly ychydig iawn o arian wrth gefn sydd yn yr economi i dalu am y gwaith atgyweirio hwn.

Isadeiledd

Y gwasanaethau hanfodol mae pob cymuned eu hangen, fel dŵr glân, cyflenwadau trydan, systemau carthffosiaeth, ffyrdd a phontydd.

Gweithgareddau

1 Astudiwch Ffigur 27.
   a) Disgrifiwch leoliad uwchganolbwynt y daeargryn.
   b) Disgrifiwch yr ardal lle roedd y ddaear yn ysgwyd yn ddifrifol. Defnyddiwch y llinell raddfa i amcangyfrif arwynebedd yr ardal.
2 Disgrifiwch sut gwnaeth daeargryn Nepal effeithio ar:
   a) y bobl
   b) yr economi.
3 Esboniwch pam roedd hi'n anodd cludo cymorth i rai cymunedau ar ôl y daeargryn.

Sut gall technoleg helpu i leihau risg?

Cafodd llinellau trydan a ffôn eu torri yn ystod y daeargryn. O ganlyniad, roedd y rhwydweithiau cyfathrebu wedi'u difrodi, a gallai hyn fod wedi arafu'r ymdrech i gael cymorth i'r ardal. Fodd bynnag, drwy ddefnyddio cyfuniad o hen dechnoleg a thechnoleg newydd, roedd y cyhoedd yn gallu helpu. Roedd gweithredwyr radio amatur yn defnyddio radios a oedd wedi'u pweru gan egni solar a batris i gyfathrebu. Drwy hyn, roedden nhw'n gallu rhoi gwybodaeth i heddlu Nepal am yr amodau mewn ardaloedd anghysbell. Roedd hyn yn bosibl diolch i adran UDA Cymdeithas Gyfrifiaduron Nepal, a oedd wedi cyflenwi'r offer angenrheidiol i anfon negeseuon radio. Roedd pobl hefyd yn defnyddio'r cyfryngau cymdeithasol i ddisgrifio'r amodau mewn ardaloedd anghysbell. Roedd *Humanity Road*, sefydliad anllywodraethol, yn cadw cofnod o'r holl negeseuon ar y cyfryngau cymdeithasol er mwyn anfon gwybodaeth bwysig i'r timau achub.

Mae projectau eraill ar waith er mwyn sicrhau y bydd daeargrynfeydd yn achosi llai o ddifrod yn y dyfodol. Mae tai traddodiadol Nepal yn defnyddio bandiau o garreg a phren am yn ail. Mae'r bandiau pren yn clymu'r adeilad at ei gilydd, ac yn gwneud yn siŵr bod yr adeilad yn gallu plygu rhywfaint yn ystod daeargryn. Fodd bynnag, mae cerrig wedi'u torri yn ddrud ac mae llawer o'r coed yn Nepal wedi cael eu torri i greu coed tân. Mae pobl dlawd, felly, wedi adeiladu tai concrit rhad. Nid yw'r tai hyn yn hyblyg o gwbl, ac roedd llawer ohonyn nhw wedi dymchwel yn ystod y daeargryn. Mae project o'r enw Abari yn ceisio adfywio technegau adeiladu traddodiadol, ond hefyd yn manteisio ar nodweddion technoleg fodern. Maen nhw'n defnyddio bambŵ sydd wedi'i drin yn arbennig yn lle pren, ac mae pobl yn dysgu am ddulliau traddodiadol sy'n golygu bod yr adeiladau'n fwy fforddiadwy a chynaliadwy.

Pwysau ar y to i wrthbwyso'r ysgwyd

Cleddu croeslinol i wneud y ffrâm yn gryfach

Ffrâm dur cryf gyda hytrawstiau sy'n cydgysylltu

Sawl set o risiau ac allanfeydd argyfwng er mwyn i bobl allu gadael yn gyflymach

To yn gorchuddio'r ardal sy'n union y tu allan i'r adeilad er mwyn atal darnau o wydr rhag disgyn ar gerddwyr

Ardaloedd agored mawr lle gall pobl sy'n gadael yr adeilad a'r gwasanaethau brys ymgynnull

Lefel y ddaear

Sylfeini dwfn mewn craig galed

Sioc laddwyr yn y sylfeini i amsugno'r tonnau seismig

▲ **Ffigur 28** Nodweddion adeilad sy'n gallu gwrthsefyll daeargryn.

▲ **Ffigur 29** Ysgol wedi'i gwneud o garreg a bambŵ. Cafodd ei hadeiladu gan sefydliadau Abari a Learning Planet, ac fe lwyddodd i wrthsefyll y daeargryn yn Gorkha.

Gweithgareddau

4 Disgrifiwch sut cafodd technoleg ei defnyddio i helpu'r ymdrech cymorth yn sgil y daeargryn yn Nepal.

5 Astudiwch Ffigur 28. Awgrymwch sut byddai tair o nodweddion yr adeilad hwn yn ei wneud yn fwy diogel yn ystod daeargryn.

6 Cymharwch nodweddion project Abari (yn Ffigur 29) â nodweddion project Kali Jawi (tudalen 123). Beth sy'n debyg a beth sy'n wahanol amdanyn nhw?

Gwaith ymholi

'Mewn gwlad incwm isel fel Nepal, mae pobl mewn ardaloedd trefol trwchus eu poblogaeth yn fwy agored i niwed na phobl mewn ardaloedd gwledig anghysbell yn ystod daeargryn nerthol.'

I ba raddau rydych chi'n cytuno â'r gosodiad hwn? Ystyriwch pam gallai effeithiau daeargryn fod yn waeth mewn ardaloedd trefol trwchus eu poblogaeth. Pa fanteision fyddai gan ardal drefol dros ardal wledig yn yr oriau a'r diwrnodau wedi'r daeargryn?

Tswnami

Mae tswnami yn cael ei achosi gan symudiadau sydyn yng ngwely'r cefnfor, fel y rhai sy'n digwydd yn ystod daeargryn. Mae'r symudiad hwn yn anfon swm enfawr o ddŵr i fyny gan greu cyfres o donnau. Mae tonnau tswnami yn teithio ar gyflymder o 25 m yr eiliad mewn dŵr dwfn. Wrth i tswnami gyrraedd dŵr bas, mae'n arafu ac yn cynyddu mewn uchder. Enw'r broses hon yw 'heigio'. Mae malurion yn cael eu cludo yn y tonnau mawr, pwerus hyn, ac maen nhw'n gallu cael eu cario ymhell i mewn i'r tir ar draws gwastadeddau arfordirol ac i fyny dyffrynnoedd afonydd. Mae'r malurion hyn yn gallu anafu pobl ac achosi difrod i adeiladau. Gall y perygl bara am sawl awr ar ôl y don gyntaf.

Daeargryn a tswnami Tōhoku, 2011

Roedd maint o 9.0 M_w gan y daeargryn o dan y môr oddi ar arfordir Tōhoku, Japan, ar 11 Mawrth 2011. Llai na hanner awr wedi'r daeargryn roedd y tswnami wedi taro'r arfordir. Roedd y tonnau mor uchel â 10 m ac wedi teithio hyd at 10 km i mewn i'r tir. Daeth cadarnhad bod bron 20,000 o bobl wedi marw. Roedd y rhan fwyaf wedi boddi. Roedd yr ymchwydd enfawr wedi llifo dros amddiffynfeydd môr Japan ac wedi dinistrio adeiladau tri llawr. Roedd y bobl yn yr adeiladau hyn yn meddwl eu bod nhw'n

▲ **Ffigur 30** Difrod yn Kesennuma, rhanbarth Miyagi, ar ôl y daeargryn a'r tswnami ym mis Mawrth 2011.

ddiogel. Roedd Fukushima Daiichi, atomfa niwclear i'r de o Sendai, yn wynebu trafferthion. Yn sgil y daeargryn, roedd y rhodenni oeri wedi colli pŵer, ac roedd yr atomfa'n dibynnu ar bŵer wrth gefn. Pan darodd y tswnami, cafodd y pŵer wrth gefn ei ddinistrio, gan achosi i nifer o'r adweithyddion ymdoddi'n llwyr a rhyddhau ymbelydredd niweidiol yn y pen draw. Cafodd 36 o adweithyddion niwclear ledled y wlad eu cau ar ôl y daeargryn, gan achosi toriadau trydan ar hyd a lled y wlad.

Tswnami

Cyfres o donnau grymus sy'n cael eu creu pan fydd gwely'r môr yn cael ei symud yn sydyn yn ystod daeargryn neu dirlithriad.

Sut mae tswnami yn cael ei fonitro?

Cafodd System Rhybudd Tswnami y Cefnfor Tawel (*PTWS: Pacific Tsunami Warning System*) ei sefydlu ar ôl y daeargryn yn Chile yn 1960. Arweiniodd y daeargryn hwn at tswnami a oedd yn gyfrifol am farwolaeth cannoedd o bobl ar draws rhanbarth y Cefnfor Tawel. Doedd dim rhybudd. Mae system *PTWS* yn defnyddio rhwydwaith o seismograffau a bwiau môr i ganfod daeargrynfeydd a allai achosi tswnami. Mae'r offer hefyd yn dangos newidiadau yn lefel y môr a allai fod yn arwydd bod tswnami yn ffurfio. Ar ôl canfod tswnami, mae modd rhybuddio canolfannau lleol yn rhanbarth y Cefnfor Tawel. Yna mae'r canolfannau hyn yn gallu rhybuddio pobl leol dros y radio neu drwy neges destun, sy'n rhoi amser iddyn nhw adael yr ardal. Cafodd system debyg ei sefydlu yng Nghefnfor India yn 2006 yn dilyn y tswnami ar ddiwrnod Gŵyl San Steffan yn 2004, pan gafodd dros 230,000 o bobl eu lladd.

	Tōhoku, Japan	Ynysoedd Solomon, De'r Cefnfor Tawel
Dyddiad	11 Mawrth 2011	01 Ebrill 2007
Maint (M_w)	9.0	8.1
Dyfnder (km)	30	10
Pellter o'r arfordir (km)	129 km i'r dwyrain o Sendai	45 km i'r de-de-ddwyrain o Gizo
Marwolaethau	20,000	52

▲ **Ffigur 31** Cymharu dau ddigwyddiad tswnami.

Gweithgareddau

1 Faint yn fwy o ran maint oedd daeargryn Tōhoku yn 2011 na daeargryn Nepal yn Ebrill 2015 (tudalen 126)?

2 Disgrifiwch effeithiau daeargryn Tōhoku. Defnyddiwch Ffigur 30 i'ch helpu.

3 Esboniwch pam cafodd maint a graddfa'r digwyddiad hwn gymaint o effaith.

Tswnami Ynysoedd Solomon, 2007

Grŵp o 492 o ynysoedd yw Ynysoedd Solomon. Maen nhw wedi'u lleoli yn y Cefnfor Tawel i'r gogledd-ddwyrain o Awstralia. Mae Ynysoedd Solomon yn un o grŵp o wledydd a elwir yn **Ynys-wladwriaethau Bach Datblygol** (*SIDS: Small Island Developing States*). Mae'r gwledydd hyn yn arbennig o agored i niwed gan drychinebau naturiol. Ar 1 Ebrill 2007, cafodd tswnami ei greu gan ddaeargryn pwerus; roedd *PTWS* wedi canfod y digwyddiad, ond roedd y don wedi taro ynys Ghizo cyn bod amser rhoi'r rhybudd. Cafodd Gizo, tref glan môr fach, ei tharo gan donnau a oedd yn sawl metr o uchder. Teithiodd y tonnau hyn am 50–70 m i mewn i'r tir, gan ddinistrio nifer o adeiladau a oedd wedi'u gwneud o bren. Mae ynys Ghizo 370 km o'r brifddinas, Honiara. Am ei bod mor anghysbell, roedd yn anodd i weithwyr achub a gweithwyr cymorth gyrraedd yn gyflym. Anfonodd Awstralia gwerth $UDA54.1 miliwn o gymorth. Mae'r maes awyr mawr agosaf (Darwin) yn Awstralia, sy'n 2,887 km i ffwrdd.

▲ **Ffigur 32** Anheddiad anffurfiol ar ynys Ghizo, wedi'i adeiladu i gymryd lle'r tai a gafodd eu dinistrio gan tswnami 2007.

Ynys-wladwriaethau Bach Datblygol (*SIDS*)

Grŵp o 58 o wledydd sydd â phoblogaeth gyfunol o 65 miliwn. Mae llawer o *SIDS* yn fach iawn ac mae rhai wedi'u lleoli mewn rhannau anghysbell o'r byd. Mae'r rhan fwyaf ohonyn nhw'n agored i niwed gan ddigwyddiadau sy'n gysylltiedig â newid hinsawdd a thrychinebau naturiol eraill, fel daeargryn neu tswnami. Mae safonau byw yn amrywio'n fawr rhwng ynysoedd bach, ac mae IGC y pen yn amrywio o $UDA1,380 yn Comoros i $UDA58,770 yn Singapore.

Gweithgareddau

4 Defnyddiwch Ffigur 31 i gymharu'r ddau tswnami.
5 Defnyddiwch Ffigur 33 a'r wybodaeth am *SIDS* ar y chwith, i awgrymu tri rheswm pam mae llawer o *SIDS* yn agored i niwed gan beryglon naturiol.
6 a) Esboniwch pam roedd pobl Ghizo yn agored i niwed gan y tswnami yn 2007.
   b) Disgrifiwch yr adeiladau yn Ffigur 32.
   c) Awgrymwch pam roedd pobl Ghizo yn dal i fod yn agored i niwed gan beryglon naturiol eraill ar ôl y tswnami.

Ynys-wladwriaethau Bach Datblygol (*SIDS*)	Llosgfynydd?	Daeargryn?	IGC y pen ($UDA)	Tlodi (% islaw $UDA1.90 y dydd)
Cape Verde	Oes	Oes	3,420	8.1
Comoros	Oes	Oes	1,380	17.9
Fiji	Oes	Oes	5,860	1.4
Haiti	Nac oes	Oes	800	25.0
Papua Guinea Newydd	Oes	Oes	2,570	38.0
St Lucia	Oes	Oes	9,560	4.7
Ynysoedd Solomon	Oes	Oes	2,020	25.1

▲ **Ffigur 33** Peryglon mewn detholiad o Ynys-wladwriaethau Bach Datblygol (*SIDS*).

Gwaith ymholi

Pam mae rhai cymunedau arfordirol yn fwy agored i niwed na chymunedau eraill?

- Ymchwiliwch i ddwy o'r *SIDS* sydd yn Ffigur 33.
- Disgrifiwch y peryglon tectonig sy'n wynebu pob gwlad.
- Esboniwch pam mae'r cymunedau hyn yn agored i niwed ac awgrymwch ffyrdd o adeiladu capasiti.

THEMA 4

Peryglon arfordirol a'u rheolaeth
Pennod 1
Rheoli peryglon arfordirol

Erydiad a llifogydd arfordirol yn ystod digwyddiad tywydd eithafol

Mae arfordir y DU yn agored i sawl math o berygl arfordirol, er enghraifft:

- erydiad, tirlithriadau a chwymp creigiau (gweler tudalennau 20–23)
- ymchwyddiadau storm yn ystod digwyddiadau tywydd eithafol
- llifogydd o ganlyniad i newid yn lefel y môr.

Mae llawer o bobl yn byw ar forlin y DU. Mae dinasoedd fel Casnewydd, Hull a Llundain i gyd wedi'u lleoli ger morydau sy'n wynebu perygl o lifogydd arfordirol. Yn Lloegr yn unig, mae 3.1 miliwn o bobl yn byw mewn trefi glan môr fel Blackpool a Bournemouth. O ganlyniad, mae peryglon arfordirol yn gallu effeithio ar ganran helaeth o boblogaeth y DU. Mae'r peryglon hyn yn fwy tebygol o godi yn ystod digwyddiadau tywydd eithafol.

Ardal o wasgedd isel yn symud i'r cyfeiriad hwn

Ardal y gwasgedd isaf

Ymchwydd sy'n cael ei yrru gan y gwynt

Ymchwydd gwasgedd

▲ **Ffigur 2** Ymchwydd storm oherwydd gwasgedd isel.

Gweithgareddau

1 Esboniwch pam mae siâp Môr y Gogledd yn cynyddu'r perygl o ymchwydd storm yn Essex, Caint a rhanbarth Thames Gateway.

2 a) Gwnewch linfap o Ffigur 3.
   b) Defnyddiwch atlas i roi'r wyth label sy'n disgrifio effeithiau'r ymchwydd storm yn y mannau cywir ar eich llinfap.

3 Defnyddiwch Ffigur 4 i ddisgrifio lleoliad yr ardaloedd y gwnaeth y storm effeithio arnyn nhw wrth iddi symud ar draws y DU.

4 Dadansoddwch Ffigur 5.
   a) Am faint o'r gloch roedd y ddau lanw uchel wedi'u disgwyl ar 5 Rhagfyr?
   b) Am faint o'r gloch cyrhaeddodd yr ymchwydd storm Lowestoft?
   c) Faint yn uwch nag uchder y llanw uchel disgwyliedig oedd yr ymchwydd storm mewn gwirionedd?

▲ **Ffigur 1** Erydiad arfordirol cyflym ar y clogwyni yn Hemsby yn ystod storm 2013 a achosodd i saith cartref ddymchwel.

Ymchwydd storm Rhagfyr 2013

Mae gwasgedd isel yn yr atmosffer yn codi lefelau'r môr. Pan fydd gwasgedd aer yn gostwng 1 milibar (mb), mae lefelau'r môr yn codi 1 cm. Felly, bydd diwasgedd dwfn o 960 mb yn achosi i lefelau'r môr godi 50 cm. Mae gwyntoedd cryf yn creu tonnau mawr. Mae'r tonnau hyn yn cael eu gwthio o flaen ardal o wasgedd isel sy'n symud ymlaen, ac mae lefelau'r dŵr yn codi yn uwch eto. Ymchwydd storm yw'r enw ar hyn, ac mae'r broses hon i'w gweld yn Ffigur 2. Os yw storm yn nesáu at yr arfordir adeg llanw uchel (sy'n digwydd ddwywaith y dydd), mae'r perygl o lifogydd yn uwch. Mae morlin Môr y Gogledd yn y DU yn arbennig o agored i ymchwyddiadau storm. Mae rhan ddeheuol y môr hwn yn fas ac ar ffurf twndis. Os yw gwasgedd isel yn teithio i'r de ar draws Môr y Gogledd, mae chwydd yr ymchwydd storm yn gallu cynyddu mewn uchder wrth i ddŵr gael ei orfodi drwy'r twndis bas hwn.

Yn ystod mis Rhagfyr 2013, gwnaeth cymunedau arfordirol ar hyd arfordir Môr y Gogledd wynebu'r ymchwydd storm gwaethaf ers 1953. Mae erydiad yn digwydd yn gyflymach yn ystod digwyddiadau tywydd eithafol, fel sydd i'w weld yn Ffigur 1. Mae effeithiau eraill y storm i'w gweld yn Ffigur 3. Fodd bynnag, dywedodd Asiantaeth yr Amgylchedd fod 800,000 o gartrefi wedi cael eu hamddiffyn gan y strategaethau canlynol:

- rhagolygon tywydd cywir a roddodd amser i bobl adael eu cartrefi
- amddiffynfeydd arfordirol a lwyddodd i rwystro rhywfaint o'r ymchwydd storm.

Cafodd 1,000 o fagiau tywod eu dosbarthu i berchnogion tai yn Aldeburgh, Suffolk.

Yn ardal Humber, cafodd 400 o gartrefi eu heffeithio gan y llifddyfroedd.

Cafodd 7 tŷ eu dinistrio yn Hemsby, Norfolk, wedi i'r clogwyn oddi tanyn nhw ddymchwel i'r môr.

Yn Great Yarmouth, Norfolk, cafodd pobl mewn 9,000 o gartrefi eu cynghori i adael eu tai dros nos.

Cafodd y wal fôr ei thorri yn Jaywick, Essex. Roedd diffoddwyr tân a 10 bad achub wrthi'n helpu i wagio 2,500 o gartrefi.

Llifogydd yn Boston, Swydd Lincoln; roedd rhaid i 223 o bobl adael eu cartrefi.

Yng Nghaint, cafodd 200 o gartrefi eu gwacáu yn Faversham a 70 o gartrefi eu gwacáu yn Seasalter.

Cafodd y wal fôr ei difrodi yn Scarborough, Swydd Efrog.

▲ **Ffigur 3** Y lleoliadau a gafodd eu heffeithio gan ymchwydd storm 2013.

▲ **Ffigur 4** Llwybr storm Môr y Gogledd ym mis Rhagfyr 2013.

Gwasgedd isel

Aer yn codi sy'n achosi gwasgedd isel yn yr atmosffer. Enw arall ar y systemau gwasgedd isel yw seiclonau. Mae'r rhain yn dod â gwyntoedd cryf, cymylau a glaw.

Ymchwydd storm

Pan fydd lefel y môr yn codi dros dro mewn lle penodol oherwydd gwasgedd isel yn yr atmosffer.

▲ **Ffigur 5** Lefelau'r môr yn Lowestoft, Suffolk, yn ystod yr ymchwydd storm.

Sut rydyn ni'n rheoli ein harfordiroedd?

Y ffordd arferol o reoli morlinau yw defnyddio cyfuniad o strategaethau peirianneg galed a pheirianneg feddal. Ystyr **peirianneg galed** yw adeiladu strwythurau sy'n atal erydiad ac yn atal y morlin rhag symud. Mae'r wal fôr goncrit a'r clogfeini yn Ffigur 6 yn enghraifft gyffredin. Mae traethau llydan yn amsugno llawer o egni'r tonnau ac maen nhw'n amddiffynfa naturiol yn erbyn erydiad arfordirol. Mae strategaethau **peirianneg feddal** yn efelychu hyn drwy annog dyddodi naturiol ar hyd y morlin. Yn Ffigur 8, gallwch chi weld bod riff artiffisial o greigiau wedi cael ei adeiladu yn gyfochrog â'r morlin. Mae hyn yn achosi dyddodiad ar y traeth tu ôl i'r riff.

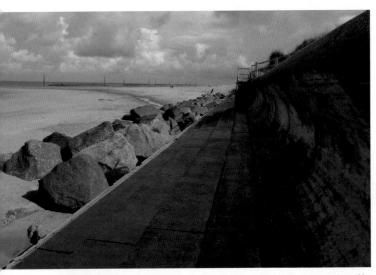

▲ **Ffigur 6** Mae'r wal fôr yn Sea Palling, Norfolk, yn enghraifft o beirianneg galed.

▲ **Ffigur 7** Mae waliau môr yn gallu achosi i waddod gael ei erydu o'r traeth.

▲ **Ffigur 8** Mae cyfanswm o naw riff artiffisial yn Sea Palling. Sylwch sut mae'r tywod wedi cael ei ddyddodi tu ôl i'r riff ac yn uno â'r traeth.

Gweithgareddau

1. a) Gwnewch fraslun o Ffigur 6.
   b) Labelwch ddwy nodwedd ar eich braslun sy'n enghreifftiau o beirianneg galed.
   c) Esboniwch pam mae clogfeini wedi cael eu gosod ar ran uchaf y traeth.

Peirianneg galed

Defnyddio strwythurau artiffisial i ostwng erydiad arfordirol neu i ostwng y risg o lifogydd arfordirol. Mae peirianneg galed yn cynnwys defnyddio strategaethau fel waliau môr, argloddiau a riffiau artiffisial.

Peirianneg feddal

Gweithio law yn llaw â natur i amddiffyn y morlin. Mae peirianneg feddal yn cynnwys strategaethau fel ailgyflenwi'r traeth a chynnal twyni tywod iach.

Pwysigrwydd y parth rhynglanwol

Mae llawer o gilfachau llanwol, morfeydd heli a fflatiau llaid i'w gweld yn nhirweddau morydol (aberol), fel yr un sydd yn Ffigur 9. Mae'r arweddion hyn i'w gweld adeg llanw isel, ond maen nhw'n gallu storio llawer iawn o ddŵr adeg llanw uchel. Dyma'r **parth rhynglanwol** ac mae'n ymddwyn fel byffer naturiol yn ystod stormydd. Mae'n amsugno egni tonnau yn ystod ymchwydd storm cyn i'r tonnau allu cyrraedd tir mwy gwerthfawr ymhellach o'r arfordir.

Mae'r parth rhynglanwol yn y DU yn llawer mwy cul nag yr oedd o'r blaen.

- Cafodd tir morfa heli ei adfer yn y gorffennol i greu tir ffermio. Mae hen argloddiau pridd wedi cadw'r môr rhag y tir isel hwn ers canrifoedd.
- Mae'r môr yn erydu rhai morfeydd heli. Mae'n broblem fawr ar hyd morlin Essex a Thames Gateway lle mae'r tir yn ymsuddo ac felly mae lefel y môr yn codi'n gyflymach nag yng ngweddill y DU.

Parth rhynglanwol

Y llain o forlin sy'n gorwedd rhwng y llanw uchel a'r llanw isel.

Mae **encilio rheoledig** yn gallu cael ei ddefnyddio i greu parthau rhynglanwol newydd o forfeydd heli. Cam cyntaf y broses yw creu tyllau yn yr hen arglawdd pridd. Mae dŵr y môr yn llifo drwy'r tyllau ac yn symud yn araf ar draws y tir ar adeg llanw uchel. Wrth i'r dŵr lifo i mewn, mae'n dyddodi llaid. Wrth iddo lifo allan, mae'n creu cilfachau llanwol fel y rhai sydd i'w gweld yn Ffigur 9. Mae'r broses hon yn ail-greu fflatiau llaid a morfeydd heli naturiol, a bydd y rhain yn storio dŵr ac yn ymddwyn fel byffer er mwyn atal erydiad yn ystod llifogydd yn y dyfodol.

▲ **Ffigur 9** Parth rhynglanwol moryd Afon Lune, Sir Gaerhirfryn. Mae cilfachau llanwol a fflatiau llaid (i'w gweld yma ar adeg llanw isel) yn gallu storio llawer iawn o ddŵr a helpu i atal llifogydd ac erydiad.

Cyn encilio rheoledig
Lefel y llanw uchaf
Clawdd cul o laid
Arglawdd pridd
Tir ffermio gwael sydd islaw lefel y llanw uchel
Arglawdd pridd
Llanw isel

Ar ôl encilio rheoledig

3. Mae'r haenau newydd o laid yn amsugno egni'r tonnau. Mae'r fflatiau llaid yn ymddwyn fel byffer, yn amddiffyn cartrefi a thir ffermio rhag erydiad yn y dyfodol.

1. Mae dŵr y môr yn llifo drwy'r hen arglawdd.

2. Mae dŵr y môr yn gorlifo'r tir wedi'i adfer ar adeg y llanw uchel ac yn dyddodi llaid.

Lefel y llanw uchaf
Llanw isel

Allwedd
——— Lefel y llanw uchaf ------ Llanw isel

▲ **Ffigur 10** Sut mae encilio rheoledig yn creu parthau rhynglanwol llydan sy'n ymddwyn fel storfeydd naturiol ar gyfer llifddwr ar adeg llanw uchel.

Gweithgareddau

2 a) Gwnewch fraslun o Ffigur 9.
   b) Anodwch eich braslun i esbonio pam mae parthau rhynglanwol yn amddiffynfeydd naturiol pwysig yn erbyn erydiad a llifogydd.

Gwaith ymholi

A ddylen ni greu rhagor o barthau rhynglanwol ar hyd morlin y DU? Rhowch y dadleuon o blaid ac yn erbyn encilio rheoledig.

Encilio rheoledig

Mae **encilio rheoledig** (sydd hefyd yn cael ei alw'n adlinio rheoledig) yn ddewis dadleuol. Yn 2014, cafodd y cynllun mwyaf yn y DU i encilio amddiffynfeydd môr ei gwblhau yn Medmerry, Gorllewin Sussex. Mae'r cynllun hwn, i bob pwrpas, wedi creu morlin newydd 2 km ymhellach i mewn i'r tir. Cam cyntaf y cynllun oedd dinistrio'r wal fôr oedd yno ar y pryd, gan adael i rywfaint o'r tir gael ei orlifo'n naturiol adeg llanw uchel. Bydd yr ardal hon sydd wedi'i gorlifo yn

gallu amsugno egni'r tonnau ac yn lleihau'r perygl o lifogydd arfordirol. Mae wal fôr newydd â'i hyd yn 7 km wedi cael ei hadeiladu ymhellach i mewn i'r tir. Mae Asiantaeth yr Amgylchedd yn dweud bod cartrefi yn fwy diogel o lawer o ganlyniad i hyn. Fodd bynnag, cost y cynllun oedd £28 miliwn ac felly nid oedd pawb yn hoff ohono, fel mae Ffigur 13 yn ei ddangos.

Encilio rheoledig

Math o amddiffyniad arfordirol sy'n golygu creu tyllau mewn argloddiau sydd yno'n barod i amddiffyn rhag llifogydd arfordirol. Mae hyn yn gadael i ddŵr y môr lifo drwy'r tyllau ac i'r tir y tu ôl i'r arglawdd adeg llanw uchel. Mae encilio rheoledig yn cael ei ddefnyddio fel arfer lle mae'r tir sy'n dal y llifddwr yn dir o werth isel. O ganlyniad i hyn, mae'r parth rhynglanwol yn lledu. Mae hynny'n golygu y bydd egni'r tonnau yn cael ei amsugno gan forfeydd heli newydd y tu ôl i'r hen amddiffynfeydd llifogydd.

▲ **Ffigur 11** Lleoliad cynllun adlinio Medmerry.

> Mae'r hen amddiffynfeydd môr wedi cael eu torri er mwyn gadael i ddŵr y môr orlifo dros y tir y tu ôl iddyn nhw a chreu morfeydd heli newydd.

▲ **Ffigur 12** Medmerry o'r awyr.

Ydy cynllun Medmerry wedi bod yn llwyddiannus?

Yn ystod gaeaf 2014–15, cafodd arfordir de Lloegr ei daro gan law a stormydd ffyrnig am sawl wythnos. Roedd Allan Chamberlain, cyfarwyddwr *Medmerry Holiday Village* cyfagos, wedi'i synnu bod y cynllun mor llwyddiannus. 'Dyma'r gaeaf cyntaf ers blynyddoedd pan dydyn ni ddim wedi gorfod ymdopi â llifogydd arwyneb. Mae'r dŵr glaw yn draenio i'r morfa newydd yn wych.'

Mantais arall i'r pentref gwyliau ac i safle gwyliau *Bunn Leisure Homes* gerllaw yw bod y warchodfa natur newydd yn denu mwy o dwristiaid nag erioed. Mae mwy o bobl yn trefnu dod i aros yma, ac mae'r atyniadau i dwristiaid yn gallu aros ar agor am fwy o amser oherwydd bod yr ardal yn rhydd o lifogydd ar y cyfan.

> Wedi rhoi tir yn ôl i'r môr, does dim gobaith ei gael yn ôl. Felly, os nad yw'r cynllun hwn yn gweithio, byddwn ni wedi aberthu'r tir am ddim. Hoffwn weld Asiantaeth yr Amgylchedd yn ystyried opsiynau eraill, er enghraifft adeiladu rhwystrau o graig ar y môr o flaen yr arfordir er mwyn torri egni'r tonnau.

Ben Cooper – un o drigolion Selsey, sy'n dref gyfagos

> Bydd rhaid i dri fferm sy'n cynhyrchu llawer o olew had rêp a gwenith gaeaf gael eu haberthu i'r môr. Nid yw'r DU yn hunangynhaliol yn achos bwyd. Mae gadael i dir amaethyddol da ddiflannu i mewn i'r môr yn syniad gwastraffus ac annoeth.

Ffermwyr lleol

> Rydyn ni wedi gorfod dioddef llifogydd erchyll dros y gaeaf hwn ac rydyn ni'n ddigalon iawn am yr holl beth. Pam mae Asiantaeth yr Amgylchedd yn gwario £28 miliwn ar greu gwarchodfa natur arfordirol yn Medmerry yn lle defnyddio'r arian i garthu afonydd a lleihau'r perygl o lifogydd lle rydyn ni'n byw?

Trigolion Gwlad yr Haf a gafodd eu taro'n wael gan lifogydd yn 2013/14

▲ **Ffigur 13** Pobl sy'n anghytuno â chynllun Medmerry.

Cost a budd

Mae amddiffyn ein morlin rhag erydiad a llifogydd yn ddrud ac mae penderfyniadau am amddiffynfeydd arfordirol yn gymhleth. Rhaid i gynghorau lleol benderfynu a fydd cost amddiffyn y morlin yn rhoi gwerth am arian yn y tymor hir. Maen nhw'n edrych ar amrywiaeth o ffactorau:

- Beth fyddai cost adeiladu amddiffynfeydd ac yna eu cynnal a'u cadw.
- Beth yw gwerth y tir sy'n cael ei ddiogelu.
- Beth fyddai cost ailadeiladu isadeiledd fel ffyrdd, neu adeiladau newydd fel cartrefi ac ysgolion, pe baen nhw'n cael eu heffeithio gan lifogydd o'r môr.

Yr enw sydd gan ddaearyddwyr am y math hwn o benderfyniad yw dadansoddiad cost a budd. Mae encilio rheoledig yn ymwneud â gorlifo ffermdir o werth isel yn fwriadol er mwyn diogelu tir mwy gwerthfawr yn y tymor hir.

Gweithgareddau

1 Defnyddiwch Ffigur 11 i ddisgrifio lleoliad Medmerry.
2 Rhowch grynodeb o fanteision yr adlinio yn Medmerry:
   a) i berchnogion tai a busnesau lleol
   b) i'r amgylchedd gan gynnwys bywyd gwyllt.
3 Esboniwch pam byddai rhai pobl leol wedi anghytuno â'r penderfyniad i adlinio'r arfordir yn Medmerry.

Gwaith ymholi

Pa mor gynaliadwy yw'r penderfyniad i adlinio'r arfordir yn Medmerry?

Esboniwch sut byddai'n bosibl mesur cynaliadwyedd y cynllun hwn dros y 50 mlynedd nesaf.

Cynlluniau Rheoli Traethlin

Cynghorau lleol Cymru a Lloegr sy'n gyfrifol am baratoi **Cynllun Rheoli Traethlin** (CRhT/*SMP: Shoreline Management Plan*) ar gyfer eu darn nhw o'r arfordir. Mae Ffigur 14 yn crynhoi'r prif opsiynau mewn CRhT. Wrth benderfynu a ddylen nhw adeiladu amddiffynfeydd arfordirol newydd (neu atgyweirio hen rai), mae angen i gynghorau lleol bwyso a mesur manteision adeiladu'r amddiffynfeydd yn erbyn y gost. Mae'n bosibl y bydden nhw'n ystyried y ffactorau hyn:

- Faint o bobl sy'n byw ar dir sydd wedi'i fygwth gan erydiad, a beth yw gwerth eu heiddo?
- Beth fyddai cost ailadeiladu isadeiledd fel ffyrdd neu reilffyrdd pe baen nhw'n cael eu golchi i ffwrdd mewn llifogydd?

- Oes arweddion hanesyddol neu naturiol a ddylai gael eu gwarchod yn yr ardal? Oes gwerth economaidd i'r arweddion hyn, er enghraifft denu twristiaid i'r ardal?

Cyfoeth Naturiol Cymru ac Asiantaeth yr Amgylchedd (yn Lloegr) yw'r cyrff cenedlaethol sy'n rhoi cyngor am reolaeth arfordirol. Mae hyn yn hanfodol oherwydd gall y penderfyniadau sy'n cael eu gwneud i atal erydiad mewn un lleoliad effeithio ar leoliadau ymhellach i lawr yr arfordir. Er enghraifft, gall argorau sy'n amddiffyn tref glan môr atal traethau ymhellach i lawr yr arfordir rhag derbyn gwaddodion, a gall hyn achosi i erydiad ddigwydd yn gyflymach.

Opsiwn	Disgrifiad	Sylw
Gwneud dim	Gwneud dim a gadael i erydu ddigwydd yn raddol.	Mae hyn yn opsiwn os yw gwerth y tir yn llai na chost adeiladu amddiffynfeydd môr.
Cadw'r llinell	Defnyddio dulliau peirianneg galed fel argorau pren neu graig a waliau môr concrit i amddiffyn y morlin, neu ychwanegu rhagor o dywod at draeth er mwyn iddo allu amsugno egni tonnau yn fwy effeithiol.	Bydd lefel y môr yn codi yn golygu bod angen cynnal a chadw amddiffynfeydd fel hyn yn gyson, a bydd angen adeiladu rhai mwy yn eu lle yn y pen draw. Am y rheswm hwn, dim ond os yw'r tir sy'n cael ei amddiffyn yn werthfawr dros ben y mae peirianneg galed yn cael ei defnyddio ar y cyfan.
Encilio'r llinell	Creu twll yn yr amddiffynfa arfordirol bresennol fel bod tir yn cael ei orlifo'n naturiol rhwng llanw isel a llanw uchel (y parth rhynglanwol).	Mae twyni tywod a morfeydd heli yn rhwystr naturiol i lifogydd ac yn helpu i amsugno egni tonnau. Maen nhw'n addasu'n naturiol i newidiadau yn lefelau'r môr drwy broses o erydu ar yr ochr atfor a dyddodi ymhellach i mewn i'r tir.
Symud y llinell ymlaen	Adeiladu amddiffynfeydd arfordirol newydd ymhellach allan i'r môr.	Mae hyn yn broject peirianyddol enfawr a dyma fyddai'r opsiwn drutaf. Mantais gwneud hyn fyddai bod tir newydd, gwastad ar gael i'w ddefnyddio fel porthladd neu faes awyr.

▲ **Ffigur 14** Yr opsiynau sydd gan gynghorau lleol wrth iddyn nhw baratoi Cynllun Rheoli Traethlin.

◄ **Ffigur 15** Argorau pren ar draeth Borth yn 2009.

Gweithgareddau

1 Defnyddiwch Ffigurau 15 ac 16.
   a) Disgrifiwch y strwythurau hyn.
   b) Awgrymwch sut maen nhw wedi helpu i amddiffyn y Borth rhag erydiad a llifogydd.

Rheoli traethlin y Borth, Ceredigion

Mae pentref y Borth wedi'i adeiladu ar ben deheuol cefnen gerigos, neu dafod, sy'n ymestyn allan i foryd Afon Dyfi. Mae tywod yn cael ei ddal ar y traeth gan argorau pren. Mae'r tywod yn amsugno egni'r tonnau ac yn atal y tonnau rhag erydu'r gefnen gerigos. Fodd bynnag, mae'r argorau mewn cyflwr gwael ac ni fyddan nhw'n effeithiol yn llawer hirach. Beth ddylai gael ei wneud?

Mae CRhT Ceredigion yn rhannu'r arfordir yn unedau rheoli bach (UR). Mae Ffigur 17 yn dangos maint pump o'r unedau hyn.

▲ **Ffigur 16** Y wal fôr bren ar ben uchaf y gefnen gerigos (2009).

Gweithgareddau

2 Gweithiwch mewn parau. Defnyddiwch Ffigur 17 i roi tystiolaeth o'r map sy'n awgrymu bod yr arfordir hwn yn werth ei amddiffyn. Copïwch a chwblhewch y tabl isod ac ychwanegwch o leiaf 5 darn arall o dystiolaeth.

Uned Reoli	Tystiolaeth o'r map
16.2	Byddai adeiladu gorsaf drenau yn lle'r un yn 609901 yn ddrud
16.3	
16.4	Mae'r maes gwersylla yn 6192 yn cynnig swyddi lleol
17.1	

3 Beth yw'r CRhT gorau ar gyfer Uned Reoli (UR) 16.2? Defnyddiwch wybodaeth o Ffigur 14 a thystiolaeth o Ffigur 17 i'ch helpu i wneud eich dewis.

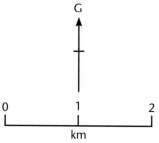

◄ **Ffigur 17** Rhanfap Arolwg Ordnans yn dangos y Borth. Graddfa 1:50,000.

© Hawlfraint y Goron a hawliau cronfa ddata 2020. Hodder Education o dan drwydded i Arolwg Ordnans.

Pa ddull rheoli arfordirol sy'n addas ar gyfer y Borth?

Penderfynodd Cyngor Ceredigion fod dau opsiwn yn bosibl ar gyfer Uned Reoli (UR) 16.2 ac roedd angen eu hystyried ymhellach. Darllenwch y safbwyntiau yn Ffigur 19 cyn penderfynu beth fyddech chi'n ei wneud.

Gwneud dim	Colli eiddo a cholled economaidd yn y tymor byr. Achosi newid i Gors Fochno.	Ystyried ymhellach
Cadw'r llinell	Y polisi ar hyn o bryd, sef amddiffyn eiddo a busnesau. Mae'n tarfu ar brosesau arfordirol ac mae llai o ddrifft y glannau.	Ystyried ymhellach
Encilio	Byddai encilio yn effeithio ar gartrefi sy'n union y tu ôl i'r llinell amddiffyn bresennol.	Heb ei ystyried ymhellach
Symud y llinell ymlaen	Dim angen symud y llinell ymlaen, dim ond er mwyn gwella'r cyfleusterau i dwristiaid.	Heb ei ystyried ymhellach

▲ **Ffigur 18** Penderfyniad gwreiddiol Cyngor Ceredigion ar gyfer UR16.2.

Mae tywod o ben deheuol y traeth yn cael ei erydu'n raddol gan ddrifft y glannau sy'n ei symud i'r gogledd. Mae'r broses hon yn digwydd yn gyflymach nag y mae tywod newydd yn cael ei ddyddodi. Mae'r traeth yn mynd yn fwy tenau, ac nid yw'n gallu amddiffyn y gefnen gerigos (y mae pentref y Borth wedi'i adeiladu arni) cystal rhag erydu erbyn hyn. Os yw'r cyngor yn penderfynu gwneud dim, bydd tonnau storm yn torri'r gefnen gerigos a bydd llifogydd ym mhentref y Borth ac ar hyd Cors Fochno. Gallai hyn ddigwydd yn y 10 neu 15 mlynedd nesaf. Bydd y fawnog yng Nghors Fochno yn cael ei gorchuddio â dŵr y môr adeg llanw uchel a bydd ecosystem bresennol y gors yn cael ei cholli. Dros y blynyddoedd nesaf bydd erydu yn creu rhagor o dyllau yn y gefnen gerigos. Bydd tafod newydd o gerigos yn ffurfio ymhellach i'r dwyrain yn y pen draw. Bydd y twyni tywod yn Ynyslas yn cael eu gwahanu oddi wrth y morlin, siŵr o fod, ac yn creu ynys fach.

Gwyddonydd

Mae'r traeth a thirwedd y tafod – gan gynnwys y twyni tywod yn Ynyslas – yn bwysig i'r pentref yn economaidd. Yr amgylchedd naturiol hwn sy'n denu miloedd o ymwelwyr bob blwyddyn. Os yw'r cyngor yn penderfynu gwneud dim, bydd llifogydd yn fy nghartref i a chartrefi llawer o bobl eraill, a bydd pobl leol yn colli eu bywoliaeth.

Perchennog gwesty gwely a brecwast

Gwyddonydd

Dylai'r fawnog ar dir Cors Fochno gael ei hamddiffyn rhag llifogydd. Mae'n ecosystem bwysig yn genedlaethol ac yn rhyngwladol. Mae'n cael ei gwarchod am ei bod yn Ardal Cadwraeth Arbennig ac mae'n cael ei chydnabod gan *UNESCO* hefyd. Dydy 'gwneud dim' ddim yn opsiwn derbyniol.

Rydyn ni'n cyfrifo bod eiddo ym mhentref y Borth yn werth £10.75 miliwn. Ar ben hyn, mae llawer o fusnesau lleol yn y pentref a fyddai'n colli incwm gan dwristiaeth os byddwn ni'n penderfynu gwneud dim. Mae'n costio tua £7 miliwn i gadw'r llinell. Wedi dweud hynny, rydyn ni'n poeni y byddai adeiladu argorau newydd yn atal proses drifft y glannau. Mae angen i ni ystyried effaith yr opsiwn hwn. Ar hyn o bryd, mae'r gwaddod yn symud i Ynyslas. Yno, mae'n cynnig amddiffynfa naturiol i'r foryd gyfan (gan gynnwys pentref Aberdyfi, sy'n fwy na'r Borth) rhag stormydd o'r de-orllewin.

Cynghorydd lleol

▲ **Ffigur 19** Safbwyntiau ar reoli UR16.2 yn y dyfodol.

Gweithgareddau

1. Defnyddiwch dabl i grynhoi'r effeithiau economaidd, cymdeithasol ac amgylcheddol yn sgil penderfyniad i wneud dim neu i gadw'r llinell yn Uned Reoli 16.2.
2. Nodwch pa opsiwn byddech chi'n ei argymell. Esboniwch pam mai eich opsiwn chi yw'r opsiwn gorau ar gyfer y rhan hon o'r arfordir yn eich barn chi.

Gwaith ymholi

Beth yw'r opsiwn CRhT gorau ar gyfer Uned Reoli 17.1?

Ewch ati i ddadansoddi gwybodaeth o Ffigur 17 a gwerthuso'r safbwyntiau yn Ffigur 19 i'ch helpu i gyfiawnhau eich dewis.

Beth ddigwyddodd nesaf yn y Borth?

Penderfynodd y cyngor mai 'cadw'r llinell' a pharhau i amddiffyn y gymuned yn y Borth oedd yr opsiwn gorau. Cafodd yr hen argorau pren (sydd i'w gweld yn Ffigur 15) eu hadeiladu yn yr 1970au. Roedden nhw mewn cyflwr gwael, felly cawson nhw eu tynnu i lawr a chafodd pedwar argor newydd o graig eu hadeiladu. Bydd yr argorau newydd yn dal gwaddod sy'n cael ei symud gan ddrifft y glannau ac yn sicrhau bod traeth llydan o flaen y pentref. Cafodd riff o greigiau ei adeiladu yn gyfochrog â'r lan ar ben deheuol y tafod. Bydd y riff yn helpu i dorri grym y tonnau. Wrth iddyn nhw olchi o amgylch dau ben y riff, bydd y tonnau'n colli egni, a bydd hyn yn annog dyddodi tywod a graean bras y tu ôl i'r riff. Mae'r riff wedi cael ei ddisgrifio fel nodwedd amlbwrpas. Yn ogystal ag amddiffyn y morlin, dylai'r riff wella safon y tonnau ar gyfer syrffio. Os yw'r riff yn gweithio, gallai roi hwb i economi twristiaeth y Borth.

Mae'r camau canlynol hefyd yn rhan o'r amddiffynfeydd arfordirol newydd yn y Borth:

- amnewid y wal fôr bren ar ben uchaf y traeth
- ychwanegu graean bras newydd i wneud y traeth yn fwy llydan.

Cafodd y cynllun ei gwblhau yn 2015 a'r gost oedd £18 miliwn. Daeth £5 miliwn o'r arian hwn o Gronfa Datblygu Rhanbarthol Ewrop – cyllid o'r UE â'r bwriad o hybu twf mewn rhanbarthau difreintiedig. Cafodd pob darn o graig ei brynu o chwarel leol.

Gweithgareddau

3 a) Beth yw'r prif bethau sy'n debyg a'r prif bethau sy'n wahanol rhwng y traeth yn y Borth nawr (Ffigur 20) a'r traeth fel yr oedd yn 2009 (sydd i'w weld yn Ffigur 15)?

 b) Gwnewch fraslun o Ffigur 20. Rhowch anodiadau ar eich braslun i ddangos sut mae'r riff yn amddiffyn pentref y Borth.

4 Disgrifiwch brif fanteision y cynllun amddiffyn newydd i'r Borth ac i'r economi lleol.

5 Ydych chi'n credu bod yr amddiffynfeydd newydd wedi bod yn llwyddiant? Defnyddiwch y blog isod gan un o'r trigolion lleol i'ch helpu i gyfiawnhau eich ateb.

▲ **Ffigur 20** Riff o greigiau ym mhen deheuol y tafod yn y Borth, 2015.

Amddiffynfeydd môr y Borth yn llwyddiant

Mae rhai o'r clogfeini mwyaf sydd yn yr amddiffynfeydd wedi symud rhywfaint. Mae'r tonnau hefyd wedi newid siâp y rhesi o gerigos a gafodd eu hymestyn a'u gwneud yn uwch yn rhan o'r cynllun amddiffyn. Fodd bynnag, prin iawn oedd y difrod i'r tai ac i adeiladau eraill. Roedd llifogydd mewn rhai tai ac roedd digonedd o falurion yn y ffordd y tu ôl iddyn nhw. Ond rwy'n sicr bod llai o ddifrod ar hyd y darn o draeth lle mae'r amddiffynfeydd newydd wedi'u lleoli.

Roedd llifogydd a difrod yn sgil stormydd yn digwydd yn rheolaidd yn y gorffennol ar hyd y darn hwn o'r arfordir. Byddai stormydd llawer llai ffyrnig na'r un diwethaf yn achosi difrod, ac felly rwy'n siŵr y byddai'r difrod wedi

bod yn llawer gwaeth y tro hwn heb yr amddiffynfeydd môr newydd.

Y storm hon oedd y tro cyntaf i'r amddiffynfeydd newydd gael eu profi mewn gwirionedd, ac mae'n debyg eu bod nhw wedi llwyddo. Mae'n bosibl y bydd angen eu hailffurfio a gwneud gwaith adfer ar y glannau yn sgil y storm, ond does bosibl bod hynny'n well nag ailadeiladu cartrefi. Dydyn nhw ddim yn bethau hardd a dydy'r syniad o greu riff syrffio heb weithio. Fodd bynnag, mae'n ymddangos eu bod nhw wedi cyflawni'r prif bwrpas yn yr achos hwn sef ymddwyn fel amddiffynfa rhag y môr.

▲ **Ffigur 21** Un o'r trigolion lleol yn sôn am y riff mewn blog ar 11 Ionawr 2014 ar ôl storm aeafol ddifrifol.

Mapio peryglon arfordirol

Gall paratoi ar gyfer llifogydd helpu i achub bywydau ac atal anafiadau. Mae gallu cymunedau arfordirol i ymdopi yn ystod ymchwydd storm yn gallu cael ei wella drwy:

- roi rhybudd bod digwyddiad tywydd eithafol ar y ffordd
- sicrhau bod pobl yn gwybod pa ardaloedd fydd yn cael eu heffeithio, beth i'w wneud a sut i'w hamddiffyn eu hunain
- sicrhau bod cynllun gweithredu gan y gwasanaethau brys a'r ysbytai rhag ofn bod argyfwng yn taro.

Mae gwasanaethau soffistigedig gan y DU sy'n rhoi rhagolygon tywydd, yn ogystal â rhybuddion o dywydd eithafol a llifogydd. Mae'r rhagolygon yn dod o'r Ganolfan Rhagweld Llifogydd yng Nghaerwysg, sydd ar gael 24 awr y dydd, 7 diwrnod yr wythnos. Mae'r rhagolygon yn cael eu trosglwyddo i Gyfoeth Naturiol Cymru ac Asiantaeth yr Amgylchedd (Lloegr), sy'n rhoi gwybod i'r cyhoedd. Mae dau fath o fap peryglon ar wefan y ddau sefydliad hyn:

- Un sy'n dangos ardaloedd sy'n tueddu i ddioddef llifogydd afon ac arfordirol. Mae modd defnyddio map fel hwn i gynllunio llwybr gwagio ymhell cyn llifogydd.
- Map byw sy'n defnyddio symbolau rhybuddio yn y mannau lle mae llifogydd yn debygol. Mae gan y Swyddfa Dywydd hefyd fap tywydd byw sydd â symbolau rhybuddio. Mae rhybudd tywydd coch yn golygu bod bywyd mewn perygl.

Mae mapiau peryglon ar-lein yn rhoi gwybod i'r cyhoedd am berygl llifogydd arfordirol. Mae mapio peryglon hefyd yn galluogi awdurdodau lleol i reoli datblygiad rhai ardaloedd penodol drwy atal cynlluniau i adeiladu tai newydd mewn ardaloedd sydd mewn perygl yn sgil erydiad neu lifogydd arfordirol.

Cyswllt at y we

https://cyfoethnaturiol.cymru/ Mae mapiau llifogydd rhyngweithiol o Gymru ar gael ar y wefan hon.

▲ **Ffigur 22** Sgrinlun o fap perygl llifogydd ar gyfer Bae Cinmel a Gorllewin y Rhyl o wefan Cyfoeth Naturiol Cymru.

Cyswllt at y we

http://datashine.org.uk Mae mapiau rhyngweithiol ar gyfer cyfrifiad 2011 ar gael ar y wefan hon.

▲ **Ffigur 23** Sgrinlun o wefan *Data Shine*. Mae'n dangos cyfran y bobl sy'n 65–75 oed ym Mae Cinmel a Gorllewin y Rhyl. Mae lliwiau gwyrdd yn dynodi cyfran sy'n uwch na'r cyfartaledd cenedlaethol.

Bae Cinmel – cymuned sydd mewn perygl o ddioddef llifogydd arfordirol

Mae Cyfoeth Naturiol Cymru wedi cyfrifo y gallai 80,000 o adeiladau o amgylch morlin Cymru fod mewn perygl o ddioddef llifogydd. Mae Tywyn, Bae Cinmel a'r Rhyl yng ngogledd Cymru yn enghreifftiau o leoedd sydd mewn perygl. Cafodd yr ardal hon ei tharo'n wael gan lifogydd arfordirol yn 1990 ac eto yn 2013. Achosodd yr ymchwydd storm ar 5 Rhagfyr 2013 lifogydd arfordirol. Roedd rhaid i 400 o bobl adael eu cartrefi a mynd i Ganolfan Hamdden y Rhyl. Diolch i gymorth criwiau Gwylwyr y Glannau a'r gwasanaeth tân, cafodd 25 o bobl eu hachub o fyngalos dan ddŵr yn y Rhyl. Roedd llifogydd hefyd mewn meysydd carafannau ym Mae Cinmel, a chafodd sawl carafán (a oedd yn wag dros y gaeaf) eu dinistrio. Roedd o leiaf 400 o gartrefi heb bŵer. Cafodd dau rybudd difrifol eu cyhoeddi, sy'n golygu bod bywydau mewn perygl. Cafodd y rhybudd ei rannu dros y ffôn, drwy negeseuon testun, e-bost ac ar Twitter. Roedd wardeiniaid llifogydd gwirfoddol yn yr ardal yn helpu pobl i adael eu cartrefi.

Gweithgareddau

1 a) Disgrifiwch ddwy ffordd wahanol o ddefnyddio mapiau peryglon mewn cylchfa llifogydd arfordirol.
   b) Esboniwch pam dylai pobl sy'n byw mewn cylchfa llifogydd baratoi cynlluniau ymadael personol.

2 Disgrifiwch ehangder y gylchfa llifogydd bosibl yn Ffigur 22.

3 Cymharwch y patrymau sydd i'w gweld yn Ffigurau 22 a 23.

4 a) Defnyddiwch dechneg addas i gyflwyno'r data yn Ffigur 24.
   b) Cymharwch iechyd pobl sy'n byw yn y gylchfa llifogydd yng ngogledd Cymru ag iechyd phobl sy'n byw yng Nghaerdydd.
   c) Awgrymwch pam gallai trigolion y gylchfa llifogydd yng ngogledd Cymru fod mewn mwy o berygl o lifogydd na phobl eraill.

	Tywyn	Bae Cinmel	Gorllewin y Rhyl	Caerdydd	Cymru
Iechyd da iawn	34.0	40.9	38.8	50.4	46.7
Iechyd da	31.2	30.3	29.9	31.1	31.1
Iechyd gweddol	21.1	17.6	18.4	12.1	14.6
Iechyd gwael	10.6	8.5	9.9	4.8	5.8
Iechyd gwael iawn	3.1	2.7	3.0	1.6	1.8
Un person yn y tŷ sy'n dioddef o broblem iechyd tymor hir neu anabledd (dim plant dibynnol)	31.8	27.3	35.0	21.5	25.2

▲ **Ffigur 24** Data iechyd dethol ar gyfer y gylchfa llifogydd yng ngogledd Cymru o'i chymharu â Chaerdydd a Chymru gyfan. Yng nghyfrifiad 2011, roedd cwestiwn yn gofyn i bobl ddisgrifio eu hiechyd yn gyffredinol yn ystod y 12 mis diwethaf, naill ai fel 'da iawn', 'da', 'gweddol', 'gwael' neu 'gwael iawn'. Mae Ffigur 24 yn dangos canran yr ymatebion ym mhob categori.

Tywyn	Bae Cinmel	Gorllewin y Rhyl
LL22 9HW	LL18 5BB	LL18 1LP
LL22 9LR	LL18 5AS	LL18 3AH
LL22 9LX	LL18 5EQ	LL18 3ET

▲ **Ffigur 25** Detholiad o godau post.

Cyswllt at y we

https://cyfoethnaturiol.cymru/llifogydd – dilynwch y cyswllt o'r dudalen hon, ac ewch i'r dudalen sy'n cynnwys y map llifogydd lefelau afonydd ac sydd hefyd yn dangos llifogydd arfordirol.

Gwaith ymholi

Pa mor agored i niwed gan lifogydd arfordirol yw Bae Cinmel a'r cyffiniau?

■ Defnyddiwch atlas ar-lein o'r DU (fel *Google Maps* neu *Bing Maps*) i ddod o hyd i'r busnesau sydd ym mhob un o'r codau post yn Ffigur 25.
■ Pa rai o'r busnesau hyn sydd yn y gylchfa llifogydd sydd i'w gweld yn Ffigur 22? Gallech chi ddefnyddio'r cyswllt at wefan Cyfoeth Naturiol Cymru i wirio'r map.
■ Rhowch grynodeb o effeithiau economaidd a chymdeithasol llifogydd yn y codau post rydych chi wedi ymchwilio iddyn nhw.

THEMA
4
Peryglon arfordirol a'u rheolaeth
Pennod 2
Morlinau sy'n agored i niwed

Pam mae rhai cymunedau arfordirol yn fwy agored i niwed na chymunedau eraill?

Mae amgylcheddau arfordirol yn peri nifer o beryglon posibl, er enghraifft tirlithriadau, llifogydd a chodiad yn lefel y môr. Mae lefel y perygl yn dibynnu ar nifer o ffactorau:

- ffactorau ffisegol, fel maint y digwyddiadau tywydd eithafol a pha mor aml maen nhw'n digwydd, newid hinsawdd a'r ddaeareg
- nifer y bobl a allai gael eu heffeithio
- pa mor **agored i niwed** yw'r bobl sy'n cael eu heffeithio gan y digwyddiad; mae hyn yn gysylltiedig â ffactorau fel tlodi.

Natur agored i niwed

Mae natur agored i niwed yn cyfleu anallu person i ymdopi â thrychineb fel llifogydd arfordirol, ac anallu i adfer wedi'r digwyddiad. Mae rhai grwpiau o bobl yn fwy agored i niwed gan beryglon na grwpiau eraill. Mae tlodi, oedran ac anabledd i gyd yn ffactorau sy'n gallu effeithio ar fod yn agored i niwed. Er enghraifft, efallai fod cartref person tlawd heb ei adeiladu'n dda ac ni fydd yn gallu gwrthsefyll effeithiau llifogydd.

Sut mae gwneud pobl yn llai agored i niwed?

I wneud pobl yn llai agored i niwed yn sgil peryglon arfordirol, mae angen i sefydliadau wneud y canlynol:

- Lleihau effaith y perygl, er enghraifft adeiladu waliau llifogydd ac amddiffynfeydd arfordirol eraill.
- Datblygu'r **capasiti** i ymdopi â'r perygl, er enghraifft addysgu pobl am beth i'w wneud yn ystod seiclon neu ymchwydd storm fel eu bod yn fwy tebygol o oroesi. Syniad arall fyddai creu cynllun trychineb fel bod y gwasanaethau brys, yr ysbytai a'r awdurdodau lleol i gyd yn gwybod beth i'w wneud yn ystod ac ar ôl trychineb mawr.
- Mynd i'r afael â'r ffactorau sy'n gwneud pobl yn agored i niwed. Mae angen i lywodraethau leihau tlodi ac anghydraddoldeb yn y gymdeithas fel bod pawb yn cael yr un cyfleoedd ac yn cael eu hamddiffyn i'r un graddau yn ystod trychineb.

Capasiti

Capasiti yw'r gwrthwyneb i fod yn agored i niwed. Mae'n disgrifio gallu person i oroesi perygl ac adfer yn gyflym wedi'r digwyddiad. Os yw'r adnoddau angenrheidiol gan unigolion neu gymunedau i ymdopi â'r perygl, mae eu capasiti yn cynyddu. Gall adnoddau fod yn rhai ariannol neu'n rhai materol, fel defnyddiau adeiladu cryf. Mae ffactorau fel addysg, technoleg a pharatoi a chynllunio ar gyfer trychinebau yn gallu gwella capasiti hefyd.

▲ **Ffigur 1** Tai pysgotwyr ar stiltiau yn Luzon, Pilipinas.

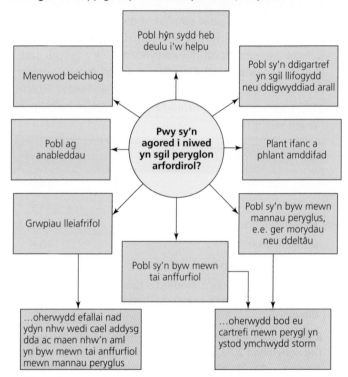

▲ **Ffigur 2** Pam mae rhai grwpiau o bobl yn fwy agored i niwed na grwpiau eraill yn sgil peryglon arfordirol?

Newid hinsawdd

Bydd newid hinsawdd yn gwneud rhai cymunedau arfordirol yn fwy agored i beryglon arfordirol. Bydd cyfradd erydiad arfordirol yn cynyddu wrth i lefel y môr godi. Bydd mwy o dir ffermio yn cael ei golli, a bydd angen gwario mwy ar amddiffynfeydd môr er mwyn 'cadw'r llinell' a sicrhau nad yw ein trefi a'n dinasoedd yn cael eu herydu. Mae newid hinsawdd hefyd yn golygu bod yr atmosffer yn fwy cynnes. O ganlyniad, bydd y DU yn dioddef mwy o stormydd fel yr ymchwyddiadau storm dinistriol a achosodd y llifogydd yn Jaywick yn 1953 a 2013. Mewn geiriau eraill, bydd newid hinsawdd yn achosi digwyddiadau tywydd eithafol sy'n fwy o faint ac sy'n digwydd yn amlach. Mae'r rhain yn ffactorau ffisegol critigol sy'n gwneud y cymunedau arfordirol i gyd yn fwy agored i niwed.

Blwyddyn	2007	2032	2057	2082	2107
Codiad yn lefel y môr (cm)	0	13	35	65	102

▲ **Ffigur 3** Rhagfynegiadau o'r codiad yn lefel y môr yn Jaywick, Essex.

▲ **Ffigur 4** Rhai o'r ffyrdd y bydd newid hinsawdd yn effeithio ar ein morlin erbyn 2050.

Gweithgareddau

3 Defnyddiwch Ffigur 4 i ddisgrifio 5 ffordd wahanol y bydd lefel y môr yn codi yn effeithio ar gymunedau arfordirol y DU.

4 Defnyddiwch Ffigur 5 ac atlas i enwi:
   a) pum sir yn Lloegr sy'n wynebu problemau'n ymwneud ag erydiad arfordirol eithafol
   b) tair sir yng Nghymru sy'n wynebu cyfraddau erydu uchel iawn.

5 a) Defnyddiwch Ffigur 3 i luniadu graff o'r rhagfynegiadau o'r codiad yn lefel y môr yn Jaywick.
   b) Rhowch ddau reswm sy'n esbonio pam mae lefelau'r môr yn codi yn Jaywick.

Allwedd
Erydiad posibl o'r draethlin:
- Isel
- Cymedrol
- Uchel
- Uchel iawn
- Eithafol

▶ **Ffigur 5** Erydiad arfordirol os bydd allyriadau carbon deuocsid yn parhau i gynyddu ac mae lefelau'r môr yn codi.

Sut gallai newid hinsawdd effeithio ar Lundain a rhanbarth Thames Gateway?

Un o'r morlinau sydd fwyaf agored i niwed yn y DU yw tirwedd morydol (aberol) Afon Tafwys i'r dwyrain o Lundain. Mae'r morlin hwn, sef rhanbarth Thames Gateway, mewn perygl o ddioddef llifogydd yn sgil ymchwyddiadau storm (fel y rhai yn 1953 a 2013). Mae'r ymchwyddiadau hyn yn gwthio dŵr y môr i'r morlin cul sy'n debyg i dwndis rhwng Essex a Chaint. Mae'r morlin hwn wedi bod yn suddo ers diwedd yr oes iâ yn y DU tua 10,000 o flynyddoedd yn ôl – enw'r broses hon yw **adlamu ôl-rewlifol**. O ganlyniad, mae rhanbarth Thames Gateway yn suddo tua 2 mm y flwyddyn o gymharu â lefelau'r môr ar hyn o bryd. Mae newid hinsawdd yn golygu bod lefelau'r môr ym moryd Afon Tafwys yn codi tua 3 mm y flwyddyn. Felly, mae cyfuniad o godiad yn lefel y môr ac adlamu ôl-rewlifol yn golygu bod lefelau'r môr yn codi 5–6 mm y flwyddyn yn yr ardal hon.

Blwyddyn	Math o berygl yn achosi cau'r bared		Sawl gwaith cafodd y bared ei gau
	Llanwol	Llifogydd afon	
1983	1	0	1
1984	0	0	0
1985	0	0	0
1986	0	1	1
1987	1	0	1
1988	1	0	1
1989	0	0	0
1990	1	3	4
1991	2	0	2
1992	0	0	0
1993	4	0	4
1994	3	4	7
1995	2	2	4
1996	4	0	4
1997	1	0	1
1998	1	0	1
1999	2	0	2
2000	3	3	6
2001	16	8	24
2002	3	1	4
2003	8	12	20
2004	1	0	1
2005	4	0	4
2006	3	0	3
2007	8	0	8
2008	6	0	6
2009	1	4	5
2010	2	3	5
2011	0	0	0
2012	0	0	0
2013	0	5	5
2014	9	41	48
2015	1	0	1
2016	1	0	1
2017	2	0	2
2018	3	0	3

▲ **Ffigur 7** Cau Bared Afon Tafwys i amddiffyn Llundain rhag ymchwyddiadau storm (llanwol) (1983–2018).

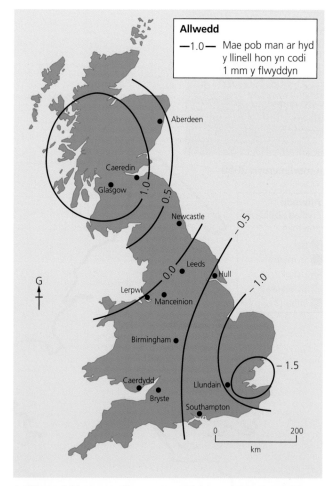

▲ **Ffigur 6** Maint yr adlamu ôl-rewlifol (mm y flwyddyn). Mae rhifau positif yn golygu bod y tir yn codi o gymharu â lefel y môr ac mae rhifau negyddol yn golygu bod y tir yn suddo.

Allwedd

—1.0— Mae pob man ar hyd y llinell hon yn codi 1 mm y flwyddyn

Gweithgareddau

1 Defnyddiwch Ffigur 6 i ddisgrifio'r rhannau o'r DU lle mae:
   a) tir yn codi gyflymaf
   b) tir yn suddo gyflymaf.

2 a) Defnyddiwch y data yn Ffigur 7 i greu graff o'r achlysuron pan fu'n rhaid cau'r bared.
   b) Disgrifiwch y duedd yn eich graff.
   c) Esboniwch pam gallai'r graff hwn gael ei ystyried fel mwy o dystiolaeth o effeithiau newid hinsawdd.

Cadw'r llinell

Cafodd rhwystr llifogydd Afon Tafwys ei gwblhau yn 1982. Mae'r bared wedi'i leoli i'r dwyrain o Ddinas Llundain, ac felly mae'n amddiffyn rhannau helaeth o Lundain rhag ymchwyddiadau llanwol sy'n dod i fyny'r afon o Fôr y Gogledd. Mae'n amddiffyn 1.25 miliwn o bobl rhag llifogydd llanwol. Fodd bynnag, y farn erbyn hyn yw bod y bared yn rhy fach i amddiffyn Llundain rhag llifogydd yn y dyfodol. Mae Cynllun Moryd Afon Tafwys 2100 (TE2100) yn awgrymu ei bod yn bosibl, erbyn 2100, y bydd angen amddiffyn Llundain rhag llifogydd a fydd 2.7 m yn uwch na lefelau'r llifogydd presennol.

Ffeil Ffeithiau: Eiddo mewn perygl o lifogydd llanwol ar orlifdir Afon Tafwys

- Dros 500,000 o gartrefi
- 40,000 o adeiladau masnachol a diwydiannol
- 400 o ysgolion
- 16 o ysbytai
- 35 o orsafoedd trenau tanddaearol
- Dros 300 km o ffyrdd

Mae Cynllun TE2100 yn defnyddio tair strategaeth i amddiffyn Llundain a rhanbarth Thames Gateway, sef:

- Parhau i adnewyddu ac adeiladu o'r newydd argloddiau, waliau môr a llifddorau yn rhanbarth Thames Gateway.
- Ychwanegu 876 hectar o gynefinoedd rhynglanwol ym moryd Afon Tafwys. Bydd y morfeydd heli hyn yn helpu i storio llifddwr wrth iddo symud i fyny'r foryd yn ystod ymchwydd llanwol. Byddai'r ardaloedd storio hyn yn cael eu creu drwy brojectau adlinio rheoledig fel yr un yn Tollesbury, Essex.
- Ystyried adeiladu bared newydd mwy yn Long Reach, i'r dwyrain o'r bared presennol. Byddai adeiladu'r bared newydd yn costio £6–£7 biliwn.

Gweithgareddau

3 Defnyddiwch Ffigur 8 i ddisgrifio:
  a) dosbarthiad torri'r amddiffynfeydd
  b) swm y tir a fyddai'n dioddef llifogydd a gwerth y tir hwnnw.
4 Esboniwch pam byddai cost y difrod yn sgil llifogydd yn Essex yn is na'r gost yn Llundain.

Allwedd
- 0 €/m²
- 0 - 1 €/m²
- 1 - 10 €/m²
- 10 - 100 €/m²
- 100 - 200 €/m²
- 200 - 1000 €/m²
- 1000 - 2000 €/m²
- 2000 - 5000 €/m²
- 5000 - 10.000 €/m²
- > 10.000 €/m²
- ● Lleoliad torri'r amddiffynfeydd

▲ **Ffigur 8** Cost difrod yn 2050 ar ôl llifogydd tebyg i ymchwydd storm 1953 os bydd lefel y môr yn parhau i godi, ac os na fydd yr amddiffynfeydd llifogydd yn cael eu gwella. Mae'r smotiau coch yn dangos ble byddai'r amddiffynfeydd arfordirol yn cael eu torri.

Gwaith ymholi ❓

Sut dylai Llundain a rhanbarth Thames Gateway gael eu hamddiffyn yn y dyfodol? Mae rhai pobl yn amheus am adlinio rheoledig. Dylech chi gyfiawnhau pam mae'r Cynllun TE2100 yn bwriadu cyfuno rhwystr llifogydd newydd â dulliau adlinio rheoledig.

Pam mae rhai cymunedau arfordirol yn fwy agored i niwed na chymunedau eraill?

Yn ôl adroddiad gan Sefydliad Joseph Rowntree, rhai o'r bobl fwyaf agored i niwed – sy'n byw yng nghymunedau mwyaf anghysbell y DU – fydd yn dioddef yr effeithiau gwaethaf oherwydd bod lefel y môr yn codi.

Mae'r adroddiad yn dadlau bod tlodi yn ffactor sy'n golygu bod rhai cymunedau yn fwy agored i niwed nag eraill yn sgil llifogydd arfordirol. Mae tlodi'n golygu bod llai o adnoddau gan y cyngor lleol i leihau'r bygythiad a'r effeithiau yn sgil lefel y môr yn codi.

Mae'r adroddiad yn awgrymu bod pobl yn fwy agored i niwed yn sgil llifogydd arfordirol mewn cymunedau lle mae:
- cyfran uchel o bobl yn hawlio budd-daliadau
- trosiant cyflym o bobl drwy fudo economaidd
- cyfran uchel o dai o ansawdd gwael
- economi sy'n dibynnu'n ormodol ar dwristiaeth, sy'n arwain at lawer o swyddi tymhorol a lefelau incwm isel.

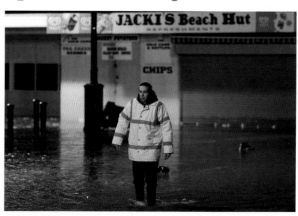

▲ **Ffigur 9** Llifogydd arfordirol yn Great Yarmouth, Rhagfyr 2013.

Skegness, Swydd Lincoln

Skegness yw un o gyrchfannau glan môr adnabyddus Lloegr. Mae hi yn East Lindsey, ardal wledig ar y cyfan sydd â chysylltiadau ffyrdd a rheilffyrdd gwael. Mae nifer y meysydd carafannau yn Skegness ymhlith y dwysaf yn Ewrop. Mae rhai pobl sydd wedi ymddeol a phobl sydd ar incwm isel yn byw mewn carafannau sefydlog yn barhaol.

Great Yarmouth, Norfolk

Mae Great Yarmouth yn borthladd maint canolig a chyrchfan glan môr pwysig. Mae cyfran uchel o drigolion y dref yn hŷn ac wedi ymddeol. Mae'r cyfraddau diweithdra yn Great Yarmouth yn uwch nag yng ngweddill Dwyrain Lloegr. Mae economi'r porthladd yn dirywio ac mae llai o gynhyrchu yn y meysydd nwy cyfagos ym Môr y Gogledd.

SGILIAU DAEARYDDOL

Dehongli pyramidiau poblogaeth

Graff bar arbenigol yw pyramid poblogaeth. Mae pob bar yn cynrychioli dynion neu fenywod sy'n perthyn i gategori oedran penodol. Mae'r barrau naill ai'n cynrychioli niferoedd gwirioneddol neu ffigurau canran. Mae dehongli siâp pyramid yn gallu dweud llawer wrthym am strwythur poblogaeth. Mae pyramidiau sy'n llydan ar y gwaelod yn dangos poblogaeth ifanc, ac mae pyramidiau sy'n llydan ar y brig yn dangos poblogaeth sy'n heneiddio. Dehongli'r strwythur yw'r cam cyntaf wrth ddadansoddi'r problemau a allai fod yn effeithio ar y boblogaeth. Er enghraifft, oes digon o ofal iechyd ar gael i boblogaeth sy'n heneiddio, yn ogystal â gwasanaethau cymdeithasol sy'n addas ar gyfer y grŵp oedran hwn?

Allwedd
- Menywod
- Dynion

▲ **Ffigur 10** Pyramid poblogaeth ar gyfer East Lindsey, Swydd Lincoln (2011).

Cyswllt at y we

https://www.ons.gov.uk/peoplepopulationandcommunity/populationandmigration/
populationestimates/articles/ukpopulationpyramidinteractive/2020-01-08

Pyramid poblogaeth rhyngweithiol ar gyfer y DU sy'n dangos newidiadau rhwng 1996 a 2038.

Llanelli, Sir Gaerfyrddin

Mae diweithdra yn Llanelli yn uwch na'r cyfartaledd cenedlaethol, ac mae'r dref wedi dioddef yn wael ers y dirwasgiad economaidd yn 2008–9. Mae sawl cynllun adfywio bellach ar waith mewn safleoedd diwydiannol diffaith ar hyd y morlin. Mae gan y dref gyfran o drigolion hŷn sy'n uwch na'r gyfran gyfartalog. Mae nifer mawr o fudwyr o Ddwyrain Ewrop wedi ymgartrefu yn y dref.

Benbecula, Hebrides Allanol

Mae Benbecula yn ynys anghysbell yn yr Alban. Mae'r boblogaeth (sef 1,200) a'r economi wedi bod yn dirywio ers canol yr 1970au yn sgil cau safle milwrol. Mae prinder swyddi i bobl ifanc wedi cyfrannu at y dirywiad hwn ac at y ffaith bod y boblogaeth yn heneiddio. Cafodd system draeniad arfordirol yr ynys ei hadeiladu yn yr 1800au ac nid yw'n effeithlon iawn. Mae'n cael trafferth ymdopi ag effeithiau glaw trwm a llanw uchel.

Dangosydd	Skegness	Swydd Lincoln	Lloegr
% y boblogaeth weithio sydd mewn swyddi proffesiynol/rheoli	14	18	23
% y boblogaeth weithio sy'n hawlio budd-daliadau'n gysylltiedig â'r gwaith	18	13	13
% y boblogaeth oedolion sydd heb unrhyw gymwysterau academaidd	33	26	22
% y boblogaeth oedolion sydd mewn iechyd da iawn	38	43	47

▲ **Ffigur 11** Ystadegau economaidd-gymdeithasol Skegness.

▲ **Ffigur 12** Mae nifer mawr o garafannau sefydlog yn Skegness.

Gweithgareddau

1 Cymharwch y pedair cymuned sy'n cael eu disgrifio ar y tudalennau hyn. Disgrifiwch dair nodwedd sy'n gyffredin rhwng o leiaf dwy o'r cymunedau hyn.

2 a) Disgrifiwch strwythur y boblogaeth yn East Lindsey.

b) Defnyddiwch y cyswllt at y we (ar dudalen 146) i gymharu'r strwythur poblogaeth hwn â strwythur poblogaeth y DU.

c) Beth mae hyn yn ei awgrymu am beth mae ei angen ar East Lindsey?

3 Esboniwch pam nad yw pob awdurdod lleol yn gallu fforddio'r adnoddau mae eu hangen arnyn nhw i baratoi ar gyfer effeithiau lefel y môr yn codi.

4 a) Edrychwch ar Ffigur 11 a nodwch y patrwm cyffredinol sydd i'w weld yn y tabl.

b) Mae'r ffigurau yn y tabl yn dod o'r Cyfrifiad Cenedlaethol yn 2011. Mae'n debyg na fyddwn ni'n gweld effeithiau gwaethaf lefel y môr yn codi hyd nes 2050. A ddylai'r awdurdod lleol ddefnyddio'r data i ofyn am gymorth ychwanegol o'r tu allan wrth gynllunio yng nghyd-destun lefel y môr yn codi? Cyfiawnhewch eich ateb.

Mewn cymunedau o'r fath, mae'n bosibl nad oes digon o arian gan bobl leol i addasu eu cartrefi (e.e. i wrthsefyll llifogydd). Efallai nad ydyn nhw'n gallu fforddio symud i ffwrdd. Yn achos awdurdodau lleol ar yr arfordir sydd mewn ardaloedd difreintiedig, mae'n bosibl nad ydyn nhw'n gallu fforddio'r adnoddau angenrheidiol er mwyn paratoi ar gyfer newid hinsawdd. Mae polisi'r llywodraeth yn golygu bod angen i unigolion a chymunedau gymryd cyfrifoldeb eu hunain am y gwaith o baratoi ar gyfer y newid tebygol yn lefel y môr. Fodd bynnag, mae pobl sy'n byw mewn ardaloedd difreintiedig yn poeni am bethau eraill.

▲ **Ffigur 13** Dyfyniad (wedi'i addasu) o Adroddiad Sefydliad Joseph Rowntree; Crynodeb o 'Effeithiau newid hinsawdd ar gymunedau difreintiedig ar hyd arfordir y DU' (2011).

Gwaith ymholi

Pwy ddylai fod yn gyfrifol am amddiffyn cymunedau yn y DU rhag effeithiau lefel y môr yn codi?

'Mae polisi'r llywodraeth yn golygu bod angen i unigolion a chymunedau gymryd cyfrifoldeb eu hunain am y gwaith o baratoi ar gyfer y newid tebygol yn lefel y môr.' I ba raddau rydych chi'n cytuno â'r gosodiad hwn? Trafodwch hyn mewn grwpiau.

Sut gallai newid hinsawdd effeithio ar gymunedau arfordirol ar draws y byd?

Erbyn 2030, mae amcangyfrifon yn awgrymu y bydd 950 miliwn o bobl o amgylch y byd yn byw yn y **Parth Arfordirol Uchder Isel** (*LECZ: Low Elevation Coastal Zone*). Ardaloedd arfordirol yw'r rhain sy'n is na 10 m uwchben lefel y môr. Mae newid hinsawdd yn bygwth pobl sy'n byw yn yr ardaloedd hyn mewn tair ffordd:

- Mae lefel y môr yn codi yn cynyddu'r perygl o lifogydd arfordirol adeg llanw uchel.
- Mae glawiad trymach yn cynyddu'r perygl o fflachlifau mewn ardaloedd trefol sydd â systemau draeniad gwael.
- Mae stormydd a chorwyntoedd mwy garw yn cynyddu'r perygl o erydiad arfordirol ac ymchwyddiadau storm.

Mae **Ynys-wladwriaethau Bach Datblygol** (*SIDS: Small Island Developing States*) – fel y Maldives yng Nghefnfor India ac Ynysoedd Marshall yn y Cefnfor Tawel – wedi'u lleoli ar dir isel iawn. Pe bai lefel y môr yn codi 1 m erbyn 2100, byddai hyd at 75 y cant o'r tir yn y Maldives ac yn Ynysoedd Marshall o dan ddŵr.

Mae'n bosibl mai'r cymunedau arfordirol sy'n byw ger deltâu afonydd mwyaf y byd fydd yn cael eu taro waethaf. Mae'r bobl sy'n byw yma yn gweld effaith ymsuddiant y tir meddal yn ogystal â'r newid yn lefel y môr. Mae miliynau o bobl yn byw ger deltâu yn Bangladesh, yr Aifft, Nigeria, Viet Nam a Cambodia.

Yn 2013, cyhoeddodd Banc y Byd restr o 136 o ddinasoedd arfordirol a oedd yn wynebu'r perygl mwyaf yn sgil newid hinsawdd. Mae Mumbai, sy'n gartref i 18.4 miliwn o bobl, yn un ohonyn nhw. Mae Mumbai wedi'i hadeiladu ar ynys isel, ac mae llawer o'r ddinas yn gorwedd 10 m yn unig uwchben lefel y môr. Mae dinasoedd eraill – fel Efrog Newydd, Singapore a New Orleans – hefyd mewn perygl. Mae llawer o'r dinasoedd hyn mewn gwledydd sy'n datblygu, a thrigolion mwyaf tlawd y gymdeithas sydd fwyaf agored i niwed yn sgil peryglon naturiol. Mae hyn oherwydd bod y cymdogaethau mwyaf tlawd (fel y rhai yn Ffigur 15) yn aml wedi'u lleoli ar dir isel, ac wedi'u hadeiladu ger dyffrffyrdd neu ar lan y môr lle mae perygl o lifogydd. Wrth i lefel y môr godi, efallai bydd rhaid i rai pobl adael eu cartrefi. Bydd y bobl hyn yn **ffoaduriaid amgylcheddol**.

Parth arfordirol uchder isel (*LECZ*)

Unrhyw ardal sy'n agos at y môr sy'n is na 10 metr uwchben lefel y môr. Amcangyfrifir y bydd 950 miliwn o bobl yn byw yn y *LECZ* byd-eang erbyn 2030.

Ffoadur amgylcheddol

Rhywun sydd wedi cael ei orfodi i adael ei gartref yn barhaol oherwydd newid yn yr amgylchedd, fel llifogydd arfordirol neu ddiffeithdiro.

Gweithgareddau

1 Defnyddiwch Ffigur 14 i ddisgrifio:
  a) dosbarthiad y *SIDS*
  b) lleoliad:
    i) y Maldives
    ii) Ynysoedd Marshall.
  c) Awgrymwch pam mae pobl sy'n byw mewn lleoedd anghysbell fel hyn yn agored i niwed gan beryglon naturiol.

▲ **Ffigur 14** Lleoliad Ynys-wladwriaethau Bach Datblygol (*SIDS*).

Dinas	Poblogaeth (%) mewn perygl mewn *LECZ*	Tir (%) mewn perygl mewn *LECZ*	Poblogaeth 2015	Poblogaeth 2030
Cotonou, Benin	94.7	85.4	682,000	979,000
Warri, Nigeria	90.8	92.0	663,000	1,298,000
Alexandria, Yr Aifft	85.1	68.8	4,778,000	6,313,000
Port Harcourt, Nigeria	64.4	61.9	2,344,000	4,562,000
Dakar, Senegal	61.6	47.6	3,520,000	6,046,000

▲ **Ffigur 15** Detholiad o ddinasoedd yn Affrica sydd yn y parth arfordirol uchder isel (*LECZ*).

▲ **Ffigur 16** Mae rhai cymdogaethau yn Cotonou, Benin wedi'u hadeiladu ar stiltiau ar lan y dŵr.

Gweithgareddau

2 Astudiwch Ffigur 16.
   a) Disgrifiwch y tai yn ofalus.
   b) Awgrymwch pam mae aelodau mwyaf tlawd y gymdeithas yn byw mewn cymdogaethau fel hyn.
   c) Awgrymwch sut bydd newid hinsawdd yn effeithio ar y gymuned hon.
3 Edrychwch ar Ffigur 15. Cyfrifwch y nifer gwirioneddol o bobl y mae disgwyl eu bod nhw'n byw yn y *LECZ* ym mhob un o'r dinasoedd hyn.

Gwaith ymholi

Dadansoddwch pam mae'n bosibl bod llywodraethau'r *SIDS* yn cael mwy o anhawster yn ymdopi â newid hinsawdd na llywodraeth gwlad yn fwy fel India.

Cymunedau sy'n agored i niwed yn sgil newid hinsawdd a lefel y môr yn codi yn yr Aifft

Mae'r Sefydliad Mudo Rhyngwladol yn awgrymu y bydd newid hinsawdd yn dadleoli 200 miliwn o bobl erbyn 2050. Y prif resymau dros hyn yw lefel y môr yn codi, sychder, ansicrwydd am fwyd a dŵr a'r cynnydd yn nifer y peryglon iechyd. Un wlad a allai gael ei heffeithio yw'r Aifft.

Incwm Gwladol Crynswth yr Aifft yw $UDA2,800, sy'n golygu ei bod ymysg y gwledydd incwm canolig mwyaf tlawd yn y byd. Gwlad diffeithdir yw'r Aifft sydd â phoblogaeth o 85 miliwn. Mae'r rhan fwyaf o ardaloedd trefol a thir ffermio y wlad wedi cael eu cywasgu i mewn i 15 y cant o'r tir – ar hyd glannau Afon Nîl ac yn ardal Delta Afon Nîl yn bennaf. Bydd newid hinsawdd yn creu nifer o sialensiau i'r Aifft:

- Bydd cynnydd yn y tymheredd a llai o law yn arwain at fwy o broblemau'n ymwneud â **phrinder dŵr**. Bydd hyn yn effeithio ar bobl dlawd yn y trefi, ac yn golygu bod ffermwyr yn gorfod dod o hyd i dechnegau effeithlon newydd i ddyfrhau cnydau.
- Bydd clefydau sy'n cael eu cludo gan ddŵr a malaria yn dod yn fwy cyffredin. Mae'n debygol hefyd y bydd cynnydd enfawr mewn achosion o glefydau parasitaidd, canser y croen, cataractau llygaid, anhwylderau resbiradol a thrawiadau gwres.

- Gallai lefel y môr yn codi olygu bod Delta Afon Nîl yn cael ei erydu a'i daro gan lifogydd, gan ddadleoli cymaint ag 8 miliwn o bobl.

Alexandria, yn rhanbarth Delta Afon Nîl, yw ail ddinas fwyaf yr Aifft. Mae'r porthladd hwn, sydd ar arfordir y Môr Canoldir, yn delio ag 80 y cant o fewnforion ac allforion yr Aifft. Mae cyfoeth y ddinas yn denu mudwyr ac mae'r cynnydd naturiol yn y boblogaeth yn ychwanegu at y galw am gartrefi. Mae tai a fflatiau yn aml yn cael eu hadeiladu heb ganiatâd cynllunio na rheoliadau adeiladu priodol. Mewn gwirionedd, mae amcangyfrifon yn awgrymu bod 50 y cant o boblogaeth Alexandria yn byw mewn tai anffurfiol. Efallai fod pobl dlawd sy'n byw mewn ardaloedd trefol yn fwy agored i niwed yn sgil newid hinsawdd na phobl eraill oherwydd:

- ychydig iawn o gynilion sydd ganddyn nhw felly dydyn nhw ddim yn gallu fforddio colli eu swyddi neu eu cartref
- maen nhw'n aml yn dibynnu ar dyllau turio sydd wedi'u llygru gan wastraff dynol; maen nhw felly mewn perygl o ddal clefydau sy'n cael eu cludo gan ddŵr neu mae'n rhaid iddyn nhw brynu dŵr oddi wrth werthwyr ar y stryd, sy'n ddrud iawn
- maen nhw'n aml yn byw mewn lleoedd sy'n beryglus i iechyd pobl, er enghraifft ger merddwr lle mae mosgitos sy'n cario malaria yn bridio
- maen nhw'n byw mewn adeiladau aml-lawr sydd wedi'u hadeiladu'n wael ac sydd mewn perygl o ddymchwel yn ystod daeargrynfeydd.

Prinder dŵr

Prinder dŵr glân sy'n achosi problemau i bobl ac i'r economi.

Allwedd
Dwysedd poblogaeth (y km²)

<25	251–500
26–100	500–1,000
101–250	>1,000

Ardaloedd trefol

Y Môr Canoldir

Alexandria

Cairo

YR AIFFT

Gwlff Suez

G

0   50
km

◀ **Ffigur 17** Dwysedd poblogaeth Delta Afon Nîl.

Blwyddyn	Poblogaeth
1950	1.04
1960	1.50
1970	1.99
1980	2.52
1990	3.06
2000	3.55
2010	4.33
2020	5.23
2030	6.31

▲ **Ffigur 18** Poblogaeth Alexandria (miliynau). Rhagfynegiadau yw'r ffigurau ar ôl 2010.

Mae Alexandria wedi'i hadeiladu ym **mharth arfordirol uchder isel** (*LECZ*) yr Aifft ac felly mae'n agored i lifogydd parhaol os bydd lefel y môr yn codi. Mewn sefyllfa o'r fath, byddai'r Aifft yn ei chael yn anodd ailgartrefu'r nifer enfawr o ffoaduriaid amgylcheddol. Mae'n debyg y bydd llawer o'r bobl sy'n byw mewn tai anffurfiol yn Alexandria ar hyn o bryd yn gorfod symud i'r ardaloedd mwyaf tlawd a gorlawn yn Cairo.

▲ **Ffigur 19** Fflatiau sydd wedi'u hadeiladu yn anghyfreithlon yn Alexandria, yr Aifft.

▲ **Ffigur 20** Rhagfynegiadau o'r newidiadau i forlin yr Aifft wrth i lefel y môr godi.

Ydy hi'n rhy hwyr i achub y Maldives?

Casgliad o 1,190 o ynysoedd yw Gweriniaeth Maldives yng Nghefnfor India. Mae'n un o 58 o Ynyswladwriaethau Bach Datblygol (*SIDS*) o amgylch y byd sydd mewn perygl os yw lefel y môr yn codi. Mae ganddi boblogaeth o 350,000. Does neb yn byw ar y rhan fwyaf o'r ynysoedd, ac mae dros draean o'r boblogaeth yn byw yn Malé, y brifddinas. Mae 80 y cant o arwynebedd y tir yn llai nag 1 m uwchben lefel y môr. Does dim un ardal yn y wlad sydd dros 3 m uwchben lefel y môr, a does dim un man arall ar y Ddaear sy'n fwy agored i niwed neu'n wynebu cymaint o fygythiad gan y newid yn lefel y môr.

Incwm Gwladol Crynswth y Maldives yw $UDA8,300 (2018), sy'n golygu ei bod ymysg y gwledydd incwm canolig mwyaf cyfoethog. Mae'r llywodraeth yn dibynnu ar beirianneg galed i ddal y llinell yn erbyn lefelau môr sy'n codi. Mae'n adeiladu ynys artiffisial yn agos at Malé o'r enw Dinas Gobaith. Bydd yr ynys newydd wedi'i hamddiffyn gan waliau môr 3 metr o uchder. Dylai fod yn gyflawn yn 2023 a bydd yn gartref i 130,000 o bobl.

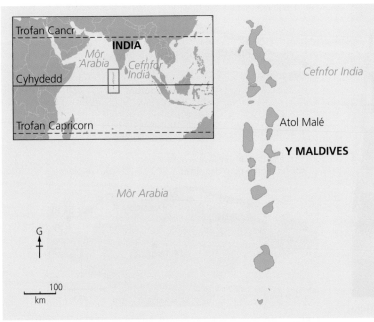

▲ **Ffigur 21** Lleoliad y Maldives.

▲ **Ffigur 22** Ai dyma'r dyfodol i'r Maldives?

▲ **Ffigur 23** Mae Malé, prifddinas y Maldives, wedi'i hamgylchynu gan y môr.

Ffeil Ffeithiau: Yr effeithiau ar y Maldives yn sgil lefel y môr yn codi.

- Os bydd lefel y môr yn codi 0.5 m erbyn y flwyddyn 2100, bydd 77 y cant o arwyneb tir y Maldives o dan ddŵr.
- Os bydd lefel y môr yn codi 1 m erbyn y flwyddyn 2100, fydd neb yn gallu byw ar yr ynysoedd erbyn 2085.

Sut mae lefel y môr yn codi yn effeithio ar yr ynysoedd yn barod?

Mae'r Maldives wedi dioddef llifogydd yn aml dros y 30 mlynedd diwethaf. Mae'r rhan fwyaf o'r problemau parhaus hyn yn digwydd pan fydd llanwau mawr yn taro yr un pryd â stormydd ar draws gogledd Cefnfor India.

```
┌──────────────────────────────────────┐
│ Effaith llifogydd ar draws y Maldives │
└──────────────────────────────────────┘
```

Malé – prifddinas sydd wedi'i hamgylchynu gan waliau môr:
Yn 2008, rhoddodd Japan $60 miliwn i'r Maldives i dalu am wal fôr 3 m o uchder o amgylch dinas Malé. Mae'r wal fôr wedi'i chwblhau a bydd yn amddiffyn y ddinas rhag y môr yn y tymor canolig. Mae'r holl ynysoedd eraill yn agored i niwed o hyd. Mae angen trwsio'r wal fôr drwy'r amser ac mae trethi twristiaeth lleol yn gorfod talu am y gost.

Mae dŵr yfed yn brin:
Mae lefel y môr yn codi eisoes yn rhoi pwysau ar adnoddau dŵr croyw prin y Maldives. Ar hyn o bryd, mae 87% o'r boblogaeth yn derbyn cyflenwadau dŵr croyw sy'n dod o gasglu dŵr glaw. Mae ffynonellau dŵr daear ar draws y gadwyn o ynysoedd wedi cael eu halogi gan ddŵr halen, ac felly nid yw'r dŵr yn addas i'w yfed. Nid yw dod â chyflenwadau i mewn o dramor yn gynaliadwy.

Y diwydiant twristiaeth o dan fygythiad:
Twristiaeth yw'r diwydiant pwysicaf o bell ffordd yn y Maldives. Mae'n gyfrifol am 90% o refeniw treth y llywodraeth. Cafodd llawer o draethau pwysig a chanolfannau gwyliau moethus eu difrodi gan yr ymchwydd storm yn 2004 yn sgil y tswnami mawr. Am flwyddyn, roedd nifer y twristiaid yn llawer llai wrth i'r ynysoedd roi rhaglen adfer ar waith. Mae nifer y twristiaid wedi gwella, ond efallai fod y diwydiant wedi gweld beth sydd i ddod.

▲ **Ffigur 24** Effaith llifogydd ar draws y Maldives.

Ynysoedd sy'n arnofio

Bydd ynysoedd sy'n arnofio yn cael eu clymu i wely'r môr gan geblau er mwyn lleihau'r effaith ar yr amgylchedd. Cwmni o'r Iseldiroedd sydd wedi cynnig y syniad. Bydd un o'r ynysoedd yn cael ei defnyddio i greu cwrs golff artiffisial. Bydd golffwyr yn teithio i'r 'ynys golff' sy'n arnofio drwy dwnnel ar hyd gwely'r môr, a bydd tŷ clwb tanddwr rhyfeddol yno lle gall golffwyr ymlacio ar ôl eu gêm. Bydd yr ynysoedd artiffisial yn cael eu hadeiladu yn India neu yn y Dwyrain Canol ac yn cael eu tynnu i'r Maldives.

▲ **Ffigur 25** Sut gallai'r Maldives ddatblygu twristiaeth yn y dyfodol?

Lefel y môr yn codi yn gorfodi ynyswyr i symud i Awstralia

Dywedodd Arlywydd y Maldives fod ei lywodraeth yn ystyried Awstralia fel cartref newydd i'r bobl os bydd y wlad yn diflannu o dan y môr. Esboniodd fod pobl y Maldives eisiau aros ond bod yn rhaid i'w lywodraeth gynllunio ar gyfer y symud posibl. Efallai fod angen i Awstralia baratoi i dderbyn ton fawr o ffoaduriaid hinsawdd a fydd yn chwilio am rywle newydd i fyw.

▲ **Ffigur 26** Gallai lefel y môr yn codi greu ffoaduriaid amgylcheddol.

Gweithgareddau

1 Disgrifiwch leoliad y Maldives.
2 Astudiwch y ddau bennawd papur newydd yn Ffigurau 25 a 26. Cafodd y ddau eu cyhoeddi yn 2012. Maen nhw'n cynnig atebion radical ond gwahanol iawn i'r problemau sy'n wynebu'r Maldives.
   a) Trafodwch pa mor gynaliadwy fyddai'r naill syniad a'r llall.
   b) Trafodwch pa syniad sydd fwyaf tebygol o ddigwydd mewn gwirionedd.

Gwaith ymholi

Beth dylai llywodraeth y Maldives ei wneud?

- Rhestrwch 5 syniad gwahanol a'u rhoi yn nhrefn blaenoriaeth.
- Cyfiawnhewch pam dylai syniadau 1 a 2 gael eu rhoi ar waith cyn gynted â phosibl yn eich barn chi.

THEMA 5

Tywydd, hinsawdd ac ecosystemau
Pennod 1
Newid hinsawdd yn ystod y cyfnod Cwaternaidd

Pam mae'r hinsawdd wedi newid?

Y cyfnod Cwaternaidd, neu'r Pleistosen, yw'r cyfnod mwyaf diweddar o amser daearegol. Hinsoddau oer a thir wedi'i siapio gan iâ yw prif nodweddion y cyfnod hwn o hanes y Ddaear. Ar ddechrau'r cyfnod Cwaternaidd, roedd y llenni iâ pegynol yn fwy o lawer nag y maen nhw heddiw, fel sydd i'w weld yn Ffigur 1. Dechreuodd y cyfnod Cwaternaidd tua 2.6 miliwn o flynyddoedd yn ôl, ac mae'r hinsawdd wedi newid yn gyson yn ystod y cyfnod hwn. Yn ystod rhai cyfnodau, o'r enw **cyfnodau rhewlifol**, roedd iâ pegynol yn ymestyn ymhellach o lawer i'r de ac yn gorchuddio rhannau helaeth o'r Ddaear. Ar adegau eraill, sef y **cyfnodau rhyngrewlifol**, roedd yr iâ pegynol yn encilio. Mae gwyddonwyr wedi canfod tystiolaeth bod yr iâ wedi ehangu ac wedi encilio 60 o weithiau. Enciliodd y llenni iâ tua 10,000 o flynyddoedd yn ôl ac mae'r Ddaear mewn cyfnod rhyngrewlifol ar hyn o bryd. Fodd bynnag, nid yw'r iâ wedi diflannu'n llwyr. Yn dechnegol, rydyn ni'n byw mewn oes iâ o hyd!

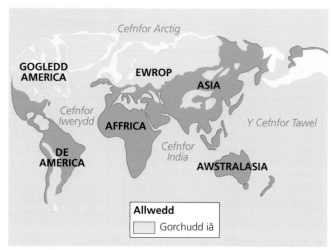

▲ **Ffigur 1** Lledaeniad yr iâ ar adeg oerach o'r cyfnod Cwaternaidd.

Beth yw achosion naturiol newid hinsawdd?

Mae llawer o ddadlau ynglŷn â'r hyn sy'n achosi'r newid o gyfnod rhewlifol i gyfnod rhyngrewlifol. Mae'r ddamcaniaeth sy'n cael ei derbyn gan y rhan fwyaf o bobl yn seiliedig ar waith gwyddonydd o'r enw Milankovitch. Awgrymodd Milankovitch fod y cyfnodau cynhesach ac oerach yn cael eu hachosi gan gyfuniad o ddau beth:

- Y ffaith bod y Ddaear yn siglo'n naturiol wrth iddi symud o amgylch yr Haul. Mae hyn yn effeithio ar ogwydd y Ddaear a faint o egni mae'n ei gael oddi wrth yr Haul.
- Y ffaith nad oes gan y Ddaear orbit cylchol o amgylch yr Haul. Mae'r orbit yn echreiddig: weithiau mae'n agosach at yr Haul, ac weithiau mae'n bellach i ffwrdd.

Mae'r Ddaear yn troi ar ei hechelin unwaith bob 24 awr

Mae'r Ddaear yn siglo ar ei hechelin unwaith bob 26,000 o flynyddoedd

Mae gogwydd yr echelin yn amrywio o 22.1° i 24.5° bob 41,000 o flynyddoedd

23½°

Mae gan y Ddaear orbit echreiddig o amgylch yr Haul. Mae'n cwblhau'r echreiddiad hwn unwaith bob 100,000 o flynyddoedd

▲ **Ffigur 2** Pam mae gan y Ddaear hinsawdd newidiol?

Gweithgareddau

1 Astudiwch Ffigur 1.
   a) Disgrifiwch swm a dosbarthiad y llenni iâ.
   b) Astudiwch ranbarth y Môr Canoldir yn ofalus. Awgrymwch pam mae'r Môr Canoldir yn ymddangos yn llai yn Ffigur 1 nag ydyw heddiw.
   c) I ba raddau rydyn ni'n byw mewn oes iâ o hyd? Defnyddiwch atlas neu'r rhyngrwyd i gymharu swm a dosbarthiad yr iâ parhaol heddiw â'r hyn sydd i'w weld yn Ffigur 1.

2 Pam mae tymheredd arwyneb y Ddaear yn newid:
   a) pan fydd gogwydd y Ddaear yn newid o ganlyniad i'r 'siglo' naturiol
   b) pan fydd gogwydd y Ddaear yn newid o ganlyniad i'w horbit echreiddig?

Sut mae echdoriadau folcanig yn effeithio ar yr hinsawdd?

Mae echdoriadau folcanig mawr yn gallu chwythu llwch a sylffwr deuocsid (SO_2) i'r stratosffer isaf – haen o'r atmosffer sydd 15–25 km uwchben y Ddaear. Ar yr uchder hwn, mae'r jetlif yn gallu cludo'r deunydd folcanig mewn belt sy'n mynd yr holl ffordd o amgylch y byd. Mae'r cymysgedd o ludw ac SO_2 yn creu **aerosol** – diferion bach iawn sy'n gwasgaru golau'r haul yn ôl i'r gofod. Mae hyn yn gallu lleihau faint o egni solar sy'n cyrraedd arwyneb y Ddaear, ac felly mae'r tymereddau cyfartalog yn gallu gostwng. Yr echdoriad folcanig mwyaf yn ystod y 100 mlynedd diwethaf oedd echdoriad Mynydd Pinatubo yn y Pilipinas yn 1991. Maint yr echdoriad oedd *VEI-6*. Cafodd digon o ludw ac SO_2 eu chwythu allan i rwystro tua deg y cant o

olau'r haul rhag cyrraedd hemisffer y gogledd. Roedd tymereddau 0.4–0.6°C yn is am ddwy flynedd wedi'r echdoriad. Fodd bynnag, gallai'r echdoriadau folcanig mwyaf oll gael llawer mwy o effaith.

Maint echdoriad Tambora yn Indonesia yn 1815 oedd *VEI-7* – hynny yw, deg gwaith yn fwy nag echdoriad Pinatubo. Roedd gostyngiad yn nhymereddau hemisffer y gogledd. Methodd y cnydau yng Ngogledd America ac yn Ewrop yn ystod y cyfnod o dywydd gwlyb ac oer yn 1816, a bu farw miloedd o bobl o newyn. Roedd y llwch yn y stratosffer yn gwasgaru golau'r haul gan greu machludau haul rhyfeddol – effaith a gafodd ei chyfleu gan JMW Turner, arlunydd o Brydain, fel sydd i'w weld yn Ffigur 3.

▲ **Ffigur 3** Machlud haul dros gamlas Chichester – darlun wedi'i beintio gan JMW Turner.

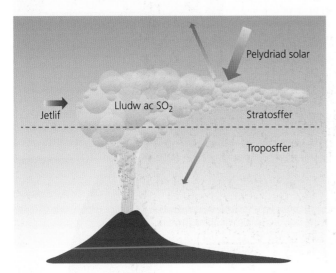

▲ **Ffigur 4** Sut mae echdoriadau folcanig yn gallu lleihau tymereddau ar draws y byd.

Gweithgaredd

3 Gwnewch gopi o Ffigur 4. Ychwanegwch anodiadau i esbonio sut mae echdoriad folcanig mawr yn gallu lleihau tymereddau ar draws y byd.

Gwaith ymholi

Pa mor arwyddocaol yw effaith echdoriadau folcanig mawr ar yr hinsawdd?

Ymchwiliwch i echdoriad Toba (75,000 o flynyddoedd yn ôl) – yr echdoriad mwyaf yn ystod y cyfnod Cwaternaidd, o bosibl. Beth oedd effaith yr echdoriad ar yr hinsawdd? Sut mae'r echdoriad hwn yn cymharu â rhesymau naturiol eraill sy'n achosi cynhesu neu oeri?

▲ **Ffigur 5** Mae coedwigoedd yn gweithredu fel storfeydd carbon. Os bydd y coedwigoedd yn llosgi, mae carbon yn cael ei ryddhau i'r atmosffer fel CO_2.

Beth yw'r effaith tŷ gwydr?

Proses naturiol yn ein hatmosffer yw'r **effaith tŷ gwydr**. Hebddi, byddai'r tymheredd cyfartalog ar arwyneb y Ddaear yn −17° Celsius yn hytrach na'r 15° Celsius sydd gennym ar hyn o bryd. Gyda thymheredd isel o'r fath, ni fyddai bywyd wedi esblygu ar y Ddaear fel ag y mae ac mae'n debygol na fydden ni'n bodoli!

Mae'r effaith tŷ gwydr, sydd i'w gweld yn Ffigur 6, yn golygu bod atmosffer y Ddaear yn gweithredu fel blanced ynysu. Mae egni golau (tonfedd fer) ac egni gwres (tonfedd hir) o'r Haul yn pasio drwy'r atmosffer yn eithaf hawdd. Mae egni'r Haul yn gwresogi'r Ddaear sydd wedyn yn pelydru ei egni ei hun yn ôl i'r atmosffer. Mae'r egni gwres tonfedd hir sy'n dod o'r Ddaear yn cael ei amsugno'n eithaf hawdd gan nwyon sy'n bresennol yn naturiol yn yr atmosffer. Nwyon tŷ gwydr yw'r enw ar y rhain. Maen nhw'n cynnwys carbon deuocsid (CO_2), methan (CH_4) ac anwedd dŵr (H_2O). Carbon deuocsid yw'r pedwerydd nwy mwyaf cyffredin yn yr atmosffer. Mae'n bresennol yn naturiol yn yr atmosffer – mae popeth byw yn ei gynhyrchu wrth resbiradu. Felly, mae carbon deuocsid wedi bodoli yn yr atmosffer byth ers i fywyd ddechrau ar y Ddaear. Mae methan ac anwedd dŵr wedi bod yn yr atmosffer yn hirach fyth, ac felly mae'r effaith tŷ gwydr wedi bod yn effeithio ar ein hinsawdd am filoedd o filiynau o flynyddoedd.

Effaith tŷ gwydr

Proses naturiol sy'n trapio gwres yn yr atmosffer. Mae'r broses hon wedi'i gwella gan weithgareddau dynol.

Gweithgaredd

1 Defnyddiwch Ffigur 6 i esbonio'r effaith tŷ gwydr. Cofiwch ddefnyddio termau technegol fel egni tonfedd hir ac egni tonfedd fer yn eich ateb.

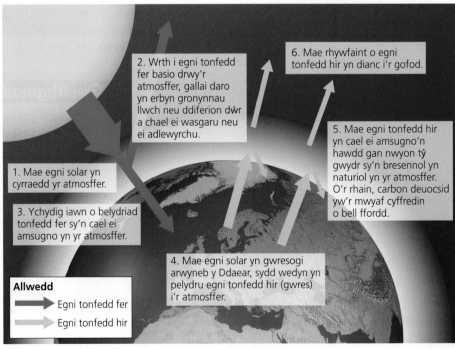

2. Wrth i egni tonfedd fer basio drwy'r atmosffer, gallai daro yn erbyn gronynnau llwch neu ddiferion dŵr a chael ei wasgaru neu ei adlewyrchu.

6. Mae rhywfaint o egni tonfedd hir yn dianc i'r gofod.

1. Mae egni solar yn cyrraedd yr atmosffer.

3. Ychydig iawn o belydriad tonfedd fer sy'n cael ei amsugno yn yr atmosffer.

5. Mae egni tonfedd hir yn cael ei amsugno'n hawdd gan nwyon tŷ gwydr sy'n bresennol yn naturiol yn yr atmosffer. O'r rhain, carbon deuocsid yw'r mwyaf cyffredin o bell ffordd.

4. Mae egni solar yn gwresogi arwyneb y Ddaear, sydd wedyn yn pelydru egni tonfedd hir (gwres) i'r atmosffer.

Allwedd

→ Egni tonfedd fer
→ Egni tonfedd hir

▲ **Ffigur 6** Yr effaith tŷ gwydr.

Y gylchred garbon

Carbon yw un o'r elfennau mwyaf cyffredin yn yr amgylchedd. Mae'n bresennol yn y canlynol:

- pob sylwedd organig, h.y. popeth byw
- cyfansoddion syml fel CO_2, sy'n bodoli fel nwy yn yr atmosffer ac sy'n hydoddi yn y cefnforoedd
- cyfansoddion cymhleth fel yr hydrocarbonau sydd mewn tanwyddau ffosil, fel olew, glo a nwy.

Yn Ffigurau 7 ac 8 mae cylchred garbon sy'n cynnwys storfeydd a llifoedd. Mae carbon yn cael ei storio mewn nifer o wahanol rannau o'r amgylchedd, fel fforestydd, priddoedd, cefnforoedd a'r atmosffer. Drwy brosesau fel resbiradu a hydoddi, mae carbon yn llifo o un storfa i storfa arall. Mae rhai storfeydd, fel tanwyddau ffosil, yn storio carbon am gyfnodau hir iawn o amser. Yr enw ar y storfeydd tymor hir hyn yw **suddfannau carbon**. Mae gweithgareddau dynol, fel ffermio, clirio fforestydd a llosgi tanwyddau ffosil, yn achosi i garbon lifo i mewn i'r atmosffer.

Yn y nos, mae ffotosynthesis yn dod i ben. Mae'r goeden yn dal i resbiradu ac mae'n allyrru mwy o CO_2 nag y mae'n ei amsugno

Egni solar

Pan mae'r goeden yn fyw mae'n amsugno mwy o CO_2 o'r atmosffer nag y mae'n ei allyrru

Wrth i ganghennau neu ddail syrthio, maen nhw'n trosglwyddo'r carbon sydd wedi'i gloi yn y planhigyn i'r pridd

Yn ystod y dydd, mae'r goeden yn defnyddio golau'r haul i droi CO_2 yn siwgr planhigion. **Ffotosynthesis** yw'r enw ar y broses hon.

Gall organebau fel chwilod a mwydod dreulio'r feinwe planhigion. Maen nhw'n ychwanegu CO_2 at yr aer yn y pridd wrth resbiradu

Mae dŵr glaw yn hydoddi rhywfaint o'r CO_2 sydd wedi dod o organebau'r pridd. Gall y dŵr hwn gludo'r CO_2 wedi'i hydoddi i afon ac i'r môr yn y pen draw.

▲ **Ffigur 7** Cylchred garbon wedi'i symleiddio.

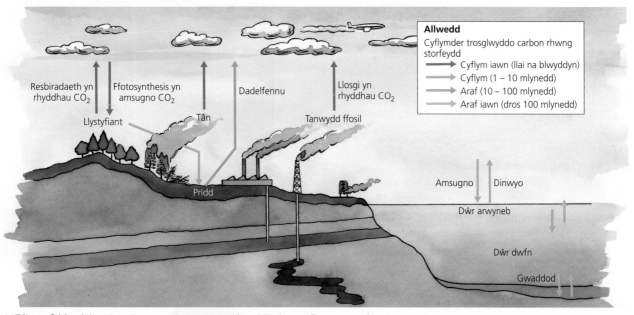

▲ **Ffigur 8** Y gylchred garbon, yn dangos trosglwyddiadau cyflym ac araf.

Gweithgareddau

2 Astudiwch Ffigurau 7 ac 8.
   a) Disgrifiwch y gweithredoedd dynol sy'n rhyddhau CO_2 i mewn i'r atmosffer.
   b) Esboniwch y prosesau sy'n golygu bod coedwigoedd yn gallu gweithredu fel suddfan carbon.
   c) Rhowch ddau reswm pam bydd llosgi coedwigoedd glaw trofannol yn cynyddu faint o CO_2 sydd yn yr atmosffer.

3 Defnyddiwch Ffigur 8.
   a) Disgrifiwch y gwahaniaeth rhwng cyflymder trosglwyddo carbon yn y rhan naturiol o'r gylchred o'i chymharu â'r rhan o'r gylchred mae gweithredoedd dynol yn effeithio arni.
   b) Esboniwch y gwahaniaeth mae hyn yn ei wneud i faint o garbon sy'n cael ei storio yn yr atmosffer o gymharu â suddfannau carbon tymor hir. Esboniwch pam mae hyn yn achosi pryder.

Y dystiolaeth dros newid hinsawdd

Daw'r dystiolaeth dros newid hinsawdd o:

- gyfrifon hanesyddol, fel disgrifiadau o dywydd oer 1816 (gweler Ffigur 3)
- mesuriadau gwyddonol.

Mae gwyddonwyr wedi bod yn mesur y lefelau CO_2 yn yr atmosffer yn gywir ers 1958. Mae'r mesuriadau hyn yn cael eu cymryd yn Hawaii, am nad yw'r atmosffer yn y fan honno wedi'i effeithio gan allyriadau lleol o CO_2 o draffig neu ddiwydiant. Mae Ffigur 9, sef Cromlin Keeling, yn dangos sut mae lefelau CO_2 wedi newid ers 1958.

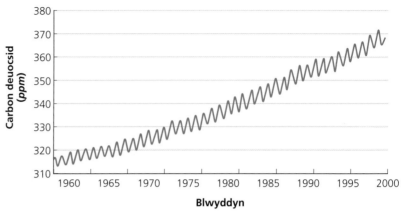

▲ **Ffigur 9** Mae Cromlin Keeling yn dangos y cynnydd mewn carbon deuocsid yn yr atmosffer ers dechrau'r monitro yn 1958 (*ppm* = rhannau ym mhob miliwn).

Tystiolaeth o'r creiddiau iâ

Rydyn ni eisoes wedi gweld bod tystiolaeth wyddonol o Hawaii yn profi bod lefelau carbon deuocsid wedi bod yn codi'n gyson ers 1958. Fodd bynnag, a allwn ni fod yn siŵr nad yw hyn yn rhan o gylchred naturiol? Efallai fod lefelau carbon deuocsid yn amrywio dros gyfnodau hir a bod y cynnydd diweddar yn rhan o un o'r cylchredau hynny.

Mae gwyddonwyr sy'n gweithio yn Grønland ac Antarctica wedi bod yn ymchwilio i'r wybodaeth sydd wedi'i dal yn yr iâ i ganfod tystiolaeth am newid hinsawdd yn y gorffennol. Mae'r cwymp eira bob gaeaf yn cael ei orchuddio a'i gywasgu gan eira'r gaeaf canlynol. Mae pob haen o eira yn cynnwys tystiolaeth gemegol am dymheredd yr hinsawdd. Mae pob haen hefyd yn cynnwys nwyon o'r atmosffer y gwnaeth yr eira ddisgyn drwyddo. Yn raddol mae'r haenau'n troi yn iâ. Dros filoedd o flynyddoedd mae'r haenau hyn wedi tyfu ac maen nhw'n filoedd o fetrau o drwch erbyn hyn. Drwy ddrilio i mewn i'r iâ, mae gwyddonwyr yn gallu echdynnu **creiddiau iâ** sy'n mynd yn hŷn ac yn hŷn. Drwy gynnal dadansoddiad cemegol o'r haenau iâ hyn a'r nwyon sydd ynddyn nhw, gallwn gael cofnod o'r hinsawdd dros y 420,000 blynedd diwethaf. Mae'r dystiolaeth hon yn awgrymu bod yr hinsawdd wedi mynd drwy gylchredau naturiol o gyfnodau oerach (rhewlifol) a chynhesach (rhyngrewlifol). Maen nhw hefyd yn dangos bod lefelau carbon deuocsid yn yr atmosffer wedi codi a disgyn fel rhan o gylchred naturiol.

▲ **Ffigur 10** Gwyddonwyr yn cymryd samplau o greiddiau iâ o'r llen iâ yng Ngwlad yr Iâ.

Craidd iâ

Sampl o iâ rydyn ni'n ei gael drwy ddrilio i mewn i'r iâ mewn rhewlif neu len iâ. Po fwyaf dwfn mae'r dril yn mynd, y mwyaf hen yw'r iâ. Mae'n bosibl dadansoddi'r nwy sydd wedi'i ddal yn yr iâ i gael gwybodaeth am yr atmosffer yn y gorffennol.

Crynodiad CO$_2$ yn yr atmosffer a thymheredd dros y 420,000 blynedd diwethaf (o graidd iâ Vostok)

Crynodiad CO$_2$, *ppm*

Blwyddyn cyn y presennol (presennol = 1950)

Newid mewn tymheredd o'r presennol, °C

Blwyddyn cyn y presennol (presennol = 1950)

Cyrhaeddodd crynodiadau carbon deuocsid uchafswm o 300 *ppm* yn y cyfnodau cynhesaf

Gostyngodd crynodiadau carbon deuocsid i 180 *ppm* yn ystod y cyfnodau oeraf

Mae brigau cul yn y cofnod tymheredd yn cynrychioli cyfnodau cynnes byr (rhyngrewlifol)

Mae gostyngiadau yn y tymheredd am gyfnodau hir yn cynrychioli cyfnodau rhewlifol

Roedd y crynodiadau carbon deuocsid tua 280 *ppm* yn 1950

▲ **Ffigur 11** Crynodiad CO$_2$ (*ppm*) yn yr atmosffer a thymheredd dros y 420,000 blynedd diwethaf.

Gweithgareddau

1 Disgrifiwch ac esboniwch duedd y Gromlin Keeling (sydd i'w weld yn Ffigur 9).

2 Defnyddiwch Ffigur 11.
   a) Cysylltwch y 5 gosodiad â'r mannau cywir ar y graff sydd wedi'u labelu yn A, B, C, CH a D.
   b) Defnyddiwch y graff i gopïo a chwblhau'r gosodiad canlynol:
      Mae'r graff yn dangos cylchredau naturiol o gyfnodau .... a chyfnodau .... Roedd tymereddau cyfartalog yn uwch na'r rhai presennol ar 3 / 4 / 5 achlysur. Yr enw ar y cyfnodau hyn yw cyfnodau .... Mae'r cyfnod rhyngrewlifol presennol fel pe bai wedi para am lawer *mwy* / *llai* o amser na chyfnodau yn y gorffennol.

3 Defnyddiwch eich dealltwriaeth o'r effaith tŷ gwydr i esbonio pam mae lefelau is o garbon deuocsid yn yr atmosffer yn gysylltiedig o bosibl â chyfnodau oerach o ran hinsawdd.

4 Cymharwch Ffigur 11 â Ffigur 9.
   a) Sawl gwaith yn y 420,000 blynedd diwethaf mae lefelau CO$_2$ wedi bod mor uchel ag oedden nhw yn 2000?
   b) Yn seiliedig ar y data craidd iâ, ydych chi'n credu bod Cromlin Keeling yn cyd-fynd â chylchred naturiol debyg o grynodiadau carbon deuocsid? Esboniwch eich ateb yn llawn.

Gwaith ymholi

Yn eich barn chi, pa mor argyhoeddiadol yw'r dystiolaeth dros:
- cylchredau naturiol o newid hinsawdd dros y 420,000 blynedd diwethaf?
- cynnydd anarferol yn lefelau carbon deuocsid ers 1958?

THEMA 5

Tywydd, hinsawdd ac ecosystemau
Pennod 2
Peryglon sy'n gysylltiedig â'r tywydd

Cylchrediad yr atmosffer

Mae Ffigur 1 yn dangos rhanbarthau'r byd sy'n cael eu heffeithio gan stormydd trofannol ffyrnig o'r enw **seiclonau**. Mae'r rhain yn cael eu hachosi gan wasgedd isel yn yr atmosffer. Mae'r map hefyd yn dangos ardaloedd o sychder sy'n cael eu hachosi gan ddiffyg glaw. I ddeall y digwyddiadau tywydd eithafol hyn, mae angen i ni ddeall beth sy'n achosi symudiad aer ar raddfa fawr o un rhan o'r byd i ran arall – cylchrediad byd-eang yr atmosffer. Gwres wrth y Cyhydedd sy'n gyrru cylchrediad atmosfferig.

Gweithgareddau

1 Astudiwch Ffigur 1.

a) Disgrifiwch leoliad seiclonau sy'n effeithio ar:
  i) Awstralasia
  ii) Gogledd America a De America
  iii) De-ddwyrain Asia.

b) Cymharwch gyfeiriad llwybrau'r stormydd yn hemisffer y gogledd a hemisffer y de.

c) Enwch ddwy wlad sy'n agored i niwed gan seiclonau a sychder.

ch) Disgrifiwch leoliad yr ardaloedd sy'n cael eu heffeithio gan sychder yn hemisffer y gogledd. Sut mae'r ardaloedd hyn yn wahanol i'r rhai sy'n agored i niwed gan seiclonau?

▲ **Ffigur 1** Dosbarthiad a lleoliad byd-eang o ardaloedd mae seiclonau a sychder yn effeithio arnyn nhw.

Gweithgareddau

2 a) Gwnewch gopi o Ffigur 2 ar dudalen 161. Defnyddiwch y blychau testun i anodi eich diagram. Rhowch eich anodiadau mewn mannau priodol ar eich diagram.

b) Defnyddiwch eich diagram gorffenedig i esbonio pam mae coedwig law ar y Cyhydedd a diffeithdir ar ledredau 30° i'r gogledd a'r de.

Beth sy'n digwydd yn ein hatmosffer i achosi tywydd eithafol?

Gallwn ni ddechrau deall tywydd eithafol drwy feddwl am ba mor gryf yw gwres yr Haul ar y tir ar ledredau gwahanol. Mae'r hinsawdd ger y Cyhydedd (o fewn 5° o ledred) yn boeth drwy gydol y flwyddyn. Mae'r Haul yn gwresogi'r Ddaear ac mae'r Ddaear yn gwresogi'r aer uwchben. Mae'r aer hwn yn troi'n **ansefydlog** ac yn codi. Mae hyn yn creu band o wasgedd isel yn yr atmosffer, sef y **gylchfa cydgyfeirio ryngdrofannol (CCRD/**

ITCZ: intertropical convergence zone), sy'n amgylchynu rhanbarth cyhydeddol y Ddaear. Mae safle'r CCRD i'w weld yn Ffigur 3. Sylwch fod ei leoliad yn amrywio drwy gydol y flwyddyn. Gogwydd echelin y Ddaear sy'n gyfrifol am hyn. Mae hemisffer y gogledd yn gwyro tuag at yr Haul ym mis Mehefin a mis Gorffennaf, felly mae'r CCRD ychydig i'r gogledd o'r Cyhydedd. Mae'r CCRD yn symud i'r de o'r Cyhydedd ym mis Rhagfyr a mis Ionawr, pan fydd hemisffer y de yn gwyro tuag at yr Haul.

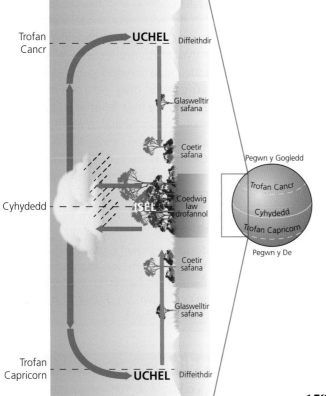

Mae'r Haul yn gwresogi'r Ddaear ac mae'r Ddaear yn gwresogi'r aer uwchben; mae'r aer hwn yn troi'n ansefydlog ac yn codi i greu ardal o wasgedd isel.

Mae'r aer yn cylchredeg yn ôl tuag at y Cyhydedd yn yr atmosffer isaf gan greu'r gwyntoedd cyson.

Tua 30 °G a 30 °D mae'r aer yn disgyn gan greu ardal o wasgedd uchel. Mae'r aer hwn yn sych. Prin y bydd hi'n bwrw glaw yma.

Mae'r aer yn cyrraedd haen ffiniol yn yr atmosffer sef y tropoffin, sydd tua 17 km uwchben y Cyhydedd. Mae'r aer yn lledaenu allan tuag at y pegynau.

◄ **Ffigur 2** Sut mae gwres yr haul ar y Cyhydedd yn creu'r CCRD.

Gweithgareddau

3 a) Gan ddefnyddio Ffigur 3, disgrifiwch safle'r CCRD:
   i) uwchben y Cefnfor Tawel ym mis Ionawr a mis Gorffennaf
   ii) uwchben Canolbarth America ym mis Gorffennaf.
 b) Cymharwch leoliad a dosbarthiad seiclonau yn Ffigur 1 â safle'r CCRD yn Ffigur 3. Beth yw eich casgliadau?

▲ **Ffigur 3** Lleoliad systemau gwasgedd isel cyhydeddol a throfannol (CCRD).

Peryglon sy'n gysylltiedig â thywydd gwasgedd isel

Mae Ffigur 3 (tudalen 161) yn dangos rhanbarthau'r byd sy'n cael eu heffeithio gan y CCRD. Nodwedd graddfa fawr yn yr atmosffer sy'n amgylchynu'r byd yw CCRD. Yn y gylchfa hon, mae'r aer yn gynnes ac yn codi. Mae hyn yn creu ardaloedd enfawr o wasgedd isel yn yr atmosffer. Wrth i aer symud tuag at ganol ardaloedd o wasgedd isel, mae'n creu gwyntoedd cryf. Mae'r aer sy'n codi yn oeri ac yn cyddwyso, gan ffurfio cymylau glaw mawr ac uchel. Drwy wneud hyn, mae'r CCRD yn creu'r amodau cywir ar gyfer glawiad trwm iawn, sydd weithiau'n arwain at lifogydd.

Pelydriad solar cryf

1 Mae'r tir yn cael ei wresogi gan egni solar cryf.

2 Mae'r aer yn codi ac yn creu ardal o wasgedd isel.

3 Mae aer llaith uwchben Cefnfor India yn cael ei dynnu i'r ardal o wasgedd isel i lenwi'r bwlch.

4 Mae'r lleithder yn cyddwyso ac yn ffurfio cymylau glaw mawr ac uchel.

Gwasgedd isel

Gwasgedd uchel: cefnfor oerach

Arwyneb tir poeth

▲ **Ffigur 4** Cylchrediad yr atmosffer uwchben De Asia yn ystod mis Mehefin a mis Gorffennaf.

Monswn De Asia

Mae'r gwasgedd aer isel o fewn belt y CCRD yn dod â glawiad tymhorol o'r enw **monswn** i ranbarthau trofannol. Un rhanbarth o'r byd lle mae monswn yn digwydd yw De Asia. Mae safle'r CCRD yn symud yn ystod y flwyddyn. O fis Mehefin i fis Awst, mae'r CCRD i'r gogledd o'r Cyhydedd ac, yn ystod y cyfnod hwn, mae ei blaenymyl yn symud yn raddol tua'r gogledd ar draws De Asia. Mae hyn yn golygu bod pen deheuol India yn cael y glaw monswn cyn rhannau eraill o India bob blwyddyn, a hynny yn gynnar ym mis Mehefin fel arfer. Yn raddol, mae'r tywydd gwlyb yn symud tua'r gogledd drwy India ac i mewn i Pakistan, lle mae fel arfer yn cyrraedd ganol mis Gorffennaf. Mae Ffigur 4 yn dangos sut mae gwasgedd isel o fewn y CCRD, a'r ffaith bod Mynyddoedd yr Himalaya yn agos, yn creu amodau monswn perffaith.

Monswn

Cyfnod tymhorol o lawiad trwm sy'n digwydd mewn rhanbarthau trofannol. Yn hemisffer y gogledd, mae'r monswn yn digwydd rhwng Mehefin ac Awst.

Canlyniadau'r monswn

Mewn rhannau mawr o India, mae pobl yn defnyddio dŵr daear (dŵr sydd wedi'i storio mewn creigiau yn y ddaear) fel dŵr yfed ac i ddyfrhau. Mae peth glaw yn ddefnyddiol yn ystod y monswn am ei fod yn ail-lenwi'r stôr hwn o ddŵr. Os yw glaw'r monswn yn rhy ysgafn, nid yw'r stôr yn cael ei ail-lenwi. Ond, os yw'r glawiad yn drwm iawn gall arwain at lifogydd. Gall llifogydd ddigwydd hefyd os bydd glaw'r monswn yn disgyn ar dir caled, sych, cras. Nid yw'r ddaear yn gallu amsugno'r glaw yn ddigon cyflym, felly mae'n llifo fel dŵr ffo ac yn creu fflachlif sydyn. Mewn dinasoedd, mae'r glaw yn disgyn ar darmac neu goncrit anathraidd ac nid yw'n gallu cael ei amsugno. Nid yw'r draeniau storm yn gallu ymdopi â'r dŵr. O ganlyniad, mae'r strydoedd yn mynd dan ddŵr yn gyflym gan gyfuniad o ddŵr glaw a charthion o'r draeniau brwnt. Mae Mumbai yn cael ei effeithio'n aml gan fflachlifoedd yn ystod y monswn. Mae Ffigur 5 yn dangos sut mae strydoedd y ddinas yn mynd dan ddŵr yn gyflym iawn.

Gweithgareddau

1 Gwnewch gopi o Ffigur 4. Ychwanegwch anodiadau at eich diagram yn y mannau priodol i ddangos pam mae safle'r CCRD yn creu cymaint o lawiad yn ystod y monswn yn Ne Asia.

2 Astudiwch Ffigur 5. Disgrifiwch sut gallai llifogydd fel hyn effeithio ar fywyd pob dydd neu iechyd a llesiant pobl.

Mae maint llifogydd y monsŵn yn Ne Asia yn amrywio o flwyddyn i flwyddyn. Yn 2018, dioddefodd talaith Kerala ei llifogydd gwaethaf ers mwy na 100 mlynedd. Bu farw 450 o bobl yn y llifogydd hyn. Yn 2019, effeithiodd llifogydd y monsŵn ar rannau o daleithiau deheuol Kerala a Karnataka, a thaleithiau gorllewinol Maharashtra a Gujarat. Bu farw o leiaf 244 o bobl a chafodd mwy na 1.2 miliwn o bobl eu gorfodi i adael eu cartrefi oherwydd y llifogydd.

Mae maint y glaw sy'n syrthio yn ystod y monsŵn yn amrywio'n fawr yn ystod y tymor o dri mis, a hefyd o un lleoliad i'r llall. Yn 2018, dioddefodd talaith Kerala lifogydd eithafol. Ond, mae Ffigur 6 yn dangos bod y glawiad yn rhan gynnar y tymor yn agos i'r cyfartaledd. Syrthiodd y glaw dwysaf yn y ddwy

▲ **Ffigur 5** Llifogydd a achoswyd gan law'r monsŵn yn Kolkata (Awst 2019).

i dair wythnos olaf. Mae Ffigur 7 yn dangos bod rhai rhanbarthau yn Kerala wedi cael glawiad uwch na'r cyfartaledd. Dyma'r rhanbarthau lle'r oedd y llifogydd. Derbyniodd rhanbarthau eraill lawiad is na'r cyfartaledd.

Mis	Glawiad gwirioneddol 2018 (mm)	Glawiad cyfartalog Mehefin–Awst (mm)	% o wahaniaeth i'r cyfartaledd
Mehefin 2018	749.6	649.8	+15
Gorffennaf 2018	857.4	726.1	
Awst 2018	821.9	419.5	

▲ **Ffigur 6** Y glawiad gwirioneddol ym monsŵn Kerala (2018) o'i gymharu â'r glawiad cyfartalog ar gyfer Mehefin–Awst.

Rhanbarth	Glawiad gwirioneddol 2018 (mm)	Glawiad cyfartalog Mehefin–Awst (mm)	% o wahaniaeth i'r cyfartaledd
Lakshadweep	991	811	+22
Alappuzha	1,322	1,398	
Idukki	1,741	2,185	
Kozhikode	2,724	2,249	
Palakkad	1,613	1,314	
Mahe	2,328	2,203	

▲ **Ffigur 7** Y glawiad gwirioneddol mewn rhanbarthau dethol o Kerala (Mehefin–Awst 2018).

Gweithgareddau

3 Esboniwch pam gall glaw'r monsŵn gael canlyniadau cadarnhaol a negyddol i India.

4 Astudiwch Ffigurau 6 a 7.

a) Defnyddiwch Ffigur 6 i gyfrifo cyfanswm y glawiad ym monsŵn 2018. Sut mae hyn yn cymharu â'r cyfartaledd?

b) Mae'r rhes gyntaf ym mhob tabl yn dangos y canran o wahaniaeth i'r cyfartaledd. Cyfrifwch y gwerthoedd eraill. Gweler tudalen 44 i gael cymorth gyda'r sgìl hwn.

Seiclonau

Mae seiclonau yn enghraifft arall o dywydd eithafol gwasgedd isel. Mae'r stormydd ffyrnig hyn yn effeithio ar ranbarthau trofannol y byd, fel sydd i'w weld yn Ffigur 1 (tudalen 160). Mae seiclonau'n ffurfio dros gefnforoedd cynnes. Mae angen i'r môr fod ar dymheredd o 27°C neu fwy am sawl wythnos cyn i seiclon ffurfio. Mae'r dŵr cynnes yn gwresogi'r aer uwch ei ben, ac mae'r aer hwn yn codi'n gyflym gan greu ardal o wasgedd isel iawn yn yr atmosffer. O ganlyniad i hyn, mae cymylau mawr, uchel yn ffurfio ac mae glaw trwm iawn yn disgyn. Ar lefel y môr, mae'r aer sy'n codi yn cael ei ddisodli gan aer llaith cynnes o'r tu allan. Wrth i'r aer symud tuag at ganol y gwasgedd isel, mae'n troelli i fyny i'r atmosffer. Mudiant y Ddaear yn cylchdroi sy'n achosi'r troelli, ac enw'r broses hon yw Effaith Coriolis.

Mae seiclonau yn ddigwyddiadau tymhorol. Maen nhw'n digwydd i'r gogledd o'r Cyhydedd rhwng mis Mehefin a mis Hydref. Dyma'r adeg o'r flwyddyn pan mae hemisffer y gogledd yn gogwyddo tuag at yr Haul, felly mae'r CCRD uwch ei ben. Yn ystod mis Rhagfyr i fis Mawrth, mae hemisffer y de yn gogwyddo tuag at yr Haul, felly mae'r CCRD yn symud i'r de o'r Cyhydedd ac mae seiclonau'n digwydd yn hemisffer y de.

Seiclon

Tywydd eithafol ar raddfa fawr o wynt cryf a glaw trwm. Gwasgedd eithriadol o isel yn yr atmosffer sy'n achosi seiclonau. Yr enw ar seiclon yn America yw corwynt, ac yn Asia yr enw yw teiffŵn.

	Ion	Chwe	Maw	Ebr	Mai	Meh	Gorff	Awst	Medi	Hyd	Tach	Rhag
Vanuatu	29.1	29.5	29.5	29.3	28.4	27.7	27.0	26.5	26.6	27.0	27.4	28.2
Trinidad	27.6	27.3	27.3	27.6	28.1	28.2	28.3	29.3	29.4	29.0	28.4	27.9
Hong Kong	19.1	18.9	20.1	22.7	26.8	28.5	29.1	28.6	28.3	26.5	24.3	21.0
Cernyw, DU	10.4	10.0	9.7	10.6	12.0	14.2	16.5	17.1	16.5	14.8	13.2	11.7

▲ **Ffigur 8** Tymereddau cyfartalog y môr ar gyfer detholiad o leoliadau (°C).

Canlyniadau ac ymatebion

Gall seiclonau achosi canlyniadau dinistriol i bobl, yn enwedig mewn rhanbarthau arfordirol o wledydd trofannol. Mae'r gwasgedd aer isel iawn yn achosi cynnydd dros dro yn lefel y môr o dan y seiclon, a'r enw ar hyn yw ymchwydd storm. Mae'r gwyntoedd cryf yn creu tonnau mawr. Yn aml mae'r cyfuniad o ymchwydd storm, tonnau mawr a gwyntoedd grymus yn achosi llifogydd arfordirol. Mae seiclonau yn achosi glawiad trwm hefyd. Pan mae seiclon yn symud yn araf, mae'r glaw yn disgyn am sawl awr yn yr un lleoliad, gan achosi i afonydd orlifo ac i dirlithriadau ddigwydd. Gall llifogydd achosi i bobl farw drwy foddi ac i ffyrdd a phontydd gael eu dinistrio, a gallai hyn oedi cymorth rhag cyrraedd ar ôl y seiclon. Mae gan seiclonau wyntoedd cryf iawn hefyd, sy'n gallu chwythu llinellau pŵer i lawr.

Ymchwydd storm

Cynnydd lleol yn lefelau'r môr sy'n digwydd yn ystod seiclon, a allai achosi llifogydd. Mae lefelau'r môr yn codi am fod y gwasgedd aer yn isel, felly nid yw'r atmosffer yn gwasgu i lawr ar y cefnfor i'r un graddau ag arfer.

Gweithgaredd

1 Defnyddiwch Ffigur 8 i luniadu dau graff er mwyn dangos tymheredd cyfartalog y môr yn Hong Kong ac yng Nghernyw. Defnyddiwch eich graffiau a Ffigur 1 i esbonio pam mae Hong Kong yn agored i niwed gan seiclonau, ond nid Cernyw.

Gwaith ymholi

Ceisiwch ragfynegi pryd mae seiclonau'n fwyaf tebygol o daro pob un o'r ynysoedd isod. Defnyddiwch y wybodaeth yn Ffigurau 1, 3 ac 8 i gyfiawnhau eich ateb.

- Trinidad
- Vanuatu.

Seiclon Idai, Mawrth 2019

Seiclon Idai oedd un o'r stormydd mwyaf peryglus i gael ei chofnodi erioed yn hemisffer y de. Effeithiodd y seiclon ar Moçambique, Malaŵi a Zimbabwe. Yr ardal a effeithiwyd waethaf oedd dinas porthladd Beria yn Moçambique, lle daeth y seiclon ar y lan. Cafodd y ddinas ei heffeithio gan lifogydd arfordirol a thoriadau pŵer. Achoswyd mwy o lifogydd a thirlithriadau gan lawiad trwm i'r gogledd o'r ddinas. Am fod prinder dŵr glân, roedd pobl yn agored iawn i glefydau fel colera. Roedd Seiclon Idai yn arbennig o ddinistriol oherwydd:

- roedd y morlin yn isel, felly roedd yn agored i lifogydd yn ystod yr ymchwydd storm
- roedd llawer o'r tai yn Beria yn y sector anffurfiol, felly nid oedden nhw wedi'u hadeiladu'n arbennig o dda
- roedd y seiclon yn symud yn araf iawn a gollyngodd lawer o law unwaith y daeth i'r lan.

Mae Moçambique a Malaŵi yn wledydd incwm isel. Mae'r gwledydd mwyaf tlawd yn cael anhawster ymateb i drychinebau naturiol am nad ydyn nhw'n gallu darparu digon o gymorth. Felly, darparodd nifer o lywodraethau tramor a sefydliadau anllywodraethol (*NGOs: non-governmental organisations*) gymorth tymor byr i helpu pobl a effeithiwyd gan y seiclon. Ymysg y sefydliadau hyn roedd *UNICEF*, Rhaglen Fwyd y Byd ac *Oxfam*.

1 miliwn o bobl heb drydan	**60,000** o bobl wedi dod yn ddigartref yn Moçambique	**6,000** achos o colera
125,000 o bobl wedi dod yn ddigartref yn Malaŵi	**1.7 miliwn** o bobl angen cymorth bwyd	**140 miliwn** $UDA i ddarparu cymorth am 3 mis

▲ **Ffigur 9** Seiclon Idai mewn rhifau, Ebrill 2019.

Gweithgareddau

2 Cymharwch Ffigurau 10 ac 11.
   a) Disgrifiwch y nodweddion sy'n debyg ac unrhyw nodweddion sy'n wahanol.
   b) Awgrymwch sut gallai hyn fod wedi effeithio ar bobl Beria a'r gweithwyr achub.
3 Ysgrifennwch adroddiad papur newydd yn disgrifio canlyniadau Seiclon Idai.
4 Esboniwch pam mae Beria yn arbennig o agored i niwed. Rhowch resymau dynol a ffisegol.

Mawrth 9

Manga

Maes Awyr Beira

Munhava

Matacuane

Beira

Macuti

▲ **Ffigur 10** Llun lloeren yn y nos o Beria a dynnwyd cyn Seiclon Idai.

Mawrth 24

Manga

Maes Awyr Beira

Munhava

Matacuane

Beira

Macuti

2 km

▲ **Ffigur 11** Llun lloeren yn y nos o Beria a dynnwyd tri diwrnod wedi i Seiclon Idai gyrraedd y lan.

Peryglon sy'n gysylltiedig â thywydd gwasgedd uchel

Mae systemau gwasgedd uchel yn systemau tywydd graddfa fawr. Maen nhw'n digwydd lle mae'r aer yn yr atmosffer is yn dod i lawr ac yn gwasgu i lawr ar y Ddaear. Gyda gwasgedd uchel daw tywydd sych gyda gwynt sy'n symud yn araf iawn. Pan fydd gwasgedd uchel yn para am gyfnodau hir o amser gall achosi peryglon sy'n gysylltiedig â'r tywydd fel sychder a thonnau gwres. Mae sychder yn digwydd yn amlach yn y rhanbarthau sydd wedi'u dangos mewn lliw oren tywyll yn Ffigur 1 (tudalen 160).

Sychder

Pan fydd llawer llai o law nag arfer yn disgyn dros gyfnod hir o amser, gan arwain at brinder dŵr.

Ton wres

Pan fydd tymereddau o leiaf 4.5°C yn uwch na'r tymheredd cyfartalog, am ddau ddiwrnod neu fwy.

Sychder California (2012–19)

Rhwng 2012 a Mawrth 2019 cafwyd sychder difrifol yn California. O ganlyniad i'r saith mlynedd o sychder cafwyd prinder dŵr a thanau gwyllt, fel sydd i'w weld yn Ffigur 12. Achoswyd y sychder gan wasgedd uchel wedi'i ganoli dros California a dwyrain y Cefnfor Tawel, fel sydd i'w weld yn Ffigur 14. Dan amodau arferol, mae taleithiau gorllewinol UDA yn derbyn systemau gwasgedd isel o'r Cefnfor Tawel yn ystod misoedd y gaeaf sy'n dod ag eira i'r mynyddoedd. Mewn blwyddyn arferol, mae California, Arizona ac Utah yn derbyn 75 y cant o'u dŵr gan ddŵr eira. Yn y cyfnod 2012–19, rhwystrodd y gwasgedd uchel symudiad y gwasgedd isel ar draws y taleithiau gorllewinol, felly cafwyd llawer llai o eira nag arfer yn y gaeaf. Fodd bynnag, roedd misoedd yr haf yn gynnes ac yn sych fel arfer, felly anweddodd unrhyw leithder oedd yn y pridd yn gyflym.

▲ **Ffigur 12** Hofrennydd yn brwydro tanau gwyllt ger Burbank, California (2017).

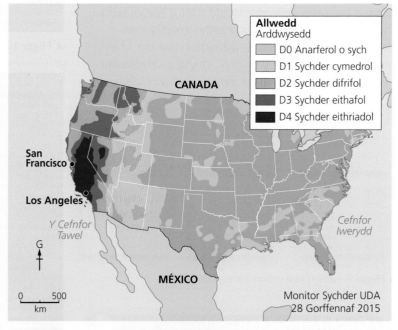

▲ **Ffigur 13** Lefelau sychder ar draws UDA ym mis Gorffennaf 2015.

Gweithgareddau

1 Defnyddiwch Ffigur 13 i ddisgrifio:
   a) lleoliad Los Angeles
   b) dosbarthiad y taleithiau lle roedd sychder eithafol ac anarferol.

2 Awgrymwch sut gallai'r sychder a'r tanau gwyllt fod wedi effeithio ar ffermwyr, defnyddwyr, perchnogion tai a diffoddwyr tân.

3 Defnyddiwch Ffigur 14 ac atlas i ragweld beth fydd y tywydd ym mhob un o'r lleoedd canlynol. Dylech chi allu sôn am y tymheredd a'r dyodiad.
   a) Los Angeles
   b) Ottowa
   c) Ciudad de México

Cyswllt at y we

http://droughtmonitor.unl.
edu/ – gwefan gwasanaeth
monitro sychder UDA.

▲ **Ffigur 14** Siart dywydd
yn ystod y sychder
(Chwefror 2015), yn dangos
gwasgedd uchel dros
California.

Allwedd
Tymheredd yr aer °C @ 850 milibar

25	0	═══ Lliflinau gwynt @ 250 milibar
20	−12.5	➤ Jetlif pegynol
15	−50	**U** Gwasgedd uchel
10		**I** Gwasgedd isel

► **Ffigur 15** Canran
o dalaith California
sy'n profi amodau
sychder (2000–19).

Allwedd
☐ Anarferol o sych ☐ Sychder cymedrol ☐ Sychder difrifol ■ Sychder eithafol ■ Sychder eithriadol

Gweithgaredd

4 Astudiwch Ffigur 15. Disgrifiwch sut newidiodd
yr amodau sychder ar draws California yn y
cyfnod 2000–19.

Canlyniadau sychder California

Cafodd y sychder ganlyniadau a effeithiodd ar bobl, amgylchedd ac economi California. Roedd yn golygu bod dŵr yn brin i lawer o berchnogion cartrefi. Doedd gan rai cartrefi ddim dŵr tap am bum mis ac roedden nhw'n gorfod dibynnu ar bobl i gludo dŵr i mewn ar y ffyrdd. Roedd ffermwyr, sy'n cynhyrchu dwy ran o dair o gnau a ffrwythau UDA, hefyd yn brin o ddŵr i ddyfrhau eu cnydau. Yn ôl yr amcangyfrifon, roedd y golled mewn cynhyrchiad ffermydd cymaint â $2 biliwn. Wrth i leithder anweddu o'r pridd, sychodd y pridd allan gan arwain at stormydd llwch, ac arweiniodd y llystyfiant sych at danau gwyllt.

Yr ymateb i sychder California

Yn ystod sychder, pan mae'r dŵr eira yn is nag arfer, nid yw ffermwyr yn gallu cymryd cymaint o ddŵr o afonydd a chronfeydd dŵr ag y bydden nhw'n hoffi. Yn lle hynny, maen nhw'n dibynnu ar ddŵr sydd wedi'i storio yn y ddaear i ddyfrhau'r cnydau. Os yw dŵr daear yn cael ei dynnu'n gyflymach nag y gall ail-lenwi â dŵr, mae'r lefel trwythiad yn gostwng. Yn y tymor hir, nid yw hyn yn gynaliadwy. Ymatebodd Llywodraethwr California, Jerry Brown, i'r sychder drwy basio cyfreithiau a fyddai'n gwneud y dŵr daear yn California yn gynaliadwy erbyn 2022. Byddai $2.5 biliwn yn cael ei fuddsoddi mewn cronfeydd dŵr newydd a $5 biliwn mewn cynlluniau storio dŵr daear. Y bwriad yw gwneud California yn hunangynhaliol mewn dŵr, gan ddefnyddio dŵr daear California yn hytrach na dŵr wedi'i drosglwyddo mewn afon o daleithiau eraill.

> Roedd rhaid i fi gyflwyno cyfyngiadau dŵr gorfodol. Mae'n rhaid i bob tref a dinas ddangos sut bydd yn lleihau'r defnydd o ddŵr 25% o gymharu â lefelau 2013. Rhaid i ddefnyddwyr amaethyddol gyflwyno adroddiadau rheolaidd i'r Dalaith yn nodi eu cynlluniau tymor canolig i leihau eu defnydd o ddŵr. Os yw pobl yn gosod toiledau, peiriannau golchi domestig a chawodydd, mae'n rhaid iddyn nhw ddefnyddio technolegau modern sy'n arbed dŵr.

Jerry Brown, Llywodraethwr California

> Rydyn ni wedi cyflwyno cymysgedd o raglenni arbed dŵr gorfodol a gwirfoddol. Mae dyfrhau gerddi, ceir a dreifiau wedi'i wahardd. Byddwn ni'n cynnig cymorthdaliadau i bobl sy'n awyddus i osod toiledau a pheiriannau golchi dillad newydd. Rydyn ni wedi dosbarthu miliynau o daflenni yn cynnig cyngor ar sut i arbed dŵr yn y cartref.

Harlan Kelly, Rheolwr Cyffredinol Gwasanaeth Dŵr San Francisco

▲ **Ffigur 17** Ymatebion tymor byr i'r sychder.

Collodd ffermwyr yn Central Valley $810 miliwn yn ystod 2015

Cafodd perchnogion tai eu rhybuddio i beidio â defnyddio dŵr i olchi eu dreifiau neu i ddyfrhau eu gerddi. Roedd defnyddio peipen ddŵr rwber i olchi ceir wedi'i wahardd. Roedd yr hashnod #DroughtShaming yn cael ei ddefnyddio ar Twitter er mwyn codi cywilydd ar bobl a oedd yn anwybyddu'r rheolau hyn.

Roedd y rhan fwyaf o argaeau pŵer trydan dŵr wedi stopio cynhyrchu trydan.

Ymddangosodd craciau mewn adeiladau a ffyrdd o ganlyniad i ymsuddiant. Digwyddodd hyn gan fod dŵr yn cael ei bwmpio allan o'r tir yn gyflymach nag yr oedd yn cael ei ailgyflenwi'n naturiol.

California sydd fel arfer yn cynhyrchu tua hanner y ffrwythau a'r llysiau sy'n cael eu tyfu yn UDA. Oherwydd prinder cynnyrch, cododd prisiau ffrwythau a llysiau 6% yn y siopau. Cafodd mwy o fwyd ei fewnforio.

Roedd cynnydd o 36% mewn tanau gwyllt. Cafodd eiddo ei ddifrodi a bywyd gwyllt ei ladd. Llosgodd 31,000 erw o gynefin coed derw.

Talodd llywodraeth y dalaith $687 miliwn o'i chynilion i ddigolledu ffermwyr a pherchnogion tai a oedd wedi colli enillion neu gartrefi. Gallai'r arian hwn fod wedi cael ei wario ar brojectau pwysig eraill.

Bu farw eog a brithyll yn Nelta Afon San Joaquin. Mae cynnydd yn nhymheredd afon yn golygu bod y dŵr yn cario llai o ocsigen ar gyfer y pysgod.

Cafodd 17,100 o swyddi amaethyddol eu colli yn y dalaith oherwydd y sychder.

▲ **Ffigur 16** Canlyniadau sychder California.

Gweithgareddau

1 Astudiwch Ffigur 16.
  a) Rhannwch ganlyniadau'r sychder yn effeithiau cymdeithasol, economaidd ac amgylcheddol.
  b) Defnyddiwch dechneg graddio diemwnt (gweler tudalen 83) i roi canlyniadau'r sychder mewn trefn restol.
  c) Dewiswch y tri chanlyniad mwyaf difrifol. Esboniwch pam rydych chi wedi dewis pob un ohonyn nhw.

Patrymau sychder tymor hir

Mae ymchwil gan wyddonwyr UDA yn awgrymu bod hinsawdd California wedi newid yn fawr dros gyfnodau hirach o amser. Mae'n debyg roedd sychder yn gyffredin yn California ar un adeg. Ym mlynyddoedd cynnar yr ugeinfed ganrif, pan oedd mwy o law yn disgyn, adeiladwyd argaeau mawr fel Argae Hoover a chrëwyd cronfeydd dŵr. Canlyniad y cynlluniau storio dŵr hyn a phŵer trydan dŵr rhad oedd bod poblogaeth California wedi tyfu. Ond, efallai fod hinsawdd yr ugeinfed ganrif wedi bod yn anarferol o wlyb i California, ac mae gwyddonwyr yn credu y bydd newid hinsawdd fyd-eang yn cynyddu difrifoldeb y sychder yn y dyfodol, a pha mor aml mae'n digwydd.

Mae Ffigur 18 yn dangos y gwerthoedd blynyddol ar gyfer Mynegai Difrifoldeb Sychder Palmer (*PDSI: Palmer Drought Severity Index*). Mae Canolfan Dywydd UDA yn defnyddio'r Mynegai hwn i fesur y lefelau o sychder. Mae *PDSI* sero yn golygu amodau hinsawdd normal. Mae rhifau *PDSI* positif yn dangos dyodiad uwch na'r cyfartaledd. Mae rhifau *PDSI* negatif yn arwydd o sychder: −2 yw sychder canolig, −3 yw sychder difrifol a −4 neu'n is yw sychder eithafol.

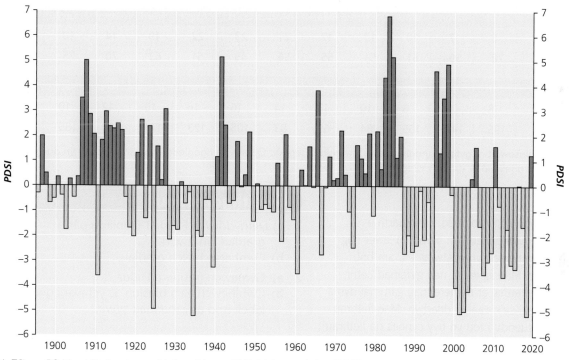

▲ **Ffigur 18** Newidiadau tymor hir i amlder a difrifoldeb y sychder (*PDSI*) yng ngorllewin UDA (1895–2019).

Gweithgareddau

2 Disgrifiwch yr ymatebion tymor byr a thymor hir i'r sychder. Nodwch y prif grwpiau o bobl sy'n gorfod gweithredu'r ymatebion hyn.

3 Edrychwch ar Ffigur 18.
   a) Disgrifiwch sut mae patrymau sychder wedi newid ers 1895.
   b) Defnyddiwch dystiolaeth o'r graff i esbonio pam roedd adeiladu llawer o argaeau yn yr 1920au yn gamgymeriad o bosibl.

Gwaith ymholi

'Mae'n rhaid i California gyfyngu ar dwf ffermio yn y dyfodol.'

I ba raddau rydych chi'n cytuno â'r gosodiad hwn? Defnyddiwch dystiolaeth o'r ffigurau ar dudalennau 168–169.

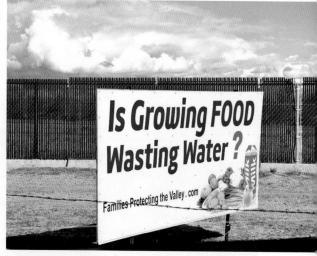

▲ **Ffigur 19** Poster ar ochr y ffordd yn California yn ystod y sychder.

THEMA 5

Tywydd, hinsawdd ac ecosystemau
Pennod 3
Tywydd a hinsawdd y DU

Hinsawdd arforol dymherus y DU

Mae gan y DU **hinsawdd arforol** fwyn, sydd ddim yn profi unrhyw dymereddau eithafol. Mae'r hinsawdd yn cael ei dylanwadu'n gryf gan aergyrff llaith a cheryntau cefnforol cynnes sy'n croesi Cefnfor Iwerydd. Un o nodweddion yr hinsawdd yw sut mae'n amrywio drwy gydol y flwyddyn. Mae gan y DU bedwar tymor gwahanol: gwanwyn, haf, hydref a gaeaf.

Y prif ffactorau sy'n effeithio ar hinsawdd y DU yw:
- lledred
- llwybr y jetlif a'i effaith ar symudiad aergyrff
- effaith ceryntau cefnforol
- uchder ac agwedd.

Llundain	Ion	Chwe	Maw	Ebr	Mai	Meh	Gorff	Awst	Medi	Hyd	Tach	Rhag
Tymheredd °C	6	7	10	13	17	21	23	22	19	14	10	7
Dyodiad (mm)	78	59	61	51	55	56	45	51	63	70	75	79

Oban	Ion	Chwe	Maw	Ebr	Mai	Meh	Gorff	Awst	Medi	Hyd	Tach	Rhag
Tymheredd °C	8	8	8	10	13	14	16	16	15	12	10	8
Dyodiad (mm)	195	142	155	84	69	83	105	123	174	189	185	197

▲ **Ffigur 1** Mae data hinsawdd ar gyfer Llundain yn ne-ddwyrain Lloegr ac Oban yng ngogledd-orllewin yr Alban yn dangos sut mae hinsawdd y DU yn amrywio ar draws y wlad.

Effaith agwedd ac uchder

Mae tirweddau uwchdir yng ngogledd, canolbarth a gorllewin y DU. Mae uwchdiroedd yn oerach o lawer nag iseldiroedd. Mae'r tymheredd yn gostwng 1°C am bob 100 m mewn uchder. Mae **agwedd**, neu gyfeiriad llethr, yn ffactor arall sy'n effeithio ar dymereddau gan mai dyma sy'n pennu faint o haul sy'n cael ei dderbyn. Mae llethrau sy'n wynebu'r de yn tueddu i fod yn fwy cynnes na llethrau sy'n wynebu'r gogledd.

Gweithgareddau

1 a) Defnyddiwch Ffigur 1 i luniadu pâr o graffiau hinsawdd.
   b) Cymharwch eich graffiau.
2 a) Gwnewch fraslun o Ffigur 2.
   b) Cwblhewch eich braslun ac ychwanegwch y labeli isod at y mannau cywir.

Hinsawdd arforol
Hinsawdd fwyn a gwlyb sy'n cael ei dylanwadu gan y cefnfor gerllaw.

▲ **Ffigur 2** Dyffryn yn Ardal y Llynnoedd sy'n dangos sut mae agwedd yn gallu effeithio ar dymheredd.

Llawr gwastad y dyffryn	– yn y cysgod am y rhan fwyaf o'r diwrnod yn y gaeaf.
Llethr sy'n wynebu'r gogledd-orllewin	– yn cael ei gynhesu gan heulwen yn gynnar yn y bore.
Llethr sy'n wynebu'r de-ddwyrain	– yn y cysgod nes bod yr Haul yn uwch yn yr awyr ac felly mae'r rhew yn para'n hirach yn y bore.

Yr hinsawdd arforol

Mae ceryntau o ddŵr y môr yn llifo drwy ein cefnforoedd. Mae'r **ceryntau cefnforol** hyn yn llifo o amgylch y byd. Maen nhw'n gallu trosglwyddo gwres o ledredau cynnes i rai oerach. Mae Llif y Gwlff – a'i estyniad, sef Drifft Gogledd Iwerydd – yn un o'r ceryntau hyn. Mae'n cludo dŵr cynnes o Gwlff México ar draws Cefnfor Iwerydd tuag at Ewrop. Mae'r dŵr cynnes hwn yn trosglwyddo gwres a lleithder i'r aer uwch ei ben ac yn dylanwadu ar hinsawdd y DU. Mae'n rhoi hinsawdd arforol i'r DU sy'n fwy cynnes ac yn fwy gwlyb na'r hinsawdd mewn mannau eraill ar ledredau tebyg yn rhannau cyfandirol Ewrop.

	Ionawr	Gorffennaf
Plymouth	6.0	16.0
Praha	−2.0	17.1
Orkney	4.2	13.1
Helsinki	−3.9	17.8

▲ **Ffigur 3** Cymharu tymereddau yn y DU â thymereddau yn y rhannau o Ewrop sy'n fwy cyfandirol.

▲ **Ffigur 4** Tymereddau cyfartalog mis Ionawr. Isothermau yw'r enw ar y llinellau sy'n dangos yr un tymheredd.

Allwedd

~4°C~ Tymereddau cyfartalog mis Ionawr

Baltimore B

Florida A

► **Ffigur 5** Llun lloeren o Lif y Gwlff. Mae'r lliwiau oren yn dangos dŵr cynnes. Mae dŵr oer yn las. Mae'r tir yn ddu.

Gweithgareddau

3 Cymharwch y tymereddau mewn lleoliadau sydd ar yr un llinellau lledred yn Ffigur 3. Esboniwch pam mae'r patrwm hwn yn digwydd.

4 a) Defnyddiwch Ffigur 4 i ddisgrifio'r tymheredd ym mis Ionawr yn:
   i) Aberystwyth
   ii) Norwich
   iii) Orkney.
 b) Pa rannau o'r DU sydd â'r tymereddau isaf ym mis Ionawr?
 c) Lluniadwch drawstoriad i gynrychioli'r newid yn y tymheredd rhwng Plymouth ac Orkney.

5 a) Gwnewch fraslun o Ffigur 5. Ychwanegwch labeli i ddisgrifio beth sy'n digwydd yn A a B.
 b) Awgrymwch sut bydd y cerrynt cefnforol yn B yn effeithio ar hinsawdd Baltimore.

Sut mae aergyrff yn effeithio ar y DU?

Tywydd yw ein profiad pob dydd o dymheredd, gorchudd cwmwl, dyodiad, gwynt, heulwen a gwasgedd aer. Dros gyfnod o flynyddoedd, mae'r profiadau hyn yn ffurfio patrymau arferol rydyn ni'n eu disgrifio fel **hinsawdd**.

Mae'r tywydd yn y DU yn gyfnewidiol iawn. Pan fydd aergyrff yn symud tuag at y DU, maen nhw'n dod â gwahanol fathau o dywydd gyda nhw. Mae aergyrff o'r gorllewin neu'r de-orllewin yn dod ar draws Cefnfor Iwerydd, felly maen nhw'n dod â lleithder, gan roi hinsawdd arforol i'r DU. Mae aergyrff o'r dwyrain yn dod â thywydd o ogledd-ddwyrain Ewrop. Yn y rhanbarth hwn mae **hinsawdd gyfandirol**. Ystyr hynny yw bod yr aer yn oer a sych yn ystod misoedd y gaeaf, ond yn boeth a sych yn ystod misoedd yr haf.

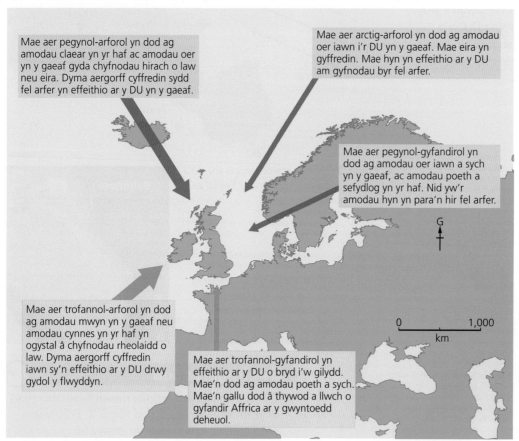

Mae aer pegynol-arforol yn dod ag amodau claear yn yr haf ac amodau oer yn y gaeaf gyda chyfnodau hirach o law neu eira. Dyma aergorff cyffredin sydd fel arfer yn effeithio ar y DU yn y gaeaf.

Mae aer arctig-arforol yn dod ag amodau oer iawn i'r DU yn y gaeaf. Mae eira yn gyffredin. Mae hyn yn effeithio ar y DU am gyfnodau byr fel arfer.

Mae aer pegynol-gyfandirol yn dod ag amodau oer iawn a sych yn y gaeaf, ac amodau poeth a sefydlog yn yr haf. Nid yw'r amodau hyn yn para'n hir fel arfer.

Mae aer trofannol-arforol yn dod ag amodau mwyn yn y gaeaf neu amodau cynnes yn yr haf yn ogystal â chyfnodau rheolaidd o law. Dyma aergorff cyffredin iawn sy'n effeithio ar y DU drwy gydol y flwyddyn.

Mae aer trofannol-gyfandirol yn effeithio ar y DU o bryd i'w gilydd. Mae'n dod ag amodau poeth a sych. Mae'n gallu dod â thywod a llwch o gyfandir Affrica ar y gwyntoedd deheuol.

G

0   1,000
km

▲ **Ffigur 6** Sut mae aergyrff yn effeithio ar y DU?

Gwaith ymholi

Allwch chi ragweld y tywydd?

Defnyddiwch y cyswllt at y we ar y dudalen hon i weld y siart gwasgedd arwyneb ar gyfer y pedwar diwrnod nesaf. Defnyddiwch safle'r gwasgeddau uchel ac isel i ragweld pa leoliadau ar draws Ewrop fydd yn cael:

- tywydd sych, sefydlog
- tywydd gwlyb
- y gwyntoedd cryfaf.

Hinsawdd gyfandirol

Hinsawdd sydd â hafau poeth a gaeafau oer. Mae gan Wlad Pwyl a gorllewin Rwsia hinsoddau cyfandirol.

Cyswllt at y we

www.metoffice.gov.uk/public/weather

Ewch i'r wefan hon a chliciwch ar yr eicon ar gyfer siartiau gwasgedd arwyneb (*surface pressure charts*) i weld yr ardaloedd o wasgedd uchel ac isel sydd ar draws y DU ar hyn o bryd.

Sut mae'r jetlif yn effeithio ar dywydd y DU?

Rhuban cryf o wynt yw'r jetlif sy'n amgylchynu'r byd rhwng 9 ac 16 km uwchben arwyneb y Ddaear. Mae'n croesi ar draws y DU, gan ddilyn llwybr troellog (fel sy'n cael ei ddangos yn Ffigur 7). Mae'n gwahanu'r aergyrff pegynol oer i'r gogledd oddi wrth yr aergyrff trofannol cynhesach i'r de.

Pan fydd y jetlif yn dilyn llwybr gogleddol i'r gorllewin o'r DU, mae'n tueddu i lusgo **gwasgedd uchel** dros y DU o'r de. Mae ardaloedd o wasgedd uchel, neu **antiseiclonau**, yn dod â chyfnodau o dywydd sych, sefydlog. Mae llwybr y jetlif yn tueddu i symud rywfaint dros amser. Ond os yw'n aros yn yr un man am sawl wythnos, bydd y DU yn cael cyfnod hir o dywydd tebyg. Pan fydd gwasgedd uchel yn aros dros y DU yn y gaeaf, mae'r tywydd yn heulog a sych ond yn oer, ac yn arbennig o oer yn y nos. Yn yr haf mae antiseiclon yn dod â thywydd sych a phoeth. Os yw'r jetlif yn aros yn y safle hwn mae'n gallu achosi problemau fel tonnau gwres neu sychder. Sychder gwaethaf y DU yn y blynyddoedd diwethaf oedd yn 2003 pan arhosodd antiseiclon dros Orllewin Ewrop am sawl wythnos.

Allwedd

① Llwybr sydd fel arfer yn gadael i wasgedd uchel setlo dros y DU fel yn ystod haf 2003

② Llwybr sydd yn dod â thywydd ansefydlog

③ Llwybr sydd yn dod â chyfres o ddiwasgeddau ar draws y DU fel yn ystod gaeaf 2013–14

▲ **Ffigur 7** Llwybrau nodweddiadol y jetlif ar draws y DU.

Gweithgareddau

1 Defnyddiwch Ffigurau 6 a 7 i esbonio:
   a) Pam bydd llwybr mwy gogleddol y jetlif (1) yn dod â thywydd sefydlog.
   b) Pam bydd llwybr mwy deheuol y jetlif (3) yn dod â thywydd ansefydlog.
2 Defnyddiwch Ffigur 8 ac atlas i ddisgrifio:
   a) lleoliad y tair ardal o wasgedd uchel
   b) y ffrynt oer.

Mae ardaloedd gwan o wasgedd isel yn cael eu gorfodi i deithio i'r gogledd o'r DU gan yr antiseiclon rhwystrol

Gwyntoedd ysgafn lle mae isobarau ymhell oddi wrth ei gilydd

Gwasgedd uchel neu antiseiclon

Allwedd
⌒ Ffrynt cynnes
▲ Ffrynt oer

System gwasgedd uchel (antiseiclon)

System dywydd graddfa fawr sy'n digwydd pan mae aer yn yr atmosffer isaf yn gostwng ac yn gwasgu i lawr ar y Ddaear.

◄ **Ffigur 8** Map tywydd yn dangos antiseiclon ym mis Awst 2003.

Effeithiau gwasgedd isel

Mae ardaloedd o wasgedd isel yn yr atmosffer yn cael eu ffurfio pan fydd aer yn codi oddi ar arwyneb y Ddaear. Yn aml, bydd sawl cell o wasgedd isel, o'r enw diwasgeddau, yn ffurfio yng Nghefnfor Gogledd Iwerydd ar ryw adeg benodol. Yna maen nhw'n symud i'r dwyrain tuag at Ewrop gan ddod â thywydd cyfnewidiol o wynt, cymylau a glaw fel arfer. Mae diwasgeddau yn fwy tebygol o fod yn ddyfnach (hynny yw, bod â gwasgedd is) yn ystod misoedd y gaeaf. Mae'r systemau tywydd hyn yn gallu dod â hyrddiau o wynt niweidiol a thonnau mawr at yr arfordir, yn ogystal â glaw trwm sy'n achosi llifogydd fel y rhai yn ystod gaeaf 2015–16 (gweler tudalennau 41–5). Fodd bynnag, mae gwasgedd isel hefyd yn gyffredin yn ystod misoedd yr haf: dioddefodd rhannau helaeth o Loegr lifogydd ym mis Gorffennaf 2012 a oedd wedi'u hachosi gan ddiwasgeddau.

Stormydd gaeaf 2014

Rhwng mis Rhagfyr 2013 a mis Chwefror 2014, cafodd y DU ei tharo gan y cyfnod mwyaf stormus ers ugain mlynedd. Gwnaeth stormydd, wedi'u creu gan wasgedd isel eithafol, daro morlin Môr y Gogledd yn ystod Rhagfyr 2013 (gweler tudalennau 130 ac 131). Cafodd arfordiroedd Dyfnaint a Chernyw eu difrodi'n wael gan gyfuniad o wyntoedd ffyrnig a thonnau enfawr. Roedd rhai hyrddiau o wynt o'r de-orllewin wedi cyrraedd cyflymder o 146 cilometr yr awr ar arfordir agored Dyfnaint. Roedd digwyddiad difrifol yn Dawlish, Dyfnaint, ar 5 Chwefror 2014 pan gafodd y wal fôr ei dymchwel gan y tonnau, a bu'n rhaid cau'r brif reilffordd rhwng Llundain a Chernyw. Agorodd y rheilffordd unwaith eto ar 4 Ebrill 2014 ar ôl cwblhau gwaith atgyweirio a gostiodd £35 miliwn.

◄ **Ffigur 9** Y map tywydd ar gyfer 4 Chwefror 2014.

System gwasgedd isel (diwasgeddau)

System dywydd graddfa fawr sy'n digwydd pan mae aer yn codi yn yr atmosffer isaf. Gyda systemau gwasgedd isel daw tywydd gwlyb a gwyntog.

Allwedd
—— Isobarau
●—●—● Ffrynt cynnes
▲—▲—▲ Ffrynt oer
▲●▲● Ffrynt achludol

► **Ffigur 10** Cafodd y rheilffordd arfordirol yn Dawlish ei chau ar 5 Chwefror 2014 ar ôl i ddifrod storm i'r wal fôr danseilio'r rheilffordd.

Taith diwasgedd

Y tu mewn i'r diwasgedd mae brwydr rhwng cyrff enfawr o aer cynhesach ac aer oerach. Mae'r aergyrff hyn yn troi o amgylch ei gilydd yn araf i gyfeiriad gwrthglocwedd (yn hemisffer y gogledd) wrth i'r system gyfan symud tua'r dwyrain. Mae pentyrrau enfawr o gymylau yn ffurfio ar hyd y ffryntiau lle mae aer oer ac aer cynnes yn cwrdd. Mae'r glawiad trymaf yn digwydd ar hyd y ffryntiau hyn.

	Cam 5	Cam 4	Cam 3	Cam 2	Cam 1
Aergorff	Oer	Oer			
Tymheredd (°C)		7	11	6	5
Cryfder y gwynt		Cryf iawn	Cryf		
Cyfeiriad y gwynt	DDOn	D	DDDdn	DDdn	Dn
Cwmwl/glaw		Cymylau trwchus, isel a glaw trwm	Rhai cymylau uchel ac awyr glir; dim glaw		

▲ **Ffigur 11** Tywydd a fyddai wedi bod yn gysylltiedig â'r diwasgedd yn Ffigur 9 wrth iddo deithio tua'r dwyrain.

Nodwedd	Seiclon neu ddiwasgedd	Antiseiclon
Gwasgedd aer		Uchel, yn uwch na 1,020 milibar (mb) fel arfer
Symudiad yr aer		Suddo
Cryfder y gwynt		Ysgafn
Cylchrediad y gwynt		Clocwedd
Tywydd nodweddiadol y gaeaf		Oer a sych; awyr glir yn ystod y dydd; rhew yn ystod y nos
Tywydd nodweddiadol yr haf		Heulog a chynnes

▲ **Ffigur 12** Cymharu seiclonau ac antiseiclonau.

Gweithgareddau

1 Astudiwch Ffigur 9.
   a) Disgrifiwch leoliad yr ardaloedd o wasgedd isel.
   b) Beth mae'r isolinellau ar yr ardal o'r map sydd i'r gorllewin o'r DU yn ei ddweud wrthych chi am gryfder a chyfeiriad y gwynt?
2 Defnyddiwch dystiolaeth o Ffigur 9 i ysgrifennu rhagolygon y tywydd ar gyfer hanner deheuol y DU ar 5 Chwefror 2014.
3 Gwnewch gopi o'r tabl yn Ffigur 11. Defnyddiwch y dystiolaeth yn Ffigur 9 i gwblhau'r rhannau sydd ar goll.
4 Gwnewch gopi mawr o Ffigur 12 a defnyddiwch y wybodaeth ar y tudalennau hyn i gwblhau'r bylchau yn y tabl.

Microhinsoddau

Mae adeiladau a thraffig mewn dinas fawr yn effeithio ar yr hinsawdd leol. **Microhinsawdd drefol** yw'r enw ar yr effaith hon. Un o'r prif effeithiau mae dinas yn ei chael ar yr hinsawdd leol yw creu tymheredd sy'n uwch nag yn yr ardal wledig o'i hamgylch. Yr enw ar hyn yw **ynys wres drefol**. Mae'r ddinas yn ymddwyn fel gwresogydd stôr enfawr, gan drosglwyddo gwres o geir ac adeiladau i'r gromen o aer sydd uwchben y ddinas:

- Mae concrit, brics a tharmac i gyd yn amsugno gwres yr Haul yn ystod y dydd. Mae'r gwres hwn yn cael ei belydru i'r atmosffer gyda'r hwyr ac yn ystod y nos.
- Mae adeiladau sydd wedi'u hynysu'n wael yn colli egni gwres, yn enwedig drwy'r toeon a'r ffenestri. Mae gwres hefyd yn cael ei gynhyrchu gan geir a ffatrïoedd, ac mae'r gwres hwn yn cael ei golli i'r aer o bibellau gwacáu a simneiau.

Nid yw'r parciau a'r mannau gwyrdd yn ein dinasoedd yn cynhesu cymaint ag adeiladau a ffyrdd. Felly, mae mannau agored yn helpu i gadw ardaloedd trefol yn glaear yn ystod yr haf. Mae llystyfiant yn helpu i dynnu llwch o'r aer (fel y gronynnau sy'n dod allan o geir diesel) ac mae coed a pherthi yn lleihau'r sŵn sy'n dod o'r ffyrdd. Mae parciau a gerddi yn amsugno dŵr glaw – drwy hyn, maen nhw'n helpu i atal fflachlifau a allai ddigwydd oherwydd bod cymaint o arwynebau anathraidd yn ein trefi a'n dinasoedd.

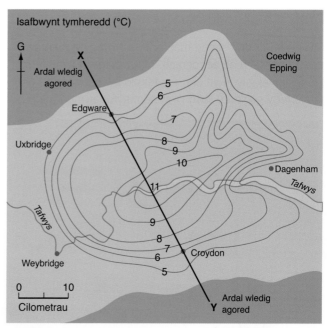

▲ **Ffigur 13** Ynys wres drefol Llundain.

▲ **Ffigur 14** Caeau Llandaf, parc trefol mawr yng Nghaerdydd.

Nodweddion tywydd	Microhinsawdd drefol
Hyd cyfnodau o heulwen	5–15% yn llai
Tymheredd cymedrig blynyddol	1–2 gradd yn uwch
Tymereddau ar ddiwrnodau heulog	2–6 gradd yn uwch
Rhew yn digwydd	2–3 wythnos yn llai
Cyfanswm dyodiad	5–30% yn fwy
Nifer y diwrnodau o law	10% yn fwy
Nifer y diwrnodau o eira	14% yn llai
Gorchudd cwmwl	5–10% yn fwy
Niwl yn y gaeaf	100% yn fwy
Cyfanswm niwclysau cyddwysiad	10 gwaith yn fwy

▲ **Ffigur 15** Effeithiau'r hinsawdd drefol yn y DU.

Gweithgareddau

1 Edrychwch ar Ffigur 13.
  a) Disgrifiwch leoliad yr ardal sydd â'r tymereddau uchaf yn Llundain.
  b) Disgrifiwch ddosbarthiad y lleoedd sydd â thymereddau is.
  c) Awgrymwch resymau dros y patrwm sydd i'w weld ar y map.
2 Gwnewch gopïau o Ffigurau 16 ac 17. Rhowch y labeli yn y mannau priodol ar eich diagramau.
3 Astudiwch Ffigur 15. Amlinellwch fanteision ac anfanteision y microhinsawdd drefol ar gyfer y bobl sy'n byw mewn dinasoedd.
4 Rhowch dri rheswm pam mae angen i gynllunwyr ddiogelu parciau trefol rhag cynlluniau cartrefi newydd neu ddatblygiadau eraill.

Sut mae dinasoedd yn effeithio ar batrymau gwynt a glaw?

Mae adeiladau tal mewn dinas yn effeithio ar batrymau gwynt lleol. Mewn ardaloedd gwledig agored, mae ffermwyr yn plannu coed i arafu buanedd y gwynt ac i leihau'r difrod mae gwynt yn gallu ei wneud i'w cnydau. Mae'r coed yn rhwystr ac yn gorfodi'r gwynt i godi dros ben y coed, gan greu llain o gysgod ar yr ochr gysgodol. Mae adeiladau tal mewn dinasoedd yn darparu mwy o gysgod, felly mae buanedd y gwynt yn is ar gyfartaledd mewn dinasoedd nag yn yr ardaloedd gwledig o'u hamgylch. Fodd bynnag, mae rhesi o adeiladau tal yn gallu sianelu'r gwynt i'r strydoedd sydd fel coridorau rhyngddyn nhw. Wrth i'r gwynt gael ei orfodi i lifo o amgylch adeiladau tal neu drostyn nhw, mae'r gwynt yn gallu hyrddio'n sydyn ar fuanedd sydd ddwy neu dair gwaith yn fwy na buanedd cyfartalog y gwynt. Gallai hyn achosi peryglon i gerddwyr ac, mewn amodau tywydd eithafol, mae wedi arwain at sgaffaldau yn dymchwel.

Yn ystod misoedd yr haf, mae'r gwres ychwanegol sydd wedi'i greu gan yr ynys wres drefol yn achosi i aer godi dros ddinasoedd mawr. Gall hyn arwain at stormydd glaw darfudol – ar brynhawn poeth fel arfer. Mae'r llwch mewn aer trefol yn ffactor arall sy'n arwain at fwy o law mewn ardaloedd trefol. Pan fydd anwedd dŵr yn cyddwyso, mae'n ffurfio diferion dŵr drwy gydio wrth y gronynnau

Gwynt yn cael ei sianelu rhwng adeiladau tal	Gall hyrddiau o wynt fod dwy i dair gwaith yn gryfach na'r cyfartaledd
Prifwynt	Llai o wynt ar ochr gysgodol adeiladau

Ardaloedd â gwyntoedd cryf

▲ **Ffigur 16** Patrymau gwynt trefol.

llwch hyn. Mae gan aer trefol ddeg gwaith mwy o ronynnau llwch nag aer gwledig. Mae'r llwch yn dod o bibellau gwacáu ceir, systemau gwresogi yng nghartrefi pobl, diwydiant a safleoedd adeiladu.

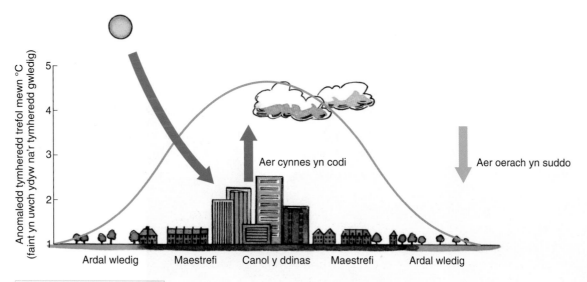

Adeiladau'n pelydru gwres

Cyddwysiad

Egni'r Haul yn cael ei amsugno gan ddefnyddiau adeiladu

Cymylau cwmwlws yn ffurfio lle mae aer cynnes sy'n codi yn cwrdd ag aer oerach

▲ **Ffigur 17** Pam mae'n bwrw glaw yn amlach mewn dinasoedd.

Sut mae hinsawdd yn effeithio ar ddosbarthiad byd-eang biomau?

Mae **ecosystem** yn gymuned o blanhigion ac anifeiliaid a'r amgylchedd y maen nhw'n byw ynddo. Mae ecosystem yn cynnwys rhannau byw ac anfyw. Mae'r rhan fyw yn cynnwys pethau fel pryfed ac adar, sy'n dibynnu ar ei gilydd am fwyd. Mae'r rhan fyw hefyd yn cynnwys planhigion, sy'n gallu dibynnu ar bryfed ac adar i beillio a gwasgaru hadau hefyd. Mae rhan anfyw yr ecosystem yn cynnwys pethau fel yr hinsawdd, priddoedd a chreigiau. Mae'r amgylchedd anfyw hwn yn darparu maetholion, gwres, dŵr a lloches i rannau byw yr ecosystem.

Mae'r hinsawdd yn cael effaith fawr iawn ar lystyfiant a bywyd gwyllt naturiol rhanbarth. Yn wir, mae hinsawdd yn ffactor mor bwysig nes bod **biomau** (yr ecosystemau mwyaf) yn cyd-fynd yn fras â chylchfaoedd hinsawdd y byd. Mae **coedwigoedd glaw trofannol** yn tyfu mewn band o amgylch y Cyhydedd lle mae'r hinsawdd gyhydeddol yn boeth ac yn wlyb. Mae ecosystemau'r **twndra** di-goed a'r **taiga** coediog yn bodoli lle mae'r gaeaf yn oer a'r haf yn fyr. Mae Ffigur 1 yn esbonio sut mae lledred yn effeithio ar dymheredd.

Hinsoddau ac ecosystemau Arctig

Mae rhanbarth Arctig gogledd Llychlyn a Gwlad yr Iâ yn cael gaeaf oer a haf byr, claear. Mae'r amodau hyn yn cael effaith fawr ar dwf planhigion. Mae'n

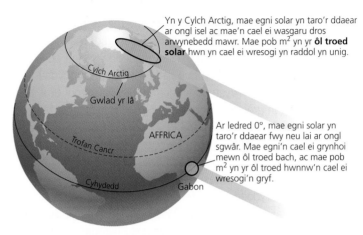

Yn y Cylch Arctig, mae egni solar yn taro'r ddaear ar ongl isel ac mae'n cael ei wasgaru dros arwynebedd mawr. Mae pob m² yn yr **ôl troed solar** hwn yn cael ei wresogi yn raddol yn unig.

Ar ledred 0°, mae egni solar yn taro'r ddaear fwy neu lai ar ongl sgwâr. Mae egni'n cael ei grynhoi mewn ôl troed bach, ac mae pob m² yn yr ôl troed hwnnw'n cael ei wresogi'n gryf.

▲ **Ffigur 1** Mae gwres solar ar y Ddaear yn amrywio yn ôl lledred.

rhaid i blanhigion oroesi'r gaeaf tywyll, hir pan fydd y tymheredd yn disgyn ymhell islaw'r rhewbwynt a phan fydd gwyntoedd cryf neu eira yn gallu achosi difrod i ganghennau coed. Yn yr haf, mae planhigion yn elwa o'r oriau hir o olau dydd ond mae'r tymor tyfu yn fyr iawn. O ganlyniad mae planhigion yn tyfu'n araf.

Wrth deithio i'r gogledd yn Norwy a'r Ffindir, mae'r planhigion yn mynd yn llai ac yn llai. Taiga yw'r ecosystem i'r de o'r Cylch Arctig. Mae taiga yn ecosystem goedwig o goed conwydd a bedw. Wrth deithio tua'r gogledd, mae'r coed yn mynd yn fyrrach ac mae'r bylchau rhyngddyn nhw'n fwy. Yn y pen draw, ychydig i'r gogledd o'r Cylch Arctig, mae'r hinsawdd yn mynd yn rhy eithafol i goed dyfu ac mae'r twndra Arctig di-goed yn meddiannu'r tir.

◄ **Ffigur 2** Coed conwydd byr yn tyfu yn y taiga (neu'r goedwig foreal) yng ngogledd Norwy.

Hinsoddau ac ecosystemau trofannol

Mae hinsoddau trofannol yn boeth ac yn wlyb. Yn rhanbarth cyhydeddol Basn Amazonas (o fewn 5° i'r Cyhydedd), mae rhwng 1,500 mm a 2,000 mm o law yn disgyn bob blwyddyn. Mae Llundain, ar y llaw arall, yn cael 593 mm o law bob blwyddyn ar gyfartaledd. Mae'r gwres a'r glaw rheolaidd yn golygu bod planhigion yn tyfu'n gyflym a gall coed dyfu i uchder o 40 m a mwy. Mae cyferbyniad mawr rhwng y planhigion hyn a phlanhigion y twndra, sy'n tyfu'n araf ac sydd byth yn tyfu'n uwch nag ychydig gentimetrau.

Mae tymereddau hefyd yn uchel mewn rhanbarthau trofannol sy'n bellach oddi wrth y Cyhydedd. Er hynny, mae'r glawiad yn fwy tymhorol, ac mae'r tymhorau naill ai'n sych neu'n wlyb. Mae prinder dŵr yn ystod y tymor sych yn golygu bod coed yn cystadlu am ddŵr yn y pridd. Mae coed yn tyfu ymhellach oddi wrth ei gilydd ac mae'r ecosystem safana o goed gwasgarog a glaswelltir yn datblygu (gweler tudalennau 190–1).

▲ **Ffigur 3** Ceirw Llychlyn yn bwyta cen yn rhanbarth twndra Norwy Arctig.

1. Mae tymereddau'n codi uwchben 10°C (y tymheredd mae ei angen ar y rhan fwyaf o blanhigion i dyfu) am ddau neu dri mis yn unig …

… mae planhigion yn tyfu'n agos at y ddaear lle maen nhw'n llai tebygol o gael eu difrodi.

2. Mae dyodiad ym misoedd y gaeaf yn disgyn fel eira …

… mae tymor tyfu'r planhigion yn fyr.

… felly …

3. Mae creigiau'n hindreulio (torri'n ddarnau) yn araf yn yr amodau oer sy'n golygu bod prinder maetholion yn y pridd …

… mae planhigion yn tyfu'n araf iawn.

4. Gyda chyn lleied o goed yn yr ardal nid oes llawer o gysgod rhag y gwynt …

… mae gan blanhigion ddail bach fel nad ydyn nhw'n colli lleithder.

▲ **Ffigur 4** Sut mae hinsawdd yr Arctig yn effeithio ar dwf planhigion.

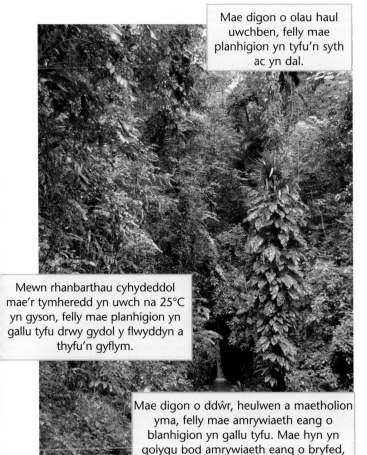

Mae digon o olau haul uwchben, felly mae planhigion yn tyfu'n syth ac yn dal.

Mewn rhanbarthau cyhydeddol mae'r tymheredd yn uwch na 25°C yn gyson, felly mae planhigion yn gallu tyfu drwy gydol y flwyddyn a thyfu'n gyflym.

Mae digon o ddŵr, heulwen a maetholion yma, felly mae amrywiaeth eang o blanhigion yn gallu tyfu. Mae hyn yn golygu bod amrywiaeth eang o bryfed, adar ac anifeiliaid yn byw yma.

▲ **Ffigur 5** Planhigion y goedwig law drofannol yn Tobago.

Gweithgareddau

1 Defnyddiwch Ffigurau 2, 3 a 5 i ddisgrifio pob ecosystem. Dylech chi ganolbwyntio ar nodweddion y llystyfiant fel dwysedd, uchder ac amrywiaeth.

2 Cysylltwch yr ymadroddion yn Ffigur 4 i greu pedair brawddeg sy'n esbonio nodweddion ecosystemau Arctig.

3 Defnyddiwch Ffigur 4 a'r labeli yn Ffigur 5 i esbonio'r gwahaniaethau rydych chi wedi'u nodi yn eich ateb i weithgaredd 1.

4 Defnyddiwch Ffigur 1 i'ch helpu i esbonio pwysigrwydd lledred yn natblygiad biomau gwahanol.

Mae cylchredau maetholion yn dibynnu ar yr hinsawdd

Mae angen mwynau sy'n cynnwys nitrogen a ffosffadau ar blanhigion. Mae'r maetholion hyn i'w cael mewn creigiau, mewn dŵr ac yn yr atmosffer. Mae planhigyn yn cymryd y maetholion o'r pridd ac yn eu rhyddhau'n ôl i'r pridd pan fydd yn marw. Mae'r broses hon yn creu **cylchred faetholion** barhaus.

Mae Ffigur 10 yn cynrychioli storfeydd a llifoedd maetholion mewn ecosystem coedwig law drofannol. Mae'r cylchoedd yn cynrychioli **storfeydd maetholion**. Mae maint pob cylch yn gyfrannol i faint o faetholion sy'n cael eu cadw yn y rhan honno o'r ecosystem. Mae'r saethau'n cynrychioli **llifoedd maetholion** wrth i fwynau symud o un storfa i'r llall. Mae trwch pob saeth yn gyfrannol i faint y llif – mae llifoedd mawr o faetholion yn cael eu cynrychioli gan saethau trwchus ac mae llifoedd llai yn cael eu cynrychioli gan saethau tenau.

Mae dail a changhennau marw yn disgyn o'r coed ac yn creu haen o ddail marw ar y pridd

Mae'r dail marw yn dadelfennu'n araf yn yr amodau oer

Mae'r gwreiddiau'n fas fel bod modd iddyn nhw amsugno maetholion yn agos at yr arwyneb

Mae dadelfenyddion fel chwilod a ffyngau yn tyfu yn y dail marw

Mae maetholion o'r dail marw yn dychwelyd i'r pridd

Mae planhigion yn defnyddio maetholion o'r pridd i'w helpu i dyfu

▲ **Ffigur 6** Cylchredau maetholion yn y taiga.

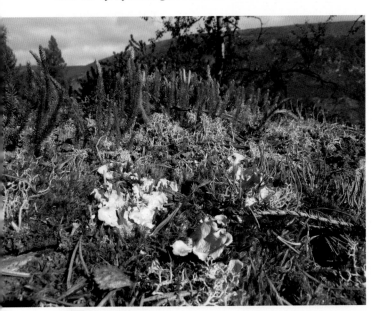

▲ **Ffigur 7** Cennau'n tyfu ar fonyn coeden sy'n pydru yn yr ecosystem taiga, Norwy.

Gweithgareddau

1 Gwnewch gopi o Ffigur 6 ac ychwanegwch labeli at y mannau cywir i greu cylchred gyflawn.
2 a) Defnyddiwch Ffigurau 8 a 9 i luniadu dau graff hinsawdd.
  b) Disgrifiwch dri pheth sy'n wahanol rhwng y ddwy hinsawdd hyn.

	Ion	Chwe	Maw	Ebr	Mai	Meh	Gorff	Awst	Medi	Hyd	Tach	Rhag
Tymheredd (°C)	−8.0	−7.5	−4.5	2.5	8.5	14.0	17.0	15.5	10.5	5.5	0	−4.0
Dyodiad (mm)	38	30	25	35	42	48	76	75	57	57	49	41

▲ **Ffigur 8** Data hinsawdd ar gyfer y goedwig taiga, gogledd Norwy (lledred 65°).

	Ion	Chwe	Maw	Ebr	Mai	Meh	Gorff	Awst	Medi	Hyd	Tach	Rhag
Tymheredd (°C)	27.0	26.5	27.5	27.5	26.5	25.0	24.0	25.0	25.5	26.0	26.0	27.5
Dyodiad (mm)	249	236	335	340	244	13	3	18	104	345	373	249

▲ **Ffigur 9** Data hinsawdd ar gyfer y goedwig law drofannol, Gabon (lledred 0°).

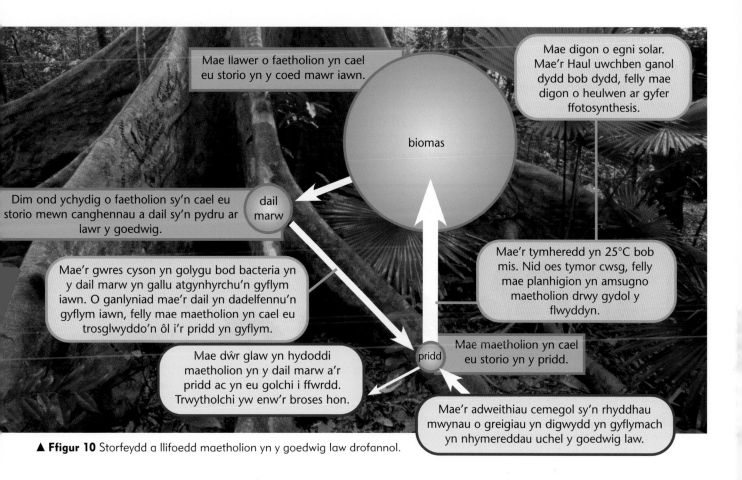

Mae llawer o faetholion yn cael eu storio yn y coed mawr iawn.

Mae digon o egni solar. Mae'r Haul uwchben ganol dydd bob dydd, felly mae digon o heulwen ar gyfer ffotosynthesis.

biomas

Dim ond ychydig o faetholion sy'n cael eu storio mewn canghennau a dail sy'n pydru ar lawr y goedwig.

dail marw

Mae'r gwres cyson yn golygu bod bacteria yn y dail marw yn gallu atgynhyrchu'n gyflym iawn. O ganlyniad mae'r dail yn dadelfennu'n gyflym iawn, felly mae maetholion yn cael eu trosglwyddo'n ôl i'r pridd yn gyflym.

Mae'r tymheredd yn 25°C bob mis. Nid oes tymor cwsg, felly mae planhigion yn amsugno maetholion drwy gydol y flwyddyn.

Mae dŵr glaw yn hydoddi maetholion yn y dail marw a'r pridd ac yn eu golchi i ffwrdd. Trwytholchi yw enw'r broses hon.

pridd

Mae maetholion yn cael eu storio yn y pridd.

Mae'r adweithiau cemegol sy'n rhyddhau mwynau o greigiau yn digwydd yn gyflymach yn nhymereddau uchel y goedwig law.

▲ **Ffigur 10** Storfeydd a llifoedd maetholion yn y goedwig law drofannol.

Gweithgareddau

3 a) Diffiniwch ystyr storfeydd maetholion a llifoedd maetholion.
  b) Disgrifiwch dri man lle mae maetholion yn cael eu storio mewn ecosystem.
4 Astudiwch Ffigur 10.
  a) Disgrifiwch ddwy ffordd y mae maetholion yn gallu mynd i mewn i'r pridd.
  b) Esboniwch pam mae'r ddau lif maetholion hyn yn gyflym yn y goedwig law.
  c) Esboniwch pam mae'r llifoedd maetholion hyn yn debygol o fod yn llawer arafach yn y taiga.
5 Astudiwch Ffigurau 6 a 10. Esboniwch pam byddai diagramau o gylchredau maetholion ar gyfer y taiga yn dangos:
  a) cylch mwy ar gyfer dail marw nag yn y goedwig law
  b) saeth fwy tenau ar gyfer trwytholchi
  c) saeth fwy tenau yn dangos llifoedd maetholion i'r biomas.

Y gylchred faetholion

Mwynau'n llifo ac yn cael eu storio mewn ecosystem. Mae maetholion yn cael eu storio mewn planhigion, pridd a chreigiau. Bydd maetholion yn llifo drwy brosesau fel hindreulio a thrwytholchi.

Gwaith ymholi

Sut mae lledred yn effeithio ar hinsawdd rhanbarth yr Arctig? Ydy tymheredd yn mynd yn fwy eithafol wrth deithio tua'r gogledd?

- Ymchwiliwch i hinsawdd pob un o'r lleoedd isod a chofnodwch eu lledred:
  a) Reykjavík, Gwlad yr Iâ
  b) Oulu, y Ffindir
  c) Murmansk, Rwsia
  ch) Churchill, Canada.
- Ar wahân i ledred, awgrymwch un ffactor arall a allai esbonio'r gwahaniaethau hyn.

Ecosystemau fel storfeydd

Rydyn ni wedi gweld bod yr hinsawdd yn effeithio ar ba mor gyflym mae planhigion yn tyfu. Mae hyn yn golygu bod llawer iawn o bethau byw ym mhob hectar mewn ecosystemau trofannol fel y goedwig law a'r safana. Mae pethau yn tyfu'n gyflym, yn enwedig yn y goedwig law, lle mae cyfanswm y glawiad yn golygu nad yw planhigion yn gorfod cystadlu am ddŵr. Mae'r coed mewn rhanbarthau trofannol sy'n cael tymor sych hir yn tueddu i fod yn llai o faint ac yn fwy gwasgarog. Mae'r gwahaniaethau hyn i'w gweld yn Ffigur 11.

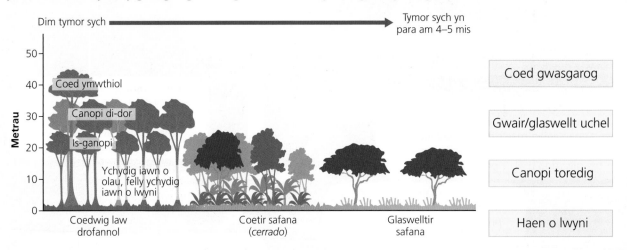

▲ **Ffigur 11** Strwythurau nodweddiadol y goedwig law drofannol, coetir safana (sy'n cael ei alw'n *cerrado* ym Mrasil) a glaswelltir safana.

Gweithgareddau

1 a) Gwnewch gopi o Ffigur 11.
   b) Cwblhewch eich diagram drwy roi'r labeli mewn mannau priodol.
   c) Disgrifiwch sut mae'r cynnydd yn hyd y tymor sych yn effeithio ar strwythur yr ecosystemau hyn.
2 a) Gwnewch gopi o Ffigur 12.
   b) Rhowch yr anodiadau mewn mannau priodol ar eich diagram. Gallwch chi ddefnyddio tudalen 157 i'ch helpu.
3 a) Gwnewch gopi o Ffigur 14. Rhowch y labeli yn y mannau cywir i greu cylchred gyflawn.
   b) Gan ddefnyddio tystiolaeth o Ffigurau 13, 15 ac 16, esboniwch pam mae'r twndra'n cyflawni swyddogaeth bwysig ar raddfa fyd-eang.
4 Edrychwch ar Ffigur 16.
   a) Cyfrifwch faint o garbon sy'n cael ei storio ym mhob ecosystem fel canran o'r cyfanswm byd-eang. Mae twndra wedi cael ei wneud i chi.
   b) Cyflwynwch y canrannau gan ddefnyddio techneg graffigol addas.

Mae ecosystemau'n storio carbon

Mae ecosystemau'n cynnwys llawer iawn o garbon sydd wedi'i storio mewn planhigion ac mewn organebau eraill. Mae rhywfaint o garbon yn cael ei storio uwchben y ddaear mewn coed, planhigion, adar, pryfed ac anifeiliaid, ond mae llawer ohono'n cael ei storio yn y pridd hefyd. Mae rhywfaint o garbon mewn pethau byw fel gwreiddiau, chwilod a mwydod. Mae'r gweddill yn cael ei storio mewn deunydd organig marw fel dail marw, coed sydd wedi disgyn a phren sy'n pydru yn y pridd.

Gan fod hinsawdd yn effeithio ar gyfraddau twf planhigion, mae'n effeithio hefyd ar faint o garbon sy'n cael ei storio a ble mae'n cael ei storio. Er enghraifft, ychydig iawn o garbon sy'n cael ei storio uwchben y ddaear mewn twndra di-goed. Fodd bynnag, mae dadelfennu'n digwydd yn araf oherwydd yr hinsawdd oer – o ganlyniad, mae'r ecosystem hon yn storio cyfansymiau mawr o garbon yn y pridd mawn ac yn y gwaddod mewn pyllau a gwlyptiroedd. Mae'r twndra yn enghraifft o **suddfan carbon** (gweler tudalen 157) lle mae carbon yn cael ei storio am gyfnodau hir o amser. Os bydd yr Arctig yn cynhesu oherwydd newid hinsawdd, mae pryder y bydd rhywfaint o'r carbon hwn yn cael ei ryddhau i'r atmosffer ar ffurf carbon deuocsid (CO_2) a methan (CH_4). Gallai hyn effeithio'n negyddol ar yr effaith tŷ gwydr gan achosi hyd yn oed mwy o gynhesu byd-eang.

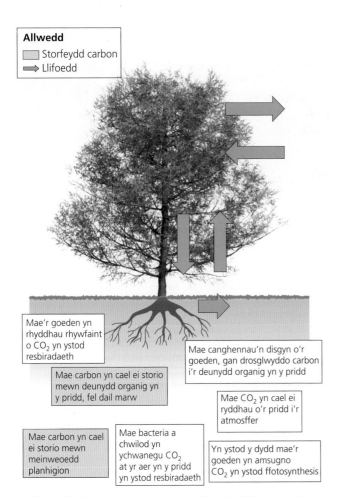

Allwedd

▨ Storfeydd carbon
⇨ Llifoedd

Mae'r goeden yn rhyddhau rhywfaint o CO_2 yn ystod resbiradaeth

Mae canghennau'n disgyn o'r goeden, gan drosglwyddo carbon i'r deunydd organig yn y pridd

Mae carbon yn cael ei storio mewn deunydd organig yn y pridd, fel dail marw

Mae CO_2 yn cael ei ryddhau o'r pridd i'r atmosffer

Mae carbon yn cael ei storio mewn meinweoedd planhigion

Mae bacteria a chwilod yn ychwanegu CO_2 at yr aer yn y pridd yn ystod resbiradaeth

Yn ystod y dydd mae'r goeden yn amsugno CO_2 yn ystod ffotosynthesis

▲ **Ffigur 12** Diagram yn dangos storfeydd a llifoedd carbon mewn ecosystem nodweddiadol.

▲ **Ffigur 13** Ecosystem twndra yn uwchdiroedd Norwy Arctig. Ychydig iawn o garbon sy'n cael ei storio uwchben y ddaear, ond mae storfeydd anferth ohono yn y corsydd a'r priddoedd mawn.

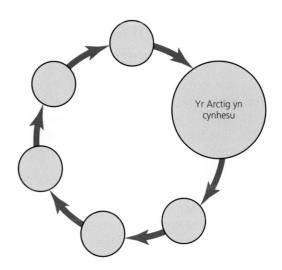

Yr Arctig yn cynhesu

Mae resbiradaeth gan ddadelfenyddion yn rhyddhau CO_2 i'r pridd

Mae dadelfenyddion yn y pridd yn dod yn weithredol

Mae'r effaith tŷ gwydr yn mynd yn gryfach

Mae CO_2 a CH_4 yn y pridd yn cael eu rhyddhau i'r atmosffer

Mae pridd sydd wedi'i rewi yn dadmer

▲ **Ffigur 14** Effeithiau'r Arctig yn cynhesu ar storfeydd carbon yn y pridd.

Ecosystem	Carbon sy'n cael ei storio uwchben y ddaear	Carbon sy'n cael ei storio o dan y ddaear
Twndra	Llai nag 1	500+
Taiga	60–100	120–340
Glaswelltiroedd safana	2	7–54
Coetiroedd safana	30+	7–54
Coedwig law drofannol	160–200	90–200

▲ **Ffigur 15** Amcangyfrif o storfeydd carbon mewn detholiad o ecosystemau (tunnell fetrig yr hectar).

Ecosystem	Cyfanswm carbon sy'n cael ei storio	Canran
Twndra	155.4	7.6
Taiga	384.2	
Coedwig dymherus (e.e. derw)	314.9	
Glaswelltiroedd tymherus	183.7	
Diffeithdiroedd a llwyndiroedd sych	178.0	
Glaswelltiroedd a choetiroedd safana	285.3	
Coedwig law drofannol	547.8	
Cyfanswm byd-eang sy'n cael ei storio mewn ecosystemau	2,049.3	

▲ **Ffigur 16** Cyfanswm y carbon sy'n cael ei storio ym mhob bïom (gigadunelli metrig).

Mae ecosystemau'n darparu gwasanaethau allweddol

Yn anffodus mae torri coed, chwilio am olew, ffermio dwys a gorbysgota i gyd yn difrodi ecosystemau naturiol. Ond oes ots bod llai o goedwigoedd a bywyd gwyllt? Wedi'r cyfan, mae ffermio a physgota yn rhoi bwyd, swyddi a chyfoeth i ni.

Mae gwyddonwyr yn dadlau y dylai ecosystemau gael eu diogelu, ac nid am eu gwerth gwyddonol yn unig. Maen nhw'n dadlau bod ecosystemau'n cynnig nifer o wasanaethau hanfodol i bobl, ac maen nhw'n disgrifio'r rhain fel **gwasanaethau allweddol**. Maen nhw hefyd yn dweud bod gwerth ariannol i'r gwasanaethau allweddol hyn. Ymhlith y gwasanaethau hyn mae:

- sicrhau cyflenwad cyson o ddŵr glân i afonydd
- atal erydiad pridd
- lleihau'r perygl o lifogydd afon
- darparu defnyddiau naturiol fel coed ar gyfer adeiladu neu blanhigion at ddefnydd meddygol; mae 75 y cant o boblogaeth y byd yn dal i ddibynnu ar feddyginiaethau sydd wedi'u gwneud o rannau o blanhigion
- darparu bwyd fel mêl, ffrwythau a chnau.

▲ **Ffigur 17** Mae gwenyn yn darparu gwasanaeth i bobl drwy beillio ein cnydau. Mae chwilod hefyd yn darparu gwasanaeth allweddol. Maen nhw'n treulio deunydd gwastraff fel tail a dail marw.

Rhoi amgylchedd diogel i bysgod sy'n silio ac i bysgod ifanc sy'n aeddfedu, gan helpu i gynnal nifer y pysgod

Coedwigoedd glaw trofannol

Rhoi cyfle i bobl ddatblygu busnesau hamdden neu dwristiaeth

Coedwigoedd conwydd (boreal neu taiga)

Cynnal miloedd o blanhigion ac anifeiliaid gwyllt sy'n cynnwys cemegion a allai fod yn ddefnyddiol i amaethyddiaeth neu feddyginiaeth

Coedwigoedd mangrof

Creu ymdeimlad o barch a rhyfeddod ymhlith pobl

Mawnogydd/gweundiroedd mawn

Bod yn amddiffynfeydd arfordirol naturiol rhag ymchwyddiadau storm, gwyntoedd cryf a llifogydd arfordirol

Riffiau cwrel trofannol

Amsugno dŵr glaw a'i ryddhau'n araf, gan leihau'r perygl o lifogydd i lawr yr afon

Twyni tywod

Storio meintiau enfawr o garbon deuocsid, gan helpu i reoleiddio'r effaith tŷ gwydr

▲ **Ffigur 18** Gwasanaethau allweddol sy'n cael eu darparu gan ecosystemau.

Mae coedwigoedd glaw trofannol yn rheoli'r cyflenwad dŵr

Mae Ffigur 19 yn dangos sut mae coedwigoedd glaw trofannol yn chwarae rhan allweddol yn y **gylchred ddŵr** ranbarthol mewn ardaloedd trofannol. Mae'r goedwig yn storio dŵr rhwng cyfnodau o law. Ar ôl storm law, y gred yw bod tua 80 y cant o'r glawiad yn cael ei drosglwyddo'n ôl i'r atmosffer drwy brosesau anweddiad a thrydarthiad. Mae'r lleithder hwn yn cyddwyso, gan ffurfio cymylau glaw ar gyfer y storm law nesaf. Felly, mae coedwigoedd glaw yn ffynhonnell o leithder ar gyfer glawiad yn y dyfodol.

Mae o leiaf 200 miliwn o bobl yn byw yng nghoedwigoedd glaw trofannol y byd. Mae hyn yn cynnwys grwpiau llwythol, neu bobl frodorol, y goedwig law. Mae llawer mwy o bobl yn byw ymhellach i lawr yr afonydd sy'n gadael y coedwigoedd hyn. Mae'r goedwig yn cynnal cyflenwad parhaus a chyson o ddŵr i'r afonydd hyn. Pe bai cylchred ddŵr y goedwig

law yn cael ei thorri, gallai cyflenwad dŵr miliynau o bobl fod mewn perygl. Byddai cyfanswm y dŵr sy'n llifo yn yr afonydd hyn yn lleihau a byddai'r cyflenwad yn llawer llai cyson, gan arwain at gyfnodau o gyflenwad dŵr isel a llifogydd sydyn rhyngddyn nhw.

Mae cadwraethwyr yn dadlau bod angen i ni roi mwy o bwyslais ar werth y gwasanaethau allweddol hyn nag ar werth y pren trofannol yn unig. Mae manteision cael cyflenwad o ddŵr glân a rheolaidd yn gallu cael eu mesur mewn termau ariannol. Mae effeithiau ailadeiladu cartrefi ar ôl llifogydd afon hefyd yn gallu cael eu mesur mewn termau ariannol. Dadl cadwraethwyr yw bod y gwasanaethau allweddol hyn yn fwy gwerthfawr yn y tymor hir na'r elw sy'n cael ei wneud yn y tymor byr o dorri coed.

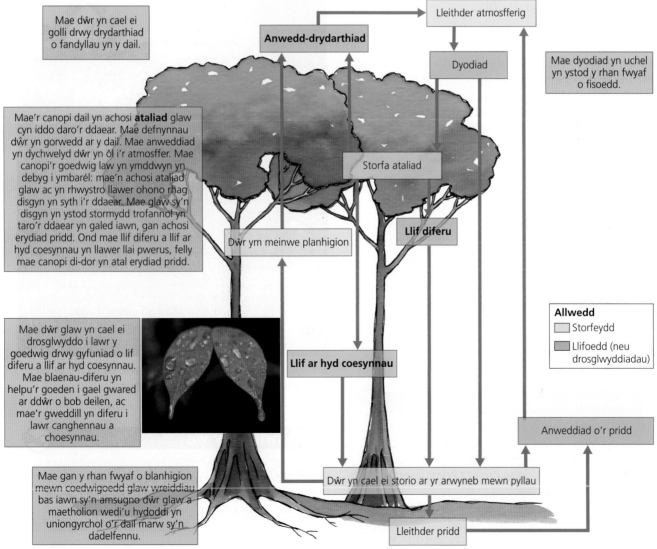

Mae dŵr yn cael ei golli drwy drydarthiad o fandyllau yn y dail.

Anwedd-drydarthiad

Lleithder atmosfferig

Dyodiad

Mae dyodiad yn uchel yn ystod y rhan fwyaf o fisoedd.

Mae'r canopi dail yn achosi **ataliad** glaw cyn iddo daro'r ddaear. Mae defnynnau dŵr yn gorwedd ar y dail. Mae anweddiad yn dychwelyd dŵr yn ôl i'r atmosffer. Mae canopi'r goedwig law yn ymddwyn yn debyg i ymbarél: mae'n achosi ataliad glaw ac yn rhwystro llawer ohono rhag disgyn yn syth i'r ddaear. Mae glaw sy'n disgyn yn ystod stormydd trofannol yn taro'r ddaear yn galed iawn, gan achosi erydiad pridd. Ond mae llif diferu a llif ar hyd coesynnau yn llawer llai pwerus, felly mae canopi di-dor yn atal erydiad pridd.

Storfa ataliad

Dŵr ym meinwe planhigion

Llif diferu

Mae dŵr glaw yn cael ei drosglwyddo i lawr y goedwig drwy gyfuniad o lif diferu a llif ar hyd coesynnau. Mae blaenau-diferu yn helpu'r goeden i gael gwared ar ddŵr o bob deilen, ac mae'r gweddill yn diferu i lawr canghennau a choesynnau.

Llif ar hyd coesynnau

Allwedd

Storfeydd

Llifoedd (neu drosglwyddiadau)

Anweddiad o'r pridd

Mae gan y rhan fwyaf o blanhigion mewn coedwigoedd glaw wreiddiau bas iawn sy'n amsugno dŵr glaw a maetholion wedi'u hydoddi yn uniongyrchol o'r dail marw sy'n dadelfennu.

Dŵr yn cael ei storio ar yr arwyneb mewn pyllau

Lleithder pridd

▲ **Ffigur 19** Y gylchred ddŵr mewn coedwig law drofannol.

Ecosystemau'r DU

Mae'r rhan fwyaf o ecosystemau'r DU yn cael eu haddasu'n fawr a'u rheoli gan bobl. Mae ffermwyr wedi gwneud newidiadau i dirweddau uwchdir er mwyn gwella cynhyrchedd bwyd. Mae coetiroedd wedi cael eu clirio i greu mwy o dir pori ar gyfer defaid a gwartheg. Mae ffosydd wedi cael eu cloddio yn y priddoedd mawnog dwrlawn ac mae afonydd wedi cael eu sythu i wella draeniad. Roedd hyn yn golygu bod modd plannu gwahanol fathau o wair/glaswellt fel bod defaid yn ennill pwysau'n gyflymach. Cafodd llawer o'r newidiadau hyn eu gwneud i dirweddau gweundir y DU yn y bedwaredd ganrif ar bymtheg a chanol yr ugeinfed ganrif. Erbyn heddiw, fodd bynnag, mae cadwraethwyr a chynllunwyr yn dechrau amau pa mor ddoeth oedd y penderfyniadau hyn. Y ddadl yw bod tirweddau gweundir a'u hecosystemau yn amsugno ac yn storio carbon a dŵr. Mae newidiadau'r gorffennol wedi newid y ffordd mae'r gylchred ddŵr a'r gylchred garbon yn gweithio ar raddfa leol yn yr ecosystemau pwysig hyn yn y DU.

Project Pumlumon

Bwriad Project Pumlumon yw ceisio adfer ecosystemau'r uwchdir ar draws ardal eang o Uwchdiroedd Cymru yn y Canolbarth. Dyma'r ardal lle mae tarddiad Afon Hafren. Mae'r ardal yn cael ei defnyddio'n bennaf ar gyfer ffermio, coedwigaeth a thwristiaeth. Mae sawl elfen wahanol i Broject Pumlumon, gan gynnwys gwella'r gallu i storio carbon a storio llifddyfroedd. Gallwch chi ddarllen am wahanol elfennau'r project gan ddefnyddio'r cyswllt at y we isod.

Mae ardaloedd enfawr o dir mawn yn rhanbarth Pumlumon a gafodd eu draenio gan ddefnyddio ffosydd yn yr 1950au a'r 1960au. Wrth iddo sychu, byddai'r mawn wedi rhyddhau rhywfaint o'r carbon roedd yn ei storio. Mae'r project wedi nodi 1,543 hectar o dir mawn i'w hadfer drwy gau'r ffosydd draenio. Bydd hyn yn golygu bod y mawn yn gallu dal mwy o ddŵr. Wrth i'r lefel trwythiad godi, ac wrth i ddeunydd organig yn y pridd lenwi â dŵr, bydd llai o CO_2 yn cael ei ryddhau i'r atmosffer.

▲ **Ffigur 20** Effeithiau cau ffosydd mewn gweundiroedd.

▲ **Ffigur 21** Mae cau hen ffosydd draenio fel rhan o Broject Pumlumon wedi adfer y gors uwchdir hon.

Gweithgareddau

1 Gwnewch gopi o Ffigur 20. Rhowch gylch o amgylch + neu – ym mhob blwch ar eich diagram llif i ddangos cynnydd neu leihad.
2 Awgrymwch sut gallai Project Pumlumon gael yr effeithiau canlynol:
   a) bod o fudd i bobl sy'n byw mewn trefi ymhellach i lawr Afon Hafren
   b) gwella bioamrywiaeth Uwchdiroedd Cymru.

Cyswllt at y we

www.montwt.co.uk/projects/pumlumon-project – mae disgrifiad mwy manwl o Broject Pumlumon ar gael ar wefan Ymddiriedolaeth Bywyd Gwyllt Sir Drefaldwyn.

Project Dalgylch Belford

Tref fach yn Northumberland yw Belford sydd wedi dioddef llifogydd rheolaidd. Mae project ar y cyd rhwng Asiantaeth yr Amgylchedd, Prifysgol Newcastle a thirfeddianwyr lleol wedi bod yn rheoli'r amgylchedd i wella sut mae dŵr yn cael ei storio yn uwchdiroedd y dalgylch. Mae strwythurau pren wedi cael eu hadeiladu i arafu llif y dŵr ac i ddal gwaddod. Cost y project oedd £200,000, tra byddai amddiffynfeydd traddodiadol rhag llifogydd wedi costio tua £2.5 miliwn. Y bwriad yw creu ardal storio naturiol i fyny'r afon fel bod dŵr yn cael ei ddal yn ôl a'i ryddhau'n araf adeg llifogydd. Amcanion Project Dalgylch Belford oedd atal, storio, arafu a hidlo. Mae Ffigur 22 yn dangos sut maen nhw wedi cyflawni'r amcanion hyn.

Gosod rhwystrau pren ar draws llwybrau llif trostir serth sy'n llifo i mewn i'r afon

Adeiladu strwythurau pren isel o'r enw byndiau ar draws y nant

Creu pyllau ar y gorlifdir a fydd yn cael eu gorlifo pan fydd y llif ar ei anterth

▲ **Ffigur 22** Dulliau sy'n cael eu defnyddio ym Mhroject Dalgylch Belford.

Nid yw caeau dwrlawn o unrhyw werth i ffermwyr. Mae'n anodd i ffermwyr fod yn gynhyrchiol ar bridd dwrlawn, felly mae'n gwneud synnwyr iddyn nhw lanhau eu ffosydd yn rheolaidd. Fodd bynnag, mae sicrhau draeniad da mewn caeau yn gallu arwain at anfanteision hefyd. Os ydyn ni'n cynyddu draeniad mewn caeau, mae'n bosibl y bydd trosglwyddo dŵr yn y system afon yn uwch ac yn gyflymach, a gallai hyn gynyddu'r perygl o lifogydd ymhellach i lawr yr afon.

▲ **Ffigur 24** Yr Athro Alan Jenkins o'r Ganolfan Ecoleg a Hydroleg yn esbonio pam mae'r rhan fwyaf o ffermwyr yn awyddus i gadw eu ffosydd yn glir.

Gweithgareddau

3 Esboniwch pam mae ffermwyr yn gwella draeniad eu tir. Defnyddiwch Ffigur 24 i'ch helpu.
4 Amcanion Project Dalgylch Belford oedd atal, storio, arafu a hidlo. Esboniwch pam mae'r amcanion hyn yn helpu pobl sy'n byw i lawr yr afon.
5 Astudiwch y technegau sy'n cael eu disgrifio yn Ffigurau 22 a 23. Ar gyfer pob techneg, disgrifiwch sut byddai'n newid llifoedd a storfeydd dŵr.

▲ **Ffigur 23** Mae rhwystrau pren wedi cael eu defnyddio i gau gylïau yn nhir mawn uwchdir Kinder Scout yn Ardal y Peak.

Gwaith ymholi

'Dylen ni newid y ffordd rydyn ni'n rheoli ein gweundiroedd. Mae'n bwysicach ein bod yn defnyddio'r ardaloedd hyn i storio carbon a dŵr yn hytrach na'u defnyddio ar gyfer ffermio.'

I ba raddau rydych chi'n cytuno â'r gosodiad hwn?

Defnyddiwch dystiolaeth o'r tudalennau hyn ac o'ch gwaith ymchwil eich hun i gyfiawnhau eich penderfyniad.

Ymchwilio i dwyni tywod

Mae nifer o ecosystemau graddfa fach yn y DU y gallwch chi ymchwilio iddyn nhw drwy wneud gwaith maes. Gallech chi greu ymholiad er mwyn ymchwilio i strwythurau neu storfeydd a llifoedd mewn ecosystem gweundir, coetir neu dwyni tywod. Mae data ar gyfer ymholiad fel hyn yn cael eu casglu ar hyd trawslun fel arfer. Llinell syth ddychmygol ar draws neu drwy arwedd ddaearyddol yw trawslun. Mae arsylwadau'n cael eu gwneud ar hyd y trawslun bob hyn a hyn, yn rheolaidd (systematig), ar hap neu'n haenedig (mae'r strategaethau samplu hyn i'w gweld ar dudalen 8).

Cam 1: Llunio eich ymholiad

Mae taith maes i'r twyni tywod yn gyfle i chi weld sut mae'r planhigion a'r amodau tyfu yn amrywio wrth i chi gerdded drwy'r ecosystem o'r draethell i'r llaciau twyni. Pa mor gyflym mae'r cylchfaoedd yn newid? Pa ffactorau sy'n achosi'r newidiadau hyn? Ydy eich system twyni tywod yn dilyn y patrwm arferol? Gallech chi ddefnyddio rhagdybiaeth i roi strwythur i'ch ymholiad, er enghraifft:

> *Mae'r amrywiaeth o blanhigion yn cynyddu wrth i chi fynd ymhellach o'r draethell.*

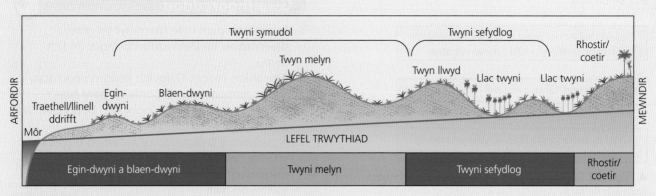

▲ **Ffigur 25** Trawslun drwy gylchfaoedd ecosystem twyni tywod.

▲ **Ffigur 26** Mae'r hegydd arfor yn blanhigyn arloesol. Mae'n tyfu yn yr egin-dwyni. Mae arwyneb cwyr y dail yn helpu i leihau faint o ddŵr sy'n cael ei golli drwy anwedd-drydarthiad. Mae'r gwreiddiau bas yn amsugno maetholion o ddeunydd sy'n pydru ar y draethell.

▲ **Ffigur 27** Moresg yw'r prif blanhigyn sy'n tyfu yn y twyni melyn. Mae'r dail cryf yn plygu yn y gwynt heb dorri. Mae'r prif wreiddiau hir yn dod o hyd i ddŵr. Ar ôl cael eu claddu gan dywod, mae blagur newydd yn tyfu o wreiddiau arwyneb.

▲ **Ffigur 28** Planhigyn blodeuol sy'n tyfu'n isel yn y twyni melyn yw'r tagaradr. Mae blew gludiog ar y dail yn lleihau faint o ddŵr sy'n cael ei golli drwy anwedd-drydarthiad. Mae cnepynnau ar y gwreiddiau hir yn gallu cymryd nitrogen o'r aer a'i droi'n faetholion sy'n ddefnyddiol ar gyfer twf planhigion.

Cam 2: Dechrau a gorffen eich trawslun

Mae twyni tywod yn cael eu ffurfio pan fydd gwynt yn chwythu i'r un cyfeiriad yn rheolaidd. Mae'r twyni'n creu cefnenau sydd fwy neu lai'n baralel â'r arfordir ac ar ongl sgwâr i gyfeiriad y prifwynt. Felly, dylai eich trawslun fod ar ongl sgwâr i'r traeth fel ei fod yn samplu pob cylchfa yn y system twyni tywod (fel sydd i'w weld yn Ffigur 25). Bydd angen i'r trawslun ddechrau ar y traeth wrth y draethell. Bydd yn gorffen pan fyddwch chi wedi samplu data ym mhob cylchfa. Os yw'r twyni'n cael eu rheoli, efallai y bydd rhaid i chi ddefnyddio llinell benodol ar gyfer eich trawslun.

Casglu eich data

Os yw eich ymholiad yn edrych ar gylchfaoedd, bydd angen i chi gofnodi canran y planhigion ym mhob pwynt samplu ar hyd y trawslun drwy ddefnyddio cwadrad. Efallai y byddwch chi'n dewis cofnodi newidynnau eraill a allai effeithio ar yr amodau tyfu ym mhob cylchfa. Os felly, gallech chi gofnodi:

- buanedd y gwynt
- pH y pridd
- lliw'r pridd (fel arwydd o gyfanswm y deunydd organig sy'n darparu maetholion)
- tystiolaeth o sathru neu reolaeth.

	Pellter (m) o egin-dwyni											
	0	50	100	150	200	250	300	350	400	450	500	550
Hegydd arfor	20	10	0	0	0	0	0	0	0	0	0	0
Llaethlys y môr	0	10	10	10	10	0	0	10	0	0	0	0
Moresg	0	40	60	70	60	70	50	30	30	20	0	0
Tagaradr	0	0	0	0	10	10	20	10	0	0	0	0
Peiswellt	0	0	0	0	0	10	30	50	60	50	30	70
Llwyn mwyar duon	0	0	0	0	0	0	0	0	0	0	70	0
Eraill	0	0	0	0	0	0	0	0	10	30	0	30
Tywod noeth	80	40	30	20	20	10	0	0	0	0	0	0

▲ **Ffigur 29** Canran pob math o lystyfiant ym mhob cwadrad.

Cyflwyno'r data

Y ffordd orau o ddangos canran pob math o blanhigyn ar hyd y trawslun yw drwy ddefnyddio **diagram barcut** (fel sydd i'w weld yn Ffigur 30). Mae echelin y graff hwn yn cynrychioli hyd y trawslun. Mae'r echelin fertigol wedi'i rhannu'n ddwy fel bod hanner cyfanswm y canran yn cael ei ddangos uwchben yr echelin lorweddol a'r hanner arall oddi tani.

▲ **Ffigur 30** Diagram barcut ar gyfer moresg.

Gwaith ymholi

Sut gallech chi lunio ymholiad i ymchwilio i effaith buanedd y gwynt ar gylchfaoedd twyni tywod? Defnyddiwch Ffigur 25 wrth ystyried y pwyntiau isod.

- Pa gwestiynau gallwch chi eu gofyn?
- Sut dylech chi samplu ar hyd eich trawslun? Ai samplu rheolaidd, ar hap neu haenedig fyddai orau? Sawl pwynt samplu mae ei angen arnoch? Oes angen rheolydd?
- Sut byddech chi'n cynllunio eich taflenni casglu data?

Gweithgareddau

1 Astudiwch Ffigurau 26, 27 a 28. Disgrifiwch ddwy ffordd mae'r planhigion wedi addasu i'r amodau canlynol:
   a) gwyntoedd cryf sy'n chwythu yn y twyni melyn
   b) diffyg maetholion yn y priddoedd tywodlyd.
2 a) Defnyddiwch y wybodaeth yn Ffigur 29 i luniadu cyfres o ddiagramau barcut.
   b) Beth yw eich casgliadau ynglŷn â'r elfennau canlynol:
      i) Planhigion sy'n tyfu ym mhob cylchfa.
      ii) Sut mae lefelau maetholion yn newid wrth deithio ar hyd y trawslun.

Arweddion bïom y safana

Mae dosbarthiad byd-eang bïom y safana (sydd weithiau'n cael ei ddisgrifio fel llwyndir a gwair/glaswellt lletgras) i'w weld yn Ffigur 32. Mae'r bïom hwn yn ymddwyn fel cylchfa ryngbarthol rhwng coedwigoedd trofannol a diffeithdiroedd. Mae'r bïom hwn yn bodoli mewn rhanbarthau sydd â hinsawdd letgras drofannol.

Patrwm yr hinsawdd yw tymhorau sydd naill ai'n sych neu'n wlyb – mae'r glawiad blynyddol yn disgyn o fewn 5–6 mis yn y flwyddyn, yn aml ar ffurf stormydd trwm a lleithder uchel. Yn dilyn y cyfnod hwn, daw misoedd o sychder gydag awyr glir a thywydd heulog braf.

	Ion	Chwe	Maw	Ebr	Mai	Meh	Gorff	Awst	Medi	Hyd	Tach	Rhag
Tymheredd Cyfartalog mewn °C	27	28	27	25	23	23	22	23	25	27	26	26
Dyodiad mewn mm	71	68	151	289	122	27	11	13	12	33	149	106

▲ **Ffigur 31** Data hinsawdd ar gyfer Arusha, Tanzania.

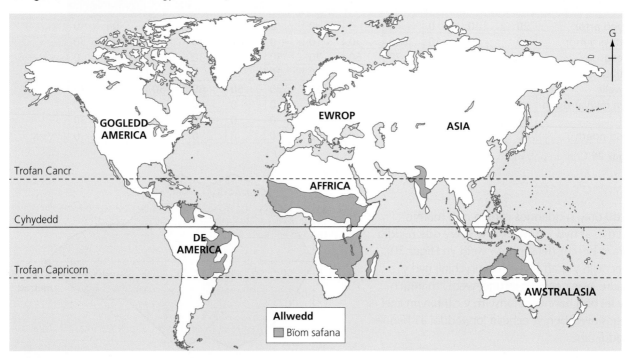

▲ **Ffigur 32** Dosbarthiad byd-eang bïom y safana.

▲ **Ffigur 33** Glaswelltir lletgras yn Tanzania.

Gweithgareddau

1 Defnyddiwch Ffigur 32 i ddisgrifio dosbarthiad bïom y safana.

2 a) Defnyddiwch y data yn Ffigur 31 i luniadu graff hinsawdd ar gyfer Arusha yn Tanzania.

   b) Labelwch eich graff i ddangos y tymor gwlyb a'r tymor sych.

   c) Beth yw cyfanswm y glawiad blynyddol mewn milimetrau?

   ch) Disgrifiwch amrediad blynyddol y tymheredd.

   d) Mae llawer o bobl yn ymweld â Tanzania i fynd ar wyliau saffari. Pryd byddai'r amser gorau o'r flwyddyn i fynd yno?

Sut mae llystyfiant yn addasu i'r hinsawdd sych, boeth?

Yn hinsoddau'r safana, mae'r priddoedd yn fandyllog sy'n golygu eu bod yn draenio'n gyflym. Mae'r haen hwmws denau yn rhoi maetholion i blanhigion. Y llystyfiant nodweddiadol yw coed gwasgarog a llwyni sy'n gallu gwrthsefyll sychder. Mae'r hinsawdd yn rhy sych i goedwigoedd trwchus allu tyfu oherwydd bod angen llawer o ddŵr ar goed er mwyn tyfu a goroesi. Rhwng y coed gwasgarog a'r llwyni, mae gwair/glaswellt sy'n tyfu'n gyflym i uchder o 3–4 m yn y tymor gwlyb. Yn y tymor sych mae'n troi'n felyn ac yn gwywo, sy'n gwneud y tir yn agored i erydiad pridd. Mae'r baobab a'r acasia yn enghreifftiau o goed seroffytig (sy'n gallu gwrthsefyll sychder) sydd i'w gweld yn y bïom hwn. Mae'r coed hyn yn gallu goroesi cyfnodau hir heb lawer iawn o lawiad yn ystod **tymor sych** y flwyddyn. Mae'r baobab a'r acasia wedi addasu i oroesi sychder mewn sawl ffordd – mae'r ffyrdd hyn i'w gweld yn Ffigur 34.

Tymor sych

Cyfnod o'r flwyddyn pan mae'r glawiad yn isel iawn gan arwain at brinder dŵr. Yn y glaswelltir lletgras poeth, mae'r tymor sych yn para rhwng 5 ac 8 mis.

▶ **Ffigur 34** Sut mae planhigion wedi addasu i hinsawdd y safana.

COEDEN ACASIA

Mae ganddi ganopi llydan a gwastad sy'n lleihau faint o ddŵr sy'n cael ei golli. Mae'n rhoi cysgod i anifeiliaid.

Mae drain ar y canghennau'n atal anifeiliaid rhag eu bwyta.

Mae prif wreiddiau hir yn cyrraedd dŵr daear sydd yn ddwfn o dan y ddaear.

Mae dail bach â chroen cwyr yn lleihau faint o ddŵr sy'n cael ei golli drwy drydarthiad.

Mae'n tyfu i uchder o hyd at 20 m a diamedr o 2 m ac mae'r rhisgl yn lliw gwynnaidd.

COEDEN BAOBAB

Mae'n tyfu i uchder o dros 30 m a diamedr o 7 m. Mae'n gallu byw am filoedd o flynyddoedd.

Mae llawer o wreiddiau bas yn ymestyn o'r goeden. Maen nhw'n casglu dŵr yn syth pan fydd hi'n bwrw glaw. Mae ganddi wreiddiau hir hefyd i gasglu dŵr yn ddwfn yn y pridd.

Mae'r rhisgl trwchus yn gallu gwrthsefyll tân.

Ychydig iawn o ddail sydd ganddi ac mae hyn yn lleihau faint o ddŵr sy'n cael ei golli drwy drydarthiad.

Mae boncyff mawr tebyg i gasgen yn storio hyd at 500 litr o ddŵr.

Gweithgareddau

3 Astudiwch Ffigurau 33 a 34.
   a) Disgrifiwch y llystyfiant sydd i'w weld ym mhob ffotograff.
   b) Pa adeg o'r flwyddyn cafodd pob ffotograff ei dynnu, yn eich barn chi? Rhowch resymau dros eich ateb.
   c) Lluniwch dabl fel yr un isod. Defnyddiwch y wybodaeth yn Ffigur 34 i ddisgrifio sut mae'r planhigion hyn wedi addasu i amodau'r hinsawdd.

	Cyfraddau uchel o drydarthiad	Cyfnodau hir o sychder a thymereddau uchel	Anifeiliaid fel y sebra yn bwyta'r dail
Coeden acasia			
Coeden baobab			

Gwaith ymholi

Mae ardal fawr o safana yn Awstralia. Ymchwiliwch i hinsawdd ac ecosystemau Dwyrain Kimberley, Awstralia. Hall's Creek yw un o'r unig drefi mawr yn y rhanbarth hwn.

Sut mae hinsawdd ac ecosystem Dwyrain Kimberley yn cymharu â safana Affrica sy'n cael sylw ar y tudalennau hyn? Beth yw'r prif bethau sy'n debyg a'r prif bethau sy'n wahanol?

Sut mae prosesau ecosystem yn gweithredu o fewn y safana?

Mae gan y safana we fwyd gymhleth. Coed, llwyni a gwair/glaswellt yw'r cynhyrchwyr yn y we fwyd hon. Maen nhw'n defnyddio egni'r haul, dŵr a charbon deuocsid yn yr atmosffer i greu meinwe planhigion. Mae amrywiaeth eang o bryfed, adar ac anifeiliaid pori yn bwyta'r cynhyrchwyr hyn. Ymysg yr anifeiliaid pori hyn mae sebra, antelop, gafrewig, gnw, jiráff, rhinoseros ac eliffant. Eliffantod yw'r anifeiliaid tir mwyaf sy'n byw ar wyneb y ddaear. Mae'r anifeiliaid pori hyn yn ysglyfaeth i ysyddion eilaidd a thrydyddol fel llewod a llewpardiaid.

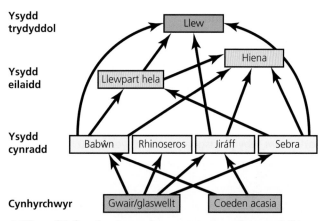

▲ **Ffigur 35** Gwe fwyd ar gyfer ecosystem y safana yn Affrica.

Cylchredau maetholion yn ecosystem y safana

Mae tymor sych pan na fydd glaw yn disgyn bron o gwbl yn y safana. Yn ystod y tymor sych hwn mae maetholion yn cael eu hailgylchu'n gyflym. Mae planhigion ac anifeiliaid marw yn dadelfennu'n gyflym yn y gwres trofannol. Un math o bryfyn sy'n gyffredin mewn rhanbarthau trofannol yw'r morgrugyn gwyn (*termite*) sy'n cnoi drwy ddail a choesynnau planhigion. Morgrug gwyn, yn ôl pob tebyg, sy'n achosi tua 20 y cant o'r defnydd organig yn y trofannau i ddadelfennu. Ffordd gyffredin arall mae maetholion yn cael eu hailgylchu yn yr ecosystem hon yw gan danau, yn enwedig lle mae llwyni a choed yn tyfu'n agosach at ei gilydd. Mae'r llystyfiant yn mynd yn grimp iawn yn ystod y tymor sych ac os bydd mellt yn taro, mae'n hawdd iawn i dân gael ei gynnau. Yna bydd maetholion oedd wedi'u storio yn y coed yn cael eu dychwelyd i'r pridd fel lludw.

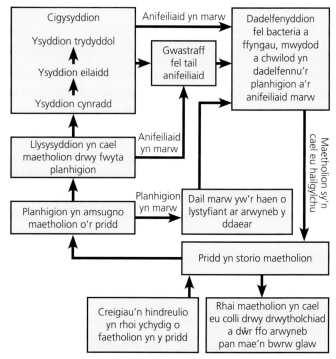

▲ **Ffigur 36** Sut mae maetholion yn cael eu hailgylchu yn ecosystem y safana.

Gweithgareddau

1 a) Lluniadwch gadwyn fwyd drwy roi'r canlynol yn y drefn gywir.
   llew gwair/glaswellt egni o'r Haul sebra
 b) Esboniwch y gwahaniaeth rhwng cadwyn fwyd a gwe fwyd.
 c) Lluniwch dabl fel yr un isod ac ychwanegwch enghreifftiau o'r we fwyd ar gyfer safana yn Ffigur 35.

Rhannau biotig (byw) o'r ecosystem	Enghreifftiau
Cynhyrchydd	
Ysydd cynradd	
Ysydd eilaidd	
Ysydd trydyddol	

 ch) Esboniwch pam mae'r hiena yn ysydd eilaidd ac yn ysydd trydyddol hefyd.
 d) Beth fyddai'r effaith ar ecosystem y safana pe bai'r rhan fwyaf o'r llewod yn cael eu lladd gan bobl?

2 Rhowch ddau reswm pam mae ailgylchu maetholion yn digwydd yn gyflym yn yr ecosystem hon.

3 Esboniwch pam mae angen i blanhigion y glaswelltir gael gwreiddiau bas er mwyn cael y maetholion maen nhw eu hangen.

Pam mae bioamrywiaeth glaswelltiroedd Affrica o dan fygythiad?

Mae'r safana o dan fygythiad gan weithgareddau dynol a phrosesau naturiol. Yn ystod y tymor sych, mae tanau'n cael eu hachosi pan fydd mellt yn taro a phan fydd ffermwyr lleol yn llosgi'r gwair/glaswellt i annog twf newydd pan ddaw'r glaw. Mae gwair/glaswellt yn gallu goroesi'r tanau hyn, ond mae coed ifanc yn cael eu dinistrio.

Mae'r ecosystem hon yn cynnwys amrywiaeth enfawr o blanhigion, pryfed, adar, ymlusgiaid a mamaliaid. Mae'r **bioamrywiaeth** – neu'r amrywiaeth o bethau byw – yn ardal glaswelltiroedd Affrica yn ei gwneud yn gyrchfan poblogaidd i dwristiaid. Daw pobl i weld rhywogaethau sydd mewn perygl fel yr eliffant, y llewpart hela, y llew a'r rhino. Mae'r diwydiant saffari yn bwysig iawn i economi gwledydd fel Kenya a Tanzania. Fodd bynnag, mae'n anodd dod o hyd i gydbwysedd cynaliadwy rhwng rhoi cyfle i ymwelwyr fwynhau'r golygfeydd a'r bywyd gwyllt naturiol, a sicrhau ar yr un pryd eu bod yn cael eu hamddiffyn a'u gwarchod. Un o'r bygythiadau mwyaf yw potsio (*poaching*) a hela anghyfreithlon. Ar un adeg roedd mwy na 100,000 o'r rhino du yn Affrica – erbyn 1995, roedd y boblogaeth wedi disgyn i lai na 2,500. Maen nhw'n cael eu lladd am eu cyrn. Mae'r cyrn hyn yn cael eu defnyddio mewn meddyginiaethau traddodiadol yn Asia, ac maen nhw'n gwerthu am bris sydd 5 gwaith yn fwy na phris aur. Mae *WWF* yn amcangyfrif bod 20,000 o eliffantod Affricanaidd yn cael eu lladd bob blwyddyn gan bobl sydd eisiau'r ifori yn eu hysgithrau (*tusks*). Ond mae newyddion da hefyd. Diolch i brojectau cadwraeth, mae ychydig dros 5,000 o'r rhino du yn Affrica. Fodd bynnag, mae'r rhywogaeth hon yn parhau i fod mewn perygl difrifol.

Bioamrywiaeth

Mae bioamrywiaeth yn fesur o gyfoeth bywyd gwyllt – yr amrywiaeth o blanhigion, pryfed, adar ac anifeiliaid eraill sy'n byw mewn ecosystem. Er enghraifft, mae un hectar o goedwig law drofannol yn cynnal mwy o amrywiaeth o fywyd gwyllt nag ardal o'r un maint mewn diffeithdir poeth. Dim ond mewn mannau penodol mae rhai planhigion ac anifeiliaid yn bodoli. Rhywogaethau endemig yw'r rhain. Mae lleoedd sydd â llawer o fioamrywiaeth, yn ogystal ag amrywiaeth o blanhigion neu anifeiliaid endemig, yn deilwng iawn o gael eu gwarchod.

Gwaith ymholi

Mae potsio anifeiliaid gwyllt yn broblem ddifrifol mewn sawl rhan o laswelltiroedd Affrica. Mae'r rhino a'r eliffant yn enwedig yn cael eu targedu gan botswyr yn yr amgylcheddau safana. Trafodwch y cwestiynau ymholi canlynol. Efallai byddai'n syniad da gwneud rhywfaint o waith ymchwil yn gyntaf.

- Pam dylen ni warchod yr eliffant a'r rhino?
- Sut mae'r anifeiliaid hyn yn fanteisiol i'r amgylchedd ac i bobl?
- Beth yw'r ffordd orau o warchod yr anifeiliaid hyn? Pa un o'r dewisiadau isod fyddai'n gweithio orau?
  - i) Tynnu cyrn y rhino gwyllt
  - ii) Symud (trawsleoli) y rhino gwyllt a'r eliffant i Barciau Cenedlaethol
  - iii) Codi'r gwaharddiad ar fasnachu ac allforio corn rhino ac ifori eliffant 'wedi'u ffermio' sy'n cael eu tynnu o anifeiliaid sydd wedi'u magu mewn modd cynaliadwy.

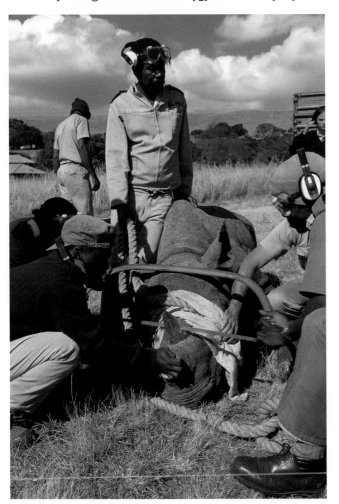

▲ **Ffigur 37** Cadwraethwyr yn tynnu'r corn oddi ar rhino du i geisio atal potswyr rhag lladd y rhino i gael ei gorn.

THEMA 5

Tywydd, hinsawdd ac ecosystemau
Pennod 5
Ecosystemau a phobl

Sut mae'r amgylchedd morol yn cael ei ddefnyddio i gynhyrchu egni?

Mae morlin Cymru yn ymestyn am 1,200 km, felly mae gan y wlad botensial enfawr o ran cynhyrchu egni adnewyddadwy drwy ddefnyddio'r gwynt, y tonnau a'r llanw. Agorodd fferm wynt alltraeth Gwynt y Môr ym mis Mehefin 2015. Hon yw'r ail fferm wynt fwyaf yn y byd ac mae ganddi 160 o dyrbinau. Mae Gwynt y Môr wedi'i lleoli oddi ar yr arfordir gerllaw dwy ffarm wynt lai, sef Gwastadeddau'r Rhyl a Gogledd Hoyle. Mae cynlluniau ar y gweill i adeiladu fferm wynt alltraeth fawr arall ym Môr Hafren. Yr enw ar y fferm wynt bosibl hon yw Atlantic Array a byddai'n cynnwys hyd at 400 o dyrbinau gwynt. Byddai pob tyrbin yn mesur 140 metr, sydd bron i dair gwaith uchder Colofn Nelson. Byddai pobl yn gallu gweld y tyrbinau o Ddyfnaint ac mae'n debyg y bydd rhai trigolion lleol yn gwrthwynebu'r fferm. Os bydd y fferm yn cael ei hadeiladu, bydd yn cynhyrchu digon o egni i 900,000 o gartrefi.

Mae'n debyg mai Sir Benfro sydd â'r potensial mwyaf o ran cynhyrchu egni tonnau yng Nghymru. Mae cwmni *Marine Power Systems* o Abertawe wedi datblygu technoleg o'r enw *WaveSub*. Bydd y ddyfais yn cael ei phrofi yn y dŵr yn Aberdaugleddau am gyfnod o chwech i ddeuddeg mis. Os yw'r profion yn llwyddiannus, bydd y cwmni'n adeiladu fersiwn maint llawn (â'i hyd rhwng 35 a 40 m) a fydd yn cynhyrchu 1.5 MW o egni.

Technoleg	Capasiti targed (GW)	Dyddiad(au) targed
Gwynt atraeth	2.0	2015–17
Gwynt alltraeth	6.0	2015–16
Biomas	1.0	2020
Amrediad llanw	8.5	2022
Ffrwd lanw/tonnau	4.0	2025

▲ **Ffigur 1** Potensial egni adnewyddadwy yng Nghymru (mae 1 gigawat yn hafal i 1,000 megawat).

◀ **Ffigur 2** Fferm wynt alltraeth Gwynt y Môr ger Llandudno.

Egni llanw

Grŵp o ynysoedd creigiog bach ger arfordir gogledd-orllewin Ynys Môn yw Ynysoedd y Moelrhoniaid. Mae ceryntau llanw cryf yn yr ardal rhwng yr ynysoedd hyn a Thrwyn Carmel, a dyma lle bydd y fferm egni llanw fasnachol gyntaf yng Nghymru – Aráe Lanw Ynysoedd y Moelrhoniaid. Bydd y cynllun yn cynhyrchu trydan ar gyfer hyd at 10,000 o gartrefi yn Ynys Môn. Dylai'r cynllun hefyd greu manteision eraill ar gyfer y gymuned leol, fel swyddi tymor hir ym meysydd cynnal a chadw a monitro amgylcheddol.

▲ **Ffigur 3** Ardaloedd arfordirol sydd â'r potensial mwyaf o ran cynhyrchu egni llanw ac egni'r tonnau, a lleoliad fferm wynt alltraeth Gwynt y Môr.

Mae cynllun wedi'i gynnig hefyd i adeiladu morlyn llanw ym Mae Abertawe. Byddai'r morlyn llanw ar ochr ddwyreiniol Bae Abertawe – rhwng y dociau a champws newydd y brifysgol – a byddai'n defnyddio'r llanw a thrai i gynhyrchu trydan. Byddai wal fôr 9.5 km o hyd a thua 5–20 m o uchder yn cael ei hadeiladu. Byddai'n cynnwys 16 o dyrbinau tanddwr. Gallai digon o drydan gael ei gynhyrchu i gyflenwi dros 155,000 o gartrefi am 120 o flynyddoedd. Mae Ffigur 4 yn dangos maint y morlyn llanw pe bai'n cael ei adeiladu.

Gweithgareddau

1 Beth yw'r gwahaniaeth rhwng mathau o egni adnewyddadwy ac anadnewyddadwy? Rhowch enghreifftiau o'r ddau fath.
2 Trafodwch y dadleuon o blaid ac yn erbyn adeiladu mwy o ffermydd gwynt alltraeth.
3 Defnyddiwch Ffigur 3 i ddisgrifio dosbarthiad yr ardaloedd yng Nghymru sydd â llawer o botensial o ran datblygu egni morol.
4 Defnyddiwch Ffigur 5 i nodi'r dadleuon o blaid ac yn erbyn adeiladu morlyn llanw yn Abertawe.

Gwaith ymholi

A ddylai Morlyn Llanw Bae Abertawe gael ei adeiladu?

Ysgrifennwch araith er mwyn trafod y pwnc yn y dosbarth. Dylech chi ystyried:
- y materion amgylcheddol, cymdeithasol ac economaidd
- y dadleuon o blaid ac yn erbyn.

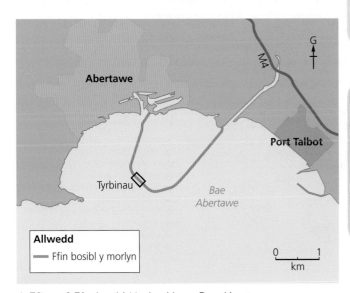

▲ **Ffigur 4** Ffin bosibl Morlyn Llanw Bae Abertawe.

Llefarydd ar ran Llywodraeth Cymru

Mae angen i ni gynhyrchu mwy o egni glân ein hunain fel ein bod yn mewnforio llai o danwyddau ffosil. Mae Cymru mewn sefyllfa dda i ddatblygu egni morol, a gallai project Morlyn Llanw Bae Abertawe greu miloedd o swyddi mewn adeiladu a chynnal a chadw.

Un o gynghorwyr Abertawe

Mae'r project yn ddatblygiad calonogol iawn i Abertawe gan y bydd yn rhoi hwb i'r diwydiant hamdden a thwristiaeth mewn ardal sydd eisoes wedi gweld llawer o waith adfywio.

Cyfeillion y Ddaear Cymru

Yn hytrach na dibynnu ar danwyddau ffosil sy'n newid yr hinsawdd, gallai'r project hwn ein helpu i gynhyrchu egni glân a mwy diogel yn y dyfodol, yn ogystal â gwella ein cymysgedd egni. Fodd bynnag, mae rhai pobl wedi codi pryderon amgylcheddol am effaith y project ar bysgod mudol gan y byddai'r morlyn yn cael ei adeiladu rhwng moryd Afon Tawe a moryd Afon Nedd. Mae pobl hefyd yn poeni am siltio a charthu tywod.

Llefarydd ar ran y sector egni niwclear

Mae'r amcangyfrif o gost y project wedi dyblu i bron £1 biliwn. Mae'n rhaid cytuno ar gymhorthdal – neu bris taro (*strike price*) – gan y llywodraeth ar gyfer yr egni sy'n cael ei gynhyrchu. Mae'r cwmni'n gofyn am fwy o gymhorthdal na'r sectorau egni solar neu egni niwclear. Byddai cyfanswm yr egni sy'n cael ei gynhyrchu yn draean o'r hyn sy'n cael ei gynhyrchu mewn gorsaf bŵer maint cyffredin.

▲ **Ffigur 5** Safbwyntiau am Forlyn Llanw Bae Abertawe.

Sut a pham rydyn ni'n defnyddio ecosystemau trofannol?

Coedwig law Amazonas yw'r goedwig law fwyaf sydd ar ôl yn y byd. Mae'n goedwig law iseldir eang sy'n gorchuddio'r rhan fwyaf o ddalgylch Afon Amazonas a'i llednentydd. Ar ymyl ddeheuol coedwig law Amazonas mae'r *cerrado* – coedwig enfawr arall sy'n tyfu mewn rhanbarth sydd â hinsawdd drofannol wlyb a sych.

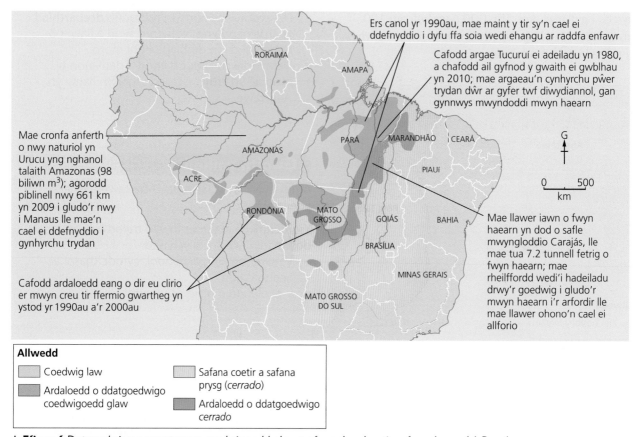

Ers canol yr 1990au, mae maint y tir sy'n cael ei ddefnyddio i dyfu ffa soia wedi ehangu ar raddfa enfawr

Cafodd argae Tucuruí ei adeiladu yn 1980, a chafodd ail gyfnod y gwaith ei gwblhau yn 2010; mae argaeau'n cynhyrchu pŵer trydan dŵr ar gyfer twf diwydiannol, gan gynnwys mwyndoddi mwyn haearn

Mae cronfa anferth o nwy naturiol yn Urucu yng nghanol talaith Amazonas (98 biliwn m³); agorodd piblinell nwy 661 km yn 2009 i gludo'r nwy i Manaus lle mae'n cael ei ddefnyddio i gynhyrchu trydan

Cafodd ardaloedd eang o dir eu clirio er mwyn creu tir ffermio gwartheg yn ystod yr 1990au a'r 2000au

Mae llawer iawn o fwyn haearn yn dod o safle mwyngloddio Carajás, lle mae tua 7.2 tunnell fetrig o fwyn haearn; mae rheilffordd wedi'i hadeiladu drwy'r goedwig i gludo'r mwyn haearn i'r arfordir lle mae llawer ohono'n cael ei allforio

Allwedd

- Coedwig law
- Ardaloedd o ddatgoedwigo coedwigoedd glaw
- Safana coetir a safana prysg (*cerrado*)
- Ardaloedd o ddatgoedwigo *cerrado*

▲ **Ffigur 6** Datgoedwigo ecosystemau coedwigoedd glaw trofannol a choetir safana (*cerrado*) Brasil.

Blwyddyn	2009	2010	2011	2012	2013	2014	2015	2016	2017	2018
Datgoedwigo (km²)	1,049	871	1,120	757	1,139	1,075	1,601	1,489	1,561	1,749

▲ **Ffigur 7** Datgoedwigo coedwigoedd glaw trofannol (km² y flwyddyn) yn nhalaith Mato Grosso.

Gweithgareddau

1 a) Disgrifiwch ddosbarthiad yr ardaloedd o ddatgoedwigo sylweddol.
   b) Defnyddiwch dystiolaeth o'r map i esbonio pam mae cymaint o goedwigoedd wedi'u dinistrio.
2 a) Defnyddiwch Ffigur 7 i luniadu graff llinell sy'n dangos cyfraddau datgoedwigo yn Mato Grosso.
   b) Disgrifiwch y duedd sydd i'w gweld ar eich graff.
   c) Mae llywodraeth Brasil wedi bod yn ceisio diogelu coedwig law Amazonas ers 2009. Pa mor llwyddiannus maen nhw wedi bod yn eich barn chi?

Pam mae ffermio ffa soia wedi tyfu mor gyflym?

Mae'r sector amaethyddol yn rhoi hwb enfawr i economi Brasil. Ffa soia yw allforyn mwyaf Brasil. Yn 2017, allforiodd werth $UDA25.7 biliwn o ffa soia. Mae'n creu swyddi, cyfoeth ar gyfer busnesau amaethyddol, a refeniw trethi ar gyfer y llywodraeth. Mae angen yr arian hwn ar y llywodraeth er mwyn ad-dalu dyledion a buddsoddi mewn gwasanaethau lles fel addysg ac iechyd.

Mae'r ffeuen soia yn gynnyrch defnyddiol iawn. Mae'n cynnwys llawer o brotein ac mae'n bosibl ei defnyddio yn lle cig mewn prydau llysieuol. Mae'n cael ei ddefnyddio'n eang ym maes amaethyddiaeth hefyd fel ffynhonnell protein yn y bwyd sy'n cael ei roi i foch ac i ieir. Hefyd, mae'n bosibl malu ffa soia i dynnu olew sy'n cael ei ddefnyddio i gynhyrchu olew coginio.

Nid yw ffa soia yn tyfu yn ardaloedd poethaf ecosystem y goedwig law drofannol. Fodd bynnag, mae pobl wedi creu rhai mathau o ffa soia sy'n tyfu yn y gylchfa ryngbarthol rhwng y goedwig law a'r coetir safana (*cerrado*). Erbyn hyn, mae planhigfeydd enfawr yn cynhyrchu ffa soia sy'n cael eu hallforio i Ewrop a China. Mae bioamrywiaeth gyfoethog y goedwig law wedi'i disodli gan un planhigyn, neu **ffermio ungnwd**. Mae'r newid hwn i'r cynefinoedd yn golygu bod llawer llai o amrywiaeth o bryfed, adar a mamaliaid yn gallu parhau i fyw yma. O ganlyniad, mae carfanau pwyso amgylcheddol wedi gwrthwynebu twf planhigfeydd ffa soia.

Blwyddyn	Tunelli metrig (miliwn)
2003	51.0
2004	53.0
2005	57.0
2006	59.0
2007	61.0
2008	57.8
2009	69.0
2010	75.3
2011	66.5
2012	82.0
2013	86.7
2014	97.2
2015	96.5
2016	114.6
2017	120.8
2018	117.0

▲ **Ffigur 8** Cynhyrchu ffa soia ym Mrasil.

Gwlad	Tunelli metrig (miliwn)
UDA	123.7
Brasil	117.0
Ariannin	55.0
China	15.9
India	11.0
Paraguay	9.5
Canada	7.3
Eraill	21.6
Cyfanswm	361.0

▲ **Ffigur 9** Cynhyrchu ffa soia ar draws y byd, 2018.

Ffynhonnell	Tunelli metrig (miliwn)
Ffa soia	235.4
Hadau rêp	39.1
Hadau blodyn yr haul	20.7
Hadau cotwm	15.7
Cnewyll palmwydd	10.4
Cnau mwnci	6.8
Eraill	6.9
Cyfanswm	335.0

Ffigur 10 Cymeriant byd-eang o gynnyrch protein, 2018.

Ffynhonnell	Tunelli metrig (miliwn)
Palmwydd	70.7
Ffa soia	56.3
Hadau rêp	28.1
Hadau blodyn yr haul	17.8
Cnewyll palmwydd	8.1
Cnau mwnci	5.5
Hadau cotwm	5.1
Olew cnau coco	3.4
Olewydd	3.1
Cyfanswm	198.1

Ffigur 11 Cymeriant byd-eang o olew llysiau, 2018.

Ffermio ungnwd

Pan fydd ffermydd yn tyfu un cnwd ar draws ardal fawr o dir. Mae ffa soia ac olew palmwydd yn enghreifftiau o gnydau ungnwd sy'n cael eu tyfu mewn rhanbarthau trofannol.

Gweithgareddau

3 Awgrymwch pam mae llai o fioamrywiaeth mewn planhigfeydd soia nag sydd mewn coedwigoedd glaw neu mewn *cerrado*. Defnyddiwch dudalennau 182–4 i'ch helpu.

4 Esboniwch pam mae twf amaeth-fusnesau wedi rhoi hwb i economi Brasil. Defnyddiwch dystiolaeth o Ffigurau 8–11 i gefnogi eich ateb.

Gwaith ymholi

'Mae defnyddwyr yn Ewrop yn dibynnu ar blanhigfeydd ffa soia ym Mrasil.'

- Trafodwch y gosodiad hwn. Oes unrhyw ddewisiadau ar gael i ddefnyddwyr?
- Mae defnyddwyr yn Ewrop yn prynu cynhyrchion sy'n cynnwys ffa soia mewn archfarchnadoedd. Awgrymwch a ddylai'r defnyddwyr hyn fod yn poeni am y broses o gynhyrchu'r ffa soia. Defnyddiwch dystiolaeth o'r dudalen hon, ac o'ch gwaith ymchwil eich hun, i gefnogi eich dadl.

Sut mae gweithgareddau dynol yn newid y prosesau yn ecosystem y goedwig law drofannol?

Astudiwch Ffigur 12. Mae'n dangos **canopi** di-dor y goedwig law sy'n ymddwyn yn debyg i ymbarél mawr. Mae'r glaw sy'n disgyn yn ystod stormydd trofannol yn gallu taro'r ddaear yn galed iawn, gan achosi erydiad pridd. Mae'r canopi yn gallu atal y glaw, gan rwystro llawer ohono rhag disgyn yn syth i'r ddaear. O ganlyniad, mae'r dŵr sy'n diferu o'r dail yn llawer llai pwerus.

Mae'r canopi wedi'i glirio yn yr ardaloedd sydd i'w gweld yn Ffigurau 13 ac 16. Mewn rhai ardaloedd, mae'r canopi wedi'i glirio gan weithgareddau dynol – er enghraifft, torri coed, neu glirio coedwigoedd er mwyn creu lle ar gyfer planhigfeydd palmwydd olew neu fath arall o amaethyddiaeth. Mewn ardaloedd fel hyn mae'r perygl o erydiad pridd yn uwch. Mae'r pridd yn cael ei olchi i mewn i afonydd lleol ac mae'n lleihau faint o ddŵr mae sianel yr afon yn gallu ei ddal. Mae hyn yn gallu arwain at broblemau yn sgil llifogydd.

▲ **Ffigur 12** Strwythur nodweddiadol coedwig law drofannol.

Cafodd y goedwig yn y blaen ei llosgi ychydig fisoedd yn ôl. Mae boncyffion a gwreiddiau'r coed mawr wedi helpu i gadw'r pridd. Mae hen lawr y goedwig (nad oedd yn cael golau haul uniongyrchol o'r blaen) yn agored i olau haul erbyn hyn ac mae chwyn wedi dechrau tyfu'n gyflym. Gallai hadau'r coed yn y cefndir gael eu chwythu i'r ardal hon, a gallai'r goedwig aildyfu ymhen tua 40 mlynedd (gan greu'r hyn sy'n cael ei alw'n goedwig law eilaidd).

Mae'r darn hwn o'r goedwig yn ynys ecolegol erbyn hyn, ac mae'r anifeiliaid sy'n byw yma wedi'u gwahanu oddi wrth yr anifeiliaid mewn rhannau eraill o'r goedwig. Mae'n debyg y bydd y goedwig hon wedi gweld cwympo coed dethol: mae coed fel tîc a mahogani eisoes wedi'u torri i gael eu pren. Bydd y defnydd o beiriannau trwm mewn lle mor gyfyng wedi difrodi llawer o goed a llwyni eraill. Mae'r broses hon yn creu tyllau yn y canopi. Mae ffynhonnell fwyd pryfed yn diflannu hefyd (dim ond ar rai coed penodol y mae rhai pryfed yn bwydo) ac felly mae'r broses glirio yn dechrau gwneud niwed i'r gadwyn fwyd.

Mae'r holl goed yn yr ardal hon o'r goedwig wedi cael eu torri a'u llosgi yn ddiweddar. Mae strwythur y canopi, yr is-ganopi a'r haen o lwyni wedi'i ddinistrio'n gyfan gwbl. Mae'r pridd yn agored i erydiad, yn enwedig ar y llethr hwn. Wrth reswm, gan nad oes canopi yma, mae'r gylchred faetholion wedi'i thorri.

▲ **Ffigur 13** Coedwig law drofannol sydd wedi'i chlirio yn Madagascar.

Math o goedwig	Lleoliad yr astudiaeth	Canran yr ataliad a'r anweddiad o'r canopi
Sbriws Sitca (conwydd)	Yr Alban	28
Ffynidwydd Douglas (conwydd)	Oregon, UDA	19
Ffawydd (collddail)	Lloegr	15
Coedwig law drofannol	Indonesia	21
Coedwig law drofannol	Dominica	27
Coedwig law drofannol	Malaysia	27

▲ **Ffigur 14** Ataliad ac anweddiad dŵr o ganopïau coedwigoedd gwahanol.

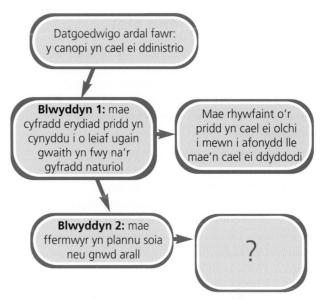

Datgoedwigo ardal fawr: y canopi yn cael ei ddinistrio

Blwyddyn 1: mae cyfradd erydiad pridd yn cynyddu i o leiaf ugain gwaith yn fwy na'r gyfradd naturiol

Mae rhywfaint o'r pridd yn cael ei olchi i mewn i afonydd lle mae'n cael ei ddyddodi

Blwyddyn 2: mae ffermwyr yn plannu soia neu gnwd arall

?

▲ **Ffigur 15** Canlyniadau datgoedwigo.

▲ **Ffigur 16** Torri coed wrth ymyl afon yn Borneo.

Gweithgareddau

1 Esboniwch sut mae canopi'r goedwig law yn lleihau'r perygl o erydiad pridd.
2 Astudiwch Ffigur 14.
   a) Dewiswch graff addas i gyflwyno'r data hyn.
   b) Cyfrifwch y gyfradd ataliad gymedrig ar gyfer:
     i) coedwig gonwydd
     ii) coedwig golldddail
     iii) coedwig law drofannol.
   c) Awgrymwch pam mae'r ffigurau ar gyfer y goedwig golldddail yn is o lawer na'r ffigurau ar gyfer y mathau eraill o goedwigoedd.

Gwaith ymholi

Sut mae gweithgareddau dynol yn effeithio ar storfeydd a llifoedd dŵr mewn coedwig law drofannol?

■ Defnyddiwch Ffigur 15 fel man cychwyn. Lluniadwch siart llif neu ddiagram corryn i esbonio'r cysylltiadau rhwng datgoedwigo, erydiad pridd, dyddodiad silt mewn afonydd a llifogydd afon.
■ Ysgrifennwch anodiadau addas i lenwi'r blychau yn Ffigur 16.

Rheoli coedwigoedd glaw

Mae datgoedwigo yn rhannu'r goedwig yn ddarnau, ac mae hyn yn creu problemau mawr i fywyd gwyllt. Wrth i ardaloedd mwy gael eu clirio, mae bywyd gwyllt yn cael ei gyfyngu i ddarnau ynysig o'r goedwig sydd wedi'u gwahanu gan dir ffermio. Mae hyn i'w weld yn Ffigur 13 ar dudalen 198.

Mae llywodraethau gwledydd Canolbarth America (neu Mesoamerica) yn cydweithio â'i gilydd ar broject cadwraeth uchelgeisiol. Y bwriad yw creu **coridor bywyd gwyllt** di-dor ar hyd Canolbarth America. Mae'r coridorau hyn yn cael eu creu drwy blannu lleiniau o goedwigoedd er mwyn uno'r darnau o goedwig sy'n weddill. Mae creu coridorau bywyd gwyllt yn golygu bod anifeiliaid yn gallu symud yn rhydd o un ardal o goedwig i ardal arall heb wrthdaro â phobl. Teitl y project yw Coridor Biolegol Mesoamerica (CBM yw'r acronym Sbaeneg) ac mae llywodraeth pob un o'r saith gwlad yng Nghanolbarth America – a México hefyd – yn rhan ohono.

Mae rhai gwledydd coedwig law, gan gynnwys Brasil a Costa Rica, wedi defnyddio cynllun 'cyfnewid dyled am natur' i helpu i dalu am gadwraeth y goedwig law. Cytundebau gwirfoddol yw'r rhain lle mae'r wlad sy'n rhoi'r cymorth (fel UDA, Canada neu'r Almaen) yn canslo rhan o ddyled y wlad sy'n datblygu. I wneud iawn am hynny, mae'r wlad sy'n datblygu yn cytuno i fuddsoddi mwy o arian mewn projectau cadwraeth.

Gwlad	1996	2000	2018
Belize	18.0	35.2	37.7
Costa Rica	20.7	23.9	27.6
El Salvador	0.4	0.1	8.8
Guatemala	28.4	29.5	20.0
Honduras	15.0	21.0	23.9
México	4.1	7.7	14.5
Nicaragua	29.3	30.5	37.2
Panamá	17.7	19.0	20.9

▲ **Ffigur 18** Ardaloedd sy'n cael eu diogelu yng Nghanolbarth America a México fel canran o gyfanswm arwynebedd y tir.

Gweithgareddau

1 Edrychwch ar Ffigur 17.
   a) Disgrifiwch leoliad Parc Cenedlaethol Tikal.
   b) Disgrifiwch sut bydd y patrwm o ardaloedd cadwraeth yn Honduras yn newid os bydd coridorau bywyd gwyllt newydd yn cael eu creu.
2 Gweithiwch mewn parau i luniadu diagram corryn sy'n dangos sut mae rhannu coedwigoedd glaw yn ddarnau yn effeithio ar fywyd gwyllt. Dylech chi ystyried sut mae rhannu coedwigoedd glaw yn ddarnau yn debygol o effeithio ar y canlynol:
   ▪ cadwynau bwydydd
   ▪ cyplu llwyddiannus
   ▪ y berthynas rhwng anifeiliaid ysglyfaethus a'u hysglyfaeth
   ▪ peillio a gwasgariad hadau.
3 Esboniwch sut bydd y coridorau bywyd gwyllt newydd yn helpu i warchod bywyd gwyllt.

Cylchfaoedd cadwraeth a chylchfaoedd byffer

Mae'n anodd gwarchod coedwigoedd glaw trofannol, hyd yn oed os yw'r goedwig wedi'i diogelu gan ei bod yn rhan o Barc Cenedlaethol. Yn ymarferol, mae llawer o goedwigoedd sydd wedi'u diogelu yn dioddef yn sgil gweithgareddau fel torri coed yn anghyfreithlon, clirio tir ffermio neu botsio anifeiliaid gwyllt. Mae llawer iawn o goedwigoedd yn fawr ac yn anghysbell. O ganlyniad, mae'n anodd i geidwaid y coedwigoedd ddal potswyr neu bobl sy'n torri coed, neu atal y broses o losgi a chlirio coedwigoedd. Rhaid cofio hefyd bod llawer o'r bobl sy'n achosi'r difrod hwn yn dlawd iawn. Ychydig iawn o opsiynau eraill sydd ganddyn nhw i ennill bywoliaeth, ac maen nhw'n cael eu temtio gan y cyfleoedd i botsio neu ffermio. Wrth gynllunio sut i ddatblygu coedwig mewn modd cynaliadwy, dylai'r cynllun ystyried anghenion pobl yn y gymuned leol, a fyddai'n gallu ennill bywoliaeth drwy ddefnyddio adnoddau'r coedwigoedd. Ar yr un pryd, mae angen gwarchod bioamrywiaeth gyffredinol y goedwig er mwyn cwrdd ag anghenion cymunedau lleol yn y dyfodol.

Allwedd
▪ Ardaloedd cadwraeth a Pharciau Cenedlaethol presennol
▪ Bydd cylchfaoedd cadwraeth newydd yn creu coridorau bywyd gwyllt i uno'r Parciau Cenedlaethol

G

Gwlff México

MÉXICO
Parc Cenedlaethol Tikal
BELIZE
Y Môr Caribî
GUATEMALA
HONDURAS
EL SALVADOR
NICARAGUA

0   200
km

▲ **Ffigur 17** Ardaloedd sy'n cael eu diogelu (gan gynnwys gwarchodfeydd coedwigoedd) yng Nghanolbarth America a México, a'r coridorau bywyd gwyllt arfaethedig.

▲ **Ffigur 19** Mae'r motmot yn byw yng nghoedwigoedd glaw Canolbarth America; mae'n bwyta pryfed, madfallod bach a ffrwythau'r goedwig. Mae gwyliau gwylio adar yn cynhyrchu incwm gwerthfawr i gymunedau lleol.

Un ffordd o sicrhau bod cydbwysedd rhwng anghenion pobl leol a'r awydd i ddiogelu'r goedwig yw creu **cylchfaoedd byffer**.

Mae pobl leol yn cael eu hannog i ddefnyddio cylchfaoedd byffer mewn ffordd gynaliadwy er mwyn iddyn nhw ddeall sut i ddefnyddio'r goedwig heb wneud difrod parhaol iddi. Er enghraifft, drwy blannu cnydau bwyd, ffrwythau a chnau ymysg y coed mae pobl yn gallu creu amgylchedd amrywiol ar gyfer pryfed ac adar yn ogystal ag amddiffyn y pridd rhag erydiad. Enw'r dull hwn o ffermio yw **amaeth-goedwigaeth**. Gweithgaredd arall sy'n cael ei ganiatáu mewn cylchfaoedd byffer yw ecodwristiaeth, ac mae pobl leol yn gweithio fel tywyswyr. Mae hela hefyd wedi'i ganiatáu mewn rhai cylchfaoedd byffer. Mae hyn ar yr amod bod yr anifeiliaid ond yn cael eu hela i gael eu cig a'u bod yn perthyn i boblogaeth fawr a fyddai'n gallu adfer ei hun o ran niferoedd. Fodd bynnag, ychydig iawn o weithgareddau, os o gwbl, sy'n cael eu caniatáu yn y gylchfa cadwraeth ganolog (heblaw am astudiaethau gwyddonol o bosibl).

Mae'n bosibl bod defnyddio cylchfaoedd byffer yn ddull mwy ymarferol o reoli coedwigoedd na gwahardd pobl rhag defnyddio'r goedwig yn gyfan gwbl. Os ydyn nhw'n cael eu rheoli'n dda, mae aelodau'r gymuned leol yn dod yn rhan o'r broses o wneud penderfyniadau. Maen nhw hefyd yn helpu pobl i ennill bywoliaeth ac yn gallu eu haddysgu am bwysigrwydd cadwraeth. Fodd bynnag, mae cylchfaoedd byffer yn gallu arwain at gynnydd mewn lefelau mudo hefyd. Mae pobl yn gweld bod cyfleoedd economaidd ym meysydd amaeth-goedwigaeth neu ecodwristiaeth ac maen nhw'n symud i gylchfaoedd byffer, gan roi pwysau ar adnoddau lleol fel bwyd, dŵr a choed tân.

Cylchfa byffer

Dyma ardaloedd lle mae gan bobl hawl i ddefnyddio'r goedwig mewn rhai ffyrdd. Defnyddir cylchfaoedd byffer i ddiogelu cylchfa cadwraeth ganolog.

Cylchfa byffer Ucheldiroedd Talamanca

◄ **Ffigur 20** Lleoliad Ucheldiroedd Talamanca.

Ardal fynyddig yn Costa Rica a Panamá yw Ucheldiroedd Talamanca. Mae ardaloedd mawr o goedwigoedd glaw sydd heb eu difetha yn y rhanbarth hwn, ac maen nhw'n cael eu gwarchod fel Safle Treftadaeth y Byd. Mae'r amrywiaeth o blanhigion ac adar yn y rhanbarth hwn yn bwysig ar lefel genedlaethol a byd-eang. Mae glawiad yn y mynyddoedd yn llifo i'r afonydd sy'n cyflenwi dŵr yfed ffres i gymunedau iseldir Costa Rica. Er mwyn diogelu'r gylchfa cadwraeth ganolog, mae cylchfa byffer wedi'i sefydlu yno.

Fodd bynnag, nid yw'r gylchfa byffer wedi atal difrod i'r amgylchedd. Mae tir wedi'i glirio i wneud lle ar gyfer tyddynnod, planhigfeydd banana a thir ffermio gwartheg, gan arwain at erydiad pridd. Mae'r afonydd wedi cludo gwaddod i'r môr sydd wedi difrodi riffiau cwrel. Erbyn hyn, mae cynlluniau ar waith i adeiladu argaeau pŵer trydan dŵr a ffyrdd, a gallai hynny achosi mwy o ddifrod i afonydd a choedwigoedd yn y gylchfa byffer.

Gweithgareddau

4 Disgrifiwch leoliad Ucheldiroedd Talamanca.
5 Disgrifiwch sut byddai creu cylchfaoedd byffer o fantais i'r canlynol:
   a) bywyd gwyllt
   b) cymunedau lleol.
6 Ydych chi'n meddwl bod sefydlu cylchfaoedd byffer yn strategaeth gynaliadwy ar gyfer coedwigoedd glaw trofannol? Esboniwch eich ateb.

Gwaith ymholi

Pa mor dda yw ymdrechion Costa Rica o ran gwaith cadwraeth o'i chymharu â'i chymdogion?

■ Astudiwch Ffigur 18. Cyfrifwch swm cyfartalog y tir sy'n cael ei ddiogelu yng Nghanolbarth America a México.
■ Dangoswch y data mewn graff – dylech chi gynnwys bar ar gyfer y cymedr.
■ Beth yw eich casgliadau?

Sut mae gweithgareddau dynol yn effeithio ar laswelltiroedd safana?

Mae **diffeithdiro** yn digwydd mewn rhanbarthau o laswelltir safana. Mae'r coed ar wasgar. Dydyn nhw ddim yn creu canopi di-dor fel sydd i'w weld mewn coedwig law drofannol. Fodd bynnag, mae'r coed, y llwyni a'r gwair/glaswellt i gyd yn amddiffyn y pridd rhag erydiad. Mewn rhanbarthau lle mae'r coed a'r llwyni wedi'u torri neu eu llosgi, mae diffeithdiro wedi digwydd yn gyflym. Mae'n ymddangos, felly, bod y broses o ddiffeithdiro yn cael ei hachosi (yn rhannol o leiaf) pan fydd tir yn cael ei reoli'n wael.

- Mae llystyfiant yn gwneud gwaith pwysig o ran rheoleiddio'r gylchred ddŵr. Mewn ardaloedd sydd â llawer o goedwigoedd, mae cymaint ag 80 y cant o'r glawiad yn cael ei ailgylchu i'r atmosffer drwy gyfuniad o anweddiad a thrydarthiad o'r dail. Mae torri a llosgi coed a llwyni safana i wneud lle ar gyfer tir ffermio yn lleihau lefelau anwedd-drydarthiad yn

sylweddol. Yn y pen draw, mae cyfanswm y glawiad yn gostwng, ac mae hyn yn ei dro yn lleihau faint o ddŵr sydd ar gael i bobl sy'n dibynnu ar afonydd i gael cyflenwad dŵr.

- Mae cael gwared ar lystyfiant yn golygu nad yw dail marw yn gallu disgyn i'r pridd. Mae'r gylchred faetholion yn cael ei thorri. O ganlyniad, nid yw llwyni yn ailgyflenwi maetholion nac yn helpu i gynnal adeiledd pridd iach drwy ychwanegu deunydd organig at y pridd.

- Mae dinistrio canopi'r coed yn golygu bod y pridd yn agored i erydiad gan law yn tasgu. Adeg glawiad trwm, mae llenni o ddŵr yn llifo dros arwyneb y ddaear, gan erydu'r holl ddeunydd organig sydd yn haenau uwch y pridd. Wrth lifo i lawr llethrau mwy serth, mae pŵer y dŵr yn cynyddu ac mae'n codi a chludo gronynnau pridd a chreigiau bach. Mae'r dŵr yn defnyddio'r rhain i erydu i lawr i mewn i'r pridd drwy broses o'r enw erydiad gylïau.

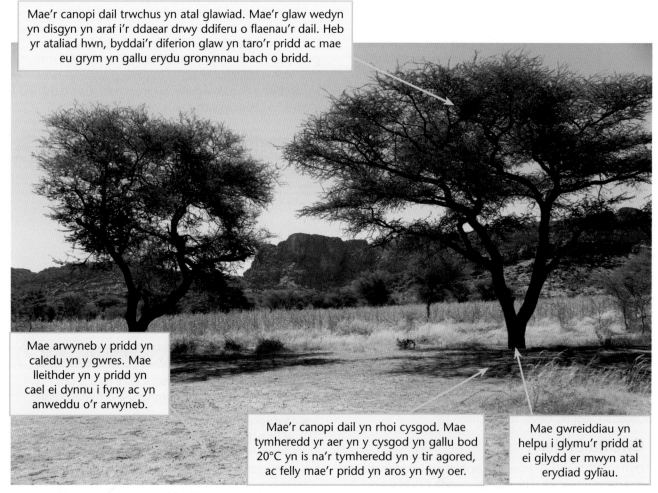

Mae'r canopi dail trwchus yn atal glawiad. Mae'r glaw wedyn yn disgyn yn araf i'r ddaear drwy ddiferu o flaenau'r dail. Heb yr ataliad hwn, byddai'r diferion glaw yn taro'r pridd ac mae eu grym yn gallu erydu gronynnau bach o bridd.

Mae arwyneb y pridd yn caledu yn y gwres. Mae lleithder yn y pridd yn cael ei dynnu i fyny ac yn anweddu o'r arwyneb.

Mae'r canopi dail yn rhoi cysgod. Mae tymheredd yr aer yn y cysgod yn gallu bod 20°C yn is na'r tymheredd yn y tir agored, ac felly mae'r pridd yn aros yn fwy oer.

Mae gwreiddiau yn helpu i glymu'r pridd at ei gilydd er mwyn atal erydiad gylïau.

▲ **Ffigur 21** Y llystyfiant, y priddoedd a'r hinsawdd yn rhyngweithio.

Diffeithdiro

Proses sy'n troi ardaloedd o laswelltir lletgras yn ddiffeithdir. Mae diffeithdiro yn cael ei achosi gan sychder, tynnu llwyni a choed, a/neu ddefnyddio technegau ffermio anaddas.

▲ **Ffigur 22** Mae erydiad gylïau yn broblem gyffredin mewn ardaloedd sy'n dioddef yn sgil diffeithdiro. Mae'r ffermwr hwn yn gosod cerrig mawr ar draws y gyli.

Mae ffermwyr yn gadael i'w geifr orbori'r llwyni, ac mae llystyfiant yn cael ei ladd

Mae cyfansymiau glawiad blynyddol yn lleihau yn raddol

Mae coed a llwyni yn cael eu llosgi i glirio tir ar gyfer ffermio neu drefoli

Mae coed yn cael eu torri i lawr i ddarparu coed tân er mwyn coginio

Mae'n anodd rhagweld faint o law fydd yn disgyn yn ystod y tymor gwlyb – mae'n gallu bod yn drwm iawn, gan achosi erydiad pridd

Mae ffermydd masnachol yn gwneud defnydd dwys o'r tir, ac mae'r pridd yn cael ei ddifetha'n gyflym

Mae llai o lystyfiant yn golygu bod llai o ddŵr yn dychwelyd i'r atmosffer drwy anwedd-drydarthiad

▲ **Ffigur 23** Ffactorau ffisegol a dynol sy'n gallu achosi diffeithdiro.

Gweithgareddau

1 Edrychwch ar y rhestr o achosion diffeithdiro yn Ffigur 23. Nodwch ai ffactor ffisegol neu ffactor dynol yw pob achos.

2 Astudiwch Ffigurau 21 a 22. Defnyddiwch y wybodaeth i ysgrifennu esboniad o'r hyn fydd yn digwydd os yw...

Ffermwyr yn gadael i'w geifr orbori	Effaith ar lystyfiant	
	Effaith ar y priddoedd	
	Effaith ar yr hinsawdd	

3 Esboniwch pam mae'r ffermwr yn gosod creigiau ar draws y gyli yn Ffigur 22.

4 a) Defnyddiwch dudalen 37, a'r tudalennau Geirfa yng nghefn y llyfr, i wneud yn siŵr eich bod yn deall y termau allweddol canlynol:
   ymdreiddiad
   ataliad
   llif trostir
   anweddiad lleithder o'r pridd
   trydarthiad
   erydiad gylïau

b) Ceisiwch ragweld a fydd pob un o'r prosesau yng nghwestiwn 4a yn cynyddu neu'n lleihau yn ystod diffeithdiro.

c) Ysgrifennwch adroddiad newyddion byr am fater diffeithdiro. Cofiwch ddefnyddio pob un o'r termau allweddol yng nghwestiwn 4a yn eich adroddiad.

Sut mae cynhyrchu bwyd wedi effeithio ar y safana?

Mae ffermio ar laswelltiroedd safana Affrica yn gymysgedd o ffermio âr (tyfu cnydau) a ffermio bugeiliol (pori anifeiliaid). Mae ffermwyr yn cadw geifr a gwartheg i gael eu llaeth a'u cig. Mae system draddodiadol sef braenaru gwylltir yn cael ei ddefnyddio i dyfu cnydau. Mae llystyfiant prysg yn cael ei glirio drwy broses o dorri a llosgi. Mae cnydau fel india-corn, cnydau gwraidd a llysiau yn cael eu tyfu am 1–3 blynedd. Mae'r tir yn cael ei adael wedyn am 8–15 mlynedd. Hwn yw'r **cyfnod braenaru**. Yn ystod y cyfnod braenaru, mae'r llwyni naturiol yn aildyfu. Mae

dail o'r llwyni yn dadelfennu yn y pridd, gan ailgyflwyno ffibr organig a maetholion a gafodd eu tynnu allan yn sgil ffermio. Mae'r system hon yn gynaliadwy ar yr amod bod y cyfnod braenaru yn parhau i fod yn ddigon hir. Fodd bynnag, mewn rhai pentrefi mae'r cyfnod braenaru wedi lleihau i ddwy neu dair blynedd yn unig. Nid yw hyn yn rhoi digon o amser i'r pridd adfer. Os yw'r cyfnod braenaru yn rhy fyr, mae'r pridd yn colli ei gynnwys organig ac mae'r strwythur yn mynd yn llychlyd. O ganlyniad, mae'r pridd mewn perygl o erydiad gan y gwynt a'r glaw.

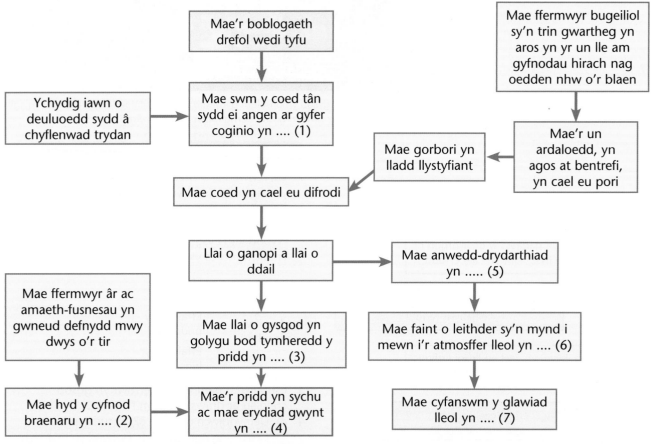

▲ **Ffigur 24** Sut mae rheoli'r tir yn wael yn arwain at ddiffeithdiro.

Gweithgareddau

1 Copïwch a chwblhewch y disgrifiad canlynol o'r system braenaru gwylltir:
   Mae llystyfiant naturiol yn cael ei glirio drwy ddefnyddio dulliau torri a .... Mae cnydau yn cael eu tyfu am 1 i .... blynedd. Mae'r tir yn cael ei adael wedyn am o leiaf .... o flynyddoedd cyn dechrau tyfu cnydau newydd. Yr enw am hyn yw'r cyfnod .... Yn ystod y cyfnod hwn, mae .... yn dychwelyd i'r pridd.

2 Esboniwch:
   a) pam mae'r system braenaru gwylltir draddodiadol yn gynaliadwy
   b) pam mae lleihau hyd y cyfnod braenaru wedi diraddio'r pridd.

3 Gwnewch gopi o Ffigur 24. Cwblhewch y blychau sy'n cynnwys rhifau 1–7 drwy ychwanegu naill ai'r gair 'lleihau' neu 'cynyddu' ar ddiwedd y frawddeg.

Ydy cnydau sy'n gwrthsefyll sychder yn gallu helpu i ddatrys y broblem?

Mae Ghana yn wlad drofannol yng Ngorllewin Affrica. Mae hinsawdd Gogledd Ghana yn boeth ac yn lletgras, ac mae'r tymor sych yn gallu para am hyd at wyth mis o'r flwyddyn. Mae coed yn cael eu defnyddio i wneud coed tân ac mae llwyni'n cael eu gorbori. O ganlyniad, mae erydiad pridd yn broblem ddifrifol yn rhanbarthau'r Gogledd, y Gorllewin Uchaf a'r Dwyrain Uchaf erbyn hyn. Mae ffermwyr hefyd yn poeni am effeithiau newid hinsawdd. Mae'n ymddangos bod patrymau glawiad yn anoddach i'w rhagweld. Pan fydd cnydau yn methu a da byw yn marw, mae'r amodau hyn yn arwain at golledion economaidd i ffermwyr, prinder bwyd a phrisiau bwyd uwch. Yn ôl *UNICEF*, mae un o bob pump o blant yn Ghana yn dioddef o broblemau tyfu a datblygu difrifol oherwydd diffyg maeth cronig. Yn rhanbarth y Gogledd, mae tua 37 y cant o blant yn dioddef o broblemau tyfu a datblygu oherwydd diffyg maeth.

Mae'n bosibl y bydd cnydau sy'n **gallu gwrthsefyll sychder** yn helpu'r rhanbarth hwn i gynhyrchu bwyd, hyd yn oed ar adegau pan fydd lefel y glawiad yn isel. Mae'r cnydau hyn yn gallu tyfu'n dda hyd yn oed pan nad oes cymaint o law â'r arfer. Mae cnydau fel ffacbys, *pigeon pea*, cnau mwnci,

milet a sorgwm yn gallu tyfu mewn rhanbarthau poeth a lletgras, ac mae pob un ohonyn nhw'n addas i'w dyfu ar ddyddynnod. Mae llywodraeth Ghana yn annog ffermwyr i ddefnyddio pedwar math newydd o india-corn sydd wedi'u datblygu gyda chymorth Sefydliad Nippon, sy'n sefydliad anllywodraethol. Fodd bynnag, mae ffermwyr lleol wedi cwyno bod yr hadau newydd yn ddrutach na'r mathau o hadau maen nhw'n eu tyfu fel arfer.

▲ **Ffigur 26** Clementia Talata yn coginio *banku*, sef un o'r prif brydau o fwyd yn Ghana sydd wedi'i wneud o india-corn. Mae Clementia mewn *chop bar* (tŷ bwyta syml) lleol sy'n defnyddio dŵr o un o fannau dosbarthu sefydliad *Safe Water Network*.

Coetir safana yw'r llystyfiant naturiol. 'Cymedrol' i 'Difrifol Iawn' yw lefel y perygl o erydiad pridd yn rhanbarth y Gogledd a rhanbarth y Gorllewin Uchaf.

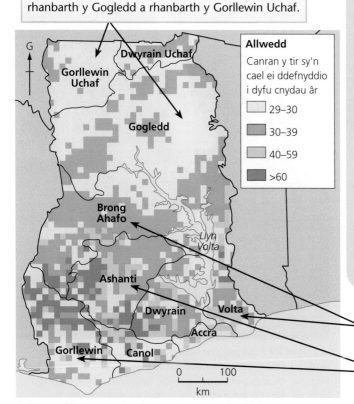

▲ **Ffigur 25** Ffermio âr a'r perygl o erydiad pridd.

Allwedd

Canran y tir sy'n cael ei ddefnyddio i dyfu cnydau âr

- 29–30
- 30–39
- 40–59
- >60

Gweithgareddau

4 Defnyddiwch Ffigur 25.
  a) Amcangyfrifwch faint o dir yn rhanbarth y Gorllewin Uchaf a rhanbarth y Dwyrain Uchaf sy'n cael ei ddefnyddio ar gyfer ffermio âr.
  b) Cymharwch ffermio âr yn Ashanti â ffermio âr yn rhanbarth y Gogledd.
  c) Awgrymwch pam mae'r perygl o erydiad pridd ar ei uchaf mewn rhanbarthau sydd â'r amodau hinsawdd canlynol:
     i) cyfanswm glawiad uchel, fel yn rhanbarth Ashanti
     ii) tymor sych hir, fel yn rhanbarth y Gorllewin Uchaf.
5 Disgrifiwch un fantais ac un anfantais o dyfu cnydau sy'n gallu gwrthsefyll sychder yn Ghana.
6 Esboniwch sut mae newid hinsawdd, diffeithdiro a thlodi (gan gynnwys materion iechyd fel diffyg maeth) yn gysylltiedig â'i gilydd.

Glaswelltir safana yw'r llystyfiant naturiol. 'Bach' i 'Cymedrol' yw lefel y perygl o erydiad pridd yn Brong Ahafo a Volta.

Coedwig law drofannol yw'r llystyfiant naturiol. 'Cymedrol' i 'Difrifol' yw lefel y perygl o erydiad pridd yn Ashanti a rhanbarthau'r Gorllewin.

Sut mae ffermio dwys yn gallu effeithio ar gylchredau dŵr a hinsoddau?

Mae Llyn Tchad wedi'i leoli yn rhanbarth **Sahel** yn Affrica. Mae'r llyn wedi crebachu'n sylweddol iawn dros y 50 mlynedd diwethaf am resymau cymhleth. Ymysg y rhesymau hyn mae gorbori a datgoedwigo yn **nalgylch afon** y llyn, sydd wedi arwain at hinsawdd sy'n fwy sych. Fodd bynnag, un rheswm mwy arwyddocaol o bosibl yw'r gordynnu dŵr o'r afonydd sy'n cyflenwi Llyn Tchad. Ers 1970, mae nifer mawr o argaeau wedi cael eu hadeiladu ym masn afon Komodougou-Yobe a basn afon Chari-Logone. Mae rhywfaint o ddŵr yn cael ei dynnu ar gyfer cyflenwad domestig mewn dinasoedd fel Kano. Mae'r gweddill yn cael ei ddefnyddio ar gyfer ffermio dwys mewn projectau dyfrhau, sy'n tyfu cnydau fel winwns/nionod, tomatos, pupurau tsili a reis. Yn ôl y sôn, dim ond 5–10 y cant o'r dŵr yn afon Chari-Logone sy'n llifo i Lyn Tchad bellach. Mae'r gweddill yn anweddu neu'n cael ei dynnu a'i ddefnyddio. Mae 20 argae wedi'u hadeiladu yng ngogledd-ddwyrain Nigeria ers adeiladu Argae Tiga yn 1974. O ganlyniad, dim ond tua 2 y cant o'r dŵr ym masn afon Komodougou-Yobe sy'n llifo i Lyn Tchad.

Gwlad	Cyfanswm yr arwynebedd (km²)	Arwynebedd yn y dalgylch afon (km²)
Nigeria	923,770	179,282
Niger	1,267,000	691,473
Algeria	2,381,740	93,451
Sudan	2,505,810	101,048
Gwer. Can. Affrica	622,980	219,410
Tchad	1,284,000	1,046,196
Cameroon	475,440	50,775
Cyfanswm arwynebedd dalgylch afon Llyn Tchad		2,381,635

▲ **Ffigur 28** Dalgylch afon Llyn Tchad.

▲ **Ffigur 27** Mae'r ardal mewn gwyrdd golau yn dangos dalgylch afon Llyn Tchad.

Gweithgareddau

1 Astudiwch Ffigur 27.
  a) Disgrifiwch leoliad Kano.
  b) Disgrifiwch batrwm draenio dalgylch afon Llyn Tchad.
  c) Defnyddiwch yr hyn rydych chi'n ei wybod am hinsoddau trofannol i esbonio pam mae'r patrwm draenio hwn i'w weld yn Llyn Tchad.
2 Astudiwch Ffigur 28.
  a) Sut byddai'n bosibl addasu'r wybodaeth hon fel ei bod yn haws ei defnyddio?
  b) Pa ganran o arwynebedd Nigeria sydd yn nalgylch afon Llyn Tchad?

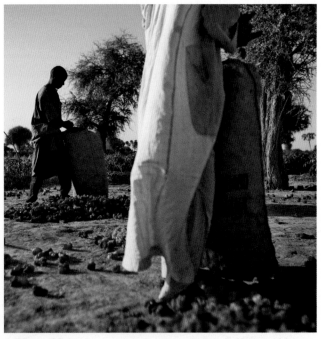

▲ **Ffigur 29** Pobl yn cynaeafu pupurau tsili ar fferm sydd wedi'i dyfrhau gan ddefnyddio dŵr o afon Yobe yng ngogledd Nigeria. Mae pupurau tsili yn rhan hanfodol o brydau bwyd pobl yn Nigeria, ac maen nhw'n cael eu gwerthu am bris da. Fodd bynnag, mae ganddyn nhw ôl troed dŵr uchel iawn.

Sut mae'r ffaith bod y llyn yn crebachu wedi effeithio ar bobl a'r amgylchedd?

Mae'r ardal hon o Affrica yn dlawd iawn. Mae 40 miliwn o bobl yn byw yn ardal dalgylch afon Llyn Tchad ac mae 60 y cant o'r bobl hyn yn byw ar lai na $2 y dydd. Dyma effeithiau gordynnu dŵr:

- Mae rhai pobl yn dibynnu ar y llyn i gael dŵr; nid yw'r dŵr yn ddiogel i'w yfed ac mae'n ffynhonnell colera a polio.
- Mae'r pridd wedi dioddef yn sgil proses halwyno. Mae'r broses hon yn digwydd pan fydd gormod o ddŵr yn cael ei ddefnyddio i ddyfrhau cnydau. Mae dŵr sy'n anweddu o'r pridd yn gadael mwynau niweidiol yno.
- Mae ecosystemau'r gwlyptir o amgylch y llyn wedi sychu. Mae poblogaethau adar y gwlyptir a nifer y pysgod wedi lleihau. Mae incwm pysgotwyr wedi lleihau oherwydd bod llai o bysgod yn y llyn.
- Mae tlodi wedi cynyddu, ac felly mae mwy o bobl yn mudo i ddinasoedd fel Kano. O ganlyniad i'r cynnydd mewn tlodi, mae grwpiau eithafol fel Boko Haram wedi denu mwy o gefnogwyr.

Oes modd achub Llyn Tchad?

Cafodd cynllun uchelgeisiol ei gyhoeddi i achub Llyn Tchad 30 mlynedd yn ôl. Bwriad project Transaqua oedd trosglwyddo dŵr o Weriniaeth Ddemocrataidd Congo. Byddai camlas 2,400 km yn trosglwyddo 100 biliwn m³ o ddŵr bob blwyddyn o afon Congo i afon Chari. Ychydig iawn o bobl sydd wedi credu y byddai'r project yn llwyddo tan nawr. Mae llywodraethau India, China a Brasil yn trin y project hwn fel cyfle i fuddsoddi yn Affrica. Mae'r cyfandir yn llawn adnoddau a fyddai'n cynorthwyo economïau'r gwledydd newydd eu diwydianeiddio hyn wrth iddyn nhw dyfu'n gyflym. Byddai'r project isadeiledd hwn yn darparu dŵr ar gyfer amaethyddiaeth, diwydiant a chynhyrchu trydan. Byddai'n creu cyfleoedd gwaith a sicrwydd dŵr. Mae'n bosibl hefyd y bydd y dull hwn o geisio trechu tlodi – sef heddwch drwy ddatblygu – yn helpu i leihau achosion o eithafiaeth a thrais yn y rhanbarth.

Allwedd
- Dŵr
- Maint y llyn yn 1963
- Llystyfiant

▲ **Ffigur 30** Llyn Tchad yn crebachu.

Gweithgareddau

3 Defnyddiwch Ffigur 30 i ddisgrifio'r newidiadau i siâp a maint Llyn Tchad rhwng:
   a) 1963 a 2007
   b) 1987 ac 1997.
   c) Awgrymwch resymau pam mae maint Llyn Tchad wedi lleihau mewn ffordd mor eratig.

4 Nodwch effeithiau gordynnu dŵr ar bobl, economi ac amgylchedd y rhanbarth.

Gwaith ymholi

A ddylai project Transaqua gael ei adeiladu? Cyfiawnhewch eich penderfyniad drwy ystyried y manteision cymdeithasol, amgylcheddol ac economaidd posibl.

Wal Fawr Las Affrica

Mae'r Wal Fawr Las yn enghraifft o fenter lle mae gwledydd yn gweithio gyda'i gilydd i geisio mynd i'r afael â phroblem diffeithdiro. Cafodd cytundeb ei lofnodi gan 11 o wledydd yn 2010 i ddechrau plannu'r 'wal' hon. Y bwriad yw plannu coed a llwyni ar lain o dir 15 km o led ar draws Affrica. Y gobaith yw y bydd y wal o lystyfiant yn helpu i atal rhagor o erydiad pridd yn rhanbarth Sahel ac yn gwella incwm y bobl sy'n byw yno.

Bwriad y cynllun yw annog cymunedau lleol i blannu cymysgedd o goed brodorol, gan gynnwys coed ffrwythau a choed cnau. Mae'n bosibl plannu cnydau bwyd a chnydau gwerthu mewn caeau bach rhwng y coed. Enw'r math hwn o ffermio yw amaeth-goedwigaeth, sef cyfuniad o ffermio a choedwigaeth.

▲ **Ffigur 31** Caeau o gnydau milet yn tyfu rhwng llwyni a choed brodorol yn Zinder, Niger.

▲ **Ffigur 32** Lleoliad arfaethedig y Wal Fawr Las.

Gweithgareddau

1 Disgrifiwch yr amgylchedd yn Ffigurau 31 a 34.
2 Defnyddiwch Ffigur 32.
   a) Disgrifiwch leoliad y Wal Fawr Las.
   b) Rhowch frasamcan o hyd y wal.

Lleihau erydiad pridd yn ystod y tymor gwlyb	Arallgyfeirio incymau ffermydd drwy dyfu coed ffrwythau
Gwella ffrwythlondeb y pridd drwy ddefnyddio dail fel taenfa (*mulch*)	Cynyddu gallu cymunedau i ymdopi â newid hinsawdd
Cynyddu swm y porthiant (bwyd o blanhigion) sydd ar gael ar gyfer da byw	Bydd y coed yn darparu cysgod ar gyfer cnydau ac yn cynyddu eu cynnyrch
Lleihau faint o amser mae menywod yn ei dreulio yn casglu coed tân	Tyfu planhigion meddyginiaethol
Cynyddu bioamrywiaeth	

▲ **Ffigur 33** Manteision y Wal Fawr Las.

Pa mor llwyddiannus yw'r Wal Fawr Las?

Mae Niger wedi gwneud cynnydd enfawr. Fodd bynnag, mae gan Niger fantais dros y gwledydd eraill gan ei bod wedi dechrau ei rhaglen plannu coed 25 mlynedd cyn llofnodi'r cytundeb rhyngwladol yn 2010. Ers canol yr 1980au, mae coed wedi cael eu plannu ar 5 miliwn hectar o dir yn rhanbarth Zinder yn Niger. Mae Sénégal wedi gwneud cynnydd da hefyd. Mae 11 miliwn o goed wedi cael eu plannu ar 27,000 hectar o dir. Mae mwy o rywogaethau o adar yn byw yn y coedwigoedd newydd hyn. O ganlyniad, mae llywodraeth Sénégal yn awyddus i gymunedau lleol ddatblygu ecodwristiaeth yn yr ardaloedd hyn i fanteisio ar y nifer mawr o adar sydd yno.

▲ **Ffigur 34** Gorsaf ymchwil *Project Eden* yn Niger. Sefydliad anllywodraethol o Sweden yw *Project Eden*. Mae'n ariannu gwaith ymchwil i blanhigion sy'n gallu tyfu mewn amodau lled-ddiffaith heb ddefnyddio gwrtaith na systemau dyfrhau.

Gwaith ymholi

Sut mae newidiadau yn yr hinsawdd dros amser yn effeithio ar batrymau gofodol (h.y. newidiadau dros fap) yn yr amgylchedd?

Mae Ffigur 35 yn defnyddio glawlinau i ddangos patrymau gofodol glawiad. Mae pob lle ar hyd glawlin yn cael yr un faint o lawiad yn ystod y flwyddyn.

- Defnyddiwch y glawlinau yn Ffigur 35 i esbonio sut mae'r ecosystemau yn newid wrth deithio o'r de i'r gogledd drwy Niger.
- Defnyddiwch dystiolaeth o Ffigur 35 i esbonio pam mae newidiadau eithaf bach mewn glawiad yn gallu cael effeithiau sylweddol ar bobl a'r amgylchedd.

Gweithgareddau

3 a) Trafodwch fanteision y Wal Fawr Las sydd i'w gweld yn Ffigur 33.
   b) Nodwch ai mantais economaidd, cymdeithasol neu amgylcheddol yw pob un o'r manteision. A yw unrhyw un o'r manteision yn perthyn i fwy nag un categori? Esboniwch pam.
   c) Gwnewch gopi o'r diagram diemwnt naw ar dudalen 83 a rhowch bob un o'r manteision yn eich diagram.
   ch) Esboniwch eich rhesymau dros ddewis eich tair prif fantais.
4 Awgrymwch pam mae rhai pobl yn amheus o ddatblygiad o'r top i lawr.

Mae Sefydliad Bwyd ac Amaethyddiaeth (*FAO: Food and Agriculture Organization*) y Cenhedloedd Unedig yn honni bod plannu coed yn y ddwy wlad hyn wedi bod yn llwyddiant:

- mae cynnyrch cnydau wedi cynyddu
- mae da byw yn cael eu bwydo'n well
- mae'r coed yn darparu meddyginiaethau a choed tân.

Mae'r cynnydd wedi bod yn araf yn y naw gwlad arall sy'n rhan o'r cytundeb. Gallai hyn fod oherwydd nad yw rhai cymunedau lleol yn teimlo eu bod wedi chwarae rhan yn y broses o wneud penderfyniadau, a'u bod yn teimlo'n amheus. Dyma enghraifft o ddatblygiad 'o'r top i lawr' ac mae rhai cymunedau'n siomedig nad oes neb wedi ymgynghori â nhw. Dydyn nhw ddim yn gallu gweld sut bydd eu cymuned nhw yn elwa.

▲ **Ffigur 35** Ecosystemau a lleoliad y Wal Fawr Las yn Niger.

THEMA 6

Materion datblygiad ac adnoddau
Pennod 1
Anghydraddoldebau byd-eang

Ble mae'r bwlch datblygiad?

Mae Ffigur 1 yn dangos y bwlch economaidd sy'n bodoli rhwng y gwledydd mwyaf cyfoethog a'r gwledydd mwyaf tlawd sydd yn y byd heddiw. Cafodd y bwlch hwn ei nodi am y tro cyntaf yn 1980 mewn adroddiad gan wleidydd o'r Almaen, Willy Brandt. Tynnodd yr adroddiad hwn linell yn gwahanu'r gwledydd cyfoethog oddi wrth y gwledydd tlawd. Mae Llinell Brandt i'w gweld yn Ffigur 1.

- Dangosodd y llinell fod y rhan fwyaf o'r gwledydd cyfoethog yn hemisffer y gogledd, ac felly roedd pobl yn cyfeirio atyn nhw fel 'y gogledd global'. Mae'r llinell yn mynd o amgylch Awstralia a Seland Newydd yn hemisffer y de er mwyn eu cynnwys yn y 'gogledd'.
- Roedd pobl yn cyfeirio at y gwledydd tlawd fel 'y de global' oherwydd bod llawer ohonyn nhw yn hemisffer y de.

Cafodd y term 'rhaniad Gogledd–De' ei ddefnyddio i ddisgrifio'r llinell sy'n gwahanu'r grwpiau hyn. Mae pobl eraill yn cyfeirio at y llinell fel y 'bwlch datblygiad'. Dros 40 mlynedd ers cyhoeddi'r adroddiad, a yw'r bwlch wedi cau o gwbl?

Allwedd		Categori Banc y Byd	IGC ($UDA y pen)	Nifer y gwledydd yn y categori (2018)
◼	Incwm uchel	Incwm uchel	$UDA12,736 neu fwy	80
◻	Incwm isel	Incwm isel	$UDA1,045 neu lai	31
—	Llinell Brandt			

▲ **Ffigur 1** Gwledydd mwyaf cyfoethog a mwyaf tlawd y byd; mae'r lliwiau ar y map yn dangos IGC y pen ar gyfer Gwledydd Incwm Uchel (*HIC*s) a Gwledydd Incwm Isel (*LIC*s).

Dulliau o fesur datblygiad economaidd

Fel arfer, mae cyfoeth gwlad yn cael ei fesur yn ôl faint o arian mae economi'r wlad yn ei ennill bob blwyddyn. Mae sawl dull yn cael ei ddefnyddio i fesur hyn, ond dyma'r dulliau mwyaf cyffredin:

- Cynnyrch Mewnwladol Crynswth (CMC), sef cyfanswm gwerth yr economi bob blwyddyn

- Incwm Gwladol Crynswth (IGC) y pen, sy'n debyg i gyflog cyfartalog y wlad
- y llinell dlodi, sy'n mesur canran y boblogaeth sy'n ennill llai na swm penodol bob dydd; penderfynodd Banc y Byd mai $UDA1.90 oedd y swm hwn yn 2019.

Nid yw'r dulliau hyn o fesur cyfoeth yn dweud y cwbl. Er enghraifft, mae IGC yn ffigur cyfartalog i'r wlad gyfan.

Mae'r IGC yn Malaŵi tua $UDA360, ond mae rhai pobl yn Malaŵi yn ennill llawer mwy na hyn ac mae eraill yn ennill llai. Hefyd, gall cymharu IGC ar gyfer gwledydd gwahanol fod ychydig yn gamarweiniol. Mae bwyd yn rhatach yn Malaŵi nag mewn llawer o wledydd eraill, felly bydd $UDA360 yn prynu mwy yno nag yn y DU, er enghraifft. I gydnabod hyn, mae Banc y Byd yn newid ei ddata i greu **Paredd Gallu Prynu (PGP)**. Mae hyn yn newid IGC i ffigur sy'n disgrifio beth fydd yr arian yn ei brynu ar sail prisiau lleol. Yn Malaŵi, ffigur IGC y pen wedi'i fynegi fel PGP yn 2018 oedd $UDA1310, dros dair gwaith a hanner yn fwy na'r IGC oherwydd bod prisiau yno dair gwaith a hanner yn rhatach.

Cyfoethog a thlawd?

Cyhoeddodd *Oxfam* adroddiad ar anghydraddoldeb byd-eang yn 2016. Mae'r adroddiad hwn yn nodi bod 62 o bobl fwyaf cyfoethog y byd yn berchen ar yr un faint o gyfoeth â'r 3.5 biliwn o bobl fwyaf tlawd (sef 50 y cant o boblogaeth y byd). Mae hon yn ffaith frawychus. Mae'n ein hatgoffa bod cyfoeth yn parhau i gael ei ddosbarthu mewn ffordd anghyfartal. Fodd bynnag, yn wahanol i Linell Brandt (a oedd yn tynnu sylw at y bwlch rhwng *gwledydd* cyfoethog a thlawd), mae'r adroddiad hwn yn amlygu'r bwlch rhwng *pobl* gyfoethog a thlawd.

Defnyddio IGC i fesur datblygiad

Dyma sut i gyfrifo IGC y pen ar gyfer gwlad:

1 Adio gwerth y nwyddau a'r gwasanaethau sy'n cael eu cynhyrchu gan bobl sy'n byw yn y wlad honno a phobl sy'n byw dramor ond sy'n parhau i fod yn ddinasyddion y wlad. Er enghraifft, cyfanswm enillion Malaŵi yn 2018 oedd $UDA7.1 biliwn.

2 Rhannu'r ffigur hwn â nifer y dinasyddion yn y wlad honno. Er enghraifft, cyfanswm y dinasyddion yn Malaŵi yn 2018 oedd 19.6 miliwn. Mae rhannu enillion Malaŵi â nifer y dinasyddion yn dangos bod IGC y pen tua $UDA360 ar gyfartaledd.

▲ **Ffigur 2** Sut ydych chi'n gweld y byd?

Mae'r bwlch rhwng y mwyaf cyfoethog a'r mwyaf tlawd yn lledu

Mae *Oxfam* yn galw ar lywodraethau i weithredu ar frys er mwyn mynd i'r afael â'r argyfwng anghydraddoldeb. Mae'r elusen yn dweud bod y bwlch cyflog rhwng y rhai sy'n ennill y cyflogau isaf a'r cyflogau uchaf yn lledu yn y rhan fwyaf o wledydd. Mae *Oxfam* yn annog arweinwyr y byd i weithredu mewn tair ffordd:

1 Sicrhau bod llai o gwmnïau mawr yn osgoi talu trethi.

2 Buddsoddi mwy mewn gwasanaethau cyhoeddus fel gofal iechyd ac addysg.

3 Cynyddu incwm y gweithwyr sy'n ennill y cyflogau isaf yn ein cymdeithas, yn enwedig menywod.

Mae *Oxfam* yn nodi bod cyflogau isel yn effeithio ar fenywod yn enwedig, a bod y rhan fwyaf o weithwyr cyflog isel ledled y byd yn fenywod. Nid yw'n ymddangos bod pobl sy'n ennill cyflog isel yn profi manteision y twf economaidd cenedlaethol. I'r gwrthwyneb, mae pobl sydd eisoes yn gyfoethog yn elwa'n fwy na neb gan fod y systemau bancio a threthu yn gwobrwyo mwy o fuddsoddi.

▲ **Ffigur 3** Erthygl yn seiliedig ar adroddiad *Oxfam* yn 2016.

Gweithgareddau

3 Rhowch ddau reswm pam mae defnyddio IGC i fesur datblygiad economaidd yn annigonol.

4 Astudiwch y cartŵn yn Ffigur 2.
   a) Disgrifiwch y ddau gymeriad – beth mae pob un yn ei wneud a beth mae pob un yn ei wisgo?
   b) Awgrymwch pwy sy'n cael eu cynrychioli gan y ddau gymeriad, a pham maen nhw wedi'u portreadu fel hyn.

Gwaith ymholi

Beth sydd angen ei wneud i fynd i'r afael â'r bwlch rhwng y cyfoethog a'r tlawd?

Mae adroddiad *Oxfam* yn 2016 yn awgrymu y byddai gweithredu mewn tair ffordd wahanol yn helpu i leihau'r bwlch rhwng y cyfoethog a'r tlawd.

- Disgrifiwch sut byddai pob cam gweithredu yn helpu.
- Pa un o'r tri fyddech chi'n ei ddewis fel blaenoriaeth a pham?

Continwwm datblygiad economaidd

Mae rhannu'r byd yn un ardal gyfoethog ac un ardal dlawd (fel sydd i'w weld yn Ffigur 1 ar dudalen 210) yn rhy syml. Mewn gwirionedd, mae pob gwlad yn gorwedd rywle ar hyd llinell, neu gontinwwm, rhwng gwledydd tlawd iawn fel Malaŵi a gwledydd hynod gyfoethog fel y DU. Rydyn ni'n gallu gweld y continwwm hwn drwy osod gwledydd y byd mewn trefn restrol yn ôl IGC. Mae Banc y Byd yn rhoi'r 215 o wledydd y byd yn eu trefn ac yna'n eu rhannu yn bedwar categori gan ddefnyddio IGC y pen:

- Mae IGC Gwledydd Incwm Uchel (*HICs: High Income Countries*) yn fwy na $UDA12,736
- Mae IGC Gwledydd Incwm Canolig Uwch rhwng $UDA3,996 a $UDA12,735
- Mae IGC Gwledydd Incwm Canolig Is rhwng $UDA1,026 a $UDA3,995
- Mae IGC Gwledydd Incwm Isel (*LICs: Low Income Countries*) yn llai na $UDA1,025.

Mae Ffigur 4 yn dangos dosbarthiad y Gwledydd Incwm Canolig. Mae'r grŵp mawr hwn – sy'n cael ei rannu'n ddau gan Fanc y Byd – yn cynnwys **gwledydd newydd eu diwydianeiddio** (*NICs*) fel Brasil, India, México a China.

Gwlad newydd ei diwydianeiddio (*NIC: newly industrialised country*)

Gwlad sydd â chanran fawr o'i gweithlu wedi'u cyflogi mewn gweithgynhyrchu. Mae'r mwyafrif o'r *NICs* yn wledydd incwm canolig sydd ag economïau cryf sy'n tyfu. Yn aml iawn, mae cwmnïau amlwladol yn buddsoddi ynddyn nhw.

Gweithgareddau

1 Defnyddiwch Ffigur 4 i ddisgrifio dosbarthiad:
   a) Gwledydd Incwm Canolig Uwch.
   b) Gwledydd Incwm Canolig Is.
2 Astudiwch Ffigurau 6 a 8.
   a) Dangoswch i ba gategori Banc y Byd roedd pob gwlad yn perthyn yn 2015.
   b) Defnyddiwch graff addas i gyflwyno'r data.
   c) Faint o gynnydd mae pob gwlad wedi'i wneud o ran cau'r bwlch datblygiad?
   ch) Beth yw eich casgliadau ynglŷn â chynnydd y ddau grŵp yma o wledydd o ran cau'r bwlch datblygiad?

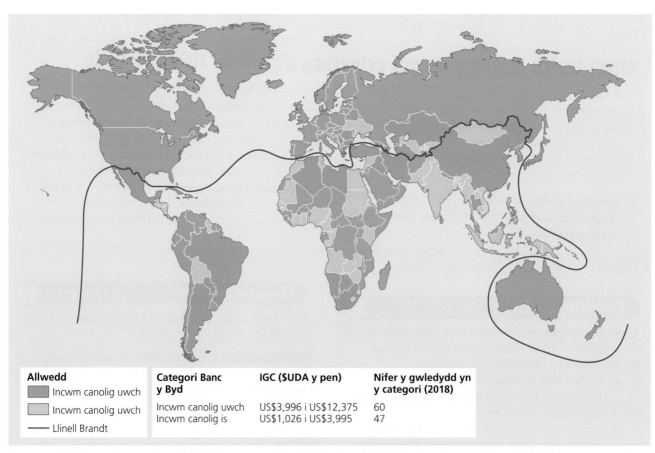

Allwedd	Categori Banc y Byd	IGC ($UDA y pen)	Nifer y gwledydd yn y categori (2018)
▓ Incwm canolig uwch	Incwm canolig uwch	US$3,996 i US$12,375	60
░ Incwm canolig uwch	Incwm canolig is	US$1,026 i US$3,995	47
—— Llinell Brandt			

▲ **Ffigur 4** Gwledydd Incwm Canolig Uwch ac Incwm Canolig Is y byd. Mae'r lliwiau ar y map yn dangos IGC y pen.

Ydy'r bwlch datblygiad yn cau?

Mae Ffigur 1 ar dudalen 210 yn dangos dosbarthiad gwledydd incwm uchel (*HICs*) a gwledydd incwm isel (*LICs*). Mae'r *HICs* ar un ochr i Linell Brandt a'r *LICs* ar y llall – ydy hyn yn golygu nad yw'r sefyllfa wedi newid o gwbl mewn bron 40 mlynedd? Mae Ffigur 4 yn dangos patrwm mwy cymhleth. Mae gwledydd newydd eu diwydianeiddio (*NICs*) fel India wedi profi twf economaidd cyflym ers 1980. Mae gweithluoedd medrus gan y gwledydd hyn gan eu bod wedi buddsoddi mewn addysg. O ganlyniad, mae **cwmnïau amlwladol** (*MNCs: multinational companies*) o dramor wedi buddsoddi yma, gan greu swyddi yn y diwydiant gweithgynhyrchu. Erbyn hyn, mae sector gweithgynhyrchu India yn cyflogi 22 y cant o holl weithlu'r wlad. Mae'r diwydiannau cemegol, electroneg a pheirianneg i gyd yn tyfu, ac maen nhw'n cyflogi miliynau o weithwyr tra medrus sy'n ennill cyflogau da. Mae datblygiad dinasoedd global yn India fel Mumbai (gweler tudalennau 90–7) wedi cysylltu India â'r economi byd-eang ac wedi annog rhagor o fuddsoddi. Mae cwmnïau amlwladol o dramor fel *Siemens*, *IKEA*, *Samsung* a *Suzuki* wedi buddsoddi mewn ffatrïoedd yn India yn ddiweddar. Erbyn hyn, mae cwmnïau amlwladol o India, fel *Tata*, yn buddsoddi arian o India mewn gwledydd eraill, gan gynnwys y DU. Mae economi India fodern yn gymhleth – mae'n ennill incwm o dramor drwy allforio amrywiaeth eang o nwyddau a darparu amrywiaeth o wasanaethau.

Fodd bynnag, mae gwledydd eraill wedi gwneud llawer llai o gynnydd economaidd. Mae hyn yn wir am Malaŵi, sy'n *LIC* yn ne cyfandir Affrica. Mae Malaŵi yn wlad **dirgaeedig**. Heb forlin, mae Malaŵi wedi methu sefydlu porthladd ac mae ganddi lai o lawer o gysylltiadau ag economi'r byd o gymharu ag India. Mae economi Malaŵi yn dibynnu ar allforio amrywiaeth fach iawn o gynnyrch fferm gan gynnwys tybaco, te, cotwm a siwgr. Mae gwerth cynhyrchion fferm heb eu prosesu yn llawer llai na gwerth y cynhyrchion wedi'u prosesu sy'n cael eu mewnforio gan Malaŵi, fel olew a pheiriannau ffermio.

▲ **Ffigur 7** Gweithiwr yn casglu te yn Malaŵi.

	1985	1990	1995	2000	2005	2010	2018
Gambia	310	320	740	670	410	580	700
Kenya	310	380	270	420	530	1,000	1,620
Mali	150	270	250	230	400	610	830
Malaŵi	160	180	160	160	220	350	370

▲ **Ffigur 8** IGC y pen mewn detholiad o wledydd yn Affrica Is-Sahara.

Gweithgaredd

3 Defnyddiwch y wybodaeth ar y dudalen hon i awgrymu pam nad yw Malaŵi wedi gwneud cymaint o gynnydd economaidd ag India.

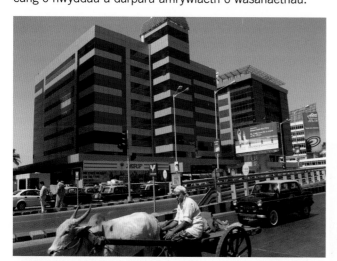

▲ **Ffigur 5** Cyfoeth a thlodi yn India.

	1985	1990	1995	2000	2005	2010	2018
China	290	330	540	930	1,750	4,300	9,470
India	300	390	380	450	730	1,260	2,020
Indonesia	520	610	990	560	1,220	2,530	3,840
México	2,130	2,750	4,570	5,750	7,720	8,720	9,180

▲ **Ffigur 6** IGC y pen mewn detholiad o wledydd newydd eu diwydianeiddio.

Cwmnïau amlwladol

Busnesau sydd â changhennau, cloddfeydd, ffatrïoedd neu swyddfeydd mewn nifer o wahanol wledydd. Mae cwmnïau amlwladol yn manteisio ar gostau llafur rhatach mewn gwledydd sydd ag IGC is. Mae cael canghennau mewn gwahanol wledydd yn ei wneud yn haws i ehangu gwerthiannau eu cynhyrchion i mewn i'r gwledydd hynny.

213

Beth yw globaleiddio?

Mae pobl a lleoedd o amgylch y byd wedi'u cysylltu â'i gilydd gan y broses globaleiddio. Drwy fasnach, pobl yn symud, a buddsoddiad cwmnïau amlwladol, mae cysylltiadau agos yn cael eu creu rhwng gwahanol wledydd. Un ffactor sy'n helpu i greu'r cysylltiadau hyn yw'r technolegau cyfathrebu sy'n gwella drwy'r amser. Mae globaleiddio'n helpu i greu twf economaidd. Ond a yw rhai pobl a lleoedd yn elwa fwy nag eraill o'r broses hon?

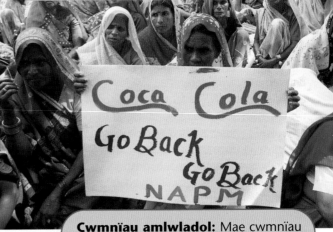

Enghraifft: Pobl leol yn gwrthdystio yn erbyn gostyngiad yn y lefelau dŵr yn eu ffynhonnau ar ôl i gwmni diodydd meddal agor ffatri botelu yn Kerala, India.

Enghraifft: Mae afocados sy'n cael eu tyfu yn México yn cael eu cludo i'r DU ar awyren i'w gwerthu mewn archfarchnadoedd. Mae hyn yn gwella'r dewis i gwsmeriaid, ond mae milltiroedd awyr bwyd yn effeithio ar allyriadau carbon.

Cwmnïau amlwladol: Mae cwmnïau mawr yn agor canghennau mewn sawl gwlad wahanol ledled y byd.

Y ffactorau sy'n achosi globaleiddio

Cyfathrebu: Mae twf technoleg cyfathrebu ffibr a lloeren wedi gwella cysylltiadau byd-eang drwy'r defnydd o ffonau clyfar, y rhyngrwyd a theledu lloeren.

Masnach: Diolch i welliannau ym maes technoleg a thanwydd rhad ar gyfer awyrennau, mae bwyd ffres yn gallu cyrraedd ein harchfarchnadoedd o wledydd pell.

Diwylliant: Mae cerddoriaeth, rhaglenni teledu a ffilmiau o'r Gorllewin yn cael eu dangos ledled y byd ar yr un pryd.

Enghraifft: Posteri ar stryd yn Asia yn hysbysebu ffilmiau wedi'u gwneud yn Hollywood, UDA. Ond a fydd cerddoriaeth ac adloniant lleol yn goroesi?

Gweithgareddau

1 Esboniwch pam mae globaleiddio yn gyflymach heddiw nag erioed o'r blaen.
2 Defnyddiwch dystiolaeth o'r lledaeniad hwn i lunio rhestr o fanteision ac anfanteision globaleiddio i bobl gyffredin ac i fusnesau.
3 I ba raddau mae India wedi elwa o'r globaleiddio? Defnyddiwch dystiolaeth o Ffigur 10 i'ch helpu.

Globaleiddio

Proses gymhleth sy'n cysylltu pobl a lleoedd ar draws y byd drwy fusnes.

▲ **Ffigur 9** Y ffactorau sy'n achosi globaleiddio.

Sut mae globaleiddio o fantais i wledydd newydd eu diwydianeiddio?

Mae cwmnïau amlwladol yn creu buddion economaidd. Mae globaleiddio wedi bod o fantais i wledydd newydd eu diwydianeiddio fel India a China ac maen nhw wedi profi twf economaidd cyflym. Yn yr 1990au, roedd llafur rhad ar gael yno ac felly aeth eu diwydiant gweithgynhyrchu o nerth i nerth. Mae economïau'r ddwy wlad wedi elwa o newidiadau mewn technoleg (e.e. llongau cynwysyddion) ac oherwydd bod eu llywodraethau a chwmnïau amlwladol wedi buddsoddi cyfalaf yn yr economi. Erbyn hyn, mae nifer o gwmnïau mwyaf y byd wedi'u lleoli yno. Edrychwch mor gyflym y mae twf cwmnïau yn Asia wedi golygu bod nifer ohonyn nhw erbyn hyn ar restr Forbes o'r 2,000 o gwmnïau mwyaf llwyddiannus y byd.

> **Llifoedd pobl:** Mae mudwyr o India yn gweithio mewn sawl rhan o'r byd, ac yn aml maen nhw'n anfon rhywfaint o'u cyflogau at eu teuluoedd yn India. Yn 2017, roedd 829,000 o bobl a gafodd eu geni yn India yn byw ac yn gweithio yn y DU.

> **Llifoedd o syniadau a diwylliant:** Cafodd dros 1,986 o ffilmiau eu cynhyrchu gan y diwydiant ffilmiau Hindi yn Mumbai (Bollywood) yn 2016. Mae'r ffilmiau hyn yn hynod boblogaidd yn Ne Asia, ac oherwydd twf teledu lloeren, mae pobl mewn rhannau eraill o'r byd yn gallu eu gwylio hefyd.

Safle	Gwlad geni poblogaeth breswyl y DU (2017)	Poblogaeth (miloedd)
1	Gwlad Pwyl	922
2	India	829
3	Pakistan	522
4	Românïa	390
5	Gweriniaeth Iwerddon	390
6	Almaen	318
7	Bangladesh	263
8	Yr Eidal	232
9	De Affrica	228
10	China	216

Rhestr Forbes: 2,000 o gwmnïau mwyaf llwyddiannus y byd			
Safle yn 2015	Safle yn 2008	Gwlad	Nifer y cwmnïau
1	1	UDA	525
2	4	China (gan gynnwys Hong Kong)	301
3	2	Japan	210
4	3	Y Deyrnas Unedig	93
5	8	De Korea	67
6	10	India	58
7	5	Ffrainc	57
8	7	Almaen	54
9	6	Canada	51
10	-	Taiwan	47

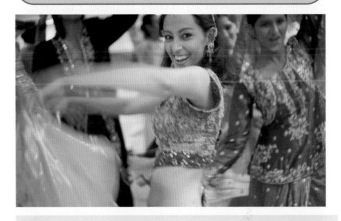

	Tanysgrifiadau ffonau symudol (miliynau)	Tanysgrifiadau ffonau symudol (% o'r boblogaeth)	Tanysgrifiadau 3G/4G (% o'r boblogaeth)
Y Byd	6587.4	93	27
China	1246.3	92	33
India	772.6	62	3
UDA	345.2	110	92
Indonesia	285.0	115	18
Brasil	272.6	137	55
Rwsia	237.1	165	29
Japan	137.1	108	85
Nigeria	128.6	76	8
Viet Nam	127.7	144	20
Pakistan	126.1	70	-
Bangladesh	116.0	75	22
Yr Almaen	113.6	139	56
Pilipinas	109.5	113	17
México	102.7	95	16

> **Buddsoddiadau tramor:** Mae cwmnïau o India, fel *Tata*, yn llwyddiannus iawn yn economi'r byd. Yn 2018, diolch i lwyddiant cwmnïau India, cododd y wlad o'r degfed safle i'r chweched safle yn rhestr Forbes o'r 2,000 o gwmnïau mwyaf llwyddiannus y byd.

> **Gwell technolegau cyfathrebu:** Mae India a China yn arwain y farchnad gyfathrebu fyd-eang. Rhyngddyn nhw, mae ganddyn nhw dros 2 biliwn o gwsmeriaid. Mae miloedd o fyfyrwyr TG a meddalwedd yn graddio o brifysgolion India bob blwyddyn.

▲ **Ffigur 10** Enghreifftiau o dwf gwledydd newydd eu diwydianeiddio a'u dylanwad ar yr economi byd-eang.

Globaleiddio: *Nike* yn dilyn ei slogan ei hun – '*Just do it*'

Bob blwyddyn, mae Forbes yn ymchwilio i bob cwmni mawr yn y byd ac yn amcangyfrif gwerth y cwmnïau hyn. Mae'n cyhoeddi rhestr o'r 100 Uchaf o'r enw 'Brandiau Mwyaf Gwerthfawr y Byd' sy'n ceisio amcangyfrif gwerth enwau brandiau. Mae'r rhestr hefyd yn rhoi'r cwmnïau mewn categorïau, fel technoleg neu ddillad. Yn 2019, y cwmni dillad mwyaf gwerthfawr yn y byd oedd *Nike*. Yn ôl Forbes, roedd 'brand' *Nike* (sef gwerth enw'r cwmni pe byddai'n cael ei werthu) werth $UDA36.8 biliwn. Mae'r rhan fwyaf o bobl yn meddwl am *Nike* yn syth wrth weld y logo '*swoosh*', ac mae slogan y cwmni '*Just do it*' yn ased hefyd. Cyfanswm gwerthiannau *Nike* yn 2018 oedd $UDA36.7 biliwn, sy'n fwy nag incwm gwladol crynswth rhai gwledydd! Roedd gwerthiant nwyddau â logo *Nike* arnyn nhw yn gyfrifol am $UDA9 o bob $UDA10 o dderbyniadau'r cwmni yn 2014.

Mae *Nike* yn gwmni amlwladol oherwydd ei fod yn gweithio ac yn gwerthu cynnyrch mewn mwy na 140 o wledydd ledled y byd. Mae 41 o'r gwledydd hyn yn cynhyrchu nwyddau *Nike*, fel sydd i'w weld yn Ffigur 11. Yn 2018, roedd y cwmni'n cyflogi 73,100 o bobl yn uniongyrchol ledled y byd. Roedd 20 gwaith yn fwy o swyddi yn cael eu creu gan y cwmni mewn ffatrïoedd a oedd wedi llofnodi contract i wneud cynnyrch *Nike*. Enw'r broses hon yw **allanoli** – hynny yw, lle mae cwmnïau yn gweithio i *Nike* am gyfnod o amser o dan gontract sydd wedi'i lofnodi. Mae'r broses hon yn rhoi un fantais fawr i *Nike*, sef gallu'r cwmni i negodi prisiau. Yn 2012, roedd mwy o gwmnïau yn gweithio i *Nike* yn China nag yn unrhyw le arall. Erbyn 2015 roedd Viet Nam wedi disodli China – roedd gwerth arian cyfred China wedi cynyddu ac o ganlyniad roedd cynnyrch y wlad yn ddrutach.

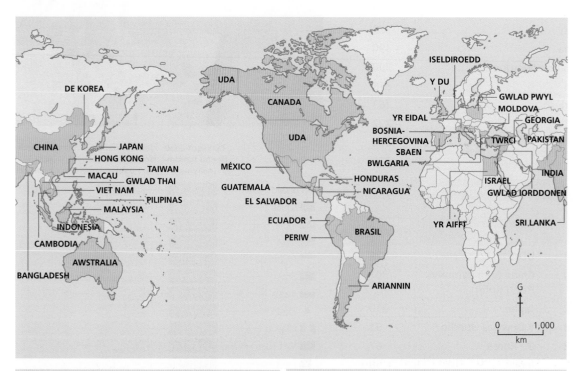

Japan: 1960au Agorodd ffatri gwneud esgidiau ymarfer corff yn Japan oherwydd bod llafur yn rhad ar y pryd. Mae'n debyg mai hon oedd un o'r ffatrïoedd cyntaf yn y byd lle roedd y gwaith wedi'i allanoli.

Gwlad Thai ac Indonesia: diwedd yr 1980au Cyhoeddodd cwmnïau o Dde Korea a oedd yn gwneud cynnyrch *Nike* eu bod yn symud eu prosesau cynhyrchu i Wlad Thai ac i Indonesia er mwyn chwilio am lafur rhatach.

Taiwan a De Korea: 1970au Dechreuodd *Nike* gynhyrchu ei nwyddau yma, gan ddefnyddio cwmnïau lleol a oedd â chontract i wneud dillad chwaraeon.

Viet Nam: 2010au Oherwydd bod gwerth arian cyfred China wedi cynyddu, mae'n rhatach cynhyrchu llawer o eitemau yn Viet Nam. O ganlyniad, Viet Nam yw'r cynhyrchydd mwyaf erbyn hyn. Rhwng 2012 a 2015, cafodd dros 140,000 o bobl eu cyflogi mewn ffatrïoedd a oedd yn gweithio i *Nike* yn Viet Nam. Collodd China 43,000 o swyddi yn ystod yr un cyfnod.

China: 1980au Dechreuodd *Nike* gynhyrchu ei nwyddau yma, gan fanteisio ar lafur rhad yn China wrth i lafur yn Ne Korea a Japan fynd yn ddrutach.

UDA: heddiw Lleoliad Prif Swyddfa Nike: Campws Nike World yn Beaverton, Oregon. Mae'r holl waith ymchwil a datblygu, yn ogystal â'r gwaith cynllunio cynnyrch newydd, yn digwydd yn UDA.

▲ **Ffigur 11** Map o'r byd yn dangos y gwledydd lle mae *Nike* yn cynhyrchu ei nwyddau.

Er bod rhai eitemau o ddillad *Nike* yn cael eu cynhyrchu yn UDA ac yn Ewrop, mae mwyafrif helaeth y ffatrïoedd wedi'u lleoli yn Asia (Ffigur 12). Mae'r rhan fwyaf o'r ffatrïoedd hyn yn cyflogi menywod yn bennaf oherwydd bod cyflogau menywod yn is na chyflogau dynion fel arfer. Yn Viet Nam, y cynhyrchydd mwyaf, mae llawer o'r gweithwyr yn y ffatrïoedd wedi mudo o ardaloedd gwledig. Mae'r gweithwyr yn byw mewn hosteli sy'n eiddo i'r ffatri.

Gwlad weithgynhyrchu	Nifer y gweithwyr yn 2015	Nifer y gweithwyr:+ neu –
1 Viet Nam	341,204	I fyny 143,000
2 China	228,732	I lawr 43,000
3 Indonesia	186,425	I fyny 60,000
4 Sri Lanka	33,587	I fyny 13,000
5 Gwlad Thai	31,770	I lawr 20,000
6 India	28,165	I lawr 4,000
7 Honduras	26,090	I fyny 16,000
8 Brasil	20,935	Dim data
9 Bangladesh	15,090	Dim data
10 Pakistan	14,899	I fyny 4,400
Cyfanswm byd-eang	1,016,657	

▲ **Ffigur 12** Y deg prif wlad sy'n gweithgynhyrchu nwyddau *Nike* (yn ôl nifer y gweithwyr).

Allanoli

Pan fydd busnes yn cael rhywfaint o'i nwyddau, cydrannau neu wasanaethau gan gyflenwr allanol.

Nike ac allanoli

Cafodd cwmni *Nike* ei sefydlu yn 1964 pan ddechreuodd cyn-athletwr o'r enw Phillip Knight weithgynhyrchu esgidiau ymarfer corff yn Japan (oherwydd bod llafur yn rhad yno) a'u mewnforio i UDA. Ond mae'r holl weithrediadau a phenderfyniadau rheoli – gan gynnwys dylunio, cyllido a marchnata – yn digwydd yn UDA. Mae'r swyddi yng nghwmnïau *Nike* yn Asia a Chanolbarth America yn swyddi cyflogau isel a di-grefft. Drwy ddefnyddio Ffigur 13, mae modd cyfrifo faint o arian o bâr o esgidiau ymarfer corff $UDA65 sy'n mynd i'r wlad weithgynhyrchu a faint sy'n mynd i'r pencadlys yn UDA.

	Cost
Llafur cynhyrchu	$2.50
Defnyddiau	$9.00
Costau'r ffatri	$3.25
Elw gweithredol y cyflenwr	$1.00
Costau cludo	$0.50
Cost i *Nike*	$16.25
Costau *Nike* (ymchwil a datblygu, hyrwyddo a hysbysebu, dosbarthu, gweinyddu)	$10.00
Elw gweithredol *Nike*	$6.25
Cost i'r adwerthwr	$32.50
Costau'r adwerthwr (rhent, llafur ac ati)	$22.50
Elw gweithredol yr adwerthwr	$10.00
Cost i'r defnyddiwr	$65.00

▲ **Ffigur 13** I ble mae'r arian yn mynd: manylion pâr o esgidiau ymarfer corff *Nike* gwerth $UDA65

Beth yw manteision ac anfanteision buddsoddiad gan gwmnïau amlwladol?

Mae cwmnïau amlwladol yn creu manteision economaidd. Os yw costau llafur yn isel, mae costau cynhyrchu yn rhatach a bydd pris y cynnyrch yn gostwng. Mae defnyddwyr o America, Ewrop ac Asia ar eu hennill oherwydd bod y cynnyrch hwn yn rhatach.

Mae'r gwledydd lle mae cwmnïau amlwladol fel *Nike* yn gweithredu, e.e. Viet Nam, hefyd yn elwa wrth i ffatrïoedd gael eu hadeiladu yno gan greu swyddi a mwy o fuddsoddiad. Mae hyn yn arwain at gynnydd yn y galw am dai, ac o ganlyniad mae siopau a gwasanaethau yn cael eu sefydlu i ddarparu ar gyfer y boblogaeth weithio. Mae angen adeiladu'r gwasanaethau hyn, ac mae hyn yn arwain at gynnydd enfawr yn nifer y swyddi yn y diwydiant adeiladu. Mae rhwydweithiau newydd yn datblygu ar gyfer gwasanaethau cludiant a chyflenwadau egni a dŵr, sef isadeiledd. Mae'r broses yn creu twf sylweddol o'r enw **effaith luosydd**.

Effaith luosydd

Pan fydd newid economaidd yn creu adwaith cadwynol o achos ac effaith sy'n treiddio drwy'r economi. Mae effeithiau lluosydd yn gadarnhaol wedi i arian gael ei fuddsoddi. Gallant fod yn negyddol os oes rhaid i fusnes gau.

Anfanteision buddsoddiad gan gwmnïau amlwladol

Mewn nifer o wledydd newydd eu diwydianeiddio, nid oes gan y gweithwyr lawer o hawliau (e.e. uchafswm oriau gwaith) ac nid oes isafswm cyflog. Mae llywodraethau'r gwledydd hyn yn credu y byddai cwmnïau yn llai parod i fuddsoddi yno pe bai ganddyn nhw isafswm cyflog. Cyflwynodd Gwlad Thai isafswm cyflog o $UDA10 y dydd yn 2013. O fewn dwy flynedd, roedd *Nike* yn cyflogi traean yn llai o bobl yno. Os yw cyflogau'n codi mewn un wlad, gall y cwmni amlwladol benderfynu symud y gwaith cynhyrchu i wlad arall lle mae cyflogau'n is. Roedd lefelau cyflogau mor isel â $UDA1 y dydd yn Indonesia yn 2015.

Diagram (Ffigur 14)

- Mae cwmni amlwladol fel *Nike* yn agor cangen newydd.
  - Mae swyddi'n cael eu creu yn uniongyrchol o fewn y cwmni.
  - Mwy o waith i gwmnïau lleol sy'n cyflenwi cydrannau neu wasanaethau fel glanhau, cynnal a chadw neu arlwyo i'r cwmni amlwladol. Maen nhw'n cyflogi mwy o staff.
- Mae incwm teuluoedd lleol yn cynyddu. Mae ganddyn nhw fwy o arian i'w wario.
  - Mae gweithwyr yn gallu fforddio cael benthyciadau mwy ac o bosibl yn prynu ceir newydd neu'n estyn eu cartrefi.
  - Mae mwy o arian yn cael ei wario mewn siopau, tafarndai a thai bwyta lleol.
- Mae siopau lleol, tafarndai ac ati yn cael mwy o fusnes. Efallai bydd rhaid iddyn nhw gyflogi mwy o staff.
- Wrth i fusnesau ehangu maen nhw'n talu mwy o dreth ar ffurf trethi busnes a threth incwm.
- Mae gan y llywodraeth leol fwy o arian i'w wario ar wella ffyrdd, adfer tir diffaith a marchnata'r rhanbarth.
- Mae delwedd y rhanbarth yn gwella ac efallai bydd busnesau newydd eraill yn cael eu denu yno.

▲ **Ffigur 14** Yr effaith luosydd – sut mae buddsoddiad yn creu twf sy'n arwain at fwy o dwf.

Gweithgareddau

1 Copïwch a chwblhewch y tabl isod i ddangos manteision ac anfanteision buddsoddiad gan gwmniau amlwladol (*MNCs: Multinational Companies*) fel *Nike*:
   a) i'r gwledydd croesawu
   b) i'r cwmni amlwladol

	Manteision	Anfanteision
I'r gwledydd croesawu (e.e. Viet Nam)		
I'r *MNC* (e.e. *Nike*)		

2 Esboniwch pam byddai gwlad newydd ei diwydianeiddio (*NIC: Newly Industrialised Country*) yn penderfynu denu buddsoddiad gan gwmni amlwladol fel *Nike,* er gwaetha'r anfanteision.

3 Mewn parau, penderfynwch a ddylai *Nike* fod wedi buddsoddi yn Viet Nam yn 1995. Esboniwch eich rhesymau.

Nike yn Viet Nam

Dechreuodd *Nike* gynhyrchu dillad chwaraeon yn Viet Nam yn 1995. Viet Nam oedd un o wledydd mwyaf tlawd y byd, ond roedd gan y bobl enw da am weithio'n galed i gwmnïau eraill a oedd eisoes wedi buddsoddi yno. Roedd y costau'n llawer is:

- Doedd dim undebau llafur na streiciau am gyflogau uwch, felly roedd y cyflogau'n isel.
- Roedd y llywodraeth gomiwnyddol yn awyddus i ddatblygu allforion.

Dod i adnabod Viet Nam

Erbyn hyn, Viet Nam yw un o'r gwledydd sy'n diwydianeiddio ac yn tyfu gyflymaf yn Ne-ddwyrain Asia. Mae llywodraeth gomiwnyddol y wlad yn awyddus i wella safon byw drwy dwf yn y diwydiant gweithgynhyrchu a gwasanaethau. Dechreuodd y llywodraeth gynnig cyfleoedd i gwmnïau tramor fuddsoddi yn y wlad yng nghanol yr 1990au. Yn y dechrau, cafodd cwmnïau teithio ac ymwelwyr o dramor eu hannog i fynd yno. Yn fwy diweddar, mae'r rhaglen o ddiwydianeiddio wedi achosi i IGC a dangosyddion economaidd eraill Viet Nam gynyddu'n gyflym (Ffigur 15).

	Viet Nam 2000	Viet Nam 2018
IGC y pen PGP ($UDA)	2,070	6,220
O ble mae IGC yn dod (%)	Amaethyddiaeth: 26 Diwydiant: 33 Gwasanaethau: 41	Amaethyddiaeth: 15 Diwydiant: 34 Gwasanaethau: 51
Canran y bobl yn ôl swyddi	Amaethyddiaeth: 67 Diwydiant a Gwasanaethau: 33	Amaethyddiaeth: 40 Diwydiant: 26 Gwasanaethau: 34
Gwerth allforion ($UDA)	11.5 biliwn	214 biliwn
Nwyddau allforio (mewn trefn restrol)	Olew crai, bwyd môr, reis, coffi, rwber, te, dillad, esgidiau	Dillad, esgidiau, offer electronig, bwyd môr, olew crai, cynnyrch pren, peiriannau, reis

▲ **Ffigur 15** Cymharu economi Viet Nam yn 2000 ac yn 2018.

Gwaith ymholi ❓

Beth ddylai *Nike* ei wneud? Ysgrifennwch lythyr at brif weithredwr *Nike* yn lleisio eich barn am adroddiadau bod gweithwyr yn cael eu cam-drin mewn gwledydd newydd eu diwydianeiddio fel Viet Nam neu Indonesia.

Cyn hir, *Nike* oedd y cyflogwr tramor mwyaf yn Viet Nam, ac roedd yn cyflogi 40,000 o bobl mewn deg ffatri. Yn 2015, roedd y cwmni'n cyflogi 300,000 o bobl. Ond gwnaeth *Nike* sawl camgymeriad tua diwedd yr 1990au:

- Roedd pob cwmni oedd wedi'i is-gontractio gan *Nike* yn Viet Nam yn dod o Dde Korea a Taiwan, felly roedd yr holl elw'n mynd dramor yn hytrach nag i Viet Nam.
- Roedd enw drwg gan y ffatrïoedd oherwydd bod yr amodau gwaith fel siopau chwys. Roedd sôn bod gweithwyr yn cael eu cam-drin.

Cafodd *Nike* ei feirniadu gan lywodraeth Viet Nam am ei arferion. Roedd straeon am *Nike* yn y papurau newydd bob dydd. Daeth yn amlwg wedyn nad oedd rhai o'r straeon yn wir, ond roedden nhw wedi cyrraedd gwledydd tramor erbyn hynny. Roedd y niwed wedi'i wneud. Dywedodd *Nike* y byddai'n gadael y wlad os byddai llywodraeth Viet Nam yn parhau i'w feirniadu. Daeth y beirniadu i ben.

Mae llawer o garfanau pwyso wedi ceisio perswadio *Nike* i wella amodau gwaith. Mae llawer o grwpiau defnyddwyr eisiau sicrhau bod gweithwyr dramor yn cael eu trin yn deg. Ar ddechrau'r unfed ganrif ar hugain, roedd rhai o aelodau Cyngres UDA yn cefnogi ymgyrchoedd fel 'Boycott *Nike*'. Erbyn hyn, mae *Nike* yn dadlau bod y cwmni wedi gwneud gwelliannau o ran amodau ffatrïoedd, oriau gwaith a chyflogau ei weithwyr. Mae gweithwyr y cwmni yn byw mewn hosteli o ansawdd uchel, ac mae cytundebau ar waith i gyfyngu ar oriau gwaith. Mae *Nike* yn cyhoeddi data am bob un o'i gyflenwyr ar wefan nikebiz.com.

▼ **Ffigur 16** Ffotograff yn dangos pobl yn protestio yn erbyn *Nike* yn UDA.

Pam mae gwledydd newydd eu diwydianeiddio wedi datblygu mor gyflym?

Os ydych chi'n gwisgo eitem o ddillad rhad o archfarchnad, mae'n werth edrych ar y label i weld o ble mae'r eitem wedi dod. Mae'n debygol bod y rhan fwyaf o eitemau rhad wedi cael eu gwneud mewn ffatrïoedd yn Bangladesh. Mae Bangladesh yn enghraifft nodweddiadol o wlad newydd ei diwydianeiddio (*NIC*). Dyblodd economi'r wlad yn ystod y degawd hyd at 2018, ac mae'n un o'r economïau sy'n tyfu'n gyflymaf yn y byd.

Mae Ffigur 17 yn dangos gwledydd sy'n cael eu hystyried yn *NICs* fel arfer. Mae 4 o'r 5 gwlad sydd â'r poblogaethau mwyaf yn y byd yn ymddangos ar y rhestr (China, India, Indonesia a Brasil). Rhyngddyn nhw, mae bron 40 y cant o boblogaeth y byd yn byw yn y gwledydd hyn. Felly, mae llawer iawn o weithwyr yno. Mae nifer enfawr o ddefnyddwyr sy'n mynd yn fwyfwy cyfoethog yn byw yn y gwledydd hyn hefyd, sy'n golygu bod ganddyn nhw farchnadoedd pwysig o ran gwerthu cynnyrch wrth i'r IGC gynyddu.

Mae pob *NIC* yn awyddus i ddiwydiannau fuddsoddi yn y wlad oherwydd bod gweithgynhyrchu yn creu swyddi ac yn arwain at gynnydd mewn IGC. Yn 2018, roedd diwydiant dillad Bangladesh yn cyflogi 5.5 miliwn o bobl ac yn ennill dros $UDA28 biliwn (IGC) i Bangladesh. Mae dau ffactor yn denu cwmnïau:

- Mae polisïau llywodraethau *NICs* wedi annog cwmnïau amlwladol o dramor i fuddsoddi mewn ffatrïoedd. Yr enw ar hyn yw buddsoddiad uniongyrchol o dramor. Yn Bangladesh, mae'r rhan fwyaf o'r buddsoddi wedi bod yn y diwydiant dillad. I helpu cwmnïau, mae Bangladesh wedi creu cylchfaoedd prosesu allforion. Wedyn, nid oes angen i'r cwmnïau dalu tollau ar allforion i'r UE neu i UDA, ac mae hyn yn lleihau pris eu cynnyrch.
- Llafur rhad, a digonedd ohono. Yn 2015, roedd cyflogau cyfartalog yn Bangladesh 95 y cant yn is na'r cyflogau cyfartalog yn yr UE ac yn UDA.

Gwlad	CMC y pen (PGP) 2018 yn $UDA	Cyfradd twf CMC yn ystod 2018 (%)
Bangladesh	4,560	7.0
Brasil	15,820	0.7
China	18,140	6.3
India	7,680	5.9
Indonesia	12,650	4.1
Malaysia	30,600	2.5
México	19,440	0.5
Pilipinas	10,720	4.5
Gwlad Thai	18,160	3.7
Twrci	28,380	0.8
Viet Nam	7,030	5.1

▲ **Ffigur 17** Data economaidd ar gyfer gwledydd sy'n cael eu hystyried yn *NICs*.

Effeithiau cymdeithasol

Mae IGC uwch yn golygu gwelliannau ym meysydd addysg ac iechyd, ac felly mae disgwyliad oes pobl yn codi. Mae'r elfennau hyn yn sylfaen i'r ffigurau Mynegrif Datblygiad Dynol (MDD), sydd wedi gwella (yn sylweddol iawn mewn rhai achosion) rhwng 2000 a 2014, fel sydd i'w weld yn Ffigur 18.

Gwlad	MDD 2000	MDD 2017	Canran y gwelliant
Bangladesh	0.453	0.608	34.2
Brasil	0.682	0.759	11.3
China	0.591	0.752	27.2
India	0.483	0.640	32.5
Indonesia	0.609	0.694	14.0
Malaysia	0.717	0.802	11.9
México	0.699	0.774	10.7
Pilipinas	0.619	0.699	12.9
Gwlad Thai	0.649	0.755	16.3
Twrci	0.653	0.791	21.1
Viet Nam	0.563	0.694	23.3

▲ **Ffigur 18** MDD yn gwella mewn *NICs* rhwng 2000 a 17.

Gwaith ymholi

A ddylai defnyddwyr yn y DU brynu dillad sydd wedi'u gwneud yn Bangladesh?

- Gwnewch arolwg drwy ofyn tri chwestiwn i'ch grŵp blwyddyn am eu hagweddau tuag at brynu dillad rhad (er enghraifft, eu hagweddau tuag at siopau chwys a llafur plant).
- Ewch ati i goladu'r canlyniadau a'u cyflwyno mewn adroddiad byr.
- Esboniwch y rhesymau posibl pam mae rhai pobl yn parhau i brynu dillad sydd wedi'u gwneud mewn amodau gwaith o'r fath.

Gweithgareddau

1 Disgrifiwch dair nodwedd sy'n perthyn i'r *NICs* yn Ffigur 17.
2 Esboniwch pam mae cyflogau isel a bodolaeth siopau chwys yn golygu bod prynu dillad brandiau rhad yn fater dadleuol.

Effeithiau economaidd

Mae gwaith mewn ffatrïoedd dillad yn Bangladesh yn fater dadleuol. Mae pobl yn y DU yn cwestiynu a yw cynhyrchu dillad yn y modd hwn yn iawn. Dyma'r prif ddadleuon:

- Mae tlodi yn gyffredin yn Bangladesh, ac felly does dim prinder pobl sy'n barod i weithio oriau hir am gyflog isel. Ydy ffatrïoedd yn cymryd mantais?
- Er bod yr amodau gwaith wedi gwella, mae llawer o siopau chwys yn cyflogi menywod yn benodol gan fod modd rhoi llai o gyflog iddyn nhw.
- Yn ôl cyfreithiau Bangladesh, mae plant yn gallu gweithio mewn ffatrïoedd ar ôl troi'n 14 oed.
- Mae llawer o weithwyr yn dechrau gweithio am 7 a.m. ac yn gorffen 12 awr yn ddiweddarach – ac maen nhw'n gweithio chwe diwrnod yr wythnos. Mae gweithwyr ffatri yn dweud mai £25 y mis yw'r isafswm cyflog arferol. Mae gweithwyr peiriannau gwnïo yn ennill £40 y mis, sef tua 15c yr awr. Fodd bynnag, dylai'r cyflog byw yn Bangladesh fod yn £160 y mis!

> 'Mae'r fasnach hon wedi darparu swyddi i fwy na 3 miliwn o bobl dlawd yn Bangladesh – y mwyafrif ohonyn nhw'n fenywod – ac wedi gweddnewid tirwedd economaidd a chymdeithasol y wlad. Ers 1971, mae'r gyfradd dlodi wedi lleihau'n sylweddol o 80 y cant i lai na 30 y cant. Mae'r IGC wedi tyfu 5–6 y cant ar gyfartaledd bob blwyddyn ers dros ugain mlynedd, ac mae'r diwydiant dillad wedi gwneud cyfraniad mawr at hyn.'

▲ **Ffigur 19** Barn newyddiadurwr o Bangladesh, Zafar Sobhan, am y diwydiant tecstilau.

Gweithgareddau

3 Awgrymwch pam mae Ffigurau 19 a 20 yn cyflwyno safbwyntiau gwahanol am y diwydiant dillad yn Bangladesh.
4 Gwnewch gopi mawr o'r tabl isod. Defnyddiwch Ffigurau 18, 19, 20 a 21 i esbonio effeithiau economaidd, cymdeithasol ac amgylcheddol y twf diwydiannol cyflym mewn *NICs*.

	Manteision	Anfanteision
Amgylcheddol		
Economaidd		
Cymdeithasol		

▶ **Ffigur 21** Gweithwyr yn gwnïo mewn ffatri yn Bangladesh sy'n gwneud eitemau i *IKEA*.

Effeithiau amgylcheddol

Un rheswm pam mae llawer o gwmnïau yn cael eu denu i *NICs* yw'r ffaith bod y deddfau sy'n ymwneud â'r amgylchedd a chynllunio yn llai llym o lawer. Yn yr UE, mae'r deddfau llygredd yn llym iawn. Drwy agor ffatrïoedd mewn gwledydd fel Bangladesh, mae cwmnïau'n aml yn gallu lleihau eu costau gan na fydd rhaid cydymffurfio â rheoliadau llym yn ymwneud â llygredd neu adeiladu. O ganlyniad, mae ffatrïoedd sy'n gweithio yn y diwydiant tecstilau yn gallu cael gwared ar ddŵr gwastraff mewn draeniau a ffosydd agored. Mae modd gwybod pa liwiau sy'n boblogaidd yn y stiwdios dylunio dillad yn Ewrop drwy edrych ar y dŵr gwastraff yn y ffosydd! Mae effeithiau gwaith adeiladu gwael yn gallu bod yn ddifrifol iawn. Yn 2013, disgynnodd adeilad Rana Plaza yn Bangladesh, gan ladd 1,100 o bobl. Roedd y rhan fwyaf ohonyn nhw'n fenywod ifanc a oedd yn gweithio mewn ffatri ddillad.

> '**Adeilad Rana Plaza yn cwympo yw'r trychineb gwaethaf yn unrhyw le yn y byd yn hanes y diwydiant dillad.**
>
> Roedd 3,639 o weithwyr yn gweithio mewn 5 ffatri yn adeilad Rana Plaza yn gwneud dillad i labeli ac adwerthwyr dillad o UDA, Canada ac Ewrop.
>
> Roedd 80 y cant o'r gweithwyr yn fenywod ifanc 18, 19 ac 20 oed. Roedd eu shifftiau arferol yn para 13–14.5 awr, rhwng 08:00 a 21:00 neu 22:30, ac roedden nhw'n gweithio rhwng 90 a 100 awr yr wythnos. Dim ond dau ddiwrnod rhydd y bydden nhw'n eu cael bob mis. Roedd 'cynorthwywyr' ifanc yn ennill 12 sent yr awr, a'r 'gweithwyr iau' 22 sent yr awr, sef $10.56 yr wythnos. Roedd uwch-weithwyr gwnïo yn derbyn 24 sent yr awr, sef $12.48 yr wythnos.'

▲ **Ffigur 20** Adroddiad y Sefydliad Llafur a Hawliau Dynol Rhyngwladol am amodau gwaith yn adeilad Rana Plaza.

Tata, cwmni amlwladol o India

Cwmni amlwladol o India yw grŵp *Tata*. Mae pencadlys y cwmni yn Mumbai. Yn 2013–14, cyfanswm enillion y grŵp (hynny yw, cyfraniadau y 100 cwmni sy'n perthyn i *Tata*) oedd $UDA110 biliwn. Oherwydd yr enillion hynny:

- Mae *Tata* yn safle rhif 60 yn y rhestr o gwmnïau mwyaf y byd (pedwar safle yn is na Tesco)
- Pe bai *Tata* yn wlad, byddai yn safle rhif 61 yn y rhestr o economïau mwyaf y byd!

Daeth 67 y cant o enillion *Tata* o'r tu allan i India. Mae cwmnïau *Tata* yn cyflogi mwy na 700,000 o bobl ledled y byd. Mae'n berchen ar is-gwmnïau, gan gynnwys gwneuthurwyr dur, gwneuthurwyr ceir, cwmnïau cemegol, cwmnïau egni a gwestai. Mae *Tata* yn berchen ar 38 cwmni yn y DU sy'n cyflogi 50,000 o bobl i gyd. Ymhlith is-gwmnïau *Tata* yn y DU mae:

- *Jaguar Land Rover*
- *Tetley Tea*
- *Tata Chemicals*, sydd wedi'i leoli yn Northwich, Sir Gaer.

Sut mae cwmnïau amlwladol yn tyfu?

Mae pob cwmni amlwladol yn dechrau fel cwmni bach ac yn tyfu. Mae hyn yn digwydd pan fydd:

- Cynnydd mewn gwerthiant – e.e. cwmni Apple. Mae ystod cynnyrch y cwmni hwn wedi newid o gyfrifiaduron yn unig i amrywiaeth o gynhyrchion electronig.
- Cwmnïau'n uno, drwy naill ai gyfuno (uno â chwmnïau sy'n gwneud cynnyrch tebyg i hawlio cyfran uwch o'r farchnad) neu greu uwchgwmni (datblygu amrywiaeth o gynhyrchion gwahanol rhag ofn bod un yn methu).

Dod i adnabod India

Poblogaeth India yw'r ail fwyaf yn y byd – dim ond China sydd â phoblogaeth fwy. Mae 17.5 y cant o gyfanswm poblogaeth y byd (hynny yw, 1.3 biliwn o bobl) yn byw yn India. Ar gyfartaledd, mae economi India wedi tyfu 7 y cant y flwyddyn ers 1997, ac erbyn 2018, roedd bedair gwaith yn fwy na'r hyn oedd yn 1997. Erbyn hyn, mae India yn un o bedair NIC sydd yn wirioneddol bwerus yn yr economi byd-eang. Mae Brasil, Rwsia, India a China yn cael eu disgrifio fel y **BRICs**.

Un rheswm dros dwf India yw parodrwydd y wlad i ddatblygu economi byd-eang drwy gyfuno poblogaeth ac economi enfawr â phrif gwmnïau amlwladol y byd. Oherwydd globaleiddio mae economi India wedi tyfu – mae llifoedd byd-eang o bobl, syniadau a buddsoddiadau wedi bod o gymorth i'r wlad.

	India, 2000	India, 2018
IGC y pen PGP (mewn $UDA)	2,000	7,680
O ble mae IGC yn dod (%)	Amaethyddiaeth: 25 Diwydiant: 30 Gwasanaethau: 45	Amaethyddiaeth: 15 Diwydiant: 23 Gwasanaethau: 62
Canran y bobl yn ôl swyddi	Amaethyddiaeth: 67 Diwydiant: 18 Gwasanaethau: 15	Amaethyddiaeth: 47 Diwydiant: 22 Gwasanaethau: 31
Gwerth allforion ($UDA)	36.3 biliwn	304 biliwn
Nwyddau allforio (mewn trefn restrol)	Dillad, gemau gwerthfawr, nwyddau peirianneg, cemegau, nwyddau lledr	Cynnyrch petroliwm, gemau gwerthfawr, cerbydau, peiriannau, haearn a dur, cemegau, cynnyrch fferyllol, reis, dillad

▲ **Ffigur 22** Cymharu economi India yn 2000 ac yn 2018.

BRICs

Y pedwar economi mwyaf a mwyaf pwerus sydd newydd eu diwydianeiddio (*NIC*) sef Brasil, Rwsia, India a China. Mae rhai economegwyr yn cynnwys México fel pumed gwlad ac yn cyfeirio at y grŵp hwn fel BRICM.

◀ **Ffigur 23** Gweithfeydd dur *Tata* ym Mhort Talbot, De Cymru. Mae ffatri ddur wedi bod ar y safle hwn ers 1902. Yn 2018, roedd cwmni *Tata* yn cyflogi 4,000 o bobl ar ei safleoedd ym Mhort Talbot a Llanwern.

Tata Steel a'r diwydiant dur byd-eang

Mae *Tata Steel* yn un o is-gwmnïau Grŵp *Tata* sy'n cynhyrchu dur. Mae'n cyflogi dros 80,000 o bobl ac yn gwneud dur mewn gwledydd ledled y byd, gan gynnwys India, China, Gwlad Thai ac Awstralia. Yn 2006 cyhoeddodd *Tata* ei fod yn prynu cwmni *Corus* – cwmni dur mawr a oedd yn berchen ar ffatrïoedd yn y DU a'r Iseldiroedd. Drwy brynu ffatrïoedd yn Ewrop, roedd yn haws i *Tata* werthu dur i brynwyr yn Ewrop. Mae dur *Tata* yn cael ei ddefnyddio yn y diwydiant ceir ac hefyd i wneud adeiladau fframiau dur a thraciau rheilffordd. Ers 2006 mae *Tata* wedi gwario £3 biliwn ar wella prosesau gwneud dur yn Ewrop.

Yn ystod gaeaf 2015–16, roedd gwneuthurwyr dur yn y DU yn wynebu argyfwng. Roedd dur rhad o China yn cael ei werthu am bris rhatach na chost gwneud dur yn Ewrop. Mae China yn gallu gwneud dur rhad oherwydd bod costau llafur y wlad yn is na chostau Ewrop. Rheswm arall dros hyn yw costau egni. Mae angen llawer iawn o egni i wneud dur, ac mae llywodraeth China yn cadw costau egni yn isel er mwyn diogelu diwydiant dur y wlad. Gallai'r UE ddiogelu ei ddiwydiannau dur ei hun (gan gynnwys *Tata*) yn erbyn y mewnforion rhad hyn drwy osod toll (neu dreth) ar ddur o China. Yn 2016, roedd yr UE yn codi **toll** o ddim ond 16 y cant ar ddur o China, ond roedd UDA yn codi toll o 236 y cant. Mae mwy o wybodaeth am dollau ar dudalen 225.

Roedd gwneuthurwyr dur yn y DU yn cael trafferth gwerthu eu dur. Roedd rhaid i SSI, cwmni amlwladol o Korea, gau ei ffatri ddur yn Redcar, Glannau Tees. Collodd 2,200 o bobl eu swyddi. Roedd *Tata* yn honni bod ffatrïoedd dur y cwmni yn y DU yn colli £1 miliwn y dydd. I ddechrau, cyhoeddodd *Tata* ei fod yn bwriadu diswyddo rhai o'r 15,000 o bobl a oedd yn gweithio i'r cwmni yn y DU. Yna, ym mis Mawrth 2016, penderfynodd *Tata* werthu adran y cwmni sy'n gwneud dur yn y DU. Os na fyddai'r cwmni'n gallu dod o hyd i brynwr i'r busnes, roedd pobl yn poeni y byddai rhannau o dde Cymru a Swydd Efrog yn wynebu sbiral o ddirywiad economaidd – hynny yw, y gwrthwyneb i'r effaith luosydd sydd i'w gweld yn Ffigur 14 ar dudalen 218. Yn 2019, parhaodd *Tata Steel* i fod yn gynhyrchydd dur pwysig yn y DU, ond roedd y gystadleuaeth gan y dur rhad o China a Rwsia yn parhau i fod yn broblem.

Toll

Math o dreth y mae'n rhaid ei thalu ar nwyddau sy'n cael eu mewnforio. Weithiau, os yw'r fasnach yn un rhad ac am ddim (free trade) mae'r doll yn sero. Pan fydd gwledydd eisiau diogelu eu diwydiannau eu hunain, maen nhw'n gorfodi tollau mawr ar nwyddau sy'n cael eu mewnforio.

Os bydd *Tata* yn cau ei ffatrïoedd dur yn y DU ac yn methu dod o hyd i brynwr, bydd 15,000 o weithwyr ym Mhrydain yn colli eu swyddi. Yn ogystal â'r bobl sy'n cael eu cyflogi'n uniongyrchol gan *Tata*, mae 25,000 o bobl eraill yn gweithio mewn swyddi sy'n cyflenwi darnau a gwasanaethau i *Tata*. Mae'r holl swyddi hyn mewn perygl.

Sefydliad Ymchwil Polisi Cyhoeddus

Mae China yn gwneud mwy o ddur nag sydd ei angen ar y wlad ac mae'n defnyddio'r farchnad Ewropeaidd i gael gwared ar y dur sydd dros ben. Gallai'r UE wneud y dur hwn yn ddrutach i bobl yn Ewrop ei brynu, ond mae toll 16 y cant yr UE yn rhy isel. Rydyn ni wedi bod yn dadlau bod angen cynyddu'r doll er mwyn diogelu ein gwneuthurwyr dur ein hunain, ond mae llywodraeth y DU wedi gwrthwynebu'r cynllun hwn.

Llefarydd ar ran Cymdeithas Dur Ewrop

Mae llywodraeth y DU wedi creu'r broblem hon drwy wrthod cytuno i gynyddu toll yr UE ar ddur rhad o China. Mae'n poeni gormod am gynnal perthynas dda â China yn y gobaith y bydd yn mewnforio mwy o gynnyrch o Brydain yn y dyfodol.

Stephen Kinnock, Aelod Seneddol yn Ne Cymru

Mae costau egni yn gyfrifol am rhwng 20 a 40 y cant o holl gostau gwneud dur yn y DU. Os byddai'r llywodraeth yn cytuno i roi cymhorthdal er mwyn lleihau ein costau egni, bydden ni'n gallu creu cynnyrch rhatach a chynyddu gwerthiant.

Llefarydd ar ran diwydiant dur y DU

▲ **Ffigur 24** Safbwyntiau am yr argyfwng dur byd-eang.

Gweithgareddau

1 Rhowch un rheswm pam penderfynodd *Tata* brynu cwmni *Corus* yn 2006.
2 Esboniwch pam mae dur o China yn rhatach na dur o Ewrop.
3 Nodwch un o fanteision ac un o anfanteision globaleiddio i ddiwydiant dur y DU.
4 Astudiwch Ffigur 14 ar dudalen 218. Lluniadwch ddiagram llif arall i ddangos yr effaith bosibl ar yr ardal o amgylch Port Talbot yn ne Cymru pe bai'r diwydiant dur yn cau.

Masnach

Fel y dywedodd Martin Luther King (sydd i'w weld yn Ffigur 25) yn yr 1960au, mae gwledydd yn dibynnu ar ei gilydd ar gyfer **mewnforio** ac **allforio** nwyddau a gwasanaethau. Ers yr 1960au, mae awyrennau a llongau cynwysyddion yn fwy, yn gyflymach ac yn defnyddio tanwydd yn fwy effeithlon, wrth gludo nwyddau o amgylch y byd. Mae globaleiddio yn golygu bod gennym bopeth, o fefus ym mis Rhagfyr i'r ffonau clyfar diweddaraf o China. Mae gwledydd yn dibynnu fwyfwy ar nwyddau o wledydd eraill. Mae'n haws i wledydd fasnachu os ydyn nhw wedi creu partneriaeth â'i gilydd. **Blociau masnachu** yw'r enw ar y partneriaethau masnachu hyn. Mae'r UE, G20 ac APEC (Asia-Pacific Economic Cooperation) yn enghreifftiau o flociau masnachu.

"Cyn i chi orffen bwyta eich brecwast heddiw, rydych chi wedi dibynnu ar dros hanner y byd."

▲ **Ffigur 25** Martin Luther King, arweinydd y mudiad hawliau sifil yn America.

Mae Ffigur 26 yn disgrifio masnach Malaŵi a México:

- Mae Malaŵi yn wlad incwm isel yn Affrica is-Sahara, ac mae México yn NIC.
- Mae gwerth allforion México 480 gwaith yn fwy nag allforion Malaŵi.
- Prif allforion Malaŵi yw tybaco, te a defnyddiau crai eraill. Mewnforion pennaf Malaŵi yw nwyddau wedi'u gweithgynhyrchu, fel cemegau neu beiriannau.
- Mae México yn allforio ac yn mewnforio amrywiaeth eang o nwyddau wedi'u gweithgynhyrchu.

Mae nwyddau sydd wedi'u gweithgynhyrchu yn werth mwy o arian na defnyddiau crai. Y rheswm eu bod werth mwy o arian yw bod y gwledydd yma wedi dylunio, gwneud a marchnata cynhyrchion y mae defnyddwyr a gweithgynhyrchwyr eraill eu hangen. Dyma pam mae gwledydd sy'n allforio llawer o nwyddau wedi'u gweithgynhyrchu'n ennill mwy o arian na'r gwledydd sy'n allforio defnyddiau crai yn bennaf.

Mewnforion
Nwyddau sy'n cael eu prynu gan wledydd eraill.

Allforion
Nwyddau sy'n cael eu gwerthu i wledydd eraill.

Bloc masnach
Grŵp o wledydd sy'n cytuno i brynu a gwerthu nwyddau heb unrhyw gyfyngiadau neu dollau (trethi).

Malaŵi		
Allforion (cyfanswm o $UDA869 miliwn)	**$UDA (m)**	**Canran**
Tybaco	620	71
Te	90.8	
Bwydydd eraill	28.3	
Plastig a rwber	8.77	
Cynhyrchion pren	8.47	
Mewnforion (cyfanswm o $UDA1,440 miliwn)	**$UDA (m)**	**Canran**
Cynhyrchion cemegol	334	23
Peiriannau	290	
Metelau (haearn yn bennaf)	128	
Bwydydd	108	
Cerbydau (tryciau a cheir yn bennaf)	102	

México		
Allforion (cyfanswm o $UDA419 biliwn)	**$UDA (m)**	**Canran**
Peiriannau (yn cynnwys cyfrifiaduron)	156	37
Cerbydau	112	
Mwynau (yn cynnwys olew crai)	27.9	
Offer (yn cynnwys rhai meddygol)	15.5	
Bwydydd (yn cynnwys cwrw)	13.8	
Mewnforion (cyfanswm o $UDA356 biliwn)	**$UDA (m)**	**Canran**
Peiriannau	116	33
Cerbydau	43.9	
Metelau	34.3	
Plastig a rwber	29.4	
Cynhyrchion cemegol	28.3	

▲ **Ffigur 26** Cymharu data masnach Malaŵi a México (2017).

Masnach rydd

Mae gwledydd sy'n datblygu yn dibynnu ar fasnach i gynyddu eu IGC. Ers yr 1980au, mae'r byd wedi symud tuag at **fasnach rydd** – hynny yw, masnach heb derfynau, tollau na rheoliadau. Mae pob gwlad mewn bloc masnachu yn rhannu cytundeb masnach rydd â'r gwledydd eraill yn y bloc, neu mae'n gweithio tuag at sefydlu cytundeb masnach rydd. Does dim cyfyngiadau ar faint o nwyddau mae gwledydd yn gallu eu hallforio. Mae hyn yn beth da i gynhyrchwyr sy'n allforio nwyddau a gwasanaethau. Anfantais masnach rydd yw bod rhai gwledydd yn derbyn gormod o fewnforion rhad o wledydd eraill. O ganlyniad, mae pobl yn colli swyddi yn y diwydiannau cynhyrchu yn y gwledydd hyn.

Er mwyn osgoi'r sefyllfa hon, mae rhai gwledydd yn defnyddio **polisïau diffynnaeth**. Mae'r polisïau hyn yn cynnwys:

- Cyflwyno **cwotâu** sy'n cyfyngu ar nifer y mewnforion bob blwyddyn.
- Gosod **toll mewnforio** ar fewnforion. Treth ar fewnforion yw hon sy'n eu gwneud yn ddrutach.
- Talu **cymhorthdal** i fusnesau er mwyn iddyn nhw allu gwerthu eu nwyddau eu hunain am bris rhatach.

Ymunodd Ghana â Chyfundrefn Masnach y Byd (*WTO: World Trade Organisation*) yn 1995. Prif waith yr *WTO* yw hyrwyddo masnach rydd rhwng ei haelodau. Cyn ymuno, roedd llywodraeth Ghana yn rhoi cymhorthdal i ffermwyr i'w hannog i dyfu bwyd ar gyfer dinasoedd y wlad.

Mae hyn yn swnio'n iawn, ond mae rheolau'r *WTO* yn datgan nad yw ffermwyr yn gallu derbyn cymhorthdal, er bod UDA a'r UE (sy'n aelodau o'r *WTO*) yn rhoi cymhorthdal i'w ffermwyr eu hunain. Mae bwyd o America ac Ewrop yn rhatach oherwydd y cymhorthdal hwn. Mae ffermwyr yn Ghana yn dioddef oherwydd bod bwyd sydd wedi derbyn cymhorthdal yn cael ei fewnforio o'r UE.

- Mae ffermwyr tomatos yn Ghana yn cael trafferth gwerthu eu cynnyrch gan fod tomatos sy'n cael eu mewnforio o'r UE yn rhatach. O ganlyniad, mae ffatrïoedd canio tomatos o Ghana wedi cau.
- Mae reis rhad sy'n cael ei fewnforio o UDA wedi effeithio ar ffermwyr sy'n tyfu reis yn Ghana.

▲ **Ffigur 27** Mae'r mwyafrif o ffermwyr Ghana yn gwerthu eu cynnyrch mewn marchnadoedd stryd. Mae'n anodd i ffermwyr gystadlu â phrisiau isel tomatos sydd wedi'u mewnforio.

Gweithgareddau

1. Mewn parau, edrychwch ar y rhyngrwyd i weld o ble mae eitemau brecwast yn dod, e.e. grawnfwyd, sudd oren, te, coffi.
2. Defnyddiwch Ffigur 26 i gyfrifo gwerth pob un o'r mewnforion a'r allforion fel canran o'r cyfanswm. Mae'r rhes gyntaf o bob tabl wedi'i gwneud i chi.
3. Esboniwch fanteision ac anfanteision talu cymorthdaliadau i ffermwyr o safbwynt:
   a) defnyddwyr yn Ewrop
   b) ffermwyr sy'n tyfu tomatos yn Ghana.

Polisïau diffynnaeth

Cynlluniau sy'n cael eu defnyddio gan wledydd i ddiogelu eu diwydiannau eu hunain rhag mewnforion rhad. Er enghraifft, trwy osod toll ar fewnforion, mae'r nwyddau sy'n cael eu mewnforio'n dod yn ddrytach, felly mae pobl yn fwy tebygol o brynu'r cynnyrch rhatach sydd wedi'i wneud yn eu gwlad eu hunain.

Gwaith ymholi

Ydy cymorthdaliadau yn deg? Ysgrifennwch lythyr 300 gair at yr *WTO* gan ddadlau naill ai **a)** pam dylai cymorthdaliadau i ffermwyr yn yr UE ac yn UDA barhau, neu **b)** pam dylai cymorthdaliadau ddod i ben.

Sut mae masnach yn cyfrannu at anghydraddoldebau byd-eang?

Mae dau fath o ffermio yn gyffredin yn Affrica is-Sahara:

- Tyddynnod, sy'n ffermydd bach iawn, sydd â theuluoedd yn berchen arnyn nhw. Mae tyddynwyr yn tyfu amrywiaeth o gnydau. Bydd rhai o'r cnydau'n cael eu defnyddio gan y ffermwyr eu hunain ac eraill yn gnydau i'w gwerthu am arian, fel tybaco neu goco.
- Planhigfeydd lle mae un cnwd yn cael ei dyfu i'w werthu, fel tybaco, coffi, te neu goco. Yn Malaŵi, mae'r rhan fwyaf o'r tybaco a'r te yn cael ei dyfu ar blanhigfeydd mawr.

Mae pob gwlad yn allforio'r rhan fwyaf o'u cnydau gwerthu i ennill arian o dramor. Ond, mae gwledydd fel Malaŵi yn gweld nad yw'r arian maen nhw'n ei ennill o werthu allforion yn ddigon i dalu costau mewnforio peiriannau, cerbydau, cemegau a meddyginiaethau.

Mae'r rhan fwyaf o dybaco Malaŵi yn cael ei allforio i'r UE, fel sydd i'w weld yn Ffigur 29. Mae Ghana yn allforio'r rhan fwyaf o'i goco i'r UE, ac mae'r ffa coco yn cael eu malu'n bowdr coco. Yna, mae'r powdr coco hwn yn cael ei allforio eto i rai o wledydd eraill yr UE sy'n gwneud siocled. Mae'r prif gynhyrchwyr siocled yng Ngwlad Belg, yr Almaen, Iwerddon, y DU ac Awstria.

Mae te, coco a thybaco yn enghreifftiau o gynhyrchion crai a'r enw ar y rhain yw cynwyddau (*commodities*). Mae prisiau cynwyddau yn dibynnu ar y cyflenwad a galw byd-eang. Mae masnachwyr yn prynu cynwyddau ar Gyfnewidfa Stoc Llundain. Os yw pris tybaco o Malaŵi yn rhy uchel, mae masnachwyr yn chwilio am y fargen orau ac yn prynu tybaco o'r wlad sy'n cynnig y pris rhataf. Mae pwysau i gadw prisiau lawr. Mae'r un peth yn wir am de, coffi a choco.

		2013	2014	2015	2016	2017
Malaŵi	Allforion	1.37	1.49	1.27	0.93	0.87
	Mewnforion	3.03	2.79	2.29	1.13	1.44
	Gwarged/diffyg	−1.66				
México	Allforion	379	401	392	394	419
	Mewnforion	355	380	378	369	356
	Gwarged/diffyg	+24				

▲ **Ffigur 28** Gwerth mewnforion ac allforion (mewn biliynau o $UDA) Malaŵi a México.

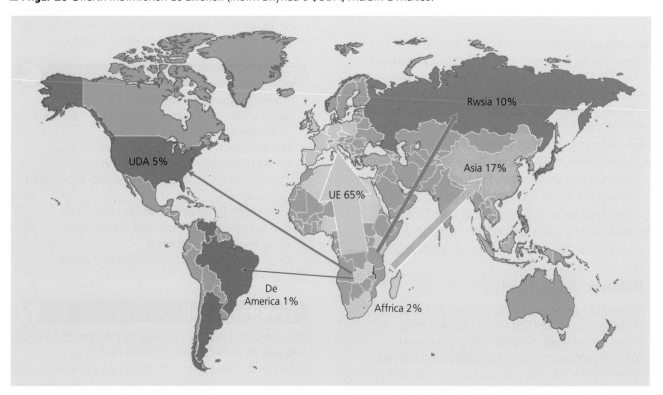

▲ **Ffigur 29** Allforion tybaco o Malaŵi, 2017.

Mae'r tywydd yn dda ac mae ffermwyr yn cynhyrchu cnwd helaeth

↓

Mae'r cyflenwad yn cynyddu

↓

Mae nifer y ffa coco sydd ei angen ar wneuthurwyr yn aros yr un fath

↓

Mae pris tunnell fetrig o goco yn disgyn

▲ **Ffigur 30** Cyflenwad a galw.

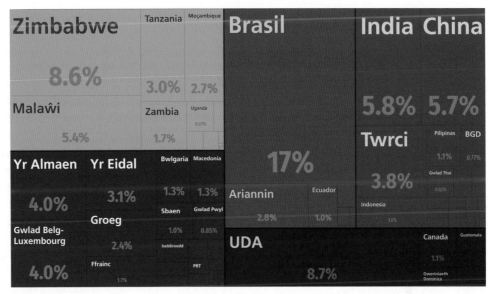

▲ **Ffigur 31** Gwledydd sy'n allforio tybaco'r byd.

Gweithgareddau

1 Edrychwch ar Ffigur 28.
   a) Cyfrifwch gyfanswm y diffyg masnachol neu warged masnachol sydd yn Malaŵi a México. Mae'r gwerth ar gyfer 2013 wedi'i wneud i chi.
   b) Esboniwch pam mae angen i Malaŵi ddatblygu diwydiannau gweithgynhyrchu.
2 Astudiwch Ffigur 30. Lluniwch siart llif tebyg sy'n dechrau â'r gosodiad canlynol: 'Mae clefyd mewn llawer o blanhigfeydd coco neu de yn arwain at gynhaeaf gwael.'
3 Defnyddiwch Ffigur 31 i esbonio pam nad yw Malaŵi yn gallu gofyn am fwy o arian am y tybaco y mae'n ei allforio i'r UE.
4 Astudiwch Ffigur 32. Awgrymwch beth fydd yn digwydd i bris coco ar y farchnad fyd-eang yn achos pob un o'r senarios hyn yn y dyfodol.

… os bydd nifer o gynhyrchwyr yn Affrica yn dechrau gwneud siocled yn hytrach nag allforio'r ffa.

… os bydd digwyddiad tywydd eithafol yn dinistrio'r cnwd yn Côte d'Ivoire.

Pris ffa coco
Beth fydd yn digwydd …

… os bydd gwlad drofannol arall yn buddsoddi'n drwm mewn cynhyrchu coco.

… os bydd pryderon am ordewdra ymhlith plant yn parhau i gynyddu yn Ewrop.

… os bydd safonau byw yn codi'n sylweddol i bobl ifanc yn Asia.

▲ **Ffigur 32** Olwyn y dyfodol ar gyfer coco.

Datblygiadau allweddol sy'n gyrru'r diwydiant twristiaeth byd-eang.

Mae'r diwydiant twristiaeth byd-eang yn cyflogi mwy na 1 biliwn o bobl. Pe bai twristiaeth yn gynnyrch allforio, byddai'n cyfrif fel y trydydd cynnyrch allforio mwyaf yn y byd. Mae proses globaleiddio (gweler tudalennau 214–15) wedi'i gwneud yn haws i fwy o bobl deithio dramor. Dyma'r datblygiadau allweddol sydd wedi gyrru'r diwydiant:

- newidiadau ym maes technoleg, yn enwedig technolegau cludiant a thechnolegau symudol
- lefelau cyfoeth yn codi, sy'n golygu bod mwy o bobl yn gallu fforddio cael gwyliau yn amlach
- sut mae cwmnïau amlwladol wedi globaleiddio ac yn cynnig gwyliau pecyn.

Dechreuodd oes fodern **twristiaeth dorfol** yn yr 1960au. Dechreuodd cwmnïau amlwladol drefnu pecynnau hedfan a llety i wneud gwyliau'n fwy fforddiadwy. Cafodd y gwyliau twristiaeth dorfol cyntaf eu cynnig mewn cyrchfannau newydd yn ardal y Môr Canoldir, fel Benidorm yn Sbaen. Ers yr 1960au, mae technolegau cludiant wedi gwella ac mae awyrennau yn gyflymach, yn fwy o ran maint ac yn fwy effeithlon. Yn 1947, roedd taith awyr o'r DU i Awstralia yn cymryd pedwar diwrnod, gyda saith stop. Yn 2018, roedd taith awyr ddi-dor rhwng Llundain a Perth yn cymryd dim ond 17 awr. Wrth i deithio mewn awyren ddod yn fwy fforddiadwy, cynyddodd nifer y teithiau hedfan pellter hir. O ganlyniad, datblygodd twristiaeth dorfol yn y Caribî ac yn Kenya yn ystod yr 1970au a'r 1980au, ac wedyn yn Asia yn ystod yr 1990au. Mae twristiaeth dorfol o'r fath wedi datblygu yn sgil twf cwmnïau amlwladol mawr – er enghraifft *Singapore Airlines* a chadwyni o westai fel *Marriott International* (cwmni amlwladol o UDA).

Ffactor arall sy'n effeithio ar y diwydiant twristiaeth yw twf cyflym technolegau cyfathrebu symudol, er enghraifft cyfrifiaduron llechen a ffonau clyfar. Mae teithwyr yn gallu bod yn annibynnol diolch i'r dyfeisiau hyn. Yn hytrach na dibynnu ar gwmni gwyliau i ddarparu cymorth a gwybodaeth, mae teithwyr yn gallu defnyddio technolegau symudol i ddod o hyd i wybodaeth, amserlenni, gwasanaethau cyfieithu, mapiau a bancio ar-lein. Mae technolegau fel hyn yn golygu bod **teithio annibynnol** yn haws gan nad yw twristiaid yn dibynnu cymaint ar gwmnïau amlwladol i drefnu eu gwyliau drostyn nhw.

Nifer y twristiaid rhyngwladol yn cyrraedd (miliynau)			
	1995	2017	2030
Affrica	18.7	63	134
Y Dwyrain Canol	12.7	54	149
Gogledd, Canolbarth a De America a'r Caribî	109.1	209	248
Asia a'r Pasiffig	82.1	323	535
Ewrop	304.7	672	744
Cyfanswm	527.3	1,326	1,810

▲ **Ffigur 33** Twf y diwydiant twristiaeth byd-eang – nifer y twristiaid yn 1995 a 2017, a'r nifer disgwyliedig yn 2030.

Twristiaeth dorfol

Pan fydd niferoedd mawr iawn o dwristiaid, sydd wedi prynu gwyliau pecyn, yn ymweld â chyrchfan mawr.

Teithio'n annibynnol

Pan fydd twristiaid yn gwneud eu trefniadau gwyliau eu hunain yn hytrach na phrynu gwyliau pecyn gan asiantaeth deithio.

▲ **Ffigur 34** Sut mae hyd teithiau awyren rhwng Llundain ac Awstralia wedi newid.

Gweithgareddau

1 Defnyddiwch Ffigur 34 i ddisgrifio ac esbonio sut mae hyd teithiau awyren i Awstralia wedi newid.

2 Nodwch y ffactorau economaidd, cymdeithasol a thechnolegol sydd wedi gyrru twf byd-eang y diwydiant twristiaeth.

Mae'r cynnydd ym mhoblogrwydd gwyliau mordeithio yn un o'r datblygiadau mwy diweddar ym maes twristiaeth dorfol. Yn debyg i wyliau pecyn oedd ar gael o'r blaen, mae mordeithiau yn gwneud pethau'n haws i gwsmeriaid drwy gyfuno trefniadau taith hedfan gyda llety a phrydau bwyd. Twf ychydig o gwmnïau amlwladol mawr, fel Royal Caribbean Cruises o UDA, sydd wedi gyrru datblygiad y maes hwn.

Aeth **9** miliwn o deithwyr ar fordaith yn 1999

Aeth **28.5** miliwn o deithwyr ar fordaith yn 2017

Mae'r llongau mordeithio mwyaf cyffredin yn y Caribî yn cludo **6,000** o deithwyr

Mae **70** y cant o gyrchfannau mordeithio yn fannau poeth o ran bioamrywiaeth

Mae teithwyr yn gwario **£40** y dydd ar gyfartaledd mewn busnesau lleol pan fyddan nhw'n gadael y llong

Am bob milltir maen nhw'n ei deithio, mae llongau mordeithio yn allyrru tua **0.43** kg o CO_2 am bob teithiwr, sef 0.17 kg yn fwy nag awyren yn ystod taith hedfan pellter hir

Mae pob teithiwr ar long fordeithio yn creu tua **3.5** kg o sbwriel y dydd, o'i gymharu â'r 0.8 kg mae pob person yn y Caribî yn ei greu.

▲ **Ffigur 35** Ystadegau'n ymwneud â llongau mordeithio.

Twf yn y galw am dwristiaeth mewn gwledydd newydd eu diwydianeiddio

Wrth i gyflogau gynyddu mewn gwledydd newydd eu diwydianeiddio, mae'r galw am dwristiaeth yn tyfu hefyd. Mae dosbarth canol newydd, mawr mewn gwledydd fel India, China a Nigeria. Mae'r pobl broffesiynol hyn yn ennill cyflogau da ac mae ganddyn nhw ddigon o arian i brynu eitemau defnyddwyr moethus gan gynnwys gwyliau. Teithiodd tua 100 miliwn o dwristiaid o China i wledydd tramor yn 2014. Mae nifer y bobl gefnog yn China yn cynyddu mor gyflym nes bod disgwyl i'r ffigur hwn godi i 234 miliwn erbyn 2020. Mae amcangyfrifon yn awgrymu bod twristiaid o China wedi gwario $UDA229 biliwn ar wyliau tramor yn 2015. Er mwyn cymharu, mae twristiaid o'r DU wedi gwario tua $UDA60 biliwn. Mae llawer o dwristiaid o China yn dewis teithio yn Asia, ond mae atyniadau yn y DU, gan gynnwys dinasoedd fel Llundain a Rhydychen, yn awyddus i ddenu mwy o dwristiaid o China.

▲ **Ffigur 36** Llong fordeithio fawr wedi'i hangori oddi ar ynys St Lucia yn y Caribî. Aeth tua 21 miliwn o dwristiaid ar wyliau mordeithio i'r Caribî yn 2014.

Elw coll

Mae'r rhan fwyaf o dwristiaid yn bwcio gwyliau drwy asiant o hyd ac yn prynu pecyn sy'n cynnwys teithiau hedfan, gwesty a phrydau bwyd. Gyda gwyliau pecyn fel hyn, mae tua 40–80 y cant o'r arian sy'n cael ei wario gan yr ymwelydd yn mynd i'r cwmni amlwladol sy'n berchen ar y cwmni hedfan neu'r gadwyn o westai. Mae pencadlysoedd y rhan fwyaf o'r cwmnïau hyn yn Ewrop neu yng Ngogledd America yn hytrach nag yn y wlad lle mae'r ymwelydd ar ei wyliau. Yr enw ar y broses hon o golli incwm yw elw coll (*leakage*).

Gweithgareddau

3 Esboniwch pam mae'n bosibl nad yw twristiaeth mordeithio yn cyfrannu cymaint o arian i'r economi lleol ag y mae teithio annibynnol.

4 Astudiwch Ffigur 33.
   a) Cyfrifwch nifer y twristiaid oedd yn cyrraedd Ewrop yn 1995.
   b) Beth oedd y ffigur hwn fel canran o gyfanswm y twristiaid?
   c) Cymharwch y cynnydd yn nifer y twristiaid yn cyrraedd Asia â'r cynnydd yn nifer y twristiaid yn cyrraedd Ewrop.
   ch) Rhowch un rheswm technolegol ac un rheswm economaidd i esbonio pam mae twristiaeth yn Asia yn ehangu mor gyflym.

Gwaith ymholi

'Mae twristiaeth mordeithio yn wael i'r economi ac yn wael i'r amgylchedd.'

I ba raddau ydych chi'n cytuno â'r gosodiad hwn?

Pa mor bwysig yw twristiaeth i economi México?

Gwlad newydd ei diwydianeiddio yw México. Mae ganddi economi mawr a chymhleth sy'n allforio amrywiaeth eang o weithgynhyrchion. Aeth tua 39 miliwn o dwristiaid tramor i ymweld â México yn 2017. Daeth y mwyafrif o'r twristiaid o UDA (61%), Canada (11%) a'r DU (3%). Mae tua 3.6 miliwn o bobl yn gweithio'n uniongyrchol ym meysydd teithio a thwristiaeth yn México, ac mae disgwyl i'r ffigur hwn godi i 4.8 miliwn erbyn 2025. Mae twf y diwydiant twristiaeth yn creu swyddi adeiladu ac yn arwain at welliannau o ran isadeiledd, gan gynnwys meysydd awyr a phorthladdoedd. Mae'r diwydiant ei hun yn creu **cyflogaeth uniongyrchol** ym maes teithio (er enghraifft, mewn meysydd awyr ac ar awyrennau) ac mewn gwestai a thai bwyta. Mae'r diwydiant hefyd yn creu **cyflogaeth anuniongyrchol** – hynny yw, swyddi sydd eisoes yn bodoli ac sydd ar eu hennill o gael twristiaid yn ymweld â'r ardal. Er enghraifft, mae'r galw am fwyd mewn gwestai yn cynnal swyddi mewn amaethyddiaeth a physgota. Yn 2017, roedd twristiaid oedd yn dod am wyliau hir i México yn gwario $UDA909 ar gyfartaledd tra oedden nhw'n ymweld â'r wlad. Mae hwn yn arian sy'n gallu creu lluosydd economaidd.

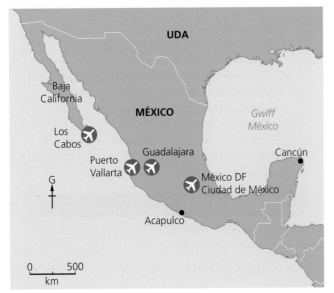

▲ **Ffigur 37** Gwerthwr ar y stryd yn gwerthu ffrwythau yn Cancún. Dyma un enghraifft o sut mae twristiaeth yn gallu rhoi hwb anuniongyrchol i gyflogaeth.

Gweithgareddau

1 Gweithiwch gyda phartner i lunio rhestr o'r mathau o swyddi mae twristiaeth yn eu creu:
   a) yn uniongyrchol
   b) yn anuniongyrchol.
2 Disgrifiwch leoliad y cyrchfannau/rhanbarthau twristiaeth canlynol yn México:
   a) Cancún
   b) Acapulco
   c) Baja California.
3 Edrychwch ar Ffigur 39.
   a) Defnyddiwch y data i luniadu cyfres o graffiau.
   b) Disgrifiwch sut mae nifer y twristiaid sy'n ymweld â México wedi newid.

Cyflogaeth uniongyrchol

Swyddi sy'n cael eu creu o fewn y diwydiant ei hun – yn yr achos hwn, swyddi mewn gwestai, twristiaeth a meysydd awyr.

Cyflogaeth anuniongyrchol

Swyddi sy'n cael eu creu o fewn busnesau sy'n cyflenwi nwyddau a gwasanaethau i'r diwydiant. Yn yr achos hwn, gyrwyr tacsis, cyflenwyr bwyd, pysgotwyr a ffermwyr sy'n cyflenwi'r diwydiant twristiaeth yn México.

◄ **Ffigur 38** Lleoliad y meysydd awyr rhyngwladol prysuraf yn México a'r cyrchfannau twristiaeth dorfol yn Cancún ac Acapulco.

Blwyddyn	Miliwn
2010	23.3
2011	23.4
2012	23.4
2013	24.2
2014	29.3
2015	32.1
2016	35.1
2017	39.3

▲ **Ffigur 39** Nifer y twristiaid rhyngwladol yn cyrraedd México.

Twf twristiaeth dorfol yn Cancún, México

Roedd Cancún yn bentref pysgota bach yn yr 1970au. Erbyn heddiw, Cancún yw'r cyrchfan twristiaeth dorfol mwyaf yn y Caribî. Mae dros 150 o westai a chyfanswm o 35,000 o ystafelloedd yn ardal gwestai Cancún. Mae disgwyl i nifer yr ystafelloedd godi i 46,000 erbyn 2030. Mae'r tair miliwn o dwristiaid sy'n ymweld â Cancún bob blwyddyn yn ychwanegu $UDA4.36 biliwn at economi México.

Mae ardal gwestai Cancún wedi'i gwahanu oddi wrth y gymuned leol. Cafodd ei chynllunio fel hyn yn fwriadol er mwyn creu **clofan i dwristiaid**. Mae'r twristiaid yn mwynhau holl foethusrwydd yr ardal gwestai, ond mae staff y gwestai yn byw yn ninas Cancún, sydd wedi'i gwahanu oddi wrth yr ardal hon. Mae pobl leol wedi'u gwahardd rhag mynd ar y traethau hyd yn oed. Y wladwriaeth sy'n berchen ar y traethau, ond y gwestai sy'n rheoli pwy sy'n gallu eu defnyddio. Maen nhw'n rhwystro pobl leol rhag mynd yno er mwyn sicrhau nad yw pobl sy'n ceisio gwerthu bwyd, diod neu deithiau personol yn tarfu ar dwristiaid.

Twristiaeth clofan

Mae gwestai yn gwerthu pecynnau 'hollgynhwysol' yn aml. Ystyr hyn yw bod twristiaid yn talu un pris ac yn derbyn popeth – hynny yw, bwyd, diod ac adloniant gan y gwesty. Mae llongau mordeithio yn cynnig bargen debyg. Yn y naill achos a'r llall, does dim angen i gwsmeriaid adael y gwesty neu'r llong mewn gwirionedd. Mae twf twristiaeth clofan yn golygu nad yw twristiaid yn gwario arian mewn bariau neu dai bwyta sy'n eiddo i bobl leol. Pe baen nhw'n gwneud hynny, byddai llai o'r arian sy'n cael ei wario gan dwristiaid yn cael ei golli o'r economi lleol.

Gweithgaredd

4 Astudiwch Ffigur 40.
   a) Awgrymwch gapsiwn newydd ar gyfer y cartŵn hwn.
   b) Cyfiawnhewch y safbwynt bod clofannau yn wael i dwristiaid ac i bobl leol.
   c) Awgrymwch pam mae llywodraeth México wedi datblygu Cancún fel clofan i dwristiaid.

"Annwyl George, dyma ni yn ei chanol hi yn cael amser gwych. Teimlwn ein bod yn dod i adnabod y wlad egsotig yma'n dda iawn…'

▲ **Ffigur 40** Twristiaeth clofan.

Ydy twristiaeth wedi bod yn dda neu'n wael i Cancún?

Mae twristiaeth yn creu cyflogaeth uniongyrchol ar gyfer 52,000 o bobl yn Cancún, yn ogystal â 175,000 o swyddi anuniongyrchol. Fodd bynnag, dim ond cytundebau byr, dros dro mae llawer o'r gwestai mawr yn eu cynnig i'w gweithwyr. Oherwydd bod niferoedd twristiaid yn amrywio o dymor i dymor, mae hyn yn golygu bod gweithwyr yn gallu cael eu diswyddo ar ddiwedd cytundeb un mis neu dri mis os nad oes digon o waith ar gael.

Rwy'n gweithio oriau hir a dim ond yn ennill tua $UDA5 y dydd. Dydw i ddim yn gallu fforddio prynu cartref da, felly rwy'n rhentu caban. Mae'n costio $UDA80 y mis. Rwy'n rhannu'r toiled tu allan gyda fy nghymdogion ac mae'r dŵr yn dod drwy'r to tun pan fydd hi'n bwrw glaw yn drwm. Mae gan y twristiaid bopeth y mae ei angen arnyn nhw, ond does dim lle na chyfleusterau hamdden gennym ni. Dydyn ni ddim hyd yn oed yn cael mynd ar y traeth!

Gweithiwr mewn gwesty

Mae llawer o bobl sy'n gweithio yng ngwestai Cancún wedi mudo o ardaloedd eraill yn México. Maen nhw'n dioddef am eu bod wedi'u gwahanu oddi wrth eu teuluoedd a'u cymunedau gwreiddiol. Mae'r rhan fwyaf ohonyn nhw'n derbyn cyflog gwael ac maen nhw'n dibynnu ar dderbyn tips i ennill digon. Mae llawer ohonyn nhw'n gweithio oriau hir o dan amodau gwaith llawn straen. Mae rhai'n gaeth i alcohol neu gyffuriau.

Gweithiwr cymdeithasol

▲ **Ffigur 41** Gweithwyr yn niwydiant twristiaeth Cancún o flaen eu cartref mewn anheddiad anffurfiol ar gyrrion Cancún.

Rydyn ni'n defnyddio swyddogion diogelwch i gadw pobl leol oddi ar y traeth. Y broblem yw bod rhai 'bechgyn y traeth' yn tarfu ar y twristiaid. Maen nhw'n ceisio gwerthu bwyd neu anrhegion gwyliau iddyn nhw. Mae gwerthwyr cyffuriau wedi achosi problemau yn y gorffennol ac mae rhai pobl wedi cael eu mygio hyd yn oed.

Rheolwr gwesty

Gweithgareddau

1 a) Lluniadwch graff i ddangos y data yn Ffigur 43.
   b) Gan ddefnyddio Ffigur 41 a'ch gwybodaeth am ddinasoedd global eraill, awgrymwch rai problemau a allai godi yn sgil y twf trefol cyflym yn Cancún.
2 Astudiwch y safbwyntiau yn Ffigur 42.
   a) Nodwch dair problem wahanol a allai godi yn sgil twristiaeth yn Cancún.
   b) Beth yw prif achosion y problemau hyn?
   c) Awgrymwch atebion posibl i un o'r problemau hyn.
3 Crynhowch fanteision ac anfanteision twristiaeth dorfol, yn eich barn chi, ar gyfer pobl leol ac ar gyfer economi Cancún.

▲ **Ffigur 42** Safbwyntiau am ddatblygiad twristiaeth yn Cancún.

Blwyddyn	Cancún	Acapulco
1970	0	178
1980	34	304
1990	192	658
2000	438	794
2010	680	864
2020	993	944
2030	1,161	1,075

▲ **Ffigur 43** Poblogaeth Cancún ac Acapulco (miloedd).

Effeithiau twristiaeth ar yr amgylchedd yn Cancún

Mae dinas Cancún wedi'i hadeiladu ar lain denau, hir o dywod – llain Cancún–Nizuc. Roedd y lagŵn y tu ôl i'r llain hon yn llawn coedwigoedd mangrof ar un adeg. Mae cynefin pwysig arall yn gorwedd alltraeth – riff cwrel trofannol. Mae gwyddonwyr yn ofni bod y tair rhan o'r amgylchedd hwn wedi'u difrodi gan dwf twristiaeth:

- Mae carthion o'r ardal wyliau wedi achosi i glefydau ledaenu yn y riffiau cwrel.
- Cafodd tywod ei gymryd o'r traeth yn yr 1970au a'r 1980au a'i ddefnyddio i adeiladu'r gwestai.
- Mae coed mangrof wedi'u torri i lawr ac mae'r lagŵn wedi'i lygru.
- Mae planhigion sy'n tyfu'n naturiol ar hyd pen uchaf y traeth, ac sy'n helpu i gynnal y tywod, wedi'u tynnu i ffwrdd. Mae hyn yn gwneud y traethau'n fwy deniadol i dwristiaid, ond mae'n golygu bod y tywod yn fwy agored i erydiad yn ystod stormydd.
- Mae'r adeiladau gwestai uchel yn rhy drwm i'r gwaddodion meddal sydd o dan yr adeiladau. Mae rhai gwestai wedi cael problemau adeileddol o ganlyniad i ymsuddiant.

Mae riffiau cwrel, traethau a mangrofau i gyd yn ymddwyn fel cylchfaoedd byffer naturiol yn ystod storm drofannol. Mae gwyddonwyr yn credu bod Cancún yn fwy agored i niwed gan drychinebau naturiol oherwydd bod yr amgylcheddau hyn wedi'u difrodi. Mae Cancún wedi dioddef sawl storm. Yr un waethaf oedd Corwynt Wilma (2005), a achosodd ddifrod gwerth $UDA19 miliwn i ardal gwestai Cancún. Roedd yr holl dywod ar y traeth (sy'n 20 m o led) wedi'i erydu yn dilyn y storm. Cafodd y traeth ei ail-lenwi yn 2016 a'r gost oedd $UDA19 miliwn.

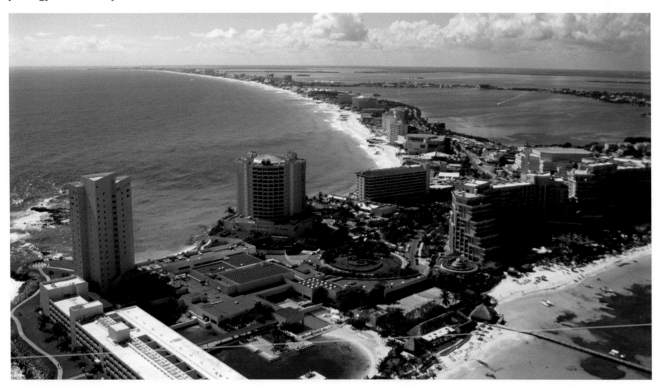

▲ **Ffigur 44** Ardal gwestai Cancún.

Twristiaeth yn Gambia

Gwlad incwm isel (*LIC: Low Income Country*) yng Ngorllewin Affrica yw Gambia. Mae tlodi yn ogystal â gofal iechyd ac addysg wael yn golygu bod y wlad fach hon ymhlith y 25 o wledydd mwyaf tlawd yn y byd. Mae'r Cenhedloedd Unedig yn amcangyfrif bod 40 y cant o'r boblogaeth yn byw mewn tlodi.

Mae tua 75 y cant o'r boblogaeth yn gweithio ym maes amaethyddiaeth, er bod cynnyrch fferm yn gyfrifol am tua 20 y cant yn unig o gyfoeth Gambia. Cnau mwnci yw prif gynnyrch allforio Gambia, a'r sector twristiaeth yw ail ffynhonnell incwm bwysicaf y wlad. Ychydig iawn o adnoddau naturiol sydd gan Gambia, ac mae sector gweithgynhyrchu'r wlad yn fach iawn. Felly, diolch i'w thraethau aur a'i hinsawdd gynnes, mae Gambia bellach yn dibynnu ar dwristiaeth. Mae'r diwydiant twristiaeth yn gyfrifol am tua 40 y cant o holl gyfoeth y wlad. Yn ôl yr amcangyfrifon, mae rhwng 20,000 a 35,000 o bobl yn cael eu cyflogi'n uniongyrchol ym maes twristiaeth. Mae o leiaf 35,000 o bobl eraill yn cael eu cyflogi'n anuniongyrchol. Mae Gambia yn dibynnu ar yr incwm sy'n dod o'r diwydiant twristiaeth i fewnforio bwydydd sylfaenol fel reis.

Dechreuodd twristiaid hedfan i Gambia am y tro cyntaf yn 1965, a daeth y criw cyntaf o Sweden. Heddiw, mae'r mwyafrif o'r twristiaid sy'n ymweld â'r wlad yn dod o'r DU, yr Almaen, Gwlad Belg, yr Iseldiroedd, Denmarc, Sweden a Norwy. Dim ond chwe awr yw hyd taith hedfan i Gambia o'r rhan fwyaf o ddinasoedd Ewrop. Mae'r wlad yn yr un gylchfa amser â Llundain, ac felly nid yw teithwyr yn dioddef o flinder hedfan.

Dibyniaeth

Pan fydd economi gwlad yn dibynnu ar ddiwydiant penodol. Er enghraifft, mae economïau'r rhan fwyaf o ynys-wladwriaethau bach datblygol (*SIDS: Small Island Developing States*) yn dibynnu'n fawr ar dwristiaeth. Ychydig iawn o allforion sydd gan nifer o'r gwledydd bach hyn, ac mae arian o'r diwydiant twristiaeth yn gyfrifol am dros 30 y cant o'u holl allforion. I gymharu, mae'r diwydiant twristiaeth byd-eang yn ennill ychydig dros 5 y cant o enillion cyfan y byd ar gyfartaledd. Mae'r Maldives, y Seychelles a Jamaica yn dibynnu'n fawr ar dwristiaeth. Mae rhai gwledydd incwm isel, fel Gambia, hefyd yn dibynnu'n fawr iawn ar y diwydiant twristiaeth o'i gymharu â dulliau eraill o ennill incwm o dramor. Mae dibyniaeth ar dwristiaeth yn beryglus i unrhyw economi. Mae trychineb naturiol fel seiclon, daeargryn neu tswnami yn gallu lleihau nifer yr ymwelwyr yn sylweddol. Mae ansefydlogrwydd gwleidyddol, gwrthdaro, clefydau a dirwasgiad economaidd hefyd yn gallu effeithio ar nifer yr ymwelwyr.

Gwaith ymholi

I ba raddau mae economïau'r ynys-wladwriaethau bach datblygol (*SIDS: Small Island Developing States*) yn dibynnu ar dwristiaeth?

- Ymchwiliwch i leoliad y *SIDS*.
- Gwnewch waith ymchwil pellach ar un o'r *SIDS*. Faint o dwristiaid sy'n ymweld? Beth yw effeithiau cadarnhaol a negyddol twristiaeth yma?

▲ **Ffigur 45** Mae gwaith anffurfiol yn beth cyffredin yn y Gambia; dyma rywun yn ceisio gwerthu anrhegion gwyliau i dwristiaid.

Ydy twristiaeth yn beth da i Gambia?

Mae gan Gambia hinsawdd dymhorol ac mae tymor gwlyb yn ystod misoedd yr haf. Mae twristiaeth yn dymhorol hefyd, ac mae'r rhan fwyaf o dwristiaid o Ewrop yn ymweld yn ystod y gaeaf rhwng mis Hydref a mis Mawrth. Mae hyn yn golygu nad oes digon o waith, neu unrhyw waith o gwbl, ar gael i nifer o'r gweithwyr ym maes twristiaeth am sawl mis o'r flwyddyn. O ganlyniad, maen nhw'n dibynnu ar waith arall yn yr **economi anffurfiol**. Mae ffigurau'n ymwneud â diweithdra a chyflogaeth anffurfiol yn annibynadwy, ond maen nhw'n uchel iawn.

Nid yw Gambia yn gallu bod yn sicr y bydd yn ennill yr un incwm o dwristiaeth bob blwyddyn. Mae twristiaid eisiau teimlo eu bod nhw a'u heiddo'n ddiogel pan fyddan nhw ar eu gwyliau. Maen nhw'n poeni am broblemau fel clefydau, terfysgaeth ac aflonyddwch gwleidyddol. Os yw'n ymddangos bod cyrchfan yn anniogel, mae'n hawdd iawn bwcio taith i gyrchfan arall. Yn ystod y blynyddoedd diwethaf, mae rhai twristiaid wedi bod yn llai parod i ymweld â Gambia yn sgil yr aflonyddwch gwleidyddol yno. Mae arweinydd y wlad wedi lleisio barn hynod gadarn ar rai pynciau, gan gynnwys hawliau pobl hoyw a lesbiaidd. Mae ei safbwyntiau wedi arwain at brotestiadau, ac mae'r digwyddiadau hyn wedi ymddangos yn y newyddion yng ngwledydd Ewrop. Yn 2014, roedd rhai ardaloedd yng Ngorllewin Affrica wedi'u heffeithio gan Ebola. Doedd dim achosion o'r clefyd yn Gambia ond roedd nifer y twristiaid yn hynod isel yn 2014.

Blwyddyn	Twristiaid
2000	79,000
2001	57,000
2002	81,000
2003	89,000
2004	90,000
2005	108,000
2006	125,000
2007	143,000
2008	147,000
2009	142,000
2010	91,000
2011	106,000
2012	157,000
2013	171,000
2014	156,000
2015	135,000
2016	161,000
2017	162,000

▲ **Ffigur 47** Nifer yr ymwelwyr â Gambia bob blwyddyn.

Economi anffurfiol

Rhan o'r economi sydd heb ei rheoleiddio gan y wladwriaeth. Mae'n cynnwys swyddi afreolaidd mewn twristiaeth fel gwerthwyr stryd, tywyswyr anffurfiol a gweithwyr rhyw.

Gweithgareddau

1 a) Defnyddiwch atlas i ddod o hyd i leoliad Gambia.
   b) Lluniadwch linfap a'i labelu i ddangos pam mae Gambia yn boblogaidd ymhlith twristiaid o Ewrop.
2 a) Esboniwch pam mae'r diwydiant twristiaeth yn Gambia yn dymhorol.
   b) Pa broblemau sy'n codi yn sgil hyn?
3 a) Cymharwch dwristiaeth yn Gambia â thwristiaeth yn Cancún. Rhowch ffeithiau a ffigurau.
   b) Esboniwch pam mae Gambia yn dibynnu llawer mwy ar dwristiaeth na México.
   c) Esboniwch pam mae hyn yn broblem i:
       i)   lywodraeth Gambia.
       ii) pobl leol yn Gambia.
4 a) Dewiswch dechneg addas i gyflwyno'r data yn Ffigur 47.
   b) Disgrifiwch y duedd sydd i'w gweld ar eich graff.
   c) Esboniwch pam roedd gostyngiad mor fawr yn nifer yr ymwelwyr yn 2014.
   ch) Nodwch un rheswm arall pam na fydd twristiaid o Ewrop yn ymweld â Gambia yn y dyfodol efallai.

Perchennog gwesty yn y Gambia
Fel arfer, mae rhyw 80-95 y cant o ystafelloedd y gwesty wedi'u llenwi yn ystod misoedd y gaeaf. Fodd bynnag, yn ystod gaeaf 2014 dim ond 30 y cant o ystafelloedd y gwesty oedd wedi'u llenwi. Dw i'n meddwl y bydd o leiaf tair blynedd yn mynd heibio cyn i'r busnes ddechrau gwella eto.

Ymwelydd o'r DU
Dw i'n meddwl bod ymwelwyr yn ofni dod yma. Maen nhw'n gwybod bod clefyd Ebola wedi effeithio ar wledydd yng Ngorllewin Affrica, ond dydyn nhw ddim yn sylweddoli bod Gorllewin Affrica ddeuddeg gwaith yn fwy na'r DU ac mai dim ond rhai ardaloedd sydd wedi cael eu heffeithio.

Glanhawr mewn gwesty
Mae pethau'n llawer gwaeth pan fyddwn ni'n cael tymor twristiaeth gwael. Yn amlwg, mae llai o waith ar gael, ac mae gen i lai o arian i brynu bwyd. Mae pris reis ac olew, sydd eu hangen arna i i goginio, yn codi hefyd!

▲ **Ffigur 46** Safbwyntiau am dymor twristiaeth Gambia yn 2014.

Sut dylen ni ymateb i anghydraddoldeb?

Mae'r Cenhedloedd Unedig (CU) yn sefydliad rhyngwladol sy'n cael ei gefnogi gan 193 o wledydd gwahanol. Un o amcanion y CU yw annog a chynorthwyo datblygiad pobl. Yn 2015, cafodd 17 o **Gyrchnodau Datblygiad Cynaliadwy**, eu gosod gan y CU i'w cyflawni erbyn 2030. Mae pob cyrchnod wedi'i rannu'n dargedau penodol ac mae 169 o dargedau i gyd. Er enghraifft, yn rhan o Gyrchnod 3 mae 13 o dargedau sy'n ymwneud ag iechyd. Mae'n bosib defnyddio data i fesur llwyddiant yn erbyn y targedau hyn. Er enghraifft, gellir defnyddio data am gyfraddau marwolaeth plant – sef y nifer o blant sy'n marw cyn iddyn nhw gyrraedd 5 oed i bob 1,000 o enedigaethau byw. Felly, un targed yw gostwng cyfraddau marwolaeth plant i 25 neu'n is ymhob gwlad erbyn 2030.

Cyrchnodau Datblygiad Cynaliadwy

Cyrchnod 1: Rhoi diwedd ar dlodi o bob math ym mhob man.

Cyrchnod 2: Rhoi diwedd ar newyn, darparu sicrwydd bwyd a maeth gwell, a hyrwyddo amaethyddiaeth gynaliadwy.

Cyrchnod 3: Sicrhau bywydau iach a hyrwyddo llesiant i bawb o bob oedran.

Cyrchnod 4: Sicrhau addysg gynhwysol a theg o ansawdd da, a hyrwyddo cyfleoedd dysgu gydol oes i bawb.

Cyrchnod 5: Sicrhau cydraddoldeb rhywiol a rhoi grym i bob menyw a merch.

Cyrchnod 6: Sicrhau bod dŵr ac iechydaeth ar gael i bawb, a'u rheoli mewn ffordd gynaliadwy.

Cyrchnod 7: Sicrhau bod gan bawb fynediad at egni fforddiadwy, dibynadwy, cynaliadwy a modern.

Cyrchnod 8: Hyrwyddo twf economaidd parhaus, cynhwysol a chynaliadwy, cyflogaeth lawn a chynhyrchiol a gwaith da i bawb.

Cyrchnod 9: Datblygu isadeiledd cadarn, hyrwyddo diwydianeiddio cynhwysol a chynaliadwy, a meithrin arloesedd.

Cyrchnod 10: Lleihau anghydraddoldeb mewn gwledydd a rhwng gwledydd.

Cyrchnod 11: Sicrhau bod dinasoedd ac aneddiadau pobl yn gynhwysol, yn ddiogel, yn gadarn ac yn gynaliadwy.

Cyrchnod 12: Sicrhau bod patrymau defnyddio a chynhyrchu yn gynaliadwy.

Cyrchnod 13: Rhoi camau gweithredu brys ar waith i fynd i'r afael â newid hinsawdd a'i effeithiau.

Cyrchnod 14: Gwarchod y cefnforoedd, y moroedd a'r adnoddau morol a'u defnyddio mewn ffordd gynaliadwy ar gyfer datblygiad cynaliadwy.

Cyrchnod 15: Diogelu, adfer a hyrwyddo defnydd cynaliadwy o ecosystemau daearol, rheoli coedwigoedd mewn ffordd gynaliadwy, mynd i'r afael â diffeithdiro, atal a gwrthdroi prosesau diraddio tir ac atal y broses o golli bioamrywiaeth.

Cyrchnod 16: Hyrwyddo cymdeithasau heddychlon a chynhwysol ar gyfer datblygiad cynaliadwy, darparu mynediad at gyfiawnder i bawb a chreu sefydliadau effeithiol, atebol a chynhwysol ar bob lefel.

Cyrchnod 17: Cryfhau'r modd o weithredu ac adfywio'r Bartneriaeth Fyd-eang ar gyfer Datblygiad Cynaliadwy.

▲ **Ffigur 48** Yr 17 Cyrchnod Datblygiad Cynaliadwy.

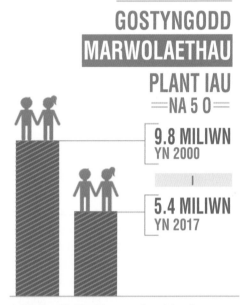

▲ **Ffigur 49** Ffeithlun a gyhoeddwyd gan y Cenhedloedd Unedig yn 2018.

Cyrchnodau Datblygiad Cynaliadwy

Cyfres o nodau a gynigiwyd gan y Cenhedloedd Unedig (CU) yn 2015, sy'n ymwneud ag 17 o wahanol agweddau o fywyd. Y nod cyffredinol erbyn 2030 yw dod â thlodi i ben, gwarchod y blaned a sicrhau heddwch a ffyniant i bawb.

Gweithgaredd

1 Astudiwch y Cyrchnodau Datblygiad Cynaliadwy sydd wedi'u rhestru yn Ffigur 48. Rhowch bob cyrchnod yn un o'r categorïau canlynol:
- economaidd
- cymdeithasol
- amgylcheddol.

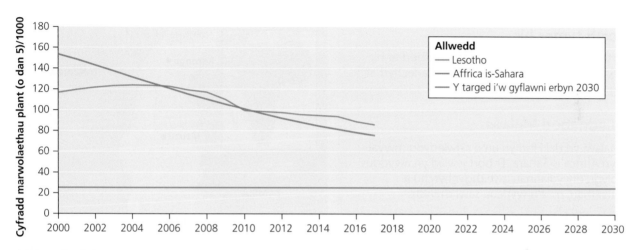

O GANLYNIAD I
FRECHLYNNAU CAFWYD
GOSTYNGAD O 80%
MEWN MARWOLAETH O'R FRECH GOCH
RHWNG 2000 A 2017

▲ **Ffigur 50** Ffeithlun a gyhoeddwyd gan y CU yn 2018.

▲ **Ffigur 51** Cyfraddau marwolaeth plant (o dan 5 oed) yn Affrica is-Sahara a Lesotho (2000–17)

Sut allwn ni gyflawni'r cyrchnodau hyn?

Mae'r Cyrchnodau Datblygiad Cynaliadwy yn berthnasol i bob gwlad. Fodd bynnag, bydd angen i lywodraethau a'r sector gwirfoddol mewn gwledydd mwy cyfoethog roi **cymorth datblygu** i wledydd fel Malaŵi er mwyn dod â thlodi eithafol i ben. Mae dau brif fath o gymorth datblygu. Mae disgrifiad ohonyn nhw yn y paneli isod. Ffordd arall o roi diwedd ar dlodi yw sicrhau bod masnach yn fwy teg fel bod gweithwyr yn ennill digon o gyflog. Mae enghreifftiau o gymorth a masnach deg ar dudalennau 238–41.

Cymorth dwyochrog

Mae cymorth dwyochrog yn digwydd pan fydd llywodraeth un wlad yn rhoi cymorth uniongyrchol i lywodraeth gwlad arall. Er enghraifft, mae llywodraeth Awstralia yn rhoi tua $A42 miliwn o gymorth dwyochrog bob blwyddyn i ynys Vanuatu yn y Cefnfor Tawel. Mae'r arian hwn yn cael ei wario ar amrywiaeth eang o brojectau datblygu, er enghraifft lleihau problemau'n ymwneud â malaria neu wella ffyrdd gwledig. Mae Awstralia yn rhoi tua $A1,500 miliwn o gymorth dwyochrog bob blwyddyn.

Cymorth amlochrog

Mae cymorth amlochrog yn digwydd pan fydd arian yn cael ei roi gan nifer mawr o lywodraethau gwahanol i sefydliad mawr fel y Cenhedloedd Unedig, Banc y Byd neu *UNICEF* (elusen plant fwyaf y byd). Wedyn, mae'r sefydliad yn defnyddio'r arian i ariannu projectau datblygu. Mae Awstralia yn rhoi tua $A3,500 miliwn o gymorth amlochrog bob blwyddyn.

Gweithgaredd

2 Defnyddiwch Ffigur 51 i ddisgrifio sut mae marwolaethau babanod yn newid yn Lesotho. Sut mae hyn yn cymharu â'r cyfartaledd yn Affrica is-Sahara?

Gwaith ymholi

Gwerthuswch y cynnydd tuag at gyflawni Cyrchnod 3. Defnyddiwch dystiolaeth o Ffigurau 49, 50 a 51.

Ymchwilio i gymorth tymor hir

Rydyn ni i gyd yn gyfarwydd â gweld pobl yn apelio am gymorth ar y teledu yn dilyn trychineb naturiol fel daeargryn mawr. **Cymorth brys** yw'r enw ar y cymorth hwn. Fodd bynnag, mae'r rhan fwyaf o gymorth yn cael ei roi dros gyfnodau hir fel **cymorth tymor hir**. Un wlad incwm isel (*LIC*) sy'n defnyddio cymorth tymor hir yw Malaŵi.

Cymorth brys

Cymorth sy'n cael ei roi ar frys yn dilyn trychineb naturiol neu wrthdaro.

Cymorth tymor hir

Cymorth sydd wedi'i gynllunio dros gyfnodau hir er mwyn mynd i'r afael â thlodi a gwella iechyd ac addysg.

Dod i adnabod Malaŵi

Mae Malaŵi yn dal i fod yn un o'r gwledydd mwyaf tlawd yn Affrica is-Sahara. Er bod y wlad yn awyddus i ddatblygu diwydiannau gweithgynhyrchu a gwasanaethau, mae'n wynebu sawl rhwystr:

- Mae'n wlad dirgaeedig.
- Mae nifer yr allforion sydd ganddi yn llai o lawer na gwledydd eraill.
- Mae marwolaethau yn sgil HIV/AIDS wedi cael effaith fawr ar y wlad.

	Malaŵi 2000	Malaŵi 2018
IGC y pen PGP ($UDA)	490	1,310
Poblogaeth sy'n byw o dan y llinell dlodi (%)	54	53
O ble mae'r IGC yn dod (%)	Amaethyddiaeth: 37 Diwydiant: 29 Gwasanaethau: 34	Amaethyddiaeth: 29 Diwydiant: 15 Gwasanaethau: 56
Canran y bobl yn ôl swyddi	Amaethyddiaeth: 86 Diwydiant a Gwasanaethau: 14	Amaethyddiaeth: 77 Diwydiant a Gwasanaethau: 23
Gwerth allforion ($UDA)	0.5 biliwn	1.42 biliwn
Nwyddau allforio (mewn trefn restrol)	Tybaco, te, siwgr, cotwm, coffi, cnau mwnci, cynhyrchion pren	Tybaco (55%), te, siwgr, cotwm, coffi, cnau mwnci, cynhyrchion pren

▲ **Ffigur 52** Economi Malaŵi yn 2000 a 2018.

Gweithgaredd

1 Defnyddiwch y data yn Ffigur 52 i ddarparu tystiolaeth fod Malaŵi yn wlad incwm isel.

COVAMS – arbed y pridd

Mae Middle Shire yn ardal yn ne Malaŵi sydd wedi'i henwi ar ôl afon leol, sef afon Shire. Mae'r afon yn hanfodol i'r rhan hon o Malaŵi oherwydd ei bod yn darparu'r rhan fwyaf o bŵer trydan dŵr Malaŵi. Rhanbarth amaethyddol yw hwn. Mae'r rhan fwyaf o'r teuluoedd sy'n byw yma yn ffermwyr ymgynhaliol sy'n tyfu cnydau fel casafa neu India corn. Mae ffermwyr eraill yn gweithio ar blanhigfeydd mawr sy'n tyfu cansen siwgr a chotwm.

▲ **Ffigur 53** Map yn dangos lleoliad project *COVAMS* yn Middle Shire.

Mae erydiad pridd yn effeithio ar dir Middle Shire yn ystod y tymor gwlyb iawn bob blwyddyn. Rhwng 1990 a 2005, cafodd 13 y cant o goedwigoedd Malaŵi eu clirio i greu tir ffermio. Mae dau fath o bwysau wedi achosi'r sefyllfa hon:

- Poblogaeth sy'n cynyddu'n gyflym, felly mae'n rhaid i ffermwyr dorri coed i lawr i dyfu mwy o fwyd.
- Mae prisiau tybaco (sef cynnyrch allforio pwysicaf Malaŵi) wedi gostwng yn sgil gor-gynhyrchu byd-eang a'r ffaith bod llai o bobl yn ysmygu yng ngwledydd incwm uchel y byd. Felly, mae'n rhaid i ffermwyr dyfu mwy o dybaco i ennill yr un incwm.

▲ **Ffigur 54** Cynllun hyfforddi amaethyddol yn Malaŵi.

Mae project yn Middle Shire yn ceisio arbed priddoedd ac ailblannu coed. Enw'r project yw *Community Vitalization and Afforestation in Middle Shire* (*COVAMS*), ac mae'n broject cymorth 10 mlynedd sy'n cael ei ariannu gan lywodraeth Japan. Nod y project yw caniatáu i Malaŵi gynhyrchu mwy o fwyd a chreu mwy o swyddi. Mae'r project yn defnyddio sawl dull o atal erydiad pridd:

- Esbonio achosion erydiad pridd i gymunedau.
- Codi rhwystrau o graig, pren a bambŵ ar draws nentydd i sicrhau nad yw pridd yn cael ei golli yn ystod y tymhorau gwlyb.
- Rhoi hyfforddiant i bentrefwyr ar sut i arbed pridd a phlannu coed.
- Hyfforddi ffermwyr i aredig o amgylch ochrau bryniau gan ddilyn y cyfuchliniau, yn hytrach nag aredig i fyny ac i lawr y bryniau, sy'n cynyddu'r dŵr ffo arwyneb.
- Adeiladu terasau ar ochrau bryniau i leihau'r dŵr ffo arwyneb.
- Cyflenwi rhywogaethau o goed sy'n tyfu'n gyflym o blanhigfeydd lleol er mwyn cyflymu'r broses o ailgoedwigo.

Mae'r dulliau hyn yn defnyddio **technoleg ganolradd** ac yn addysgu pobl leol sut i ddefnyddio adnoddau lleol i ddatrys problemau heb wario llawer o arian. Mae'r project wedi cael tair effaith:

- Erbyn 2011, roedd 75 y cant o gartrefi yn Middle Shire wedi cymryd rhan.
- Mae cynnyrch y cnydau wedi gwella'n sylweddol.

Technoleg ganolradd

Ffyrdd ymarferol syml o ddatrys problemau sydd ddim angen peiriannau drud neu lefelau uchel o sgil ar gyfer cynnal a chadw.

- Gyda llai o erydiad pridd, mae ansawdd y dŵr tu ôl i'r argaeau wedi gwella, ac mae Malaŵi bellach yn cynhyrchu mwy o bŵer trydan dŵr.

Pam mae gwledydd yn rhoi cymorth?

Mae Malawi yn elwa o gymorth, yn enwedig projectau tymor hir fel *COVAMS*. Ond mae Japan (sy'n ariannu *COVAMS*) hefyd yn elwa am y rhesymau canlynol:

- **Diplomyddiaeth a chysylltiadau da.** Mae cymorth yn gwella'r berthynas rhwng gwledydd, ac yn galluogi i Japan ddylanwadu ar wleidyddion yn ne cyfandir Affrica.
- **Tactegau.** Mae Japan yn awyddus i ddod yn aelod o Gyngor Diogelwch y CU, ac mae angen iddi gael cefnogaeth gan wledydd Affrica i wneud hynny.
- **Economeg.** Mae gwledydd Affrica is-Sahara wedi profi twf economaidd blynyddol o 5 y cant ar gyfartaledd yn ystod yr unfed ganrif ar hugain. Mae Japan yn rhagweld y bydd yn gallu gwerthu mwy o'i chynnyrch yn Malaŵi os yw'n buddsoddi yn y wlad.

Gwaith ymholi

Dadansoddwch effeithiau *COVAMS*. Lluniwch dabl i ddangos effeithiau economaidd, cymdeithasol ac amgylcheddol *COVAMS* ar Middle Shire.

Gweithgareddau

2 Mewn parau, dyluniwch ddiagram llif i ddangos achosion, prosesau ac effeithiau erydiad pridd.
3 Esboniwch pam mae'n bwysig rhoi hyfforddiant i ffermwyr yn Malaŵi ynglŷn â sut i atal erydiad pridd.
4 Ysgrifennwch sgript 5 munud ar gyfer yr orsaf radio leol yn Middle Shire i roi gwybod i bobl am broject *COVAMS*.

A yw masnach yn deg?

Mae'n rhaid i bob gwlad allforio nwyddau i ennill arian. Un broblem sy'n wynebu llawer o wledydd incwm isel yw eu bod nhw'n dibynnu'n drwm ar werthu rhai mathau o allforion yn unig. Er enghraifft, mae cotwm yn cyfrif am 35.5 y cant o allforion Mali. Pan fydd gwlad yn ddibynnol ar allforio ychydig gynhyrchion yn unig, mae'n anoddach iddyn nhw ddod yn fwy cyfoethog.

Astudiwch Ffigur 55. Pris y siwgr oedd yn cael ei fasnachu ar farchnad y byd yn 2018 oedd tua $UDA0.28 y kg, sydd bron yr un fath â'i werth yn 1996. Ar yr un pryd, mae pris y pethau sy'n angenrheidiol ar ffermwyr er mwyn cynhyrchu siwgr – pethau fel plaleiddiaid, chwynladdwyr a thractorau, wedi codi i gyd. Mewn geiriau eraill, mae ffermwyr cansen siwgr yn dlotach mewn termau real nag oedden nhw 22 mlynedd yn ôl.

Mae prisiau cynwyddau sylfaenol (fel te, coffi, coco, siwgr a chotwm) yn mynd i fyny ac i lawr bob dydd. Weithiau, os bydd cynhyrchiad byd-eang o'r cynwydd yn isel, neu'r galw byd-eang amdano'n uchel, mae'r prisiau'n codi. Gallwch chi weld hyn yn Ffigur 55 pan gododd pris cotwm i'w uchafswm, sef $UDA3.33, yn 2011. Ond, yn 2012, pan gynyddodd y cynhyrchiad, daeth y pris i lawr eto. Am fod prisiau cynwyddau sylfaenol yn newid cymaint, mae bron yn amhosibl i ffermwyr tlawd gynllunio ar gyfer y dyfodol neu fuddsoddi yn eu ffermydd.

Y Sefydliad Masach Deg

Cafodd y Sefydliad Masnach Deg ei sefydlu yn 1992. Mae'n enghraifft o **sefydliad anllywodraethol**. Prif nod y Sefydliad Masnach Deg yw helpu i godi ffermwyr a gweithwyr fferm allan o dlodi drwy eu helpu i werthu eu cynhyrchion i ddefnyddwyr am bris teg. Mae'r Sefydliad Masnach Deg yn gweithio mewn nifer o wahanol ffyrdd:

- Mae'n gosod y safonau ar gyfer y cwmnïau a'r ffermwyr y mae'n gweithio â nhw. Er enghraifft, gwneud yn siŵr bod hawliau gweithwyr yn cael eu diogelu a'u helpu i ddiogelu'r amgylchedd drwy sicrhau bod ffermwyr yn defnyddio dulliau cynaliadwy.
- Mae'n defnyddio'r Nod MASNACH DEG ar gynhyrchion i ddangos i ddefnyddwyr bod y cynhyrchion wedi cyflawni'r safonau cymdeithasol, economaidd ac amgylcheddol y mae'r Sefydliad yn eu mynnu.
- Mae'n rhoi gwybod i fwy o bobl bod angen masnach deg a gwell amodau gweithio. Mae'n lobïo llywodraeth y DU ac yn rhoi gwybod i'r cyhoedd am y problemau sy'n wynebu ffermwyr yn y byd sy'n datblygu.

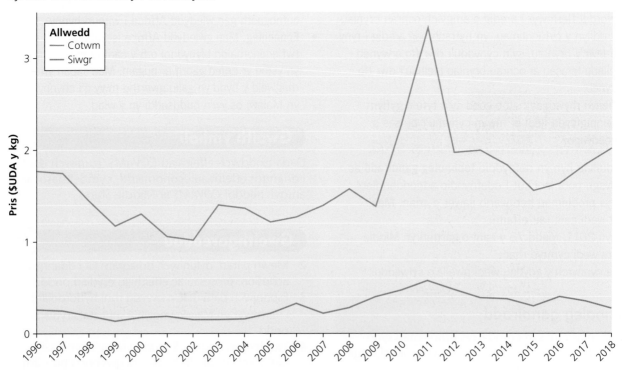

▲ **Ffigur 55** Pris cotwm a siwgr ar farchnadoedd cynwyddau'r byd (1996–2018).

Beth yw manteision Masnach Deg?

Mae Masnach Deg yn dod â nifer o fanteision i weithwyr fferm a chymunedau ffermio yn ogystal â helpu i ddiogelu'r amgylchedd:

- Mae ffermwyr yn derbyn pris sefydlog y cytunwyd arno am eu cynnyrch Masnach Deg – yn wahanol i'r prisiau amrywiol yn Ffigur 55. O ganlyniad i hynny, mae ffermwyr yn wynebu llai o ansicrwydd, felly maen nhw'n gallu cynllunio ar gyfer y dyfodol.
- Mae ffermwyr yn derbyn cyngor technegol am y ffordd orau o dyfu eu cnydau.
- Mae'r ffermwyr yn dysgu sut i ddefnyddio'r maint lleiaf posibl o blaleiddiaid a chwynladdwyr. Maen nhw'n dysgu am ffyrdd biolegol o reoli plâu a sut i wella ffrwythlondeb y pridd a gostwng erydiad pridd.
- Mae cymunedau ffermio'n derbyn taliad ychwanegol o'r enw Premiwm Masnach Deg i'w ddefnyddio ar gyfer projectau lleol, er enghraifft darparu dŵr glân neu godi adeiladau ysgol newydd.

▲ **Ffigur 56** Ffynnon pentref newydd a ddarparwyd gan y cynllun Premiwm Masnach Deg, Mali.

Cansen siwgr masnach deg yn Malaŵi

Mae Malaŵi yn wlad incwm isel yn Affrica is-Sahara. Mae tua 80 y cant o boblogaeth Malaŵi yn byw mewn ardaloedd gwledig ac mae llawer o deuluoedd tlawd yn dibynnu ar ffermio i wneud bywoliaeth. Mae te, siwgr, cotwm a chnau mwnci i gyd yn cael eu tyfu ar ffermydd sydd wedi'u cefnogi gan brojectau Masnach Deg. Ar ôl tybaco a the, siwgr yw trydydd cynwydd allforio pwysicaf y wlad. Mae'r ffermydd mwy (planhigfeydd) yn tyfu dim ond cansen siwgr, ac mae tyddynwyr (ffermydd bach) yn tyfu siwgr yn ogystal â reis, cotwm ac india-corn.

Un project Masnach Deg yn ne Malaŵi yw'r *Kasinthula Cane Growers Association* (*KCG*). Mae'n cefnogi 800 o weithwyr fferm sy'n tyfu cansen siwgr ar dyddynnod (ffermydd bach iawn). Mae'r gansen siwgr crai yn cael ei phrosesu mewn melin leol ac yna ei hallforio. Mae Premiwm Masnach Deg o $UDA60 yn cael ei roi i *KCG* am bob tunnell o siwgr y mae'n ei werthu. Ers 1996, mae'r Premiwm wedi cael ei ddefnyddio i:

- adeiladu ysgol gynradd leol newydd
- cyflenwi cyfrifiaduron a pheiriannau argraffu i ysgolion uwchradd lleol
- cloddio 18 dyfrdwll i gyflenwi dŵr glân
- talu am gyffuriau i drin bilharzia, haint a achosir gan lyngyr parasitig trofannol
- prynu pedwar ambiwlans beic.

Gweithgareddau

1 Astudiwch Ffigur 55.
  a) Disgrifiwch sut newidiodd pris cotwm ar farchnad y byd rhwng 1996 a 2018.
  b) Cyfrifwch werth cotwm yn 2016 (pan oedd yn $UDA2.01) fel canran o'i werth yn 1996 (pan oedd yn $UDA1.77).
  c) Esboniwch pam mae'r dystiolaeth a welwch yn Ffigur 55 yn golygu bod ffermwyr cotwm a chansen siwgr yn debygol o barhau'n dlawd.
2 Lluniwch a chwblhewch dabl i ddangos manteision economaidd, cymdeithasol ac amgylcheddol Masnach Deg.
3 Disgrifiwch sut mae'r gymuned ffermio wedi elwa o *KCG* yn y tymor byr a'r tymor hir.

Gwaith ymholi

'Dylai pob masnach fod yn fasnach deg.'

I ba raddau ydych chi'n cytuno â'r gosodiad hwn? Defnyddiwch y dystiolaeth ar y dudalen hon i gefnogi eich ateb.

THEMA
6

Materion datblygiad ac adnoddau
Pennod 2
Adnoddau dŵr a'u rheolaeth

Faint o ddŵr ydyn ni'n ei ddefnyddio?

Mae angen dŵr ar bawb. Rhaid i ni gael cyflenwad o ddŵr glân i'n cartrefi er mwyn byw bywyd iach. Rydyn ni hefyd yn defnyddio meintiau enfawr o ddŵr mewn prosesau diwydiannol, a hyd yn oed fwy mewn amaethyddiaeth. Yn wir, mae'r broses o ddyfu'r bwydydd rydyn ni eu hangen yn defnyddio 70 y cant o ddŵr y byd. Yn 1900, roedd 1.6 biliwn o bobl ar y Ddaear. Erbyn 1999, roedd poblogaeth y byd wedi codi i 6 biliwn ac, erbyn hyn, mae wedi cyrraedd tua 8 biliwn. Mae'r cynnydd mewn poblogaeth yn esbonio, i raddau mawr, y twf mewn defnydd dŵr a welwn yn Ffigur 1. Am fod poblogaeth y byd wedi tyfu, ac wrth i fwy o fwyd gael ei dyfu, mae'r defnydd o ddŵr wedi cynyddu.

Rheswm arall am y galw cynyddol am ddŵr yw twf economaidd. Wrth i wledydd ddod yn fwy cyfoethog, mae mwy o ddŵr yn cael ei ddefnyddio. Efallai mai dyma'r rhesymau am hyn:

- mae **tynnu dŵr** yn ddrud – mae angen buddsoddiadau enfawr i adeiladu argaeau a chynlluniau trosglwyddo dŵr
- mae pobl sy'n fwy cyfoethog yn tueddu i ddefnyddio dŵr am resymau sydd ddim yn hanfodol, er enghraifft dyfrhau gerddi, golchi ceir a llenwi pyllau nofio
- wrth i wledydd ddod yn fwy cyfoethog, maen nhw'n buddsoddi mewn technolegau ffermio modern, er enghraifft:
  - tyfu cnydau mwy cynhyrchiol sydd angen mwy o ddŵr
  - defnyddio systemau dyfrhau technoleg uchel i dyfu bwyd mewn rhanbarthau cras, fel yn Ffigur 2.

Tynnu dŵr

Tynnu dŵr allan o afonydd neu ddyfrhaenau, lle mae'r dŵr wedi'i storio o dan y ddaear mewn creigiau mandyllog. Mae gor-dynnu dŵr yn golygu tynnu dŵr yn gyflymach nag y mae'n gorlenwi'n naturiol drwy lawiad.

▲ **Ffigur 2** Mae'r maint o ddŵr sy'n cael ei ddefnyddio mewn amaethyddiaeth wedi codi am fod technoleg wedi gwella. Mae'r cae crwn hwn yn Niffeithdir Mojave yn California, wedi'i ddyfrhau gan bibell sy'n ysgubo o gwmpas fel bys cloc enfawr.

Gweithgareddau

1. a) Gweithiwch gyda phartner i lunio rhestr o'r holl ffyrdd rydych chi'n defnyddio dŵr bob dydd.
   b) Faint o'r rhain sy'n hanfodol a faint allech chi fyw hebddyn nhw?
2. Astudiwch Ffigur 1.
   a) Disgrifiwch sut mae cyfanswm y maint o ddŵr sy'n cael ei ddefnyddio wedi newid ers 1900.
   b) Faint o ddŵr oedd yn cael ei ddefnyddio gan amaethyddiaeth yn i) 1900 ac yn ii) 2010?
   c) Esboniwch pam mae'r defnydd o ddŵr byd-eang wedi cynyddu.

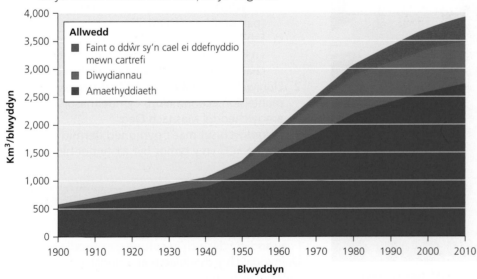

Allwedd
- ■ Faint o ddŵr sy'n cael ei ddefnyddio mewn cartrefi
- ■ Diwydiannau
- ■ Amaethyddiaeth

Km³/blwyddyn

Blwyddyn

▲ **Ffigur 1** Tueddiadau yn y defnydd o ddŵr byd-eang (1900–2010)

Mae cael gafael ar ddŵr yn anodd iawn i rai grwpiau o bobl. Mae llawer o bobl sy'n byw yn rhanbarthau gwledig Affrica is-Sahara yn gorfod casglu dŵr a'i gario gryn bellter yn ôl i'w cartref. Mae casglu dŵr yn waith hir a chaled. Yn Affrica, menywod a phlant sy'n gwneud 90 y cant o'r gwaith o gasglu dŵr a choed tân. Byddai cael cyflenwad o ddŵr drwy bibell i'r cartref yn fwy diogel ac yn arbed amser. Dangosodd astudiaeth yn Tanzania fod presenoldeb merched yn yr ysgol 12 y cant yn uwch os yw'r ffynhonnell ddŵr 15 munud yn hytrach na 30 munud i ffwrdd. Mae cael dŵr drwy bibell hefyd yn rhoi preifatrwydd ac urddas i deuluoedd.

Yn Affrica is-Sahara, mae pobl sy'n byw mewn ardaloedd trefol ddwywaith yn fwy tebygol o allu cael gafael ar ddŵr diogel drwy bibell na phobl sy'n byw mewn ardaloedd gwledig. Fodd bynnag, hyd yn oed mewn ardaloedd trefol, mae gwahaniaethau enfawr rhwng y ffordd mae pobl gyfoethog a phobl dlawd yn cael eu dŵr. Yn yr aneddiadau anffurfiol yn ninasoedd Affrica, does gan lawer o bobl ddim mynediad at ddŵr drwy bibell a dydyn nhw ddim yn gallu fforddio creu twll turio. Maen nhw'n gorfod prynu dŵr gan werthwyr ar y stryd fel yr un yn Ffigur 3. O ganlyniad, gall pobl sy'n byw mewn aneddiadau anffurfiol yn rhai o ddinasoedd Affrica dalu hyd at 50 gwaith yn fwy na'r hyn mae pobl sy'n byw mewn dinasoedd Ewrop yn ei dalu am ddŵr.

▲ **Ffigur 3** Dyn yn gwerthu dŵr ar y stryd yn Nigeria.

OND BETH FYDD MENYWOD YN EI WNEUD OS NAD YDYN NHW'N CARIO DŴR AM BEDAIR AWR Y DYDD?

▲ **Ffigur 4** Mae menywod yn rhanbarth Sahel yn Affrica (gweler tudalen 286) yn treulio llawer o amser yn gwneud gwaith sydd ddim yn cyfrannu'n uniongyrchol at incwm y teulu neu incwm y wladwriaeth.

Mae dyddiau gwaith hir yn gyffredin i fenywod yn rhanbarth y Sahel. Mae menywod yn gweithio hyd at 16 awr y dydd yn ystod y tymor tyfu, ac maen nhw'n treulio tua hanner yr amser hwn ar waith amaethyddol. Yn ôl astudiaethau o arferion dyrannu amser yn Burkina Faso a Mali, mae menywod yn gweithio 1–3 awr y dydd yn fwy na dynion. Mewn ardaloedd gwledig, mae'r diffyg gwasanaethau sylfaenol fel cyflenwadau dŵr dibynadwy, canolfannau iechyd, siopau a chludiant yn golygu bod menywod yn treulio llawer o amser yn gwneud gwaith tŷ. Mae diffyg amser yn rhwystro menywod rhag cymryd rhan mewn gweithgareddau sy'n gwneud lles iddynt. Mae diffyg amser hefyd yn rhwystro menywod rhag rhoi sylw i weithgareddau cynhyrchiol neu ymweld â chyfleusterau iechyd.

▲ **Ffigur 5** Dyfyniad o adroddiad gan sefydliad Banc y Byd.

Gwaith ymholi

Pa mor agos yw'r cysylltiad rhwng cyfoeth gwlad a'i defnydd o ddŵr?

- Astudiwch Ffigur 1. Awgrymwch ragdybiaeth sy'n cysylltu cyfoeth â defnydd dŵr.
- Lluniadwch graff gwasgariad i ymchwilio i'r berthynas bosibl rhwng y setiau data hyn.
- Beth yw eich casgliadau?
- Sut allech chi wella'r gwaith ymholi hwn?

Gweithgareddau

3 Astudiwch Ffigurau 4 a 5.
   a) Rhowch dri rheswm pam mae dyddiau gwaith mor hir gan fenywod sy'n byw yng ngwledydd rhanbarth y Sahel, fel Mali.
   b) Awgrymwch sawl ffordd y byddai bywydau menywod a phlant yng nghefn gwlad Affrica yn gwella pe baen nhw'n gallu cael mynediad at gyflenwad o ddŵr glân a diogel yn agos i'w cartref.
   c) Awgrymwch sut byddai menywod Mali yn defnyddio pedair awr ychwanegol y dydd.

Beth yw eich ôl troed dŵr?

Mae pawb yn yfed 2–4 litr o ddŵr y dydd. Rydyn ni'n defnyddio llawer mwy o ddŵr wrth ymolchi, llenwi'r bath a fflysio'r toiled. Er enghraifft, mae cawod 5 munud o hyd yn defnyddio 95 litr o ddŵr. Fodd bynnag, dim ond ffracsiwn bach o'r holl ddŵr rydyn ni'n ei ddefnyddio mewn diwrnod yw hyn. Mae **dŵr cynwysedig** yn rhan o'n bwyd a'n dillad. Mae pawb yn defnyddio 2,000–5,000 litr o ddŵr cynwysedig bob dydd. Felly, fel defnyddwyr, mae gan bob un ohonom **ôl troed dŵr** – sef yr effaith mae ein defnydd dŵr yn ei chael ar y blaned.

Olion traed eitemau eraill	Litrau
Crys-T a phâr o jîns	10,000
Pizza	1,260
100 g o siocled	1,700
Dwsin o fananas	1,920
1 kg cig eidion	13,500

▼ **Ffigur 6** Olion traed dŵr ar gyfer detholiad o eitemau.

1 kg cyw iâr
4,330 litr

1 litr llaeth
1,000 litr

1 kg reis
2,500 litr

1 kg menyn
940 litr

1 kg torth o fara
1,600 litr

Dŵr ymgorfforedig

Faint o ddŵr a ddefnyddiwyd i dyfu, gweithgynhyrchu a chludo unrhyw gynnyrch drwy ei gylch bywyd.

Ôl troed dŵr

Mesuriad o ddefnydd pobl o ddŵr a'n heffaith ni ar adnoddau dŵr naturiol.

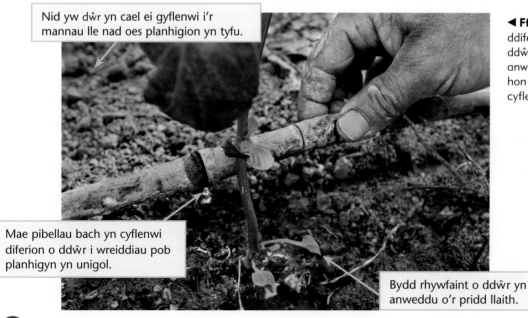

Nid yw dŵr yn cael ei gyflenwi i'r mannau lle nad oes planhigion yn tyfu.

Mae pibellau bach yn cyflenwi diferion o ddŵr i wreiddiau pob planhigyn yn unigol.

Bydd rhywfaint o ddŵr yn anweddu o'r pridd llaith.

◄ **Ffigur 7** Mae dyfrhau drwy ddiferion yn lleihau faint o ddŵr sy'n cael ei golli drwy anweddiad. Cafodd y system hon ei dyfeisio yn Israel lle mae cyflenwad dŵr yn broblem.

Dŵr ar gyfer bwyd

Ledled y byd rydyn ni'n defnyddio tua 70 y cant o'n dŵr i dyfu bwyd, 20 y cant i gyflenwi diwydiant a dim ond 10 y cant i roi cyflenwad domestig o ddŵr diogel i ni. Mae 8 biliwn o bobl yn y byd heddiw ac mae disgwyl y bydd poblogaeth y byd yn codi i 9 biliwn erbyn 2050. I fwydo'r bobl ychwanegol hyn a chael gwared ar dlodi a diffyg maeth, mae angen i ni gynhyrchu 60 y cant yn fwy o fwyd erbyn 2050.

Fydd cyflawni'r nod hwn ddim yn broblem mewn rhanbarthau sydd â hinsawdd gyhydeddol. Mae'r ardaloedd hyn yn derbyn llawer o law sy'n darparu dŵr ar gyfer ffermio heb fod angen dyfrhau. Fodd bynnag, mewn rhanbarthau lle nad oes llawer o law, mae dŵr yn cael ei dynnu o'r tir neu o gronfeydd dŵr i'w ddefnyddio i ddyfrhau cnydau. Yn y rhanbarthau hyn, bydd angen i ffermwyr fabwysiadu technegau sy'n defnyddio llai o ddŵr i gynhyrchu mwy o fwyd. Mae Ffigur 7 yn dangos un dechneg o'r fath.

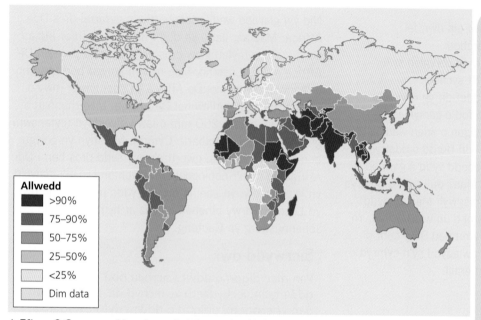

Allwedd
- >90%
- 75–90%
- 50–75%
- 25–50%
- <25%
- Dim data

▲ **Ffigur 8** Canran y dŵr sy'n cael ei dynnu i'w ddefnyddio at ddibenion amaethyddiaeth.

Gweithgareddau

3 Defnyddiwch y data yn Ffigur 9 i gymharu'r defnydd o ddŵr ar draws y byd yn 2000 ac yn 2050.

4 Astudiwch Ffigur 8.
   a) Disgrifiwch leoliad a dosbarthiad y gwledydd sy'n defnyddio mwy na 90 y cant o'r dŵr sy'n cael ei dynnu at ddibenion amaethyddiaeth.
   b) Awgrymwch un ffordd y gallech chi wella map fel hyn i'w wneud yn fwy effeithiol.

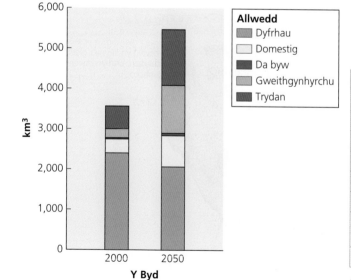

Allwedd
- Dyfrhau
- Domestig
- Da byw
- Gweithgynhyrchu
- Trydan

Y Byd

▲ **Ffigur 9** Y galw global am ddŵr yn 2000 a 2050.

	Amaethyddiaeth	Diwydiant	Domestig
Cambodia	94.0	1.5	4.5
Yr Aifft	86.4	5.9	7.8
Ghana	66.4	9.7	23.9
India	90.4	2.2	7.4
Malaŵi	85.9	3.5	10.6
Pakistan	94.0	0.8	5.3
Y Deyrnas Unedig	9.2	32.4	58.5
UDA	40.2	46.1	13.7

▲ **Ffigur 10** Canran y dŵr sy'n cael ei dynnu ar gyfer pob sector, mewn gwledydd detholedig.

Cynnal sicrwydd dŵr

Rydyn ni wedi gweld bod angen dŵr croyw arnon ni i ddarparu dŵr yfed, i dyfu bwyd ac i gyflenwi diwydiant. Gallai prinder dŵr croyw olygu bod iechyd pobl ac economïau gwledydd yn dioddef. Felly, mae **sicrwydd dŵr** – hynny yw, sicrhau bod digon o gyflenwadau dŵr croyw ar gael bob amser – yn hollbwysig i unrhyw wlad. Mae sicrwydd dŵr yn golygu:

- bod digon o ddŵr diogel a fforddiadwy gan bobl i aros yn iach
- bod digon o ddŵr ar gael ar gyfer amaethyddiaeth, diwydiant ac egni
- bod ecosystemau sy'n cyflenwi ein dŵr, fel gwlyptiroedd, yn cael eu gwarchod
- bod pobl yn cael eu diogelu rhag peryglon sy'n gysylltiedig â dŵr, er enghraifft sychder.

Mae rhai rhannau o'r byd yn dioddef diffyg dŵr neu ddiffyg sicrwydd dŵr. Gallai hyn fod o ganlyniad i sychder neu oherwydd nad oes digon o arian wedi'i fuddsoddi mewn adnoddau dŵr. Un ffordd o ddatrys y broblem yw trosglwyddo dŵr o leoedd sydd â gormod o ddŵr i leoedd sydd heb ddigon. Mae'r dull hwn o ddatrys y broblem yn fwy cyffredin na'r disgwyl. Mae afonydd yn trosglwyddo dŵr yn bell, yn aml o un wlad i'r llall. Yn wir, mae amcangyfrifon yn awgrymu bod 90 y cant o boblogaeth y byd yn byw mewn gwledydd sy'n cymryd dŵr o'r un basn afon â gwledydd eraill.

Ymchwilio i gyflenwad dŵr yn Ne Affrica

Mae tua 91 y cant o boblogaeth De Affrica yn gallu cael mynediad at ddŵr croyw drwy bibellau. Mae hyn yn golygu bod tua 4 miliwn o bobl yn Ne Affrica sy'n methu â chael gafael ar ddŵr croyw drwy bibellau. Mae llawer o'r bobl hyn yn byw mewn ardaloedd gwledig. Mewn ardaloedd trefol, mae dwyn dŵr yn mynd yn broblem ddifrifol. Mae pobl yn creu cysylltiadau anghyfreithlon â'r cyflenwadau dŵr gan nad ydyn nhw'n gallu fforddio talu am gysylltiad cyfreithlon. Felly, mae gwella sicrwydd dŵr yn flaenoriaeth uchel i lywodraeth De Affrica.

Nid yw glawiad wedi'i ddosbarthu'n gyfartal dros Dde Affrica. Mae aer llaith yn dod i mewn o Gefnfor India ac yn creu cymylau glaw dros ucheldiroedd dwyrain De Affrica a dros Lesotho. Mae hyn yn golygu bod Lesotho a rhannau dwyreiniol De Affrica yn cael llawer mwy o law na rhannau gorllewinol De Affrica. Mae rhannau o Lesotho yn cael 1,200 mm o law y flwyddyn (cyfanswm glawiad tebyg i ganolbarth Cymru). Mae hyn yn golygu bod Lesotho yn gallu gwerthu'r dŵr sydd dros ben i Dde Affrica lle mae'r boblogaeth yn uwch ond mae'r glawiad yn is. Mae dŵr yn cael ei drosglwyddo o gronfeydd dŵr yn Lesotho, drwy bibellau ac yna ar hyd Afon Vaal i Johannesburg yn Gauteng.

> ### Sicrwydd dŵr
> Pan mae digon o ddŵr i sicrhau bod gan bawb ddŵr glân, iechydaeth ac iechyd da. Hefyd, bod gan yr economi ddigon o ddŵr i dyfu bwyd a gweithgynhyrchu'r eitemau sydd eu hangen.

Allwedd

- Gwledydd cyfagos

Glawiad blynyddol cymedrig (mm)
- 0–334
- 335–668
- 669–1,000
- 1,001–1,337
- 1,338–2,340

Yr ardal sydd â'r boblogaeth uchaf yn Ne Affrica. Mae cyfanswm y glawiad blynyddol yn yr ardal hon yn debyg i'r glawiad yn Birmingham. Fodd bynnag, mae Birmingham yn cael dŵr o ganolbarth Cymru, lle mae tua dwywaith cymaint o lawiad.

Mae'r glawiad yn yr ardal hon ychydig yn llai na'r glawiad yn Llundain, ond yn llawer mwy tymhorol.

Mae'r glawiad blynyddol yn yr ardal hon yn llai na hanner yr hyn mae rhanbarth Caergrawnt (sef yr ardal fwyaf sych yn Lloegr) yn ei gael.

Mae Lesotho yn wlad dirgaeedig gyda De Affrica o'i hamgylch. Mae'n cael glawiad blynyddol sy'n debyg i'r glawiad blynyddol yng nghanolbarth Cymru.

▲ **Ffigur 11** Glawiad blynyddol cyfartalog yn Ne Affrica a Lesotho.

	Ion	Chwe	Mawrth	Ebr	Mai	Meh	Gorff	Awst	Medi	Hydref	Tach	Rhag	Cyfanswm
Western Cape	8	4	11	24	40	41	47	45	24	12	12	10	278
Gauteng	125	90	91	54	13	9	4	6	27	72	117	105	713

▲ **Ffigur 12** Glawiad (mm) mewn rhai rhanbarthau yn Ne Affrica.

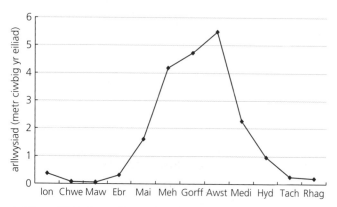

▲ **Ffigur 13** Hydrograff ar gyfer Afon Dorling, Talaith Western Cape, De Affrica. 6,900 km² yw arwynebedd dalgylch Afon Dorling cyn yr orsaf hon.

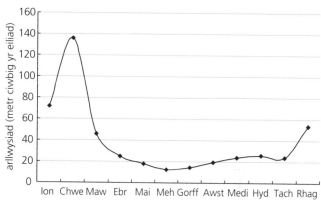

▲ **Ffigur 14** Hydrograff ar gyfer Afon Vaal, Talaith Gauteng, De Affrica. 38,560 km² yw arwynebedd dalgylch Afon Vaal cyn yr orsaf hon.

▲ **Ffigur 15** Patrymau glawiad tirwedd yn Ne Affrica ac yn Lesotho.

Gweithgareddau

1 Defnyddiwch Ffigur 11 i ddisgrifio dosbarthiad glawiad yn Ne Affrica.
2 Esboniwch pam mae Lesotho yn gallu gwerthu dŵr i Dde Affrica a pham mae De Affrica yn awyddus i'w brynu.
3 a) Defnyddiwch Ffigur 12 i luniadu pâr o graffiau glawiad.
  b) Cymharwch eich graffiau glawiad â Ffigurau 13 a 14.
  c) Ar ba adegau o'r flwyddyn mae'r ddau ranbarth hyn yn wynebu posibilrwydd o brinder dŵr.
4 Defnyddiwch Ffigur 15 i esbonio pam mae'r glawiad yn Lesotho gymaint yn uwch na'r glawiad yn Free State, De Affrica. Disgrifiwch beth sy'n digwydd ym mhob pwynt (1–6) ar y diagram.

Ymchwilio i gynllun trosglwyddo dŵr mawr

Mae Project Dŵr Ucheldiroedd Lesotho (*LHWP: Lesotho Highlands Water Project*) yn enghraifft o gynllun trosglwyddo dŵr ar raddfa fawr. Mae dŵr yn cael ei gasglu tu ôl i argaeau yn ardaloedd mynyddig Lesotho i gyflenwi ardaloedd yn Ne Affrica sy'n dioddef o brinder dŵr. Dyma'r cynllun trosglwyddo dŵr mwyaf yn Affrica. Mae'n dargyfeirio 40 y cant o'r dŵr ym masn Afon Senqu yn Lesotho i system Afon Vaal yn Nhalaith Free State yn Ne Affrica drwy system twnelau sy'n mesur 200 km. Yna, mae Afon Vaal yn cario'r dŵr i Dalaith Gauteng.

Mae cyfnod cyntaf y project, a ddechreuodd yn 1984, wedi'i gwblhau. Cafodd dau argae eu hadeiladu, sef Katse a Mohale. Mae *LHWP* yn trosglwyddo 24.6 m³ o ddŵr i Dde Affrica bob eiliad. Dechreuodd ail gyfnod o adeiladu yn 2019 gydag adeiladu Argae Polihali. Bydd y datblygiad hwn yn cyflenwi 45.5 m³ ychwanegol o ddŵr i Dde Affrica bob eiliad. Bydd yr argae newydd hefyd yn cynhyrchu 1,000 MW o drydan i Lesotho. Y disgwyl yw y bydd yr ail gyfnod o adeiladu yn costio $1.3 biliwn ac y bydd wedi'i gwblhau erbyn 2023. Mae cynlluniau ar y gweill i adeiladu dau argae arall yng nghyfnodau hwyrach *LHWP*.

▶ **Ffigur 16** Map o gynllun trosglwyddo a rheoli dŵr Project Dŵr Ucheldiroedd Lesotho.

Allwedd

⤳➤ Pibell yn trosglwyddo dŵr i ddalgylch Afon Vaal

▨ Tir dros 3,000 m o uchder   ▨ Tir dros 2,000 m o uchder

Blwyddyn	Ardaloedd Trefol			Ardaloedd gwledig		
	Cyflenwadau gwell			Cyflenwadau gwell		
	Dŵr drwy bibell i'r cartref (%)	Cyflenwadau eraill wedi'u gwella (%)	Cyflenwadau heb eu gwella (%)	Dŵr drwy bibell i'r cartref (%)	Cyflenwadau eraill wedi'u gwella (%)	Cyflenwadau heb eu gwella (%)
1990	85.9	12.2	1.9	24.0	42.3	33.7
2000	87.5	11.0	1.5	27.9	42.7	29.4
2010	90.3	8.9	0.8	34.5	43.3	22.2
2015	91.7	7.9	0.4	37.7	43.7	18.6

▲ **Ffigur 17** Cyflenwadau dŵr wedi'u gwella a heb eu gwella mewn ardaloedd trefol ac ardaloedd gwledig yn Ne Affrica.

Blwyddyn	Ardaloedd trefol			Ardaloedd gwledig		
	Cyflenwadau gwell			Cyflenwadau gwell		
	Dŵr drwy bibell i'r cartref (%)	Cyflenwadau eraill wedi'u gwella (%)	Cyflenwadau heb eu gwella (%)	Dŵr drwy bibell i'r cartref (%)	Cyflenwadau eraill wedi'u gwella (%)	Cyflenwadau heb eu gwella (%)
1990	26.3	66.3	7.4	2.3	72.6	25.1
2000	39.4	53.7	6.8	2.9	72.6	24.5
2010	61.3	32.8	5.9	3.9	72.5	23.5
2015	70.0	24.5	5.4	4.3	72.6	23.0

▲ **Ffigur 18** Cyflenwadau dŵr wedi'u gwella a heb eu gwella mewn ardaloedd trefol ac ardaloedd gwledig yn Lesotho.

Beth yw manteision ac anfanteision Project Dŵr Ucheldiroedd Lesotho (LHWP: Lesotho Highlands Water Project)?

Lesotho yw un o wledydd mwyaf tlawd y byd. Ychydig iawn o adnoddau naturiol sydd ganddi, ac mae gwerthu dŵr i Dde Affrica yn darparu 75 y cant o incwm y wlad. Fodd bynnag, nid yw llawer o bobl Lesotho yn gallu cael mynediad at ffynonellau dŵr sydd wedi'u gwella. Mae argae newydd, sef Argae Metlong, yn cael ei adeiladu i gyflenwi dŵr i ardaloedd iseldir Lesotho. Cost y project yw US$31.80 miliwn. Mae Lesotho wedi benthyca'r arian hwn a bydd yn gorfod ei dalu yn ôl. Mae'r argae wedi'i orffen, a dylai'r pibellau a'r twnnel a fydd yn trosglwyddo'r dŵr fod wedi'u cwblhau erbyn 2020. Yn y cyfamser, bydd llawer o bobl sy'n byw yn ardaloedd gwledig Lesotho yn treulio oriau yn casglu ac yn cario dŵr.

▼ **Ffigur 19** Effeithiau Project Dŵr Ucheldiroedd Lesotho (LHWP).

Mae ffyrdd wedi'u hadeiladu yn yr ucheldiroedd i gael mynediad i safleoedd yr argaeau.
Mae tir ffermio yn cael ei foddi i greu'r cronfeydd dŵr. Cafodd tua 20,000 o bobl eu dadleoli o'u cartrefi pan gafodd Argae Katse ei adeiladu.
Mae iawndal yn cael ei dalu i deuluoedd sy'n colli tir wrth i'r argaeau gael eu hadeiladu. Mae llawer o deuluoedd wedi cwyno nad yw'r iawndal yn ddigon a'i fod wedi cyrraedd yn rhy hwyr.

Bydd argaeau'r ail gyfnod yn cynhyrchu 1,000 megawat o drydan i Lesotho.
Cafodd tua 20,000 o swyddi eu creu yn ystod cyfnod un. Symudodd llawer o weithwyr i drefi sianti ar y safleoedd adeiladu. Roedd alcoholiaeth a HIV/AIDS yn broblemau difrifol yn yr anheddiadau hyn.

▲ **Ffigur 20** Teulu yn casglu dŵr yn Lesotho.

Gweithgareddau

1 Crynhowch amcanion Project Dŵr Ucheldiroedd Lesotho (LHWP).

2 Gwnewch gopi o'r tabl isod a defnyddiwch y testun ar y tudalennau hyn i'w lenwi. Dylai fod yn bosibl ysgrifennu mwy mewn rhai blychau nag mewn blychau eraill.

Gwlad	Manteision (+) ac anfanteision (–) tymor byr LHWP	Manteision (+) ac anfanteision (–) tymor hir LHWP
Lesotho	+	+
	–	–
De Affrica	+	+
	–	–

3 Crynhowch beth fyddai pob un o'r grwpiau canlynol o bobl yn ei feddwl am LHWP:
   a) ffermwr yn Ucheldiroedd Lesotho
   b) gweinidog y llywodraeth yn Lesotho
   c) pobl sy'n byw yn Johannesburg, De Affrica.

Gwaith ymholi

Faint o gynnydd mae Lesotho a De Affrica wedi'i wneud o ran gwella cyflenwadau dŵr?

Edrychwch ar y dystiolaeth yn Ffigurau 17 ac 18 ac yna:

a) Cymharwch y cynnydd mewn ardaloedd trefol â'r cynnydd mewn ardaloedd gwledig.

b) Cymharwch y cynnydd yn Ne Affrica â'r cynnydd yn Lesotho.

c) Beth yw eich casgliadau ynglŷn â manteision LHWP?

Ffyrdd eraill o reoli dŵr

Mae 539 argae mawr yn Ne Affrica, sef bron hanner yr holl argaeau yn holl wledydd Affrica. Er hynny, mae llawer o bobl yn Ne Affrica yn methu cael gafael ar ddŵr glân i'w yfed. Mae llawer o'r bobl hyn yn byw mewn ardaloedd gwledig ac anghysbell o Dde Affrica; maen nhw'n rhy ynysig i fod yn rhan o brojectau mawr fel *LHWP* ac maen nhw'n rhy dlawd i ddrilio tyllau turio er mwyn cael mynediad at gyflenwadau dŵr daear. Yn hytrach, maen nhw'n dibynnu ar ddulliau rhad a syml o gasglu dŵr glaw.

Ffermwraig o Dde Affrica yw Ma Tshepo Khumbane sy'n dysgu technegau casglu dŵr glaw i ffermwyr eraill. Mae ei strategaethau rheoli (sydd i'w gweld yn Ffigur 21) yn fforddiadwy ac yn ymarferol ar gyfer teuluoedd, er mor fach yw'r fferm neu mor dlawd yw'r teulu. Maen nhw'n defnyddio dulliau sy'n rhad, yn ymarferol ac yn hawdd eu cynnal gan ddefnyddio technoleg briodol. Mae'r strategaethau ar waith mewn sawl ardal wledig

yn Limpopo lle nad oes cyflenwad dŵr drwy bibellau. Y bwriad yw sicrhau bod ffermwyr yn:
- casglu a defnyddio dŵr glaw, er enghraifft drwy gasglu dŵr o do'r fferm
- cynnal lleithder y pridd drwy annog cymaint o ymdreiddiad ag sy'n bosibl; drwy wneud hyn, mae storfeydd dŵr daear yn cael eu hail-lenwi.

Mae technegau casglu dŵr glaw a dulliau o warchod lleithder y pridd yn enghreifftiau o ddatblygiad dŵr cynaliadwy. Maen nhw o fantais i bobl yn syth a dydyn nhw ddim yn gwneud unrhyw ddifrod parhaus i'r amgylchedd nac yn defnyddio adnoddau gwerthfawr. Nid yw'r dulliau hyn o reoli dŵr yn ddigon mawr fel arfer i gael effaith negyddol ar y dalgylch afon cyfagos, yn wahanol i'r cynlluniau mawr i adeiladu argaeau y mae llywodraethau'n eu defnyddio.

Casglu dŵr glaw

Pan fydd dŵr glaw'n cael ei gasglu a'i storio, er enghraifft o do'r tŷ.

Mae gwelyau llysiau yn cael eu llenwi â deunydd organig fel dail a gwrtaith. Mae hyn yn helpu i gadw'r dŵr.

Mae ymylon rhai gwelyau yn cael eu hatgyfnerthu gyda cherrig i atal erydiad.

Mae dŵr yn cael ei gasglu o'r to a'r palmant o amgylch y tŷ. Dŵr llwyd yw hwn ac mae 503m³ yn cael ei gasglu bob blwyddyn ar gyfartaledd. Mae'n cael ei storio mewn casgenni dŵr mawr ac mewn tanciau concrit o dan y ddaear.

Mae ffos ar hyd y gyfuchlin yn dal y dŵr ffo.

Mae'n bosibl defnyddio pwmp troedlath i bwmpio dŵr llwyd i fyny i'r lleiniau llysiau.

Mae dŵr glaw yn llifo'n araf ar hyd rhwydwaith o sianeli.

Os bydd hi'n glawio gormod mae'r dŵr dros ben yn mynd drwy dwll yn y **bwnd** i atal llifogydd ar y lleiniau llysiau.

Mae coed ffrwythau yn cael eu plannu ar ochr isaf ffos lle gall y gwreiddiau ddod o hyd i ddŵr.

Mae'r dŵr yn cael ei gasglu mewn pwll bach.

▲ **Ffigur 21** Technegau casglu dŵr glaw sy'n cael eu defnyddio gan Ma Tshepo Khumbane.

Gweithgareddau

1 Dewiswch 5 o'r technegau sydd i'w gweld yn Ffigur 21. Esboniwch sut mae pob techneg naill ai'n casglu dŵr glaw neu'n ail-lenwi dŵr daear.
2 Esboniwch pam mae'r math o ddull rheoli sydd i'w weld yn Ffigur 21 yn gynaliadwy.

Gwaith ymholi ?

A ddylai De Affrica fuddsoddi mewn cynlluniau mawr fel *LHWP* neu fuddsoddi mewn cynlluniau rheoli dŵr cynaliadwy ar raddfa fach?

- Cymharwch yr effeithiau y mae dulliau rheoli dŵr fel hyn yn eu cael â'r effeithiau y mae adeiladu argae mawr a chynlluniau trosglwyddo dŵr fel *LHWP* yn eu cael.
- Pa ddull fyddech chi'n ei flaenoriaethu? Esboniwch eich ateb.

A allai De Affrica gasglu dŵr o niwl?

Mae niwl wedi bod yn cael ei 'gasglu' i ddarparu dŵr yfed glân i gymunedau gwledig anghysbell ers 1987. Y flwyddyn honno, cafodd cynllun yn Chungungo, Chile ei sefydlu. Ers hynny, mae cymunedau ym Mheriw, Ecuador, Tenerife, Ethiopia a De Affrica wedi gwneud defnydd llwyddiannus o systemau tebyg. Mae casglu niwl yn fath arall o dechnoleg briodol oherwydd ei fod yn eithaf rhad i'w osod a'i gynnal. I gasglu dŵr o niwl, mae system syml o rwydi neilon rhwyll mân yn cael ei hongian yn fertigol rhwng polion uchel. Mae'r niwl yn cyddwyso ar y rhwyd ac yn diferu i gwter islaw. Yna, mae'n pasio drwy dywod cyn cael ei gludo mewn pibellau i ble bynnag y mae ei angen.

Mae cynaeafu niwl yn gweithio orau mewn rhanbarthau uwchdir (o leiaf 400m uwchben lefel y môr) lle mae aer llaith yn cael ei chwythu o'r arfordir. Wrth i'r aer godi mae'n cyddwyso i ffurfio niwl. Felly, a fyddai cynaeafu niwl yn gweithio yn Limpopo yn Ne Affrica? Mae'r rhan fwyaf o'r dalaith yn gorwedd dros 1,000 m uwchben lefel y môr. Mae aer llaith o Gefnfor India yn cael ei chwythu i mewn i'r tir gan brifwyntoedd o'r dwyrain. Cafodd y cynllun casglu niwl cyntaf yn Ne Affrica ei adeiladu yn Ysgol Gynradd Tshanowa yn Limpopo. Cyn hynny, roedd pob un o'r 130 o ddisgyblion yn dod â dŵr potel i'r ysgol bob dydd. Nawr, maen nhw'n yfed dŵr pur sydd wedi'i gasglu o'r niwl.

▲ **Ffigur 22** Rhwydi casglu niwl yn Tenerife. Mae'r rhwydi, sy'n edrych fel rhwydi pêl foli enfawr, yn dal lleithder wrth iddo gyddwyso o'r aer.

Nid yw'n niwlog bob dydd.

Mae'r rhwydi a'r polion yn eithaf rhad i'w prynu.

Mae gwneud gwaith atgyweirio yn hanfodol. Mae'r rhwydi'n rhwygo'n hawdd yn y gwynt.

Mae atgyweirio'r rhwydi'n hawdd a does dim angen llawer o hyfforddiant.

Mae dŵr daear wedi'i halogi.

Does dim angen unrhyw egni trydan ar gyfer y dechnoleg casglu niwl.

Does gan nifer o ardaloedd gwledig ddim cyflenwad dŵr drwy bibell o gronfa ddŵr.

Mae rhai o'r safleoedd mwyaf niwlog yn bell i ffwrdd o gymunedau gwledig.

▲ **Ffigur 23** Manteision ac anfanteision casglu niwl yn Limpopo.

Gweithgareddau

3 a) Defnyddiwch Ffigur 23 i rannu'r gosodiadau am gynaeafu niwl yn fanteision ac anfanteision.
   b) Gan ddefnyddio'r dystiolaeth yn Ffigur 23, esboniwch pam gallai cynaeafu niwl fod yn dechnoleg briodol ar gyfer cymuned wledig dlawd.

Gwaith ymholi

Ymchwiliwch i'r systemau cynaeafu niwl yn Chungungo a Tshanowa drwy deipio'r enwau i beiriant chwilio ar y rhyngrwyd. I ba raddau mae pob cynllun wedi llwyddo?

Cyswllt at y we

http://www.weathersa.co.za
Dyma wefan gwasanaeth tywydd De Affrica. Cliciwch ar ddolen Limpopo i weld pa mor niwlog fydd y pum diwrnod nesaf. Neu, sgroliwch i lawr i waelod y dudalen gartref i weld mapiau glawiad diweddar.

Gordynnu dŵr daear

Mae rhai haenau o greigiau mandyllog, o'r enw **dyfrhaenau**, yn storio meintiau enfawr o ddŵr o dan y ddaear. Mae dŵr glaw a dŵr o eira wedi toddi yn trylifo i lawr i'r ddaear lle mae'n cael ei storio mewn dyfrhaenau. Enw'r broses hon yw **ail-lenwi**. I gael gafael ar y dŵr hwn, y cwbl mae angen ei wneud yw cloddio neu ddrilio i'r ddaear a thynnu'r dŵr. Mae tynnu dŵr o'r ddaear yn ffynhonnell bwysig o ran cyflenwad dŵr yn India. Yn wir, mae dŵr daear yn darparu 65 y cant o'r holl ddŵr sy'n cael ei ddefnyddio ym maes amaethyddiaeth ac 85 y cant o'r cyflenwad domestig. Fodd bynnag, mewn rhai ardaloedd mae **gordynnu** yn digwydd. Mae hyn yn digwydd pan fydd dŵr yn cael ei gymryd o'r ddaear ond nid yw prosesau naturiol yn gallu ail-lenwi yn ddigon cyflym. Mewn sawl lle, mae'r lefel trwythiad 4 m yn is nag oedd yn 2002. Mae rhai pobl yn poeni y bydd prinder dŵr yn dod yn fwy cyffredin wrth i'r galw am ddŵr yn India barhau i gynyddu.

	Ion	Chwe	Mawrth	Ebr	Mai	Meh	Gorff	Awst	Medi	Hydref	Tach	Rhag
Tymheredd (°C)	19	20	24	27.5	30	31	30	29.5	28	27.5	24	20
Glawiad (mm)	13	10	7	3	3	18	81	40	13	3	3	7

▲ **Ffigur 24** Data hinsawdd ar gyfer Gorllewin Gujarat.

Lefel Dŵr Daear
(metrau o dan lefel y ddaear)

Uchel (<1.5)
Canolig i Uchel (1.5-5.9)
Canolig (5.9-10.3)
Isel i Ganolig (10.3-14.6)
Isel (>14.6)
Dim Data

▲ **Ffigur 25** Lefelau dŵr daear, India.

Rwy'n berchen ar 3.5 hectar o dir ffermio ac mae dau hectar o dan ddŵr. Dydyn ni ddim wedi cael digon o iawndal. Os nad ydyn nhw'n ymweld â ni ac yn gwrando ar ein cwyn, sut gall swyddogion y llywodraeth ddeall ein trafferthion? Mae ein bywoliaeth yn dibynnu ar ein tir, ac os bydd ein tir yn marw, byddwn ni'n marw hefyd!

Ffermwr lleol

Mae'r ffermwyr wedi derbyn iawndal. Ni fydd y dŵr yn mynd i'w cartrefi – dim ond ambell gae fydd yn cael ei foddi. Mae ffermwyr eraill yn dibynnu ar y dŵr ychwanegol yn Argae Omkareshwar. Bydd yn darparu dŵr ar gyfer 60,000 hectar o dir ffermio.

Un o swyddogion y llywodraeth

▲ **Ffigur 26** Safbwyntiau am adeiladu Argae Omkareshwar.

Gweithgareddau

1 a) Defnyddiwch Ffigur 24 i luniadu graff hinsawdd ar gyfer Gorllewin Gujarat.
   b) Disgrifiwch y patrwm glawiad blynyddol.
   c) Esboniwch pam mae ffermwyr yng Ngorllewin Gujarat yn gorfod tynnu dŵr daear.

2 Pa rannau o India sydd â'r lefelau dŵr daear isaf? Defnyddiwch Ffigur 25 i'ch helpu.

Cyswllt at y we

www.indiawatertool.in – map rhyngweithiol sy'n eich galluogi i ymchwilio i'r problemau dŵr yn India.

Pam mae cymaint o ddŵr yn cael ei dynnu?

Mae nifer o resymau sy'n esbonio dibyniaeth India ar ddŵr daear. Mae ffactorau ffisegol a dynol ymhlith y rhesymau hyn:

1 Mae gan India batrwm glawiad tymhorol. Mae'r tymor sych yn hir yn nhaleithiau'r gogledd-orllewin, fel Gujarat. Mae storfeydd arwyneb fel llynnoedd ac afonydd yn gallu bod yn sych am gyfnodau hir.

2 Yn aml, mae storfeydd arwyneb wedi'u llygru gan wastraff dynol. Mae dŵr daear yn cael ei ystyried yn fwy glân, ond mae'n bosibl iddo gael ei lygru hefyd, yn enwedig gan blaleiddiaid sy'n cael eu defnyddio ar dir ffermio ac ar ffermydd berdys (*shrimps*).

3 Mae'r cyflenwadau dŵr trefol yn wael. Mae llawer o bobl yn prynu dŵr gan werthwyr ar y stryd am brisiau uchel iawn. Mae llawer yn credu bod drilio ffynnon yn ffynhonnell ratach yn y tymor hir.

4 Mae llywodraeth India wedi annog ffermwyr i dyfu mwy o fwyd i fwydo'r boblogaeth sy'n tyfu. Mae'r 'chwyldro gwyrdd' hwn wedi defnyddio cnydau sy'n tueddu i ofyn mwy o ddŵr ar y cyfan na chnydau traddodiadol.

5 Mae trydan rhad wedi annog ffermwyr i ddrilio ffynhonnau dwfn iawn a gosod pympiau i dynnu dŵr. Mae'r lefel trwythiad yn gostwng ac mae ffynhonnau ffermydd cyfagos yn sychu, felly mae'n rhaid iddyn nhw ddrilio'n ddyfnach hefyd.

6 Mae lefelau glawiad monsŵn India yn anodd eu rhagweld (gweler tudalennau 162–3). Pan fydd glawiad tymor monsŵn yn is na'r cyfartaledd (fel 2012), nid yw'r dyfrhaenau yn cael eu hail-lenwi'n llawn.

Pwy ddylai ddatrys y broblem hon?

Mae dros 3,200 o argaeau mawr a chanolig yn India sy'n darparu dŵr ar gyfer ffermydd a diwydiant. Gallai llywodraeth India fenthyca arian i adeiladu hyd yn oed mwy o argaeau wrth i'r galw am ddŵr glân gynyddu. Yr enw ar y math yma o broject yw datblygiad **o'r top i lawr**. Fodd bynnag, mae adeiladu argaeau wedi bod yn amhoblogaidd iawn weithiau yn India. Mae ffermwyr yn aml yn cwyno nad ydyn nhw'n cael digon o iawndal pan fydd eu tiroedd yn cael eu boddi. Mae Ffigur 27 yn dangos ffermwyr yn protestio am Argae Omkareshwar. Cafodd uchder yr argae hwn ei gynyddu o 91 m, ac o ganlyniad cafodd 1,100 hectar ychwanegol o dir ffermio ei foddi.

Ffordd arall o gael dŵr fyddai annog ffermwyr i gydweithio ar dechnegau arbed dŵr fel y rhai yn Ne Affrica sydd i'w gweld ar dudalen 250. Un dull llwyddiannus yw dod â grwpiau o ffermwyr ynghyd i adeiladu argaeau isel o gerrig a phridd. Mae'r rhain yn creu pyllau bach o ddŵr am rai misoedd ar ôl y tymor gwlyb. Mae'r dŵr yn cael ei amsugno i'r ddaear ac mae'r dyfrhaenau'n cael eu hail-lenwi'n naturiol. Yn wahanol i broject datblygu o'r top i lawr, does dim angen pobl bwerus i wneud penderfyniadau ar gyfer cynllun **hunangymorth**, na symiau mawr o arian chwaith. Mae'n dod o lawr gwlad – dull datblygu sydd weithiau'n cael ei alw'n ddull o'r gwaelod i fyny.

O'r top i lawr

Ffordd o ddatblygu lle mae gwleidyddion, swyddogion llywodraethol neu sefydliadau rhyngwladol yn gwneud y penderfyniadau.

Hunangymorth

Pan mae'r bobl leol yn gwneud y penderfyniadau am ddatblygu.

◄ **Ffigur 27** Ffermwyr yn sefyll at eu canol mewn dŵr i brotestio yn erbyn codi Argae Omkareshwar yn 2015.

Gwaith ymholi

Pwy ddylai ddatrys problem prinder dŵr India?

A ddylai India ddefnyddio dulliau o'r top i lawr neu gynlluniau hunangymorth i ddatrys y broblem gordynnu dŵr? Cyfiawnhewch eich penderfyniad.

Gweithgareddau

3 Pam mae cymaint o ddŵr daear yn cael ei echdynnu yn India? Rhowch ddau reswm ffisegol a thri rheswm economaidd.

4 Esboniwch pam bydd llywodraeth India yn cael trafferth datrys problem gordynnu dŵr.

THEMA 6

Materion datblygiad ac adnoddau
Pennod 3
Datblygiad economaidd rhanbarthol

Anghydraddoldeb yn India

Er bod datblygiad economaidd mawr yn digwydd yn India, nid yw'r cyfoeth wedi'i rannu'n deg rhwng pawb. Mae rhai pobl yn gyfoethog iawn. Yn ôl *Oxfam*, mae tua 119 biliwnydd yn India. Er bod y gyfran o bobl sy'n byw mewn tlodi yn disgyn, mae'r adroddiadau diweddaraf gan Fanc y Byd yn amcangyfrif bod 175 miliwn o bobl yn India yn dal i ennill llai na $UDA1.90 y dydd. Mae hynny'n fwy o bobl na phoblogaeth y DU a'r Almaen gyda'i gilydd.

Achosion anghydraddoldeb

Mae nifer o ffactorau yn achosi tlodi ac anghydraddoldeb yn India. Mae rhai grwpiau o bobl yn aros yn dlawd am nad ydyn nhw'n cael derbyn addysg neu gymaint o addysg â phobl eraill. Maen nhw hefyd yn cael eu hatal rhag gwneud y mathau gorau o swyddi. Mae menywod, pobl gydag anableddau, Mwslimiaid, **Dalitiaid** a grwpiau llwythol i gyd yn dioddef rhyw lefel o wahaniaethu yng nghymdeithas India. Mae'r rhain yn ffactorau cymdeithasol a diwylliannol sy'n achosi anghydraddoldeb.

Mae rhesymau economaidd am anghydraddoldeb hefyd. Mae nifer enfawr o bobl yn India yn gweithio mewn swyddi cyflog isel iawn mewn adeiladu, ffermio a'r sector anffurfiol. Er bod y cyflog yn y sectorau hyn o'r economi'n parhau'n isel iawn, mae'r twf yn y diwydiannau gweithgynhyrchu a gwasanaethu wedi creu swyddi gyda chyflogau uchel a chyfoeth personol i lawer o bobl yn y wlad.

Mae ffactorau amgylcheddol hefyd. Bob blwyddyn, mae digwyddiadau tywydd eithafol, fel llifogydd, yn gorfodi 1.5 miliwn o bobl India allan o'u cartrefi. Mae newid hinsawdd yn creu ffoaduriaid amgylcheddol. Mae nifer o'r bobl ddigartref hyn yn symud i aneddiadau anffurfiol yn ninasoedd India.

Ar ben hynny, mae rhesymau gwleidyddol am yr anghydraddoldeb rhanbarthol ar hyd a lled India. Mae gan bob gwladwriaeth yn India eu llywodraeth eu hunain sy'n gyfrifol am ddarparu gofal iechyd ac addysg. Yn Kerala, er enghraifft, mae llywodraeth y dalaith wedi bod yn hael iawn erioed wrth ariannu addysg gyhoeddus a gofal iechyd. Mae hyn yn golygu bod y gyfradd dlodi yn Kerala yn is nag ydyw mewn unrhyw dalaith arall bron yn India. Ar y llaw arall, dim ond yn ddiweddar y mae llywodraeth talaith Bihar wedi dechrau buddsoddi'n effeithiol mewn iechyd cyhoeddus ac addysg. Dyma'r dalaith fwyaf tlawd yn India – mae incwm cyfartalog y dalaith bedair gwaith yn is nag yn Kerala neu Maharashtra.

Canlyniadau anghydraddoldeb

Mae anghydraddoldeb yn gallu achosi canlyniadau economaidd a chymdeithasol difrifol. Os edrychwn ar y bwlch enfawr rhwng y cyfoethog a'r tlawd yn India, gallwn ni weld y canlyniadau economaidd hynny. Mae 77 y cant o gyfoeth cyfan India yn perthyn i tua 10 y cant o'r boblogaeth.

Gallwn ni weld rhai o'r canlyniadau hyn yn Ffigurau 2, 3 a 4. Mae anghydraddoldebau'n achosi canlyniadau cymdeithasol mewn iechyd ac addysg. Yn Kerala, er enghraifft, mae'r disgwyliad oes yn uchel a'r gyfradd genedigaethau yn isel. Mae bron 92 y cant o'r boblogaeth yn gallu darllen ac ysgrifennu. Ond yn Bihar, sef talaith dlotaf India, mae bron 58 y cant o'r boblogaeth o dan 25 oed a dim ond 47 y cant sy'n gallu darllen ac ysgrifennu. Mae Bihar hefyd yn wledig iawn – mae 85 y cant o'r boblogaeth yn byw mewn ardaloedd gwledig, a phrin iawn yw'r cyfleoedd i gael gwaith sy'n talu'n well yn y diwydiannau gweithgynhyrchu neu wasanaethau.

Dalitiaid

Y grŵp cymdeithasol isaf yng nghymdeithas India, sydd weithiau'n cael eu galw'n 'anghyffyrddedigion' (*'untouchables'*). Mae 200 miliwn o Ddalitiaid yn India.

▲ **Ffigur 1** Menywod Dalit yn gweithio mewn chwarel gerrig yng Ngorllewin Bengal.

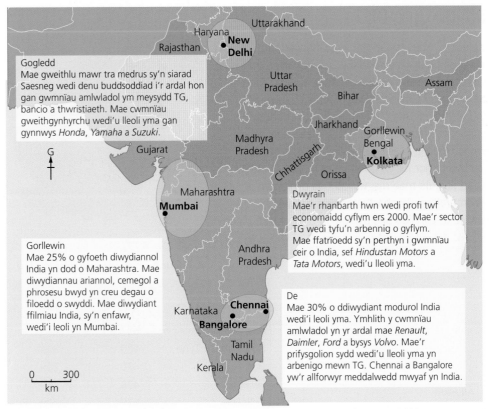

Gogledd
Mae gweithlu mawr tra medrus sy'n siarad Saesneg wedi denu buddsoddiad i'r ardal hon gan gwmnïau amlwladol ym meysydd TG, bancio a thwristiaeth. Mae cwmnïau gweithgynhyrchu wedi'u lleoli yma gan gynnwys *Honda*, *Yamaha* a *Suzuki*.

Gorllewin
Mae 25% o gyfoeth diwydiannol India yn dod o Maharashtra. Mae diwydiannau ariannol, cemegol a phrosesu bwyd yn creu degau o filoedd o swyddi. Mae diwydiant ffilmiau India, sy'n enfawr, wedi'i lleoli yn Mumbai.

Dwyrain
Mae'r rhanbarth hwn wedi profi twf economaidd cyflym ers 2000. Mae'r sector TG wedi tyfu'n arbennig o gyflym. Mae ffatrïoedd sy'n perthyn i gwmnïau ceir o India, sef *Hindustan Motors* a *Tata Motors*, wedi'u lleoli yma.

De
Mae 30% o ddiwydiant modurol India wedi'i lleoli yma. Ymhlith y cwmnïau amlwladol yn yr ardal mae *Renault*, *Daimler*, *Ford* a bysys *Volvo*. Mae'r prifysgolion sydd wedi'u lleoli yma yn arbenigo mewn TG. Chennai a Bangalore yw'r allforwyr meddalwedd mwyaf yn India.

▲ **Ffigur 2** Mae pedwar rhanbarth yn India sy'n cael eu diwydianeiddio. Mae 50% o boblogaeth India yn byw yn y taleithiau sydd wedi'u lliwio'n biws, ond yma hefyd mae 71% o'r marwolaethau babanod (llai na blwydd oed), 72% o'r marwolaethau plant (llai na 5 oed) a 62% o farwolaethau mamau.

	1974	1984	1994	2004	2013
Bihar	62	62	55	41	34
Kerala	60	40	25	15	7
Maharashtra	53	43	37	31	17

▲ **Ffigur 4** Canran y boblogaeth sy'n byw mewn tlodi mewn tair talaith ddethol.

Gweithgareddau

1 Nodwch bedwar rheswm gwahanol dros anghydraddoldeb yn India.
2 Esboniwch pam mae anghydraddoldeb yn gallu achosi canlyniadau difrifol i rai grwpiau o bobl.
3 Defnyddiwch Ffigur 2 i greu llinfap wedi'i labelu o India. Defnyddiwch hwn i ddangos y rhesymau pam mae rhai taleithiau yn fwy cyfoethog nag eraill.
4 Astudiwch Ffigur 3.
  a) Disgrifiwch ddosbarthiad y taleithiau sydd â'r lefelau isaf o dlodi.
  b) Defnyddiwch Ffigur 2 i helpu i esbonio'r patrwm hwn.
5 Awgrymwch ddau reswm pam mae'r lefelau tlodi yn dal i fod yn uwch yn Maharashtra nag ydyn nhw yn Kerala, er bod mwy o ddatblygiad diwydiannol yn digwydd yn Maharashtra.

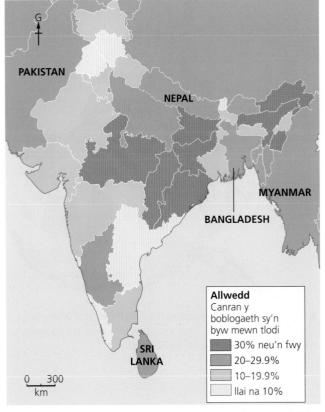

Allwedd
Canran y boblogaeth sy'n byw mewn tlodi

- 30% neu'n fwy
- 20–29.9%
- 10–19.9%
- llai na 10%

▲ **Ffigur 3** Canran poblogaeth India sy'n byw mewn tlodi, 2013.

255

Oes rhaniad Gogledd–De yn y DU?

Yn y DU, mae'r term 'rhaniad Gogledd–De' yn cyfeirio at y gwahaniaethau economaidd a chymdeithasol rhwng de Lloegr a gweddill y DU. Fel arfer, mae'r rhaniad yn cael ei ddangos ar ffurf llinell letraws ar draws Lloegr o foryd Afon Hafren i foryd Afon Humber. Mae'r rhaniad Gogledd–De yn achosi canlyniadau economaidd a chymdeithasol. Yn gyffredinol, mae incwm uwch gan bobl sy'n byw yn Llundain a de Lloegr na phobl yn rhannau eraill y DU. Mae canlyniadau cymdeithasol hefyd. Yn ne'r Deyrnas Unedig, mae'r disgwyliad oes rywfaint yn hirach ac mae llai o broblemau iechyd tymor hir yn effeithio ar y bobl sy'n byw yno. Er enghraifft, o'r deg awdurdod lleol lle mae disgwyliad oes dynion yn is na 75 oed, mae saith yn yr Alban a'r tri arall yn rhanbarth gogledd-orllewin Lloegr. Mae bron pob awdurdod lleol lle mae disgwyliad oes dynion yn uwch nag 81 oed yn ne Lloegr.

▲ **Ffigur 6** Rhaniad Gogledd–De y DU.

Awdurdod Lleol	Enillion yr wythnos (£)	
	Dynion	**Menywod**
Aberdeen	657	411
De Glannau Tyne	480	324
Hull	470	299
Lerpwl	478	369
Solihull	575	328
Gwynedd	367	300
Powys	426	296
Caerdydd	479	344
Cernyw	402	266
Bryste	533	370
Canolbarth Dyfnaint	468	254
Gogledd Norfolk	436	221
Caerwynt (Winchester)	575	363
Thanet	404	273
Hounslow	681	464
Westminster	706	565
Dinas Llundain	1,045	780
Gogledd		
De		

▲ **Ffigur 7** Enillion wythnosol cyfartalog, 2015.

Allwedd

Enillion yr wythnos (£oedd)

390 469 522 588 694 921

▲ **Ffigur 5** Y cyflog cyfartalog fesul wythnos yng Nghymru, Lloegr a'r Alban, 2015; mae'r map wedi'i addasu i ddangos y nifer o swyddi sydd ar gael ymhob ardal.

Gwaith ymholi

I ba raddau mae'r dystiolaeth yn Ffigur 7 yn dangos bod bwlch mewn enillion rhwng gogledd a de'r DU?

Efallai y byddai'n syniad i chi ystyried a yw'r bwlch cyflog rhwng dynion a menywod neu'r bwlch rhwng ardaloedd trefol ac ardaloedd gwledig yn fwy na'r rhaniad Gogledd–De.

▲ **Ffigur 8** Effaith siopau gwag ar y stryd fawr.

Gweithgareddau

1 a) Defnyddiwch Ffigur 5 i ddisgrifio'r cyflog cyfartalog a'r nifer cymharol o swyddi yn:
    i)   Llundain
    ii) Birmingham
    iii) Gogledd-ddwyrain Lloegr.
   b) I ba raddau mae'r map hwn yn cadarnhau bod rhaniad Gogledd–De yn bodoli?

2 a) Rhowch enillion dynion sydd i'w gweld yn Ffigur 7 mewn trefn restrol.
   b) Beth yw'r cyflog cymedrig?
   c) O'r awdurdodau lleol sydd â chyflogau sy'n uwch na'r cyflog cymedrig, faint ohonyn nhw sydd yn y de?

3 Gan ddefnyddio Ffigur 9, disgrifiwch ddosbarthiad y trefi sydd:
   a) â chyfraddau siopau gwag uchel
   b) â chyfraddau siopau gwag isel.
   I ba raddau mae rhaniad Gogledd–De yn bodoli yn achos y stryd fawr?

4 Beth yw effeithiau cyfraddau uchel o siopau gwag ar ganol ein trefi? Astudiwch Ffigur 8 a dosbarthwch yr effeithiau i'r categorïau canlynol:
   a) cymdeithasol
   b) economaidd
   c) amgylcheddol.

5 a) Esboniwch pam gallai'r ffaith bod ambell siop yn wag arwain at siopau eraill yn cau.
   b) Awgrymwch dair ffordd y gallai awdurdodau lleol geisio datrys y broblem o siopau gwag.

Allwedd
Y gyfradd gymedrig o siopau gwag yw 11.59%

- ▉ 14.0–16.5%   ▨ 9.0–11.5%
- ▨ 11.6–13.9%   ☐ 6.5–8.9%

● 10 canol tref â'r nifer lleiaf o siopau gwag (pob un dan 2%)

● 10 canol tref â'r nifer mwyaf o siopau gwag (pob un dros 26%)

▲ **Ffigur 9** Siopau gwag ar strydoedd mawr y DU, 2015; y canrannau uchaf ac isaf o siopau gwag.

Ffactorau sy'n dylanwadu ar dwf a dirywiad economaidd

Yn draddodiadol, dinasoedd gogledd y DU oedd canolfannau diwydiant gweithgynhyrchu'r DU. Ond, wrth i gost mewnforio nwyddau trydanol, tecstilau a dur o dramor leihau, dechreuodd y diwydiannau hyn ddirywio. Mae nifer o swyddi tra medrus a oedd yn talu'n eithaf da wedi diflannu. Mae diweithdra'n broblem o hyd yn rhai o'r rhanbarthau hyn. Os oes swyddi wedi'u creu, er enghraifft ym maes adwerthu, maen nhw'n swyddi lle nad oes angen cymaint o sgiliau ac mae'r cyflogau'n is.

Ar y llaw arall, mae'r ardal ar hyd coridor yr M4/M11 rhwng Bryste, Llundain a Chaergrawnt wedi denu diwydiannau gweithgynhyrchu technoleg uwch modern a swyddi mewn diwydiannau gwasanaethau fel cyllid. Mae'r busnesau hyn wedi'u lleoli yn agos i ardaloedd lle mae gweithlu medrus yn byw, ac mae cysylltiadau cludiant rhagorol rhwng y cwmnïau hyn a'u marchnadoedd targed.

Derbyniodd ardal de Cymru fuddsoddiadau gan nifer mawr o gwmnïau amlwladol o Asia yn yr 1990au, gan gynnwys Sony ac LG. Roedd llywodraeth y DU yn poeni am ddiweithdra yn y rhanbarth hwn, felly dechreuodd gynnig grantiau i ddenu cwmnïau amlwladol i'r ardal.

Mae'n bosibl recriwtio staff ymchwil a datblygu tra medrus o brifysgolion blaengar

Mae gan y ddinas brifysgol hon enw da iawn am ddenu cwmnïau technoleg uwch.

Mae traffyrdd yn darparu cysylltiadau cludiant rhagorol o ran dosbarthu rhannau a chludo cynhyrchion gorffenedig.

Mae tua 15 miliwn o bobl yn byw ar hyd coridorau'r M4 a'r M11. Mae hon yn ffynhonnell enfawr o ran recriwtio staff newydd.

Maes awyr rhyngwladol.

Porthladd cynwysyddion mawr.

Mae Heathrow yn faes awyr rhyngwladol pwysig: mae awyrennau'n gallu cludo cyfarwyddwyr cwmnïau o dramor i mewn a nwyddau o'r DU allan i wledydd eraill.

Mae 2.2 miliwn o bobl yn byw yn Hampshire a Surrey.

Allwedd
— Traffordd
— Priffordd A
Coridor yr M4/M11

0   50   100
km

▲ **Ffigur 10** Lleoliad coridor yr M4/M11, wedi'i amlygu mewn porffor.

Gweithgareddau

1 Astudiwch Ffigur 10.
   a) Nodwch 5 rheswm penodol pam efallai y byddai rhai cwmnïau amlwladol yn awyddus i symud i goridor yr M4/M11.
   b) Disgrifiwch leoliad Casnewydd.
   c) Awgrymwch pam gallai lleoliadau yn nwyrain coridor yr M4/M11 fod yn fwy deniadol i fusnesau na'r rhai yn y gorllewin.
2 Rhowch ddau reswm pam mae dur o China yn rhatach na dur y DU.

3 Astudiwch Ffigur 11.
   a) Rhowch gyfeirnodau grid pedwar ffigur ar gyfer y ddau sgwâr grid sy'n cynnwys y gwaith dur.
   b) Cymharwch dirwedd yr ardal i'r de ac i'r gogledd o'r rheilffordd.
   c) Defnyddiwch dystiolaeth map i awgrymu tri rheswm pam cafodd y gwaith dur ei leoli yma.

Rhanbarthau'n dirywio

Roedd gweithgynhyrchwyr dur yn wynebu argyfwng yn ystod gaeaf 2015–16. Cyhoeddodd *Tata*, cwmni amlwladol o India, y byddai'n rhaid iddo ddiswyddo rhai o'i weithwyr. Cafodd 900 o bobl eu diswyddo yn Scunthorpe yng ngogledd-ddwyrain Lloegr, ac yn ne Cymru cafodd 750 o bobl ym Mhort Talbot a 250 o bobl yn Llanwern eu diswyddo. Roedd rhaid i SSI, cwmni amlwladol o Korea, gau ei waith dur yn Redcar yng Nglannau Tees hefyd, a chafodd 2,200 o bobl eu diswyddo. Roedd yr holl ddiswyddo yn digwydd mewn rhanbarthau a oedd eisoes yn dioddef yn sgil cyflogau isel a lefelau diweithdra uchel. Roedd dur rhad yn cael ei fewnforio o China a'i werthu yn Ewrop am lai o arian nag y mae'n ei gostio i'w wneud yn y DU, a'r sefyllfa hon oedd yn cael y bai am yr holl ddiswyddo. Mae China yn gallu gwneud dur yn llawer rhatach na gwledydd Ewrop. Mae'r costau llafur yn is yn China ac mae llywodraeth y wlad yn cadw costau egni yn isel.

SGILIAU DAEARYDDOL

Dod o hyd i leoedd ar fap Arolwg Ordnans

Dwyreiniaid yw'r llinellau fertigol ar fap Arolwg Ordnans. Gogleddiadau yw'r rhai llorweddol. Wrth gyfeirio at sgwâr grid, rhaid defnyddio ffigurau'r croestoriad yn y gornel chwith isaf. Pan fyddwch chi'n dod o hyd i le ar fap Arolwg Ordnans, rhaid rhoi'r dwyreiniad yn gyntaf, ac yna'r gogleddiad.

▲ **Ffigur 11** Lleoliad Gwaith Dur Llanwern (sy'n eiddo i gwmni *Tata*) ger Casnewydd; graddfa 1:50,000.

© *Hawlfraint y Goron a hawliau cronfa ddata 2020. Hodder Education o dan drwydded i Arolwg Ordnans.*

Sut allwn ni leihau anghydraddoldebau rhanbarthol yn y DU?

Un ffordd o fynd i'r afael â diffyg swyddi yn rhanbarthau'r DU yw drwy fuddsoddi mewn projectau isadeiledd mawr, er enghraifft cynlluniau ffyrdd a rheilffyrdd. Dylai gwella cysylltiadau cludiant ddenu buddsoddiad newydd gan fusnesau yn ogystal â chreu effeithiau lluosydd economaidd yn y rhanbarth (gweler tudalennau 218–19).

Y prif lwybr cludiant sy'n rhedeg drwy dde-ddwyrain Cymru yw traffordd yr M4, sy'n cysylltu'r rhanbarth â Llundain. Fodd bynnag, mae'r drafford yn culhau i ddwy

lôn rhwng Casnewydd a Chaerdydd wrth iddi groesi Afon Wysg a mynd drwy dwnelau Brynglas. Mae hyn yn achosi tagfeydd a chiwiau traffig, yn enwedig ar adegau prysur. Yn 2014, cadarnhaodd Llywodraeth Cymru ei bod yn bwriadu adeiladu ffordd liniaru gwerth £1.6 biliwn yn yr ardal. Byddai traffordd tair lôn 23 km yn cael ei hadeiladu o amgylch Casnewydd a fyddai'n osgoi'r rhan o'r M4 lle mae'r tagfeydd. Mae Ffigur 12 yn dangos y llwybr arfaethedig. Dyma'r rhaglen buddsoddi cyfalaf fwyaf y mae Llywodraeth Cymru wedi'i chyhoeddi erioed. Fodd bynnag, ym mis Mehefin 2019, cyhoeddodd Llywodraeth Cymru ei bod am ddileu'r project oherwydd ei gost uchel a'i effaith fawr ar yr amgylchedd.

Allwedd

— Llwybr Du (llwybr arfaethedig y ffordd newydd)

▮ Tir sydd wedi'i ddewis gan gyngor Casnewydd i greu swyddi newydd

▤ Ardal drefol Casnewydd

— Ffordd ddosbarthu ddeheuol Casnewydd

— Ffordd fynediad y gwaith dur

⊶ Rheilffordd bresennol

▨ Safleoedd o Ddiddordeb Gwyddonol Arbennig (SoDdGA)

▨ Ardal Gadwraeth Arbennig a SoDdGA Afon Wysg

▲ **Ffigur 12** Cynllun arfaethedig ffordd liniaru'r M4.

Gweithgareddau

1 Disgrifiwch lwybr arfaethedig ffordd liniaru'r M4.
2 Defnyddiwch dystiolaeth o Ffigur 12 i awgrymu:
   a) un gost sylweddol o ddefnyddio'r llwybr hwn
   b) un o anfanteision amgylcheddol y llwybr hwn.
3 Defnyddiwch dystiolaeth o Ffigur 11 ar dudalen 259 a Ffigur 13 i awgrymu pam mae'r llwybr hwn yn well nag un i'r gogledd o'r rheilffordd.

4 Lluniwch ddiagram llif i awgrymu'r effeithiau lluosydd cadarnhaol tebygol ar dde-ddwyrain Cymru os yw'r ffordd hon yn cael ei hadeiladu.

▲ **Ffigur 13** Gwaith Dur Llanwern. Mae'r camera yn pwyntio tua'r dwyrain; bydd y ffordd newydd yn cael ei hadeiladu i'r de o'r gwaith dur.

**Llefarydd ar ran cwmni
Associated British Ports**

> Bydd y cynlluniau hyn yn peryglu unrhyw fwriad i fuddsoddi yng Nghasnewydd yn y dyfodol. Dydw i ddim yn meddwl bod dod â'r llwybr drwy ganol porthladd cargo cyffredinol pwysicaf Cymru yn syniad da.

**Cyfarwyddwr Cyfeillion
y Ddaear Cymru**

> Bydd cytuno i adeiladu'r ffordd yn golygu y bydd y drafford yn mynd drwy Wastadeddau Gwent. Dyma un o dirweddau mwyaf amgylcheddol sensitif Cymru ac un o'r ardaloedd sy'n cael eu gwarchod fwyaf yn y wlad. Bydd y llwybr cludiant hwn yn ddrud iawn a dyma'r dewis gwaethaf posibl.

**Llefarydd ar ran Cydffederasiwn
Diwydiant Prydain yng Nghymru**

> Dydy'r M4 presennol o amgylch Casnewydd ddim yn addas ar gyfer anghenion yr unfed ganrif ar hugain. Mae tagfeydd eisoes yn broblem ac rydyn ni'n rhagweld y bydd y sefyllfa'n gwaethygu. Mae angen system cludiant a fydd yn lliniaru'r tagfeydd ac yn gwella pa mor gystadleuol ydyn ni'n economaidd. Bydd y datblygiad hwn hefyd yn darparu swyddi a thwf.

**Llefarydd ar ran
Sustrans Cymru**

> Dylen ni fod yn buddsoddi mewn mathau o gludiant cyhoeddus glân, er enghraifft trydaneiddio'r prif reilffordd rhwng Llundain ac Abertawe. Mae trenau trydan yn rhatach i'w rhedeg na threnau diesel. Mae angen llai o waith cynnal a chadw arnyn nhw ac mae'r costau egni yn is. Maen nhw hefyd yn ysgafnach ac yn gwneud llai o ddifrod i'r traciau.

**Llefarydd ar ran
Cyngor Casnewydd**

> Mae angen buddsoddiadau a swyddi ar Gasnewydd. Casnewydd yw'r trydydd lle mwyaf difreintiedig yng Nghymru gyfan. Byddai adeiladu'r ffordd liniaru yn gwella mynediad i'r tir sydd i'r de-orllewin ac i'r dwyrain o'r gwaith dur. Mae'r tir hwn wedi'i neilltuo fel safle ar gyfer datblygu stadau diwydiannol yn y dyfodol.

Gwaith ymholi

Ydych chi'n meddwl bod Llywodraeth Cymru wedi gwneud y penderfyniad cywir i ddileu'r project hwn? Cyfiawnhewch eich ateb gan ddefnyddio tystiolaeth o'r dudalen hon.

▲ **Ffigur 14** Safbwyntiau cyferbyniol am ffordd liniaru'r M4.

Beth yw ystyr datblygiad cymdeithasol?

Ystyr datblygiad yw 'newid'. Mae cyfoeth (sef y pwnc dan sylw yn Thema 6 Pennod 1) yn un ffordd o fesur datblygiad. Fodd bynnag, nid mesur cyflwr yr economi yw'r unig ffordd o ddarganfod a yw cymdeithas yn newid er gwell. Mae Ffigur 1 yn rhestru amrywiol ffyrdd o ddiffinio datblygiad.

Datblygiad yw ...

- lleihau lefelau tlodi
- cynyddu lefelau cyfoeth
- dod â manteision i bawb, nid i'r bobl fwyaf cyfoethog mewn cymdeithas yn unig
- lleihau'r bwlch rhwng y bobl fwyaf cyfoethog a'r bobl fwyaf tlawd
- creu statws a hawliau cyfartal i ddynion a menywod
- creu cyfiawnder, rhyddid barn a'r hawl i bleidleisio (democratiaeth) i bawb
- sicrhau bod pawb yn ddiogel rhag gwrthdaro a therfysgaeth
- sicrhau bod anghenion sylfaenol pawb (hynny yw, bwyd, dŵr a lloches) yn cael eu bodloni
- sicrhau bod gan bob plentyn yr hawl i addysg o safon dda a'i fod yn derbyn yr addysg honno.

▲ **Ffigur 1** Ffyrdd gwahanol o ystyried datblygiad.

▲ **Ffigur 2** Datblygiad yw ....

▲ **Ffigur 3** Datblygiad yw .....

Gweithgareddau

1 Gweithiwch mewn parau i drafod Ffigur 1.
   a) Beth yw manteision ac anfanteision pob un o'r gosodiadau hyn?
   b) Dewiswch y 5 gosodiad sy'n rhoi'r diffiniad gorau o ddatblygiad yn eich barn chi. Gyda phâr arall, trafodwch a chyfiawnhewch eich dewis.
2 Gan weithio ar eich pen eich hun, esboniwch pa agweddau ar ddatblygiad dynol sydd i'w gweld yn Ffigurau 2 a 3. Cwblhewch y pennawd ar gyfer pob ffigur.
3 Disgrifiwch y patrwm sydd i'w weld yn:
   a) Ffigur 4
   b) Ffigur 5.
4 Pa un o'r ddau fap hyn sydd fwyaf defnyddiol i ddaearyddwr sy'n astudio patrymau addysg ar draws De Affrica? Esboniwch eich ateb.

Gwaith ymholi

Faint o anghydraddoldeb rhanbarthol sydd yn Ne Affrica?

Defnyddiwch y cyswllt â'r wefan i ymchwilio i'r mynediad at gyflenwad dŵr glân ar draws De Affrica. Cofiwch fod angen dŵr ar gyfer cynnal iechyd da. Pa mor wahanol neu ba mor debyg yw Ffigurau 4 a 5 i'r mapiau am ddŵr? Beth yw eich casgliadau am anghydraddoldeb rhanbarthol?

Sut rydyn ni'n mesur datblygiad cymdeithasol?

Mae sawl ffordd o fesur datblygiad cymdeithasol. Mae llawer o fesurau yn ymwneud ag iechyd ac addysg, ac maen nhw'n hawdd eu meintioli. Mae hyn yn ddefnyddiol gan fod rhifau yn golygu y gallwn ni weld maint y bwlch datblygiad cymdeithasol. Er enghraifft, un mesur syml yw canran yr oedolion oedd heb gael addysg ffurfiol pan oedden nhw'n blant. Mewn gwlad incwm uchel fel y DU, bydd y rhif hwn yn agos at sero. Ond yn Ne Affrica, sy'n wlad newydd ei diwydianeiddio (NIC) roedd y ffigur hwn yn 8.7 y cant yn y cyfrifiad diwethaf (2011).

Gallwn ni hefyd ddefnyddio rhifau i fesur cynnydd. Yn Ne Affrica, mae cynnydd ym maes addysg yn dda: roedd canran y boblogaeth 20 oed neu'n hŷn oedd heb gael addysg wedi disgyn o 19.1 y cant yn 1996 i 8.7 y cant yn 8.7 yn 2011. Fodd bynnag, mae ffigurau fel hyn yn gallu bod yn gamarweiniol. Mae'r lefelau addysg yn amrywio'n fawr ar draws De Affrica, fel sydd i'w weld yn Ffigurau 4 a 5.

SGILIAU DAEARYDDOL

Defnyddio mapiau coropleth

Map wedi'i liwio neu ei raddliwio yw coropleth. Mae lliwiau neu raddliwiau tywyllach yn cynrychioli gwerthoedd uwch ar y map. Mae mapiau coropleth yn ddefnyddiol er mwyn dangos patrymau. Nid oes angen casglu data ar gyfer lleoliadau penodol iawn. Mae modd lluniadu coropleth os oes data gennych chi ar gyfer pob ardal neu ranbarth ar fap. Rhaid ystyried dau ffactor wrth lunio coropleth:

1 Faint o liwiau neu raddliwiau ddylech chi eu defnyddio? Bydd gormod o liwiau neu batrymau yn anodd eu gweld. Fodd bynnag, os nad oes digon o liwiau, bydd gwahaniaethau bach rhwng ardaloedd yn cael eu colli.

2 Os yw'r data ar gael ar gyfer ardaloedd o feintiau gwahanol, pa set ddata dylech chi ei dewis? Mae'r broblem hon i'w gweld yn Ffigurau 4 a 5.

Allwedd
Dim addysg, 20+ oed (canran)
- 20 neu'n fwy
- 15–20
- 10–15
- 5–10
- 5 neu'n llai

▲ **Ffigur 4** Canran yr oedolion oedd heb gael addysg gan ddefnyddio data o bob talaith yn Ne Affrica.

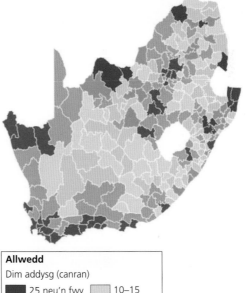

Allwedd
Dim addysg (canran)
- 25 neu'n fwy
- 20–25
- 15–20
- 10–15
- 5–10
- 5 neu'n llai

▲ **Ffigur 5** Canran yr oedolion oedd heb gael addysg gan ddefnyddio data o bob bwrdeistref yn Ne Affrica.

Cyswllt at y we

http://tellmaps.com/mapsalive – mae'r wefan hon yn defnyddio system gwybodaeth ddaearyddol (*Geographical Information System: GIS*) i ddangos atlas ar-lein o Dde Affrica.

Defnyddio data iechyd fel mesur o ddatblygiad

Mae data iechyd yn aml yn cael ei ddefnyddio i ddisgrifio lefel datblygiad gwlad. Mae **cyfradd marwolaethau babanod (CMB)** a **disgwyliad oes cyfartalog** yn ddau fesur cyffredin. Mae nifer o ffactorau yn cyfrannu at wella disgwyliad oes a lleihau cyfradd marwolaethau babanod. Os bydd llywodraeth yn gwario mwy ar ofal iechyd, iechydaeth (cael gwared â charthion) a gwella mynediad at ddŵr glân, bydd hyn i gyd yn cael effaith gadarnhaol ar ddata iechyd. Dyna pam mae'r data yma'n ddefnyddiol fel dangosydd datblygiad.

Mae tybio bod bwlch rhwng gwledydd cyfoethog a gwledydd tlawd y byd yn rhy syml (gweler tudalennau 210–13). Yn yr un modd, byddai rhannu'r byd yn wledydd iach a gwledydd afiach yn rhy syml. Mewn gwirionedd, mae continwwm o ddatblygiad cymdeithasol yn bodoli – o wledydd fel Gweriniaeth Canolbarth Affrica (lle mae'r CMB yn 88) i Sweden, Japan a Singapore (lle mae'r CMB tua 2). Yn ogystal â hyn, mae Ffigurau 6 a 7 yn awgrymu bod llawer o gynnydd wedi'i wneud i gau'r bwlch datblygiad ers Adroddiad Brandt yn 1980.

	1985	1990	1995	2000	2005	2010	2017
Gambia	91	80	71	63	57	52	41
Kenya	63	66	72	67	54	42	34
Mali	144	131	125	116	97	83	66
Malaŵi	147	143	122	104	71	58	39

▲ **Ffigur 6** Cyfradd marwolaethau babanod ar gyfer detholiad o wledydd yn Affrica Is-Sahara.

	1985	1990	1995	2000	2005	2010	2017
Bangladesh	118	100	81	64	51	39	27
India	101	88	78	66	56	46	32
Pakistan	115	106	97	88	80	74	61
Sri Lanka	25	18	17	14	12	9	8

▲ **Ffigur 7** Cyfradd marwolaethau babanod ar gyfer detholiad o wledydd yn Ne Asia.

	Gallai disgwyliad oes uchel a CMB isel ddangos ...	Gallai disgwyliad oes isel a CMB uchel ddangos ...
Gwariant y llywodraeth ar ysbytai a chlinigau	Bod llywodraeth gyfoethog wedi blaenoriaethu gwariant ar iechyd, felly ...	
Deiet		
Mynediad at ddŵr yfed diogel		
Cyflwr iechydaeth	Bod gan y rhan fwyaf o bobl gyflenwad o ddŵr glân drwy bibell i'w cartrefi, felly ...	Bod llawer o bobl yn byw mewn aneddiadau anffurfiol neu gartrefi gwledig lle nad oes system garthffosiaeth, felly ...
Safonau addysg bersonol a chymdeithasol		

▲ **Ffigur 8** Dyma'r hyn y gall data iechyd ddweud wrthyn ni am ddatblygiad gwlad.

Gweithgareddau

1 Astudiwch Ffigurau 6 a 7.
   a) Nodwch i ba gategori Banc y Byd y mae pob gwlad yn perthyn (gweler tudalennau 210–13).
   b) Dewiswch graff addas i gyflwyno'r data.
   c) Beth yw eich casgliadau ynglŷn â chynnydd y ddau grŵp o wledydd o ran cau'r bwlch datblygiad?
2 Gwnewch gopi o Ffigur 8.
   a) Cwblhewch y tri gosodiad drwy roi mwy o wybodaeth ar ddiwedd pob brawddeg.
   b) Llenwch y bylchau gwag yn y tabl.

Cyfradd marwolaethau babanod (CMB)

Nifer y plant sy'n marw cyn cyrraedd blwydd oed am bob 1,000 o blant sy'n cael eu geni.

Y disgwyliad oes ar gyfartaledd

Yr oed y gall person ddisgwyl byw iddo ar gyfartaledd.

Newidiadau i ddisgwyliad oes cyfartalog

Ers 1980, yng ngwledydd mwyaf tlawd Affrica is-Sahara y gwelwyd rhai o'r gwelliannau mwyaf mewn disgwyliad oes. Cafwyd y cynnydd mwyaf (24 mlynedd) yng Ngweriniaeth Ganolog Affrica.

Mae'r disgwyliad oes wedi codi ym mhob gwlad yn y byd fwy neu lai ers 1980, a disgwylir i'r patrwm hwn barhau, fel y gwelwn yn Ffigur 9. Mae'r map yn cynrychioli'r newidiadau yn y disgwyliad oes. Y fwyaf yw'r cynnydd mewn disgwyliad oes, y mwyaf yw maint y wlad ar y map:

- Y gwledydd mwyaf ar y map hwn yw'r gwledydd sydd â'r poblogaethau mwyaf a'r gwelliannau mwyaf i ddisgwyliad oes.
- Mae'r gwledydd sydd eisoes â disgwyliad oes hir yn ymddangos yn llai, gan fod ganddyn nhw lai o le i wella.

Poblogaeth ac iechyd

Yn y rhan fwyaf o wledydd cyfoethog, mae gofal iechyd sylfaenol yn dda iawn ar y cyfan ac mae disgwyliad oes pobl yn hir. Fodd bynnag, wrth i boblogaeth gwlad heneiddio, mae achosion marwolaeth hefyd yn newid:

- Mewn gwledydd lle mae'r disgwyliad oes yn isel, mae'r marwolaethau'n tueddu i gael eu hachosi gan glefydau heintus (e.e. HIV/AIDS, malaria) a chyflyrau sy'n cael eu hachosi gan ddŵr budr/brwnt (e.e. dolur rhydd, sy'n effeithio'n arbennig ar blant). Mae nifer y marwolaethau hyn yn lleihau'n gyflym oherwydd bod sefydliadau byd-eang fel *UNICEF* yn darparu brechiadau yn erbyn clefydau heintus, ac oherwydd bod ymgyrchoedd sy'n ceisio cael gwared ar falaria wedi llwyddo i ryw raddau.
- Mewn gwledydd cyfoethog lle mae'r disgwyliad oes yn uchel, mae marwolaethau'n cael eu hachosi yn aml gan ddeiet a ffordd o fyw. Prif achosion y marwolaethau yw clefyd y galon (marwolaethau a allai gael eu lleihau drwy wella deiet a gwneud ymarfer corff) a chanser (sy'n cael ei achosi gan ysmygu, deiet gwael a ffactorau amgylcheddol fel ansawdd aer gwael). Gyda'i gilydd, mae'r achosion hyn yn gyfrifol am 80 y cant o gyfanswm y marwolaethau.

▼ **Ffigur 9** Y cynnydd disgwyliedig mewn disgwyliad oes byd-eang, 2015–50.

Gweithgareddau

3 Astudiwch Ffigur 9. Disgrifiwch ddosbarthiad y gwledydd a fydd yn gwella eu disgwyliad oes fwyaf.

4 Awgrymwch resymau pam mae disgwyliad oes mewn rhai gwledydd wedi cynyddu'n fwy nag mewn gwledydd eraill.

5 a) Esboniwch pam nad oes gan bawb sy'n byw mewn gwledydd cyfoethog ddeiet iach.

   b) Esboniwch sut gallai'r deieteu hyn effeithio ar ddata iechyd.

Gwaith ymholi

Sut a pham mae iechyd yn amrywio ar draws y byd?

■ Ymchwiliwch i'r ymadrodd 'prif achosion marwolaeth yng ngwledydd mwyaf tlawd a gwledydd mwyaf cyfoethog y byd'.

■ Dewiswch un o brif achosion marwolaethau y gallwn ni ei rwystro ac esboniwch sut byddai modd lleihau nifer y marwolaethau o'r achos hwn.

Mynegrif Datblygiad Dynol

Fel arfer, mae datblygiad economaidd yn creu newid cymdeithasol. Felly, wrth i IGC y pen gynyddu, mae nifer o ddangosyddion cymdeithasol yn tueddu i newid hefyd.

- Mae mwy o arian ar gael i'w wario ar iechyd, er enghraifft i ymladd clefydau neu i dalu am feddygon ac ysbytai. Wrth i iechyd wella, mae cyfraddau marwolaethau yn disgyn, yn ogystal â chyfraddau marwolaethau mamau a babanod. Yn gyffredinol, mae disgwyliad oes yn cynyddu.
- Wrth i fwy o arian gael ei wario ar addysg, mae mwy o blant yn treulio rhagor o amser yn yr ysgol ac felly mae'r cyfraddau llythrennedd yn cynyddu.

Mae'r Cenhedloedd Unedig yn defnyddio'r **Mynegrif Datblygiad Dynol (MDD)** fel ffordd o ddangos lefel datblygiad gwlad. Mae'r MDD yn cael ei gyfrifo drwy ddefnyddio cyfartaledd pedwar dangosydd datblygiad:

- addysg – nifer y blynyddoedd mewn addysg ysgol ar gyfartaledd
- addysg – llythrennedd (fel canran o'r boblogaeth sy'n oedolion)
- IGC y pen (PGP) mewn $UDA
- disgwyliad oes mewn blynyddoedd.

Y fantais o ddefnyddio'r MDD yn hytrach nag IGC yn unig yw ei fod yn tynnu sylw at y gwledydd hynny sydd ddim wedi defnyddio eu cyfoeth i wella iechyd neu addysg y bobl. Er enghraifft, mae Ffigur 10 yn dangos bod IGC Nigeria yn eithaf uchel ond bod yr MDD yn isel. Mae Nigeria yn wlad sy'n cynhyrchu cryn dipyn o olew, ond mae'r rhan fwyaf o gyfoeth y wlad yn nwylo ychydig o deuluoedd cyfoethog a chwmnïau amlwladol. Yn achos Nigeria, nid yw'r cynnydd mewn cyfoeth wedi gwneud rhyw lawer o wahaniaeth i'r rhan fwyaf o bobl.

Mynegrif Datblygiad Dynol (MDD)

Ffordd o fesur datblygiad sy'n cymryd mesurau economaidd a chymdeithasol i ystyriaeth. Mae'r MDD yn rhoi un ffigur rhwng 0 ac 1 i bob gwlad. Po agosaf yw'r ffigur at 1, y gorau.

Gwlad	IGC mewn $UDA (PGP)	Disgwyliad oes	Cyfradd marwolaethau babanod	Cyfradd marwolaethau mamau	MDD
Bangladesh	4,560	73	27	176	0.608
India	7,680	69	32	174	0.640
Nepal	3,090	71	28	258	0.574
Pakistan	5,840	67	61	178	0.562
Sri Lanka	13,090	75	8	30	0.770
Ghana	4,650	63	36	319	0.592
Malaŵi	1,310	64	39	634	0.477
Moçambique	1,300	59	53	489	0.437
Nigeria	5,700	54	65	814	0.532
Sierra Leone	1,520	52	82	1,360	0.419
Tanzania	3,160	66	38	398	0.538
Uganda	1,970	60	35	343	0.516
Zambia	4,100	62	42	224	0.588

Detholiad o wledydd yn Ne Asia
Detholiad o wledydd yn Affrica is-Sahara

▲ **Ffigur 10** Tabl yn cynnwys IGC a dangosyddion datblygiad cymdeithasol ar gyfer detholiad o wledydd yn Ne Asia ac yn Affrica is-Sahara.

Disgwyliad oes: nifer y blynyddoedd ar gyfartaledd y mae person yn gallu disgwyl byw ar ôl cael ei eni.
Cyfradd marwolaethau babanod: nifer y plant sy'n marw cyn troi'n 1 flwydd oed am bob 1,000 o enedigaethau byw.
Cyfradd marwolaethau mamau: nifer y mamau sy'n marw wrth roi genedigaeth am bob 100,000 o enedigaethau.

Gweithgareddau

1 Esboniwch pam na ddylai daearyddwyr ddibynnu ar MDD yn unig wrth ymchwilio i batrymau datblygiad.
2 Defnyddiwch ddata o Ffigur 10 i luniadu graff gwasgariad er mwyn ymchwilio i'r berthynas rhwng IGC a disgwyliad oes. Ychwanegwch linell ffit orau a disgrifiwch beth mae'r graff yn ei ddweud wrthych chi.

Incwm gwladol crynswth (IGC) y pen

Mesur economaidd o ddatblygiad. IGC gwlad yw gwerth y nwyddau a'r gwasanaethau sy'n cael eu cynhyrchu gan bobl sy'n byw yn y wlad honno a gan bobl dramor sy'n dal i berthyn i'r wlad honno fel dinasyddion. Y gwerth hwnnw wedi'i rannu gan y boblogaeth yw'r IGC fesul pen. Meddyliwch amdano fel incwm cyfartalog. Mae'n cael ei fesur mewn doleri UDA.

Incwm gwladol crynswth (IGC) y pen (PGP)

Fersiwn o IGC sy'n cymryd costau byw i ystyriaeth. Mewn rhai gwledydd, mae eitemau pob dydd, fel bwyd, yn rhatach nag mewn gwledydd eraill, felly mae eich incwm yn mynd ymhellach. Mae IGC (PGP) yn cymryd hyn i ystyriaeth.

SGILIAU DAEARYDDOL

Rhoi prawf ar y berthynas rhwng setiau data

Oes perthynas rhwng datblygiad economaidd a gwelliannau ym maes gofal iechyd ac addysg? Mae'n bosibl ateb y cwestiwn hwn drwy ddadansoddi data gan ddefnyddio graffiau. Cyn dechrau, mae gwneud rhagfynegiad, neu ragdybiaeth, yn syniad da – er enghraifft, 'mae gan y gwledydd sydd â'r IGC isaf ddangosyddion MDD isel'. Er mwyn profi'r rhagdybiaeth mae angen cael dwy set o ddata sy'n gysylltiedig – sef data deunewidyn. Yn yr achos hwn, IGC y pen (PGP) ac MDD yw'r data. Chwiliwch am y colofnau data hyn yn Ffigur 10. Newidynnau yw'r enw ar y data yma. Er mwyn profi eu perthynas â'i gilydd, lluniadwch graff gwasgariad. Dilynwch y camau hyn:

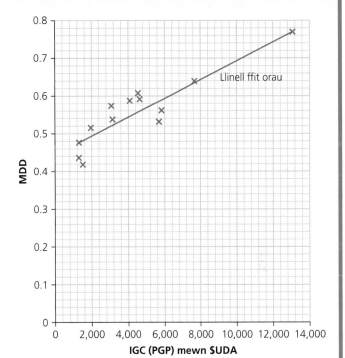

▲ **Ffigur 11** Graff gwasgariad i brofi'r berthynas rhwng MDD ac IGC gan ddefnyddio data o Ffigur 10.

1 Lluniadwch echelinau'r graff. Ar raddfa'r echelin fertigol y dylech chi roi'r data rydych yn ymchwilio iddo, sef MDD yn yr achos hwn. Rydyn ni eisiau darganfod a yw IGC y pen yn effeithio ar MDD. Yr MDD yw'r hyn rydyn ni'n ei alw'n newidyn dibynnol.

2 Y newidyn annibynnol yw IGC – rydyn ni eisiau gweld a yw'n effeithio ar yr MDD. Mae hwnnw i'w weld ar yr echelin lorweddol.

3 Rhowch labeli 'MDD' ar yr echelin fertigol ac 'IGC' ar yr echelin lorweddol.

4 Plotiwch y pwyntiau ar gyfer pob gwlad. Dyma'r 'pwyntiau gwasgariad', ac felly enw'r graff hwn yw graff gwasgariad.

5 Dylai eich pwyntiau edrych fel yn Ffigur 11. Mae patrwm yn perthyn i'r data sydd wedi'u plotio – mae llinell wedi'i gosod i'ch helpu chi i weld y patrwm. Enw'r llinell hon yw'r llinell ffit orau. Nid yw'r llinell yn cysylltu'r pwyntiau â'i gilydd, ond mae'n dilyn y duedd gyffredinol. Dylai bod yr un nifer o bwyntiau ar bob ochr i'r llinell ffit orau.

6 Yn achos y graff hwn, mae'r llinell ffit orau'n dangos y canlynol: wrth i un dangosydd gynyddu (yr IGC) mae'r llall yn cynyddu hefyd (yr MDD). Rydyn ni wedi profi bod y rhagdybiaeth yn wir!

Gwaith ymholi ?

Beth ddylai Nigeria ei wneud i leihau anghydraddoldeb?

- Mewn parau, crëwch ragdybiaethau i brofi'r berthynas rhwng unrhyw ddau bâr arall o ddata sydd yn Ffigur 10.
- Lluniadwch graff gwasgariad gyda llinell ffit orau i ymchwilio i'r berthynas hon.
- Disgrifiwch yr hyn mae eich graff yn ei ddweud wrthych chi.

- Esboniwch i ba raddau mae'r rhagdybiaeth rydych chi wedi'i chreu yn wir.
- Yn seiliedig ar yr hyn rydych chi wedi'i ddysgu, ysgrifennwch adroddiad 400 gair i'w anfon at lywodraeth Nigeria. Yn yr adroddiad, esboniwch pam rydych chi'n credu y dylai rhagor o arian gael ei fuddsoddi ym meysydd iechyd ac addysg, a pha fanteision fyddai'n dod i'r llywodraeth o wneud hynny.

Problemau poblogaeth

Mae ychydig dros 3 biliwn o bobl yn byw yn rhanbarthau Affrica is-Sahara a De Asia. Yn Affrica is-Sahara mae 48 o wledydd, ac mae 24 o'r rhain yn wledydd incwm isel fel Malaŵi a Gambia. Yn Ne Asia mae wyth gwlad, yn cynnwys India sy'n wlad newydd ei diwydianeiddio *(NIC)* fawr iawn. Afghanistan a Nepal yw'r unig wledydd incwm isel yn Ne Asia.

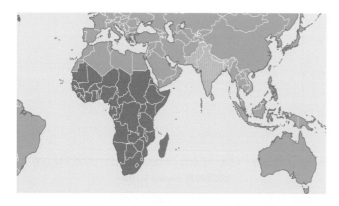

Poblogaeth (miliwn)	2019	2035	2050
Affrica is-Sahara	1,065.3	1,579.9	2,148.4
De Asia	1,945.9	2,274.5	2,473.1
Y Byd	7,691.5	8,932.4	9,854.2

▲ **Ffigur 1** Y newid tebygol ym mhoblogaeth Affrica is-Sahara a De Asia (ffigurau mewn miliynau).

Strwythur y boblogaeth a newid

Mae maint a strwythur oed/rhywiau poblogaethau'n newid dros amser. Y duedd fel arfer yw bod y **cyfraddau genedigaethau**'n uwch a'r **cyfraddau marwolaethau**'n uwch mewn gwledydd incwm isel fel Malaŵi, o'i gymharu â gwledydd incwm canolig *(MIC)* neu wledydd newydd eu diwydianeiddio *(NIC)* fel India neu Bangladesh. Astudiwch Ffigur 2. Strwythur **poblogaeth ifanc** sydd i'w gael mewn gwledydd fel Malaŵi, lle mae'r gyfradd genedigaethau'n uwch a'r gyfradd marwolaethau'n uwch hefyd. Mae gan y pyramid poblogaeth waelod llydan iawn ac mae'n culhau'n gyflym. Mae hyn yn dangos bod gan Malaŵi gyfran fawr o blant a phobl ifanc, ond dim ond nifer bychan o'r bobl sy'n byw i fod yn hen. Yn India, mae strwythur y boblogaeth yn wahanol. Mae'r gyfradd

marwolaethau yn India yn llawer is nag ydyw yn Malaŵi, felly mae cyfran fwy o bobl yn byw i fod yn hen. Mae'r gyfradd genedigaethau'n is yn India na Malaŵi hefyd, ac mae'n dal i ostwng. Felly, mae gan India lawer o oedolion ifanc, ond mae'r gyfran o blant yn llawer llai nag ydyw mewn gwlad incwm isel.

Dros amser, mae'r cyfraddau genedigaethau a marwolaethau'n newid a hynny o dan ddylanwad nifer o ffactorau cymdeithasol, gwleidyddol ac economaidd. Ymysg y **ffactorau cymdeithasol** mae lefelau addysg a chydraddoldeb rhwng y rhywiau. Mewn gwledydd sy'n trin menywod yn deg yn y gymdeithas, ac sydd â systemau addysg da, mae'r cyfraddau genedigaethau'n isel.

Un o'r **ffactorau gwleidyddol** yw'r maint o arian y mae'r llywodraeth yn ei wario ar addysg a gofal iechyd. Mewn gwledydd incwm isel, mae'r cyfraddau marwolaethau o glefydau fel malaria neu glefydau dolur rhydd yn tueddu i fod yn uwch. Gallai'r rhain gael eu hatal drwy wario mwy ar ofal iechyd. Mewn rhai gwledydd, gallai'r llywodraeth hyrwyddo gwasanaethau cynllunio teulu ac annog pobl i ddefnyddio dulliau atal cenhedlu i ddod â'r gyfradd genedigaethau i lawr.

Mae incwm cyfartalog y cartref yn un **ffactor economaidd** sy'n gallu dylanwadu ar gyfraddau genedigaethau a marwolaethau. Mewn gwledydd incwm isel, mae'r incwm cyfartalog yn is na $UDA1,025 y flwyddyn. Mae'r rhieni'n dibynnu ar eu plant i ychwanegu at incwm y teulu, felly mae'n beth cyffredin i weld teuluoedd mawr. Pan fydd teulu'n dlawd, mae'n bosibl na fydd dŵr glân ar gael iddyn nhw, felly mae clefydau'n beth cyffredin ac mae'r cyfraddau marwolaethau'n uwch.

Cyfradd genedigaethau
Nifer y genedigaethau ymhob blwyddyn am bob 1,000 o'r boblogaeth.

Cyfradd marwolaethau
Nifer y marwolaethau bob blwyddyn fesul 1,000 o'r boblogaeth.

Poblogaeth ifanc
Poblogaeth gyda chyfran uchel o blant am fod y gyfradd genedigaethau'n weddol uchel.

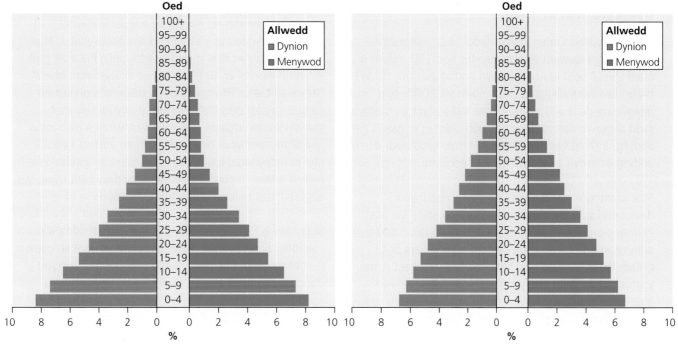

▲ **Ffigur 2** Strwythur poblogaeth Malaŵi (2019).

▲ **Ffigur 3** Rhagolwg o strwythur poblogaeth Malaŵi (2039).

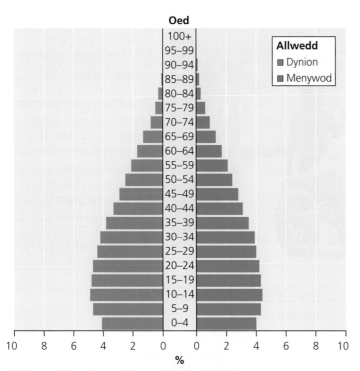

▲ **Ffigur 4** Strwythur poblogaeth India (2019).

Gweithgareddau

1 Gan ddefnyddio'r data yn Ffigur 1:
   a) Lluniadwch graff addas.
   b) Cyfrifwch pa ganran o boblogaeth y byd sydd yn Affrica is-Sahara bob blwyddyn. Beth mae hyn yn awgrymu sy'n digwydd i'r gyfradd genedigaethau a'r gyfradd marwolaethau yn y rhanbarth hwn?
2 Defnyddiwch Ffigurau 2 a 4 i gymharu pyramidiau poblogaeth Malaŵi ac India.
3 a) Defnyddiwch Ffigurau 2 a 3 i ddisgrifio sut mae disgwyl i boblogaeth Malaŵi newid yn y ddau ddegawd nesaf.
   b) Awgrymwch resymau posibl dros y newid hwn. Meddyliwch am ffactorau cymdeithasol, gwleidyddol ac economaidd.

Sialens llafur plant

Mae'r Sefydliad Llafur Rhyngwladol (*ILO: International Labour Organization*) yn amcangyfrif bod 152 miliwn o blant (5–17 oed) ledled y byd yn gorfod gweithio. Mae'r ffigur hwn wedi disgyn o 246 miliwn yn 2000, sy'n newyddion da. Fodd bynnag, mae **llafur plant** yn broblem sydd angen ei datrys. Mae gan bob plentyn yr hawl i gael addysg, a rhaid i wledydd gael gweithlu sydd wedi derbyn addysg er mwyn gweld twf yn eu heconomi.

Mae plant sy'n mynd allan i weithio yn perthyn i deuluoedd sy'n rhy dlawd i allu fforddio anfon eu plant neu rai o'u plant i'r ysgol. Does dim rhaid talu i dderbyn addysg yn y DU, ond dydy hyn ddim yn wir am bob gwlad. Weithiau mae cost ffioedd ysgol neu gost llyfrau ysgrifennu yn gallu bod yn ormod i deuluoedd tlawd. Mae rhieni'n disgwyl i blant helpu i gynnal y teulu drwy ennill ychydig o arian. Mae llawer o blant yn gweithio ar ffermydd. Mae rhai eraill yn gweithio mewn ffatrïoedd, er enghraifft ffatrïoedd gwneud carpedi neu ddillad.

Mae plant eraill yn gweithio yn y sector anffurfiol ac yn gwneud swyddi fel casglu ac ailgylchu sbwriel, gwerthu nwyddau ar y stryd neu lanhau esgidiau. Mae rhai plant yn gweithio mewn swyddi peryglus a all gael effaith niweidiol ar eu hiechyd neu ddiogelwch. Mae'r Sefydliad Llafur Rhyngwladol yn disgrifio amrywiaeth eang o swyddi peryglus. Ymhlith y swyddi hyn mae gweithio o dan ddaear neu mewn chwareli a defnyddio peiriannau peryglus neu waith sy'n eu gorfodi i godi a chario defnyddiau trwm. Mae rhai plant yn gweithio fel milwyr a rhai yn gorfod gweithio yn y diwydiant rhyw, sy'n enghreifftiau pellach o swyddi peryglus.

Mae mwy o fechgyn na merched yn gorfod mynd allan i weithio. Fodd bynnag, bydd merched yn cael eu cadw gartref o'r ysgol i helpu i ofalu am frodyr a chwiorydd ifanc neu i wneud gwaith tŷ, fel cario dŵr a chasglu coed tân. Felly, mae'n bosibl bod nifer y merched sy'n ymwneud â llafur plant yn llawer mwy mewn gwirionedd, gan nad yw'r rhai sy'n gwneud gwaith tŷ yn cael eu cynnwys yn y ffigurau swyddogol.

Llafur plant

Gwaith sydd yn dwyn plentyndod plant. Gan fod llafur plant yn rhwystro plant rhag cwblhau eu haddysg, mae hefyd yn dwyn eu potensial oddi arnyn nhw – sef y pethau y gallan nhw ei gyflawni pan maen nhw'n oedolion. Yn aml iawn mae llafur plant yn niweidiol i blant yn feddyliol, yn gorfforol, yn gymdeithasol ac yn foesol.

▲ **Ffigur 5** Mae Kavita yn 12 oed ac yn gweithio gyda'i theulu mewn odyn friciau ar gyrion Jammu yn India.

Rhanbarth	Llafur plant		Swyddi peryglus	
	Miliynau	Canran	Miliynau	Canran
Affrica	72.113	19.6	31.538	8.6
Y Gwladwriaethau Arabaidd	1.162	2.9	0.616	1.5
Asia a'r Pasiffig	62.077	7.4	28.469	3.4
Gogledd a De America	10.735	5.3	6.553	3.2
Ewrop a Chanolbarth Asia	5.534	4.1	5.349	4.0

◄ **Ffigur 6** Llafur plant a phlant yn gweithio mewn swyddi peryglus yn ôl y rhanbarth, 2016.

Sut dylen ni fynd i'r afael â phroblem llafur plant?

Mae'r Sefydliad Llafur Rhyngwladol yn gweithio ym mhob cwr o'r byd i roi diwedd ar lafur plant. Maen nhw'n casglu data er mwyn gallu gosod targedau a monitro cynnydd, fel sydd i'w weld yn Ffigur 8. Dydyn nhw ddim yn gallu pasio deddfau newydd sy'n rhoi diwedd ar lafur plant – cyfrifoldeb llywodraethau unigol yw hynny. Fodd bynnag, maen nhw'n gallu cynghori llywodraethau ar bolisïau a fydd yn gweithio, yn seiliedig ar eu profiad o weithio gyda gwledydd lle mae llafur plant yn gostwng. Mae'r Sefydliad Llafur Rhyngwladol yn argymell bod llywodraethau'n edrych ar ddau brif faes:

- Gwella mynediad at addysg i sicrhau bod pob plentyn yn mynd i'r ysgol.
- Gwella trefniadau nawdd cymdeithasol i sicrhau bod aelodau mwyaf tlawd a mwyaf difreintiedig y gymdeithas yn gallu dibynnu ar y wladwriaeth i roi cymorth iddyn nhw, yn hytrach na'u bod yn dibynnu'n llwyr ar eu plant.

Mae ffigurau swyddogol yn dangos bod tua 10 miliwn o blant yn gorfod gweithio yn India, ond gallai'r nifer fod yn llawer uwch mewn gwirionedd. Nid yw tua 43% o'r plant hyn yn mynd i'r ysgol o gwbl. Mae'n rhaid i rai plant weithio er mwyn ad-dalu dyled deuluol – mae'n ffurf o gaethwasiaeth yn y byd modern. Mae India yn gwneud rhywfaint o gynnydd araf o ran rhoi diwedd ar lafur plant. Er enghraifft, mewn ardaloedd gwledig o Tamil Nadu a Madhya Pradesh, mae undebau llafur yn cydweithio ag arweinwyr a chyflogwyr lleol i greu pentrefi lle nad oes unrhyw lafur plant.

Mae 152 miliwn o blant yn gorfod gweithio. Mae'r nifer hwn yn cyfateb yn fras i boblogaeth y DU, yr Almaen a Sbaen gyda'i gilydd!

Mae 64.1 miliwn o ferched yn gorfod gweithio

Mae 109 miliwn o blant yn gweithio ym maes ffermio

Mae 87.5 miliwn o fechgyn yn gorfod gweithio

Mae 72.5 miliwn o blant yn gweithio mewn swyddi peryglus

▲ **Ffigur 7** Ystadegau'n ymwneud â llafur plant, 2016.

Gweithgareddau

1 Esboniwch pam nad yw rhai rhieni tlawd yn anfon pob un o'u plant i'r ysgol gynradd.
2 Astudiwch Ffigur 6. Pa ranbarth:
   a) sydd â'r nifer mwyaf o blant sy'n gweithio ac sydd mewn swyddi peryglus?
   b) sydd â'r canran mwyaf o blant yn gweithio ac mewn swyddi peryglus?
3 Defnyddiwch dystiolaeth o Ffigurau 6 a 7 i greu poster sy'n cyflwyno gwybodaeth am lafur plant ar ffurf graffigol.
4 Disgrifiwch y tueddiadau sydd i'w weld yn Ffigur 8.
5 Esboniwch pam nad yw'r Sefydliad Llafur Rhyngwladol yn gallu rhoi diwedd ar lafur plant yn India.

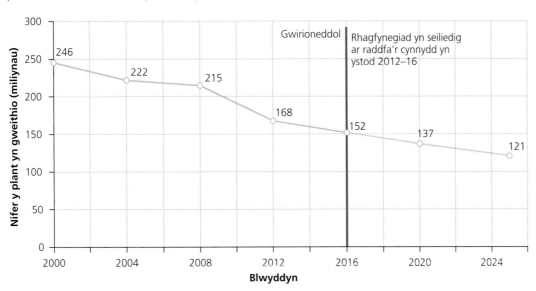

▲ **Ffigur 8** Tueddiadau gwirioneddol a thueddiadau wedi'u rhagfynegi mewn llafur plant.

Addysg i ferched

Er bod llawer o wledydd wedi gweld gwelliant, mae miliynau o blant yn dal i golli rhan o'u haddysg, neu eu haddysg gyfan. Yn ôl UNESCO, bydd 16 miliwn o ferched yn byw eu bywydau heb fynd unwaith i mewn i ystafell ddosbarth. O'r 750 miliwn o oedolion sydd heb sgiliau llythrennedd sylfaenol, mae tua dwy ran o dair yn fenywod.

Mae bylchau mawr yn dal i fodoli rhwng y rhywiau mewn ysgolion yn Affrica is-Sahara a De Asia. Mae llawer o rwystrau'n atal merched rhag cael addysg lawn. Ymhlith y rhwystrau hyn mae tlodi, ynysu gwledig, statws lleiafrifol rhai grwpiau ethnig, anabledd, priodas gynnar a beichiogrwydd, a syniadau traddodiadol am statws a rôl menywod. Mewn gwledydd fel India, lle mae mwy o fenywod na dynion sydd heb gael addysg, mae'r canlyniadau'n ddifrifol, er enghraifft:

- Mae plentyn i fam sydd heb gael addysg ddwywaith yn fwy tebygol o farw cyn troi'n flwydd oed o'i gymharu â phlentyn i fam sydd wedi derbyn addysg lawn.
- Mae menywod sydd wedi cael addysg dda yn tueddu i briodi'n hwyrach mewn bywyd a chael llai o blant.
- Mae addysg (yn enwedig addysg uwchradd a phrifysgol) yn rhoi grym i fenywod – hynny yw, mae'n rhoi statws a gwell cyfleoedd mewn bywyd iddyn nhw.

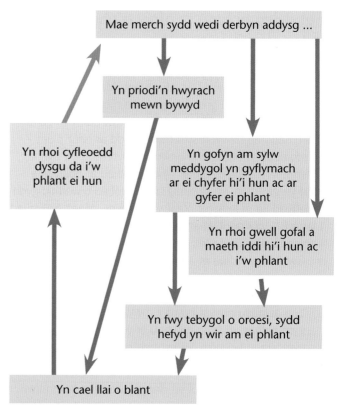

▲ **Ffigur 9** Manteision gwella addysg i ferched.

Torri'n rhydd o lafur plant

Hyd nes blwyddyn yn ôl, roedd Laxmina, sy'n wyth oed, yn rhy brysur yn gweithio i hyd yn oed meddwl am fynd i'r ysgol. Roedd hi'n ennill tua 30 rwpî (llai na doler) y dydd am fynd â llaeth i bentrefi cyfagos sy'n fwy cyfoethog na'i phentref hi.

Fodd bynnag, mae hyn i gyd wedi newid erbyn hyn. Mae Laxmina wedi bod yn mynd i ganolfan ddysgu amgen yn Uttar Pradesh gyda 40 o blant eraill. Mae'r ganolfan hon yn un o blith nifer o ganolfannau tebyg a gafodd eu sefydlu bedair blynedd yn ôl gyda chymorth *UNICEF*. Eu bwriad yw helpu i addysgu plant sydd erioed wedi mynychu'r ysgol o'r blaen.

Mae dros 20 y cant o'r plant sy'n gweithio yn India yn dod o Uttar Pradesh. Mae'r mwyafrif ohonyn nhw'n gwneud mân swyddi mewn ffatrïoedd ac yn y diwydiant carpedi, ac mae'r tâl yn bitw iawn. Ond mae eu gwaith yn hollbwysig oherwydd bod eu cyflogau'n ychwanegu at incwm prin eu teuluoedd. Un o'r prif resymau pam mae llafur plant mor gyffredin yn yr ardaloedd hyn yw dyled, sy'n gorfodi teuluoedd i anfon eu plant i weithio.

Mae *UNICEF* yn defnyddio cyfuniad o ddulliau i fynd i'r afael â phroblem llafur plant. Ymhlith y dulliau hyn mae newid agweddau rhieni, ffurfio grwpiau hunangymorth, gwella ansawdd addysg brif ffrwd, ac agor ysgolion pontio er mwyn sicrhau bod plant yn cyrraedd y lefelau dysgu sy'n briodol ar gyfer eu hoedran.

Mae addysg yn chwarae rhan hollbwysig yn yr ymgyrch i roi diwedd ar lafur plant. O ganlyniad, mae gwaith *UNICEF* yn canolbwyntio ar annog cymunedau i anfon merched a bechgyn (sydd erioed wedi bod i'r ysgol neu sydd wedi rhoi'r gorau i fynd) i ganolfannau dysgu amgen.

Mae'r rhan fwyaf o'r canolfannau wedi cael eu sefydlu mewn ardaloedd lle nad oes ysgol o fewn radiws o 1.5 km. Mae gan bob canolfan le ar gyfer tua 40 o fyfyrwyr. Y nod yw helpu plant i gwblhau addysg gynradd – sy'n cymryd 5 mlynedd fel arfer – o fewn 3 blynedd. Ar ddiwedd y cyfnod hwn, mae'r plant yn mynd i ysgol ffurfiol.

Mae'r fenter, sy'n cael ei hariannu gan *IKEA* (gyda tua $UDA500,000) drwy Bwyllgor Cenedlaethol yr Almaen *UNICEF*, wedi helpu tua 650 o bentrefi mewn dau ranbarth yn Uttar Pradesh. Mae tua 200 o'r canolfannau'n bodoli ar hyn o bryd. Maen nhw'n cynnig addysg i dros 7,000 o blant, ac mae 55 y cant o'r plant hyn yn ferched.

▲ **Ffigur 10** Dyfyniad o destun o wefan *UNICEF* India. Mae amcangyfrifon yn awgrymu bod 23 y cant o blant yn Uttar Pradesh yn gorfod gweithio; mae tua 70 y cant o'r boblogaeth yn gallu darllen ac ysgrifennu, ac mae 57 y cant o fenywod yn llythrennog.

▲ **Ffigur 11** Mae llafur plant yn India ar ei uchaf yn y 5 talaith hyn: Bihar, Uttar Pradesh, Rajasthan, Madhya Pradesh a Maharashtra.

	Tlodi (%)	Cymhareb rhyw	Llythrennedd ymhlith merched (%)
Andhra Pradesh	9.20	993	59.1
Arunachal Pradesh	34.67	938	57.7
Assam	31.98	958	66.3
Bihar	33.74	918	51.5
Chhattisgarh	39.93	991	60.2
Goa	5.09	973	84.7
Gujarat	16.63	919	69.7
Haryana	11.16	879	65.9
Himachal Pradesh	8.06	972	75.9
Jammu a Kashmir	10.35	889	56.4
Jharkhand	36.96	948	55.4
Karnataka	20.91	973	68.1
Kerala	7.05	1,084	92.1
Madhya Pradesh	31.65	931	59.2
Maharashtra	17.35	929	75.9
Manipur	36.89	985	70.3
Meghalaya	11.87	989	72.9
Mizoram	20.40	976	89.3
Nagaland	18.88	931	76.1
Orissa	32.59	979	64.0
Punjab	8.26	895	70.7
Rajasthan	14.71	928	52.1
Sikkim	8.19	890	75.6
Tamil Nadu	11.28	996	73.4
Tripura	14.05	960	82.7
Uttar Pradesh	29.43	912	57.2
Uttarakhand	11.26	963	70.0
Gorllewin Bengal	19.98	950	70.5

▲ **Ffigur 12** Data dethol ar gyfer taleithiau India. Y gymhareb rhyw yw nifer y menywod am bob 1,000 o ddynion yn y boblogaeth; mewn ardaloedd lle mae gan ddynion a menywod gyfleoedd iechyd cyfartal, mae'r ffigur hwn yn agos i 1,000 (data o gyfrifiad 2011).

Gweithgareddau

1 Astudiwch Ffigur 10.
   a) Disgrifiwch sut mae'r project hwn yn helpu i leihau llafur plant.
   b) Awgrymwch beth yw cryfderau a chyfyngiadau'r project.
2 Defnyddiwch Ffigur 9 i gwblhau'r esboniad ym mhob un o'r gosodiadau isod.
   Mae mam sydd wedi cael addysg ...
   ▪ yn sylwi ar arwyddion cynnar o salwch yn ei phlentyn, felly mae hi'n ...
   ▪ yn deall pwysigrwydd deiet cytbwys, felly mae hi'n ...
   ▪ yn cydnabod pwysigrwydd addysg lawn ar gyfer ei merch, felly mae hi'n ...
3 Defnyddiwch y data yn Ffigur 12 i ymchwilio i'r berthynas rhwng tlodi a llythrennedd ymhlith merched.
   a) Lluniwch ragdybiaeth.
   b) Lluniadwch graff gwasgariad er mwyn ymchwilio i'ch rhagdybiaeth (gweler tudalen 267).
   c) Beth yw eich casgliadau?

Gwaith ymholi

Pa mor agos yw'r cysylltiad rhwng addysg a phroblemau iechyd?

Defnyddiwch y data yn Ffigur 12 i ymchwilio i'r berthynas rhwng llythrennedd ymhlith merched a'r gymhareb rhyw yn nhaleithiau India. Os oes perthynas, sut allwch chi ei hesbonio?

Ffoaduriaid

Mae'r rhan fwyaf o bobl yn dewis mudo oherwydd eu bod nhw'n credu y bydd symud yn cynnig gwell swydd a gwell ansawdd bywyd iddyn nhw. **Mudwyr economaidd** yw'r enw ar y mudwyr hyn fel arfer. Maen nhw'n disgwyl y bydd symud yn arwain at gynnydd mewn cyflog, yn ogystal â gwell gyrfa a chyfleoedd hyfforddi. Ffactorau tynnu yw'r enw ar y buddion hyn.

Fodd bynnag, mae ffactorau gwthio hefyd yn dylanwadu ar benderfyniad pobl i fudo. Problemau yw'r rhain sy'n gwthio pobl i ffwrdd o'u cartrefi. Ymhlith y ffactorau gwthio mae:
* diweithdra, tangyflogaeth a thlodi
* peryglon naturiol, newid gwleidyddol, erledigaeth neu wrthdaro.

Mewn rhai achosion, mae'r ffactorau gwthio yn rhai eithafol. Mae mudwyr yn symud oherwydd eu bod nhw mewn perygl, yn sgil gwrthdaro, terfysgaeth neu erledigaeth o bosibl. Y perygl hwn yw'r prif reswm dros symud, yn hytrach na ffactor tynnu fel cael swydd well yn rhywle arall. **Ffoaduriaid** neu **geiswyr lloches** yw'r enw ar y mudwyr hyn.

Daw'r mwyafrif o ffoaduriaid y byd o wledydd yn Affrica is-Sahara ac Asia. Mae'r rhyfeloedd yn Iraq/Syria, Afghanistan a Somalia wedi creu niferoedd arbennig o uchel o ffoaduriaid, ac mae rhai ohonyn nhw'n ceisio dod i Ewrop.

Allwedd
- Gwledydd sy'n croesawu ffoaduriaid
- Gwledydd sy'n cynhyrchu ffoaduriaid
- Mae Sudan yn wlad sy'n cynhyrchu a chroesawu ffoaduriaid

Yr Almaen (1.2m)
Twrci (3.7m)
Gweriniaeth Arabaidd Syria (6.7m)
Iran (1m)
Afghanistan (2.7m)
Lebanon (1.4m)
Myanmar (1.1m)
Jordan (2.9m)
Sudan (0.7m)
Sudan (0.9m)
Pakistan (1.4m)
De Sudan (2.3m)
Ethiopia (0.9m)
Somalia (0.9m)
Gweriniaeth Canolbarth Affrica (0.6m)
Uganda (1.1m)
Gweriniaeth Ddemocrataidd Congo (0.7m)

▲ **Ffigur 13** Nifer y bobl a gafodd eu gorfodi i symud oherwydd gwrthdaro (miliynau).

Y wlad	Ffoaduriaid (miliynau)
Gweriniaeth Arabaidd Syria	6.7
Afghanistan	2.7
De Sudan	2.3
Myanmar	1.1
Somalia	0.9

▲ **Ffigur 14** Y pum gwlad sy'n cynhyrchu'r nifer mwyaf o ffoaduriaid, 2018.

Gweithgareddau

1 Astudiwch Ffigur 13.
   a) Disgrifiwch y patrwm o wledydd sy'n cynhyrchu ffoaduriaid a gwledydd sy'n croesawu ffoaduriaid.
   b) Ymchwiliwch rai o'r gwledydd croesawu. Ydyn nhw'n wledydd cyfoethog neu dlawd? Awgrymwch sut gallai'r gwledydd croesawu gael eu heffeithio.
2 Disgrifiwch ffordd effeithiol o gyflwyno pob rhif yn Ffigur 15 mewn modd a fyddai'n hoelio sylw.

Cafodd 37,000 o bobl eu gorfodi i adael eu cartrefi bob dydd

Mae 84 y cant o ffoaduriaid y byd yn cael gofal gan wledydd sy'n datblygu yn hytrach na gan wledydd incwm uchel

Mae 51 y cant o ffoaduriaid y byd yn blant

▲ **Ffigur 15** Ystadegau'n ymwneud â ffoaduriaid, 2018.

Yr argyfwng ffoaduriaid yn Libanus

Gwlad fach yn y Dwyrain Canol sydd â phoblogaeth o 4.5 miliwn yw Libanus. Mae'n rhannu ffin â Syria, ac mae'r wlad honno wedi bod yng nghanol rhyfel cartref ers 2011. Yn 2018, roedd tua 1.5 miliwn o ffoaduriaid o Syria yn byw yn Libanus, ac roedd 74% heb statws cyfreithiol, felly gallent gael eu gorfodi i ddychwelyd. Mae'r ffoaduriaid hyn yn byw mewn amodau anodd iawn. Mae rhai'n byw mewn gwersylloedd ffoaduriaid – dinasoedd o bebyll – ac mae eraill yn sgwatio ac yn byw mewn adeiladau gorlawn yn ninasoedd Libanus.

Mae Libanus yn wlad eithaf tlawd: yr IGC y pen yw $UDA9,500, a does dim digon o waith ar gael i gynnal y boblogaeth leol a'r ffoaduriaid. Mae amcangyfrifon yn awgrymu bod yr argyfwng ffoaduriaid yn costio $UDA4.5 biliwn y flwyddyn i Libanus. Mae mynediad at ddŵr glân a diffyg iechydaeth briodol yn bethau sy'n achosi gofid mawr. Mae hinsawdd Libanus yn sych a Mediteranaidd ac mae dŵr glân yn brin. Mae dros hanner y ffoaduriaid o'r farn nad yw'r dŵr lleol yn ddiogel i'w yfed.

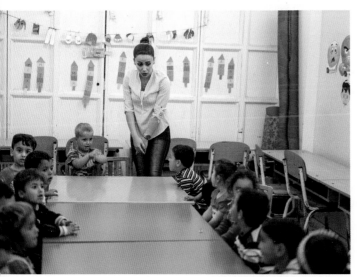

▲ **Ffigur 16** Ysgol i ffoaduriaid o Syria mewn garej o dan adeilad o fflatiau yn Minyara, Libanus.

> Nid byw ydyn ni – bodoli ydyn ni. Dw i'n byw mewn bloc o fflatiau gorlawn gyda channoedd o ffoaduriaid. Does gen i ddim preifatrwydd. Penderfynodd fy ngŵr y byddai'n mentro ar y daith beryglus mewn cwch i Ewrop. Mae yn yr Almaen erbyn hyn. Un diwrnod, efallai y byddwn ni'n ymuno ag o.

Ffoadur o Syria sy'n fam i dri o blant

> Dydw i ddim yn mynd i'r ysgol erbyn hyn. Rydw i'n gweithio yma ac acw i geisio cynnal fy nheulu. Rydw i eisiau cynilo $UDA1,000 – dyna'r swm mae'r smyglwyr yn ei godi i fynd â chi i Ewrop mewn cwch. Rydw i'n gwybod bod y daith yn beryglus a bod pobl yn boddi, ond does dim dyfodol i mi yma.

Bachgen 15 oed sy'n ffoadur

▲ **Ffigur 18** Safbwyntiau ffoadur o Syria a'i mab.

Gweithgareddau

3 Disgrifiwch leoliad Libanus.
4 Beth yw'r gymhareb rhwng ffoaduriaid a'r boblogaeth leol yn Libanus?
5 a) Disgrifiwch yr amodau yn yr ysgol yn Ffigur 16.
   b) Disgrifiwch un o gryfderau ac un o gyfyngiadau'r project *UNICEF* sydd i'w weld yma.

Gwaith ymholi

Pa anawsterau sy'n wynebu Libanus a'r ffoaduriaid o Syria sy'n byw yno?

Defnyddiwch dystiolaeth o'r dudalen hon, a'ch gwaith ymchwil eich hun, i roi'r sialensiau sy'n wynebu ffoaduriaid yn Libanus o dan y penawdau hyn: economaidd, cymdeithasol ac amgylcheddol.

▲ **Ffigur 17** Lleoliad Syria a Libanus.

TWRCI

Aleppo
●Latakia
Afon Ewffrates

CYPRUS

●Hamah

SYRIA

Beirut ●
LIBANUS ●Damascus

Y Môr Canoldir

IRAQ

ISRAEL

G

GWLAD IORDDONEN

0   200
km

Ffoaduriaid yn symud i Ewrop

Diolch i Gytundeb Schengen (1995), mae pobl yn gallu mynd a dod yn hawdd rhwng y rhan fwyaf o wladwriaethau'r UE. Fel arfer, does dim rhaid i bobl ddangos eu pasbort wrth deithio o un wlad i'r llall yn **Ardal Schengen**. Fodd bynnag, mae arweinwyr Ewrop yn awyddus i reoli symudiad pobl o wledydd sydd ddim yn rhan o'r UE, gan gynnwys ffoaduriaid a mudwyr economaidd o wledydd yn Affrica ac Asia. Felly mae mudo i Ewrop yn cael ei reoli'n ofalus. Yn sgil hyn, mae rhai mudwyr yn ceisio dod i Ewrop yn anghyfreithlon ac yn ceisio osgoi'r asiantaethau rheoli ffiniau.

Mae'r rhan fwyaf o'r mudwyr anghyfreithlon sy'n dod o wledydd Affrica neu Asia yn ceisio cyrraedd Ewrop drwy groesi'r Môr Canoldir i un o wledydd de Ewrop. Maen nhw fel arfer yn talu symiau mawr o arian i smyglwyr sy'n eu cludo ar gychod pysgota gorlawn neu ar gychod bach wedi'u llenwi ag aer. Nid yw llawer o'r cychod hyn yn addas i fod ar y môr a does dim offer mordwyo arnyn nhw. Ychydig iawn o ddŵr sydd gan y mewnfudwyr a does dim bwyd. Prin yw'r cychod sydd â rafftiau achub hefyd. Mae'r daith yn beryglus iawn ac mae llawer o fewnfudwyr wedi boddi wrth geisio croesi'r môr.

◀ **Ffigur 19** Llwybrau mudwyr i mewn i Ewrop ac ar draws Ewrop.

Cysylltau at y we

Data am symudiad ffoaduriaid ar draws y Môr Canoldir gan Asiantaeth Ffoaduriaid y CU.

https://data2.unhcr.org/en/situations/mediterranean

Gwaith ymholi ❓

Sawl ffoadur sydd wedi croesi i Ewrop yn ddiweddar?

Defnyddiwch y cyswllt â gwefan UNHCR er mwyn ymchwilio i'r argyfwng. Defnyddiwch dystiolaeth o'r wefan hon a gwefannau eraill i ganfod sut mae nifer y ffoaduriaid, a'r wlad o le daethent, wedi newid ers yr uchafbwynt yn 2015.

Croesi Ewrop

Nid yw problemau'r mudwyr anghyfreithlon yn dod i ben o anghenraid pan maen nhw'n mynd i mewn i Ewrop. Mae llawer ohonyn nhw eisiau teithio ar draws Ewrop i ymuno â theulu neu ffrindiau sydd eisoes wedi symud. Er enghraifft, mae rhai ffoaduriaid o Iraq yn ceisio dod i'r DU oherwydd bod aelodau o'u teulu'n byw yma'n barod. Fodd bynnag, nid yw pob gwlad yn Ewrop yn aelod o Ardal Schengen. Mae hyn yn golygu bod mudwyr yn cael eu cadw ger ffiniau gwledydd, ac nid ydyn nhw'n gallu symud. Un lle sy'n gweld mudwyr yn cael eu cadw fel hyn yw Calais, Gogledd Ffrainc. Yma, mae mudwyr a ffoaduriaid yn aros am gyfle i gael eu smyglo ar lori sy'n dod draw i'r DU.

Mynd i'r afael â'r argyfwng ffoaduriaid

Mae gwledydd ar draws Ewrop yn delio â symudiadau ffoaduriaid mewn ffyrdd gwahanol. Mae rhai gwledydd, gan gynnwys yr Almaen a Sweden, wedi croesawu ffoaduriaid ac yn ceisio sicrhau eu bod yn integreiddio i'r gymdeithas. Ym marn y gwledydd hyn, mae ffoaduriaid yn ddioddefwyr sydd angen help – roedd 44 y cant o'r ffoaduriaid a ddaeth i Ewrop yn 2019 yn fenywod a phlant. Maen nhw hefyd yn credu y bydd ffoaduriaid yn helpu eu heconomïau – mae llawer o ffoaduriaid o Syria wedi derbyn addysg o lefel uchel.

Mae gwledydd eraill, fel Awstria, wedi ceisio cyfyngu ar nifer y ffoaduriaid sy'n mynd i mewn i'r wlad i ddim ond 80 y dydd. Maen nhw'n datgan y byddai'n anodd iawn iddyn nhw dderbyn rhagor am resymau diogelwch.

Mae cytundebau rhyngwladol rhwng sawl un o wledydd Ewrop wedi gorfod cael eu llunio i fynd i'r afael â'r argyfwng hefyd. Mae gwylwyr y glannau yn yr Eidal a Groeg wedi gweithio'n galed iawn i achub mudwyr sydd mewn perygl yn y Môr Canoldir. Mae llynges y DU hefyd wedi bod allan yno yn helpu. Un ymateb i'r argyfwng efallai yw dal a dinistrio'r cychod sy'n cael eu defnyddio gan smyglwyr pobl.

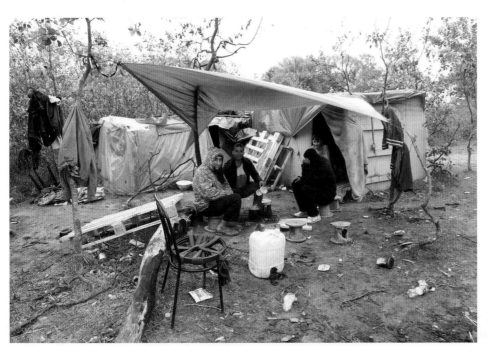

▲ **Ffigur 20** Aneddiadau anffurfiol lle mae ffoaduriaid yn byw yn Calais.

Gweithgareddau

1 Esboniwch pam mae bodolaeth Ardal Schengen wedi'i gwneud hi'n haws i ffoaduriaid symud ar draws y rhan fwyaf o Ewrop.

2 Astudiwch Ffigur 19.
a) Disgrifiwch ddau lwybr gwahanol sy'n cael eu defnyddio gan fudwyr anghyfreithlon a ffoaduriaid sy'n dod i Ewrop.
b) Esboniwch pam mae llwybrau i dde Ewrop yn beryglus.
c) Esboniwch pam mae llawer o fudwyr yn mynd ar hyd y llwybr hirach drwy Fwlgaria.
ch) Esboniwch pam roedd ffoaduriaid yng Ngroeg yn cael trafferth cyrraedd yr Almaen ar ôl i Awstria gyfyngu ar nifer y bobl a oedd yn cael mynd i mewn i'r wlad.

3 Defnyddiwch dystiolaeth o Ffigur 20 i awgrymu sut gallai byw mewn aneddiadau anffurfiol effeithio ar ansawdd bywyd mudwyr.

4 Disgrifiwch y cyfleoedd a'r sialensiau posibl sy'n cael eu creu pan fydd ffoaduriaid o Syria yn ymgartrefu yng ngwledydd Ewrop.

5 Esboniwch pam mae angen cytundebau rhyngwladol er mwyn mynd i'r afael â'r problemau sy'n codi wrth i ffoaduriaid symud i Ewrop ac ar draws Ewrop.

Marwolaethau babanod

Cyfradd marwolaethau babanod yw'r nifer o blant sy'n marw cyn cyrraedd 1 flwydd oed ymhob 1,000 o enedigaethau. Y wlad sydd â'r gyfradd marwolaethau babanod uchaf yw Gweriniaeth Canolbarth Affrica, lle mae 87 o farwolaethau fesul 1,000 o enedigaethau. Mae hynny'n golygu y bydd un plentyn ym mhob 11 o enedigaethau'n marw. Mae 26 o wledydd yn y byd lle mae'r gyfradd marwolaethau babanod yn fwy na 50 ac mae 25 o'r rhain yn Affrica (y llall yw Afghanistan).

Ymchwilio i effaith malaria

Mae malaria'n cael ei ledaenu gan fosgitos. Mae'r pryfed hyn yn cario parasit sy'n heintio unrhyw berson sy'n cael ei gnoi. Mae malaria'n glefyd a allai gael ei atal yn llwyr. Mae'n fygythiad i iechyd y bobl sy'n byw yn rhanbarthau trofannol y byd. Mae tua 40 y cant o boblogaeth y byd yn byw mewn ardaloedd lle mae malaria yn endemig (h.y. yn bresennol drwy'r amser). Fodd bynnag, mae 80 y cant o'r marwolaethau sydd wedi'u hachosi gan falaria yn digwydd mewn 15 o wledydd yn unig, ac mae'r rhan fwyaf o'r gwledydd hyn yn Affrica is-Sahara. Mae tua 65 y cant o'r bobl sy'n marw o falaria yn blant dan 5 oed.

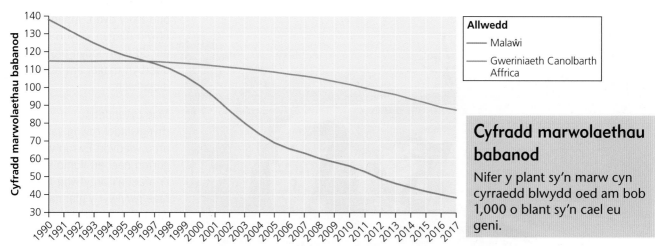

Allwedd
— Malaŵi
— Gweriniaeth Canolbarth Affrica

Cyfradd marwolaethau babanod

Nifer y plant sy'n marw cyn cyrraedd blwydd oed am bob 1,000 o blant sy'n cael eu geni.

▲ **Ffigur 21** Y gyfradd marwolaethau babanod (ym mhob 1,000 o farwolaethau byw) yng Ngweriniaeth Canolbarth Affrica a Malaŵi (1990–2017).

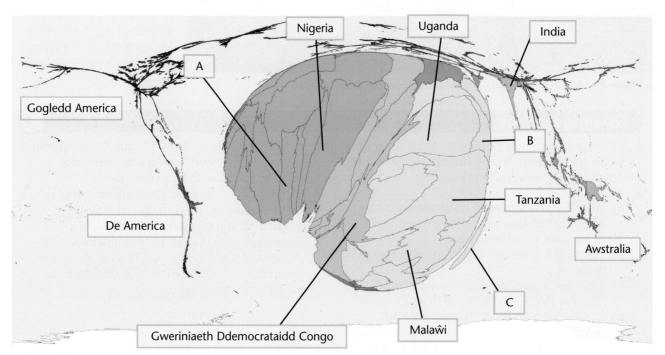

▲ **Ffigur 22** Marwolaethau o falaria yn 2016; mae maint y gwledydd ar y diagram yn cyfateb i nifer y marwolaethau o falaria.

Malaria yn Malaŵi

Malaria yw un o'r problemau iechyd mwyaf difrifol yn Malaŵi. Yno, mae'r perygl o ddal malaria yn amrywio ar draws y wlad a hefyd ar adegau gwahanol o'r flwyddyn. Mae'r amodau ar lannau Llyn Malaŵi, sef tymereddau cynnes a dŵr llonydd, yn ddelfrydol ar gyfer bridio mosgitos. Mae'r ardaloedd ucheldir yn oerach ac yn sychach ar y cyfan. Yma, mae malaria yn broblem dymhorol – mae nifer yr achosion yn cyrraedd uchafbwynt yn ystod y tymor gwlyb pan fydd ffosydd a phyllau dŵr yn

ffurfio'n gyflym ac yn denu mosgitos. Mae tua 83 y cant o boblogaeth Malaŵi yn byw mewn ardaloedd gwledig. Mae nifer y marwolaethau o falaria yn sylweddol uwch mewn ardaloedd gwledig, fel Bae Nkhata, nag yn y dinasoedd Blantyre a Lilongwe. Mae tai mewn ardaloedd gwledig yn aml wedi'u hadeiladu o frics mwd, a tho gwellt sydd arnyn nhw fel arfer. Nid yw'r tai hyn yn cynnig llawer o amddiffyniad rhag mosgitos.

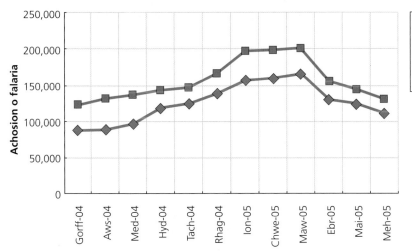

Allwedd
- ■ Malaria mewn plant o dan 5 oed – newydd
- ◆ Malaria mewn plant 5 oed ac yn hŷn – newydd

▲ **Ffigur 23** Achosion newydd o falaria yn Malaŵi fesul mis.

	Bae Nkhata		
	Tymheredd isaf cymedrig (°C)	Tymheredd uchaf cymedrig (°C)	Dyodiad cyfartalog (mm)
Ion	21	30	232
Chwe	21	30	237
Mawrth	21	30	260
Ebr	19	29	322
Mai	17	28	97
Meh	14	27	71
Gorff	13	26	47
Awst	14	29	9
Medi	15	30	2
Hydref	17	34	11
Tach	20	34	90
Rhag	21	32	181

▲ **Ffigur 24** Hinsawdd Bae Nkhata, cyfartaleddau 2004–13.

Gweithgareddau

1 Defnyddiwch Ffigur 21 i gymharu sut mae cyfraddau marwolaethau babanod wedi newid yn y ddwy wlad yma yn Affrica is-Sahara.
2 Defnyddiwch Ffigur 22 ac atlas i ddarganfod:
   a) pa ranbarth trofannol sydd ag ychydig iawn o achosion o falaria
   b) enwau gwledydd A, B ac C
   c) pa ranbarth o'r byd, ar ôl Affrica is-Sahara, sydd â'r ail nifer uchaf o achosion o falaria.
3 Astudiwch Ffigur 23. Disgrifiwch batrwm blynyddol yr achosion newydd o falaria ymhlith plant dan 5 oed. Cofiwch gyfeirio at ffigurau yn eich ateb.
4 Edrychwch ar Ffigur 24.
   a) Lluniadwch graffiau hinsawdd ar gyfer Bae Nkhata.
   b) Disgrifiwch y patrwm glawiad blynyddol.
5 Defnyddiwch dystiolaeth o Ffigurau 23 a 24 i esbonio pam mae achosion newydd o falaria yn fwy cyffredin ar adegau penodol o'r flwyddyn.

A yw rhai pobl yn wynebu mwy o berygl oherwydd malaria nag eraill?

Mae peryglon iechyd malaria yn amrywio'n fawr iawn ar gyfer grwpiau gwahanol o bobl. Ni fydd pawb sy'n cael malaria yn marw. Mewn gwirionedd, os yw person yn cael ei heintio dro ar ôl dro gan fosgitos, bydd yn datblygu imiwnedd i falaria dros amser. Mae cyfraddau mynychder yn Malaŵi yn dangos bod 60 y cant o fabanod a phlant dan 3 oed yn dioddef o falaria o gymharu â 12 y cant o ddynion. Wrth i blant ac oedolion fynd yn hŷn, maen nhw'n datblygu ymwrthedd i'r clefyd ac mae nifer y marwolaethau'n gostwng.

Mae rhai pobl yn fwy tebygol o farw o falaria na phobl eraill. Y bobl sydd dan risg fwyaf yw plant a menywod beichiog, yn enwedig menywod sy'n feichiog am y tro cyntaf. Malaria sy'n gyfrifol am tua 40 y cant o farwolaethau plant. Mae'r perygl o farw o falaria hefyd yn arbennig o uchel ymhlith pobl sydd â system imiwnedd wael. Mae amcangyfrifon yn awgrymu bod 9 y cant o boblogaeth Malaŵi yn byw gyda firws HIV (gweler tudalen 283), sy'n dinistrio'r system imiwnedd. Dydy'r bobl hyn ddim yn gallu ymladd clefydau ac mae'r gyfradd marwolaethau o falaria yn uwch nag ydyw ymhlith pobl sydd ddim yn dioddef o HIV.

Mae beichiogrwydd hefyd yn arwain at ostyngiad bach mewn lefelau imiwnedd. O ganlyniad, mae nifer y menywod beichiog sy'n marw o'r clefyd ychydig yn uwch na nifer y marwolaethau ymhlith menywod sydd ddim yn feichiog.

Allwedd
- llai na 10
- 10–25
- 25–50
- 50–100
- 100–200
- 200–400
- 400–800
- 800–1,600
- 1,600–3,200
- mwy na 3,200

▲ **Ffigur 25** Dwysedd y boblogaeth yn Malaŵi; yn gyffredinol, mae gan ardaloedd gwledig ddwysedd poblogaeth is nag ardaloedd trefol.

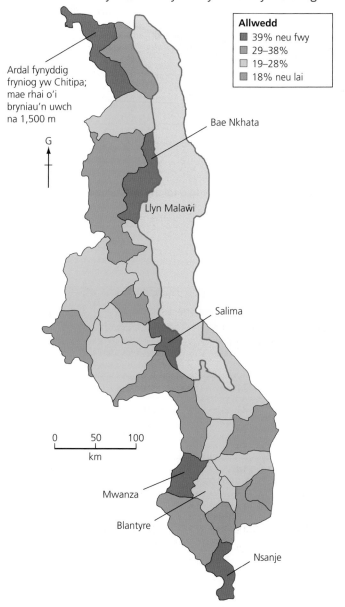

Allwedd
- 39% neu fwy
- 29–38%
- 19–28%
- 18% neu lai

Ardal fynyddig fryniog yw Chitipa; mae rhai o'i bryniau'n uwch na 1,500 m

Bae Nkhata

Salima

Mwanza

Blantyre

Nsanje

▲ **Ffigur 26** Dosbarthiad malaria yn Malaŵi.

Mynd i'r afael â malaria

Mae nifer o strategaethau wedi'u rhoi ar waith yn Malaŵi i fynd i'r afael â'r clefyd. Un o'r strategaethau hyn yw annog pobl i ddefnyddio rhwydi gwely sydd wedi'u trin â phryfleiddiad (*ITNs: insecticide-treated bed nets*). Mae'r rhain yn ffordd effeithiol iawn o leihau achosion o falaria yn eithaf rhad. Dim ond £3 yw cost pob rhwyd. Fodd bynnag, mae hyn yn ormod o arian i lawer o bobl yn ardaloedd gwledig Malaŵi. Yn ystod y 15 mlynedd diwethaf, mae'r Weinyddiaeth Iechyd ac elusennau fel Nothing but Nets wedi dosbarthu *ITNs* ledled Malaŵi. Yn 1997, dim ond 8 y cant o gartrefi yn Malaŵi oedd â rhwydi gwely. Erbyn 2004 roedd y ffigur hwn wedi codi i 50 y cant ar gyfartaledd. Erbyn 2015, roedd *ITNs* mewn 80 y cant o gartrefi. Fodd bynnag, nid yw hyn yn golygu bod digon o rwydi yn y cartrefi hynny i amddiffyn pawb sy'n byw yno. Dim ond 33 y cant o gartrefi sydd ag un rhwyd am bob dau o bobl sy'n byw yn y cartref. Mae'n bwysig diogelu'r bobl sydd fwyaf agored i niwed. Y newyddion da yw bod 66 y cant o blant o dan 5 oed a 60 y cant o fenywod beichiog yn cysgu o dan rwyd.

Strategaeth arall yw defnyddio pryfleiddiaid. Mae pryfleiddiaid yn cael eu chwistrellu mewn ardaloedd lle mae mosgitos yn debygol o ddod i gysylltiad â phobl. Y broblem yw bod mosgitos wedi datblygu ymwrthedd i rai pryfleiddiaid a dydyn nhw ddim mor effeithiol ag y gallan nhw fod. Yn yr un modd, mae'r parasit sydd mewn mosgitos wedi datblygu ymwrthedd i gyffuriau. Mae angen datblygu cyffuriau newydd ar frys. Os bydd person yn dechrau dangos symptomau malaria, mae'n rhaid iddyn nhw ddechrau cymryd cyffuriau gwrth-falaria cyn gynted ag sy'n bosibl er mwyn bod â gwell siawns o ymladd y clefyd. Yn anffodus, nid yw pawb yn Malaŵi yn gallu cael gafael ar gyffuriau pan mae eu hangen arnyn nhw. Mae hyn yn aml oherwydd bod pobl mewn ardaloedd gwledig yn gorfod teithio'n bell i weld doctor. Hefyd, oherwydd bod symptomau cynnar malaria yn debyg i symptomau llawer o gyflyrau eraill, yn aml nid yw pobl yn sylweddoli eu bod nhw wedi dal malaria nes ei bod hi'n rhy hwyr. Mae malaria'n cael yr effaith fwyaf ar bobl dlawd am nad ydyn nhw'n gallu fforddio prynu rhwydi a chael y driniaeth sydd ei hangen arnyn nhw. Mae'n gallu bod yn gylch dieflig: mae pobl yn cael eu hatal rhag dianc rhag tlodi oherwydd bod malaria yn faich ar eu bywydau.

Yn 2019, dechreuodd llywodraeth Malaŵi imiwneiddio plant ifanc yn erbyn malaria. Mae'r brechlyn newydd yn atal malaria mewn 40 y cant o achosion mewn babanod rhwng 5 a 17 mis. Ni all y brechlyn atal pob achos o falaria, ond gall wneud y symptomau'n llai difrifol yn y 60 y cant o achosion eraill.

▲ **Ffigur 27** Mae modd atal marwolaethau o falaria drwy ddefnyddio rhwydi gwely sydd wedi'u trin â phryfleiddiaid (*ITNs: insecticide-treated nets*).

Gweithgareddau

1 a) Pa dri grŵp o bobl sy'n wynebu'r perygl mwyaf oherwydd malaria?

   b) Esboniwch pam mae rhai pobl yn wynebu mwy o berygl na phobl eraill.

2 a) Defnyddiwch Ffigur 26 i ddisgrifio dosbarthiad malaria yn Malaŵi.

   b) Defnyddiwch y dystiolaeth ar dudalennau 278–280 ac awgrymwch resymau gwahanol sy'n esbonio'r cyfraddau uchel o falaria mewn dau o'r rhanbarthau sydd wedi'u henwi yn Ffigur 26.

   c) Cymharwch Ffigurau 25 a 26. Defnyddiwch y mapiau hyn i gynnig tystiolaeth bod malaria yn fwy cyffredin mewn ardaloedd gwledig.

3 Gweithiwch mewn parau. Trafodwch y cwestiynau canlynol ac yna crynhowch eich casgliadau mewn dau ddiagram corryn.

   a) Ydy malaria'n achosi tlodi neu ai tlodi sy'n achosi malaria?

   b) Pa grwpiau penodol ddylai gael *ITNs*?

4 Gwerthuswch pa mor llwyddiannus yw'r defnydd o *ITNs* yn Malaŵi. Beth allan nhw ei gyflawni? Beth arall sydd angen ei wneud?

Y sialensiau sy'n cael eu creu gan HIV

Yn 2017, roedd tua 36.9 miliwn o bobl yn byw gyda HIV o amgylch y byd. Affrica is-Sahara yw'r rhanbarth sydd wedi'i daro waethaf yn y byd gan HIV. Mae HIV yn glefyd nad oes modd ei wella sy'n ymosod ar y system imiwnedd ac sy'n arwain at AIDS yn y pen draw. Dyma yw un o brif achosion tlodi mewn sawl cymuned. Pobl o oedran gweithio sy'n cael eu heintio gan HIV ar y cyfan. Mae marwolaethau yn y gweithlu nid yn unig yn achosi gofid i deuluoedd ond mae hefyd yn lleihau gallu'r teulu i ennill arian.

Cyrhaeddodd cyfraddau heintio HIV uchafbwynt ddiwedd yr 1990au. Ers hynny, yn y rhan fwyaf o wledydd Affrica is-Sahara, mae canran yr oedolion sy'n byw gyda'r firws wedi sefydlogi neu leihau. Y rheswm dros hyn yw bod llai o bobl yn cael eu heintio diolch i lwyddiant rhaglenni addysg. Yn Uganda, er enghraifft, gostyngodd cyfraddau heintio HIV ar ôl i'r llywodraeth gyflwyno rhaglen hyfforddi ar gyfer gweithwyr gofal iechyd ac addysg a gwasanaeth cynghori i'r cyhoedd.

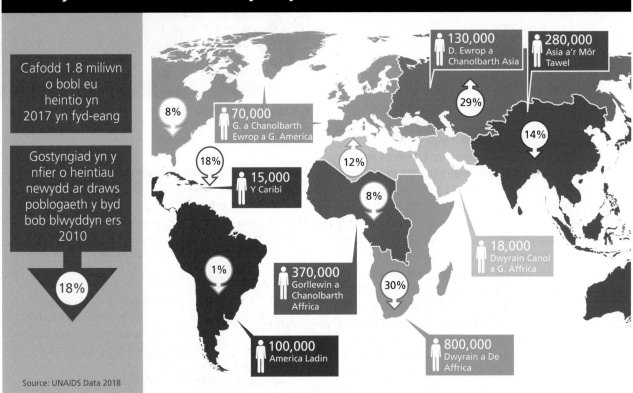

Nifer yr heintiau HIV newydd yn 2017 a'r newid ers 2010

Cafodd 1.8 miliwn o bobl eu heintio yn 2017 yn fyd-eang

Gostyngiad yn y nfier o heintiau newydd ar draws poblogaeth y byd bob blwyddyn ers 2010

18%

8%

70,000
G. a Chanolbarth Ewrop a G. America

18%

15,000
Y Caribî

1%

370,000
Gorllewin a Chanolbarth Affrica

100,000
America Ladin

12%

8%

30%

130,000
D. Ewrop a Chanolbarth Asia

280,000
Asia a'r Môr Tawel

29%

14%

18,000
Dwyrain Canol a G. Affrica

800,000
Dwyrain a De Affrica

Source: UNAIDS Data 2018

Λvert⟩ www.avert.org

▲ **Ffigur 28** Nifer yr heintiau HIV newydd yn 2017, a'r newid ers 2010.

Gweithgareddau

1 Defnyddiwch Ffigur 28 i ddisgrifio:
   a) dosbarthiad byd-eang yr heintiau HIV newydd yn 2017.
   b) sut mae'r canran o heintiau newydd wedi newid ers 2010.
2 Esboniwch y cysylltiadau rhwng HIV a thlodi. Defnyddiwch Ffigur 31 i'ch helpu.
3 Esboniwch pam gallai gwella addysg helpu i leihau mynychder HIV.

HIV yn Malaŵi

Mae tua 1 miliwn o bobl wedi'u heintio â HIV yn Malaŵi, neu 9.2 y cant o'r boblogaeth 15–49 oed. Dyma un o'r cyfraddau uchaf yn y byd. Mae llywodraeth Malaŵi wedi gwneud ymdrechion enfawr i frwydro'r epidemig HIV. Mae hyn yn enghraifft o ddatblygiad **o'r top i lawr**. O ganlyniad i hyn, mae nifer y bobl sy'n cael eu heintio bob blwyddyn wedi gostwng o 98,000 yn 2005 i 38,000 yn 2018. Un peth sydd wedi bod yn allweddol i lwyddiant Malaŵi o ran gostwng heintiau HIV yw cyflwyno gwasanaethau profi a chwnsela HIV gan y llywodraeth. O dan y cynllun hwn, gall gweithwyr iechyd gynnig profi claf i weld a oes ganddyn nhw HIV pan fydd y claf yn ymweld â chlinig, clinig symudol neu ddigwyddiadau iechyd cenedlaethol. Yn nhri mis cyntaf y cynllun hwn yn 2017, cafodd bron i 1 miliwn o bobl eu profi. Mae hyn yn cymharu â 1.8 miliwn o brofion drwy gydol 2014. Dyma elfennau eraill o gynllun y llywodraeth i ostwng heintiau HIV:

- darparu condomau am ddim
- addysg am HIV, gan gynnwys codi ymwybyddiaeth ar raglenni radio
- atal trosglwyddiad o'r fam i'r plentyn drwy gynnig triniaeth gwrth-retrofeirysol HIV i'r holl fenywod beichiog am oes.

O ganlyniad yn rhannol i ymdrechion Malaŵi i ostwng heintiau HIV, a'i gwaith i atal malaria, mae'r disgwyliad oes yn y wlad yn codi erbyn hyn. Yn 2005, roedd pobl yn byw i 49 oed ar gyfartaledd. Erbyn 2018, roedd y disgwyliad oes wedi codi i 63.

> ### O'r top i lawr
> Pan fydd llywodraethau neu gytundebau rhyngwladol rhwng gwledydd yn rheoli datblygiad. Mewn datblygiad fel hyn, gwleidyddion neu arweinwyr byd sy'n gwneud y penderfyniadau allweddol.

1 miliwn o bobl yn byw gyda HIV	**15** y cant o fenywod ifanc a **18** y cant o ddynion ifanc yn dweud eu bod wedi cael rhyw cyn 15 oed
13,000 o farwolaethau AIDS yn 2018	

▲ **Ffigur 29** Ystadegau HIV/AIDS yn Malaŵi, 2018.

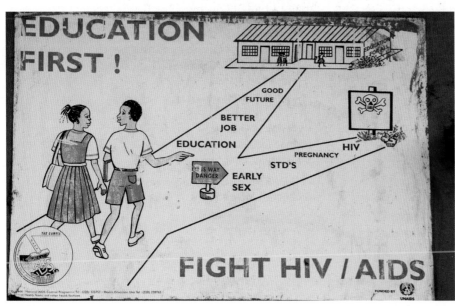

▲ **Ffigur 30** Poster yn Gambia, gwlad yng Ngorllewin Affrica.

▲ **Ffigur 31** Canlyniadau cymdeithasol ac economaidd HIV.

Gwahanol agweddau ar ddatblygiad

Mae nifer o broblemau gofal iechyd gan wledydd Affrica is-Sahara. Mae modd ymdrin â materion fel rheoli lledaeniad malaria a HIV ar wahanol raddfeydd:

- Ar raddfa fyd-eang. Mae sefydliadau fel Sefydliad Iechyd y Byd (*WHO: World Health Organization*) a'r Cenhedloedd Unedig yn llunio strategaethau i wella iechyd ac yn helpu llywodraethau i gyflwyno'r strategaethau hyn. Maen nhw hefyd yn cadw cofnodion o ddata iechyd ac yn gosod targedau ar gyfer eu gwella, fel y cyrchnodau datblygiad cynaliadwy (tudalen 236).
- Ar raddfa genedlaethol. Mae'r llywodraethau'n defnyddio arian cyhoeddus i wella gofal iechyd. Gallan nhw wario arian ar adeiladu clinigau newydd, hyfforddi gweithwyr iechyd a gwella addysg iechyd.
- Ar raddfa leol. Mae cymunedau a sefydliadau anllywodraethol (yn cynnwys elusennau fel *Oxfam* neu *WaterAid*) yn cyflwyno cynlluniau i wella iechyd pobl leol, fel adeiladu ffynhonnau newydd i roi dŵr glân iddyn nhw.

Pan fydd gwleidyddion cenedlaethol neu sefydliadau byd-eang yn gwneud y penderfyniadau, mae'n ddatblygiad o'r top i lawr. Pan fydd pobl sy'n byw ac yn gweithio yn eu cymunedau eu hunain yn gwneud y penderfyniadau, mae'r datblygiad yn ddull o'r gwaelod i fyny (hunangymorth).

Cyrchnodau datblygiad cynaliadwy

Cyfres o nodau a gynigiodd y (CU) yn 2015, sy'n ymwneud ag 17 o wahanol agweddau o fywyd. Y nod cyffredinol erbyn 2030 yw dod â thlodi i ben, gwarchod y blaned a sicrhau heddwch a ffyniant i bawb.

3,100 o blant yn marw bob blwyddyn oherwydd effeithiau dŵr budr a thoiledau gwael

5.6 miliwn o bobl heb ddŵr glân

9.6 miliwn o bobl heb doiled boddhaol

▲ **Ffigur 32** Ystadegau am ddŵr ac iechydaeth Malaŵi.

Darparu dŵr glân yn Malaŵi

I gadw iechyd pobl yn dda, mae'n hanfodol cael dŵr glân ac iechydaeth (toiledau boddhaol). Gall dŵr brwnt ledaenu bacteria sy'n achosi clefydau fel colera a teiffoid. Yn ôl amcangyfrifon *UNICEF*, mae dolur rhydd yn gyfrifol am 11.4 y cant o farwolaethau plant a babanod yn Malaŵi. Dim ond mewn 26 y cant o ysgolion cynradd yn Malaŵi y mae iechydaeth dda, a dim ond mewn 4 y cant o ysgolion y mae cyfleusterau golchi dwylo gyda sebon.

Mae llywodraeth Malaŵi wedi rhoi blaenoriaeth uchel i ddarparu dŵr glân ac iechydaeth. Er hynny, does gan tua traean o holl boblogaeth Malaŵi ddim dŵr glân a does gan hanner y boblogaeth ddim toiled boddhaol. Gall y bobl leol helpu i ddatrys y broblem hon drwy gymryd rhan mewn projectau hunangymorth gan elusennau fel *WaterAid*. Mae *WaterAid* yn gweithio gyda llywodraeth Malaŵi a chymunedau lleol i ddarparu dŵr glân ac iechydaeth. Er enghraifft, maen nhw'n gosod pwmpiau dŵr newydd mewn ardaloedd gwledig er mwyn pwmpio dŵr glân i fyny o'r storfeydd o dan y ddaear. Maen nhw hefyd yn hyfforddi pobl leol i osod a gofalu am y pwmpiau hyn, er mwyn cadw'r cynllun yn gynaliadwy. Mae Ffigur 34 yn disgrifio project tebyg i hyn.

O'r gwaelod i fyny

Dull datblygu lle mae'r gymuned leol yn rhan o'r broses o wneud penderfyniadau. Er mwyn gweithio'n iawn, mae dulliau o'r gwaelod i fyny (neu hunangymorth) yn dibynnu ar gyfranogaeth gan bobl leol i gychwyn a chynnal project datblygu.

	Trefol	Gwledig	Cenedlaethol
Y ganran o gartrefi lle mae dŵr yfed sylfaenol ar gael.	87	63	67
Y ganran o gartrefi lle mae iechydaeth sylfaenol ar gael.	47	41	42

▲ **Ffigur 33** Mynediad at ddŵr glân ac iechydaeth sylfaenol yn Malaŵi.

Mae Dalia Soda yn un o ddim ond tair merch sy'n beirianwyr pwmp yn Rhanbarth Salima. Mae gan ei chydweithwyr a'r gymuned barch mawr ati, ac roedd hi'n wirfoddolwr brwd yn y rhanbarth yn barod cyn iddi hyfforddi i fod yn beiriannydd.

'Roeddwn i'n nabod Pentref Nzeremu cyn bod twll turio yma,' meddai Dalia. 'Roeddwn i'n annog pobl i gyfrannu rhywbeth tuag ato. Roedden nhw'n casglu dŵr o'r llyn.'

Cafodd Dalia ei hyfforddi gan *WaterAid*, ac yn awr mae hi'n gofalu am dyllau turio Nzeremu a nifer o bentrefi eraill.

Mae'r swydd wedi'i helpu i adeiladu ei thŷ ei hun a thalu ffi ysgol pob un o'i saith o blant.

I baratoi ar gyfer y dyfodol, mae mab Dalia sydd yn 19 oed wedi dechrau mynd gyda hi i'r gwaith er mwyn iddo helpu – un diwrnod, pan fydd hi'n rhy hen i weithio, mae hi'n gobeithio y bydd ei mab yn gwneud y gwaith yn ei lle.

'Os bydd fy mab eisiau bod yn beiriannydd pwmp, byddaf wrth fy modd. Rwy'n gwybod y byddai'n wasanaeth defnyddiol i lawer o'r bobl yn y gymuned.'

▲ **Ffigur 34** Dalia Soda, peiriannydd pwmp.

Gweithgareddau

1 Disgrifiwch y prif wahaniaeth rhwng dulliau gweithredu o'r gwaelod i fyny ac o'r top i lawr mewn perthynas â datblygu.
2 Esboniwch pam mae gwella cyflenwad dŵr ac iechydaeth yn nod allweddol i lywodraeth Malaŵi.
3 Dewiswch dechneg addas i gyflwyno'r data yn Ffigur 33.
4 Disgrifiwch sut mae'r cynllun *WaterAid* a ddisgrifir yn Ffigur 34 wedi helpu yn y gymuned leol. Awgrymwch sut mae wedi helpu:
   a) iechyd
   b) hyder a lles.

Gwaith ymholi

'Mae dulliau o'r gwaelod i fyny (neu hunangymorth) tuag at ddatblygu iechyd yn fwy effeithiol na dulliau o'r top i lawr.'

I ba raddau ydych chi'n cytuno â'r gosodiad hwn? Defnyddiwch dystiolaeth o dudalennau 279–285 i gefnogi eich ateb. Ystyriwch faint o bobl sy'n elwa o'r cynlluniau sydd wedi'u disgrifio ar y tudalennau hyn a pha mor gynaliadwy ydyn nhw o bosibl.

Y cysylltiad rhwng iechyd a dŵr

Mae yfed neu drochi mewn dŵr budr yn gallu achosi dolur rhydd, colera, dysentri, teiffoid a chlefyd polio. Mae Sefydliad Iechyd y Byd (*WHO: World Health Organization*) yn amcangyfrif bod dolur rhydd yn achosi marwolaeth 485,000 o bobl bob blwyddyn. Mae llawer o'r rhain yn blant.

Mae dŵr glân yn rhan hanfodol o ddatblygiad cymdeithasol ac economaidd. Mae angen dŵr diogel i gynnal cyflenwadau dŵr, darparu hylendid, tyfu bwyd a chyflenwi prosesau diwydiannol. Heb ddigon o ddŵr diogel, mae cyfraddau marwolaethau ymhlith babanod a mamau yn codi. Mae cael **sicrwydd dŵr** yn un o nodau pwysicaf unrhyw wlad. Ystyr sicrwydd dŵr yw bod â digon o ddŵr i gadw'r boblogaeth yn iach ac wedi'i bwydo. Mae sicrwydd dŵr hefyd yn galluogi'r economi i ddatblygu mewn ffordd gynaliadwy, a hynny heb effeithio ar gyflenwadau dŵr y dyfodol.

Y cyflenwad dŵr a chlefyd polio yn Affrica is-Sahara

Mae gogledd-ddwyrain Nigeria yn rhanbarth Sahel yn Affrica. Mae'r rhanbarth hwn yn dioddef o ansicrwydd dŵr. Mae sawl rheswm dros y broblem hon:

- Mae hinsawdd y rhanbarth yn boeth a lletgras, ac mae'r tymor sych yn hir.
- Dydy'r tymor glaw ddim yn ddibynadwy; mae'r glawiad wedi bod yn is na'r cyfartaledd mewn llawer blwyddyn ers 1965.
- Nid yw llywodraeth Nigeria wedi llwyddo i sicrhau bod digon o gyflenwad dŵr drwy bibellau nac iechydaeth ar gael mewn dinasoedd sy'n tyfu'n gyflym, fel Kano.
- Mae tlodi a sychder wedi arwain at ansefydlogrwydd gwleidyddol a thwf grŵp Islamaidd eithafol o'r enw Boko Haram.

Llywodraethu da
Mae llywodraethau yn deg ac yn ddemocrataidd

Cydweithredu trawsffiniol
Mae llywodraethau yn cydweithredu mewn achosion lle mae afonydd yn croesi ffiniau gwledydd

Dŵr yfed a llesiant pobl
Mae pobl yn gallu cael gafael ar ddigon o ddŵr diogel a fforddiadwy er mwyn aros yn iach

Gweithgareddau a datblygiad economaidd
Mae digon o ddŵr ar gael ar gyfer amaethyddiaeth, diwydiant ac egni

Ecosystemau
Mae ecosystemau'n cael eu gwarchod er mwyn iddyn nhw barhau i ddarparu gwasanaethau allweddol fel cyflenwi dŵr croyw

Peryglon sy'n gysylltiedig â dŵr a newid hinsawdd
Mae pobl yn cael eu diogelu rhag peryglon sy'n gysylltiedig â dŵr fel sychder, llifogydd a llygredd dŵr

Heddwch a sefydlogrwydd gwleidyddol
Mae heddwch a sefydlogrwydd yn lleihau gwrthdaro felly gall pobl gael mynediad at ddŵr diogel

Ariannu
Mae llywodraethau, banciau a chynlluniau microgredyd i gyd yn helpu i dalu am brojectau dŵr

◀ **Ffigur 35**
Diffiniad y CU o sicrwydd dŵr (2013). Mae rhan ganol y diagram yn disgrifio nodweddion sicrwydd dŵr. Mae rhan allanol y diagram yn disgrifio sut i gyflawni sicrwydd dŵr.

Gweithgareddau

1 Astudiwch Ffigur 35. Rhestrwch fanteision sicrwydd dŵr i bobl, i'r economi ac i'r amgylchedd. Cofnodwch eich ateb mewn diagram Venn.

2 Astudiwch y wybodaeth am ansicrwydd dŵr yn nhalaith Kano a dinas Kano.
   a) Rhestrwch yr achosion ffisegol a'r achosion dynol.
   b) Awgrymwch o leiaf bedwar rheswm pam mae Kano yn wynebu perygl enfawr o ansicrwydd dŵr.

c) Defnyddiwch yr enghraifft hon i esbonio pam mae cyflawni sicrwydd dŵr yn amhosibl heb waith caled gan arweinwyr gwleidyddol.

3 a) Defnyddiwch Ffigur 38 i luniadu graff llinell sy'n dangos twf poblogaeth dinas Kano.
   b) Disgrifiwch y duedd yn eich graff.
   c) Amlinellwch y ddau brif reswm dros y duedd hon.

4 a) Defnyddiwch Ffigur 36 i luniadu graff llinell o achosion polio yn Nigeria.
   b) Esboniwch y ffactorau sydd wedi dylanwadu ar siâp y graff hwn.

Ansicrwydd dŵr ac iechyd yn Kano

Kano yw'r drydedd ddinas fwyaf yn Nigeria. Mae poblogaeth y ddinas yn tyfu'n gyflym o hyd. Mae hyn yn rhannol oherwydd mudo gwledig–trefol o'r ardaloedd gwledig cyfagos i'r ddinas yn sgil ffactorau gwthio, sef glawiad isel a thlodi. Daw cyflenwad dŵr Kano o Argae Tiga (a gafodd ei gwblhau yn 1974) ac o Argae Ceunant Challawa (a gafodd ei gwblhau yn 1992). Mae Argae Tiga hefyd yn cyflenwi dŵr i Broject Dyfrhau Afon Kano, sy'n defnyddio dŵr i dyfu bwyd ar gyfer trigolion Kano. Fodd bynnag, does dim system garthffosiaeth na gweithfeydd trin carthion yn Kano. Mae pobl sy'n byw mewn anheddau anffurfiol dwysedd uchel yn y ddinas yn defnyddio tyllau yn y ddaear fel toiledau. Mae iechydaeth wael yn golygu bod pobl mewn perygl o ddal heintiau fel colera a chlefydau fel polio. Mae polio'n ymosod ar y system nerfol ac mae'n gallu parlysu dioddefwyr. Fodd bynnag, mae modd cael gwared ar glefyd polio drwy imiwneiddio plant ifanc.

Rhwng 2003 a 2004, penderfynodd arweinwyr Mwslimaidd lleol a llywodraeth talaith Kano y bydden nhw'n gwrthwynebu unrhyw ymgais i frechu'r plant yn nhalaith Kano yn y dyfodol. Mae llywodraeth talaith Kano yn cefnogi'r rhaglen frechu erbyn hyn ond mae rhai pobl yn ei gwrthwynebu'n chwyrn o hyd. Ym mis Chwefror 2013, aeth eithafwyr i ddau glinig polio yn Kano a dechrau saethu, a chafodd naw gweithiwr iechyd eu lladd. Mae llywodraeth y dalaith ac *UNICEF* wedi sefydlu rhaglen enfawr i addysgu pobl leol am fanteision y brechlyn polio. Unwaith i Nigeria fod yn rhydd o'r clefyd am dair blynedd bydd Nigeria wedi cael gwared â'r clefyd polio o'r wlad.

Blwyddyn	Achosion o glefyd polio a gafodd eu cofnodi
2001	56
2002	202
2003	355
2004	782
2005	830
2006	1,122
2007	285
2008	798
2009	388
2010	21
2011	62
2012	122
2013	53
2014	6
2015	0
2016	4
2017	0
2018	0

▲ **Ffigur 36** Achosion o glefyd polio yn Nigeria.

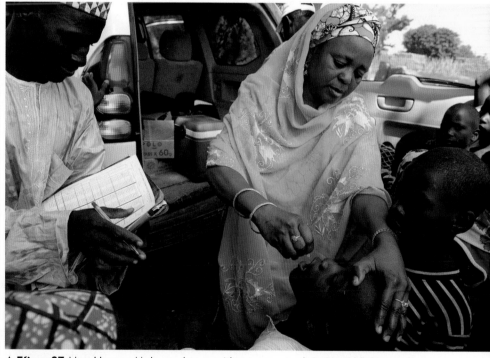

▲ **Ffigur 37** Mae Hassan Makama (un o weithwyr yr ymgyrch imiwneiddio) yn cadw cofnod wrth i Riskat Giwa (swyddog hwyluso cymdeithasol *UNICEF*) frechu plant yn erbyn polio yn Kano, Nigeria.

1970	1975	1980	1985	1990	1995	2000	2005	2010	2015	2020	2025	2030
0.54	0.86	1.36	1.86	2.06	2.34	2.60	2.90	3.22	3.59	4.17	5.11	6.20

▲ **Ffigur 38** Poblogaeth Kano (miliynau).

Sicrwydd dŵr

Pan mae digon o ddŵr glân i gadw pobl yn iach ac i ateb gofynion yr economi.

Gwaith ymholi

Oes modd cael gwared ar glefyd polio? Canolbwyntiwch ar broblem polio yn Afghanistan a Pakistan. Oes modd cael gwared ar glefyd polio yn y gwledydd hyn? Cyfiawnhewch eich penderfyniad.

Beth sy'n cysylltu defnyddwyr y DU â'r amgylchedd byd-eang?

Milltiroedd bwyd yw'r ffordd o fesur y pellter mae'r nwyddau yn eich basged siopa wythnosol wedi'i deithio cyn cyrraedd eich plât. Mae bwyd sy'n cael ei dyfu yn y DU yn cael ei gludo'n bellach nawr nag ydoedd 50 mlynedd yn ôl. Mae hynny o ganlyniad i dwf cadwyni archfarchnadoedd mawr a'u systemau dosbarthu cymhleth (gweler Ffigur 1). Erbyn hyn, bwyd a chynhyrchion amaethyddol eraill yw bron traean y nwyddau sy'n cael eu cludo ar ein ffyrdd, a hynny mewn lorïau sy'n defnyddio diesel ac yn allyrru CO_2, un o'r nwyon tŷ gwydr.

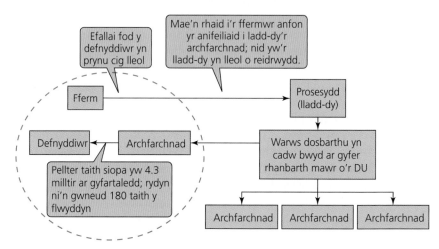

▲ **Ffigur 1** Mae cadwynau cyflenwi cymhleth yn cynyddu'r milltiroedd bwyd; efallai eich bod yn bwyta cig sy'n dod o fferm leol, ond mae'n bosibl er hynny ei fod wedi teithio am lawer o filltiroedd bwyd.

Mae llawer o'n bwyd yn cael ei dyfu dramor ac yna'n cael ei fewnforio i'r DU, felly mae milltiroedd bwyd y cynhyrchion hyn hyd yn oed yn uwch. Rydyn ni'n mewnforio hanner ein llysiau (mae'r rhan fwyaf yn dod o'r UE) a 95 y cant o'n ffrwythau. Mae'n bosibl rhewi cigoedd fel cig eidion (o Dde America), cig oen (o Seland Newydd) a chyw iâr (o'r UE) a'u cludo i'r DU ar longau cynwysyddion. Mae costau egni ac allyriadau carbon cludo'r cig hwn yn uwch na phe bydden ni'n prynu cig wedi'i gynhyrchu'n lleol.

Bydd yr allyriadau carbon hyd yn oed yn uwch os yw'r nwyddau'n cael eu cludo ar awyrennau. Mae angen cludo cynhyrchion fel ffrwythau meddal (er enghraifft mafon a mefus) a blodau yn gyflym ar awyrennau i'w cadw'n ffres. Mae'n bosibl tyfu llawer o'r cynhyrchion hyn yn y DU, ond dim ond am rai misoedd y flwyddyn yn unig. Maen nhw'n cael eu mewnforio o wledydd trofannol (fel Kenya) neu o wledydd yn hemisffer y de (fel De Affrica) er mwyn i ni allu eu cael nhw y tu allan i'r tymor tyfu yn y DU.

Gwlad sy'n cynhyrchu'r mewnforion	Gwerth mewn Ewro (biliynau)
De Affrica	1.9
Twrci	1.7
Costa Rica	1.5
Chile	1.4
Colombia	1.0
Ecuador	1.0
Brasil	0.7

▲ **Ffigur 3** Mewnforio ffrwythau ffres i'r UE yn 2018.

Math o gludiant	Gram am bob tunnell fetrig/km
Llongau cynwysyddion mawr (dros 35,000 tunnell fetrig)	3.0
Llongau cynwysyddion (10,000– 35,000 tunnell fetrig)	7.9
Tryciau/lorïau 80.0	80.0
Cludiant awyr 435.0	435.0

▲ **Ffigur 2** Allyriadau carbon o fathau gwahanol o gludiant.

Gwaith ymholi

A ddylen ni fwyta bwyd sydd wedi'i dyfu'n lleol ac sydd yn ei dymor yn unig?

Ymchwiliwch i'r ffrwythau mae'r DU yn eu mewnforio.

- Gan ddefnyddio Ffigur 3 i'ch helpu, pa ffrwythau ydyn ni'n eu mewnforio ac o ba wledydd maen nhw'n dod?
- Allwn ni leihau ein galw am ffrwythau sydd wedi'u mewnforio? Pa ffrwythau sy'n cael eu tyfu yn y DU?
- Lluniwch arolwg i ymchwilio i safbwyntiau pobl am y mater hwn. Pa gwestiynau fyddech chi'n eu gofyn? Beth fyddai'n sampl cynrychiadol ar gyfer eich arolwg?

Felly, a ddylwn i fwyta bwyd sydd wedi'i gynhyrchu'n lleol?

Byddai rhywun yn dychmygu bod prynu bwyd sydd wedi'i dyfu'n lleol yn beth da – yn enwedig os ydych chi'n prynu o siop annibynnol sydd heb gadwyni cyflenwi cymhleth fel y rhai sydd yn Ffigur 1. Drwy wneud hyn, rydych chi'n cefnogi ffermwyr lleol a dylai'r milltiroedd bwyd fod yn fyrrach. Fodd bynnag, mae rhai'n dadlau bod y cysyniad o filltiroedd bwyd yn symleiddio pwnc cymhleth ac na ddylen ni anwybyddu bwyd sy'n cael ei dyfu dramor, fel y ffa o Kenya sydd i'w gweld yn Ffigur 4. Mae'r broses

o gynhyrchu bwyd yn defnyddio pob math o adnoddau, gan gynnwys gwrtaith, plaleiddiaid a dŵr. Mae angen gweithgynhyrchu gwrtaith a phlaleiddiaid ac mae hynny'n defnyddio egni. Yna maen nhw'n cael eu dosbarthu i adwerthwyr a ffermwyr mewn lorïau, sy'n defnyddio diesel, ac yna maen nhw'n cael eu gwasgaru ar gaeau gan ddefnyddio tractor, sy'n defnyddio mwy o ddiesel eto. Mae pob un o'r prosesau hyn yn allyrru nwyon tŷ gwydr ac yn effeithio ar yr amgylchedd. **Dadansoddiad cylchred oes** yw'r enw ar y ffordd hon o feddwl am gynhyrchion. Mae'n ffordd fwy soffistigedig o feddwl am effeithiau prynwriaeth o gymharu â'r cysyniad o filltiroedd bwyd.

▲ **Ffigur 4** A ddylen ni brynu'r ffa hyn sydd wedi'u cludo ar awyren o Kenya?

Mae ffa (yn Kenya) yn cael eu tyfu drwy ddefnyddio llafur pobl – nid yw'r broses yn fecanyddol. Dydyn nhw ddim yn defnyddio tractorau; maen nhw'n defnyddio tail gwartheg fel gwrtaith; ac mae ganddyn nhw systemau dyfrhau technoleg isel yn Kenya. Mae cynhyrchu ffa hefyd yn rhoi gwaith i lawer o bobl mewn gwledydd sy'n datblygu. Felly, mae'n rhaid i chi ystyried y ffactorau hyn ochr yn ochr â'r milltiroedd bwyd sy'n cael eu defnyddio i gludo'r ffa i'r archfarchnad.

▲ **Ffigur 6** Yr Athro Gareth Edwards-Jones o Brifysgol Bangor, arbenigwr ar amaethyddiaeth yn Affrica, yn siarad am ffa sy'n cael eu tyfu yn Kenya. Ymddangosodd y dyfyniad mewn erthygl o'r enw 'How the myth of food miles hurts the planet' gan Robin McKie a Caroline Davies ym mhapur newydd *The Guardian* ar 23 Mawrth 2008. Hawlfraint Guardian News & Media Ltd.

Milltiroedd bwyd

Y pellter mae bwyd wedi cael ei gludo i fynd o'r cynhyrchydd i'r defnyddiwr. Mae milltiroedd bwyd yn ffordd symi o fesur yr effaith mae prynwriaeth yn ei gael ar yr amgylchedd. Ffordd fwy soffistigedig o wneud hyn yw dadansoddiad cylchred oes.

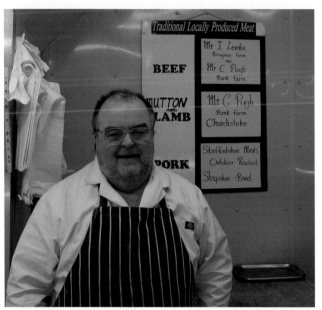

▲ **Ffigur 5** Mr Pugh, perchennog siop cigydd teuluol yn Bishop's Castle. Mae Mr Pugh yn prynu ei gig i gyd o ffermydd lai na 10 km o'r siop. Mae'r anifeiliaid yn cael eu lladd yn Leintwardine, sydd 22 km o'r siop.

Gweithgareddau

1 Defnyddiwch Ffigur 1 i esbonio pam mae'n debyg bod cig sydd wedi'i brynu o archfarchnad wedi teithio fwy o filltiroedd bwyd na chig sydd wedi'i brynu o siop cigydd lleol.
2 Cyflwynwch y data yn Ffigur 2 gan ddefnyddio techneg addas.
3 Astudiwch Ffigur 3.
   a) Pa rai o'r gwledydd hyn:
      i) sydd yn yr UE
      ii) sy'n wledydd trofannol?
   b) Dewiswch dechneg addas ar gyfer dangos y data yma.
4 Disgrifiwch gryfderau a chyfyngiadau'r cysyniad o filltiroedd bwyd.
5 Lluniwch dabl sy'n amlinellu'r dadleuon o blaid ac yn erbyn prynu ffrwythau a llysiau o dramor.

Prynwriaeth a gwastraff

Mae pob un ohonom yn defnyddio pethau – bwyd, dŵr, dillad, eitemau electronig ac egni. Yn aml, dydyn ni ddim yn ystyried o ble mae'r eitemau hyn yn dod neu'r effaith ar yr amgylchedd pan fyddwn ni wedi gorffen gyda nhw – ond dylen ni. Erbyn heddiw, mae poblogaeth y Ddaear yn defnyddio swm o adnoddau sydd gyfwerth ag adnoddau 1.6 planed. **Ôl troed ecolegol** yw'r enw ar hyn. Wrth i'r boblogaeth dyfu, ac wrth i'r galw am fwy o nwyddau traul gynyddu hefyd, mae ein hôl troed yn tyfu. Erbyn y 2030au, mae'r Cenhedloedd Unedig yn amcangyfrif y bydd angen dwy Ddaear i'n cynnal. Mae yna gysylltiad rhwng y cynnydd yn y galw am nwyddau a dinistrio'r coedwigoedd glaw (gweler tudalennau 294–5) a dirywiad stociau pysgod (gweler tudalennau 290–1), yn ogystal â'r cynnydd mewn allyriadau nwyon tŷ gwydr.

Gwlad	Ôl troed y pen (GHA)	MDD
Awstralia	6.6	0.939
Almaen	4.8	0.936
UDA	8.1	0.924
Y Deyrnas Unedig	4.4	0.922
Yr Emiradau Arabaidd Unedig	8.9	0.836
México	2.6	0.774
Brasil	2.8	0.759
China	3.6	0.752
De Affrica	3.2	0.699
Indonesia	1.7	0.694
Viet Nam	2.1	0.694
India	1.2	0.644
Bangladesh	0.8	0.608
Ghana	2.0	0.592
Malaŵi	0.7	0.477
Gambia	1.0	0.460

▲ **Ffigur 7** Ôl troed ecolegol o gymharu â'r Mynegrif Datblygiad Dynol (MDD) ar gyfer detholiad o wledydd (2018).

Ôl troed ecolegol

Mae ôl troed ecolegol yn fesur o'r effaith y mae pob un ohonom yn ei chael ar yr amgylchedd. Mae'n ystyried faint o dir sydd ei angen ar bob un ohonon ni bob blwyddyn, i ddarparu digon o fwyd, dŵr, egni a gwasanaethau – gan gynnwys y gofod a'r adnoddau sydd eu hangen i gael gwared ar ein gwastraff. Mae ôl troed ecolegol yn cael ei fesur mewn hectarau global y person (*GHA: global hectares per person*). Mae gennym ddigon ar y ddaear i'n galluogi ni i gael 2.1 *GHA* yr un. Os ydyn ni'n defnyddio mwy na hynny bob blwyddyn, mae ein ffordd o fyw yn anghynaliadwy. Ystyr hyn yw ein bod ni'n defnyddio adnoddau yn gyflymach nag y maen nhw'n cael eu hailgyflenwi.

Mae cymdeithasau o ddefnyddwyr yn creu llawer iawn o wastraff – mae cartrefi yn taflu bwyd a defnyddiau pacio bob wythnos. Yn y gorffennol, roedd y rhan fwyaf o'r gwastraff hwn yn cael ei gasglu a'i losgi neu ei ddympio ar safle tirlenwi. Fodd bynnag, rydyn ni'n creu cymaint o wastraff nes na fydd digon o le ar ôl i'w ddympio. Wedi'r cyfan, mae modd ailgylchu defnyddiau defnyddiol fel cerdyn, papur, plastig, metal a gwydr. Mae hyn yn lleihau'r galw am adnoddau newydd ac, mewn rhai achosion, mae'n rhatach ailgylchu defnyddiau pacio na chreu rhai newydd sbon. Mae caniau diod alwminiwm yn enghraifft dda – mae'n cymryd llawer llai o drydan i ailgylchu can diod nac i fwyndoddi alwminiwm o'i fwyn.

▲ **Ffigur 8** Ffyrdd o leihau eich ôl troed ecolegol.

Ailgylchu drwy brosesu defnyddiau er mwyn gallu eu hailddefnyddio

Gwrthod neu ailfeddwl – newid arferion

Lleihau eich defnydd

Atgyweirio neu ddod o hyd i ffordd newydd o ddefnyddio hen wrthrych

Ailddefnyddio eitemau yn hytrach na'u taflu

Gweithgareddau

1 Astudiwch Ffigur 7.
   a) Lluniwch ragdybiaeth sy'n cysylltu ôl troed ecolegol a MDD a gwnewch ragfynegiad.
   b) Lluniadwch graff gwasgariad i brofi eich rhagdybiaeth. Meddyliwch yn ofalus a phenderfynwch pa un yw'r newidyn dibynnol (mae angen ei blotio ar yr echelin fertigol). Gweler tudalen 267.
   c) Beth yw eich casgliadau ynglŷn â'r cysylltiadau rhwng prynwriaeth a datblygiad? Cofiwch esbonio'r rhesymau am y cysylltiadau.

2 Trafodwch y 5 elfen yn Ffigur 8.
   a) Gwnewch restr o ddeg eitem o leiaf sydd yn eich cartref. Rhowch enghraifft o sut gallai pob un ohonyn nhw gael eu trin gan ddefnyddio'r syniadau yn Ffigur 8.
   b) Beth ddylen ni ei wneud am wastraff? Ydy un o'r 5 elfen yn well na'r lleill? Esboniwch eich ateb.

Beth sy'n digwydd i e-wastraff?

Beth sy'n digwydd i'ch hen ffôn, cyfrifiadur neu dabled ar ôl i chi orffen gyda nhw? **E-wastraff** yw'r enw ar y rhain. Mae'r eitemau hyn yn cynnwys metelau amrywiol, gan gynnwys copr (gyda gorchudd plastig drosto) a darnau bach o aur (mewn sglodion cyfrifiaduron), paladiwm ac indiwm. Mae ailgylchu'r defnyddiau hyn yn lleihau'r angen i gloddio am fwy o ddefnyddiau crai o'r Ddaear, sy'n golygu bod ôl troed ecolegol y blaned yn gostwng. Fodd bynnag, mae defnyddiau peryglus fel mercwri, plwm a chemegau sy'n arafwyr fflam yn yr eitemau hyn hefyd. Mae angen ailgylchu'r eitemau hyn yn ofalus neu gall y defnyddiau sydd ynddyn nhw lygru'r amgylchedd a pheryglu iechyd pobl.

Mae'r Cenhedloedd Unedig yn amcangyfrif bod 50 miliwn tunnell fetrig o e-wastraff yn cael eu creu bob blwyddyn. Mae llawer o'r gwastraff yn dod o economïau sy'n tyfu'n gyflym mewn gwledydd newydd eu diwydianeiddio fel India a China, yn ogystal â gwledydd yn Ewrop a gwledydd incwm uchel eraill. Mae ymgyrchwyr amgylcheddol yn poeni bod rhywfaint o'r e-wastraff sy'n cael ei gynhyrchu yn Ewrop yn cael ei allforio i wledydd fel India, China, Ghana a Nigeria lle mae costau ailgylchu yn llawer is. O ganlyniad mae lleoedd fel Agbogbloshie yn cael eu sefydlu, sef tomen ailgylchu e-wastraff enfawr yn Accra, Ghana. Mae amcangyfrifon yn awgrymu bod rhwng 50,000 ac 80,000 o bobl yn byw ac yn gweithio yn yr anheddiad anffurfiol sydd wedi datblygu ger y domen. Mae cyfrifiaduron, sgriniau a ffonau'n cael eu malu a'u llosgi – proses sy'n toddi'r plastigion ac yn datgelu'r metelau i gael eu hailgylchu. Mae mwg o'r tanau yn llenwi'r awyr ac mae'n peryglu iechyd. Mae tar o'r

▲ **Ffigur 10** Dynion ifanc yn datgymalu gweinyddion cyfrifiadurol yn Agbogbloshie, Accra.

plastigion tawdd yn llygru'r nant sy'n rhedeg ar hyd ochr y domen. Mae'r gwaith yn anffurfiol ac nid yw'n cael ei reoleiddio, felly does dim rheolau iechyd a diogelwch.

E-wastraff

Cynhyrchion gwastraff electronig fel cyfrifiaduron a ffonau symudol.

Gweithgareddau

3 Disgrifiwch y patrwm sydd i'w weld yn Ffigur 9. Ystyriwch a yw pob gwlad ffynhonnell a phob gwlad gyrchfan yn wlad incwm uchel, gwlad incwm isel neu'n wlad newydd ei diwydianeiddio.

4 Disgrifiwch ganlyniadau cymdeithasol ac amgylcheddol ailgylchu e-wastraff mewn aneddiadau anffurfiol fel Agbogbloshie yn Ghana.

▲ **Ffigur 9** Symudiadau hysbys a honedig e-wastraff.

Oes digon o bysgod ym Môr y Gogledd?

Mae 'pysgod a sglodion' yn bryd parod poblogaidd iawn yn y DU. Yn draddodiadol, penfras neu hadog oedd y pysgodyn, wedi'i ddal ym Môr y Gogledd sy'n enghraifft o ecosystem forol. Ond yn y blynyddoedd diwethaf, mae pysgod eraill fel y celog neu'r morlas wedi cymryd lle'r penfras gan nad oes cymaint o benfras ar gael. Pam mae hyn wedi digwydd?

Dydy gorbysgota ddim yn gynaliadwy gan na fydd digon o bysgod ar ôl yn y môr i fridio ac ailgyflenwi'r stociau pysgod, os bydd gormod o bysgod ifanc yn cael eu dal. Mae hyn i'w weld yn Ffigurau 12 ac 14. Gall gymryd hyd at bedair blynedd i benfras fod yn ddigon aeddfed i fridio, felly rhaid rheoli stociau pysgod i roi cyfle iddyn nhw oroesi. Mae dal penfras sydd â'i hyd yn llai na 35 cm yn anghyfreithlon yn y DU. Nid yw'r pysgod hyn wedi bridio eto a rhaid i unrhyw un sy'n dal y rhain eu taflu yn ôl i'r môr.

Sut mae amddiffyn y penfras?

Mae'r UE yn rheoli'r stociau pysgod o amgylch Ewrop, gan gynnwys Môr y Gogledd, drwy osod cwotâu. Mae cwotâu yn cyfyngu ar nifer y pysgod mae aelod-wladwriaethau yn gallu eu dal mewn rhannau penodol o'r môr. Maen nhw hefyd yn cyfyngu ar nifer y diwrnodau mewn mis pryd gall cychod pysgota fynd allan i bysgota. Mae'r cwotâu wedi gwylltio fflyd bysgota'r DU. Maen nhw wedi dadlau bod y cyfyngiadau yn rhy lawdrwm. Mae cwotâu yn golygu eu bod yn dal llai o bysgod ac felly'n ennill llai o arian, ac mae busnesau rhai pobl oedd yn gweithio yn y diwydiant wedi mynd i'r wal. Roedd y ffordd y cafodd y cwotâu eu dyrannu i wahanol aelod-wladwriaethau'r UE hefyd yn destun beirniadaeth. Mae dal gormod o bysgod neu bysgod bach yn arwain at ddirwyon mawr, ac felly mae pysgod yn cael eu taflu yn ôl i'r môr o bryd i'w gilydd, yn fyw neu'n farw. Dylai gwahardd pysgotwyr rhag defnyddio rhwydi â rhwyllau sy'n llai na maint penodol olygu bod pysgod bach yn gallu nofio allan o'r rhwyd a dianc.

▲ **Ffigur 11** Penfras ar werth yn y farchnad yn Peterhead, yr Alban. Peterhead yw porthladd pysgota mwyaf y DU.

Gweithgareddau

1 a) Disgrifiwch y duedd gyffredinol yn Ffigur 12.
   b) Awgrymwch sut roedd y newidiadau i'r ddalfa yn effeithio ar bobl oedd yn gweithio yn y diwydiant pysgota ym Môr y Gogledd.
   c) Pa gyfran o'r ddalfa penfras a gafodd ei thaflu yn ôl yn 2008?

Allwedd
■ Pysgod a gafodd eu taflu yn ôl neu eu tynnu o'r ddalfa
▨ Glaniadau

◀ **Ffigur 12** Dalfeydd penfras ym Môr y Gogledd (mewn 1,000oedd o dunelli metrig).

A yw'r penfras wedi'i achub?

Yn ôl y ffigurau, dechreuodd niferoedd y penfras ym Môr y Gogledd gynyddu ar ôl y lefel isel iawn yn 2004 (gweler Ffigur 14). Mae atal gorbysgota wedi galluogi i'r penfras fridio. Erbyn heddiw, mae'r diwydiant pysgota yn llawer llai nag oedd yn yr 1990au, ac mae llai o fusnesau teulu bach ar agor o hyd. Felly, a yw'n iawn i ddefnyddwyr fwyta penfras unwaith eto? Mae gwyddonwyr yn rhybuddio nad yw'r penfras yn gwbl ddiogel eto.

Nid yw cwotâu yn mynd yn ddigon pell. Mae angen i ni roi'r gorau'n llwyr am flwyddyn i bysgota stociau sy'n cael eu gorbysgota. Yna, byddai stociau'n dychwelyd i lefel gwbl gynaliadwy ymhen pedair blynedd.

Gwyddonydd

Mae angen i ni ystyried sut rydyn ni'n dal y pysgod. Mae treillongau yn defnyddio rhwydi llusgo ac yn dal mwy o bysgod ond maen nhw'n difrodi gwely'r môr. Mae rhwydi drysu, sy'n rhwydi fertigol, yn dal llai o bysgod ac mae llai o wastraff. Mae angen i ni bysgota mewn ffordd gyfrifol.

Ymgyrchydd amgylcheddol

Mae angen i ni amddiffyn ein diwydiant pysgota. Pe bydden ni'n cyflawni dymuniad y gwyddonwyr, sef gosod cwotâu isel iawn, byddai ein diwydiant pysgota yn methu. Rydyn ni wedi gosod cwotâu sy'n ddigon isel i warchod stociau pysgod ond sy'n ddigon uchel i ddiogelu swyddi.

Un o weinidogion y llywodraeth

Rydw i'n hoffi penfras, ond mae gennym ni gyfrifoldeb i warchod adnoddau'r byd. Os oes rhaid i mi brynu mathau eraill o bysgod sy'n gynaliadwy am y tro, wel dyna ni.

Defnyddiwr

Mae'r dref hon yn dibynnu ar y diwydiant pysgota. Mae pobl yn gweithio ar y cychod, yn y farchnad bysgod ac yn yr iard trwsio cychod. Os yw'r llywodraeth yn cyfyngu ar nifer y pysgod y gallwn ni eu dal, mae'r holl dref yn dioddef.

Perchennog siop pysgod a sglodion yn Peterhead

▲ **Ffigur 13** Safbwyntiau am bysgota.

Gweithgaredd

2 a) Cymharwch y duedd yn Ffigur 14 â'r duedd yn Ffigur 12.
   b) Ym mha flwyddyn allai'r gwyddonwyr fod wedi gofyn i'r UE gyflwyno cwotâu pysgota?
   c) Esboniwch pam gallai'r rhai sy'n gweithio yn y diwydiant a gwyddonwyr anghytuno am ystyr tair blynedd olaf y llinell duedd hon.

3 Trafodwch y safbwyntiau sydd i'w gweld yn Ffigur 13. Rhowch un rheswm pam mae gwneud y pethau isod yn bwysig:
   a) amddiffyn ecosystem Môr y Gogledd
   b) amddiffyn swyddi yn y diwydiant pysgota.

4 Awgrymwch ddwy ffordd wahanol y gallai defnyddwyr y DU helpu i warchod ecosystem Môr y Gogledd a chefnogi'r diwydiant pysgota.

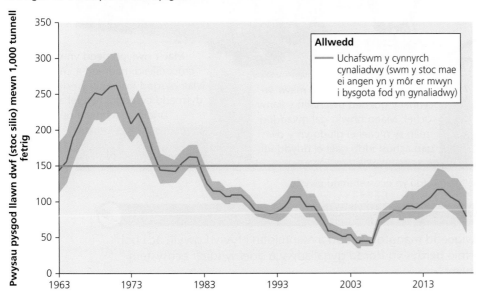

Allwedd

— Uchafswm y cynnyrch cynaliadwy (swm y stoc mae ei angen yn y môr er mwyn i bysgota fod yn gynaliadwy)

Pwysau pysgod llawn dwf (stoc silio) mewn 1,000 tunnell fetrig

◄ **Ffigur 14** Pwysau penfras llawn dwf (stoc silio) ym Môr y Gogledd.

Ydy ffermio berdys (shrimps) yn gynaliadwy?

Mae **coedwigoedd mangrof** yn tyfu ar forlinau trofannol. Mae coed mangrof yn gallu gwrthsefyll llifogydd dŵr croyw a dŵr heli. Mae'r amgylchedd hwn, felly, yn goedwig ac yn wlyptir, ac mae'n cynnal amrywiaeth eang iawn o bysgod, pryfed ac anifeiliaid.

Mae mangrofau'n amsugno egni tonnau mewn stormydd ac felly maen nhw'n helpu i amddiffyn cymunedau arfordirol. Er hyn, mae busnesau mawr yn meddwl mai tir diffaith, diwerth yw mangrofau. Mae coed yn cael eu torri i lawr ac mae'r tir corsiog yn cael ei ailddatblygu at ddibenion twristiaeth neu **ddyframaethu**. Mae amcangyfrifon yn awgrymu bod dros 25 miliwn hectar o goedwigoedd mangrof wedi'u dinistrio yn y 100 mlynedd diwethaf. Y cyfraddau dinistrio cyflymaf oedd tua diwedd yr ugeinfed ganrif yn Asia. Ledled y byd, mae tua 150,000 hectar o goed mangrof yn cael eu dinistrio bob blwyddyn, sef tua 1 y cant o gyfanswm y byd. Dim ond 6.9 y cant o goedwigoedd mangrof sy'n cael eu diogelu. Un o'r rhesymau mwyaf cyffredin dros ddinistrio'r mangrofau yw'r twf cyflym ym maes ffermio berdys (neu gorgimychiaid). Mae mangrofau'n cael eu clirio i wneud lle ar gyfer pyllau artiffisial. Mae'r pyllau hyn yn cael eu llenwi â dŵr heli ac yn cael eu defnyddio i fagu berdys.

Mae berdys yn llawn protein ac yn isel mewn braster. Mae'r rhan fwyaf o ddefnyddwyr yn byw yn Ewrop, Gogledd America a Japan. Mae tua 55 y cant o'r holl ferdys rydyn ni'n eu bwyta wedi'u ffermio. Mae'r gweddill yn dod o'n cefnforoedd, yn bennaf o ddyfroedd trofannol fel Bae Bengal lle mae treillongau mawr yn dal berdys mewn rhwydi. Mae gorbysgota berdys gwyllt yn niweidio gwe fwydydd yr ecosystem forol. Mae llai ohonyn nhw'n cael eu dal mewn dyfroedd oer fel Cefnfor Gogledd Iwerydd ger arfordir Gwlad yr Iâ.

Mae'r rhan fwyaf o'r diwydiant dyframaethu berdys wedi'i leoli yn China, Gwlad Thai, Indonesia, Brasil, Ecuador a Bangladesh. Mae busnesau mawr a llawer o ffermwyr bach yn ffermio berdys. Dadl rhai yw bod ffermio berdys wedi helpu ffermwyr tlawd i arallgyfeirio o ran incwm ac i leihau tlodi. Yn ôl yr amcangyfrifon, mae'r diwydiant berdys byd-eang yn werth $UDA12–15 biliwn.

Mae dyframaethu berdys yn enghraifft o fermio dwys. Mae'n cymryd 3–6 mis i fagu berdys, felly mae ffermwyr yn cynhyrchu 2–3 cnwd bob blwyddyn. Mae'r berdys yn cael eu trin â phlaleiddiaid a gwrthfiotigau. Mae gwastraff organig, cemegau a gwrthfiotigau yn dianc o'r pyllau ac yn llygru cyflenwadau dŵr daear croyw sy'n rhoi eu dŵr yfed i'r cymunedau lleol.

Mae'r goedwig yn amddiffynfa arfordirol naturiol. Mae'r gwreiddiau yn dal y llaid at ei gilydd sy'n amddiffyn y tir rhag erydiad ac yn lleihau grym tonnau stormydd mawr.

Mae ecosystem y goedwig yn cynnal amrywiaeth o anifeiliaid, gan gynnwys mwncïod udo, ceirw a'r armadilo. Mae'r canopi yn darparu safleoedd diogel i adar nythu.

Mae gwreiddiau ategol mawr yn cynnal y goeden uwchben y llanw uchel. Maen nhw'n dal gwaddod mân sy'n cael ei gludo yn y dŵr, gan achosi iddo gael ei ddyddodi.

Mae'r gwlyptiroedd yn cynnal crocodiliaid, nadredd a chrancod. Mae pysgod trofannol yn defnyddio'r dyfroedd cysgodol hyn fel ardaloedd bridio ac fel meithrinfa.

▲ **Ffigur 15** Pam mae mangrofau yn ecosystemau pwysig.

Gweithgareddau

1 Disgrifiwch sut mae coedwigoedd mangrof yn dod â manteision i fywyd gwyllt ac i bobl.
2 Ydych chi'n credu bod ffermio berdys yn ffordd gynaliadwy o ddefnyddio'r ecosystem hon? Esboniwch eich safbwynt.

Gweithgareddau

3 a) Defnyddiwch dechneg addas i gyflwyno'r data yn Ffigur 17.
   b) Disgrifiwch y tueddiadau sydd i'w gweld yn eich graff.
   c) Pa ganran o'r cynhyrchu berdys a ddaeth o ddyframaethu yn:
      i)   2008
      ii) 2014?
4 Astudiwch y safbwyntiau yn Ffigur 18.
   a) Beth yw manteision ffermio berdys yn y tymor hir, a phwy sy'n cael y manteision hyn?
   b) Pa broblemau mae ffermio berdys yn eu creu:
      i)   i bobl
      ii) i'r amgylchedd?
   c) Trafodwch yr hyn gall defnyddwyr yn y DU ei wneud i geisio sicrhau bod ecosystemau (mangrofau neu ecosystemau eraill) yn cael eu defnyddio mewn ffordd gynaliadwy.

▲ **Ffigur 16** Fferm berdys yn Bangladesh.

Cynhyrchu berdys (1,000 tunnell fetrig)							
	2008	2009	2010	2011	2012	2013	2014
Gwyllt	3,217	3,269	3,263	3,442	3,568	3,541	3,591
Dyframaethu	3,400	3,532	3,629	4,046	4,168	4,320	4,581

▲ **Ffigur 17** Cynhyrchu berdys yn fyd-eang (2008–14) mewn 1,000 tunnell fetrig.

Dyframaethu

Math o ffermio sy'n cynnwys bridio pysgod neu bysgod cragen i'w bwyta.

Mae pobl leol ar eu colled gan nad ydyn nhw'n gallu defnyddio'r pren na'r adnoddau eraill sydd ar gael yn y goedwig fangrof. Mae pysgotwyr lleol wedi sylwi bod nifer y pysgod maen nhw'n eu dal wedi gostwng. Mae'n bosibl mai'r rheswm dros hyn yw'r ffaith bod y mangrofau yn feithrinfa ar gyfer pysgod ifanc. Mae ffermio berdys yn rhyddhau llawer o wrtaith a chemegau eraill i mewn i'r amgylchedd. Mae'r cemegau hyn yn llygru ffynhonnau dŵr croyw. Mae'r problemau hyn yn debygol o effeithio ar gymunedau arfordirol am sawl blwyddyn ar ôl i'r ffermydd gael eu gadael.

Pysgotwr lleol

UDA, Canada, Japan ac Ewrop sy'n bwyta'r nifer mwyaf o ferdys. Efallai bydd defnyddwyr yn gallu dylanwadu ar yr hyn sy'n digwydd i fangrofau os ydyn ni'n mynnu cael gwybod mwy am sut mae ein bwyd yn cael ei gynhyrchu. Yna, efallai y byddwn ni'n penderfynu prynu dim ond berdys neu bysgod eraill sydd wedi'u ffermio mewn ffordd gynaliadwy.

Defnyddiwr yn y DU

Mae pobl yn gwneud elw cyflym o ffermio berdys. Fodd bynnag, ar ôl rhai blynyddoedd, mae'r pyllau'n cael eu gadael oherwydd bod afiechydon a llygredd ynddyn nhw. Yn Asia, mae tua 250,000 hectar o byllau sydd wedi'u llygru a'u gadael mewn ardaloedd lle'r oedd coedwigoedd iach yn tyfu ar un adeg. Mae'r un gylchred ar fin digwydd eto yn America Ladin, Affrica ac ardal y Môr Tawel lle mae ffermio berdys yn dod yn fwy poblogaidd.

Arbenigwr ym maes economeg

Gwaith ymholi ❓

'Tir diffaith corsiog yw mangrofau. Does dim o'i le ar glirio a chael gwared arnyn nhw os yw hynny'n golygu bod swyddi'n cael eu creu a bod tlodi'n cael ei leihau.' I ba raddau ydych chi'n cytuno â'r gosodiad hwn? Cyfiawnhewch eich safbwynt.

▲ **Ffigur 18** Safbwyntiau yn trafod a yw defnyddio mangrofau ar gyfer ffermio berdys yn gynaliadwy.

Sut mae coedwigoedd glaw trofannol yn cael eu defnyddio i gynhyrchu bwyd?

▲ **Ffigur 19** Orangwtang Borneo.

Adnoddau byd-eang

Mae Malaysia ac Indonesia yn wledydd newydd eu diwydianeiddio (*NICs*). Mae economïau'r ddwy wlad wedi tyfu wrth iddyn nhw fasnachu eu hadnoddau naturiol a datblygu diwydiannau gweithgynhyrchu. Maen nhw cael mantesion yn sgil y galw byd-eang am gynnyrch fel pren, tanwydd a bwyd. Mae galw mawr am bren, ac mae coedwigoedd glaw Borneo yn darparu llawer ohono. Ond ydyn ni'n talu'r gost am hyn? Yn 1985, roedd coedwig yn gorchuddio 73.3 y cant o Borneo. Erbyn 2005, dim ond 50.4 y cant o'r ynys oedd wedi'i gorchuddio. Mae llawer o'r coedwigoedd glaw wedi'u clirio, gan ddinistrio cartrefi'r bobl frodorol a chynefin anifeiliaid fel yr orangwtang.

Wrth glirio'r goedwig law, mae cnydau fel palmwydd olew yn cael eu plannu yn ei lle. Rhwng 1997 a 2008, dyblodd lefel cynhyrchu olew palmwydd yn fyd-eang. Mae olew palmwydd yn gynnyrch iachach mae modd ei ddefnyddio yn lle brasterau eraill mewn bwyd ac wrth goginio. Mae'r awydd i ganfod tanwyddau gwyrdd wedi arwain at dyfu palmwydd olew i gynhyrchu biodanwydd. Mae planhigfeydd palmwydd olew yn enghraifft o **ffermio ungnwd** ac nid oes hanner cymaint o fioamrywiaeth ynddyn nhw o gymharu â'r goedwig law oedd yno o'r blaen.

Canran	Defnydd
71	Bwydydd, e.e. margarin a bwydydd wedi'u prosesu fel teisennau, bisgedi, siocled
24	Cynhyrchion ar gyfer defnyddwyr, e.e. cosmetigau a glanedyddion
5	Tanwydd

▲ **Ffigur 21** Sut mae olew palmwydd yn cael ei ddefnyddio.

Ynys yn Ne-ddwyrain Asia yw Borneo wedi'i rhannu rhwng Malaysia, Brunei ac Indonesia. Dim ond 1 y cant o arwynebedd y byd sydd yno, ond 6 y cant o rywogaethau bywyd gwyllt y byd. Mae hyn yn golygu bod Borneo yn **fan poeth o ran bioamrywiaeth**. Mae'n debyg bod y goedwig law wedi bod yno ers 140 miliwn o flynyddoedd ac mae'n cynnwys miloedd o rywogaethau o blanhigion ac anifeiliaid. Mae rhai ohonyn nhw mewn perygl erbyn hyn, fel orangwtang Borneo.

▲ **Ffigur 20** Ynys Borneo a 'Calon Borneo'.

Gweithgareddau

1 a) Dangoswch y data yn Ffigur 21.
   b) Esboniwch pam mae cynhyrchu olew palmwydd o fantais i Malaysia ac Indonesia.
   c) Amlinellwch y problemau amgylcheddol a chymdeithasol sy'n cael eu creu wrth gynhyrchu olew palmwydd.

Ungnwd

Pan fydd ffermydd yn tyfu un cnwd yn unig dros ardal fawr o dir. Mae ffa soia ac olew palmwydd yn enghreifftiau o dyfiant ungnwd mewn rhanbarthau trofannol.

Man poeth bioamrywiaeth

Rhanbarth ag amrywiaeth sylweddol o organebau. Mae rhai o'r organebau hyn yn endemig, sy'n golygu mai dim ond yn y lleoliad arbennig yma maen nhw i'w cael.

Ydy olew palmwydd yn dda i Borneo?

Mae olew palmwydd yn rhoi cynnyrch uwch ac mae'r costau cynhyrchu yn is o'i gymharu â chnydau hadau olew eraill fel ffa soia a blodau'r haul. Mae angen llai o wrtaith a phlaleiddiaid ar olew palmwydd ac mae modd ei dyfu ar ffermydd bach yn ogystal ag ar blanhigfeydd mawr.

Gwlad	Tunelli metrig
Colombia	1,680,000
Indonesia	43,000,000
Malaysia	21,200,000
Nigeria	1,015,000
Gwlad Thai	3,000,000
Arall	6,119,000

▲ **Ffigur 22** Amcangyfrif o gynhyrchu olew palmwydd ledled y byd, 2019 (gwerthoedd mewn tunelli metrig).

Beth am y goedwig law?

Mae clirio'r tir a gosod yr isadeiledd (fel ffyrdd a chyflenwad trydan) yn darparu swyddi ac incwm. Fodd bynnag, yn aml mae'r swyddi hyn yn cael eu rhoi i fudwyr yn hytrach nag aelodau o'r gymuned leol. Y goedwig law sy'n rhoi bwyd a chartref i bobl frodorol, ac mae llawer ohonyn nhw wedi gorfod gadael. Mae anifeiliaid yn cael eu hynysu ac yn gorfod byw yn y rhannau o'u cynefin sy'n dal i fodoli rhwng y planhigfeydd palmwydd olew. Mae'r dirywiad cyflym mewn rhannau o'r goedwig law – yn enwedig yn sgil torri coed yn anghyfreithlon – yn fygythiad i lawer o rywogaethau planhigion ac anifeiliaid. Mae colli'r goedwig law yn gallu newid patrymau tywydd lleol hyd yn oed.

Yn 2007, cyhoeddodd Malaysia, Brunei ac Indonesia (gyda chefnogaeth sefydliadau anllywodraethol) y bydden nhw'n gwarchod ac yn rheoli adnoddau'r goedwig sy'n dal heb eu difrodi rhyw lawer yn rhan ganolog Borneo. Dyma yw 'Calon Borneo' ac mae lleoliad y goedwig hon i'w weld yn Ffigur 20. Mae sefydliadau anllywodraethol fel *WWF* a *Greenpeace* wedi ymgyrchu i godi ymwybyddiaeth y cyhoedd o'r datgoedwigo. Maen nhw wedi annog cwmnïau amlwladol i gefnogi ffyrdd cynaliadwy o ddefnyddio'r tir ar gyfer cynhyrchu olew palmwydd. Yn 2015, cafodd 18 y cant o'r olew palmwydd ei gynhyrchu drwy ddefnyddio dulliau cynaliadwy. Yn 2015, cytunodd *Colgate-Palmolive* a *Procter & Gamble* i ddefnyddio cynwyddau cynradd (fel olew palmwydd) sydd wedi'u cynhyrchu'n gyfrifol yn eu cynhyrchion.

▲ **Ffigur 23** Planhigfeydd o balmwydd olew. Sabah, Ynys Borneo, Malaysia.

▲ **Ffigur 24** Ymgyrch '*Protect Paradise*' mudiad *Greenpeace*.

Gweithgareddau

2 Defnyddiwch Ffigur 22 i gyfrifo pa ganran o'r cynhyrchiad byd-eang o olew palmwydd sydd i'w chael yn:
   a) Malaysia
   b) Indonesia.
3 a) Defnyddiwch atlas i ddod o hyd i leoliad y gwledydd sydd wedi'u rhestru yn Ffigur 22. Disgrifiwch eu dosbarthiad.
   b) Esboniwch pam mae'r rhan fwyaf o'r cynhyrchu olew palmwydd yn digwydd yn y gwledydd hyn.
4 a) Awgrymwch pam nad ydy'r planhigfeydd palmwydd olew yn gynefin addas ar gyfer yr orangwtang.
   b) Awgrymwch pam mae'r fioamrywiaeth mewn ardaloedd trofannol o ffermio ungnwd yn llawer is nag ydyw mewn coedwigoedd trofannol.

Sut allai newid hinsawdd effeithio ar bobl ac amgylcheddau?

Hyd yn hyn, rydyn ni wedi gweld sut mae ein prynwriaeth yn effeithio ar amgylcheddau penodol fel coedwigoedd mangrof De Asia. Fodd bynnag, mae ôl troed ecolegol pob un ohonom hefyd yn cael effaith fyd-eang: drwy allyrru nwyon tŷ gwydr. Mae'r nwyon hyn yn achosi newid hinsawdd, proses sydd eisoes wedi'i thrafod ar dudalennau 156–7. Mae atmosffer mwy cynnes yn un mwy ansefydlog, sy'n golygu y bydd mwy o dywydd eithafol. Bydd atmosffer cynhesach yn golygu y bydd yr aergyrff dros y cefnforoedd yn cynnwys mwy o leithder. O ran y DU, mae hyn yn debygol o olygu tywydd mwy mwyn a gwlyb, a stormydd amlach. Yn ôl nifer o wyddonwyr a siaradodd â'r cyfryngau yn ystod stormydd gaeaf 2015–16 (tudalennau 41–5), roedd glawiad eithafol yn cyd-fynd â'r rhagfynegiadau ynglŷn â newid hinsawdd. Roedd adroddiad 'Foresight Report' yn ystyried sut gallai newid hinsawdd a phoblogaethau sy'n tyfu effeithio ar y DU erbyn y flwyddyn 2080. Dyma'r prif gasgliadau:

- Gallai nifer y bobl sydd mewn perygl mawr o lifogydd godi o 1.5 miliwn i 3.5 miliwn.
- Bydd y gost economaidd yn sgil difrod llifogydd yn codi. Ar hyn o bryd, mae llifogydd yn costio £1 biliwn y flwyddyn yn y DU. Erbyn 2080 gallent gostio cymaint â £27 biliwn.
- Bydd trefi a dinasoedd mewn perygl o fflachlifau hyd yn oed os nad ydyn nhw wedi'u lleoli ar lannau afonydd. Ni fydd draeniau sydd wedi'u cynllunio i gario dŵr glaw i ffwrdd yn gallu ymdopi â chawodydd o law trwm sydyn. Gallai llifogydd fel hyn effeithio ar gynifer â 710,000 o bobl.

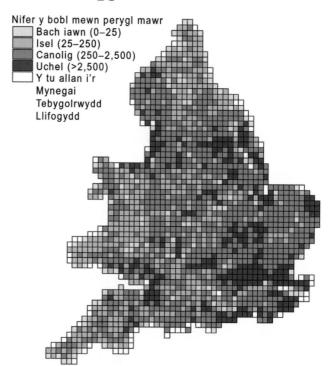

Nifer y bobl mewn perygl mawr
- Bach iawn (0–25)
- Isel (25–250)
- Canolig (250–2,500)
- Uchel (>2,500)
- Y tu allan i'r Mynegai Tebygolrwydd Llifogydd

▲ **Ffigur 25** Nifer y bobl mewn perygl o lifogydd afon a llifogydd arfordirol yn 2080, gan dybio y bydd allyriadau carbon deuocsid yn dal yn uchel.

Categori 5: Dros 250 cilometr yr awr. Rhai adeiladau llai yn dymchwel yn llwyr. Toeon rhai adeiladau diwydiannol mawr yn dymchwel. Llifogydd arfordirol eang yn difrodi llawr isaf llawer o adeiladau.

Categori 4: 211–250 cilometr yr awr. Toeon rhai adeiladau llai wedi'u dinistrio'n llwyr a difrod mwy eang i'r waliau. Pob arwydd a choeden wedi'u chwythu i lawr. Gallai llwybrau dianc gael eu cau yn sgil llifogydd mewn ardaloedd arfordirol 3–5 awr cyn y storm.

Categori 3: 178–210 cilometr yr awr. Difrod sylweddol i doeon adeiladau bach. Rhywfaint o ddifrod adeileddol i waliau. Cartrefi symudol wedi'u dinistrio. Arwyddion ffyrdd sydd wedi'u gosod yn wael yn cael eu dinistrio. Coed mawr wedi'u chwythu i lawr

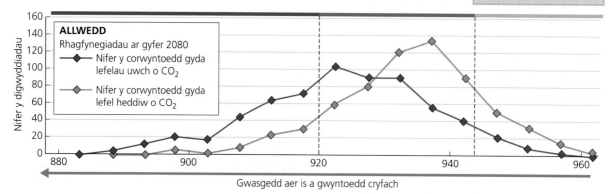

ALLWEDD
Rhagfynegiadau ar gyfer 2080
- Nifer y corwyntoedd gyda lefelau uwch o CO_2
- Nifer y corwyntoedd gyda lefel heddiw o CO_2

Gwasgedd aer is a gwyntoedd cryfach

(Nifer y digwyddiadau / 880 900 920 940 960)

▲ **Ffigur 26** Mae'r Weinyddiaeth Gefnforol ac Atmosfferig Genedlaethol (NOAA: National Oceanic and Atmospheric Administration) wedi defnyddio modelau cyfrifiadurol i ragfynegi amlder ac arddwysedd corwyntoedd (seiclonau) yn 2080.

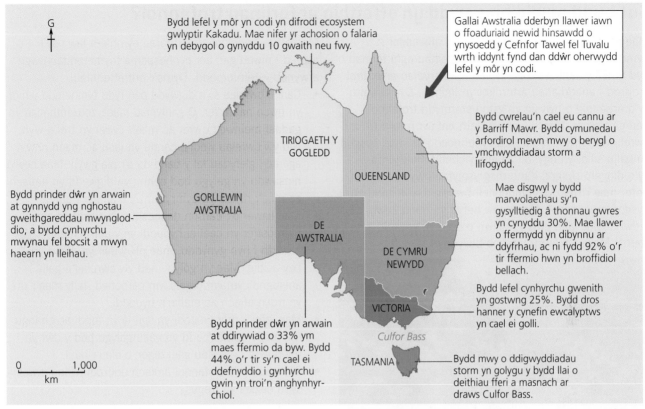

Bydd lefel y môr yn codi yn difrodi ecosystem gwlyptir Kakadu. Mae nifer yr achosion o falaria yn debygol o gynyddu 10 gwaith neu fwy.

Gallai Awstralia dderbyn llawer iawn o ffoaduriaid newid hinsawdd o ynysoedd y Cefnfor Tawel fel Tuvalu wrth iddynt fynd dan ddŵr oherwydd lefel y môr yn codi.

Bydd cwrelau'n cael eu cannu ar y Barriff Mawr. Bydd cymunedau arfordirol mewn mwy o berygl o ymchwyddiadau storm a llifogydd.

Mae disgwyl y bydd marwolaethau sy'n gysylltiedig â thonnau gwres yn cynyddu 30%. Mae llawer o ffermydd yn dibynnu ar ddyfrhau, ac ni fydd 92% o'r tir ffermio hwn yn broffidiol bellach.

Bydd prinder dŵr yn arwain at gynnydd yng nghostau gweithgareddau mwyngloddio, a bydd cynhyrchu mwynau fel bocsit a mwyn haearn yn lleihau.

Bydd lefel cynhyrchu gwenith yn gostwng 25%. Bydd dros hanner y cynefin ewcalyptws yn cael ei golli.

TIRIOGAETH Y GOGLEDD

QUEENSLAND

GORLLEWIN AWSTRALIA

DE AWSTRALIA

DE CYMRU NEWYDD

VICTORIA

Culfor Bass

TASMANIA

Bydd prinder dŵr yn arwain at ddirywiad o 33% ym maes ffermio da byw. Bydd 44% o'r tir sy'n cael ei ddefnyddio i gynhyrchu gwin yn troi'n anghynhyrchiol.

Bydd mwy o ddigwyddiadau storm yn golygu y bydd llai o deithiau fferi a masnach ar draws Culfor Bass.

0   1,000
km

▲ **Ffigur 27** Rhagfynegiadau ynglŷn ag effeithiau newid hinsawdd ar daleithiau Awstralia erbyn 2100.

Mae Awstralia'n wlad enfawr ac mae'n debygol y bydd effeithiau newid hinsawdd yn amrywiol. Mae Canolfan Feteoroleg Awstralia yn rhybuddio y bydd tywydd garw yn fwy cyffredin yn y dyfodol, ac y bydd cyfnodau hirach a mwy difrifol o sychder yn arwain at danau gwyllt mwy peryglus a mwy o faint fel y tanau a gafwyd yn 2019–2020. Gallai stormydd trofannol aml a seiclonau cryfach (gweler tudalennau 163–5) effeithio ar forlinau gogleddol Awstralia. Mae newid hinsawdd yn golygu y bydd ardaloedd o wasgedd isel iawn yn datblygu'n fwy aml, fel sydd i'w weld yn Ffigur 26. Gallai un o arweddion enwocaf Awstralia, y Barriff Mawr ar arfordir trofannol Queensland, ddioddef yn sgil cannu – proses sy'n cael ei disgrifio ar dudalen 300.

Gweithgareddau

1 Defnyddiwch Ffigur 25 i ddisgrifio dosbarthiad ardaloedd lle mae llawer iawn o bobl mewn perygl o lifogydd.

2 a) Disgrifiwch sut bydd newid hinsawdd yn cael effaith negyddol ar bobl, economi ac amgylchedd y DU. Defnyddiwch dystiolaeth o dudalennau 41–5 i'ch helpu.

   b) Trefnwch yr effeithiau yn ddau grŵp – y rhai tymor byr (gallwn ni weld enghreifftiau nawr) a'r rhai tymor hirach (gallwn ni ddisgwyl gweld yr effeithiau cyn hir).

3 Astudiwch Ffigur 26. Disgrifiwch sut mae amlder a maint corwyntoedd (seiclonau) yn debygol o newid.

4 Astudiwch Ffigur 27. Dewiswch dair effaith ac esboniwch sut gall newid hinsawdd achosi'r problemau hyn.

Gwaith ymholi

Pa mor ddifrifol yw bygythiad newid hinsawdd yn Awstralia?

■ Dewiswch 5 effaith newid hinsawdd yn Awstralia a'u gosod mewn trefn restol. Rhowch yr effaith a fydd yn achosi'r problemau mwyaf/yr effaith fwyaf difrifol ar frig y rhestr.

■ Cyfiawnhewch eich trefn.

■ Awgrymwch pwy ddylai fod yn gyfrifol am geisio datrys y problemau mwyaf difrifol.

Sut bydd newid hinsawdd yn effeithio ar forlinau trofannol?

Mae riffiau yn darparu **gwasanaethau allweddol** i gymunedau arfordirol. Maen nhw'n lleihau egni tonnau o hyd at 97 y cant, ac o ganlyniad mae erydiad arfordirol a difrod i aneddiadau arfordirol yn lleihau. Dyma waith sy'n arbennig o bwysig yn ystod stormydd trofannol neu seiclonau. Mae bioamrywiaeth enfawr mewn riffiau cwrel. Mae riffiau'n darparu cynefinoedd lle mae pysgod yn gallu silio, yn ogystal ag amgylchedd meithrinfa sy'n diogelu pysgod ifanc rhag ysglyfaethwyr. Yn hyn o beth, mae riffiau yn ffynhonnell bwysig o rywogaethau pysgod masnachol. Maen nhw hefyd yn denu llawer o dwristiaid. Mae dros 2 miliwn o bobl yn ymweld â'r Barriff Mawr yn Awstralia bob blwyddyn.

Mae riffiau cwrel yn strwythurau cymhleth iawn sy'n agored i niwed gan aer cynhesach a thymereddau uwch arwyneb y cefnforoedd. Dyma'r prif effeithiau:

- Cannu cwrelau sy'n digwydd pan fydd tymheredd y môr yn uwch na'r arfer. O ganlyniad mae'r zooxanthellae yn gadael meinwe'r cwrel ac mae'r cwrel yn troi'n wyn. Nid yw cwrelau wedi'u cannu yn iach ac maen nhw'n agored i glefydau fel y band du a'r pla gwyn. Mae newid hinsawdd yn golygu bod cannu yn digwydd yn amlach ac mae'r riffiau yn cymryd mwy o amser i adfer.
- Mae llawer o'r carbon deuocsid sy'n cyrraedd ein hatmosffer yn cael ei hydoddi yn y cefnforoedd, ac wrth i hyn gynyddu, mae pH y dŵr yn mynd yn fwy asidig. Mae yn golygu nad yw cwrelau'n gallu amsugno cymaint o galsiwm carbonad, felly mae'r riff yn troi'n afiach ac efallai'n hydoddi.
- Mae lefel y môr yn codi yn sgil iâ yn toddi ac ehangu thermol y cefnforoedd yn gallu golygu bod y dŵr yn rhy ddwfn i gwrelau gael digon o olau'r haul.
- Gall stormydd trofannol amlach ddifrodi riffiau cwrel sydd eisoes yn fregus.

▲ **Ffigur 28** Mae lliwiau llachar cwrel yn dod o'r zooxanthellae, sy'n darparu maetholion ac egni hefyd.

Gwasanaethau allweddol

Y buddion y mae ecosystem yn eu rhoi i bobl. Er enghraifft, mae riffiau cwrel yn amsugno egni tonnau ac felly maen nhw'n gwarchod y morlinau yn ystod storm. Mae coedwigoedd yn storio dŵr ac yn ei ryddhau'n araf, gan atal llifogydd.

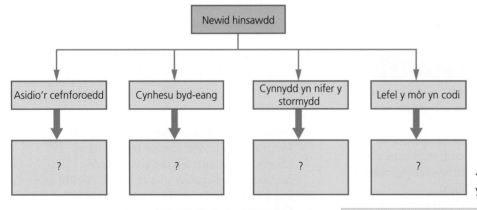

◀ **Ffigur 29** Sut mae newid hinsawdd yn effeithio ar riffiau cwrel.

Gweithgareddau

1 Disgrifiwch dri gwasanaeth allweddol sy'n cael eu darparu gan riffiau cwrel.
2 Gwnewch gopi o Ffigur 29. Rhowch y labeli (ar y dde) yn y lleoedd cywir i gwblhau'r diagram, gan grynhoi sut mae newid hinsawdd yn effeithio ar riffiau cwrel.

Mae cynnydd yn nhymheredd y môr yn achosi cannu cwrelau sy'n gwanhau'r strwythur.

Mae dŵr dyfnach yn arwain at lai o olau haul a dirywiad yn ansawdd y dŵr.

Mae lefelau pH yn is mewn dŵr wedi'i asidio sy'n golygu bod llai o galsiwm carbonad yn cael ei amsugno ac felly mae sgerbydau cwrelau'n hydoddi'n gyflymach.

Mae strwythurau riffiau bregus yn cael eu difrodi gan law trwm a dŵr ffo o'r tir.

Sut gallwn ni ymateb i newid hinsawdd?

Ers 1990 mae cynrychiolwyr llywodraethau ledled y byd wedi cyfarfod o bryd i'w gilydd i drafod newid hinsawdd. Mae Protocol Kyoto (1997) yn gytundeb rhyngwladol sy'n golygu bod gwledydd wedi ymrwymo i dargedau i leihau allyriadau nwyon tŷ gwydr. Y fersiwn diweddaraf yw Cytundeb Paris (2015). Canlyniad Cytundeb Paris oedd gosod nod tymor hir i gadw cynhesu byd-eang yn llawer is na 2°C o gymharu â lefelau cyn-ddiwydiannol.

Fodd bynnag, mae Cytundeb Paris yn derbyn y bydd rhai gwledydd yn lleihau eu hallyriadau yn gyflymach na rhai eraill, yn dibynnu ar lefel eu datblygiad economaidd. Dylai gwledydd cyfoethog fel Awstralia a'r DU allu lleihau eu hallyriadau drwy fuddsoddi mewn technolegau newydd ac adnewyddadwy. Mae rhai o'r technolegau hyn yn cael eu disgrifio ar dudalennau 300–1. Fodd bynnag, mae gwledydd newydd eu diwydianeiddio fel India a China wedi buddsoddi mewn gorsafoedd pŵer sy'n llosgi glo yn ddiweddar. Er hynny, mae rhai rhannau o boblogaethau'r gwledydd hyn yn byw heb gyflenwad trydan dibynadwy. Bydd y gwledydd hyn eisiau parhau i wneud cynnydd economaidd. Bydd hynny'n golygu rhagor o allyriadau nwy tŷ gwydr.

▲ **Ffigur 31** Patrymau egni solar ar draws gwledydd Ewrop ac Affrica (cilowat/m²/y flwyddyn).

▲ **Ffigur 30** Mae ffermydd solar yn Lloegr, fel yr un uchod, yn cynhyrchu trydan drwy ddefnyddio celloedd ffotofoltaidd.

Gweithgareddau

3 Defnyddiwch Ffigur 31 i ddisgrifio dosbarthiad y gwledydd sy'n cael:
   a) rhwng 1,100 a 1,400 cilowat/m²/y flwyddyn o egni solar
   b) mwy na 2,200 cilowat/m²/y flwyddyn o egni solar

4 Gan ddefnyddio Ffigur 30, awgrymwch beth yw manteision ac anfanteision ffermydd solar o safbwynt economi ac amgylchedd y DU.

Gwaith ymholi

'Dylai gwledydd Ewrop fabwysiadu technolegau newydd er bod gwledydd newydd eu diwydianeiddio yn parhau i allyrru nwyon tŷ gwydr.'

I ba raddau ydych chi'n cytuno â'r gosodiad hwn? Dylech awgrymu:

■ amrywiaeth o dechnolegau newydd y byddai'n bosibl eu defnyddio yn Ewrop
■ y rhesymau o blaid ac yn erbyn caniatáu i wledydd newydd eu diwydianeiddio barhau i allyrru nwyon tŷ gwydr.

Sut all unigolion a'r llywodraeth leihau'r perygl o newid hinsawdd?

Mae gan lywodraeth y DU rôl ryngwladol wrth fynd i'r afael â newid hinsawdd. Mae'r llywodraeth wedi llofnodi Diwygiad Doha a Chytundeb Paris (2015). Canlyniad Cytundeb Paris oedd gosod nod tymor hir i gadw cynhesu byd-eang yn llawer is na 2°C o gymharu â lefelau cyn-ddiwydiannol. Mae llywodraeth y DU yn gweithio ar raddfa genedlaethol hefyd. Mae'n rhoi targedau i'r llywodraethau lleol ac yn gweithio gyda diwydiant i leihau allyriadau nwyon tŷ gwydr yn y ffyrdd canlynol:

- buddsoddi mewn ffynonellau egni carbon isel;
- gwella safonau tanwydd mewn ceir;
- cynyddu effeithlonrwydd egni mewn adeiladau newydd.

Yn ôl y gyfraith, mae'n rhaid i bob Cyngor gyhoeddi datganiad polisi ar newid hinsawdd.

Mae Ffigur 32 yn disgrifio rhai o'r ffyrdd mae Cyngor Dinas Bryste yn ceisio cyflawni ei dargedau newid hinsawdd ei hun.

Gweithgareddau

1 Astudiwch Ffigur 32.
   a) Esboniwch pam bydd syniadau 5 a 7 yn helpu cyngor Bryste i gyflawni ei darged newid hinsawdd.
   b) Lluniwch ddiagram diemwnt naw (fel yr un ar dudalen 83). Rhowch y strategaethau o Ffigur 32 yn y diagram, gan roi'r rhai sy'n hanfodol, yn eich barn chi, ar frig y diagram.
   c) Cyfiawnhewch y tair strategaeth sydd ar frig eich diagram.
2 Defnyddiwch Ffigur 32 i gael syniadau a nodwch 5 ffordd y gall unigolion leihau'r risg o newid hinsawdd.

	Beth fydd y cyngor yn ei wneud?	Pam mae hyn yn helpu
1	Cartrefi cynhesach. Bydd £105 miliwn yn cael ei wario ar ynysu waliau allanol cartrefi (gan gynnwys blociau o fflatiau).	Gallai hyn arbed £3.5 miliwn y flwyddyn ar filiau gwresogi. Gostyngiad o 5 y cant o bosib yn y maint o nwy sy'n cael ei ddefnyddio. Arbed 17,900 tunnell of CO_2 bob blwyddyn.
2	Gosod gwresogi ardal (neu rwydweithiau gwres). Bydd y pibellau'n cludo unrhyw wres sydd dros ben i'r brifysgol, i'r ysbyty ac i'r adeiladau yng nghanol y ddinas.	Gwresogi adeiladau a defnyddio dŵr poeth yw dau o'r prif resymau dros allyriadau CO_2 mewn dinasoedd mawr. Mae system gwresogi ardal yn defnyddio boeleri sy'n effeithlon o ran egni.
3	Gosod esiampl. Gwella effeithlonrwydd egni swyddfeydd y cyngor, yr amgueddfa, y llyfrgell a dwy ysgol.	Arbed egni gwerth £500,000 bob blwyddyn a 2,000 tunnell fetrig o CO_2 bob blwyddyn.
4	Perfformiad egni uchel. Gosod boeleri effeithlon yn holl adeiladau newydd y cyngor, gan gynnwys ysgolion, cartrefi gofal a thai cyngor.	Mae gosod technolegau sy'n effeithlon o ran egni pan fydd adeiladau'n newydd yn rhatach yn y tymor hir na cheisio addasu adeiladau hŷn.
5	Rhaglen ffotofoltaidd solar. Adeiladwyd dwy fferm solar yn 2014 am gost o £35.9 miliwn.	
6	Cynllun bws metro. Adeiladu 6 km o ffyrdd newydd, 18 km o lonydd bysiau newydd a phrynu 50 o gerbydau hybrid newydd.	Teithwyr yn dechrau defnyddio bysiau yn lle ceir i leihau tagfeydd ac allyriadau CO_2 o draffig cymudwyr.
7	Cludiant cynaliadwy. Buddsoddi mewn 10 km o lonydd beicio, a hyrwyddo beicio a cherdded ar gyfer pobl 8–80 oed.	
8	Cynllunio defnydd tir. Codi cartrefi newydd mewn lleoliadau sy'n lleihau'r angen i gymudo ac sy'n caniatáu defnyddio'r system gwresogi ardal.	Sicrhau bod datblygiadau tai newydd yn addas ar gyfer y dyfodol drwy eu gwneud yn gynaliadwy.
9	Gwella cludiant torfol. Gwario £90 miliwn ar wella gwasanaethau trên maestrefol.	Gwella ansawdd aer a diogelwch trafnidiaeth. Gostwng tagfeydd ac allyriadau CO_2.

▲ **Ffigur 32** Sut mae Cyngor Dinas Bryste yn gobeithio cyflawni ei dargedau i leihau allyriadau CO_2.

Casglu data ansoddol

Mae rhai mathau o ddata daearyddol yn hawdd eu meintioli – hynny yw, mae'n hawdd mesur a chofnodi nifer penodol. Ymhlith yr enghreifftiau o hyn mae cyfrif cerddwyr neu nifer y siopau gwag ar y stryd fawr. Mae mathau eraill o ddata defnyddiol yn fwy anodd eu meintioli: barn pobl, er enghraifft, neu eu safbwyntiau am fyw bywyd carbon isel. **Data ansoddol** yw'r rhain ac mae'n bosibl eu casglu mewn sawl ffordd:

- cynnal cyfweliad hir
- defnyddio holiadur
- gwneud arolwg cyflym fel graddfa Likert.

Os ydych chi'n llunio holiadur, mae'n syniad da i chi gael enghreifftiau o gwestiynau caeedig a chwestiynau agored. Mae cwestiynau caeedig yn cynnig atebion penodol y gallwch chi eu ticio.

Er enghraifft: Sut ydych chi'n cyrraedd yr ysgol?

Cerdded [ ] Beicio [ ] Ar y bws [ ] Yn y car [ ]

Mae cwestiwn agored yn un lle gall pobl roi eu hatebion eu hunain heb strwythur, e.e. Sut gallai'r ysgol leihau faint o allyriadau nwyon tŷ gwydr mae'n ei gynhyrchu, yn eich barn chi?

Graddfa Likert yw pan fydd gofyn i bobl ddefnyddio graddfa wrth ymateb i gwestiwn.

Gweithgareddau

1 Dangoswch un ffordd y byddech chi'n cyflwyno pob un o'r setiau data o'r arolwg. Rhaid i chi gyfiawnhau eich dewis.
2 Beth yw eich casgliadau yn seiliedig ar yr ymatebion?
3 Awgrymwch ddau gwestiwn arall y gallech chi eu gofyn er mwyn ymchwilio i agweddau unigolion tuag at newid hinsawdd.
4 Esboniwch pam mae cyflwyno a dadansoddi data yn haws os yw'r cwestiynau yn yr arolwg yn rhai caeedig yn hytrach na'n rhai agored.
5 Awgrymwch gwestiwn agored y gallech chi ei ofyn. Esboniwch pam byddai'r cwestiwn hwn yn datgelu gwybodaeth ddefnyddiol ynglŷn â sut mae unigolion yn teimlo am newid hinsawdd.

Data ansoddol

Mae'r data ar ffurf geiriau, lluniau neu wrthrychau.

Dim ond ffermydd gwynt alltraeth ddylai gael eu datblygu yn y dyfodol			
1	2	3	4
Cytuno	Cytuno ychydig	Anghytuno ychydig	Anghytuno

▲ **Ffigur 33** Enghraifft o raddfa Likert.

Cwestiwn, gan fesur ymatebion ar raddfa Likert 1–10 (1 = ddim yn ddifrifol o gwbl a 10 = difrifol iawn)	Sgôr gymedrig
Yn eich barn chi, pa mor ddifrifol yw bygythiad newid hinsawdd?	7.5
Yn eich barn chi, pa mor effeithiol gall unigolion fod o ran lleihau bygythiad newid hinsawdd?	4.5

▲ **Ffigur 34** Enghraifft o waith ymholi ar newid hinsawdd.

Roedd grŵp o fyfyrwyr daearyddiaeth yn awyddus i ymchwilio i'r ffordd mae pobl o wahanol oedrannau yn ymateb i newid hinsawdd. Gosododd y myfyrwyr gwestiwn ymholi:

Ydy pobl iau yn fwy parod i newid eu ffordd o fyw na phobl hŷn?

Yn rhan o'u gwaith ymholi, cafodd Arolwg Likert ei roi i 100 o bobl. Roedd y bobl hefyd yn gorfod rhoi tic gyferbyn â 5 o bethau maen nhw eisoes yn eu gwneud (fel unigolion) i helpu i leihau bygythiad newid hinsawdd. Dyma'r canlyniadau:

Camau posibl y gall unigolion eu cymryd	Nifer yr ymatebion
Defnyddio bylbiau egni isel	82
Dewis nwyddau sy'n effeithlon o ran egni	57
Gwella ynysiad yn y cartref	53
Ailgylchu pob eitem blastig, gwydr, etc.	89
Troi'r thermostat i lawr wrth wresogi	23
Cerdded neu feicio i osgoi defnyddio'r car	2
Defnyddio trafnidiaeth gyhoeddus	17
Prynu bwyd sydd wedi'i gynhyrchu'n lleol	11

▲ **Ffigur 35** Camau posibl y gall unigolion eu cymryd.

A all y diwydiant twristiaeth leihau ei effaith ar yr amgylchedd?

Yn 2012 am y tro cyntaf aeth mwy nag 1 biliwn o dwristiaid ar eu gwyliau mewn blwyddyn. Mae Thema 6 wedi dangos sut gall twristiaeth gael effaith enfawr ar economïau llawer o wledydd sy'n datblygu. Fodd bynnag, gall twristiaeth gael effaith negyddol, yn ogystal â chadarnhaol, ar y bobl a'r cymunedau rydyn ni'n ymweld â nhw. Mae teithio yn allyrru nwyon tŷ gwydr, ac mae twristiaeth yn creu cynhyrchion gwastraff ac yn cynyddu'r

galw am adnoddau fel dŵr, bwyd ac egni. Felly, sut gallwn ni leihau effeithiau negyddol twristiaeth?

Yn ddelfrydol, dylai twristiaeth fod yn gynaliadwy, sy'n golygu y dylai'r buddion barhau am gyfnod hir. Fodd bynnag, er mwyn datblygu twristiaeth mewn ffordd gynaliadwy mae'n rhaid cyflawni nifer o anghenion sy'n tynnu'n groes i'w gilydd. Mae crynodeb ohonyn nhw yn Ffigur 1.

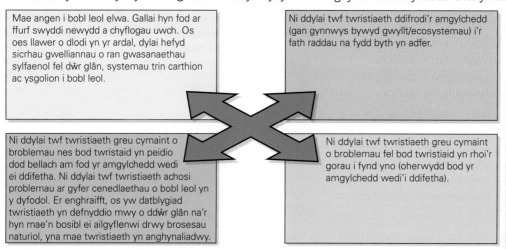

Mae angen i bobl leol elwa. Gallai hyn fod ar ffurf swyddi newydd a chyflogau uwch. Os oes llawer o dlodi yn yr ardal, dylai hefyd sicrhau gwelliannau o ran gwasanaethau sylfaenol fel dŵr glân, systemau trin carthion ac ysgolion i bobl leol.

Ni ddylai twf twristiaeth ddifrodi'r amgylchedd (gan gynnwys bywyd gwyllt/ecosystemau) i'r fath raddau na fydd byth yn adfer.

Ni ddylai twf twristiaeth greu cymaint o broblemau nes bod twristiaid yn peidio dod bellach am fod yr amgylchedd wedi ei ddifetha. Ni ddylai twf twristiaeth achosi problemau ar gyfer cenedlaethau o bobl leol yn y dyfodol. Er enghraifft, os yw datblygiad twristiaeth yn defnyddio mwy o ddŵr glân na'r hyn mae'n bosibl ei ailgyflenwi drwy brosesau naturiol, yna mae twristiaeth yn anghynaliadwy.

Ni ddylai twf twristiaeth greu cymaint o broblemau fel bod twristiaid yn rhoi'r gorau i fynd yno (oherwydd bod yr amgylchedd wedi'i ddifetha).

▲ **Ffigur 1** Gofynion twristiaeth gynaliadwy sy'n tynnu'n groes i'w gilydd.

Ecodwristiaeth

Ecodwristiaeth yw twristiaeth sy'n cael effaith fach iawn ar yr amgylchedd. Mae ecodwristiaeth yn cefnogi'r gwaith o warchod cynefinoedd a bywyd gwyllt. Mewn rhai achosion, mae hyn yn golygu bod arian sy'n dod o dwristiaeth yn helpu i ariannu projectau cadwraeth. Mewn achosion eraill, mae'r twristiaid yn gwirfoddoli gyda phrojectau cadwraeth yn ystod eu gwyliau sydd weithiau'n cael ei alw'n '*voluntourism*'.

Twristiaeth foesegol a theithio cyfrifol

Mae twristiaeth foesegol a theithio cyfrifol yn gysyniadau sy'n cael eu defnyddio i ddisgrifio mathau cynaliadwy o dwristiaeth. Mae **twristiaeth foesegol** yn golygu bod credoau, traddodiadau ac arferion lleol yn cael eu parchu a'u gwarchod. Mae twristiaeth foesegol hefyd yn ceisio lleihau'r effeithiau negyddol mae'r diwydiant yn eu cael ar yr amgylchedd. Mae **teithio cyfrifol** yn golygu rhywbeth tebyg. Mae teuluoedd lleol yn cael manteision economaidd oherwydd bod twristiaeth foesegol a theithio cyfrifol yn creu swyddi a gwasanaethau.

▼ **Ffigur 2** Mae twristiaeth yn gallu cael nifer o effeithiau negyddol ar yr amgylchedd.

Gweithgareddau

1 Amlinellwch o leiaf 3 effaith wahanol mae twristiaeth yn eu cael ar yr amgylchedd. Defnyddiwch Ffigur 2 i'ch helpu.
2 Defnyddiwch Ffigur 4 i ddisgrifio dosbarthiad yr ardaloedd cadwraeth yn Limpopo.
3 Esboniwch ystyr yr ymadrodd 'amrywiaethu'r economi gwledig'.

Twristiaeth bywyd gwyllt yn Limpopo, De Affrica

Mae gan dalaith Limpopo, De Affrica, hinsawdd letgras, ac mae'r ecosystem safana yno, sydd heb ei difetha ar y cyfan, yn atyniad twristiaid pwysig. Ffermio, ecodwristiaeth a gwarchodfeydd anifeiliaid hela yw'r cyflogwyr mwyaf yn Limpopo. Fodd bynnag, mae'r rhan fwyaf o'r swyddi yn y diwydiannau hyn yn swyddi sgiliau isel sy'n talu cyflogau gwael. Mae diweithdra yn uchel – cymaint â 37 y cant mewn rhai ardaloedd gwledig. Mae'r hinsawdd yn golygu bod ffermio yn anodd a'r incwm yn isel. Mae angen amrywiaethu yr economi gwledig ar unwaith: ystyr hyn yw creu amrywiaeth o swyddi newydd sydd ddim o reidrwydd yn gysylltiedig â ffermio. Un opsiwn yw creu swyddi ym maes ecodwristiaeth.

Ardal yn Limpopo	Poblogaeth	Poblogaeth sy'n cael dŵr drwy bibell (%)	Cartrefi gyda thrydan (%)
Mutale	91,870	27	8
Lephalale	115,767	67	70

▲ **Ffigur 3** Canran y boblogaeth sydd â mynediad at ddŵr drwy bibell a thrydan mewn dwy ardal wledig yn Limpopo.

▲ **Ffigur 4** Ardaloedd cadwraeth yn Limpopo.

Mae twristiaid o Dde Affrica ac o dramor eisoes yn ymweld â safleoedd yn Limpopo, yn enwedig Parc Cenedlaethol Kruger yn y dwyrain. Mae Gwarchodfa Biosffer Waterberg yn Lephalale hefyd yn boblogaidd. Mae 75 rhywogaeth o famaliaid yn byw yno (gan gynnwys 5 mawr: llew, llewpard, rhinoseros, byfflo ac eliffant) a 300 rhywogaeth o adar. Mae tua 80,000 o bobl yn byw yn y warchodfa. Mae twristiaid sy'n ymweld â Waterberg yn creu swyddi mewn sawl ffordd. Maen nhw'n talu i aros gyda theuluoedd lleol neu mewn cabanau moethus sy'n cyflogi glanhawyr, cogyddion a staff bar. Mae pobl leol yn cael eu cyflogi hefyd fel tywyswyr a wardeiniaid yn y warchodfa.

Mae ffermio anifeiliaid hela yn un ffordd mae'r tirfeddianwyr cyfoethog yn creu incwm newydd ac yn rheoli bywyd gwyllt. Mae anifeiliaid gwyllt yn cael eu dal, fel y byfflo yn Ffigur 5, a'u symud i warchodfeydd bywyd gwyllt fel stoc bridio. Yno, maen nhw'n gallu cael eu hamddiffyn rhag potsio anghyfreithlon. Drwy wneud hynny, mae poblogaeth yr anifeiliaid gwyllt hyn wedi bod yn codi'n raddol.

Yna, mae twristiaid yn cael hela o fewn cyfyngiadau. Daw'r prif incwm gan dwristiaid sy'n talu llawer o arian i saethu antelopiaid, byfflos ac anifeiliaid gwyllt eraill. Mae'r cig yn cael ei werthu yn Ne Affrica ac mae hyn yn cynhyrchu mwy o incwm. Yna, mae'r arian hwn yn cael ei ddefnyddio i dalu am brojectau cadwraeth fel rhaglenni bridio, gwarchod cynefinoedd a phatrolau gwrth-botsio.

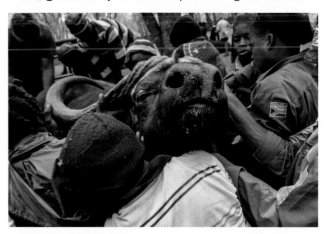

▲ **Ffigur 5** Byfflo dan ddylanwad anaesthetig yn cael ei roi ar dryc ar fferm breifat ger Lephalale. Ar ôl profion meddygol bydd yn cael ei werthu i fridiwr.

Gweithgareddau

4 Cyfrifwch yn union faint o bobl yn Mutale a Lephalale sydd heb fynediad at ddŵr drwy bibell na thrydan.
5 Esboniwch sut byddai project ecodwristiaeth newydd yn Mutale a Lephalale yn gallu:
   a) gwella safonau byw pobl leol
   b) gwarchod bywyd gwyllt.

Gwaith ymholi

'Dylai pob math o hela gael ei wahardd yn Ne Affrica.'

I ba raddau rydych chi'n cytuno â'r gosodiad hwn?

- Trafodwch a yw'n bosibl dadlau bod hela gan dwristiaid yn fath o dwristiaeth foesegol.
- Amlinellwch y dadleuon o blaid ac yn erbyn yr hela rheoledig o anifeiliaid gwyllt yn Ne Affrica fel rhan o broject ecodwristiaeth.

Effaith twristiaeth ar y cyflenwad dŵr

Mae twristiaeth yn golygu bod llawer o alw am adnoddau dŵr lleol. Mae angen dŵr i baratoi bwyd, glanhau gwestai, golchi gorchuddion gwely a thywelion, dyfrhau gerddi gwestai a llenwi pyllau nofio. Mae llawer o ddŵr yn cael ei ddefnyddio i sicrhau bod cyrsiau golff yn wyrdd – problem fawr iawn mewn hinsoddau poeth a sych fel sydd i'w gael mewn cyrchfannau gwyliau yn ardal y Môr Canoldir.

Nid yw data ar faint o ddŵr mae'r diwydiant twristiaeth yn ei ddefnyddio yn cael eu casglu ar raddfa genedlaethol. O ganlyniad, mae'r bobl sy'n ymchwilio i'r mater yn dibynnu ar amcangyfrifon. Un o gasgliadau astudiaeth ddiweddar gan The Travel Foundation oedd bod twristiaid yn defnyddio mwy o ddŵr na thrigolion lleol – mae eu canlyniadau wedi'u crynhoi yn Ffigur 7.

Ai atal datblygu cyrsiau golff yw'r ateb?

Mae St Lucia yn ynys yn y Caribî sy'n dibynnu'n drwm ar dwristiaeth dorfol ar gyfer eu hincwm. Mae amcangyfrifon yn awgrymu bod 33 y cant o gyflenwadau dŵr croyw yr ynys yn cael ei ddefnyddio gan y diwydiant twristiaeth, a bod 6 y cant arall yn cael ei ddefnyddio i ddyfrhau cyrsiau golff a sicrhau eu bod nhw'n wyrdd.

Rhanbarth	Y dŵr mae twristiaid yn ei ddefnyddio o'u cymharu â thrigolion lleol (%)
Rhanbarth y Môr Canoldir	150–200
Y Caribî (heblaw Jamaica)	150–200
Jamaica	400–1,000
Gogledd Affrica (e.e. Tunisia)	400–1,000
Kenya	1,800–2,000
Sri Lanka	1,800–2,000

▲ **Ffigur 7** Faint o ddŵr mae twristiaid yn ei ddefnyddio o'u cymharu â thrigolion lleol; mae 200 y cant yn golygu bod twristiaid yn defnyddio dwywaith cymaint o ddŵr â'r bobl leol.

▲ **Ffigur 8** Llong fordeithio wedi'i hangori yn Castries.

▲ **Ffigur 6** Lleoliad Le Paradis a chyrsiau golff eraill yn St Lucia.

Gweithgareddau

1 a) Esboniwch pam mae'r diwydiant twristiaeth yn defnyddio mwy o ddŵr na'r trigolion lleol.
   b) Awgrymwch ddwy ffordd y gallai'r diwydiant twristiaeth ddefnyddio llai o ddŵr.
2 a) Cyflwynwch y data yn Ffigur 7 gan ddefnyddio graff addas neu bictogram.
   b) Awgrymwch pam mae cymaint mwy o ddŵr yn cael ei ddefnyddio mewn rhai cyrchfannau twristiaid.
3 Defnyddiwch Ffigur 6 i ddisgrifio:
   a) dosbarthiad y cyrsiau golff yn St Lucia
   b) lleoliad clwb golff a chyrchfan Le Paradis
4 Amlinellwch o leiaf dau reswm pam nad oedd datblygiad Le Paradis yn gynaliadwy o bosibl. Defnyddiwch Ffigur 1 ar dudalen 304 i'ch helpu.
5 Esboniwch gyfyngiadau cyfraniad twristiaeth llongau mordeithio i economi St Lucia (defnyddiwch dudalennau 229 a 231 i'ch helpu).
6 Disgrifiwch fanteision achub y goedwig fangrof sy'n weddill ym Mae Praslin (defnyddiwch Ffigur 15 ar dudalen 294 i'ch helpu).

Nid yw arfordir St Lucia ar ochr y Cefnfor Iwerydd wedi'i ddatblygu rhyw lawer ar gyfer twristiaid. Cafodd 200 hectar o dir ym Mae Praslin ei brynu gan ddatblygwyr i adeiladu cyrchfan gwyliau moethus a chwrs golff o'r enw Le Paradis. Bu ymgyrchwyr lleol yn protestio yn erbyn y penderfyniad i ddinistrio'r goedwig fangrof a'r goedwig law drofannol sych, ond dechreuodd y gwaith datblygu. Y bwriad oedd gorffen y gwaith erbyn 2007, ond doedd dim digon o arian gan y datblygwyr ac nid yw'r project erioed wedi'i gwblhau. Yn 2020, roedd y cyrchfan sydd heb ei orffen yn dal i fod ar werth.

▲ **Ffigur 9** Yr ardal o goedwig fangrof sy'n weddill ym Mae Praslin. Cafodd y rhan fwyaf o'r goedwig fangrof ei dinistrio wrth adeiladu'r cyrchfan gwyliau; mae'r ardal sy'n weddill o dan fygythiad os bydd y datblygiad yn cael ei gwblhau.

▲ **Ffigur 10** Cyrchfan gwyliau gwag Le Paradis yn 2010.

Siaradwr ar ran llywodraeth St Lucia

Rydyn ni eisiau i berchennog y safle ostwng y pris gwerthu er mwyn i ddatblygwr arall allu prynu'r project a'i gwblhau. Mae'r project yn cynnwys gwesty, marina i gychod hwylio bach a chwrs golff moethus. Pan fydd y project wedi'i gwblhau bydd yn creu swyddi angenrheidiol iawn ar ochr ddwyreiniol yr ynys.

Preswylydd lleol a choedwigwr

Byddai cwblhau'r cwrs golff arfaethedig yn dinistrio cynefin coetir trofannol sych sy'n gartref i adar endemig prin o deulu'r fronfraith. Rwy'n gweithio i awdurdodau'r goedwig ac fel tywysydd ecodwristiaeth yn fy amser hamdden. Os bydd y cwrs golff yn agor, bydd bioamrywiaeth St Lucia yn dioddef ymhellach ac efallai na fydda i'n cael cymaint o waith.

Preswylydd lleol

Dydw i ddim eisiau i'r cwrs golff gael ei gwblhau. Mae cannoedd o deuluoedd yn byw ym Mae Praslin. Mae ein dŵr ni'n dod o'r nant a'r tyllau turio. Mae'r lefel trwythiad yn gostwng yn yr haf ac rwy'n poeni y bydd ein twll turio ni'n sychu os bydd dŵr yn cael ei ddefnyddio i ddyfrhau'r cwrs golff.

▲ **Ffigur 11** Safbwyntiau hollol wahanol am ddatblygiad pentref gwyliau Le Paradis.

Gwaith ymholi ?

Ydych chi'n credu y dylai datblygiad cwrs golff a chyrchfan gwyliau Le Paradis gael ei gwblhau? Cyfiawnhewch eich penderfyniad.

Rheoli Parc Morol y Barriff Mawr yn gynaliadwy

Cafodd Parc Morol y Barriff Mawr yng ngogledd Awstralia ei sefydlu yn 1975. Y Bariff Mawr oedd yr ecosystem riff cwrel gyntaf i dderbyn Statws Treftadaeth y Byd gan sefydliad *UNESCO* yn 1981. Erbyn hyn, mae'n cael ei ystyried yn un o'r ecosystemau morol sy'n cael ei rheoli orau yn y byd. Yn ogystal â bod yn bwysig o safbwynt y fioamrywiaeth sydd yno, mae hefyd yn gwarchod dros 70 o grwpiau o bobl Gynfrodorol ac Ynyswyr Culfor Torres sy'n wynebu colli eu traddodiadau a'u diwylliant oherwydd datblygiad. Mae sawl safle sy'n bwysig yn hanesyddol yn yr ardal hefyd, gan gynnwys goleudai a llongddrylliadau. Mae'r Marine Park yn denu dros 2 miliwn o dwristiaid bob blwyddyn yn ogystal â 5 miliwn o ddefnyddwyr hamdden.

▲ **Ffigur 12** Lleoliad Parc Morol y Barriff Mawr.

Cylchfa	Beth sydd wedi'i ganiatáu a beth sydd ddim
Cadwraeth	Rhaid cael caniatâd ysgrifenedig i fynd yno.
Parc Morol Cenedlaethol	Dim pysgota neu gasglu wystrys. Mae mynd ar gychod, nofio, snorclo a hwylio yn cael eu caniatáu.
Gwaith ymchwil gwyddonol	Ar gyfer astudiaeth wyddonol. Dim caniatâd i'r cyhoedd fel arfer.
Byffer	Rhywfaint o bysgota yn cael ei ganiatáu. Caniatâd i'r cyhoedd fwynhau'r amgylchedd naturiol yn yr ardal hon.
Parc cadwriaeth	Dim ond ychydig o bysgota sy'n cael ei ganiatáu.
Amddiffyn cynefinoedd	Mae cynefinoedd sensitif ac agored i niwed yn cael eu hamddiffyn rhag gweithgareddau a allai achosi difrod.
Defnydd cyffredinol	Dim pysgota â threillrwydi. Mae dal crancod, mynd ar gychod, deifio, ffotograffiaeth, a physgota â lein yn cael eu caniatáu.

▲ **Ffigur 13** Cylchfaoedd Parc Morol y Barriff Mawr i'r dwyrain o Gladstone.

Sut mae'r parc yn cael ei reoli?

Mae Parc Morol y Bariff Mawr wedi'i rannu yn **gylchfaoedd rheoli cadwraeth**. Mae lefel y diogelwch yn cynyddu o Gylchfa Defnydd Cyffredinol i Gylchfa Cadwraeth sydd â'r cyfyngiadau mwyaf. Mae cynlluniau rheoli arbennig ar waith mewn safleoedd pot mêl fel Cairns ac Ynysoedd Whitsunday. Mae cyfyngiad ynghylch hyd cychod a maint grwpiau ymwelwyr i sicrhau nad oes gormod o bobl yn mynd i'r lleoliadau hyn sy'n agored i niwed. Mae rhaglen addysg a gorfodaeth ar waith hefyd ar y cyd â Gwasanaeth Parciau a Bywyd Gwyllt Queensland. Bob 5 mlynedd mae Adroddiad Rhagolygon y Barriff Mawr yn cael ei gyhoeddi ac o'r adroddiad hwn mae cynllun rheoli manwl yn cael ei greu. 'Reef 2050' yw enw'r cynllun diweddaraf sy'n mynd i'r afael â chynaliadwyedd yn y tymor hir.

Mae rhannu'r riff yn gylchfaoedd yn amddiffyn yr anifeiliaid, y planhigion a'r cynefinoedd morol unigryw, yn ogystal â rhywogaethau sydd o dan fygythiad fel y crwban gwyrdd a'r morfuwch. Gall diwydiannau sy'n dibynnu ar y riff, fel pysgota a thwristiaeth, barhau i weithredu yno. Mae hyn yn darparu manteision cymdeithasol ac economaidd i gymunedau lleol ac i'r economi cenedlaethol. Ymhlith y manteision ehangach mae cyfleoedd i ymchwilio i ecosystemau riffiau cwrel yng nghyd-destun hamdden, diwylliant, addysg a gwyddoniaeth. Yn ôl y gwaith ymchwil o'r adroddiad diweddaraf, mae niferoedd y pysgod a'u maint cyfartalog yn cynyddu. Mae nifer y brithyll cwrel bellach 50 y cant yn fwy. Mae pysgod mwy yn cynhyrchu mwy o wyau, ac mae cynnydd yn nifer y pysgod mewn ardaloedd caeedig yn golygu y gall rhai ohonyn nhw symud i gylchfaoedd eraill.

▲ **Ffigur 14** Y forfuwch – mamolyn morol mawr.

▲ **Ffigur 15** Mae'r crwban gwyrdd o dan fygythiad am sawl rheswm – colli cynefinoedd, masnachu mewn bywyd gwyllt, pysgota i gael ei gig a boddi damweiniol mewn rhwydi pysgota.

Cylchfa rheoli cadwraeth

Ardal o Barc Cenedlaethol neu ardal gadwraeth sydd wedi'i throi'n gylchfa benodol i helpu i ddiogelu'r amgylchedd rhag niwed gan weithgareddau dynol. Mae cynllun cylchfaoedd yn nodi pa weithgareddau sydd wedi'u caniatáu ym mhob ardal. Y nod yw gwahanu'r gwahanol ffyrdd mae'r ecosystem yn cael ei defnyddio a allai wrthdaro â'i gilydd.

Gwaith ymholi

Ydych chi'n credu y byddai system cylchfaoedd o'r fath yn gweithio mewn Parc Cenedlaethol yng Nghymru neu Loegr, er enghraifft Eryri neu'r Broads yn Norfolk?

Ystyriwch y manteision a'r problemau yn sgil defnyddio system o'r fath. Cefnogwch eich ateb drwy gyfeirio at Barc Cenedlaethol penodol yn y DU.

Gweithgareddau

1 Pam ydych chi'n meddwl bod Parc Morol y Barriff Mawr wedi derbyn Statws Treftadaeth y Byd?

2 Esboniwch pam mae angen rheoli'r parc.

3 a) Disgrifiwch sut mae'r system o rannu'r Parc Morol yn gylchfaoedd yn gweithio.

 b) Esboniwch pam mae'r system yn enghraifft o reoli cynaliadwy.

4 Disgrifiwch fanteision ac anfanteision y system gylchfaoedd ar gyfer pob un o'r grwpiau canlynol:

 a) pysgotwyr

 b) gwyddonwyr ymchwil

 c) deifwyr a thwristiaid.

Pam dylen ni adfer ecosystemau?

Mae 53 miliwn hectar o wlyptir yn China. Mae ecosystemau gwlyptir weithiau'n cael eu disgrifio fel arennau'r Ddaear gan eu bod yn storio ac yn hidlo dŵr. Drwy wneud hyn, maen nhw'n amddiffyn pobl rhag llifogydd ac yn helpu i gynnal cyflenwad glân o ddŵr yfed. Fodd bynnag mae gwlyptiroedd yn China yn agored i niwed yn sgil ffermio a thwf trefol. Yn ôl arolwg yn 2014, mae 60 y cant o wlyptiroedd China mewn cyflwr gwael iawn neu mewn cyflwr eithaf gwael. Mae tudalennau 186–7 eisoes wedi trafod sut a pham mae ecosystemau gwlyptir a gweundir yn y DU yn cael eu hadfer erbyn hyn. Mae projectau tebyg yn cael eu trefnu mewn rhannau eraill o'r byd, gan gynnwys yn nhalaith Heilongjiang yn China. Yma, mae cymysgedd o brojectau adfer gwlyptiroedd, plannu coed ac ecodwristiaeth wedi helpu i wella bioamrywiaeth a chynyddu incymau pobl leol.

Mae 53 y cant o'r 8 miliwn o bobl sy'n byw yma yn ffermwyr.

Mae 10,090 hectar o goed wedi'u plannu.

Mae 6 gwarchodfa adar wedi'u creu.

Mae 39,769 hectar o goetir yn cael ei reoli.

Mae 3,441 hectar o dir ffermio wedi'i droi'n ôl yn wlyptir.

▲ **Ffigur 18** Ystadegau'n ymwneud â phroject adfer Gwastadedd Sanjiang.

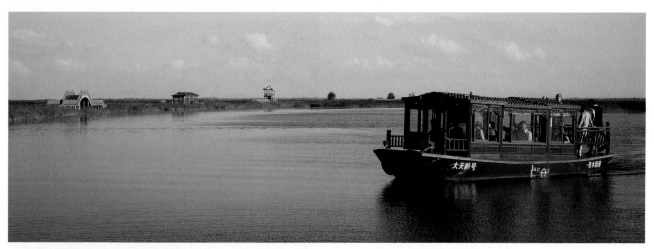

▲ **Ffigur 16** Twristiaid yn mynd ar daith mewn cwch ar hyd Afon Ussuri ar wlyptiroedd Sanjiang.

▲ **Ffigur 17** Lleoliad gwlyptiroedd Sanjiang

Ecosystem wlyptir enfawr o gorsydd naturiol, llifddolydd a choedwigoedd yw Gwastadedd Sanjiang yn nhalaith Heilongjiang. Mae llifogydd tymhorol yn y cynefinoedd hyn. Maen nhw'n cynnal bioamrywiaeth eang, yn enwedig hwyaid a gwyddau. Mae blynyddoedd o dorri ffosydd a sythu afonydd wedi dinistrio 4.32 miliwn hectar o wlyptiroedd – 80 y cant o faint gwreiddiol yr ecosystem hon.

Gweithgareddau

1 Defnyddiwch Ffigur 17 i ddisgrifio lleoliad Talaith Heilongjiang.
2 Disgrifiwch y nodweddion sy'n gwneud tirwedd Ffigur 16 yn unigryw.

Yn 2005, cafodd project 10 mlynedd ei lansio i adfer gwlyptiroedd Sanjiang, cynyddu bioamrywiaeth yr ardal a chynyddu incwm lleol drwy dwristiaeth. Roedd y project (a gostiodd dros $UDA30 miliwn) yn canolbwyntio ar adfer chwe gwarchodfa adar fawr yn y gwlyptiroedd. Cafodd ffosydd caeau eu cau er mwyn i'r lefel trwythiad godi, gan ail-greu pyllau a llifddolydd. Cafodd miloedd o hectarau o goed eu plannu o amgylch y gwarchodfeydd. Roedd hyn yn golygu bod llai o dir ar gael ar gyfer ffermio, felly mae'r project wedi cefnogi ffermwyr i arallgyfeirio i faes ecodwristiaeth. Erbyn hyn, mae rhai ffermwyr yn cadw gwenyn ac yn gwerthu'r mêl i dwristiaid. Mae eraill yn gweithio fel tywyswyr teithiau i dwristiaid sydd ar wyliau gwylio adar. Cafodd tai gwydr eu hadeiladu er mwyn i ffermwyr allu ennill mwy o arian ar ddarnau llawer llai o dir, gan ryddhau tir at ddibenion cadwraeth. Erbyn hyn, mae ffermwyr sy'n cyfrannu at gadwraeth yn gallu ennill hyd at 40 gwaith yn fwy nag o'r blaen.

Mae'r project wedi cynnal ymgyrchoedd i godi ymwybyddiaeth y cyhoedd o werth cadwraeth. Mae cadwraeth gwlyptir ar y cwricwlwm mewn ysgolion lleol erbyn hyn. Mae'r gwarchodfeydd yn cael eu monitro gan batrolau a chamerâu *CCTV* i geisio atal ffermio, pysgota a hela anghyfreithlon.

Effeithiau project gwlyptiroedd Sanjiang

Roedd Li Yuanwen yn bryderus ac yn anhapus pan ddywedodd awdurdodau'r llywodraeth leol wrtho am roi'r gorau i ffermio darn o dir. Roedd y tir hwn yng ngwarchodfa Zhenbaodao yn nhalaith Heilongjiang yng ngogledd-ddwyrain Gweriniaeth Pobl China. (PRC: People's Republic of China).

Am ddeuddeg mlynedd, roedd wedi bod yn ennill rhwng $3,300 a $6,500 y flwyddyn yn tyfu ŷd, ffa soia a reis ar lain o dir yn mesur 20 hectar. Roedd wedi dechrau ffermio yma am fod y tir yn wag ond roedd yn rhan o un o'r 24 gwarchodfa natur ddynodedig ar orlifdir afonol enfawr Sanjiang.

Yn y diwedd, doedd ddim angen iddo bryderu. Mae Yuanwen nawr yn gweithio fel gwarchodwr cyflogedig ar ardal ecodwristiaeth newydd yng ngwarchodfa Zhenbaodao lle mae ymwelwyr yn dod i bysgota, rhwyfo, heicio, gwersylla a gwylio adar. Mae ei incwm yn llawer uwch erbyn hyn nag oedd yn ei flynyddoedd gorau o ffermio am ei fod hefyd yn cadw gwenyn yn eco-gyfeillgar ac yn gwerthu mêl a madarch i dwristiaid.

Roedd Zhiang Liang wedi bod yn tyfu ŷd ar 10 hectar o warchodfa natur am 6 blynedd pan ymgorfforwyd ei dir yn rhan o'r project adfer. Mae Liang nawr yn tyfu tomatos mewn tri thŷ gwydr sy'n cymryd dim ond 1,050m^2 o le, sef llai nag 1% o'i dir blaenorol, ond mae ei incwm wedi codi i $4,410 i $6,860 y flwyddyn.

Drwy fonitro adar yn swyddogol yn y chwe gwarchodfa natur, gwelwyd bod eu niferoedd wedi cynyddu o 510,559 yn 2008 i 683,612 yn 2011. Yn y warchodfa yn Qixinghe, mae'r gwyddonydd Cui Shoubin wedi bod yn monitro poblogaeth crehyrod bach copog, ac mae eu niferoedd wedi codi o 600 yn 2011 i fwy na 1,000 yn 2014.

Mae Shoubin wrth ei fodd bod mwy o dwristiaid a gwyddonwyr yn ymweld â'r gwarchodfeydd natur. 'Rydw i'n sicr iawn bod y gwaith a wnawn ar gynefinoedd adar mudo prin a'r pethau rydyn ni'n eu dysgu am reoli gwlyptiroedd yn bwysig, nid yn unig ar gyfer Gwastadedd Sanjiang a'r PRC ond hefyd i'r byd i gyd.'

▲ **Ffigur 19** Dyfyniad o destun o wefan yn China sy'n disgrifio project gwlyptiroedd Sanjiang.

Gweithgareddau

3 Esboniwch pam roedd angen:
  a) creu mathau newydd o swyddi er mwyn cynyddu incwm
  b) cynnwys cymunedau lleol mewn ymgyrchoedd a rhaglenni addysg.
4 Disgrifiwch brif fanteision Project Sanjiang ar gyfer:
  a) amgylcheddau lleol a bywyd gwyllt
  b) cymunedau lleol.
5 Awgrymwch sut gallai'r project hwn helpu:
  a) cymunedau sy'n byw i lawr yr afon (gallai tudalennau 186–7 eich helpu)
  b) yr amgylchedd byd-eang.

Cyswllt at y we

www.wwt.org.uk – gwefan yr Ymddiriedolaeth Adar Gwyllt a Gwlyptiroedd yn y DU.

Gwaith ymholi

Pwy ddylai warchod cynefinoedd yn y DU?

- Defnyddiwch y cyswllt â gwefan yr Ymddiriedolaeth Adar Gwyllt a Gwlyptiroedd a chliciwch ar y ganolfan wlyptir yn Llundain. Mae'r cynefin gwlyptir hwn wedi'i adfer.
- Sut mae'r ganolfan yn cael ei defnyddio at ddibenion cadwraeth a thwristiaeth?
- Pwy sy'n gyfrifol?

Thema 1

1 a) Astudiwch y rhanfap Arolwg Ordnans yn Ffigur 1.1. Mae'n dangos rhan o'r Arfordir Jiwrasig ar arfordir de Lloegr.

▼ **Ffigur 1.1** Rhanfap Arolwg Ordnans ar raddfa 1 : 50,000.
© Hawlfraint y Goron a hawliau cronfa data 2020. Hodder Education dan drwydded OS.

i) Rhowch y cyfeirnod grid pedwar ffigur ar gyfer Cildraeth Lulworth (*Lulworth Cove*). Dewiswch yr ateb cywir isod. [1]

    A 7982   **B** 8280   **C** 8279

ii) Pa un o'r canlynol yw'r disgrifiad mwyaf cywir o'r dirwedd y tu mewn i'r blwch coch? [1]

    A Darn o dir gweddol wastad.

    B Dyffryn afon â llethrau serth.

    C Bryn hir â llethrau serth.

iii) Disgrifiwch leoliad Durdle Door gan ddefnyddio'r pellter a'r cyfeiriad o'r Ganolfan Treftadaeth (*Heritage Centre*) yn West Lulworth. [2]

b) Mae Durdle Door a Childraeth Lulworth (*Lulworth Cove*) yn dirffurfiau arfordirol sydd wedi'u ffurfio o ganlyniad i erydiad. Bwa arfordirol yw Durdle Door.

    i) Disgrifiwch broses sgrafellu ar yr arfordir. [2]

    ii) Disgrifiwch sut mae erydiad yn creu bwa arfordirol. [4]

    iii) Rhowch **ddau** reswm pam mae cyfradd erydiad arfordirol yn dibynnu ar ddaeareg. [4]

    iv) Esboniwch pam mae'r ffordd mae bodau dynol yn rheoli'r arfordir yn gallu arwain at gyfraddau erydu uwch. [6]

c) Astudiwch Ffigur 1.2. Mae'r hydrograff hwn yn dangos arllwysiad Afon Eden yn Cumbria (Rhagfyr 2015). Yn ystod Rhagfyr 2015 roedd llifogydd difrifol yn Cumbria.

▼ **Ffigur 1.2** Hydrograff ar gyfer Afon Eden (1–14 Rhagfyr 2015), Cumbria.

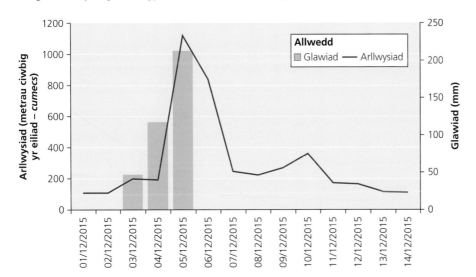

i) Nodwch yr arllwysiad brig. [1]

ii) Nodwch y glawiad ar 05/12/2015. [1]

iii) Disgrifiwch y berthynas rhwng glawiad ac arllwysiad rhwng 01/12/2015 a 08/12/2015. [4]

d) Astudiwch Ffigurau 1.3 a 1.4. Maen nhw'n dangos dwy enghraifft o strategaethau peirianneg sy'n cael eu defnyddio i leihau llifogydd o'r afon yn Cumbria. Cafodd y sianel sydd ar y chwith, yn Ffigur 1.3, ei gwneud gan beirianwyr dros 100 mlynedd yn ôl. Mae'r sianel newydd sydd ar ochr dde Ffigur 1.3 wedi cael ei gwneud yn ddiweddar.

▼ **Ffigur 1.3** Afon Swindale, Cumbria.

▼ **Ffigur 1.4** Afon Eden, Carlisle, Cumbria.

I ba raddau mae'r strategaethau yn Ffigurau 1.3 ac 1.4 yn debygol o newid arllwysiad yr afon? Defnyddiwch dystiolaeth o'r ddau ffotograff a chyfeiriwch hefyd at yr hydrograff, Ffigur 1.2, i gefnogi eich ateb. [8]

Thema 2

2 a) Astudiwch Ffigur 2.1. Mae'n dangos newid poblogaeth mewn dwy ddinas global. Mae Lagos yn ddinas global yn Nigeria, Affrica.

▼ **Ffigur 2.1** Newid poblogaeth yn Lagos, Nigeria a Llundain, y DU.

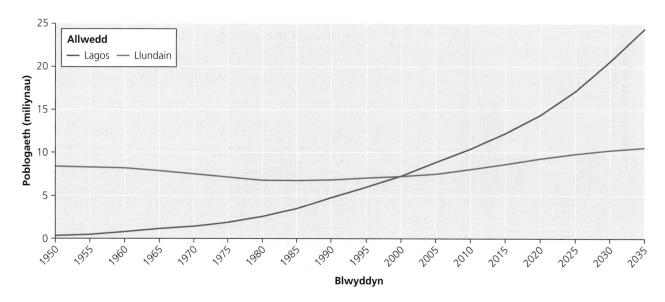

i) Pa **dri** o'r gosodiadau canlynol sy'n wir? [3]

    A Fe wnaeth poblogaeth Llundain leihau tua 1.4 miliwn rhwng 1960 a 1985.

    B Fe wnaeth poblogaeth Llundain gynyddu o 3.5 miliwn yn 1985 i 8.5 miliwn yn 2015.

    C Mae poblogaeth Lagos wedi cynyddu'n gyflymach na phoblogaeth Llundain.

    CH Roedd poblogaeth Lagos yn 12.2 miliwn yn 2015.

    D Mae disgwyl i Lagos fod dair gwaith yn fwy na Llundain yn 2035.

ii) Faint mae disgwyl i boblogaeth Lagos dyfu rhwng 2015 a 2035? Dangoswch eich gwaith cyfrifo. [2]

b) Mae Lagos yn tyfu yn rhannol oherwydd mudo o rannau eraill o Nigeria ac yn rhannol oherwydd cynnydd poblogaeth naturiol.

i) Disgrifiwch **un** ffactor gwthio ar gyfer mudo sy'n gyffredin mewn gwledydd incwm isel (*LICs*) neu wledydd newydd eu diwydianeiddio (*NICs*). [2]

ii) Esboniwch pam mae poblogaeth dinasoedd global mewn gwledydd incwm isel (*LICs*) / gwledydd newydd eu diwydianeiddio (*NICs*) yn tyfu. [6]

c) Mae gan Lagos nifer mawr o aneddiadau anffurfiol (neu anedddiadau sgwatwyr). Enw un o'r aneddiadau anffurfiol hyn yw Makoko. Mae Ffigur 2.2 yn dangos lleoliad Makoko.

▼ **Ffigur 2.2** Dinas Lagos, Nigeria.

i) Disgrifiwch leoliad Makoko. [2]

ii) Disgrifiwch ddosbarthiad yr aneddiadau sgwatwyr yn Lagos. [3]

iii) Rhowch **ddau** reswm pam mae cymaint o bobl mewn dinasoedd fel Lagos yn gweithio yn yr economi anffurfiol. [4]

ch) Astudiwch Ffigurau 2.3 a 2.4. Mae Ffigur 2.3 yn dangos Makoko. Mae Ffigur 2.4 yn rhoi gwybodaeth am fenywod mewn dinasoedd sy'n datblygu fel Lagos.

▼ **Ffigur 2.4** Gwybodaeth ar y menywod sy'n byw mewn dinasoedd sy'n datblygu fel Lagos.

▼ **Ffigur 2.3** Anheddiad sgwatwyr Makoko, Lagos.

Dadansoddwch yr heriau sy'n wynebu pobl sy'n byw yn aneddiadau sgwatwyr Lagos. Defnyddiwch dystiolaeth o Ffigurau 2.2, 2.3 a 2.4 i gefnogi eich ateb. [8]

Mae dros **50%** o fenywod ardaloedd trefol gwledydd sy'n datblygu yn byw heb o leiaf un o'r canlynol

dŵr glân ar gael

cyfleusterau iechydaeth gwell

tai gwydn

digon o le i fyw

*Yn seiliedig ar ddata o 60 o wledydd

11 DINASOEDD A CHYMUNEDAU CYNALIADWY

UN WOMEN

Thema 3

3 a) Astudiwch Ffigur 3.1.

▼ **Ffigur 3.1** Lleoliad nodweddion tectonig yng Ngwlad yr Iâ.

i) Pa **ddau** osodiad sy'n gywir? [2]

    A Mae Krafla wedi'i lleoli 200 km oddi wrth Reykjavik.

    B Mae Krafla wedi'i lleoli 300 km oddi wrth Reykjavik.

    C Mae Krafla wedi'i lleoli i'r de-orllewin o Reykjavik.

    CH Mae Krafla wedi'i lleoli i'r gogledd-ddwyrain o Reykjavik.

ii) Beth yw'r diffiniad o gylchfa dargyfeirio?

    A Ymyl plât lle mae platiau'n llithro heibio i'w gilydd.

    B Ymyl plât lle mae platiau'n symud oddi wrth ei gilydd.

    C Ymyl plât lle mae un plat yn cael ei ddinistrio o dan un arall.

iii) Defnyddiwch Ffigur 3.1 i ddisgrifio lleoliad y gylchfa dargyfeirio yng Ngwlad yr Iâ. [2]

iv) Defnyddiwch Ffigur 3.1 i ddisgrifio dosbarthiad llosgfynyddoedd byw yng Ngwlad yr Iâ. [3]

v) Mae Thingvellir wedi'i lleoli mewn dyffryn hollt.
Disgrifiwch sut mae dyffryn hollt yn cael ei ffurfio. [4]

b) Mae Gwlad yr Iâ wedi'i lleoli dros ffrwd fawr o greigiau poeth yn y fantell. Mae hyn yn achosi echdoriadau folcanig yn aml. Beth yw enw cywir y math hwn o nodwedd? [1]

    A cylchfa tansugno   **B** man poeth folcanig   **C** siambr magma

c) Disgrifiwch **un** nodwedd sydd ar raddfa lai mewn tirwedd folcanig rydych chi wedi'i hastudio. [4]

ch) Astudiwch Ffigur 3.2. Mae'n dangos grwpiau o bobl sy'n agored i niwed gan effeithiau peryglon tectonig fel echdoriadau folcanig a daeargrynfeydd.

▼ **Ffigur 3.2** Grwpiau o bobl sy'n agored i niwed gan beryglon tectonig.

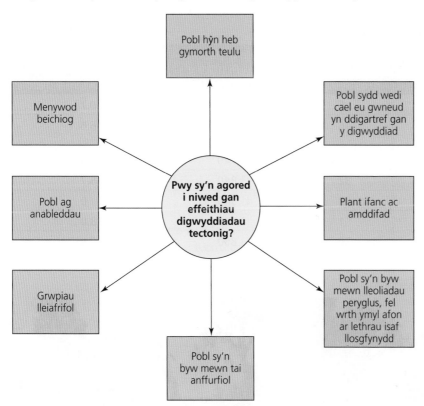

Esboniwch pam mae rhai grwpiau o bobl yn fwy agored i niwed gan effeithiau peryglon tectonig. [6]

d) Astudiwch Ffigur 3.3. Mae'n dangos gwybodaeth am lawer o wledydd lle mae echdoriadau folcanig yn gyffredin. Mae Ffigur 3.4 yn dangos effaith echdoriad folcanig yn Indonesia. Mae'n dangos effaith lahar (llif mwd folcanig). Cafodd y lahar ei achosi gan law trwm ar ôl echdoriad Mynydd Merapi.

▼ **Ffigur 3.3** Data o ddetholiad o wledydd sydd â llosgfynyddoedd byw.

Gwlad	Nifer y llosgfynyddoedd byw	Dinasoedd â phoblogaeth o dros 300,000	Incwm gwladol crynswth (IGC) y pen ($UDA)	Canran y bobl sy'n byw ar lai na $UDA1.90 y dydd
Chile	108	6	14,670	0.7
Gweriniaeth Ddemocrataidd Congo	6	16	490	76.6
Gwlad yr Iâ	35	0	60,740	0
Indonesia	147	32	3,840	5.7
Japan	118	32	41,340	0
Papua Guinea Newydd	67	1	2,530	38.0
Pilipinas	53	30	3,850	7.8

▼ **Ffigur 3.4** Effaith lahar.

Dadansoddwch y ffactorau sy'n gwneud pobl yn agored i niwed gan effeithiau echdoriadau folcanig. Defnyddiwch dystiolaeth o Ffigurau 3.3 a 3.4 i gefnogi eich ateb. [8]

Thema 4

4 a) Astudiwch Ffigur 4.1. Roedd llifogydd arfordirol difrifol ar arfordir dwyreiniol Lloegr ar y dyddiad hwn.

▼ **Ffigur 4.1** Gwasgedd yr aer dros y Deyrnas Unedig ar 5 Rhagfyr 2013.

i) Disgrifiwch leoliad y gwasgedd isel (wedi'i farcio â'r llythyren L). [2]

ii) Rhowch y gwasgedd aer ym mhwynt X. [1]

iii) Esboniwch pam mae gwasgedd isel yn gallu arwain at lifogydd arfordirol. [4]

b) Astudiwch Ffigur 4.2. Mae'n dangos grwpiau o bobl sy'n agored i niwed gan lifogydd arfordirol.

▼ **Ffigur 4.2** Grwpiau o bobl sy'n agored i niwed gan lifogydd arfordirol.

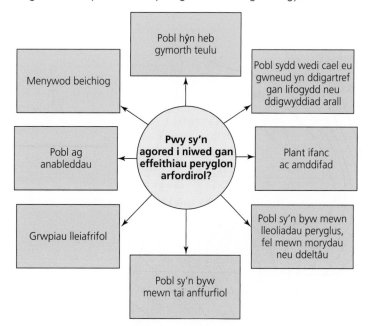

Esboniwch pam mae rhai grwpiau o bobl yn fwy agored i niwed gan effeithiau llifogydd arfordirol. [6]

c) Astudiwch Ffigur 4.3. Mae'n dangos strwythur poblogaeth Mablethorpe, tref fach ar arfordir dwyreiniol Lloegr.

▼ **Ffigur 4.3** Strwythur poblogaeth Mablethorpe ar arfordir dwyreiniol Swydd Lincoln.

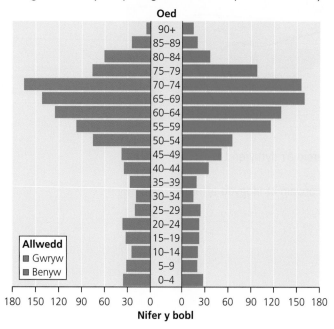

i) Nodwch nifer y gwrywod 60–64 oed. [1]

ii) Cyfrifwch gyfanswm nifer y bobl 70–74 oed. [2]

ch) Disgrifiwch sut gallwn ni gynllunio ar gyfer argyfyngau er mwyn lleihau'r risg o lifogydd arfordirol. [4]

d) Astudiwch Ffigur 4.4 a Ffigur 4.5.

▼ **Ffigur 4.4** Cyrch ym Môr y Gogledd.

Allwedd

G. Gwynt o'r gogledd

Ongl gyswllt

Hyd y cyrch (milltiroedd)

750

500

250

G.

G. Ddn.

Dn.

D. Ddn.

Mablethorpe

250

500

D. On.   **D.**

Cyrch yn estyn dros 3000 metr

▼ **Ffigur 4.5** Parc carafanau yn Mablethorpe.

Dadansoddwch y ffactorau sy'n gwneud Mablethorpe yn agored i niwed gan lifogydd. Defnyddiwch dystiolaeth o Ffigurau 4.3, 4.4 a 4.5 i gefnogi eich ateb. [8]

Thema 5

5 a) Astudiwch Ffigur 5.1.

▼ **Ffigur 5.1** Allyriadau carbon deuocsid (tunelli metrig i bob unigolyn) mewn tair gwlad.

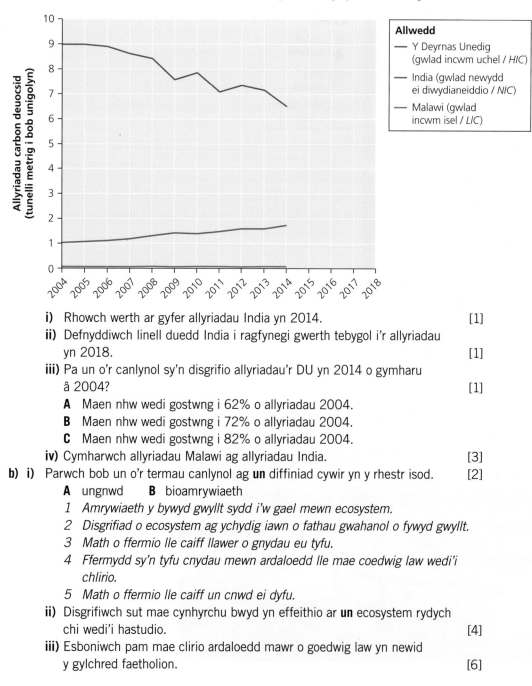

Allwedd
— Y Deyrnas Unedig (gwlad incwm uchel / *HIC*)
— India (gwlad newydd ei diwydianeiddio / *NIC*)
— Malawi (gwlad incwm isel / *LIC*)

i) Rhowch werth ar gyfer allyriadau India yn 2014. [1]

ii) Defnyddiwch linell duedd India i ragfynegi gwerth tebygol i'r allyriadau yn 2018. [1]

iii) Pa un o'r canlynol sy'n disgrifio allyriadau'r DU yn 2014 o gymharu â 2004? [1]

    A Maen nhw wedi gostwng i 62% o allyriadau 2004.

    B Maen nhw wedi gostwng i 72% o allyriadau 2004.

    C Maen nhw wedi gostwng i 82% o allyriadau 2004.

iv) Cymharwch allyriadau Malawi ag allyriadau India. [3]

b) i) Parwch bob un o'r termau canlynol ag **un** diffiniad cywir yn y rhestr isod. [2]

    A ungnwd   **B** bioamrywiaeth

    1 Amrywiaeth y bywyd gwyllt sydd i'w gael mewn ecosystem.

    2 Disgrifiad o ecosystem ag ychydig iawn o fathau gwahanol o fywyd gwyllt.

    3 Math o ffermio lle caiff llawer o gnydau eu tyfu.

    4 Ffermydd sy'n tyfu cnydau mewn ardaloedd lle mae coedwig law wedi'i chlirio.

    5 Math o ffermio lle caiff un cnwd ei dyfu.

ii) Disgrifiwch sut mae cynhyrchu bwyd yn effeithio ar **un** ecosystem rydych chi wedi'i hastudio. [4]

iii) Esboniwch pam mae clirio ardaloedd mawr o goedwig law yn newid y gylchred faetholion. [6]

c) Ym Mrasil, caiff tanau eu defnyddio i glirio darnau o goedwig cyn defnyddio'r tir i ffermio.

▼ **Ffigur 5.2** Cyfanswm nifer y tanau coedwig ym Mrasil bob blwyddyn rhwng 1 Ionawr a 29 Awst.

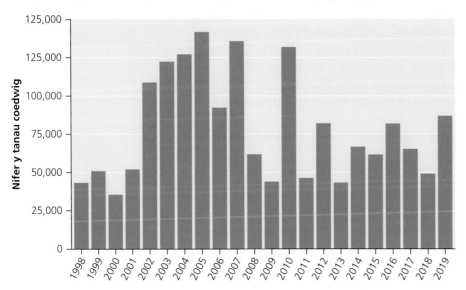

i) Disgrifiwch y newid cyffredinol yn nifer y tanau coedwig ym Mrasil rhwng 2008 a 2019. Defnyddiwch dystiolaeth o Ffigur 5.2 yn unig. [4]

▼ **Ffigur 5.3** Darn o goedwig law wedi ei amgylchynu gyda phlanhigfeydd ffa soia.

ii) Gwerthuswch effeithiau amgylcheddol a chymdeithasol troi coedwigoedd Brasil yn dir amaethyddol ar gyfer cnydau fel ffa soia. Defnyddiwch dystiolaeth o Ffigurau 5.2 a 5.3 i gefnogi eich ateb. [8]

Thema 6

6 a) i) Parwch bob un o'r termau canlynol ag **un** diffiniad cywir yn y rhestr isod. [2]

    A twristiaeth clofan   **B** sector anffurfiol

    1 Twristiaeth sy'n ystyried anghenion pobl leol.

    2 Y rhan o'r economi sydd ddim yn cael ei rheoleiddio gan y wladwriaeth.

    3 Datblygiad twristiaeth lle caiff twristiaid eu cadw ar wahân i bobl leol.

    4 Busnes sy'n berchen ar westai mewn llawer o wledydd gwahanol.

    5 Y rhan o'r economi sydd ddim ond yn cyflogi pobl ym maes twristiaeth.

ii) Disgrifiwch effeithiau cadarnhaol twristiaeth mewn un wlad rydych chi wedi ei hastudio. [4]

iii) Rhowch **ddau** reswm pam nad ydy twristiaeth clofan o reidrwydd yn helpu datblygiad economaidd gwlad incwm isel (*LIC*). [4]

b) Astudiwch Ffigur 6.1.

▼ **Ffigur 6.1** Nifer y twristiaid sy'n cyrraedd St Lucia bob blwyddyn (miloedd).

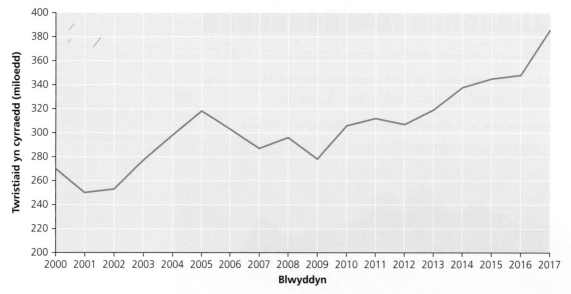

i) Disgrifiwch sut mae nifer y twristiaid sy'n cyrraedd St Lucia wedi newid rhwng 2000 a 2009. [2]

ii) Disgrifiwch sut mae nifer y twristiaid sy'n cyrraedd St Lucia wedi newid rhwng 2009 a 2017. [2]

iii) Cyfrifwch y cynnydd canrannol yn nifer y twristiaid sy'n cyrraedd rhwng 2000 a 2017. Dangoswch eich gwaith cyfrifo. [4]

c) Esboniwch pam mae gwledydd yn defnyddio polisïau masnach diffynnaeth. [6]

ch) Astudiwch Ffigur 6.2. Mae'n dangos gwybodaeth am ddefnyddio cyflenwad dŵr daear India.

▼ **Ffigur 6.2** Cyflenwad dŵr daear India.

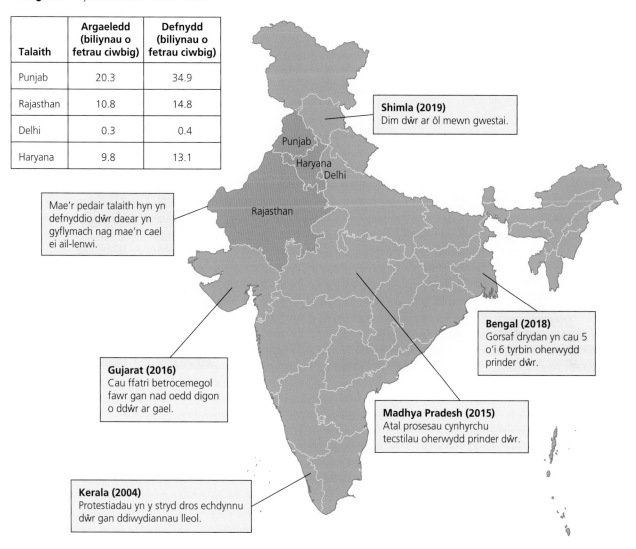

Talaith	Argaeledd (biliynau o fetrau ciwbig)	Defnydd (biliynau o fetrau ciwbig)
Punjab	20.3	34.9
Rajasthan	10.8	14.8
Delhi	0.3	0.4
Haryana	9.8	13.1

Shimla (2019)
Dim dŵr ar ôl mewn gwestai.

Mae'r pedair talaith hyn yn defnyddio dŵr daear yn gyflymach nag mae'n cael ei ail-lenwi.

Punjab
Haryana
Delhi
Rajasthan

Bengal (2018)
Gorsaf drydan yn cau 5 o'i 6 tyrbin oherwydd prinder dŵr.

Gujarat (2016)
Cau ffatri betrocemegol fawr gan nad oedd digon o ddŵr ar gael.

Madhya Pradesh (2015)
Atal prosesau cynhyrchu tecstilau oherwydd prinder dŵr.

Kerala (2004)
Protestiadau yn y stryd dros echdynnu dŵr gan ddiwydiannau lleol.

Dadansoddwch oblygiadau cymdeithasol, amgylcheddol ac economaidd echdynnu gormod o ddŵr daear yn India. Defnyddiwch dystiolaeth o Ffigurau 6.2 a 6.3 i gefnogi eich ateb. [8]

▼ **Ffigur 6.3** Afon Vaigai wedi sychu yn Tamil Nadu, India.

Thema 7

7 a) Astudiwch Ffigur 7.1. Mae'n dangos strwythur poblogaeth Gambia, gwlad incwm isel (*LIC*) yn Affrica Is-Sahara, a Sri Lanka, gwlad incwm canolig (*MIC*) yn Ne Asia.

▼ **Ffigur 7.1** Pyramidiau poblogaeth Gambia (yn Affrica Is-Sahara) a Sri Lanka (yn Ne Asia yn 2017).

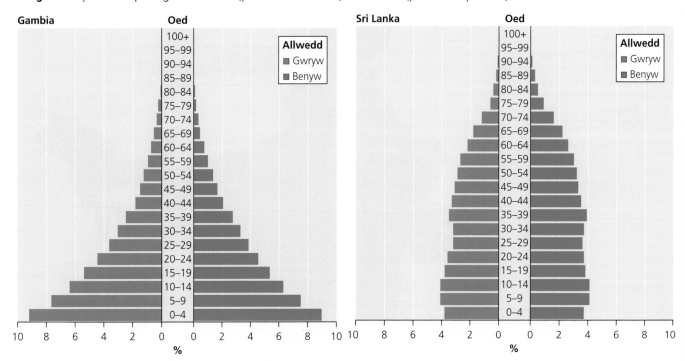

i) Pa **dri** o'r gosodiadau canlynol sy'n gywir? [3]

   A Mae gan Gambia gyfran fwy o bobl hŷn na Sri Lanka.

   B Mae gan Gambia gyfran fwy o blant na Sri Lanka.

   C Mae 16.5% o bobl Gambia yn fenywod o dan 9 oed.

  CH Mae 8.4% o bobl Sri Lanka yn 35–39 oed.

   D Mae gan Sri Lanka fwy o fenywod na gwrywod 60–69 oed.

  DD Mae pobl yn fwy tebygol o fyw'n hŷn yn Gambia nag yn Sri Lanka.

ii) Rhowch **ddau** reswm pam mae gan wledydd incwm isel (*LICs*) fel Gambia gyfraddau geni uwch na gwledydd ag incymau uwch, fel Sri Lanka. [4]

b) Esboniwch pam mae gan lawer o wledydd yn Affrica Is-Sahara gyfraddau marwolaethau babanod uchel. [6]

c) i) Rhowch **ddau** reswm dros lafur plant. [4]

  ii) Disgrifiwch sut rydyn ni'n mynd i'r afael â mater llafur plant. [4]

ch) Astudiwch Ffigur 7.2. Mae'n dangos nifer y plant heb addysg ysgol gynradd yn Pakistan, gwlad yn Ne Asia.

▼ **Ffigur 7.2** Plant sydd ddim yn mynd i ysgol gynradd, Pakistan (miliynau).

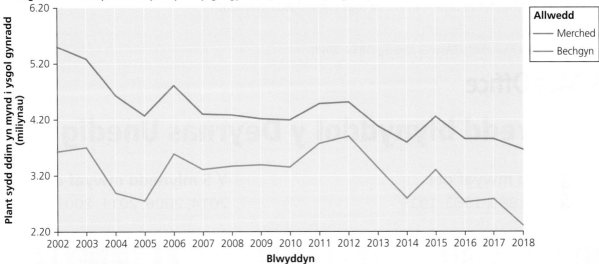

Gan ddefnyddio Ffigur 7.2:

i) Rhowch nifer y merched sydd ddim yn mynd i ysgol gynradd yn 2017.   [1]

ii) Rhowch nifer y bechgyn sydd ddim yn mynd i ysgol gynradd yn 2017.   [1]

iii) Disgrifiwch sut mae nifer y merched sydd ddim yn mynd i ysgol gynradd yn newid rhwng 2002 a 2012.   [4]

iv) Yn 2002, roedd 5.5 miliwn o ferched sydd ddim yn mynd i ysgol gynradd. Erbyn 2018, roedd y nifer hwn yn 3.66 miliwn. Cyfrifwch ffigur 2018 fel canran o ffigur 2002. Dangoswch eich gwaith cyfrifo.   [2]

d) Astudiwch Ffigur 7.3.

▼ **Ffigur 7.3** Gweithiwr ifanc mewn ffatri tecstilau, India.

Gwerthuswch effeithiau llafur plant ar bobl ac economi gwledydd yn Ne Asia. Defnyddiwch dystiolaeth o Ffigurau 7.2 a 7.3 i gefnogi eich ateb.   [8]

Thema 8

8 a) Astudiwch Ffigur 8.1. Mae'n cynrychioli tymereddau blynyddol yn y Deyrnas Unedig: mae blynyddoedd oerach yn las, ac mae blynyddoedd cynhesach yn goch.

▼ **Ffigur 8.1** Tymheredd blynyddol y Deyrnas Unedig (1884–2019).

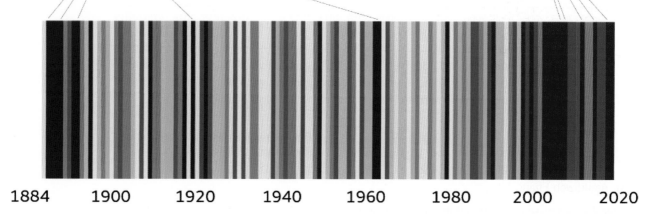

≋ Met Office

tymheredd blynyddol y Deyrnas Unedig

Y 5 mlynedd mwyaf oer
1892, 1888, 1885, 1963, 1919

Y 5 mlynedd mwyaf cynnes
2014, 2006, 2011, 2007, 2017

1884   1900   1920   1940   1960   1980   2000   2020

i) Cyfrifwch ddyddiad canolrif y pum mlynedd cynhesaf.
Dangoswch eich gwaith cyfrifo. [2]

ii) Cyfrifwch amrediad y pum mlynedd oeraf. [1]

iii) Nodwch **un** cryfder ac **un** cyfyngiad i'r dull hwn o ddangos y data hyn. [4]

b) i) Parwch bob un o'r termau canlynol ag **un** diffiniad cywir yn y rhestr isod. [2]

    A ôl-troed ecolegol   **B** prynwriaeth

    1 Faint o fwyd sydd ei angen i gadw pobl yn iach.
    2 Y rhan o'r economi sy'n gysylltiedig â gwerthu a phrynu cynhyrchion.
    3 Faint o dir sydd ei angen ar gyfartaledd ar bobl i gynnal eu ffordd o fyw.
    4 Faint o ddŵr sydd ei angen i dyfu'r bwyd sydd ei angen arnom.
    5 Y rhan o'r economi sy'n gysylltiedig â gwneud nwyddau electronig.

ii) Disgrifiwch sut mae amaeth-fusnes wedi effeithio ar yr amgylchedd mewn un enghraifft rydych chi wedi ei hastudio. [4]

iii) Esboniwch pam mae prynwriaeth mewn gwledydd incwm uchel (*HICs*) wedi arwain at ddinistrio coedwigoedd glaw trofannol. [6]

c) Mae ailgylchu e-wastraff (gwastraff o gynhyrchion electronig) yn broblem gynyddol. Astudiwch Ffigurau 8.2 ac 8.3.

▼ **Ffigur 8.2** Bechgyn yn eu harddegau yn Accra, Ghana, yn llosgi ceblau o gyfarpar electronig er mwyn gallu ailgylchu'r copr.

▼ **Ffigur 8.3** Rhanbarthau sy'n anfon ac yn derbyn e-wastraff.

Norwy	28.3
Y Swistir	26.3
Gwlad yr Iâ	25.9
Denmarc	23.9
Y Deyrnas Unedig	23.4

Niger	0.4
Ethiopia	0.5
Afghanistan	0.6
Uganda	0.6
Nepal	0.8

Y gwledydd sy'n cynhyrchu'r mwyaf a'r lleiaf o e-wastraff (kg y pen)

'Dylid ailgylchu e-wastraff yn y gwledydd lle mae'n cael ei gynhyrchu.' I ba raddau rydych chi'n cytuno â'r gosodiad hwn? Defnyddiwch dystiolaeth o Ffigurau 8.2 a 8.3 i gefnogi eich ateb. [8]

GEIRFA

Adlamu ôl-rewlifol – Newid yn lefel cramen y Ddaear. Roedd y gramen wedi'i gwthio i lawr gan fàs yr iâ oedd yn gorwedd arni yn ystod cyfnodau rhewlifol yr oes iâ. Ers diwedd y cyfnod rhewlifol diwethaf mae'r gramen wedi bod yn codi'n araf yn ôl i'w lefel wreiddiol.

Aergorff – Parsel mawr o aer yn yr atmosffer. Mae tymheredd a chynnwys lleithder pob rhan o'r aergorff yn debyg ar lefel y ddaear.

Aerosol – Gronynnau bach o lwch, lludw folcanig a nwy yn yr atmosffer sy'n gallu adlewyrchu egni'r Haul yn ôl i'r gofod.

Agored i niwed – Yn agored i risg fel trychineb naturiol. Mae rhai grwpiau o bobl yn y gymdeithas yn fwy agored i risg nag eraill. Mae'n bosibl goresgyn bod yn agored i niwed drwy ddatblygu **capasiti**.

Agwedd – Y cyfeiriad mae llethr neu arwedd arall yn wynebu tuag ato.

Anghyfunol – Craig sy'n gywasgedig yn llac yn unig, a ddim wedi gludio wrth ei gilydd yn dda iawn. Mae dyddodion a gafodd eu gadael wedi i'r iâ doddi ar ddiwedd yr oes iâ ddiwethaf yn anghyfunol ar y cyfan.

Aildrefoli – Y duedd ddiweddar lle mae poblogaeth canol dinasoedd yn tyfu.

Ailgoedwigo – Plannu coed dros arwynebeddau mawr.

Ail-lenwi – Dŵr sy'n mynd i mewn i ddyfrhaen ac yn adlenwi storfa dŵr daear.

Allanoli – Lle mae busnes yn cael cynnyrch neu wasanaeth gan gyflenwr sydd y tu allan i'r cwmni.

Allforion – Nwyddau sy'n cael eu gwerthu i wledydd eraill.

Amaeth-fusnesau – Ffermio sy'n cael ei drefnu gan fusnesau mawr – yn aml gan gwmnïau amlwladol.

Amaeth-goedwigaeth – Math o ffermio lle mae cymysgedd o gnydau, llwyni, coed ffrwythau a choed cnau yn cael eu tyfu.

Amddifadedd – Diffyg nodweddion, fel cyflogaeth neu wasanaethau sylfaenol, sydd fel arfer yn cael eu hystyried yn angenrheidiol ar gyfer safon byw resymol.

Amrywiaethu – Pan fydd amrywiaeth ehangach o lawer o gyfleoedd busnes a swyddi newydd yn cael eu creu mewn rhanbarth.

Anathraidd – Priddoedd neu greigiau sydd ddim yn gadael i ddŵr fynd drwyddyn nhw, fel clai.

Aneddiadau anffurfiol – Cartrefi lle does gan y bobl sy'n byw yno ddim hawl cyfreithiol i'r tir, h.y. does ganddyn nhw ddim daliadaeth tai cyfreithiol. Enwau cyffredin am aneddiadau anffurfiol yw trefi sianti neu gartrefi sgwatwyr. Slymiau yw'r enw arnyn nhw yn India.

Anomaleddau – Tystiolaeth sydd ddim yn cyd-fynd â'r duedd gyffredinol.

Ansefydlog – Gallwch chi ddisgrifio aer cynnes sy'n codi fel aer ansefydlog. Mae aer ansefydlog yn achosi i gymylau ddatblygu a ffurfio glaw.

Antiseiclon – System gwasgedd uchel yn yr atmosffer sy'n gysylltiedig â chyfnodau o dywydd sych, sefydlog.

Arallgyfeirio gwledig – Busnesau newydd yn cael eu datblygu yng nghefn gwlad. Yn aml, mae'r busnesau newydd hyn mewn hamdden neu dwristiaeth yn hytrach na ffermio.

Ardal Schengen – Yr ardal yn yr UE lle nad yw rheolaeth ffiniau bellach yn cael ei gweithredu, gan ganiatáu i bobl groesi o un wlad i'r llall heb ddangos pasbort.

Arllwysiad – Faint o ddŵr sy'n llifo drwy sianel afon neu allan o ddyfrhaen. Mae arllwysiad yn cael ei fesur mewn metrau ciwbig yr eiliad (ciwmec).

Arllwysiad brig – Y swm mwyaf o ddŵr mewn afon yn ystod llifogydd.

Aseismig – Disgrifiad o adeiladau sydd wedi'u cynllunio i wrthsefyll yr ysgwyd yn ystod daeargryn.

Asidio'r cefnforoedd – Proses lle mae lefel pH dŵr y môr yn lleihau, gan wneud y dŵr yn fwy asidig. Mae asidio yn digwydd wrth i CO_2 ychwanegol gael ei amsugno i'r môr.

Athraidd – Craig sy'n gadael i ddŵr fynd drwyddi, fel calchfaen.

Athreiddedd – Gallu craig i adael i ddŵr fynd drwyddi.

Athreuliad – Math o erydiad lle mae'r creigiau'n bwrw yn erbyn ei gilydd gan eu gwneud nhw'n llai ac yn fwy crwn.

Bae – Corff o ddŵr bas sy'n ffurfio pan mae creigiau mwy meddal wedi'u herydu gan y môr. Mae pentiroedd a baeau yn bodoli am fod creigiau yn erydu ar gyfraddau gwahanol.

Bar alltraeth – Arwedd ar wely'r môr sy'n cael ei ffurfio oherwydd dyddodiad tywod.

Bar pwynt – Traeth afon wedi'i ffurfio o dywod a graean sy'n cael eu dyddodi ar dro mewnol ystum afon.

Bioamrywiaeth – Yr amrywiaeth o bethau byw.

Biomau – Ecosystemau mawr iawn, e.e. coedwigoedd glaw trofannol neu ddiffeithdir.

Bloc masnach – Grŵp o wledydd sy'n cytuno i brynu a gwerthu nwyddau heb unrhyw gyfyngiadau neu dollau (trethi). Mae'r Undeb Ewropeaidd yn un enghraifft.

BRICs – Brasil, Rwsia, India, China (a México). Economïau sy'n fawr ac yn tyfu sy'n cyfrannu at batrymau byd-eang o fasnach a rhyngddibyniaeth.

Buddsoddiad uniongyrchol o dramor – Buddsoddiad o arian gan gwmni mewn datblygiad, fel ffatri newydd, sydd wedi'i leoli mewn gwlad arall.

Bwâu môr – Arweddion naturiol ar ffurf bwa. Maen nhw mewn clogwyni ar y morlin ac yn cael eu ffurfio oherwydd erydiad ogof mewn pentir.

Callor – Pant enfawr yn arwyneb y Ddaear wedi'i achosi gan losgfynydd yn dymchwel ar ôl echdoriad mawr iawn.

Canlyniad anfwriadol – Sgil effaith gweithgaredd dynol sy'n gallu, er enghraifft, effeithio ar brosesau arfordirol.

Cannu cwrel – Proses sy'n arwain at orfodi zooxanthellae allan o feinwe cwrelau, gan droi'r cwrelau lliwgar yn wyn. Mae'r broses yn digwydd pan fydd tymheredd dŵr y môr yn codi.

Canol Busnes y Dref (CBD) – Yr ardal mewn tref neu ddinas lle mae'r mwyafrif o'r siopau a'r swyddfeydd wedi'u clystyru.

Canolbwynt – Y pwynt o dan y ddaear mae egni yn lledaenu ohono yn ystod daeargryn.

Canopi – Haen uchaf coedwig. Y canopi sy'n derbyn y gyfran fwyaf o olau'r haul ac felly mae'n cynnwys llawer o ddail, blodau a ffrwythau.

Capasiti – Gallu grŵp o bobl i wrthsefyll problem fel trychineb naturiol. Capasiti yw'r gwrthwyneb i **agored i niwed**.

Casglu dŵr glaw – Casglu a storio dŵr glaw, er enghraifft o do tŷ.

Cefnen canol cefnfor – Cadwyni hir o fynyddoedd sy'n rhedeg ar hyd canol sawl cefnfor, gan gynnwys canol Cefnfor Iwerydd. Mae'r cefnenau cefnfor yn cael eu ffurfio gan symudiad platiau.

Ceiswyr lloches – Pobl sy'n symud o un wlad i wlad arall gan eu bod mewn perygl neu'n cael eu herlid oherwydd eu crefydd neu eu safbwyntiau gwleidyddol.

Ceryntau cefnforol – Llifoedd rhagweladwy o ddŵr drwy'r moroedd a'r cefnforoedd. Mae rhai ceryntau yn llifoedd o ddŵr cymharol gynnes, fel Llif y Gwlff. Mae ceryntau eraill yn gymharol oer, fel y Labrador.

Ceunant – Dyffryn cul ag ochrau serth. Yn aml mae ceunentydd i'w cael islaw rhaeadr.

Chawl – Yr enw ar fath o adeilad gyda fflatiau neu ystafelloedd ynddo sydd i'w weld mewn llawer o ddinasoedd yn India.

Ciwmec – Talfyriad ar gyfer metrau ciwbig yr eiliad – sy'n ffordd o fesur **arllwysiad** afon.

Clirio slymiau'n gyfan gwbl – Dymchwel nifer mawr o hen dai anaddas ac ailddatblygu cartrefi newydd.

Clofan i dwristiaid – Cyrchfan i dwristiaid sydd wedi'i wahanu oddi wrth gymunedau lleol. Mae rhai datblygiadau i dwristiaid yn cael eu cynllunio fel bod twristiaid yn cael eu hannog i beidio â gadael y gwesty neu'r cyrchfan. Yn y modd hwn, mae'r twrist yn gwario mwy o arian gyda'r cwmni, ac ychydig iawn gyda busnesau lleol.

Cludiant – Symudiad deunydd drwy'r dirwedd.

Cludiant torfol – Math o system drafnidiaeth gyhoeddus sy'n gallu symud nifer mawr o bobl drwy ddinas, er enghraifft system rheilffyrdd tanddaearol.

Coedwig law drofannol – Ecosystemau coedwig mawr (biomau) sy'n bodoli yn yr hinsawdd boeth a gwlyb sydd i'w chael bob ochr i'r Cyhydedd.

Coedwigo – Plannu coedwigoedd.

Coedwigoedd mangrof – Math o goedwig drofannol sy'n tyfu mewn rhanbarthau arfordirol.

Côn lludw – Bryn folcanig ar siâp côn. Mae côn lludw yn cael ei ffurfio gan echdoriad o lafa crasboeth sy'n cael ei daflu o'r agorfa. Mae'r talpiau o lafa yn llawn swigod nwy. Maen nhw'n caledu i ffurfio darnau maint cerigos o graig sydd â gwead crwybr (*honeycomb*).

Continwwm trefol–gwledig – Yr amrywiaeth o amgylcheddau dynol sydd i'w gweld, o'r rhannau llawn adeiladau yn ein dinasoedd mwyaf i gymunedau gwledig mwyaf anghysbell, tenau eu poblogaeth.

Coridor bywyd gwyllt – Stribedi o gynefin sy'n galluogi anifeiliaid gwyllt i fudo o un ecosystem i'r llall, er enghraifft perthi.

Coropleth – Math o fap sy'n defnyddio lliwiau neu raddliwiau gwahanol i gyflwyno data sy'n cael eu dangos mewn rhannau o'r map.

Cronfa ddŵr – Corff o ddŵr sy'n cael ei ddefnyddio fel cyflenwad dŵr.

Cwadrad – Darn o offer sy'n cael ei ddefnyddio mewn gwaith maes. Fframiau sgwâr yw cwadradau. Mae sawl maint gwahanol ar gael ac maen nhw'n cael eu defnyddio wrth samplu.

Cwmnïau amlwladol (*MNCs: Multinational Companies*) – Busnesau mawr fel *Sony*, *Microsoft* a *McDonald's*, sydd â changhennau mewn nifer o wledydd. Term arall am gwmnïau amlwladol yw cwmnïau trawswladol.

Cwmwl lludw – Darnau bach powdr o graig sy'n cael eu taflu o losgfynydd yn ystod echdoriad ffrwydrol.

Cwotâu – Cyfyngiadau ar faint o nwyddau penodol sy'n gallu cael eu mewnforio bob blwyddyn.

Cwymp creigiau – Cwymp sydyn creigiau o glogwyn neu lethr serth.

Cyflogaeth anuniongyrchol – Swyddi sy'n dod yn sgil buddsoddiad gan fusnes, ond nid y busnes ei hun. Er enghraifft, bydd cyflogaeth anuniongyrchol yn cael ei chreu ar gyfer pobl sydd eisoes yn gweithio fel gyrwyr tacsi os bydd maes awyr newydd yn cael ei adeiladu.

Cyflogaeth uniongyrchol – Swyddi sy'n cael eu creu o fewn busnes. Er enghraifft, bydd cyflogaeth uniongyrchol yn cael ei chreu ar gyfer pobl trin bagiau os bydd maes awyr newydd yn cael ei adeiladu. Gweler **cyflogaeth anuniongyrchol**.

Cyfnod braenaru – Term sy'n cael ei ddefnyddio mewn amaethyddiaeth i ddisgrifio'r cyfnod o amser mae darn o dir yn cael ei adael i orffwys rhwng cnydau.

Cyfnodau rhewlifol – Cyfnodau oer yn hanes y Ddaear pan oedd rhewlifoedd yn estyn a llenni iâ yn mynd yn fwy.

Cyfnodau rhyngrewlifol – Cyfnodau cynhesach yn hanes y Ddaear pan oedd rhewlifoedd wedi encilio a llenni iâ wedi mynd yn llai.

Cyfradd ffrwythlondeb – Nifer cyfartalog y plant sy'n cael eu geni i bob menyw mewn gwlad. Os yw'r gyfradd ffrwythlondeb yn fwy na dau, mae'r boblogaeth yn tyfu.

Cyfradd genedigaethau – Nifer y plant sy'n cael eu geni mewn blwyddyn am bob 1,000 o bobl mewn poblogaeth gwlad.

Cyfradd marwolaethau – Nifer y marwolaethau bob blwyddyn am bob 1,000 o'r boblogaeth.

Cyfradd marwolaethau babanod – Nifer y plant sy'n marw cyn cyrraedd blwydd oed am bob 1,000 o blant sy'n cael eu geni.

Cylch dylanwad – Yr ardal y mae nodwedd, arwedd neu ddigwyddiad daearyddol yn gallu effeithio arni. Gall yr effeithiau hyn fod yn dda neu'n ddrwg.

Cylch dylanwad trefol – Y dylanwad sydd gan bob ardal drefol dros yr ardal o'i hamgylch drwy ei chysylltiadau agos â threfi a chefn gwlad gerllaw.

Cylchfa byffer – Rhan o ardal gadwraeth lle gallai rhai gweithgareddau, fel ffermio a thwristiaeth, gael eu caniatáu.

Cylchfa Cydgyfeirio Ryngdrofannol (CCRD/*ITCZ: Intertropical Convergence Zone***)** – Band llydan o'r atmosffer sy'n amgylchynu'r lledredau trofannol. Mae gwasgedd isel, cymylau a glaw trwm yn nodweddiadol o'r CCRD.

Cylchfa rheoli cadwraeth – Ardal o barc cenedlaethol neu ardal gadwraeth sydd wedi'i rhannu'n gylchfaoedd i helpu i ddiogelu'r amgylchedd rhag niwed gan weithgareddau dynol. Mae cynllun cylchfaoedd yn nodi pa weithgareddau sydd wedi'u caniatáu ym mhob ardal.

Cylchfaoedd dargyfeirio – Ffin rhwng dau blât o gramen y Ddaear sy'n symud oddi wrth ei gilydd. Yr un ystyr sydd i **ymyl plât adeiladol**.

Cylchfaoedd defnydd tir – Nid yw ardaloedd lle mae'r defnydd tir o werth isel, fel meysydd parcio a chaeau chwarae, yn cael eu hamddiffyn gan waliau llifogydd. Mae'r cylchfaoedd hyn yn darparu ardaloedd diogel i storio dŵr os bydd llifogydd yn digwydd fel bod y dŵr yn cael ei gadw i ffwrdd oddi wrth dir sy'n fwy gwerthfawr i'r ardal, fel y tir mewn fel cartrefi pobl.

Cylchfaoedd rheoli – Mewn ardal gadwraeth, fel Parc Cenedlaethol, bydd gweithgareddau gwahanol yn cael eu caniatáu y tu mewn i ardal neu gylchfa.

Cylchlithro – Cwymp graddol llethr dan ei bwysau ei hun. Mae'n digwydd weithiau lle mae craig **anghyfunol** yn llithro dros fath anathraidd o graig, fel clai.

Cylchred ddŵr – Y llif parhaus o ddŵr rhwng arwyneb y ddaear a'r atmosffer – term arall yw'r gylchred hydrolegol.

Cylchred faetholion – Mwynau yn symud ac yn cael eu storio o fewn ecosystem. Mae maetholion yn cael eu storio mewn planhigion, pridd a chreigiau. Mae llifoedd maetholion yn digwydd drwy brosesau fel hindreulio a thrwytholchi.

Cymhorthdal – Taliad mae gwlad yn ei wneud i'w ffermwyr a'i busnesau ei hun fel bod eu nwyddau'n gallu cael eu gwerthu am bris rhatach i ddefnyddwyr.

Cymorth amlochrog – Cymorth ariannol sy'n cael ei roi gan nifer mawr o lywodraethau gwahanol i sefydliad mawr fel y Cenhedloedd Unedig neu Fanc y Byd. Mae'r sefydliad hwn wedyn yn defnyddio'r cymorth i gefnogi gwledydd lle mae angen cefnogaeth.

Cymorth brys – Help sy'n cael ei roi ar frys ar ôl trychineb naturiol neu wrthdaro er mwyn diogelu bywyd y goroeswyr.

Cymorth datblygiad – Help sy'n cael ei roi i fynd i'r afael â thlodi a gwella ansawdd bywyd yn y tymor hir er mwyn gwella addysg neu ofal iechyd.

Cymorth dwyochrog – Cymorth ariannol, neu fwyd, dillad neu gymorth brys arall, sy'n cael ei roi yn uniongyrchol gan lywodraeth un wlad i wlad arall.

Cymudo – Taith reolaidd gweithwyr (bob dydd neu bob wythnos) o'u cartrefi mewn un lle i'w gwaith mewn lle gwahanol.

Cymuned gynaliadwy – Cymuned sydd wedi'i chynllunio i gael yr effaith leiaf ar yr amgylchedd. Bydd cymunedau o'r fath weithiau'n gwneud defnydd o effeithlonrwydd egni, technolegau adnewyddadwy a gwasanaethau lleol er mwyn lleihau costau cludiant.

Cynhyrchwyr – Planhigion sy'n gallu creu startsh o egni'r Haul. Mae cynhyrchwyr ar waelod y gadwyn fwyd.

Cynllun Rheoli Traethlin (CRhT) – Y cynllun sy'n cynnwys manylion i esbonio sut bydd awdurdod lleol yn rheoli pob rhan o'r morlin yn y DU yn y dyfodol.

Cynwysedig – Faint o ddŵr neu egni mae ei angen i wneud cynnyrch.

Cyrch – Y pellter mae gwynt wedi chwythu drosto i greu tonnau ar y môr. Mae'r tonnau'n fwy os yw'r cyrch yn fwy.

Cyrchnod Datblygiad y Mileniwm (*MDG: Millennium Development Goal***)** – Cyrchnodau Datblygiad y Mileniwm. Mae'r rhain yn dargedau sydd wedi cael eu gosod gan y Cenhedloedd Unedig i geisio annog a mesur gwelliannau i ddatblygiad dynol.

Cyrchnodau datblygiad cynaliadwy – Cyfres o nodau a gynigiodd y Cenhedloedd Unedig yn 2015, sy'n ymwneud ag 17 o wahanol agweddau ar fywyd. Y nod cyffredinol erbyn 2030 yw dod â thlodi i ben, gwarchod y blaned a sicrhau heddwch a ffyniant i bawb.

Cyrydiad – Treulio'r dirwedd gan brosesau cemegol fel hydoddiant.

Dadansoddiad cylchred oes – Ffordd o geisio penderfynu effaith lawn pob cam o'r broses gweithgynhyrchu a chyflenwi nwyddau traul.

Dalgylch afon – Dyma'r ardal mae afon yn casglu ei dŵr ohoni. Term arall am hwn yw dalgylch (*catchment area*).

Dalitiaid – Y grŵp cymdeithasol isaf yng nghymdeithas India, sydd weithiau'n cael eu galw'n 'anghyffyrddedigion'. Mae 200 miliwn o Ddalitiaid yn India.

Darfudiad – Proses lle mae hylifau poeth neu nwyon yn codi ac yna'n lledaenu cyn oeri a suddo. Mae darfudiad yn digwydd yn yr atmosffer a hefyd yn y fantell lle mae'n gallu bod yn un o'r prosesau sy'n helpu i yrru symudiad platiau.

Data ansoddol – Gwybodaeth sydd ddim yn rhifiadol.

Data deunewidyn – Dwy set o rifau sydd wedi'u cysylltu drwy ryw fath o berthynas.

Data meintiol – Gwybodaeth y mae'n bosibl ei mesur a'i chofnodi fel rhifau.

Datblygiad o'r top i lawr – Lle mae penderfyniadau am ddatblygiad yn cael eu gwneud gan lywodraethau neu swyddogion yn hytrach na'r bobl leol. Cymharwch hyn â chynlluniau **hunangymorth**.

Defnyddiau crai – Defnyddiau fel pren, carreg neu olew crai sydd heb gael eu prosesu neu'u puro.

Diagram barcut – Math arbennig o graff, ar siâp barcut, sy'n cael ei ddefnyddio fel arfer i ddangos newidiadau mewn llystyfiant.

Diboblogi – Colled net yn nifer y bobl mewn ardal oherwydd allfudo a chyfraddau genedigaethau isel.

Dibyniaeth – Pan fydd gwlad yn dibynnu'n ormodol ar un ffordd o ennill incwm o dramor. Er enghraifft, mae rhai gwledydd yn y Caribî yn dibynnu'n ormodol ar arian o dwristiaeth.

Diffeithdiro – Proses sy'n troi ardaloedd o laswelltir lletgras yn ddiffeithdir. Yr hyn sy'n achosi diffeithdiro yw sychder, tynnu llwyni a choed a/neu ddefnyddio technegau ffermio anaddas.

Dinasoedd global – Dinasoedd sydd â chysylltiadau da drwy'r broses o globaleiddio. Er enghraifft, mae dinasoedd global fel arfer yn ganolfannau cludiant pwysig gyda phrif feysydd awyr a phorthladdoedd. Yn aml mae gan **gwmnïau amlwladol** eu pencadlysoedd yn y dinasoedd hyn.

Disgwyliad oes cyfartalog – Yr oedran cyfartalog mae disgwyl i rywun ei gyrraedd. Fel arfer mae disgwyliad oes cyfartalog yn cael ei gyfrifo ar wahân ar gyfer dynion a menywod.

Diwasgedd (tywydd) – System dywydd sy'n gysylltiedig â gwasgedd aer isel. Mae diwasgeddau yn dod â thywydd cyfnewidiol sy'n cynnwys gwynt a glaw.

Drifft y glannau – Proses lle mae deunydd traeth yn symud ar hyd yr arfordir.

Dŵr daear (storfa) – Dŵr yn y ddaear islaw'r lefel trwythiad.

Dyddodiad – Gosod haenau o ddeunydd yn y dirwedd. Mae dyddodiad yn digwydd pan fydd y grym oedd yn cludo'r gwaddod yn lleihau.

Dyframaethu – Ffermio pysgod a physgod cregyn yn fasnachol.

Dyfrhaenau – Creigiau yn y ddaear sy'n gallu dal symiau mawr o ddŵr.

Dyffryn hollt – Dyffryn ag ochrau serth wedi'i ffurfio wrth i gramen y Ddaear dynnu oddi wrth ei gilydd (neu hollti) yn ystod symudiad platiau.

Dyffrynnoedd ffurf U – Mae gan y dyffrynnoedd hyn lethrau serth a llawr dyffryn gwastad. Mae dyffrynnoedd ffurf U yn arweddion erydol wedi'u creu gan symudiadau rhewlif.

Ecodwristiaeth – Projectau twristiaeth ar raddfa fach sy'n creu arian ar gyfer cadwraeth yn ogystal â chreu swyddi lleol.

Economi gwybodaeth – Swyddi sy'n gofyn am lefelau uchel o addysg neu hyfforddiant.

Ecosystem – Cymuned o blanhigion ac anifeiliaid a'r amgylchedd lle maen nhw'n byw. Mae ecosystemau'n cynnwys rhannau byw (e.e. planhigion) a rhannau anfyw (e.e. aer a dŵr).

Effaith Coriolis – Y ffordd mae cylchdro'r Ddaear yn gwyro symudiad gwrthrychau fel awyrennau neu gorwyntoedd.

Effaith luosydd – Twf sylweddol yn yr economi a'i fanteision i gyflogaeth. Mae lluosyddion cadarnhaol yn aml yn cael eu sbarduno gan fuddsoddiad mawr, er enghraifft agor ffatri newydd.

Effaith tŷ gwydr – Proses naturiol sy'n trapio gwres yn yr atmosffer. Mae'r broses hon wedi'i gwella gan weithgareddau dynol.

Elw coll – Pan fydd arian, wedi'i wario gan dwristiaid, o fudd i gwmnïau mewn gwledydd eraill yn hytrach nag i bobl sy'n gweithio yn y wlad mae'r twristiaid yn ymweld â hi.

Encilio – Symudiad graddol tirffurf am yn ôl oherwydd y broses o erydiad. Mae'r morlin yn encilio o ganlyniad i erydiad clogwyn ac mae rhaeadr yn encilio tuag at darddiad afon wrth iddi gael ei herydu.

Encilio rheoledig – Strategaeth sy'n cael ei defnyddio i reoli rhai amgylcheddau arfordirol. Mae encilio rheoledig (neu adlinio rheoledig) yn golygu bod amddiffynfeydd yn cael eu torri a'r arfordir yn cael ei adael i encilio tua'r mewndir.

Endemig – Mae clefyd endemig yn un sydd yn aml i'w gael ymhlith pobl mewn lle penodol. Mae rhywogaeth endemig (planhigyn neu anifail) yn un sydd i'w chael mewn lle penodol.

Erydiad fertigol – Lle mae grym y dŵr, sy'n treulio'r dirwedd, yn cael ei ganolbwyntio tuag i lawr. Mae erydiad fertigol yn gyffredin mewn nentydd serth a hefyd yn erydiad gylïau.

Erydiad ochrol – Proses lle gall afon dorri i'r ochr, sef i mewn i'w glan afon ei hun.

Erydiad pridd – Colli pridd o ganlyniad i naill ai gwynt neu law trwm. Mae erydiad gylïau yn un o brif achosion erydiad pridd mewn gwledydd sydd â hinsawdd wlyb a sych dymhorol.

E-wastraff – Cynhyrchion gwastraff electronig fel cyfrifiaduron a ffonau symudol.

Ffactorau gwthio – Rhesymau sy'n gorfodi pobl i symud i ffwrdd o'u cartref presennol.

Ffactorau tynnu – Rhesymau sy'n denu mudwyr i symud i gartref newydd.

Ffermio ungnwd – Math o amaethyddiaeth lle mai dim ond un cnwd sy'n cael ei dyfu dros arwynebeddau mawr iawn o dir.

Ffermio ymgynhaliol – Math o weithgaredd economaidd lle mai ychydig iawn o arian sy'n cael ei ddefnyddio. Mewn ffermio ymgynhaliol mae'r ffermwr yn cynhyrchu dim ond digon o fwyd i fwydo'r teulu. Ychydig iawn sydd ar ôl sy'n gallu cael ei werthu am arian parod.

Ffoaduriaid – Pobl sydd mewn perygl ac sy'n gadael eu cartrefi er eu diogelwch eu hunain. Mae'r ffoaduriaid yn symud efallai oherwydd trychineb naturiol fel echdoriad folcanig neu oherwydd gwrthdaro.

Ffoaduriaid amgylcheddol – Pobl sy'n gorfod ffoi o'u cartrefi oherwydd trychineb naturiol fel llifogydd arfordirol, sychder neu newid hinsawdd.

Ffosydd cefnforol – Ceunentydd hir a dwfn yng ngwely'r môr sy'n digwydd o amgylch ymylon rhai cefnforoedd gan gynnwys y Cefnfor Tawel. Mae'r ffosydd cefnforol yn cael eu ffurfio gan symudiad platiau.

Gallu gwrthsefyll sychder – Planhigion sy'n gallu goroesi cyfnodau â glawiad sy'n is na'r cyfartaledd.

Gardd-ddinasoedd – Ardaloedd trefol newydd, wedi'u cynllunio (trefi) sydd â chymunedau tebyg i bentrefi a digon o le ar gyfer gerddi preifat a mannau agored cyhoeddus.

Geiser – Arwedd geothermol mewn tirweddau folcanig lle mae dŵr daear, sydd wedi'i wresogi gan greigiau poeth, yn cael ei daflu allan o'r ddaear.

Geocemegol (monitro) – Ymchwil gwyddonol i gemeg y Ddaear drwy fesur nwyon sy'n dianc o'r ddaear. Gall yr ymchwil hwn gael ei ddefnyddio i wirio gweithgaredd folcanig cyn ac yn ystod echdoriad.

Geomagnetig (monitro) – Ymchwil gwyddonol i faes magnetig y Ddaear. Gall yr ymchwil hwn gael ei ddefnyddio i wirio gweithgaredd folcanig cyn ac yn ystod echdoriad.

Globaleiddio – Mae llifoedd o bobl, syniadau, arian a nwyddau yn creu gwe fyd-eang sy'n gynyddol gymhleth sy'n cysylltu pobl a lleoedd ar gyfandiroedd pell â'i gilydd.

Gludedd – Mesur o ba mor ludiog yw lafa. Mae gludedd yn dibynnu ar ffactorau fel tymheredd y lafa a'i gyfansoddiad cemegol.

Goddrychol – Tystiolaeth sy'n bersonol ac sy'n amrywio yn ôl safbwynt rhywun.

Gofodol – Patrymau neu arweddion daearyddol sy'n amrywio dros ddau ddimensiwn fel ei bod yn gallu cael eu dangos ar fap.

Gordynnu – Pan mae dŵr yn cael ei dynnu ar gyfradd gyflymach na'r ail-lenwi, gan arwain at leihau maint y storfa o ddŵr.

Gorlifdir – Yr ardal wastad ger sianel afon sy'n cael ei gorchuddio â dŵr yn ystod llifogydd.

Graben – Dyffryn â gwaelod llydan, gwastad sydd wedi cael ei ffurfio gan ffawtio tuag i lawr. Yr un ystyr sydd i'r term **dyffryn hollt**.

Graddfa – Cysyniad daearyddol sy'n cael ei ddefnyddio i ddisgrifio maint neu arwynebedd arwedd. Mae graddfa yn amrywio o fach (neu leol) i ranbarthol, cenedlaethol a byd-eang.

Graddfa maint moment (Mw) – Mesur o gryfder daeargryn.

Graff gwasgariad – Math o ddiagram sy'n gallu cael ei ddefnyddio i brofi a oes perthynas rhwng dwy set o ddata. Gweler **newidyn dibynnol** a **newidyn annibynnol**.

Gwasanaethau allweddol – Y ffordd mae ecosystemau o fantais i bobl. Er enghraifft, mae coedwigoedd mangrof yn gweithredu fel cylchfaoedd byffer arfordirol, gan leddfu egni'r tonnau yn ystod storm a lleihau'r perygl o erydiad a llifogydd.

Gweithgynhyrchion – Eitemau sydd wedi'u gwneud mewn gweithdy neu ffatri.

Gweithred hydrolig – Erydiad wedi'i achosi pan fydd dŵr ac aer yn cael eu gorfodi i mewn i fylchau mewn craig neu bridd.

Gweithwyr di-grefft – Gweithwyr sydd â lefelau isel o gymwysterau neu fawr ddim gallu na hyfforddiant technegol. Gweler **tra medrus**.

Gwlad newydd ei diwydianeiddio (*NIC: Newly Industrialised Country*) – Mae canran mawr o'r gweithlu mewn gwledydd newydd eu diwydianeiddio fel India, Gwlad Thai neu Indonesia yn gweithio yn y sector eilaidd (gweithgynhyrchu).

Gwledydd croesawu – Gwledydd sy'n derbyn buddsoddiad gan gwmnïau amlwladol.

Gwrthdrefoli – Y broses o bobl a busnesau yn symud o ddinasoedd mawr i drefi llai ac i ardaloedd gwledig.

Gylïau – Sianeli cul ffurf V, sy'n cael eu torri gan ddŵr yn llifo ar lethrau serth.

Hierarchaeth – Trefn restrol o leoedd, o bentrefannau i drefi i ddinasoedd.

Hindreulio – Prosesau sy'n gwanhau bregion mewn creigiau. Maen nhw'n cynnwys gweithred rhew, adweithiau cemegol a thwf gwreiddiau planhigion.

Hinsawdd – Y patrymau cyfartalog yn amodau'r tywydd dros gyfnod hir o amser (o leiaf 40 mlynedd).

Hinsawdd arforol – Amodau hinsoddol tir sy'n agos at y môr. Mae'r môr yn cymedroli'r tymereddau sy'n golygu mai amrywiadau bach yn unig sydd yn y tymheredd.

Hinsawdd gyfandirol – Hinsawdd sydd â hafau poeth a gaeafau oer. Mae hinsoddau cyfandirol gan Wlad Pwyl a gorllewin Rwsia.

Holltau – Craciau yng nghramen y Ddaear neu mewn creigiau ar yr arwyneb. Maen nhw'n cael eu ffurfio'n aml gan symudiad platiau neu weithgaredd folcanig.

Hunangymorth – Projectau gwella sy'n cael eu gwneud gan bobl leol yn hytrach na busnesau neu lywodraethau. Cymharwch hyn â **datblygiad o'r top i lawr**.

Hunaniaeth – Y nodweddion neu arweddion (e.e. cymdeithasol, diwylliannol neu dirweddol) sy'n rhoi ei gymeriad unigryw i bob lle.

Hydrograff – Graff llinell sy'n dangos naill ai arllwysiad neu uchder afon dros gyfnod o amser.

Incwm Gwladol Crynswth (IGC) y pen – Yr incwm cyfartalog mewn gwlad. Term arall am hyn yw Cynnyrch Gwladol Crynswth (CGC) y pen.

Isadeiledd – Adeiladwaith a gwasanaethau sylfaenol sy'n angenrheidiol i unrhyw gymdeithas fel cyflenwadau dŵr, systemau carthffosiaeth, ffyrdd neu bontydd.

Jetlif – Gwynt cryf sy'n cylchredeg o amgylch y Ddaear.

Lagŵn – Pwll bas o ddŵr hallt.

Lahar – Gair o Indonesia sy'n disgrifio llif enfawr o ddŵr a lludw folcanig neu leidlif i lawr llethr llosgfynydd. Mae laharau yn digwydd pan fydd dŵr glaw yn cymysgu â lludw folcanig rhydd. Mae laharau yn beryglus iawn.

Llafur plant – Gwaith sy'n dwyn plentyndod plant oddi arnyn nhw. Am fod llafur plant yn rhwystro plant rhag cwblhau eu haddysg, mae hefyd yn dwyn eu potensial oddi arnyn nhw, sef yr hyn y gallan nhw ei gyflawni fel oedolion. Yn aml iawn, mae llafur plant yn niweidiol i blant yn feddyliol, yn gorfforol, yn gymdeithasol neu'n foesol.

Llain las – Polisi'r llywodraeth sy'n cael ei ddefnyddio i atal lledaeniad dinasoedd i gefn gwlad. Mae'n anodd iawn cael caniatâd cynllunio ar gyfer cartrefi newydd yn y llain las.

Lle – Cysyniad daearyddol sy'n cael ei ddefnyddio i ddisgrifio'r pethau sy'n gwneud rhywle yn arbennig, yn unigryw neu'n nodedig.

Llednant – Afon lai sy'n llifo i mewn i sianel afon fwy.

Lledred – Y pellter i'r gogledd neu i'r de o'r Cyhydedd.

Llethr slip – Llethr graddol ar draeth afon (**bar pwynt**) sy'n cael ei ffurfio drwy ddyddodi gwaddod ar dro mewnol ystum afon.

Llif dŵr daear – Llif dŵr drwy greigiau.

Llif trostir – Llif dŵr ar draws arwyneb y ddaear.

Llifoedd lafa – Arweddion sy'n cael eu ffurfio wrth i graig dawdd (lafa) lifo i ffwrdd o agorfa folcanig. Yn aml mae llifoedd lafa yn creu arweddion gwastad mawr o'r enw **meysydd lafa**.

Llifoedd maetholion – Symudiad mwynau o un storfa i storfa arall.

Llifoedd pyroclastig – Cymysgedd o nwy, lludw a darnau bach o graig folcanig, sydd i gyd yn boeth, sy'n cwympo'n bendramwnwgl i lawr llethrau llosgfynydd yn ystod rhai echdoriadau ffrwydrol.

Llinell dlodi – Rydyn ni'n dweud bod pobl sy'n byw ar lai na'r lefel hon o incwm yn byw mewn tlodi.

Llinell ffit orau – Llinell sy'n cynrychioli tuedd drwy'r pwyntiau sydd wedi'u plotio ar graff gwasgariad.

Llosgfynydd tarian – Llosgfynydd mawr sydd â llethrau graddol. Y siâp hwn sydd gan rai o'r llosgfynyddoedd yng Ngwlad yr Iâ a Hawaii.

Llwyth – Y gwaddod sy'n cael ei gludo gan afon.

Llyfndir tonnau – Tirffurf arfordirol ar ffurf silff greigiog o flaen clogwyn. Mae'r llyfndir tonnau yn cael ei greu drwy erydiad ac yn cael ei adael gan enciliad y clogwyn.

Maes lafa – Tirffurf gweddol wastad a mawr iawn sy'n cael ei greu pan fydd llif lafa mawr yn caledu. Fel arfer mae meysydd lafa yn cael eu ffurfio gan echdoriad lafa o losgfynydd tarian neu echdoriad agen.

Magma – Craig dawdd, neu led dawdd, sy'n cael ei storio o dan arwyneb y Ddaear mewn, er enghraifft, **siambr magma** o dan losgfynydd.

Maint – Disgrifiad o gryfder a maint peryglon naturiol fel echdoriadau folcanig, tswnami neu ddaeargrynfeydd.

Man poeth bioamrywiaeth – Rhanbarth ag amrywiaeth sylweddol o organebau. Mae Canolbarth America (neu Mesoamerica) yn un ardal o'r fath.

Man poeth folcanig – Ardal o gramen y Ddaear lle mae llawer iawn o weithgaredd folcanig. Mae rhai mannau poeth ar ymylon platiau (fel Gwlad yr Iâ) ac mae mannau poeth eraill yng nghanol y platiau (fel Hawaii).

Mandylledd – Gallu craig i storio dŵr mewn bylchau aer bach iawn (mandyllau).

Mandyllog – Craig sydd â llawer o fylchau bach iawn (mandyllau) sy'n golygu ei bod yn gallu storio dŵr, fel sialc a thywodfaen.

Mantell – Cylchfa o greigiau poeth sy'n gorwedd o dan greigiau solet cramen y Ddaear.

Map peryglon – Math o gynllun neu fap sy'n dangos maint y perygl, fel perygl o lifogydd neu echdoriad folcanig.

Mapio peryglon – Plotio'r rhagfynegiadau o lefelau'r risg o berygl naturiol, fel echdoriad folcanig, ar fap.

Masnach rydd – Pan fydd gwledydd yn masnachu heb unrhyw gyfyngiadau ar faint o nwyddau sy'n gallu cael eu hallforio a'u mewnforio.

Màs-symudiad – Pan fydd pridd, creigiau a cherrig yn llithro neu'n cylchlithro i lawr llethr. Weithiau mae'r màs-symudiad yn araf iawn, er enghraifft ymgripiad pridd. Mae mas-symudiadau eraill yn gyflym iawn, er enghraifft cwymp creigiau.

Mega-ddinasoedd – Ardaloedd trefol (dinasoedd) sydd â phoblogaeth dros 10 miliwn o bobl.

Mesurydd gogwydd – Darn o offer gwyddonol sy'n cael ei ddefnyddio i fesur gogwydd y ddaear. Mae mesuryddion gogwydd yn cael eu defnyddio i fesur newidiadau bach yn siâp y ddaear sy'n digwydd pan fydd y siambr magma o dan losgfynydd yn llenwi â chraig dawdd.

Mewnforion – Nwyddau sy'n cael eu prynu o wlad arall.

Mewnfudiad net – Pan fydd mwy o bobl yn symud i mewn i ranbarth nag sy'n gadael.

Microhinsawdd drefol – Yr hinsawdd leol ar raddfa fach mewn dinas fawr sy'n cael ei dylanwadu gan yr adeiladau a'r traffig.

Milltiroedd bwyd – Y pellter mae bwyd wedi cael ei gludo i fynd o'r cynhyrchydd i'r defnyddiwr.

Monitro peryglon – Yn nhermau gweithgaredd folcanig, mae hyn yn cynnwys defnyddio amrywiaeth o wahanol offer gwyddonol i wylio llosgfynyddoedd. Gallai'r data sy'n cael eu casglu rhoi cliw i wyddonwyr a yw llosgfynydd ar fin ffrwydro. Mae gwyddonwyr yn defnyddio'r data hyn i roi digon o amser i bobl leol symud allan o'r ardal.

Monsŵn – Math o hinsawdd sydd i'w gael yn Ne Asia lle mae patrwm tymhorol o wynt yn dod â thymor gwlyb pendant.

Mudo gwledig–trefol – Pobl yn symud o gefn gwlad i drefi a dinasoedd.

Mudo net – Y gwahaniaeth rhwng nifer y mewnfudwyr a'r ymfudwyr mewn blwyddyn.

Mudwyr economaidd – Pobl sy'n symud i wlad arall i chwilio am waith. Weithiau mae mudwyr economaidd yn cael eu hannog i symud gan y wlad maen nhw'n symud iddi ac yn yr achos hwnnw y term amdanyn nhw yw gweithwyr gwadd.

Mynegrif Datblygol Dynol (MDD) – Mesur o ddatblygiad sy'n ystyried y lefel o addysg, y cyfoeth a'r disgwyliad oes cyfartalog mewn gwlad.

Mynegrif Ffrwydroldeb Folcanig (*VEI: Volcanic Explosivity Index*) – Mesur o faint echdoriad folcanig sydd wedi'i seilio ar swm y lludw sy'n cael ei daflu allan ac uchder y cwmwl lludw.

Mynyddoedd plyg – Cadwyni mawr o fynyddoedd sydd wedi'u ffurfio drwy blygu wrth i ddau blât tectonig wrthdaro â'i gilydd.

Newidyn annibynnol – Set o ddata lle mae'r gwerthoedd yn sefyll ar eu pen eu hunain heb gael eu newid gan setiau eraill o ddata. Gweler **newidyn dibynnol**.

Newidyn dibynnol – Set o ddata lle mae'r gwerthoedd yn dibynnu ar set arall o ddata, sef y newidyn annibynnol. Gallwch chi brofi'r berthynas mewn **graff gwasgariad**.

Newidynnau – Setiau o ddata. Gweler **newidyn dibynnol** a **newidyn annibynnol**.

NIMBY – Nid Yn Ein Gardd Gefn Ni (*Not In My Back Yard*). Dyma'r disgrifiad o bobl sy'n gwrthwynebu datblygiad oherwydd eu bod yn byw yn agos ato.

Nwyon tŷ gwydr – Nwyon fel carbon deuocsid a methan sy'n gallu dal gwres yn yr atmosffer.

Oediad amser – Y cyfnod rhwng digwyddiad glaw ac uchafbwynt (brig) yr arllwysiad.

Ôl troed dŵr – Faint o ddŵr sy'n cael ei ddefnyddio i wneud eitem o fwyd neu i wneud cynnyrch fel eitem o ddillad.

Ôl troed ecolegol – Faint o dir mae ei angen i gefnogi ffordd o fyw person.

O'r gwaelod i fyny – Dull o ddatblygu lle mae'r gymuned leol yn rhan o'r broses o wneud penderfyniad. Mae dulliau datblygu o'r gwaelod i fyny (neu hunangymorth) yn dibynnu ar bobl leol i gymryd rhan yn y gwaith o ddechrau a gofalu am broject datblygu.

Paredd Gallu Prynu (PGP/PPP: *Purchasing Power Parity*) – Ffordd o gymharu cyfoeth cyfartalog gwledydd drwy ystyried costau byw yn y gwledydd hynny.

Parth Arfordirol Uchder Isel (*LECZ: Low Elevation Coastal Zone*) – Tir gwastad, isel yn agos at y môr a allai fod mewn perygl o lifogydd arfordirol neu lefel y môr yn codi.

Parth rhynglanwol – Y rhan o'r draethlin sydd rhwng llanw uchel a llanw isel.

Patrymedd blynyddol – Y ffordd mae arllwysiad afon yn amrywio drwy'r flwyddyn.

Peirianneg feddal – Dull amgen o leihau llifogydd drwy blannu coed neu adael i ardaloedd gael eu gorlifo'n naturiol.

Peirianneg galed – Strwythurau artiffisial fel waliau môr neu argloddiau concrit ger afonydd.

Pellter hir (teithiau hedfan) – Teithiau hedfan i leoedd pell. Mae teithiau hedfan pellter hir o'r DU yn mynd i leoliadau y tu allan i Ewrop.

Pentir – Brig creigiog sy'n ymestyn allan i'r môr. Mae pentiroedd wedi'u gwneud o greigiau sy'n gwrthsefyll erydiad.

Platiau – Rhannau anhyblyg o gramen. Mae'r platiau'n gorwedd ar ben y fantell. Maen nhw'n gallu symud mewn perthynas â'i gilydd. Mae'r symudiad yn araf, ond mae'r grym sy'n cael ei gynhyrchu wrth iddyn nhw symud yn creu daeargrynfeydd a pheryglon folcanig.

Plethog – Patrwm afon sy'n digwydd lle mae afon fas wedi dyddodi ynysoedd graean fel bod yr afon yn cael ei rhannu yn nifer o sianeli llai. O weld yr afon oddi uchod mae'n edrych ychydig fel gwallt wedi'i blethu.

Plymbwll – Y pwll o ddŵr ar waelod rhaeadr. Arweddion erydol yw plymbyllau, wedi'u creu gan sgrafelliad a gweithred hydrolig gan y dŵr yn plymio.

Poblogaeth ifanc – Poblogaeth sydd â chyfran uchel o blant am fod y gyfradd genedigaethau yn weddol uchel.

Poblogaeth sy'n heneiddio – Mae gwlad lle mae cyfran uchel o bobl yn 65 oed neu'n hŷn yn cael ei disgrifio fel gwlad â phoblogaeth sy'n heneiddio.

Polisïau diffynnaeth – Cynlluniau sy'n cael eu defnyddio gan wledydd i warchod eu diwydiannau eu hunain rhag mewnforion rhad. Er enghraifft, drwy osod toll ar fewnforion, mae'r nwyddau sy'n cael eu mewnforio yn mynd yn ddrutach, felly mae pobl yn fwy tebygol o brynu'r cynnyrch a gafodd ei wneud yn eu gwlad eu hunain.

Preswylwyr palmant – Pobl sy'n byw mewn cartrefi dros dro ar lwybrau troed rhai o'r dinasoedd sy'n datblygu, yn enwedig yn India.

Prosesau erydiad – Mae'r prosesau hyn yn digwydd pan fydd grym afon sy'n llifo neu donnau yn treulio gwely a glannau sianel yr afon neu'r draethlin. Mae'r rhain yn cynnwys gweithred hydrolig, sgrafelliad, athreuliad a hydoddiant.

Rhaeadrau – Tirffurf sy'n cael ei greu pan fydd afon yn plymio dros arwyneb sy'n fertigol neu bron yn fertigol.

Rhagdybiaeth – Syniad, neu ddamcaniaeth, y mae'n bosibl gwneud gwaith ymchwil yn ei gylch.

Rhic tonnau – Slot lle mae creigiau yn bargodi drosto ac sydd wedi cael ei dorri i mewn i waelod clogwyn gan weithred y tonnau.

Rhoi grym – Creu cyfleoedd ar gyfer grŵp dan anfantais mewn cymdeithas fel bod ganddyn nhw'r gallu i helpu eu hunain.

Safle pot mêl – Lle o ddiddordeb arbennig sy'n denu llawer o dwristiaid ac sydd yn aml yn orlawn ar y cyfnodau prysuraf.

Safle tir glas – Darn o dir sydd heb gael ei ddefnyddio ar gyfer adeiladu o'r blaen.

Safle tir llwyd – Safle datblygu lle mae adeiladau hŷn yn cael eu dymchwel neu eu hadnewyddu cyn i ddatblygiad newydd ddigwydd.

Safon byw – Y lefel o gyfoeth a chysur sydd gan unrhyw grŵp o bobl neu unigolyn.

Sahel – Y rhanbarth lletgras o Ogledd Affrica i'r de o ddiffeithwch Sahara. Mae Sahel yn golygu 'glan' yn Arabeg.

Sbardunau pleth – Arwedd mewn dyffrynnoedd ffurf V lle mae'r afon yn troelli o un ochr i'r llall fel bod y bryniau'n plethu i'w gilydd yn debyg i ddannedd sip.

Sector anffurfiol (economi anffurfiol) – Y rhan o'r economi sydd ddim yn cael ei rheoli'n llawn gan y llywodraeth. Mae pobl sy'n gweithio yn y sector hwn yn hunangyflogedig neu mewn busnesau bach yn aml iawn. Dydyn nhw ddim yn talu treth a dydyn nhw ddim yn derbyn budd-daliadau gwladol chwaith.

Seiclon – System gwasgedd isel yn yr atmosffer sy'n gysylltiedig â thywydd ansefydlog, gwynt a glaw.

Seismomedrau – Offer gwyddonol sy'n cael eu defnyddio i fesur cryfder ac amlder ysgytiadau'r ddaear neu ddaeargrynfeydd.

Sgarp – Llethr hir, serth. Fel arfer, mae sgarpiau serth ar y ddwy ochr i **ddyffrynnoedd hollt**.

Sgoria – Darnau bach o graig folcanig sy'n cael eu taflu allan yn ystod echdoriad. Mae sgoria yn llawn tyllau sy'n debyg i swigod.

Sgrafelliad – Erydiad, neu dreuliad, o'r dirwedd wedi'i achosi gan ffrithiant. Mae sgrafelliad yn digwydd pan fydd afonydd neu donnau yn cludo tywod neu gerigos. Mae'r dŵr yn defnyddio'r deunydd hwn i beri erydiad.

Siambr magma – Pant neu geudwll o dan losgfynydd sy'n cynnwys craig dawdd, boeth.

Sicrwydd dŵr – Pan fydd gan gymdeithas ddigon o ddŵr i sicrhau bod gan bawb ddŵr glân ac iechydaeth a'u bod yn iachus, a bod gan yr economi ddigon o ddŵr i dyfu bwyd a gwneud pethau.

Staciau – Arweddion naturiol mewn tirwedd o glogwyni wedi'u herydu. Mae staciau'n cael eu ffurfio oherwydd cwymp bwa môr.

Storfeydd arwyneb – Mannau lle mae dŵr i'w gael ar yr arwyneb, fel llynnoedd ac afonydd.

Storfeydd maetholion – Rhan o ecosystem lle mae maetholion yn cael eu cadw.

Stormdraeth – Traeth serth. Mae tonnau cryf yn taflu cerigos i ffurfio crib serth ar ben uchaf y traeth yn ystod storm.

Straen dŵr – Prinder dŵr glân sy'n achosi problemau i bobl a'r economi.

Stratolosgfynydd – Llosgfynydd mawr sydd â llethrau serth wedi'i ffurfio o haenau o lafa a lludw sydd wedi caledu ac sydd wedi datblygu yn sgil llawer o echdoriadau gwahanol.

Suddfannau carbon – Mannau lle mae carbon yn cael ei storio dros gyfnodau hir iawn o amser, er enghraifft mewn tanwyddau ffosil.

Sychder – Cyfnod hir heb lawer o ddyodiad.

System gwasgedd isel (seiclon) – Dyma gyflwr yr atmosffer sy'n dod â thywydd gwlyb a gwyntog i'r DU. Mae'r systemau hyn yn dechrau pan mae aer cynnes a llaith yn codi o'r tir. Mae hyn yn creu gwasgedd aer sy'n is nag arfer yng nghanol y system ac mae aer yn cael ei dynnu i mewn i lenwi'r lle gwag. Gall hyn gynhyrchu gwynt cryf.

System gwasgedd uchel (antiseiclon) – System dywydd graddfa fawr sy'n digwydd pan mae aer yn yr atmosffer is yn gostwng ac yn gwasgu i lawr ar y Ddaear.

Tafod – Tirffurf arfordirol sydd wedi'i ffurfio drwy ddyddodi gwaddod mewn tomen isel lle mae'r morlin yn newid cyfeiriad, er enghraifft wrth aber afon.

Tai cymdeithasol – Cartrefi sy'n cael eu darparu i'w rhentu am bris fforddiadwy. Mae tai cymdeithasol yn cael eu darparu gan y cyngor lleol neu gan gymdeithas tai.

Taiga – Ecosystemau coedwig naturiol sydd i'w cael yn hinsoddau oer Gogledd Ewrop ac America.

Tansugno – Y broses lle mae un plât yn cael ei ddinistrio wrth iddo gael ei dynnu'n araf o dan blât arall.

Technoleg ganolradd – Technoleg sy'n briodol ar gyfer ei defnyddio mewn gwlad sy'n datblygu gan nad oes angen rhannau drud nac atgyweiriadau uwch-dechnoleg.

Teithio annibynnol – Pan fydd twristiaid yn gwneud eu trefniadau gwyliau eu hunain yn hytrach na phrynu gwyliau pecyn gan asiantaeth deithio.

Teithio cyfrifol – Twristiaeth sy'n fanteisiol i bobl leol ac sy'n parchu eu diwylliant, amgylchedd, credoau a thraddodiadau. Mae gan y term hwn yr un ystyr â **thwristiaeth foesegol**.

Teleweithio – Gweithio o gartref gan ddefnyddio technolegau fel ffonau a'r rhyngrwyd i gyfathrebu â gweithle neu swyddfa ganolog.

Tirffurfiau afon – Arweddion naturiol arwyneb y Ddaear sy'n gysylltiedig ag afonydd. Prosesau erydiad sy'n creu dyffrynnoedd ffurf V a rhaeadrau. Mae gorlifdiroedd yn cael eu creu gan ddyddodiad. Mae tirffurfiau afonydd yn amrywio. Er enghraifft, mae ystumiau yn dirffurfiau mawr yn aml iawn. Maen nhw'n cynnwys arweddion llai, fel llethrau slip.

Tirgaeedig – Gwlad sydd heb forlin ac, felly, heb borthladdoedd môr. Mae llawer o wledydd tlotaf y byd yn dirgaeedig.

Tirlithriad – Cwymp sydyn llethr dan ei bwysau ei hun. Weithiau mae tirlithriadau'n cael eu hysgogi gan ddaeargryn neu gan erydiad wrth droed y llethr.

Tiwb lafa – Twnnel naturiol drwy greigiau folcanig sydd wedi caledu; mae'n cael ei ffurfio pan fydd lafa poeth yn llifo ychydig o dan arwyneb y ddaear.

Toll mewnforio – Treth sy'n cael ei gosod ar nwyddau sy'n dod i mewn i wlad er mwyn eu gwneud nhw'n ddrutach.

Tollau – Math o dreth sy'n gallu cael ei chodi ar nwyddau wrth iddyn nhw fynd i mewn i wlad.

Ton wres – Pan mae tymereddau o leiaf 4.5°C yn uwch na'r tymheredd cymedrig am ddau ddiwrnod neu fwy.

Torddwr – Llif y dŵr i fyny'r traeth wrth i don dorri ar y traeth.

Tra medrus – Gweithwyr sydd â lefelau uchel o gymwysterau neu allu a hyfforddiant technegol. Gweler **gweithwyr di-grefft**.

Traeth – Nodwedd arfordirol sy'n rhoi amddiffyniad naturiol rhag erydiad a llifogydd arfordirol. Mae traeth llydan, trwchus yn amsugno egni'r tonnau. Mae adeiladu argorau yn gwneud y traeth yn fwy llydan a thrwchus.

Trawslun – Mae data yn cael eu casglu ar hyd y llinell hon. Mae trawsluniau fel arfer yn torri ar draws arweddion daearyddol gwahanol.

Trefoli – Twf ffisegol a dynol trefi a dinasoedd.

Trwylif – Llif dŵr tuag i lawr drwy'r pridd.

Tswnami – Cyfres o donnau mawr pwerus ar arwyneb llyn neu'r cefnor. Mae tswnami yn gallu cael ei achosi wrth i ddŵr gael ei ddadleoli gan symudiad llawr y cefnor/gwely'r llyn yn ystod daeargryn.

Twndra – Ecosystem sydd i'w gweld yn bennaf yn rhanbarth yr Arctig. Mae'r twndra yn ddi-goed oherwydd bod y tymor tyfu yn fyr a'r tymheredd misol ar gyfartaledd yn is na 10°C.

Twristiaeth clofan – Twristiaeth wedi'i seilio ar becynnau 'hollgynhwysol', sy'n golygu bod twristiaid yn talu un pris ac yn derbyn bwyd, diod ac adloniant gan y gwesty.

Twristiaeth dorfol – Pan fydd niferoedd mawr iawn o dwristiaid, sydd wedi prynu gwyliau pecyn, yn ymweld â chyrchfan mawr.

Twristiaeth foesegol – Twristiaeth sy'n fanteisiol i bobl leol ac sy'n parchu eu diwylliant, amgylchedd, credoau a thraddodiadau.

Tynddwr – Llif y dŵr yn ôl i'r môr ar ôl i don dorri ar draeth.

Tyniad slabiau – Proses lle mae suddo'r gramen ar ymyl plât dinistriol yn tynnu'r plât cefnforol oddi wrth yr ymyl plât adeiladol.

Tynnu dŵr – Os yw dŵr yn cael ei gymryd o afon, cronfa ddŵr neu ffynhonnell danddaearol i gael ei ddefnyddio, mae'n cael ei dynnu.

Tywydd – Ein profiad o dymheredd, gwynt, dyodiad a heulwen o ddydd i ddydd.

Uchder – Uchder y tir uwchben lefel y môr.

Uwchdir – Tirwedd sy'n fryniog neu'n fynyddig. Mae tirweddau uwchdir yn cynnwys ardaloedd eang o dir agored heb lawer o ffiniau caeau.

Uwchganolbwynt – Y man ar arwyneb y Ddaear lle mae'r ddaear yn ysgwyd gyntaf yn sgil daeargryn. Mae'r uwchganolbwynt yn union uwchben y canolbwynt.

Y gallu i ymdopi – Gallu tirwedd neu ecosystem i ymdopi â gweithgareddau pobl heb unrhyw niwed parhaol. Mae gan rai ecosystemau well gallu i ymdopi nag eraill.

Ymchwydd storm – Pan fydd lefel y môr yn codi mewn ffordd sy'n gallu achosi llifogydd arfordirol yn ystod storm neu gorwynt. Mae'r ymchwydd o ganlyniad i gyfuniad o ddau beth. Yn gyntaf, mae'r gwasgedd aer isel yn golygu bod lefel y môr yn gallu codi. Yn ail, mae'r gwyntoedd cryf yn gallu gorfodi chwydd o ddŵr ar y draethlin.

Ymdreiddiad – Dŵr glaw neu ddŵr eira yn symud i mewn i'r pridd.

Ymyl plât adeiladol – Ffin rhwng dau blât o gramen y Ddaear sy'n symud oddi wrth ei gilydd. Yr un ystyr sydd i'r term **cylchfaoedd dargyfeirio**. Gweler **ymyl plât dinistriol** am y gwrthwyneb i'r math hwn o ffin plât.

Ymyl plât dinistriol – Ffin rhwng dau blât o gramen y Ddaear sy'n symud tuag at ei gilydd. Gweler **ymyl plât adeiladol** am y gwrthwyneb i'r math hwn o ffin.

Ynys wres drefol – Pan fydd gan ddinas dymheredd sy'n gynhesach na'r ardal wledig o'i chwmpas.

Ynys-wladwriaethau Bach Datblygol (*SIDS: Small Island Developing States*) – Grŵp of 58 o wledydd sydd â phoblogaeth gyfunol o 65 miliwn. Mae llawer o *SIDS* yn fach iawn ac mae rhai wedi'u lleoli mewn rhannau anghysbell o'r byd. Mae'r rhan fwyaf ohonyn nhw'n agored i niwed gan ddigwyddiadau sy'n gysylltiedig â newid hinsawdd a thrychinebau naturiol eraill, fel daeargryn neu tswnami.

Ystum afon – Tirffurf afon. Tro yng nghwrs yr afon.

Ysyddion cynradd – Anifeiliaid sy'n bwyta llystyfiant (**cynhyrchwyr**) yn y gadwyn fwyd. Efallai bydd yr anifeiliaid hyn yn cael eu bwyta gan **ysyddion eilaidd**.

Ysyddion eilaidd – Anifeiliaid sy'n uwch i fyny'r gadwyn fwyd ac sy'n bwyta **ysyddion cynradd**.

Zooxanthellae – Algâu sy'n byw yn symbiotig yng nghelloedd organebau eraill. Mae'r berthynas hon yn creu'r polypau cwrel rydyn ni'n eu gweld mewn riffiau cwrel.

MYNEGAI

CYDNABYDDIAETH FFOTOGRAFFAU

Hoffai'r cyhoeddwyr ddiolch i'r canlynol am gael eu caniatâd i atgynhyrchu deunyddiau hawlfraint:

t.3 b © Janet Baxter Photography; **t.5** © Jeff Morgan 13/Alamy Stock Photo; **t.6** © Realimage/Alamy Stock Photo; **t.18** © David Waters/Alamy Stock Photo; **t.19** © robertharding/Alamy Stock Photo; **t.22** © B&JPhotos/Alamy Stock Photo; **t.25** © Billy Stock/Alamy Stock Photo; **t.28** b © Ashley Cooper/Alamy Stock Photo; c © Anthony Collins/Alamy Stock Photo; **t.31** © PHILIP SMITH/Alamy Stock Photo; **t.32** © Peter Barritt/Alamy Stock Photo; **t.33** b a c © Glyn Owen; g © Tony Boydon/Alamy Stock Photo; **t.35** © robertharding/Alamy Stock Photo; **t.43** © Mark Runnacles/Getty Images; **t.44** © Andrew Calverley/Alamy Stock Photo; **t.45** © Cumbria Crack; **t.47** © SWNS/Alamy Stock Photo; **t.48** c © Paul Glendell/Alamy Stock Photo; g © JMF News/Alamy Stock Photo; **t.50** b © Avalon; **t.60** g © Richard Downs/Alamy Stock Photo; **t.69** © MJM/Alamy Stock Photo; **t.71** © Peter Macdiarmid/Getty Images News/Getty Images; **t.72** © Raf Makda/View Pictures/Rex Features; **t.76** © Andy Leeder; **t.77** © Andy Leeder; **t.78** © Rawiwan/stock.adobe.com; **t.80** © A.P.S. (UK)/Alamy Stock Photo; **t.83** © Paul Chambers/pcp(news)/Alamy Stock Photo **t.86** © ZUMA Press, Inc./Alamy Stock Photo; **t.88** b © Robert Gray/Alamy Stock Photo; gch © vdbvsl/Alamy Stock Photo; gd © Jeffrey Blackler/Alamy Stock Photo; **t.90** © Paul Kennedy/Alamy Stock Photo; **t.91** © Dinodia Photos/Alamy Stock Photo; **t.94** © Dean Hoskins/Alamy Stock Photo; **t.95** © roger parkes/Alamy Stock Photo; **t.96** b © galit seligmann/Alamy Stock Photo; g © galit seligmann/Alamy Stock Photo; **t.97** © Saifee Burhani Upliftment Trust; **t.103** © Mikhail Riches/Tim Crocker 2019; **t.106** © Efrain Padro/Alamy Stock Photo; **t.109** © Warren Kovach/Alamy Stock Photo; **t.110** b © Yggdrasill – stock.adobe.com; g © frans lemmens/Alamy Stock Photo; **t.113** © Manuel Ribeiro/Alamy Stock Photo; **t.116** © Jacqui Owen **t.117** © epa european pressphoto agency b.v./Alamy Stock Photo; **t.118** © Stocktrek Images, Inc./Alamy Stock Photo; **t.121** © Lianne Milton – Panos; **t.122** © CLARA PRIMA/AFP/Getty Images; **t.123** © Andrea Fitriano (http://creativecommons.org/licenses/by-nc-sa/3.0/); **t.125** © ephotocorp/Alamy Stock Photo; **t.127** © Nripal Adhikary; **t.128** © NICOLAS ASFOURI/AFP/Getty Images; **t.129** © Philip Game/Alamy Stock Photo; **t.130** © nobleIMAGES/Alamy Stock Photo; **t.134** © Asiantaeth yr Amgylchedd; **t.142** © robertharding/Alamy Stock Photo; **t.146** © Stephen Pond/Stringer; **t.147** © Mark Richardson/Alamy Stock Photo; **t.149** © Irene Abdou/Alamy Stock Photo; **t.151** © Chris Wood/Alamy Stock Photo; **t.152** gch © Richard Smith/Alamy Stock Photo; d © Cartoonstock; **t.155** © The Artchives/Alamy Stock Photo; **t.156** © Sue Cunningham/Sue Cunningham Photographic/Alamy Stock Photo; **t.158** © Arctic Images/Alamy Stock Photo; **t.163** © Pacific Press Agency/Alamy Stock Photo; **t.165** b © NASA, g © NASA; **t.166** © Logan Bush/Shutterstock.com; **t.169** © Bob Kreisel/Alamy Stock Photo; **t.170** © Ashley Cooper/Alamy Stock Photo; **t.171** © Nasa; **t.174** © Toby Melville/Thomson Reuters; **t.179** g © FLPA/Tui De Roy/Minden Pictures; **t.181** © FLPA/Tui De Roy/Minden Pictures; **t.184** ch © Brad Simmons/Beateworks/Corbis; d © Richard Becker/Alamy Stock Photo; **t.185** © Gerry Ellis/Minden Pictures/FLPA; **t.186** b a g © Montgomeryshire Wildlife Trust; **t.187** © M Williams/Alamy Stock Photo; **t.190** © Val Davis; **t.191** © Val Davis; **t.193** © Images of Africa Photobank/Alamy Stock Photo; **t.194** © Ken Edwards/Alamy Stock Photo; **t.198** © Photoshot License Ltd/Alamy Stock Photo; **t.199** © blickwinkel/Alamy Stock Photo; **t.202** © Ian Nellist/Alamy Stock Photo; **t.203** © Neil Cooper/Alamy Stock Photo; **t.205** © Nyani Quarmyne/Panos Pictures; **t.206** © Jacob Silberberg/Panos Pictures; **t.208** © Prisma Bildagentur AG/Alamy Stock Photo; **t.209** © Ullstein Bild/Getty Images; **t.211** © Colm Regan, Dyn yn bwyta'r byd y mae rhywun arall yn ei ddal, cartŵn, Thin Black Lines: Political Cartoons & Development Education (Teachers in Development Education 1988); **t.213** ch © david pearson/Alamy Stock Photo; d © Ariadne Van Zandbergen/Alamy Stock Photo; **t.214** bch © Danita Delimont/Alamy Stock Photo; bd © Getty Images/ Raveendran/AFT; gch © PETER PARKS/AFP/Getty Images; **t.215** Stuart Freedman/Panos Pictures; **t.219** © Janine Wiedel Photolibrary/Alamy Stock Photo; **t.221** © Thomas Imo/Photothek via Getty Images **t.222** © Simon Stirrup/Alamy Stock Photo; **t.224** © Everett Collection Historical/Alamy Stock Photo; **t.225** © Ulrich Doering/Alamy Stock Photo; **t.232** © imageBROKER/Alamy Stock Photo; **t.233** © robertharding/Alamy Stock Photo; **t.234** © Jack Sullivan/Alamy Stock Photo; **t.239** © Joerg Boethling/Alamy Stock Photo; **t.241** © Simon Rawles/Alamy Stock Photo; **t.242** © Aerial-photos.com/Alamy Stock Photo; **t.243** bch © Ton Koene/VWPics/Alamy Stock Photo; gch © The International Women's Tribune Centre; **t.244** © Dieter Telemans/Panos Pictures; **t.249** © Friedrich Stark/Alamy Stock Photo; **t.251** © Desiree Martin/AFP/Getty Image; **t.253** © Shankar Mourya/Hindustan Times via Getty Images; **t.254** © Joerg Boethling/Alamy Stock Photo; **t.261** © Paul White – UK Industries/Alamy Stock Photo; **t.262** b © Panos Pictures/Christien Jaspars; cd © Jane Atkins/Alamy Stock Photo; **t.270** © Pacific Press/LightRocket via Getty Images; **t.273** © epa european pressphoto agency b.v./Alamy Stock Photo; **t.275** © Tina Manley/Alamy Stock Photo; **t.277** © Horizons WWP/TRVL/Alamy Stock Photo; **t.281** © Panos Pictures/Alfredo Caliz; **t.283** © Jenny Matthews/Panos Pictures; **t.285** © WaterAid **t.287** © ZUMA Press, Inc./Alamy Stock Photo; **t.291** © Friedrich Stark/Alamy Stock Photo; **t.292** © Simon Price/Alamy Stock Photo; **t.294** © Jacqui Owen; **t.295** Tynnwyd y llun gan Caroline Russell yn ystod gwaith maes a ariannwyd gan Ganolfan Amgylchedd Caerhirfryn; **t.296** © YAY Media AS/Alamy Stock Photo; **t.297** b © Age Fotostock/Alamy Stock Photo; c © Greenpeace; **t.300** © WaterFrame/Alamy Stock Photo; **t.301** © A.P.S. (UK)/Alamy Stock Photo; **t.304** © cartoonstock.com; **t.305** © STEFAN HEUNIS/AFP/Getty Images; **t.309** b © ImageBroker/Alamy Stock Photo; g © Steffen Binke/Alamy Stock Photo; **t.310** © Lintao Zhang/Getty Images; **t.313** ch © RSPB, d © Stuart Walker/Alamy Stock Photo; **t.315** Tayvay/Shutterstock; **t.318** Matthew Oldfield Editorial Photography/Alamy Stock Photo; **t.321** Mark Richardson/Alamy Stock Photo; **t.323** BrazilPhotos/Alamy Stock Photo; **t.325** Vincent Sufiyan/Alamy Stock Photo; **t.327** Paul Prescott/Alamy Stock Photo; **t.329** Friedrich Stark/Alamy Stock Photo.

Andy Owen sy'n berchen ar hawlfraint y delweddau ar y tudalennau canlynol: tt. 1, 2, 3 (gch, gd), 9, 12, 13, 14, 15, 16, 20, 21, 24, 26 (b, g), 36, 37, 50 (g), 55, 56, 60 (b), 64, 65, 73, 82, 84, 85, 100, 102, 104, 105, 111, 112 (bch, gd), 113, 132, 133, 136, 137, 139, 176, 178, 179 (gch, bd), 180, 183, 188, 201, 229, 230, 289 (bch, bd), 306, 307 (bd, c).